U0333479

第四次全国中药资源普查（湖北省）系列丛书

湖北中药资源典藏丛书

总编委会

主　　任：涂远超

副 主 任：张定宇　姚　云　黄运虎

总 主 编：王　平　吴和珍

副总主编（按姓氏笔画排序）：

　　　　王汉祥　刘合刚　刘学安　李　涛　李建强　李晓东　余　坤

　　　　陈家春　黄必胜　詹亚华

委　　员（按姓氏笔画排序）：

　　　　万定荣　马　骏　王志平　尹　超　邓　娟　甘啟良　艾中柱

　　　　兰　州　邬　姗　刘　迪　刘　渊　刘军锋　芦　妤　杜鸿志

　　　　李　平　杨红兵　余　瑶　汪文杰　汪乐原　张志由　张美娅

　　　　陈林霖　陈科力　明　晶　罗晓琴　郑　鸣　郑国华　胡志刚

　　　　聂　晶　桂　春　徐　雷　郭承初　黄　晓　龚　玲　康四和

　　　　森　林　程桃英　游秋云　熊兴军　潘宏林

湖北仙桃

药用植物志

○ **主 编**

○ 喻雄华　向　栋

○ **副主编**

○ 彭建波　胡　波　邓小玉　丁文倩　王天明

○ **编 委**（按姓氏笔画排序）

○ 丁文倩　仙桃市中医医院
王　蒙　仙桃市中医医院
王天明　仙桃市中医医院
王文迁　仙桃市中医医院
邓小玉　仙桃市中医医院
向　栋　仙桃市中医医院
刘　念　仙桃市中医医院
刘利敏　仙桃市中医医院
江春紫　仙桃市中医医院
李　芳　仙桃市中医医院
李　琰　仙桃市中医医院
杨　姗　仙桃市中医医院
肖翠兰　仙桃市中医医院
张远波　仙桃市中医医院
胡　波　仙桃市中医医院
胡　柳　仙桃市中医医院
胡晓倩　仙桃市中医医院
彭　振　仙桃市中医医院
彭建波　仙桃市中医医院
喻　轶　湖北中医药大学
喻雄华　仙桃市中医医院
谢函君　仙桃市中医医院
管中玉　仙桃市中医医院

华中科技大学出版社
http://www.hustp.com
中国·武汉

内 容 简 介

　　本书是仙桃市第一部资料齐全、内容翔实、分类系统的地方性专著和中药工具书。本书共收载仙桃市现有药用植物 465 种，其中苔藓植物 2 种，蕨类植物 7 种，种子植物 456 种。介绍其形态特征，产地、生长环境与分布，药用部位，采集加工，功能主治，用法用量等内容，并附上原植物彩色图片，部分植物附有药材标本图片。

　　本书图文并茂，具有系统性、科学性和科普性等特点。本书可供中药植物研究、教育、资源开发利用及科普等领域人员参考使用。

图书在版编目 (CIP) 数据

湖北仙桃药用植物志 / 喻雄华，向栋主编 . — 武汉：华中科技大学出版社，2022.4
ISBN 978-7-5680-6355-5

Ⅰ . ①湖…　Ⅱ . ①喻…　②向…　Ⅲ . ①药用植物－植物志－仙桃　Ⅳ . ① Q949.95

中国版本图书馆CIP数据核字(2022)第057861号

湖北仙桃药用植物志　　　　　　　　　　　　　　　　　喻雄华　向 栋　主编
Hubei Xiantao Yaoyong Zhiwuzhi

策划编辑：	周　琳
责任编辑：	马梦雪　郭逸贤
封面设计：	廖亚萍
责任校对：	李　弋
责任监印：	周治超
出版发行：	华中科技大学出版社（中国·武汉）　　电话: (027)81321913
	武汉市东湖新技术开发区华工科技园　　邮编：430223
录　　排：	华中科技大学惠友文印中心
印　　刷：	湖北恒泰印务有限公司
开　　本：	889mm×1194mm　1/16
印　　张：	29.25　　插页：2
字　　数：	785 千字
版　　次：	2022 年 4 月第 1 版第 1 次印刷
定　　价：	368.00 元

\ 主编简介 \

喻雄华 主任药师 湖北中医药大学兼职教授

中国中药协会中药饮片质量保障专业委员会常务委员

中华中医药学会膏方分会第一届委员会委员

中华中医药学会中药制剂分会第二届委员会委员

湖北省中医药学会膏方专业委员会常务委员

湖北省中医药学会男科专业委员会常务委员

湖北省卫生技术（直管市）高级职务评审委员会评委

湖北省药品（医疗器械）不良反应监测及突发性群体不良事件应急处理专家咨询委员会委员

湖北省中药饮片质量控制中心专家委员会专家

仙桃市中药饮片质量控制中心主任

仙桃市科技专家库专家

主持省级科研项目 3 项（其中重点科研项目 1 项），主持市级科研项目 4 项；参与省级重大科研项目 1 项；主持科研项目获湖北省中医药科学技术奖 2 项（其中二等奖 1 项，三等奖 1 项）、仙桃市科学技术进步奖一等奖 1 项；任职期间在核心期刊发表论文 10 余篇，编写专著 2 部；组织本院药师用 26 个月时间，对全市中药资源进行了普查，普查结果通过了国家普查办验收。

向栋　主管药师　仙桃市中医医院临床药学室主任
仙桃市中药饮片质量控制中心委员
仙桃市临床药学质量控制中心委员
2012 年在华中科技大学同济医学院附属协和医院进修，其间在《医药导报》发表论文"临床药师参与华法林个体化抗凝治疗的药历分析"等。

\ 序 \

中医药作为我国独特的卫生资源，既是潜力巨大的经济资源，又是具有原创优势的科技资源，还是优秀的文化资源和重要的生态资源，在经济社会发展中发挥着重要作用。中药是中医诊病治病的物质基础，而中药资源又是中药的本源。正确掌握中药资源的形态特征、产地、生长环境与分布等知识，是中医药产业发展的前提。开展地方中药资源普查，是当地产业发展的需要，也是对中医药发展的贡献。

仙桃市地处江汉平原腹地，水泊纵横，地势平缓，四季分明，土质肥沃，是亚热带动植物生长繁衍的理想之地，也为部分中药生长提供了绝佳的环境。第四次全国中药资源普查工作启动后，仙桃市作为湖北省第四批中药资源普查县市，开展了卓有成效的普查工作。在湖北省中药资源普查办公室专家教授的指导下，仙桃市中医医院以喻雄华同志为首的一批药师组成普查队，凭借着对中医药事业负责的精神，承担起了全市中药资源普查的重任。他们风餐露宿，早出晚归，不畏酷暑和严寒，经过两年多的努力，基本摸清了全市范围内的中药资源分布情况，发现有药用功效的植物465种，并全部制作了相应的标本，拍摄高清图片20000余张，组织专业人员编辑完成了《湖北仙桃药用植物志》。

《湖北仙桃药用植物志》是仙桃市第一部中药资源的专业书籍，本书详细介绍了普查过程中发现的各种药用植物的形态特征，产地、生长环境与分布，采集加工，功能主治等，部分药用植物还附有验方，每种药用植物均附有彩色高清图片。本书的出版对仙桃市乃至江汉平原药用植物资源的研究具有极为重要的参考价值，也是仙桃市中医药产业发展难得的一部参考书。

值此《湖北仙桃药用植物志》出版之际，欣然作序。

教授，博士生导师
湖北中医药大学校长

\ 前　言 \

仙桃市原名沔阳县,古属"云梦泽"。这里历史悠久,中医药文化源远流长,是许多道地药材的重要产地。

传说大禹治水,分天下为九州,沔阳在九州之一的荆州域内。仙桃全市为冲积平原,西北高而东南低,地势平坦,起伏甚微。西北郑场八屋台为最高处,海拔 34.5 米;东南角之五湖为最低处,海拔 21.5 米。全境地势约成 1/7000 的坡度倾斜。境内平原、水域大致构成"八地半滩份半水"的格局。

仙桃市属亚热带季风气候区,全年气候温和,雨量充沛,日照充足,四季分明,年平均日照时数为 2002.6 小时,日照率为 46% 左右,年平均气温为 16.3 ℃,无霜期一般为 256 天。

独特的地理环境和温暖湿润的气候条件,为本市动植物的生长繁衍提供了良好的环境,亚热带植物在我市及江汉平原呈多样性分布。生物的多样性决定了中药资源的多样性。部分仙桃产的中药质量全国闻名,仙桃成为道地药材的重要产地,如仙桃产的地骨皮称为"沔骨皮"行销全国,仙桃半夏也是道地药材"旱半夏"的重要来源。

1987 年,仙桃市成立中药资源领导小组,由市供销社牵头,市财政局、市科工委、市卫生局、市中草药研究会共同参与,对全市中药进行了一次较为系统的普查,共发现我市药用动植物 347 种,并编辑成册。此次普查为当时仙桃市中药、防疫饲料的种植及收购部门提供了方便。但由于当时经济技术条件的限制,普查没有留下任何影像资料,也没有留下药材标本。

三十多年来,仙桃市的经济社会发生了巨大的变化。多地湖泊变成农田,良田变成高楼大厦,这些变化不可避免地导致仙桃市的野生植物品种和数量以及分布也发生了巨大的变化,这一问题在全国各地都具有普遍性。全国性中药领域一直存在"家底"不清、资源动态不明等问题,党和政府高度关注。2018 年,由国家中医药管理局组织的"第四次全国中药资源普查"为仙桃市的中药资源普查提供了千载难逢的机会。

根据市政府统一安排,本次中药资源普查由市卫健委牵头,市财政局、市林业局共同组织,仙桃市中医医院负责具体实施。中药资源野外普查于 2018 年 9 月 15 日正式启动,在历任市中医医院领导魏华、顾庆炎及主管领导张雄鹰、李正宇、刘志杰的支持下,仙桃市中医医院普查队队员们,不分寒暑,早出晚归,走遍了仙桃城区及十五个乡镇。

截至 2020 年 11 月 16 日,普查队按中药资源普查规范,利用卫星定位等现代化的手段,对全市 36 块样地(1080 个样方)的野生药材资源进行了普查和重点药材调查;2020 年 12 月,中药标本的整理工作完成，整个中药资源普查历时 26 个月。通过对采集标本的鉴定，查明确有药用功效的植物有 122 科 377 属 465 种，调查重点药材 52 种，发现国家二级保护植物 1 种（兰科绶草属绶草）；采集并制作腊叶标本 465 种（均做双份），拍摄高清图片 20000 余张，普查原始记录 1080 页。

2020 年 12 月，我市中药资源普查通过专家验收，全部普查标本、普查原始记录、高清图片通过验收后，均上交第四次全国中药资源普查办公室，并在仙桃市中医医院备份。

为充分利用普查信息，方便我市中医药从业人员查询仙桃市中药资源信息，仙桃市中医医院普查队组成编辑委员会，利用 8 个月时间将普查成果整理成书。

本书共收录普查发现的苔藓植物 2 种，蕨类植物 7 种，种子植物 456 种。本书参考《中国植物志》，按科、属、种分类整理。每种药用植物项下详细记录了该植物的形态特征、本市发现地，并对该植物的药用部位进行说明，对采集加工方式、药用功效进行了描述，同时也将收集到的验方记录在相应的植物项下。每种植物都以高清图片的形式记录了自然条件下的生长状态，部分植物还记录了普查制作的药材标本。因本次中药资源普查以药用植物为主，故未对药用动物进行考察，这也是本次中药资源普查留下的遗憾。

由于编者水平有限，书中难免存在错误，不足之处敬请读者批评指正。愿本书的出版为仙桃市乃至江汉平原药用植物资源的保护开发与利用，为促进中医药事业的发展尽一点力。

关于本书中提及的验方，在使用时应因人而异，需遵照医嘱，切勿擅自服用。

编　者

\ 目 录 \

苔藓植物
BRYOPHYTA

苔藓植物门　BRYOPHYTA

1. 地钱科 Marchantiaceae

地钱属 *Marchantia* L.

地钱 （图 001）

Marchantia polymorpha L.

图 001　地钱 *Marchantia polymorpha*

【形态特征】叶状体暗绿色，宽带状，多回二歧分叉，长 5～10 厘米，宽 1～2 厘米，边缘呈波曲状，有裂瓣。背面具六角形、整齐排列的气室分隔；每室中央具 1 个烟囱型气孔，孔口边细胞 4 列，呈 "十" 字形排列。气室内具多数直立的营养丝。基本组织由 10～20 层细胞构成。鳞片紫色，4～6 列。假根平滑或带花纹。雌雄异株。雄托盘状，波状浅裂成 7～8 瓣；精子器生于托的背面，托柄长约 2 厘米。雌托扁平，深裂成 9～11 个指状裂瓣；孢蒴着生托的腹面，托柄长 6 厘米，叶状体背面前端常生有杯状的无性胞芽杯。

【产地、生长环境与分布】仙桃市各地均有产，沔城镇分布较多。生于阴湿土坡、墙下或沼泽地湿土上。广布于全国各地。

【药用部位】叶状体。

【采集加工】夏、秋季采集，洗净，鲜用或晒干。

【性味】味淡，性凉。

【功能主治】清热解毒；用于烫伤、刀伤、疮痈肿毒、毒蛇咬伤。

【用法用量】鲜草适量，捣烂外敷，或全草研细粉，菜油调敷患处。

2. 葫芦藓科 Funariaceae

葫芦藓属 *Funaria* Hedw.

葫芦藓 （图 002）

Funaria hygrometrica Hedw.

【形态特征】植物体矮小，淡绿色，直立，高 1～3 厘米。茎单一或从基部稀疏分枝。叶簇生于茎顶，长舌形，叶端渐尖，全缘；中肋粗壮，消失于叶尖之下，叶细胞近于长方形，壁薄。雌雄同株异苞，雄苞顶生，花蕾状。雌苞则生于雄苞下的短侧枝上；蒴柄细长，黄褐色，长 2～5 厘米，上部弯曲，孢蒴弯梨形，不对称，具明显台部，干时有纵沟槽；蒴齿两层；蒴帽兜形，具长喙，形似葫芦瓢状。

图 002　葫芦藓 *Funaria hygrometrica*

【产地、生长环境与分布】仙桃市各地均有产，沔城镇莲花池分布较多。生于阴凉湿润地。分布于南北各省区。

【药用部位】全草。

【采集加工】夏季采集，洗净，晒干。

【性味】味辛、涩，性平。

【功能主治】除湿止血；用于劳伤吐血、跌打损伤、湿气脚痛、跌扑闪挫。

【用法用量】内服：煎汤，6～15 克。

蕨 类 植 物

PTERIDOPHYTA

蕨类植物门 PTERIDOPHYTA

3. 木贼科 Equisetaceae

木贼属 *Equisetum* L.

1. 地上枝宿存仅 1 年或更短时间；主枝常常有规则的轮生分枝；气孔位于地上枝的表面；孢子囊穗顶端钝；鞘齿革质，宿存，黑棕色或红棕色···问荆 *E. arvense*

1. 地上枝宿存 1 年以上，主枝常常不分枝；气孔下陷，呈单列；孢子囊穗顶端具小尖突；鞘齿膜质，早落，淡棕色或灰色···节节草 *E. ramosissimum*

问荆 眉毛草 （图 003）

Equisetum arvense L.

【形态特征】根茎斜升，直立和横走，节和根密生黄棕色长毛或光滑无毛，枝二型。能育枝春季先萌发，高 5 ～ 35 厘米，中部直径 3 ～ 5 毫米，节间长 2 ～ 6 厘米，黄棕色，无轮茎分枝；叶退化，下部连合成鞘，鞘齿披针形，9 ～ 12 枚，栗棕色，长 4 ～ 7 毫米，狭三角形。孢子囊穗顶生，顶端钝，孢子一型。

【产地、生长环境与分布】仙桃市各地均有产，龙华山街道办事处杜台村分布较多。生于潮湿的草地、沟渠旁、田边等处。全国各地均有分布。

图 003 问荆 *Equisetum arvense*

【药用部位】全草。

【采集加工】春末夏初采集，洗净，切段，晒干。

【性味】味微苦，性凉。

【功能主治】清热、凉血、解毒、利尿；用于吐血、衄血、便血、经行吐衄、咳嗽气喘等。

【用法用量】内服：煎汤，3 ～ 15 克。外用：适量，鲜品捣敷；或干品研末撒。

节节草 节节木贼 （图 004）

Equisetum ramosissimum Desf.

【形态特征】根茎直立，横走或斜升，黑棕色，节和根疏生黄棕色长毛或光滑无毛。枝一型，高 20 ～ 60 厘米，中部直径 1 ～ 3 毫米，节间长 2 ～ 6 厘米，绿色，主枝多在下部分枝，常形成簇生状；

幼枝的轮生分枝明显或不明显；主枝有脊5～14条，脊的背部弧形，有一行小瘤或有浅色小横纹；鞘筒狭长达1厘米，下部灰绿色，上部灰棕色；鞘齿5～12枚，三角形，灰白色、黑棕色或淡棕色，边缘（有时上部）为膜质，基部扁平或弧形。孢子囊穗短棒状或椭圆形，长0.5～2.5厘米，中部直径0.4～0.7厘米，顶端有小尖突，无柄。

【产地、生长环境与分布】仙桃市各地均有产。生于潮湿的路边、林地及田坎等处。分布于黑龙江、吉林、河北、山西、陕西、湖北、河南、广东、广西等地。

【药用部位】全草。

【采集加工】夏季采集，洗净，切段，晒干。

【性味】味甘、微苦，性平。

【功能主治】清热、利尿、明目退翳、祛痰止咳；用于目赤肿痛、角膜云翳、肝炎、咳嗽、支气管炎、尿路感染等。

【用法用量】9～30克，水煎服。

图 004　节节草 *Equisetum ramosissimum*

4. 海金沙科 Lygodiaceae

海金沙属 *Lygodium* Sw.

海金沙　铁线藤　左旋藤　（图 005）

Lygodium japonicum (Thunb.) Sw.

【形态特征】根茎细而匍匐或攀援，被细柔毛。茎细弱，呈干草色，有白色微毛。叶为二至三回羽状复叶，两面均被细柔毛；能育羽片卵状三角形，小叶卵状披针形，边缘有钝齿或不规则分裂，穗长2～4毫米，孢子囊盖鳞片状，卵形，每盖下生一横卵形的孢子囊，环带侧生，聚集一处。

【产地、生长环境与分布】仙桃市各地均有产。生于潮湿的林地。分布于江苏、浙江、安徽南部、福建、台湾、广东、香港、广西、湖南、贵州、四川、云南、陕西南部

图 005　海金沙 *Lygodium japonicum*

【药用部位】 孢子。

【采集加工】 立秋后采集孢子，晒干备用。

【性味】 味甘，性寒。

【功能主治】 通淋止痛；用于热淋、石淋、血淋、膏淋、小便涩痛。

【用法用量】 6 ～ 15 克，包煎。

5. 凤尾蕨科 Pteridaceae

凤尾蕨属 *Pteris* L.

剑叶凤尾蕨 （图 006）

Pteris ensiformis Burm.

【形态特征】 植株高可达 50 厘米。根状茎细长，被黑褐色鳞片。叶密生，二型；柄与叶轴同为禾秆色，稍有光泽，光滑；叶片长圆状卵形，羽片对生，稍斜向上；不育叶的下部羽片三角形，尖头，羽状，小羽片对生，密接，长圆状倒卵形至阔披针形，先端钝圆；能育叶的羽片疏离，顶生羽片基部不下延，主脉禾秆色，下面隆起；侧脉密接，叶干后草质，无毛。

图 006　剑叶凤尾蕨 *Pteris ensiformis*

【产地、生长环境与分布】 仙桃市各地均有产。生于林下或溪边潮湿的土壤上。分布于浙江南部、江西南部、福建、台湾、广东、广西、贵州西南部、四川、云南南部。

【药用部位】 全草。

【采集加工】 夏季采集，晒干备用。

【性味】 味甘，性凉。

【功能主治】 清热利湿、凉血止痢、消炎止痛；用于痢疾、肝炎、尿道炎、鼻衄、咯血、牙痛、喉痛、口腔炎。

井栏边草 （图 007）

Pteris multifida Poir.

【形态特征】 植株高 30 ～ 70 厘米。根状茎短而直立，先端被黑褐色鳞片。叶二型，密而簇生；不育叶柄长 15 ～ 25 厘米，粗 1.5 ～ 2 毫米，禾秆色或暗褐色而有禾秆色的边，稍有光泽，光滑；能育叶有较长的柄，羽片狭线形，叶轴禾秆色，稍有光泽。

【产地、生长环境与分布】 仙桃市杨林尾镇有产。生于林下。分布于长江流域以南各地。

【药用部位】 全草。

【采集加工】 夏季采集，切段，晒干备用。

【性味】 味淡、微苦，性寒。

【功能主治】 清热利湿、凉血解毒、止血止痢、强筋活络；用于痢疾、胃肠炎、肝炎、尿路感染、感冒发热、咽喉肿痛、带下、崩漏、农药中毒。

【用法用量】 内服：煎汤，9～15克（鲜品30～60克）；或捣汁。外用：适量，捣敷。

图 007　井栏边草 *Pteris multifida*

6. 姬蕨科 Dennstaedtiaceae

姬蕨属 *Hypolepis* Bernh.

姬蕨　岩姬蕨　（图 008）

Hypolepis punctata (Thunb.) Mett.

【形态特征】 陆生大型蕨类植物。根状茎长而横走，密被棕色节状长毛。叶疏生，柄暗褐色，叶片长卵状三角形，三至四回羽状深裂，顶部为一回羽状；羽片卵状披针形，先端渐尖，密生灰色腺毛，近互生；一回小羽片披针形或阔披针形，先端渐尖；二回羽片长圆形或长圆状披针形，先端圆而有齿，基部近圆形；末回裂片长圆形，钝头，边缘有钝锯齿，下面中脉隆起；第三对羽片长圆状披针形或披针形。叶坚草质或纸质，孢子囊群圆形，囊群盖由锯齿多少反卷而成，棕绿色或灰绿色。

图 008　姬蕨 *Hypolepis punctata*

【产地、生长环境与分布】 仙桃市各地均有产，陈场镇多见。生于林下或溪边潮湿的土壤上。分布于福建、台湾、广东、贵州、云南南部及中部（昆明）、四川、江西、浙江、安徽等地。

【药用部位】 全草。

【采集加工】 夏、秋季采收，晒干备用。

【性味】 味苦、辛，性凉。

【功能主治】清热解毒、收敛止血；用于外伤出血、水火烫伤。

【用法用量】外用：适量，鲜草捣敷，或干品研末敷。

7. 鳞毛蕨科 Dryopteridaceae

贯众属 *Cyrtomium* Presl

贯众 （图009）

Cyrtomium fortunei J. Smith

【形态特征】根茎直立，密被棕色鳞片。叶簇生，叶柄长 12 ～ 26 厘米，禾秆色，腹面有浅纵沟，密生卵形及披针形、棕色有时中间为深棕色鳞片，鳞片边缘有齿；叶片矩圆状披针形，长 20 ～ 42 厘米，宽 8 ～ 14 厘米，先端钝，基部不变狭或略变狭，奇数一回羽状；侧生羽片 7 ～ 16 对，互生，近平伸，柄极短，披针形，弯成镰状；具羽状脉，小脉联结成 2 ～ 3 行网眼；顶生羽片狭卵形，下部有时有 1 或 2 个浅裂片。叶为纸质，两面光滑；叶轴腹面有浅纵沟，疏生披针形及线形棕色鳞片。孢子囊群遍布羽片背面；囊群盖圆形，盾状，全缘。

图 009　贯众 *Cyrtomium fortunei*

【产地、生长环境与分布】仙桃市杨林尾镇有产。生于林下。分布于长江以南各地。

【药用部位】带叶柄残基的根茎。

【采集加工】夏季采收，去掉枯朽的叶柄残基，切片，晒干备用。

【性味】味苦，性微寒。

【功能主治】清热、解毒、凉血、止血；用于风热感冒、温热斑疹、吐血、咯血、衄血、便血、崩漏、带下及钩虫病、蛔虫病、绦虫病等。

【用法用量】9 ～ 30 克，水煎服。

种子植物
SPERMATOPHYTA

裸子植物门 GYMNOSPERMAE

8. 苏铁科 Cycadaceae

苏铁属 *Cycas* L.

苏铁　铁树　（图 010）

Cycas revoluta Thunb.

【形态特征】常绿木本植物，树干高 1 ～ 4（20）米，圆柱形如有明显螺旋状排列的菱形叶柄残痕。羽状叶从茎的顶部生出，下层的向下弯，上层的斜上伸展，整个羽状叶的轮廓呈倒卵状狭披针形，长 75 ～ 200 厘米，叶轴横切面四方状圆形，柄略呈四角形，两侧有齿状刺，水平或略斜上伸展，刺长 2 ～ 3 毫米；羽状裂片 100 对以上，条形，厚革质，坚硬，长 9 ～ 18 厘米，宽 4 ～ 6 毫米，向上斜展微成 "V" 字形，边缘显著地向下反卷，上部微渐窄，先端有刺状尖头，基部窄，两侧不对称，下侧下延生长，上面深绿色有光泽，中央微凹，凹槽内有稍隆起的中脉，下面浅绿色，中脉显著隆起，两侧有疏柔毛或无毛。

图 010　苏铁 *Cycas revoluta*

【产地、生长环境与分布】仙桃市各地均有产，均为引种栽培。分布于福建、台湾、广东等地，我国各地均有栽培。

【药用部位】叶，花，种子。

【采集加工】叶于四季均可采收，花于夏季采收，种子于秋季采收，晒干备用。

【性味】叶：味甘、酸，性微温。花、种子：味微甘，性微温；有小毒。

【功能主治】叶：收敛止血、解毒止痛；用于各种出血、胃炎、胃溃疡、高血压、神经痛、闭经。花：

理气止痛、益肾固精；用于胃痛、遗精、带下、痛经。种子：平肝、降血压；用于高血压。

9. 银杏科 Ginkgoaceae

银杏属 *Ginkgo* L.

银杏 （图011）

Ginkgo biloba L.

【形态特征】乔木，树高10～20米，有的为20米以上；幼树树皮浅纵裂，大树之皮呈灰褐色，深纵裂，粗糙；幼年及壮年树冠圆锥形，老则广卵形。叶扇形，有长柄，淡绿色，无毛，有多数叉状并列细脉，顶端宽5～8厘米，在短枝上常具波状缺刻，在长枝上常2裂，基部宽楔形。球花雌雄异株，单性，生于短枝顶端的鳞片状叶的腋内，呈簇生状；雄球花柔荑花序状，下垂。种子具长梗，下垂，常为椭圆形、长倒卵形、卵圆形或近圆球形。

【产地、生长环境与分布】仙桃市各地均有产，均为引种栽培。我国各地广为栽培。

【药用部位】根，树皮，叶，种子。

【采集加工】夏季采叶，初冬采种子，晒干备用。

【性味】根、树皮：味甘，性平。叶：味微苦，性平。种子：味甘、苦、微涩，性平；有小毒。

【功能主治】根：益气补虚；用于带下、遗精。叶：益心敛肺、化湿、止泻、降血压、降血脂；用于胸闷心痛、心悸怔忡、痰喘咳嗽、泄泻、带下、防治心脑血管疾病等。种子：敛肺气、定喘嗽、止带浊、缩小便；用于哮喘、痰嗽、带下、白浊、遗精、淋证。

图011-01 银杏 *Ginkgo biloba*

图011-02 银杏叶（**药材**）

图011-03 白果（**药材**）

10. 松科 Pinaceae

松属 *Pinus* L.

马尾松　青松　山松　（图 012）
Pinus massoniana Lamb.

【形态特征】乔木，树形高大；树皮红褐色，下部灰褐色，裂成不规则的鳞状块片；一年生枝条，无毛；冬芽卵状圆柱形或圆柱形，褐色。针叶2针一束，稀3针一束，长12～20厘米；树脂道4～8个，在背面边生，或腹面也有2个边生；叶鞘宿存；球果卵圆形或圆锥状卵圆形，长4～7厘米，直径2.5～4厘米，成熟前绿色，熟时栗褐色；种鳞近矩圆状倒卵形，种子长卵圆形，长4～6毫米，连翅长2～2.7厘米。

图 012　马尾松 *Pinus massoniana*

【产地、生长环境与分布】仙桃市各地均有产，均为引种栽培。分布于我国秦岭、淮河以南，西至四川、贵州中部和云南东南部。

【药用部位】根，嫩枝梢，叶，树皮，松节，花粉，果实，油脂。

【采集加工】叶、嫩枝梢全年可采，夏季采收松节、油脂，晒干备用。

【性味】松根：味苦，性温。松叶：味微涩、苦，性温。松节、松节油：味甘、苦，性温。松香、松花粉：味苦、甘，性温。

【功能主治】松根：用于筋骨疼痛、伤损吐血、虫牙痛。嫩枝梢：活血止痛；用于跌打损伤、小便淋沥。松节：祛风燥湿、舒筋通络；用于历节风痛、转筋挛急、脚气痿软、鹤膝风、跌打瘀血。松叶：祛风燥湿、杀虫止痒；用于风湿痿痹、跌打损伤、失眠、浮肿、湿疮、疥癣、钩虫病。松节油：用于疥疮久治不愈。松香：祛风燥湿、排脓、拔毒、生肌、止痛；用于痈疽、疔毒、痔瘘、恶疮、疥癣、金疮、扭伤、风湿痹痛等。松花粉：祛风益气、止血；用于眩晕、中虚胃痛、久痢、创伤出血等。

雪松属 *Cedrus* Trew

雪松　（图 013）
Cedrus deodara (Roxb.) G. Don

【形态特征】乔木，高30米左右，胸径可达3米；树皮深灰色，裂成不规则的鳞状片；枝平展、微斜展或微下垂，小枝常下垂，一年生枝淡黄褐色，密生短茸毛，二、三年生枝呈灰色、淡褐灰色或深灰色。树冠呈宝塔状，顶端嫩梢呈弯垂状。雄球花长卵圆形或椭圆状卵圆形，长2～3厘米，直径约1厘米；雌球花卵圆形，长约8毫米，直径约5毫米。球果卵圆形或宽椭圆形，长7～12厘米，直径5～9

厘米，顶端圆钝，有短梗；中部种鳞扇状倒三角形，长2.5～4厘米，宽4～6厘米，边缘有不整齐的细锯齿；种子近三角状，种翅宽大，较种子为长，连同种子长2～3.7厘米。

【产地、生长环境与分布】仙桃市沔城镇及各地均有产，均为引种栽培。分布于阿富汗至印度，海拔1300～3300米地带，我国各地广泛栽培作庭园树。

【药用部位】树干，枝叶。

【采集加工】夏季采收，晒干备用。

【性味】味苦、涩，性平。

图013　雪松 *Cedrus deodara*

【功能主治】祛风活络、消肿生肌、止痒防腐、止痢止痛、活血止血、发汗、利尿、杀虫；用于咯血、吐血、衄血、尿血、便血、崩漏、腹泻、痢疾、蛔虫病、蛲虫病、疥疮、真菌皮肤感染、尿路感染、尿痛、尿急。

11. 杉科 Taxodiaceae

水杉属 *Metasequoia* Hu & W. C. Cheng

水杉　（图014）

Metasequoia glyptostroboides Hu et Cheng

【形态特征】乔木，树干通直，基部常膨大；树皮灰色、灰褐色或暗灰色；小枝对生下垂，幼树树冠尖塔形；叶在侧生小枝上列成二列，交互对生，羽状，条形，扁平，柔软，几无柄，上面中脉凹下；雌雄同株；球果下垂，近四棱状球形或矩圆状球形，成熟前绿色，熟时深褐色，种子扁平，倒卵形，间或圆形或矩圆形，周围有翅，先端有凹缺。

【产地、生长环境与分布】仙桃市各地均有产，多为栽培品种。分布于湖北、重庆、湖南三省交界的利川、石柱、龙山三县的局部地区，垂直分布一般为海拔750～1500米。

图014　水杉 *Metasequoia glyptostroboides*

【药用部位】枝叶。

【采集加工】夏季采收，晒干备用。

【性味】味辛，性温。

【功能主治】解毒杀虫、透表、疏风；用于风疹、疮疡、疥癣、赤游丹、接触性皮炎、过敏性皮炎。

12. 罗汉松科 Podocarpaceae

罗汉松属 *Podocarpus* L'Hér. ex Pers.

罗汉松 （图015）

Podocarpus macrophyllus (Thunb.) D. Don

【形态特征】常绿乔木，高达20米，胸径达60厘米；树皮灰色或灰褐色，浅纵裂，成薄片状脱落；枝开展或斜展，较密。叶螺旋状着生，条状披针形，微弯，长7～12厘米，宽7～10毫米，先端尖，基部楔形，上面深绿色，有光泽，中脉显著隆起，下面带白色、灰绿色或淡绿色，中脉微隆起。雄球花穗状、腋生，常3～5个簇生于极短的总梗上，长3～5厘米，基部有数枚三角状苞片；雌球花单生于叶腋，有梗，基部有少数苞片。种子卵圆形，直径约1厘米，先端圆，熟时肉质假种皮紫黑色，

图015　罗汉松 *Podocarpus macrophyllus*

有白粉，种托肉质圆柱形，红色或紫红色，柄长1～1.5厘米。花期4—5月，种子8—9月成熟。

【产地、生长环境与分布】仙桃市各地均有产，均为引种栽培。分布于江苏、浙江、福建、安徽、江西、湖南、四川、云南、贵州、广西、广东等地。

【药用部位】叶，树皮，根皮，种子。

【采集加工】叶、树皮、根皮于夏季采收，秋、冬季采收种子，晒干备用。

【性味】叶：味淡，性平。种子：味甘，性温。根皮、树皮：味微苦、辛，性温。

【功能主治】叶：止血；用于吐血、咯血。树皮、根皮：活血补血、舒筋活络。种子：祛风湿、调经、大补元气；用于心胃痛。

竹柏属 *Nageia* Gaertn.

竹柏　八大金刚　竹叶青　竹叶柏身　（图016）

Nageia nagi (Thunb.) Kuntze

【形态特征】乔木，高达20米，胸径50厘米；树皮近于平滑，红褐色或暗紫红色，成小块薄片脱落；枝条开展或伸展，树冠广圆锥形。叶对生，革质，长卵形、卵状披针形或披针状椭圆形，有多数并列的细脉，无中脉，长3.5～9厘米，宽1.5～2.5厘米，上面深绿色，有光泽，下面浅绿色，上部渐窄，基部楔形

或宽楔形，向下窄成柄状。雄球花穗状圆柱形，单生于叶腋，常呈分枝状，长 1.8～2.5 厘米，总梗粗短，基部有少数三角状苞片；雌球花单生于叶腋，稀成对腋生，基部有数枚苞片，花后苞片不肥大成肉质种托。种子圆球形，直径 1.2～1.5 厘米，成熟时假种皮暗紫色，有白粉，梗长 7～13 毫米，其上有苞片脱落的痕迹；骨质外种皮黄褐色，顶端圆，基部尖，其上密被细小的凹点，内种皮膜质。花期 3—4 月，种子 10 月成熟。

图 016　竹柏 *Nageia nagi*

【产地、生长环境与分布】仙桃市流潭公园有栽培。散生于低海拔常绿阔叶林中。分布于浙江、江西、福建、台湾、湖南、广东、广西、四川等地。

【药用部位】叶。

【采集加工】全年可采，洗净，鲜用或晒干。

【性味、归经】味淡、涩，性平。归肝经。

【功能主治】止血、接骨；用于外伤出血、骨折。

【用法用量】外用：适量，鲜品捣敷；或干品研末调敷。

【验方参考】治外伤出血、骨折：外用适量，鲜品捣敷或干品研末调敷。（《浙江药用植物志》）

13. 柏科 Cupressaceae

侧柏属 *Platycladus* Spach

侧柏 （图 017）

Platycladus orientalis (L.) Franco

【形态特征】常绿乔木，树冠广卵形，小枝扁平，排列成 1 个平面。叶小，鳞片状，紧贴于小枝上，呈交叉对生排列，叶背中部具腺槽。雌雄同株，花单性。雄球花黄色，由交互对生的小孢子叶组成，每个小孢子叶生有 3 个花粉囊，珠鳞和苞鳞完全愈合。球果当年成熟，种鳞木质化，开裂，种子不具翅或有棱脊。

【产地、生长环境与分布】仙桃市各地均有产，均为引种栽培。分布于内蒙古南部、吉林、辽宁、河北、山西、山东、江苏、

图 017-01　侧柏 *Platycladus orientalis*

浙江、福建、安徽、江西、河南、陕西、甘肃、四川、云南、贵州、湖北、湖南、广东北部及广西北部等地。西藏德庆、达孜等地有栽培。

【药用部位】根皮，枝节，枝叶，树脂，种仁，果壳。

【采集加工】夏季采叶，秋、冬季采果壳，全年可采根皮，晒干备用；树木或树枝砍断后渗出的油脂凝结后收取备用。

【性味】根白皮、叶：味苦、涩，性寒凉。种子：味甘、微苦，性平。

【功能主治】叶、果壳：清热凉血、止血；用于吐血、衄血、尿血、赤白带下、子宫出血、紫癜。种仁：补脾润肺、滑肠、养心安神；用于失眠遗精、心悸出汗、神经衰弱、便秘、咳嗽。根白皮：用于烫伤。根皮：用于急性黄疸型肝炎。柏树油：祛风、解毒、生肌；用于风热头痛、带下、淋证、痈疽疮毒、刀伤出血。

图 017-02　侧柏叶（药材）　　　　　图 017-03　柏子仁（药材）

刺柏属 *Juniperus* L.

刺柏　山刺柏　刺柏树　短柏木　（图 018）

Juniperus formosana Hayata

【形态特征】乔木，高达 12 米；树皮褐色，纵裂成长条薄片脱落；枝条斜展或直展，树冠塔形或圆柱形；小枝下垂，三棱形。叶三叶轮生，条状披针形或条状刺形，长 1.2～2 厘米，很少长达 3.2 厘米，宽 1.2～2 毫米，先端渐尖具锐尖头，上面稍凹，中脉微隆起，绿色，两侧各有1 条白色、很少紫色或淡绿色的气孔带，气孔带较绿色边带稍宽，在叶的先端汇合为 1 条，下面绿色，有光泽，具纵钝脊，横切面新月形。雄球花圆球形或椭圆形，

图 018　刺柏 *Juniperus formosana*

长 4 ～ 6 毫米，药隔先端渐尖，背有纵脊。球果近球形或宽卵圆形，长 7 ～ 10 毫米，直径 6 ～ 9 毫米，两年成熟，熟时淡红褐色，被白粉或白粉脱落，顶端有 3 条辐射状的皱纹及 3 个钝头，间或顶部微开裂；种子 3 粒，稀 1 粒，半月圆形，具 3 ～ 4 棱脊，顶端尖，近基部有 3 ～ 4 个树脂槽。

【产地、生长环境与分布】 仙桃市各地区有产，均为引种栽培。我国特有树种，分布很广，生于台湾中央山脉、江苏南部、安徽南部、浙江、福建西部、江西、湖北西部、湖南南部、陕西南部、甘肃东部、青海东北部、西藏南部、四川、贵州、云南中部、北部及西北部。

【药用部位】 根，根皮或枝叶。

【采集加工】 根，秋、冬季采收，或剥取根皮；枝叶，全年可采，清洗干净，晾晒成干品。

【性味、归经】 味苦，性寒。归肝经。

【功能主治】 清热解毒、燥湿止痒；用于麻疹、身热不退。

【用法用量】 煎药去渣喝药汁，每天用量为 6 ～ 15 克。

【验方参考】 ①治麻疹高药性发热：刺柏根 12 克，金银花、白茅根各 9 克，煎水后服用。（《福建药物志》）②治麻疹发透至手足出齐后，疹点不按期收没，身药性发热不退：山刺柏根 12 ～ 15 克，金银花藤、夏枯草各 12 克，煎水后服用。（《浙江天目山药用植物志》）③治皮肤癣证：刺柏根皮或树皮根据自身情况适量即可，煎水洗患处。（《浙江药用植物志》）

圆柏属 *Sabina* Mill.

圆柏　珍珠柏　红心柏　桧　桧柏　（图 019）
Sabina chinensis L.

【形态特征】 乔木，高达 20 米，胸径达 3.5 米；树皮深灰色，纵裂，成条片开裂；幼树的枝条通常斜上伸展，形成尖塔形树冠，老则下部大枝平展，形成广圆形的树冠；树皮灰褐色，纵裂，裂成不规则的薄片脱落；小枝通常直或稍呈弧状弯曲，生鳞叶的小枝近圆柱形或近四棱形，直径 1 ～ 1.2 毫米。叶二型，即刺叶及鳞叶；刺叶生于幼树之上，老龄树则全为鳞叶，壮龄树兼有刺叶与鳞叶；生于一年生小枝的一回分枝的鳞叶三叶轮生，直伸而紧密，近披针形，先端微渐尖，长 2.5 ～ 5 毫米，

图 019　圆柏 *Sabina chinensis*

背面近中部有椭圆形微凹的腺体；刺叶三叶交互轮生，斜展，疏松，披针形，先端渐尖，长 6 ～ 12 毫米，上面微凹，有两条白粉带。雌雄异株，稀同株，雄球花黄色，椭圆形，长 2.5 ～ 3.5 毫米，雄蕊 5 ～ 7 对，常有 3 ～ 4 花药。球果近圆球形，直径 6 ～ 8 毫米，两年成熟，熟时暗褐色，被白粉或白粉脱落，有 1 ～ 4 粒种子；种子卵圆形，扁，顶端钝，有棱脊及少数树脂槽；子叶 2 枚，出土，条形，长 1.3 ～ 1.5 厘米，宽约 1 毫米，先端锐尖，下面有两条白色气孔带，上面则不明显。

【产地、生长环境与分布】 我国大部分地区皆有分布。各地亦有栽培。

【药用部位】 枝，叶及树皮。

【采集加工】 全年可采，鲜用，或晒干用。

【性味、归经】 味苦、辛，性温。归肺经。

【功能主治】 祛风散寒、活血消肿、解毒利尿；用于风寒感冒、肺结核、尿路感染，外用于荨麻疹、风湿性关节炎。

【用法用量】 内服：煎汤，9～15克。外用：适量，煎水洗，或燃烧取烟熏烤患处。

【验方参考】 ①治荨麻疹：叶卷于草纸中，烧烟遍熏身体。（《草药手册》）②治硬结肿毒：鲜叶加红糖捣烂敷患处。（《草药手册》）

14. 红豆杉科 Taxaceae

红豆杉属 *Taxus* L.

红豆杉 （图 020）

Taxus wallichiana var. *chinensis* (Pilger) Florin

【形态特征】 乔木，高15米以上；树皮灰褐色、红褐色或暗褐色；冬芽黄褐色、淡褐色或红褐色，有光泽，芽鳞三角状卵形，背部无脊或有纵脊。叶排列成两列，条形，微弯或较直，上面深绿色，有光泽，下面淡黄绿色，有两条气孔带。雌雄异株；雄球花淡黄色，雄球花单生于叶腋，雌球花的胚珠单生于花轴上部侧生短轴的顶端，基部托以圆盘状假种皮。种子生于杯状红色肉质的假种皮中，常呈卵圆形，上部渐窄，稀倒卵状，微扁或圆，上部常具二钝棱脊，先端有突起的短钝尖头，种脐近圆形或宽椭圆形。

【产地、生长环境与分布】 仙桃市毛嘴镇榨湾村有产，均为引种栽培。分布于我国西南、华中地区及陕西、甘肃等地。

【药用部位】 树皮，叶，种子。

【采集加工】 树皮、叶全年可采，种子于秋季采收，晒干备用。

【性味】 味微苦、辛，性温；有小毒。

图 020-01　红豆杉 *Taxus wallichiana* var. *chinensis*（1）

图 020-02　红豆杉 *Taxus wallichiana* var. *chinensis*（2）

【功能主治】叶，杀虫止痒；种子，消食积、驱蛔虫；树皮可提取抗癌物质紫杉醇。

【用法用量】3～6钱，炒热，水煎服。

被子植物门 ANGIOSPERMAE

15. 胡桃科 Juglandaceae

枫杨属 *Pterocarya* Kunth

枫杨　蜈蚣柳　（图 021）

Pterocarya stenoptera C. DC.

【形态特征】大乔木，高可达30米，胸径可达1米；幼树树皮平滑，浅灰色，老时则深纵裂；小枝灰色至暗褐色，具灰黄色皮孔；芽具柄。叶多为偶数或稀奇数羽状复叶，长8～16厘米（稀达25厘米），叶柄长2～5厘米。雄性柔荑花序长6～10厘米，单独生于去年生枝条的叶痕腋内，花序轴常有稀疏的星芒状毛。雌性柔荑花序顶生，长10～15厘米，花序轴密被星芒状毛及单毛，下端不生花的部分长达3厘米。雌花几乎无梗，苞片及小苞片基部常有细小的星芒状毛，并密被腺体。果序

图 021　枫杨 *Pterocarya stenoptera*

长20～45厘米，果序轴常被有宿存的毛。果实长椭圆形，长6～7毫米；果翅狭，条形或阔条形，长12～20毫米，宽3～6毫米，具近于平行的脉。花期4—5月，果熟期8—9月。

【产地、生长环境与分布】仙桃市各地均有产。生于村边、宅边、林间。分布于我国华北、华中、华东、华南和西南各地。

【药用部位】根，树皮，叶，果实。

【采集加工】树皮于春、夏季采收，根、叶于秋季采收，晒干备用。

【性味】味辛，性大热；有毒。

【功能主治】根、树皮：解毒、杀虫止痒、祛风止痛；用于龋齿痛、疥癣、癞痢头、久疮、烫伤。叶：用于慢性支气管炎、关节痛、疮疖疔肿、疥癣风痒、皮炎湿疹、烫伤。果实：用于天疱疮。

【用法用量】根、叶、树皮适量，煎水洗患处或捣烂、浸酒敷搽患处。

16. 杨柳科 Salicaceae

柳属　*Salix* L.

垂柳 （图022）

Salix babylonica L.

【形态特征】乔木，树冠开展而疏散。树皮灰黑色，不规则开裂；枝细，下垂，淡褐黄色、淡褐色或带紫色，无毛。芽线形，先端急尖。叶狭披针形或线状披针形，长 9～16 厘米，宽 0.5～1.5 厘米，先端长渐尖，基部楔形两面无毛或微有毛，上面绿色，下面色较淡，锯齿缘；叶柄长 5～10 毫米，有短柔毛。花序先于叶开放，或与叶同时开放；雄花序长 1.5～2 厘米，有短梗，轴有毛；雄蕊 2，花丝与苞片近等长或较长，基部多少有长毛，花药红黄色；苞片披针形，外面有毛；腺体 2；雌花序长 2～3 厘米，有梗，基部有 3～4 小叶，轴有毛；子房椭圆形，无毛或下部稍有毛，无柄或近无柄，花柱短，柱头 2～4 深裂；苞片披针形，外面有毛；腺体 1。蒴果长 3～4 毫米，带绿黄褐色，种子细小，上有长绵毛。花期 3—4 月，果熟期 4—6 月。

图 022　垂柳 *Salix babylonica*

【产地、生长环境与分布】仙桃市各地均有产。生于水边湿地等处。分布于我国长江流域与黄河流域。

【药用部位】全株。

【采集加工】夏、秋季采收，晒干备用。

【性味】味苦，性寒。

【功能主治】根：利水通淋、祛风除湿；用于淋证、白浊、水肿、黄疸、风湿疼痛等。柳白皮：祛风除湿、消肿止痛；用于风湿骨痛、风肿瘙痒、黄疸、淋浊、牙痛、烫伤。枝：祛风、利尿、止痛、消肿；用于风湿痹痛、白浊、小便不利、传染性肝炎、风肿、疔疮。叶：清热解毒、祛风除湿；用于慢性支气管炎、尿道炎、膀胱炎、膀胱结石、高血压，外用于关节肿痛、痈疽肿毒、皮肤瘙痒等。

【用法用量】根：25～50 克，水煎服；外用煎水熏或酒煮温熨。柳白皮：50～100 克，水煎服；外用煎水熏或酒煮温熨。枝：50～100 克，水煎服；外用煎水含漱或熏洗；柳屑适量煎水洗浴或炒热熨敷。叶：鲜品 50 ～ 100 克，水煎服；外用煎水洗、研末调敷或熬膏涂。花：捣汁或研末，每服 5 ～ 15 克；外用研末或烧存性敷。柳絮：适量，研末或浸汁服；外用敷贴或研末调搽。

17. 杜仲科 Eucommiaceae

杜仲属 *Eucommia* Oliv.

杜仲 （图 023）

Eucommia ulmoides Oliver

【形态特征】落叶乔木，高达 20 米。小枝光滑，黄褐色或较淡，具片状髓。皮、枝及叶均含胶质。单叶互生；椭圆形或卵形，长 7 ～ 15 厘米，宽 3.5 ～ 6.5 厘米，先端渐尖，基部广楔形，边缘有锯齿，幼叶上面疏被柔毛，下面毛较密，老叶上面光滑，下面叶脉处疏被毛；叶柄长 1 ～ 2 厘米。花单性，雌雄异株，与叶同时开放，或先于叶开放，生于一年生枝基部苞片的腋内，有花柄；无花被；雄花有雄蕊 6 ～ 10 枚；雌花有一裸露而延长的子房，子房 1 室，顶端有二叉状花柱。翅果卵状长椭圆形而扁，先端下凹，内有种子 1 粒。花期 4—5 月，果期 9 月。

图 023　杜仲 *Eucommia ulmoides*

【产地、生长环境与分布】仙桃市沔州森林公园有产。生于山地林中或栽培。分布于长江中游及南部各省，河南、陕西、甘肃等地均有栽培。主产于四川、陕西、湖北、河南、贵州、云南、江西、甘肃、湖南、广西等地亦产。

【药用部位】树皮。

【采集加工】一般采用局部剥皮法。在清明至夏至间，选取生长 15 年以上的植株，按药材规格大小，剥下树皮，刨去粗皮，晒干。置通风干燥处。

【成分】树皮含杜仲胶 6% ～ 10%，根皮含 10% ～ 12%，为易溶于酒精，难溶于水的硬性树胶。此外，树皮还含糖苷 0.142 毫克、生物碱 0.066 毫克、果胶 6.5 毫克、脂肪 2.9 毫克、树脂 1.76 毫克、有机酸 0.25 毫克、维生素 C 20.7 毫克等。种子所含脂肪油的脂肪酸组成为亚麻酸 67.38%、亚油酸 9.97%、油酸 15.81%、硬脂酸 2.15%、棕榈酸 4.68%。果实含胶量可达 27%，易溶于酒精、丙酮等有机溶剂。

【性味、归经】味甘、微辛，性温。归肝、肾经。

【功能主治】补肝肾、强筋骨、安胎；用于腰脊酸疼、足膝痿弱、小便余沥、阴下湿痒、胎动不安、高血压。

【用法用量】内服：煎汤，3 ～ 5 钱；或浸酒，或入丸、散。

【验方参考】①治腰痛：杜仲一斤，五味子半升。二物切，分十四剂，每夜取一剂，以水一升，浸至五更，煎三分减一，滤取汁，以羊肾三四枚，切下之，再煮三五沸，如作羹法，空腹顿服。用盐、醋和之亦得。(《箧中方》)②治中风筋脉挛急，腰膝无力：杜仲(去粗皮，炙，锉)一两半，芎一两，附子(炮裂，去皮、脐)半两；上三味，锉如麻豆，每服五钱匕，水二盏，入生姜一枣大，拍碎，煎至一盏，去滓，空心温服。如人行五里再服，汗出慎外风。(《圣济总录》)③治小便余沥，阴下湿痒：川杜仲四两，小茴香二两(俱盐、酒浸炒)，车前子一两五钱，山茱萸肉三两(俱炒)，共为末，炼蜜丸，梧桐子大。每早服五钱，白汤下。(《本草汇言》)④治妇人胞胎不安：杜仲不计多少，去粗皮细锉，瓦上焙干，捣罗为末，煮枣肉糊丸，如弹子大，每服一丸，嚼烂，糯米汤下。(《圣济总录》)⑤治高血压：a.杜仲、夏枯草各五钱，红牛膝三钱，水芹菜三两，鱼鳅串一两。煨水服，一日三次。(《陕西中草药》)b.杜仲、黄芩、夏枯草各五钱，水煎服。(《贵州草药》)

18. 桑科 Moraceae

桑属 *Morus* L.

1. 雌花无花柱，或具极短的花柱 ·· 桑 *M. alba*

1. 雌花具明显的花柱 ·· 鸡桑 *M. australis*

桑 (图 024)

Morus alba L.

【形态特征】乔木或为灌木，高3～10米或更高，胸径可达50厘米，树皮厚，灰色，具不规则浅纵裂；冬芽红褐色，卵形，芽鳞覆瓦状排列，灰褐色，有细毛；小枝有细毛。叶卵形或广卵形，长5～15厘米，宽5～12厘米，先端急尖、渐尖或圆钝，基部圆形至浅心形，边缘锯齿粗钝，有时叶为各种分裂，表面鲜绿色，无毛，背面沿脉有疏毛，脉腋有簇毛；叶柄长1.5～5.5厘米，具柔毛；托叶披针形，早落，外面密被细硬毛。

【产地、生长环境与分布】仙桃市各地均有产。生于村旁、杂树丛中等处。我国东北至西南各省区，西北直至新疆均有栽培。

图 024-01 桑 *Morus alba* (1)

图 024-02 桑 *Morus alba* (2)

【药用部位】根、根皮、枝、叶、果实。

【采集加工】春、夏季采收，晒干备用。

【性味】果实：味甘，性寒。叶：味甘，性凉。根皮：味甘，性平。

【功能主治】桑根：用于惊痫、筋骨痛、高血压、目赤、鹅口疮。桑白皮：泻肺平喘、利水消肿；用于肺热咳嗽、水肿、胀满、尿少等。桑枝：祛风湿、利关节；用于风湿痹痛、肩臂关节酸痛麻木。

【用法用量】根皮 6 ～ 12 克，果实 9 ～ 15 克，叶 3 ～ 12 克，枝 15 ～ 30 克，水煎服。

图 024-03　桑叶（药材）

鸡桑　小叶桑　鸡爪叶桑　山桑　（图 025）

Morus australis Poir.

【形态特征】灌木或小乔木，树皮灰褐色，冬芽大，圆锥状卵圆形。叶卵形，长 5 ～ 14 厘米，宽 3.5 ～ 12 厘米，先端急尖或尾状，基部楔形或心形，边缘具粗锯齿，不分裂或 3 ～ 5 裂，表面粗糙，密生短刺毛，背面疏被粗毛；叶柄长 1 ～ 1.5 厘米，被毛；托叶线状披针形，早落。雄花序长 1 ～ 1.5 厘米，被柔毛，雄花绿色，具短梗，花被片卵形，花药黄色；雌花序球形，长约 1 厘米，密被白色柔毛，雌花花被片长圆形，暗绿色，花柱很长，柱头 2 裂，内面被柔毛。聚花果短椭圆形，直径约 1 厘米，成熟时红色或暗紫色。花期 3—4 月，果期 4—5 月。

图 025　鸡桑 *Morus australis*

【产地、生长环境与分布】仙桃市长埫口镇有栽培。常生于海拔 500 ～ 1000 米的石灰岩山地或林缘及荒地。分布于河北、山东、安徽、江西、福建、台湾、河南、湖南、广东、广西、四川、贵州、云南等地。

【药用部位】根或根皮。

【采集加工】秋、冬季采挖，趁鲜时刮去栓皮，洗净；或剥取白皮，晒干。

【性味】味甘、辛，性寒。

【功能主治】清肺、凉血、利湿；用于肺热咳嗽、鼻衄、水肿、腹泻、黄疸等。

【用法用量】内服：煎汤，6 ～ 15 克。

【验方参考】 ①治鼻衄：小叶桑根9克，榕树须15克，煨水服。（《贵州草药》）②治黄疸：小叶桑根15克，茅草根30克，煨水服。（《贵州草药》）

构属 *Broussonetia* L' Hér. ex Vent.

构树　楮树　（图026）

Broussonetia papyrifera (L.) L' Hér. ex Vent.

【形态特征】 落叶乔木，高10～20米；树皮暗灰色，不裂，树冠张开，全株含乳汁。叶螺旋状排列，广卵形至长椭圆状卵形，长6～18厘米，宽5～9厘米，先端渐尖，基部心形，两侧常不相等，边缘具粗锯齿，不分裂或3～5裂；叶柄长2.5～8厘米，密被糙毛。花雌雄异株；雄花序为柔荑花序，粗壮，长3～8厘米，苞片披针形，被毛，花被4裂，裂片三角状卵形，被毛，雄蕊4；雌花序球形头状，苞片棍棒状，顶端被毛，花被管状，顶端与花柱紧贴，子房卵圆形，柱头线形，被毛。聚花果直径1.5～3厘米，成熟时橙红色，肉质；瘦果具与之等长的柄，表面有小瘤，龙骨双层，外果皮壳质。花期4—5月，果期6—7月。

图026　构树 *Broussonetia papyrifera*

【产地、生长环境与分布】 仙桃市各地均有产。生于村旁、杂树丛中等处。分布于我国南北各地。

【药用部位】 根，树枝，树皮，叶，果实。

【采集加工】 树皮于春、夏、秋季均可采收，果实、叶于秋季采收，晒干备用。

【性味】 果实：味甘，性寒。叶：味甘，性凉。树皮：味甘，性平。

【功能主治】 根：清热、凉血、利湿、祛瘀；用于咳嗽吐血、水肿、血崩、跌打损伤。树白皮：行水、止血；用于水肿气满、气短咳嗽、肠风血痢、妇人血崩。叶：清热凉血、利湿杀虫；用于吐血、衄血、血崩、外伤出血、水肿、疝气、痢疾、癣疮。果实：补肾、强筋骨、明目、利尿；用于腰膝酸软、肾虚目昏、阳痿、水肿。

【用法用量】 根：50～100克，水煎服。树白皮：10～15克，水煎服，或酿酒，或入丸、散；外用适量，煎水洗，或烧存性研末点眼。树皮白汁：外用涂搽。茎枝：烧灰泡汤外洗。叶：5～10克，水煎服，或捣汁，或入丸、散；外用适量，捣敷。果实：10～15克，水煎服或入丸、散；外用适量，捣敷。

榕属 *Ficus* L.

无花果 （图027）

Ficus carica L.

【形态特征】落叶灌木或小乔木；高可达10米，多分枝；树皮灰褐色，皮孔明显；叶互生，厚膜质，宽卵圆形，长、宽近相等，为10～20厘米，掌状3～5裂，小裂片卵形，具不规则钝齿；叶柄粗，长2～5厘米；雌雄异株，雄花和瘿花同生于一榕果内壁，雄花集生于孔口，雌花花被与雄花同，花柱侧生；榕果单生于叶腋，梨形，直径3～5厘米，顶部凹下，熟时紫红色或黄色，基生苞片3，卵形，瘦果透镜状。花果期5—7月。

【产地、生长环境与分布】仙桃市敦厚村有栽培。生于村旁。我国各地广泛栽培。

【药用部位】根，叶，果实。

【采集加工】夏季采收，晒干备用。

【性味】果实：味甘，性平。根、叶：味微辛，性平。

【功能主治】果实：健胃清肠、消肿解毒；用于肠炎、痢疾、便秘、痔疮、喉痛、痈疮癣疥。根：消肿解毒、止泻；用于筋骨疼痛、痔疮、瘰疬。叶：用于痔疮、肿毒、心痛。

【用法用量】叶，15～25克，水煎服；外用适量，煎水熏洗。

图 027-01　无花果 *Ficus carica*（1）

图 027-02　无花果 *Ficus carica*（2）

葎草属 *Humulus* L.

葎草 （图028）

Humulus scandens (Lour.) Merr.

【形态特征】多年生攀援草本，茎、枝、叶柄均具倒钩刺。叶片纸质，肾状五角形，掌状，基部心形，表面粗糙，背面有柔毛和黄色腺体，裂片卵状三角形，边缘具锯齿；雄花小，黄绿色，圆锥花序，雌花序球果状，苞片纸质，三角形，子房为苞片包围，瘦果成熟时露出苞片外。花期春、夏季，果期秋季。

图 028-01　葎草 *Humulus scandens*（1）　　　图 028-02　葎草 *Humulus scandens*（2）

【产地、生长环境与分布】仙桃市各地均有产。生于沟边、荒地、林缘边等处。我国除新疆、青海外，南北各省区均有分布。

【药用部位】全草。

【采集加工】秋季采收，切段，晒干备用。

【性味】味甘，性平。

【功能主治】清热解毒、利尿消肿；用于感冒发热、淋证、小便不利、疟疾、腹泻、痢疾、肺结核、肺炎、痔疮、痈毒、瘰疬。

【用法用量】内服：煎汤，3～6钱（鲜品2～4两）；或捣汁。外用：适量，捣敷或煎水熏洗。

19. 壳斗科　Fagaceae

栗属　*Castanea* Mill.

栗　板栗　（图029）

Castanea mollissima Bl.

【形态特征】乔木，可高达20米，胸径80厘米，冬芽长约5毫米，小枝灰褐色，托叶长圆形，长10～15毫米，被疏长毛及鳞腺。叶椭圆形至长圆形，长11～17厘米，宽稀达7厘米，顶部短至渐尖，基部近截平或圆，或两侧稍向内弯而呈耳垂状，常一侧偏斜而不对称，新生叶的基部常狭楔尖且两侧对称，叶背被星芒状伏贴茸毛或因毛脱落变为几无毛；叶柄长1～2厘米。雄花序长10～20厘米，花序轴被毛；花3～5朵聚生成簇，雌花1～3（5）朵发育结实，花柱下部被毛。成熟壳斗的锐刺有长有短，有疏有密，密时全遮蔽壳斗外壁，疏时则外壁可见，壳斗连刺直径4.5～6.5厘米；坚果高1.5～3厘米，宽1.8～3.5厘米。花期4—6月，果期8—10月。

【产地、生长环境与分布】仙桃市沔城镇有栽培。生于林地处。除青海、宁夏、新疆、海南等少数地区外广布南北各地。

【药用部位】根或根皮，叶，总苞，花或花序，外果皮，内果皮，种仁。

【采集加工】 根或根皮秋季采收，叶夏、秋季采收，花春、夏季采收，种子秋季采收，晒干备用。

【性味】 根或根皮：味甘、淡，性平。叶：味微甘，性平。总苞：味微甘、涩，性平。花或花序：味微苦、涩，性平。外果皮：味甘、涩，性平。内果皮：味甘、涩，性平。种仁：味甘、微咸，性平。

【功能主治】 根或根皮：行气止痛、活血调经；用于疝气偏坠、牙痛、风湿痹痛、月经不调。叶：清肺止咳、解毒消肿；用于百日咳、肺结核、咽喉肿痛、肿毒、漆疮。

图 029 栗 *Castanea mollissima*

总苞：清热散结、化痰、止血；用于丹毒、瘰疬、百日咳、中风不语、便血。花或花序：清热燥湿、止血、散结；用于泄泻、痢疾、带下、便血、瘰疬、瘿瘤。外果皮：降逆化痰、清热散结、止血；用于反胃、消渴、咳嗽多痰、百日咳、腮腺炎、瘰疬、便血。内果皮：散结下气、养颜；用于骨鲠、瘰疬、反胃、面有皱纹。种仁：益气健脾、补肾强筋、活血消肿、止血；用于脾虚泄泻、反胃呕吐、脚膝酸软、筋骨折伤肿痛、瘰疬、吐血、衄血、便血。

【用法用量】 根皮、树皮、叶：9 ～ 15 克，水煎冲糖服。花：5 ～ 10 克，水煎或研末服。果实：60 ～ 120 克，内服。

20. 榆科 Ulmaceae

榆属 *Ulmus* L.

榆树 榆 白榆 （图 030）

Ulmus pumila L.

【形态特征】 落叶乔木，高达 25 米，胸径 1 米，在贫瘠之地长成灌木状；幼树树皮平滑，灰褐色或浅灰色，大树之皮暗灰色，不规则深纵裂，粗糙；小枝无毛或有毛，淡黄灰色、淡褐灰色或灰色，稀淡褐黄色或黄色，有散生皮孔，无膨大的木栓层及凸起的木栓翅；冬芽近球形或卵圆形，芽鳞背面无毛，内层芽鳞的边缘具白色长柔毛。叶椭圆状卵形、长卵形、椭圆状披针形或卵状披针形，长 2 ～ 8 厘米，宽 1.2 ～ 3.5 厘米，先端渐尖或长渐尖，基部偏斜或近对称，一侧楔形至圆形，另一侧圆形至半心形，叶面平滑无毛，叶背幼时有短柔毛，后变无毛或部分脉腋有簇生毛，边缘具重锯齿或单锯齿，侧脉每边 9 ～ 16 条，叶柄长 4 ～ 10 毫米，通常仅上面有短柔毛。花先于叶开放，在去年生枝的叶腋呈簇生状。翅果近圆形，稀倒卵圆形，长 1.2 ～ 2 厘米，除顶端缺口柱头面被毛外，余处无毛，果核部分位于翅果的中部，上端不接近或接近缺口，成熟前后其色与果翅相同，初淡绿色，后白黄色，宿存花被无毛，4 浅裂，裂片边缘有毛，果梗较花被为短，长 1 ～ 2 毫米，被（或稀无）短柔毛。花果期 3—6 月。

【产地、生长环境与分布】 仙桃市各地均有栽培。生于林地、公路边等处，分布于我国东北、华北、西北及西南各省区。

【药用部位】 果实（榆钱），树皮，叶，根皮。

【采集加工】 榆钱：春季未出叶前，采摘未成熟的翅果，除去杂质，晒干。树皮：夏、秋季剥下树皮，除去粗皮，晒干或鲜用。叶：夏、秋季采摘，晒干或鲜用。根皮：秋季采收，晒干。

【性味】 榆钱：味微辛，性平。树皮或根皮、叶：味甘，性平。

【功能主治】 榆钱：安神健脾；用于神经衰弱、失眠、食欲不振、带下。树皮

图 030 榆树 *Ulmus pumila*

或根皮、叶：安神、利小便；用于神经衰弱、失眠、体虚浮肿。内皮：外用治骨折、外伤出血。

【用法用量】 榆钱，1～3钱；树皮或根皮、叶，3～5钱。接骨以内皮酒调包敷患处，止血用内皮研粉撒布患处。

朴属 *Celtis* L.

朴树 （图 031）

Celtis sinensis Pers.

【形态特征】落叶乔木，高可达20米。树皮平滑，灰色。一年生枝被密毛。叶互生，革质，宽卵形至狭卵形，长3～10厘米，宽1.5～4厘米，先端急尖至渐尖，基部圆形或阔楔形，偏斜，中部以上边缘有浅锯齿，三出脉，上面无毛，下面沿脉及脉腋疏被毛。花杂性（两性花和单性花同株），1～3朵生于当年生枝的叶腋；花被片4枚，被毛；雄蕊4枚，柱头2个。核果单生或2个并生，近球形，直径4～5毫米，熟时红褐色，果核有穴和突肋。花期4—5月，果期9—11月。

图 031 朴树 *Celtis sinensis*

【产地、生长环境与分布】仙桃市沔阳公园有栽培。生于路旁、林缘。分布于山东、河南、台湾、陕西，长江下游各省及华南地区。

【药用部位】 枝叶、树根、树皮。

【采集加工】 枝叶，夏季采收，鲜用或晒干备用；树根、树皮全年可采收，晒干备用。

【性味】 枝叶：味苦，性凉。树根、树皮：味苦、辛，性平。

【功能主治】枝叶：清热、凉血、解毒；用于漆疮、荨麻疹。树皮：祛风透疹、消食化滞；用于麻疹透发不畅、消化不良。根皮：祛风透疹、消食止泻；用于麻疹透发不畅、消化不良、食积泄泻、跌打损伤。

【用法用量】鲜根皮（或树皮）4～5两，鲜苦参2～3两，水煎冲黄酒服，早晚各1次。外用枝叶捣汁涂。

榉属 *Zelkova* Spach

榉树 榉榆 大叶榉 光叶榉 鸡油树 （图032）

Zelkova serrata (Thunb.) Makino

【形态特征】乔木，高达25米。一年生枝密被柔毛。叶互生，硬纸质；叶柄长1～4毫米；无托叶；叶片椭圆状卵形、窄卵形或卵状披针形，长2～10厘米，宽1.5～4厘米，先端渐尖，基部宽楔形或近圆形，上面粗糙，具脱落性硬毛，下面密被柔毛；边缘具单锯齿；侧脉7～15对。花单性，稀杂性，雌雄同株；雄花簇生于新枝下部的叶腋或苞腋，雌花1～3朵生于新枝上部的叶腋；花被片4～5；雄蕊与花被片同数而对生；雌花仅有雌蕊1，子房1室，花柱2，斜生。坚果上部偏斜，直径2.5～4毫米。花期3—4月，果期10—11月。

图032 榉树 *Zelkova serrata*

【产地、生长环境与分布】仙桃市沔阳公园有栽培。主产于江苏、安徽、浙江、湖南等地，陕西、河南、广东、广西、贵州、云南亦产。

【药用部位】树皮或叶。

【采集加工】榉树皮：全年均可采收，剥皮，鲜用或晒干。榉树叶：夏、秋季采收，鲜用或晒干。

【性味、归经】味苦，性寒。榉树皮，归肺、大肠经；榉树叶，归心经。

【功能主治】榉树皮：清热解毒、止血、利水、安胎；用于感冒发热、血痢、便血、水肿、妊娠腹痛、目赤肿痛、烫伤、疮疡肿痛。榉树叶：清热解毒、凉血；用于疮疡肿痛、崩中带下。

【用法用量】榉树皮：煎服，3～10克；外用适量，煎水洗。榉树叶：煎服，6～10克；外用适量，捣敷。

【验方参考】①治小儿渴痢：榉皮十二分，栝楼、茯苓各八分，人参六分，粟米二合。上五味，切，以水三升，煮取一升二合，去滓，分服，量大小与之。（《古今录验方》）②治小儿血痢：犀角（以水牛角代）十二分（屑），榉皮二十分（炙，切）。上二味，以水三升，煮取一升，量大小服之。（《古今录验方》）③治蛊吐下血：榉皮（广五寸，长一尺），芦荻根五寸（如足指大）。以水二升，煮取一升，顿服，即下蛊。一方以水酒共煎服亦得。（《普济方》）④治通身水肿：榉树皮煮汁，日饮。（《太平圣惠方》）

21. 荨麻科 Urticaceae

花点草属 *Nanocnide* Bl.

毛花点草 （图 033）
Nanocnide lobata Wedd.

【形态特征】多年生、丛生草本，高15～30厘米。茎柔弱，上部多分枝，有倒生的柔毛。叶互生，有长柄；叶片三角状广卵形或扇形，长6～18毫米，宽8～20毫米，先端钝圆，基部阔楔形或截形，边缘有粗钝齿，两面均有散生的白色长毛，上面有白色点状突起。花白色，单性，雄花序生于枝梢叶腋；雌花序生于上部叶腋，均有短梗。瘦果扁椭圆形，有点状突起。花期4月，果期7月。

图 033　毛花点草 *Nanocnide lobata*

【产地、生长环境与分布】仙桃市各地均有产。生于阴湿草丛中。分布于贵州、广西、浙江、江苏、安徽等地。

【药用部位】全草。

【采集加工】春、夏季采收，晒干备用。

【性味】味微苦、辛，性凉。

【功能主治】通经活血、清热解毒；用于烧烫伤、跌打损伤、肺痨咳嗽、疮毒疔肿、痱疹、麻疹、瘰疬、骨折、毒蛇咬伤。

【用法用量】内服：煎汤，2.5～5克。外用：适量，捣敷或浸菜油外敷。

苎麻属 *Boehmeria* Jacq.

苎麻 （图 034）
Boehmeria nivea (L.) Gaudich.

【形态特征】亚灌木或灌木，茎高0.5～1.5米，内有白髓，上部与叶柄均密被长硬毛和短糙毛。叶互生；叶片草质，通常圆卵形或宽卵形，少数卵形，长6～15厘米，宽4～11厘米，顶端骤尖，基部近截形或宽楔形，边缘在基部之上有齿，上面稍粗糙，疏被短伏毛，下面密被雪白色毡毛，侧脉约3对；叶柄长2.5～9.5厘米。圆锥花序腋生，雌雄通常同株，植株上部的为雌性，其下的为雄性；雄花小，花被片4，有退化雌蕊，雌花簇球形，花被椭圆形。瘦果小，椭圆形，密生短毛，宿存柱头丝形。

【产地、生长环境与分布】仙桃市各地均有产。生于林间。分布于长江流域以南、南岭以北各省。

【药用部位】根，叶。

【采集加工】夏季采收，晒干备用。

【性味】根：味甘，性寒。叶：味甘，性凉。

【功能主治】根：清热利尿、凉血安胎；用于感冒发热、麻疹高热、尿路感染、肾炎水肿、孕妇腹痛、胎动不安、先兆流产。叶：凉血、止血、散瘀；用于咯血、吐血、血淋、肛门肿痛、赤白带下、跌打瘀血、创伤出血、乳痈、丹毒等。

【用法用量】内服：煎汤，5～30克；或捣汁。外用：适量，鲜品捣敷；或煎汤熏洗。

图 034　苎麻 Boehmeria nivea

冷水花属 Pilea Lindl.

冷水花　长柄冷水麻　水麻叶　土甘草　山羊血　白山羊　甜草　（图 035）
Pilea notata C. H. Wright

【形态特征】多年生草本，具匍匐茎。茎肉质，纤细，中部稍膨大，高 25～70 厘米，粗 2～4 毫米，无毛，稀上部有短柔毛，密布条形钟乳体。叶纸质，同对的近等大，狭卵形、卵状披针形或卵形，长 4～11 厘米，宽 1.5～4.5 厘米，先端尾状渐尖或渐尖，基部圆形，稀宽楔形，边缘自下部至先端有浅锯齿，稀有重锯齿，上面深绿色，有光泽，下面浅绿色，钟乳体条形，长 0.5～0.6 毫米，两面密布，明显，基出脉 3 条，其侧出的 2 条弧曲，伸达上部与侧脉环结，侧脉 8～13 对，稍斜展成网脉；叶柄纤细，

图 035　冷水花 Pilea notata

长 1～7 厘米，常无毛，稀有短柔毛；托叶大，带绿色，长圆形，长 8～12 毫米，脱落。花雌雄异株；雄花序聚伞总状，长 2～5 厘米，有少数分枝，团伞花簇疏生于花枝上；雌聚伞花序较短而密集。雄花具梗或近无梗，在芽时长约 1 毫米；花被片绿黄色，4 深裂，卵状长圆形，先端锐尖，外面近先端处有短角状突起；雄蕊 4，花药白色或带粉红色，花丝与药隔红色；退化雌蕊小，圆锥状。瘦果小，圆卵形，顶端歪斜，长近 0.8 毫米，熟时绿褐色，有明显刺状小疣点突起；宿存花被片 3 深裂，等大，卵状长圆形，先端钝。花期 6—9 月，果期 9—11 月。

【产地、生长环境与分布】仙桃市各地均有产。生于林下或沟旁阴湿处。分布于陕西、甘肃、江苏、安徽、浙江、江西、福建、台湾、四川、贵州等地。

【药用部位】 全草。

【采集加工】 夏、秋季采收，鲜用或晒干。

【性味、归经】 味淡、微苦，性凉。归肝、胆经。

【功能主治】 清热利湿、退黄、消肿散结、健脾和胃；用于湿热黄疸、赤白带下、淋浊、尿血、小儿夏季热、消化不良、跌打损伤、外伤感染。

【用法用量】 内服：煎汤，15～30克；或浸酒。外用：适量，捣敷。

【验方参考】 ①治黄疸，周身发黄：鲜土甘草9克，水杨柳15克，鲜黄栀9克，黄泡刺根9克，枫香根7.5克，加红糖少许。水煎服，日服2次。（《贵州民间药物》）②治急性黄疸型肝炎：冷水花全草30克，田基黄30克，黄毛耳草30克，水煎服。（《湖南药物志》）

【使用注意】 孕妇慎服。

荨麻属 *Urtica* L.

宽叶荨麻 （图 036）

Urtica laetevirens Maxim.

【形态特征】 多年生草本，根状茎匍匐。茎纤细，高30～100厘米，节间常较长，四棱形，近无刺毛或有稀疏的刺毛和疏生细糙毛，不分枝或少分枝。叶常近膜质，卵形或披针形；叶柄纤细，向上的渐变短，疏生刺毛和细糙毛；托叶每节4枚，离生或有时上部的多少合生，条状披针形或长圆形，被微柔毛。雌雄同株，稀异株，雄花序近穗状，纤细，生于上部叶腋；雌花序近穗状，生于下部叶腋，较短，纤细，稀缩短成簇生状，小团伞花簇稀疏地着生于序轴上。花期6—8月，果期8—9月。

图 036　宽叶荨麻 *Urtica laetevirens*

【产地、生长环境与分布】仙桃市各地均有产。生于林间。分布于东北、华北、西北、西南地区及河南、湖北地区。

【药用部位】 全草。

【采集加工】 夏季采收，晒干备用。

【性味】 味甘、微苦，性平。

【功能主治】 祛风湿、解痉；用于风湿痹痛、产后抽风、小儿惊风、荨麻疹、疝痛。

【用法用量】 内服：煎汤，3～6克。外用：适量，捣汁外搽或煎水洗患处。

22. 蓼科 Polygonaceae

蓼属 *Polygonum* L.

1. 一年生草本。

　　2. 叶柄有关节，托叶鞘 2 裂，先端多碎裂，花单生或数朵簇生于叶腋，稀生于枝顶上部成总状花序，花丝基部增大或至少内侧膨大。

　　　3. 花梗顶部具关节，瘦果密被小点或由小点组成的细条纹，无光泽或微有光泽 ························· 萹蓄 *P. aviculare*

　　2. 叶柄基部无关节，托叶鞘既不为 2 裂也不为撕裂，花序总状、头状或圆锥状，花丝基部不扩大。

　　　4. 茎、叶柄具倒生皮刺。

　　　　5. 叶柄盾状着生，花被果时增大，肉质 ····················· 杠板归 *P. perfoliatum*

　　　4. 茎、叶柄无倒生皮刺。

　　　　6. 花序不为圆锥状，总状花序呈穗状，茎分枝，无基生叶，无根状茎或具细长的非木质根状茎；托叶鞘顶端截形，具缘毛。

　　　　　7. 花序梗被短腺毛。

　　　　　　8. 叶片线状披针形或披针形，宽 4～8 毫米；瘦果长 1～1.5 毫米 ····················· 柔茎蓼 *P. kawagoeanum*

　　　　　7. 花序梗无腺毛或腺体。

　　　　　　9. 托叶鞘顶端通常具绿色的翅；叶宽 5～12 厘米 ···························· 红蓼 *P. orientale*

萹蓄　扁竹　扁蓄（图 037）
Polygonum aviculare L.

【形态特征】一年生草本。茎平卧、上升或直立，高 10～40 厘米，自基部多分枝，具纵棱。叶椭圆形、狭椭圆形或披针形，长 1～4 厘米，宽 3～12 毫米，顶端钝圆或急尖，基部楔形，边缘全缘，两面无毛，下面侧脉明显；叶柄短或近无柄，基部具关节；托叶鞘膜质，下部褐色，上部白色，撕裂脉明显。花单生或数朵簇生于叶腋，遍布于植株；苞片薄膜质；花梗细，顶部具关节；花被 5 深裂，花被片椭圆形，长 2～2.5 毫米，绿色，边缘白色或淡红色；雄蕊 8，花丝基部扩展；花柱 3，柱头头状。瘦果卵形，具 3 棱，长 2.5～3 毫米，黑褐色，密被由小点组成的细条纹，无光泽，与宿存花被近等长或稍超过。花期 5—7 月，果期 6—8 月。

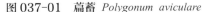

图 037-01　萹蓄 *Polygonum aviculare*　　　　　图 037-02　萹蓄（药材）

【产地、生长环境与分布】仙桃市各地均有产。生于路边、屋旁。广泛分布于北温带；我国各地均有分布。

【药用部位】全草。

【采集加工】夏季采收，晒干备用。

【性味】味苦，性平。

【功能主治】利尿、清热、杀虫；用于热淋、癃闭、黄疸、阴虱病、带下、蛔虫病、疳积、痔肿、湿疮。

【用法用量】10～15克，水煎或捣汁服。外用适量，捣敷或煎水洗。

杠板归　刺犁头 （图 038）

Polygonum perfoliatum L.

【形态特征】一年生草本。茎攀援，多分枝，长1～2米，具纵棱，沿棱具稀疏的倒生皮刺。叶三角形，长3～7厘米，宽2～5厘米。总状花序呈短穗状，不分枝顶生或腋生，长1～3厘米。瘦果球形，直径3～4毫米，黑色，有光泽，包于宿存花被内。花期6—8月，果期7—10月。

图 038-01　杠板归 *Polygonum perfoliatum* （1）

图 038-02　杠板归 *Polygonum perfoliatum* （2）

【产地、生长环境与分布】仙桃市各地均有产。生于溪边、丛林。分布于华南、西南、东南、华北、东北地区。

【药用部位】全草。

【采集加工】夏、秋季采收，切段，晒干备用。

【性味】味酸、苦，性平。

【功能主治】利水消肿、清热解毒、活血；用于水肿、黄疸、泄泻、疟疾、百日咳、淋浊、丹毒、瘰疬、湿疹、疥癣。

【用法用量】15～30克，水煎服。外用适量，煎汤熏洗。

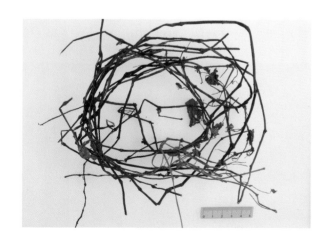

图 038-03　杠板归（药材）

柔茎蓼　小蓼　（图039）

Polygonum kawagoeanum Makino

【形态特征】一年生草本。茎细弱，通常自基部分枝，上升或外倾，红褐色，高20～50厘米，无毛，下部自节部生根，节间长2～3厘米。叶线状披针形或狭披针形，长3～6厘米，宽0.4～0.8厘米，顶端急尖，基部通常圆形，两面疏被短柔毛或近无毛，沿中脉被硬伏毛，边缘具短缘毛；叶柄极短或近无柄；托叶鞘筒状，膜质，长8～10毫米，被稀疏的硬伏毛，缘毛长2～4毫米。

【产地、生长环境与分布】仙桃市各地均有产。生于溪边、草丛。分布于东北、华北、华东、中南、西南地区。

【药用部位】全草。

【采集加工】夏、秋季采收，晒干备用。

【性味】味辛，性凉。

【功能主治】用于泄泻。

图039-01　柔茎蓼 *Polygonum kawagoeanum*（1）

图039-02　柔茎蓼 *Polygonum kawagoeanum*（2）

红蓼　东方蓼　（图040）

Polygonum orientale L.

【形态特征】一年生草本。茎粗壮，直立，高可达2米。叶片宽卵形、宽椭圆形或卵状披针形，顶端渐尖，基部圆形或近心形，两面密生短柔毛，叶脉上密生长柔毛；叶柄具长柔毛；托叶鞘筒状，膜质。总状花序呈穗状，顶生或腋生，花紧密，微下垂；苞片宽漏斗状，草质，绿色，花淡红色或白色；花被片椭圆形，花盘明显；瘦果近圆形。花期6—9月，果期8—10月。

【产地、生长环境与分布】仙桃市各地均有产。生于溪边、草丛。除西藏外，广布于全国

图040　红蓼 *Polygonum orientale*

各地。

【药用部位】 全草，种子（水红花子）。

【采集加工】 秋季采收，全草切段，种子除去杂质，晒干备用。

【性味】 全草：味辛，性凉。种子：味咸，性微寒。

【功能主治】全草：清热化痰、活血解毒、明目；用于胃痛、腹胀、脾肿大、肝硬化腹水、瘰疬。种子：消积软坚；用于癥瘕痞胀、瘿瘤肿痛、食积不消、脘腹胀痛。

【用法用量】 全草：25～50克，水煎服；外用适量，研末撒或煎水洗。种子：3～9克，水煎服。

虎杖属 *Reynoutria* Houtt.

虎杖 活血莲 （图041）

Reynoutria japonica Houtt.

【形态特征】 多年生草本。根状茎粗壮，横走。茎直立，高1～2米，粗壮，空心，具明显的纵棱，具小突起，无毛，散生红色或紫红色斑点。叶宽卵形或卵状椭圆形，长5～12厘米，宽4～9厘米，近革质，顶端渐尖，基部宽楔形、截形或近圆形，边缘全缘，疏生小突起，两面无毛，沿叶脉具小突起；叶柄长1～2厘米，具小突起；托叶鞘膜质，偏斜，长3～5毫米，褐色，具纵脉，无毛，顶端截形，无缘毛，常破裂，早落。花单性，雌雄异株，腋生；苞片漏斗状，花被淡绿色，瘦果卵形，有光泽，黑褐色。花期8—9月，果期9—10月。

图041-01 虎杖 *Reynoutria japonica*（1）

【产地、生长环境与分布】 仙桃市赵西垸、沔城、袁市社区有产。生于屋旁林下。分布于陕西南部、甘肃南部、四川、云南、贵州及华东、华中、华南地区。

【药用部位】 根状茎及根。

【采集加工】 秋、冬季采挖，洗净，晒干备用。

【性味】 味酸、涩、苦，性微寒。

【功能主治】清热利湿、活血散瘀、祛风解毒、收敛、利尿；用于风湿筋骨疼痛、湿热黄疸、淋浊带下、妇女闭经、癥瘕、水火烫伤、跌扑损伤、痈肿疮毒、咳嗽痰多。

【用法用量】9～15克，水煎服。外用适量，制成煎液或油膏涂敷。

图041-02 虎杖 *Reynoutria japonica*（2）

图041-03 虎杖（药材）

何首乌属 *Fallopia* Adans.

何首乌 夜交藤 紫乌藤 多花蓼 （图042）

Fallopia multiflora (Thunb.) Harald.

【形态特征】多年生植物。块根肥厚，长椭圆形，黑褐色。茎缠绕，长2～4米，多分枝，具纵棱，无毛，微粗糙，下部木质化。叶卵形或长卵形，长3～7厘米，宽2～5厘米，顶端渐尖，基部心形或近心形，两面粗糙，边缘全缘；叶柄长1.5～3厘米；托叶鞘膜质，偏斜，无毛，长3～5毫米。花序圆锥状，顶生或腋生，长10～20厘米，分枝开展，具细纵棱，沿棱密被小突起；苞片三角状卵形，具小突起，顶端尖，每苞内具2～4花；花梗细弱，长2～3毫米，下部具关节，果时延长；花被5，深裂，白色或淡绿色，花被片椭圆形，大小不相等，外面3片较大，背部具翅，果时增大，花被果时外形近圆形，直径6～7毫米；雄蕊8，花丝下部较宽；花柱3，极短，柱头头状。瘦果卵形，具3棱，长2.5～3毫米，黑褐色，有光泽，包于宿存花被内。花期8—9月，果期9—10月。

图042-01 何首乌 *Fallopia multiflora*（1）

图042-02 何首乌 *Fallopia multiflora*（2）

【产地、生长环境与分布】 仙桃市沔城镇莲花池有产。生于林下。分布于长江以南各省市及甘肃。

【药用部位】 块根（何首乌）、茎藤（首乌藤）。

【采集加工】 秋、冬季割取茎藤、挖取块根，晒干备用。

【性味】 块根：味苦、甘、涩，性温。茎藤：味甘、微苦，性平。

【功能主治】 块根：补肝、益肾、养血、祛风；用于肝肾阴亏、须发早白、血虚头晕、腰膝酸软、筋骨酸痛、遗精、久疟、久痢、痈肿、瘰疬、肠风、痔疮。茎藤：养心、安神、通络、祛风；用于失眠、劳伤、多汗、血虚身痛、痈疽、风疮疥癣。

图 042-03 何首乌（药材）

【用法用量】 内服：煎汤，10～20 克；或熬膏、浸酒，或入丸、散。外用：适量，煎水洗、研末撒或调涂。养血滋阴，宜用制何首乌；润肠通便、祛风、截疟、解毒，宜用生何首乌。

酸模属 *Rumex* L.

中亚酸模 （图 043）

Rumex popovii Pachom.

【形态特征】 多年生草本。根粗壮，直径可达 1.5 厘米。茎直立，高 60～100 厘米，具沟槽，通常淡红色，上部分枝。基生叶长圆状卵形或长卵形，长 15～20 厘米，宽 4～6 厘米，顶端急尖，基部心形，两面无毛，边缘微波状；叶柄粗壮，长 7～13 厘米，具沟槽；茎生叶披针形；托叶鞘膜质，易破裂。花序圆锥状，具弧形分枝；花两性；花梗纤细，丝状，中下部具关节，关节果时不明显；外花被片椭圆形；内花被片果时增大，近圆形或圆卵形，直径 4～5 毫米，基部深心形，淡红色，

图 043 中亚酸模 *Rumex popovii*

网脉明显，边缘具不明显的小齿，全部无小瘤。瘦果椭圆形，具 3 锐棱，长约 2 毫米，褐色，有光泽。花期 6—7 月，果期 7—8 月。

【产地、生长环境与分布】 仙桃市各地均有产。生于草丛中。主要分布于新疆。

【药用部位】 全草。

【采集加工】 夏季采收，切段，晒干备用。

【性味】 味酸、涩，性凉。

【功能主治】清热解毒、凉血、利尿、健胃、通便、杀虫；用于热痢、小便淋痛、内出血、恶疮、疥癣、神经性皮炎、湿疹、劳伤、支气管炎、咳嗽、便秘、内痔出血。

23. 商陆科 Phytolaccaceae

商陆属 *Phytolacca* L.

垂序商陆 美洲商陆 （图 044）

Phytolacca americana L.

【形态特征】 多年生草本，高1～2米。根粗壮，肥大，倒圆锥形。茎直立，圆柱形，有时带紫红色。叶片椭圆状卵形或卵状披针形，长9～18厘米，宽5～10厘米，顶端急尖，基部楔形；叶柄长1～4厘米。总状花序顶生或侧生，长5～20厘米；花梗长6～8毫米；花白色，微带红晕，直径约6毫米；花被片5，雄蕊、心皮及花柱通常均为10，心皮合生。果序下垂；浆果扁球形，熟时紫黑色；种子肾圆形，直径约3毫米。花期6—8月，果期8—10月。

【产地、生长环境与分布】 仙桃市各地均有产。生于林下、路旁等处。广布于全国各地。

【药用部位】 根。

【采集加工】 秋、冬季或春季均可采收，晒干或阴干备用。

【性味】 味苦，性寒。

【功能主治】 逐水消肿、通利二便、解毒散结；用于水肿胀满、二便不通，外用于痈肿疮毒。

【用法用量】 内服：煎汤，3～9克，或入散剂。外用：适量，捣敷，或煎汤熏洗。

图 044-01　垂序商陆 *Phytolacca americana*

图 044-02　垂序商陆（药材）

24. 紫茉莉科 Nyctaginaceae

叶子花属 *Bougainvillea* Comm. ex Juss.

叶子花　紫三角　紫亚兰　（图 045）
Bougainvillea spectabilis Willd.

【形态特征】藤状灌木。茎粗壮，枝下垂，无毛或疏生柔毛；刺腋生，长 5 ～ 15 毫米。叶片纸质，卵形或卵状披针形，长 5 ～ 13 厘米，宽 3 ～ 6 厘米，顶端急尖或渐尖，基部圆形或宽楔形，上面无毛，下面被微柔毛；叶柄长 1 厘米。花顶生于枝端的 3 个苞片内，花梗与苞片中脉贴生，每个苞片上生一朵花；苞片叶状，紫色或洋红色，长圆形或椭圆形，长 2.5 ～ 3.5 厘米，宽约 2 厘米，纸质；花被管长约 2 厘米，淡绿色，疏生柔毛，有棱，顶端 5 浅裂；雄蕊 6 ～ 8；花柱侧生，线形，边缘扩展

图 045　叶子花 *Bougainvillea spectabilis*

成薄片状，柱头尖；花盘基部合生成环状，上部撕裂状。花期冬、春季（广州、海南、昆明），北方温室栽培 3—7 月开花。

【产地、生长环境与分布】仙桃市沔阳公园有产。各地公园、温室常栽培。分布于福建、广东、海南、广西、云南。

【药用部位】花。

【采集加工】冬、春季花开时采收，晒干备用。

【性味、归经】味苦、涩，性温。归肝经。

【功能主治】活血调经、化湿止带；用于血瘀闭经、月经不调、赤白带下。

【用法用量】内服：煎汤，9 ～ 15 克。

【验方参考】治妇女赤白带下、月经不调：叶子花适量，水煎服。（《新编中草药图谱及常用配方》）

紫茉莉属 *Mirabilis* L.

紫茉莉　（图 046）
Mirabilis jalapa L.

【形态特征】一年生草本，高可达 1 米。根肥粗，倒圆锥形，黑色或黑褐色。茎直立，圆柱形，多分枝，无毛或疏生细柔毛，节稍膨大。叶片卵形或卵状三角形，长 3 ～ 15 厘米，宽 2 ～ 9 厘米，顶端渐尖，基部截形或心形，全缘，两面均无毛，脉隆起；叶柄长 1 ～ 4 厘米，上部叶几无柄。花常数朵簇生于枝端；花梗长 1 ～ 2 毫米；总苞钟形，长约 1 厘米，5 裂，裂片三角状卵形，顶端渐尖，无毛，具脉纹，

果时宿存；花被紫红色、黄色、白色或杂色，高脚碟状，筒部长2～6厘米，檐部直径2.5～3厘米，5浅裂；花午后开放，有香气，次日午前凋萎；雄蕊5，花丝细长，常伸出花外，花药球形；花柱单生，线形，伸出花外，柱头头状。瘦果球形，直径5～8毫米，革质，黑色，表面具皱纹；种子胚乳白粉质。花期6—10月，果期8—11月。

【产地、生长环境与分布】仙桃市长埫口镇有产。生于草丛中。我国南北各地均有栽培。

图046 紫茉莉 *Mirabilis jalapa*

【药用部位】根、叶。

【采集加工】秋后挖根，洗净，切片，晒干备用；叶生长茂盛花未开时采收，晒干备用。

【性味】根：味甘，性凉。叶：味甘、淡，性微寒。

【功能主治】根：清热利湿、活血调经、解毒消肿；用于扁桃体炎、月经不调、带下、前列腺炎、尿路感染、风湿关节酸痛。叶：清热解毒、祛风渗湿、活血；用于痈肿疮毒、疥癣、跌打损伤。

【用法用量】根：9～15克，煎服。根、全草：外用适量，鲜品捣烂外敷，或煎汤外洗。

25. 番杏科 Aizoaceae

日中花属 *Mesembryanthemum* L.

心叶日中花　巴西吊兰　露花　花蔓草　露草　心叶冰花　（图047）

Mesembryanthemum cordifolium L. F.

【形态特征】多年生常绿草本。茎斜卧，铺散，长30～60厘米，有分枝，稍带肉质，无毛，具小颗粒状突起。叶对生，叶片心状卵形，扁平，长1～2厘米，宽约1厘米，顶端急尖或圆钝具突尖头，基部圆形，全缘；叶柄长3～6毫米。花单个顶生或腋生，直径约1厘米；花梗长1.2厘米；花萼长8毫米，裂片4，2个大，倒圆锥形，2个小，线形，宿存；花瓣多数，红紫色，匙形，长约1厘米；雄蕊多数；子房下位，4室，花柱无，柱头4裂。蒴果肉质，星状4瓣裂；种子多数。花期7—8月。

【产地、生长环境与分布】仙桃市长埫口镇有产。多生于温暖的草地、山坡、

图047 心叶日中花 *Mesembryanthemum cordifolium*

园林、庭园中。人工栽培，也有逸为野生。我国大部分地区均有广泛分布。

【药用部位】 嫩茎叶。

【采集加工】 春、夏季采摘嫩茎叶，除去杂质，洗净。

【性味】 味甘、淡，性平。

【功能主治】 清热利湿；解除体内湿毒，缓解因不良的饮食结构而感染由湿热病毒引起的细菌性痢疾。

26. 马齿苋科 Portulacaceae

土人参属 *Talinum* Adans.

土人参　土高丽参　假人参　（图 048）

Talinum paniculatum (Jacq.) Gaertn.

【形态特征】 一年生或多年生草本，全株无毛，高 30 ～ 100 厘米。主根粗壮，圆锥形，有少数分枝，皮黑褐色，断面乳白色。茎直立，肉质，基部近木质，多少分枝，圆柱形，有时具槽。叶互生或近对生，具短柄或近无柄，叶片稍肉质，倒卵形或倒卵状长椭圆形，长 5 ～ 10 厘米，宽 2.5 ～ 5 厘米，顶端急尖，有时微凹，具短尖头，基部狭楔形，全缘。圆锥花序顶生或腋生，大型，常二叉状分枝，具长花序梗；花小，直径约 6 毫米；总苞片绿色或近红色，圆形，顶端圆钝，长 3 ～ 4 毫米；苞片 2，膜质，披针形，顶端急尖，长约 1 毫米；花梗长 5 ～ 10 毫米；萼片卵形，紫红色，早落；花瓣粉红色或淡紫红色，长椭圆形、倒卵形或椭圆形，长 6 ～ 12 毫米，顶端圆钝，稀微凹；雄蕊（10）15 ～ 20，比花瓣短；花柱线形，长约 2 毫米，基部具关节；柱头 3 裂，稍开展；子房卵球形，长约 2 毫米。蒴果近球形，直径约 4 毫米，3 瓣裂，坚纸质；种子多数，扁圆形，直径约 1 毫米，黑褐色或黑色，有光泽。花期 6—8 月，果期 9—11 月。

图 048-01　土人参 *Talinum paniculatum*（1）　　　图 048-02　土人参 *Talinum paniculatum*（2）

【产地、生长环境与分布】 仙桃市沔城镇有产。生于水边湿地等处。分布于华东、华中、华南、西南地区。

【药用部位】 根。

【采集加工】8—9月采挖，洗净，蒸熟，晒干备用。

【性味】味微苦，性温。

【功能主治】健脾润肺、止咳、调经；用于脾虚劳倦、泄泻、肺痨咳痰带血、眩晕潮热、盗汗、自汗、月经不调、带下。

【用法用量】内服：煎汤，30～60克。外用：适量，捣敷。

马齿苋属 *Portulaca* L.

1.叶片圆柱状钻形；花大，直径大于2厘米 ·· 大花马齿苋 *P. grandiflora*

1.叶片扁平；花小，直径不及1厘米 ·· 马齿苋 *P. oleracea*

大花马齿苋　太阳花　午时花　洋马齿苋　（图049）
Portulaca grandiflora Hook.

【形态特征】一年生草本，高10～30厘米。茎平卧或斜升，紫红色，多分枝，节上丛生毛。叶密集于枝端，较下的叶不规则互生，叶片细圆柱形，无毛。花单生或数朵簇生于枝端，直径2.5～4厘米，日开夜闭；叶状总苞8～9片，轮生，具白色长柔毛；花瓣5或重瓣，倒卵形，顶端微凹，长12～30毫米，红色、紫色或黄白色。蒴果近椭圆形，盖裂；种子细小，多数，圆肾形，直径不及1毫米。花期6—9月，果期8—11月。

图049　大花马齿苋 *Portulaca grandiflora*

【产地、生长环境与分布】仙桃市各地均有产。我国各地均有栽培，大部分生于山坡、田野间。分布于黑龙江、吉林、辽宁、河北、河南、山东、安徽、江苏、浙江、湖南、湖北、江西、重庆、四川、贵州、云南、山西、陕西、甘肃、青海、内蒙古、广东、广西等地。

【药用部位】全草。

【采集加工】夏、秋季当茎叶茂盛时采收，割取全草。

【性味】味辛，性平。

【功能主治】清热、解毒、散瘀、止血、定痛；用于吐血、鼻衄、血淋、赤痢、黄疸、咽喉疼痛、肺痈、疔疮、瘰疬、疮毒、癌肿、跌打损伤、蛇咬伤。

【用法用量】内服：煎汤，0.5～1两（鲜品1～2两）；或捣汁。

【验方参考】①破血通经：内服，煎汤，0.5～1两（鲜品1～2两），或捣汁。（《南京民间药草》）②治跌打伤、血痢：内服，煎汤，0.5～1两（鲜品1～2两），或捣汁。（《广西药用植物图志》）③治跌打、刀伤、疮疡：内服，煎汤，0.5～1两（鲜品1～2两），或捣汁。（《南宁市药物志》）④清热，解毒，祛风，散血，行气，利水，通络，破血，止痛。内服用于血淋、吐血、鼻衄，外用治毒蛇咬伤、痈疽、疔疮、无名肿毒。（《泉州本草》）

马齿苋 瓜子菜 酸味菜 马齿草 马齿菜 五行草 五方草 （图050）

Portulaca oleracea L.

【形态特征】一年生草本，全株光滑无毛，肥厚，肉质多汁。茎圆柱形，下部平卧，上部斜生或直立，多分枝，常显紫色。叶互生或对生，叶柄极短，在节处有鳞片状附属体，叶肥厚，楔状矩圆形或倒卵形，全缘，顶端圆或平截，有时微凹，上面深绿色，下面暗红色，侧脉不明显。花常3～5朵簇生于枝端，总苞片4～5，膜质；萼片2，小型，基部与子房合生；花瓣5片，黄色，常呈倒心形，基部合生；雌蕊1枚，子房半下位，卵形，1室，花柱较花丝短，柱头4～6深裂，线形。蒴果短圆锥形，棕色，盖裂；种子多数，黑色，细小，表面密布细点。花期6—9月，果期7—10月。

图050 马齿苋 *Portulaca oleracea*

【产地、生长环境与分布】仙桃市各地均有产。常生于田间、菜地、住宅附近旷地和路旁，耐旱，活力强。分布于我国大部分地区。

【药用部位】干燥地上部分。

【采集加工】夏、秋季茎叶茂盛时采收，割取全草，洗净，用沸水略烫后晒干。

【性味、归经】味酸，性寒。归大肠、肝经。

【功能主治】清热解毒、凉血止血；用于热毒血痢、痈肿疔疮、湿疹、丹毒、蛇虫咬伤、便血、痔血、崩漏下血。

【用法用量】内服：煎汤，9～15克（鲜品30～60克）。外用：适量，捣敷患处。

【验方参考】①治百日咳：马齿苋30克，百部10克，水煎，加白糖服。（《四川中药志》）②治肺结核：鲜马齿苋45克，鬼针草、葫芦茶各15克，水煎服。（《福建药物志》）③治肛门肿痛：马齿苋叶、三叶酸草各等份，煎汤熏洗，一日二次有效。（《濒湖集简方》）④治尿血、便血：鲜马齿苋绞汁，藕汁等量。每次半杯（约60克），以米汤和服。（《食物中药与便方》）⑤治痔漏：马齿苋入花椒同煎，洗三五次即效。（《种杏仙方》）⑥治寒湿痹痛：马齿苋捣绒，热敷患处，再捣汁烹酒服之，立效。（《何氏济生论》）⑦治黄疸：鲜马齿苋绞汁。每次约30克，开水冲服，每日2次。（《食物中药与便方》）

【使用注意】脾虚便溏者及孕妇禁用。

27. 落葵科 Basellaceae

落葵属 Basella L.

落葵 蒌芭菜 胭脂菜 （图051）
Basella alba L.

【形态特征】一年生缠绕草本。茎长可达数米，无毛，肉质，绿色或略带紫红色。叶片卵形或近圆形，长3～9厘米，宽2～8厘米，顶端渐尖，基部微心形或圆形，下延成柄，全缘，背面叶脉微凸起；叶柄长1～3厘米，上有凹槽。穗状花序腋生，长3～15（20）厘米；苞片极小，早落；小苞片2，萼状，长圆形，宿存；花被片淡红色或淡紫色，卵状长圆形，全缘，顶端钝圆，内折，下部白色，连合成筒；雄蕊着生于花被筒口，花丝短，基部扁宽，白色，花药淡黄色；柱头椭圆形。

图051 落葵 *Basella alba*

果实球形，直径5～6毫米，红色至深红色或黑色，多汁液，外包宿存小苞片及花被。花期5—9月，果期7—10月。

【产地、生长环境与分布】仙桃市流潭公园有栽培。生于湿润的草坪上。我国南北各地均有栽培。

【药用部位】全草。

【采集加工】夏、秋季采收全草，洗净，除去杂质，鲜用或晒干备用。

【性味】味甘、酸，性寒。

【功能主治】滑肠通便、清热利湿、凉血解毒、活血；用于大便秘结、小便短涩、痢疾、热毒疮疡、跌打损伤。

【用法用量】内服：煎汤，10～15克（鲜品30～60克）。外用：适量，鲜品捣敷，或捣汁涂。

落葵薯属 Anredera Juss.

落葵薯 藤三七 （图052）
Anredera cordifolia (Tenore) Steenis

【形态特征】缠绕藤本，长可达数米。根状茎粗壮。叶具短柄，叶片卵形至近圆形，长2～6厘米，宽1.5～5.5厘米，顶端急尖，基部圆形或心形，稍肉质，腋生小块茎（珠芽）。总状花序具多花，花序轴纤细，下垂，长7～25厘米；苞片狭，不超过花梗长度，宿存；花梗长2～3毫米，花托顶端杯状，花常由此脱落；下面1对小苞片宿存，宽三角形，急尖，透明，上面1对小苞片淡绿色，比花被短，宽椭圆形至近圆形；花直径约5毫米；花被片白色，渐变黑，开花时张开，卵形、长圆形至椭圆形，顶端钝圆,长约 3 毫米,宽约 2 毫米;雄蕊白色,花丝顶端在芽中反折,开花时伸出花外;花柱白色,分裂成 3 个柱头臂,每臂具 1 棍棒状或宽椭圆形柱头。果实、种子未见。花期 6—10 月。

图 052　落葵薯 *Anredera cordifolia*

【产地、生长环境与分布】 仙桃市袁市社区有栽培。生于屋旁围墙处。分布于我国南方地区。

【药用部位】 瘤块状珠芽。

【采集加工】 全年可采收,珠芽形成后采摘,除去杂质,鲜用或晒干备用。

【性味】 味微苦,性温。

【功能主治】 补肾强腰、散瘀消肿;用于腰膝酸软、病后体弱、跌打损伤、骨折。

【用法用量】 内服:煎汤,30 ～ 60 克;或与鸡肉或瘦肉炖服。外用:适量,捣敷。

28. 石竹科 Caryophyllaceae

鹅肠菜属 *Myosoton* Moench

鹅肠菜　鹅肠草　牛繁缕　（图 053）

Myosoton aquaticum (L.) Moench

【形态特征】 二年生或多年生草本,具须根。茎上升,多分枝,长 50 ～ 80 厘米,上部被腺毛。叶片卵形或宽卵形,长 2.5 ～ 5.5 厘米,宽 1 ～ 3 厘米,顶端急尖,基部稍心形,有时边缘具毛;叶柄长 5 ～ 15 毫米,上部叶常无柄或具短柄,疏生柔毛。顶生二歧聚伞花序;苞片叶状,边缘具腺毛;花梗细,长 1 ～ 2 厘米,花后伸长并向下弯,密被腺毛;萼片卵状披针形或长卵形,长 4 ～ 5 毫米,果期长达 7 毫米,顶端较钝,边缘狭膜质,外面被腺柔毛,脉纹不明显;花瓣白色,2 深裂至基部,裂片线形或披针

图 053　鹅肠菜 *Myosoton aquaticum*

状线形,长 3 ～ 3.5 毫米,宽约 1 毫米;雄蕊 10,稍短于花瓣;子房长圆形,花柱短,线形。蒴果卵圆形,稍长于宿存萼;种子近肾形,直径约 1 毫米,稍扁,褐色,具小疣。花期 5—8 月,果期 6—9 月。

【产地、生长环境与分布】 仙桃市各地均有产,三伏潭镇分布较多。生于阴湿的耕地上。分布于我国南北各省。

【药用部位】 全草。

【采集加工】 春季采收，晒干备用。

【性味】 味酸，性平。

【功能主治】 清热解毒、舒筋活血、祛瘀消肿；用于肺炎、痢疾、高血压、月经不调、痈疽疮疡。

【用法用量】 内服：煎汤，15～30克；或鲜品60克捣汁。外用：适量，鲜品捣敷；或煎汤熏洗。

漆姑草属 *Sagina* L.

漆姑草 珍珠草 （图 054）
Sagina japonica (Sw.) Ohwi

【形态特征】一年生小草本，高5～20厘米，上部被稀疏腺柔毛。茎丛生，稍铺散。叶片线形，长5～20毫米，宽0.8～1.5毫米，顶端急尖，无毛。花小型，单生于枝端；花梗细，长1～2厘米，被稀疏短柔毛；萼片5，卵状椭圆形，长约2毫米，顶端尖或钝，外面疏生短腺柔毛，边缘膜质；花瓣5，狭卵形，稍短于萼片，白色，顶端圆钝，全缘；雄蕊5，短于花瓣；子房卵圆形，花柱5，线形。蒴果卵圆形，微长于宿存萼，5瓣裂；种子细，圆肾形，微扁，褐色，表面具尖瘤状突起。花期3—5月，果期5—6月。

图 054 漆姑草 *Sagina japonica*

【产地、生长环境与分布】仙桃市沔城镇有产。生于水边湿地等处。分布于东北、华北、华东、中南、西南及陕西、广西等地。

【药用部位】 全草。

【采集加工】 4—5月采集，洗净，鲜用或晒干备用。

【性味】 味苦、辛，性凉。

【功能主治】凉血解毒、杀虫止痒；用于漆疮、秃疮、湿疹、丹毒、瘰疬、无名肿毒、毒蛇咬伤、鼻渊、龋齿痛、跌打内伤。

【用法用量】 内服：10～30克，煎汤；研末或绞汁。外用：适量，捣敷；或绞汁涂。

卷耳属 *Cerastium* L.

球序卷耳 圆序卷耳 婆婆指甲菜 （图 055）
Cerastium glomeratum Thuill.

【形态特征】 一年生草本，高10～20厘米。茎单生或丛生，密被长柔毛，上部混生腺毛。茎下部叶匙形，顶端钝，基部渐狭成柄状；上部茎生叶倒卵状椭圆形，长 1.5～2.5 厘米，宽 5～10 毫米，顶端急尖，基部渐狭成短柄状，两面皆被长柔毛，边缘具缘毛，中脉明显。聚伞花序呈簇生状或呈头状；花序轴密被腺柔毛；苞片草质，卵状椭圆形，密被柔毛；花梗细，长 1～3 毫米，密被柔毛；萼片 5，披针形，长约 4 毫米，顶端尖，外面密被长腺毛，边缘狭膜质；花瓣 5，白色，线状长圆形，与萼片近等长或微长，顶端 2 浅裂，基部被疏柔毛；雄蕊明显短于萼；花柱 5。蒴果长圆柱形，长于宿存萼，

图 055　球序卷耳 *Cerastium glomeratum*

顶端 10 齿裂；种子褐色，扁三角形，具疣状突起。花期 3—4 月，果期 5—6 月。

【产地、生长环境与分布】 仙桃市毛嘴镇有产。生于水边湿地等处。分布于全国各地。

【药用部位】 全草。

【采集加工】 春、夏季采集，鲜用或晒干备用。

【性味】 味甘、微苦，性凉。

【功能主治】 清热、利湿、凉血解毒；用于感冒发热、湿热泄泻、肠风下血、乳痈、疔疮、高血压等。

【用法用量】 内服：煎汤，15～30 克。外用：适量，捣敷；或煎水熏洗。

石竹属 *Dianthus* L.

石竹　长萼石竹　洛阳花　（图 056）

Dianthus chinensis L.

【形态特征】 多年生草本，高 30～50 厘米，全株无毛，带粉绿色。茎由根颈生出，疏丛生，直立，上部分枝。叶片线状披针形，顶端渐尖，基部稍狭，全缘或有细小齿，中脉较明显。花单生于枝端或数花集成聚伞花序；花瓣紫红色、粉红色、鲜红色或白色，顶缘不整齐齿裂，喉部有斑纹，疏生髯毛；雄蕊露出喉部外，花药蓝色；子房长圆形，花柱线形。蒴果圆筒形，包于宿存萼内；种子黑色，扁圆形。花期 5—6 月，果期 7—9 月。

【产地、生长环境与分布】 仙桃市森林公园有栽培。生于草地上。广布于我国南北地区。

【药用部位】 根，全草（瞿麦）。

图 056　石竹 *Dianthus chinensis*

【采集加工】夏、秋季花果期采割，除去杂质，干燥。

【性味】味苦，性寒。

【功能主治】清热利尿、破血通经、散瘀消肿；用于尿路感染、热淋、尿血、妇女闭经、疮毒、湿疹。

【用法用量】9～15克，水煎服或入丸、散；外用研末调敷。

繁缕属 *Stellaria* L.

繁缕　鹅肠菜　鹅耳伸筋　鸡儿肠　（图057）
Stellaria media (L.) Cyr.

图057　繁缕 *Stellaria media*

【形态特征】一年生或二年生草本，高10～30厘米。茎俯仰或上升，基部多少分枝，常带淡紫红色，被1（2）列毛。叶片宽卵形或卵形，顶端渐尖或急尖，基部渐狭或近心形，全缘；基生叶具长柄，上部叶常无柄或具短柄。疏聚伞花序顶生；花梗细弱。蒴果卵形，稍长于宿存萼，顶端6裂，具多数种子；种子卵圆形至近圆形，稍扁，红褐色，直径1～1.2毫米，表面具半球形瘤状突起，脊较显著。花期6—7月，果期7—8月。

【产地、生长环境与分布】仙桃市沔阳公园有产。生于湿润的草地、田间等处。广布于全国。

【药用部位】全草。

【采集加工】春、夏、秋季花开时采集，洗净，晒干备用。

【性味】味甘、酸，性凉。

【功能主治】清热解毒、凉血消痈、活血止痛、下乳；用于痢疾、肠痈、肺痈、乳痈、疔疮肿毒、痔疮肿毒、出血、跌打伤痛、产后瘀滞腹痛、乳汁不下。

【用法用量】内服：煎汤，15～30克（鲜品30～60克）；或捣汁。外用：适量，捣敷；或烧存性研末调敷。

29. 藜科 Chenopodiaceae

菠菜属 *Spinacia* L.

菠菜　菠薐菜　（图058）
Spinacia oleracea L.

【形态特征】植物高可达1米，无粉。根圆锥状，带红色，较少为白色。茎直立、中空，脆弱多汁，不分枝或有少数分枝。叶戟形至卵形，鲜绿色，柔嫩多汁，稍有光泽，全缘或有少数牙齿状裂片。雄花集成球形团伞花序，再于枝和茎的上部排列成有间断的穗状圆锥花序；花被片通常4，花丝丝形，扁平，花药不具附属物；雌花团集于叶腋；小苞片两侧稍扁，顶端残留2小齿，背面通常各具1棘状附属物；子房球形，柱头4或5，外伸。胞果卵形或近圆形，直径约2.5毫米，两侧扁；果皮褐色。

图058　菠菜 *Spinacia oleracea*

【产地、生长环境与分布】仙桃市各地均有栽培。生于田间。广布于全国。

【药用部位】全草。

【采集加工】冬、春季采收，洗净鲜用。

【性味】味甘，性凉。

【功能主治】解热毒、通血脉、利肠胃；用于头痛、目眩、目赤、夜盲症、消渴、便秘、痔疮。

【用法用量】内服：适量，煮食；或捣汁饮。

甜菜属 *Beta* L.

厚皮菜　牛皮菜　红叶甜菜　（图059）

Beta vulgaris var. *cicla* L.

【形态特征】二年生草本。株高因品种而异，矮生种30～50厘米，高生种60～110厘米；根部较粗短，入土亦浅。叶阔卵形，淡绿色或浓绿色，光滑，肥厚多肉质，叶柄长而宽。果实褐色，外皮粗糙而坚硬，内有一至数粒种子。

【产地、生长环境与分布】仙桃市各地均有产。生于田间、路边草坪等处。我国长江流域及其以南地区有引种栽培。

【药用部位】全草。

【采集加工】全年可采收，晒干或鲜用。

图059　厚皮菜 *Beta vulgaris* var. *cicla* L.

【性味】味甘，性凉。

【功能主治】清热解毒、祛瘀止血；用于热毒下痢、痈肿伤折。

藜属 *Chenopodium* L.

1. 叶下面具黄色腺点，有强烈香味（揉搓叶片）·································· 土荆芥 *C. ambrosioides*
1. 叶下面不具腺点，无气味。
  2. 叶两侧边缘显然不平行，先端急尖或渐尖 ··· 藜 *C. album*

土荆芥　杀虫芥　臭草　鹅脚草　（图 060）
Chenopodium ambrosioides L.

【形态特征】一年生或多年生草本，高 50～80 厘米，有强烈香味。茎直立，多分枝，有色条及钝条棱；枝通常细瘦，有短柔毛并兼有具节的长柔毛，有时近于无毛。叶片矩圆状披针形至披针形，先端急尖或渐尖，边缘具稀疏不整齐的大锯齿，基部渐狭具短柄，上面平滑无毛，下面有散生油点并沿叶脉稍有毛，下部的叶长达 15 厘米，宽达 5 厘米，上部叶逐渐狭小而近全缘。花两性及雌性，通常 3～5 个团集，生于上部叶腋；花被裂片 5，较少为 3，绿色，果时通常闭合；雄蕊 5，花药长 0.5 毫米；花柱不明显，柱头通常 3，较少为 4，丝形，伸出花被外。胞果扁球形，完全包于花被内。种子横生或斜生，黑色或暗红色，平滑，有光泽，边缘钝，直径约 0.7 毫米。花期和果期较长。

图 060　土荆芥 *Chenopodium ambrosioides*

【产地、生长环境与分布】仙桃市敦厚村有产。生于村旁、路边、河岸等处。广西、广东、福建、台湾、江苏、浙江、江西、湖南、四川等地有野生。

【药用部位】全草。

【采集加工】8 月下旬至 9 月下旬收割全草，置通风处阴干备用。

【性味】味辛、苦，性微温。

【功能主治】祛风除湿、杀虫止痒、活血消肿；用于蛔虫病、钩虫病、蛲虫病，外用治皮肤湿疹，并能杀蛆虫。

【用法用量】内服：煎汤，3～9 克（鲜品 15～24 克）；或入丸、散。外用：适量，煎水洗或捣敷。

藜　灰条菜　灰藋　（图 061）
Chenopodium album L.

【形态特征】一年生草本，高 30～150 厘米。茎直立，粗壮，具条棱及绿色或紫红色色条，多分枝；枝条斜升或开展。叶片菱状卵形至宽披针形，长 3～6 厘米，宽 2.5～5 厘米，先端急尖或微钝，基部楔形至宽楔形，上面通常无粉，有时嫩叶的上面有紫红色粉，下面多少有粉，边缘具不整齐锯齿；叶柄与叶片近等长，或为叶片长度的 1/2。花两性，花簇生于枝上部排列成或大或小的穗状圆锥状或圆锥状花序；花被裂片 5，宽卵形至椭圆形，背面具纵隆脊，有粉，先端尖或微凹，边缘膜质；雄蕊 5，花药伸出花被，柱头 2。果皮与种子贴生。种子横生，双凸镜状，直径 1.2 ～ 1.5 毫米，边缘钝，黑色，有光泽，表面具浅沟纹；胚环形。花果期 5—10 月。

图 061 藜 *Chenopodium album*

【产地、生长环境与分布】仙桃市各地均有产，袁市社区工厂附近分布较多。生于水边湿地等处。分布于全国各地。

【药用部位】全草。

【采集加工】春、夏季割取全草，除去杂质，鲜用或晒干备用。

【性味】味甘，性平。

【功能主治】清热祛湿、解毒消肿、杀虫止痒；用于发热、咳嗽、痢疾、腹泻、腹痛、疝气、龋齿痛、湿疹、疥癣、白癜风、疮疡肿痛、毒蛇咬伤。

【用法用量】内服：煎汤，15 ～ 30 克。外用：适量，煎水漱口或熏洗；或捣涂。

地肤属 *Kochia* Roth

地肤 地肤子 扫帚苗 地葵 地麦 落帚子 （图 062）

Kochia scoparia (L.) Schrad.

【形态特征】一年生草本。茎直立，多分枝，秋天常变为红紫色，幼时具白色柔毛，后变光滑。单叶互生，稠密；几无柄，叶片狭长圆形或长圆状披针形，先端渐尖，基部楔形，全缘，无毛或具短柔毛；幼叶边缘有白色长柔毛，其后逐渐脱落。花小，杂性，黄绿色，无梗，1 朵或数朵生于叶腋；花被基部连合，先端 5 裂，裂片三角形，向内弯曲，包被子房，中肋突起，在花被背部弯曲处有一绿色突起，果时发达为横生的翅；雄蕊 5 枚，与花被裂片对生，伸出花外；子房上位，扁圆形，花柱短，柱

图 062 地肤 *Kochia scoparia*

头 2，线形。胞果扁球形，基部有 5 枚带翅的宿存花被。种子 1 粒，棕色。花期 7—9 月，果期 9—10 月。

【产地、生长环境与分布】仙桃市各地均有栽培。生于山野荒地、田野、路旁或栽培于庭园。分布

几遍全国。

【药用部位】　植物的干燥成熟果实。

【采集加工】　秋季果实成熟时割取全草，晒干，打下果实，除净枝、叶等杂质。

【性味、归经】　味辛、苦，性寒。归肾、膀胱经。

【功能主治】　清热利湿、祛风止痒；用于小便涩痛、阴痒带下、风疹、湿疹、皮肤瘙痒。

【用法用量】　内服：煎汤，9～15克。外用：适量，煎汤熏洗。

【验方参考】　①治膀胱湿热、小便不利：与木通、瞿麦、冬葵子等同用，如地肤子汤（《济生方》）。②治雷头风肿、不省人事：落帚子同生姜研烂，热酒冲服，取汗即愈。（《圣济总录》）③治血痢不止：地肤子五两，地榆、黄芩各一两，为末。每服方寸匕，温水调下。（《太平圣惠方》）

【使用注意】　内无湿热、小便过多者忌服。

30. 苋科　Amaranthaceae

苋属　*Amaranthus* L.

苋　苋菜　旱菜　人苋　红人苋　（图063）

Amaranthus tricolor L.

【形态特征】　一年生草本，高80～150厘米；茎粗壮，绿色或红色，常分枝，幼时有毛或无毛。叶片卵形、菱状卵形或披针形，长4～10厘米，宽2～7厘米，绿色或常呈红色、紫色或黄色，或部分绿色加杂其他颜色，顶端圆钝或尖凹，具突尖，基部楔形，全缘或波状缘，无毛；叶柄长2～6厘米，绿色或红色。花簇腋生，直到下部叶，或同时具顶生花簇，成下垂的穗状花序；花簇球形，直径5～15毫米，雄花和雌花混生；苞片及小苞片卵状披针形，长2.5～3毫米，透明，顶端有1长芒尖，背面具1绿色或红色隆起中脉；花被片矩圆形，长

图063　苋　*Amaranthus tricolor*

3～4毫米，绿色或黄绿色，顶端有1长芒尖，背面具1绿色或紫色隆起中脉；雄蕊比花被片长或短。胞果卵状矩圆形，长2～2.5毫米，环状横裂，包裹在宿存花被片内。种子近圆形或倒卵形，直径约1毫米，黑色或黑棕色，边缘钝。花期5—8月，果期7—9月。

【产地、生长环境与分布】　仙桃市各地均有产。全国各地均有栽培，有时逸为半野生。

【药用部位】　茎叶。

【采集加工】　春、夏季采收，洗净，鲜用或晒干。

【性味】　味甘，性微寒。

【功能主治】　清热解毒、通利二便；用于痢疾、二便不通、蛇虫咬伤、疮毒。

【用法用量】 内服：煎汤，30～60克；或煮粥。外用：适量，捣敷或煎汤熏洗。

【验方参考】 ①治小儿紧唇：赤苋捣汁洗之。（《太平圣惠方》）②治漆疮瘙痒：苋菜煎汤洗之。（《本草纲目》）

青葙属 *Celosia* L.

1. 野生植物；穗状花序圆柱状，花通常白色 ⋯⋯⋯⋯⋯⋯⋯⋯⋯⋯⋯⋯⋯⋯⋯⋯⋯⋯⋯⋯⋯ 青葙 *C. argentea*

1. 通常为栽培植物，少数呈半野生状态；穗状花序广阔扁平，形似鸡冠，半野生状态者有的不呈鸡冠状，花序较为疏松，花色多样而鲜艳 ⋯⋯⋯⋯⋯⋯⋯⋯⋯⋯⋯⋯⋯⋯⋯⋯⋯⋯⋯⋯⋯⋯⋯⋯⋯⋯⋯⋯⋯⋯ 鸡冠花 *C. cristata*

青葙　野鸡冠花　鸡公苋　（图 064）
Celosia argentea L.

【形态特征】 一年生草本，高30～90厘米。全株无毛。茎直立，通常上部分枝，绿色或红紫色，具条纹。单叶互生；叶柄长2～15毫米，或无柄；叶片纸质，披针形或长圆状披针形，长5～9厘米，宽1～3厘米，先端尖或长尖，基部渐狭且稍下延，全缘。花着生甚密，初为淡红色，后变为银白色，穗状花序单生于茎顶或分枝顶，呈圆柱形或圆锥形，长3～10厘米，苞片、小苞片和花被片干膜质，白色，光亮；花被片5，白色或粉红色，披针形；雄蕊5，下部合生成杯状，花药紫色。胞果卵状椭圆形，盖裂，上部作帽状脱落，顶端有宿存花柱，包在宿存花被片内。种子扁圆形，黑色，光亮。

图 064-01　青葙 *Celosia argentea*（1）　　　图 064-02　青葙 *Celosia argentea*（2）

【产地、生长环境与分布】 仙桃市各地均有产。多生于坡地、路边、平原较干燥的向阳处。全国大部分地区均有野生或栽培。

【药用部位】 茎叶或根。

【采集加工】 夏季采收，鲜用或晒干。

【性味、归经】 味苦，性寒。归肝、膀胱经。

【功能主治】 燥湿清热、杀虫止痒、凉血止血；用于湿热带下、小便不利、尿浊、泄泻、阴痒、疥疮、风瘙痒、痔疮、衄血、创伤出血。

【用法用量】 内服：煎汤，10～15克。外用：适量，捣敷；或煎汤熏洗。

【验方参考】 ①治风湿身疼痛：青葙根30克，与猪脚节或鸡、鸭炖服。（《泉州本草》）②治小儿小便浑浊：青葙鲜全草 15 ～ 30 克，青蛙（田鸡）1 只，水炖服。（《福建中草药》）③治妇女阴痒：青葙茎叶 90 ～ 120 克，加水煎汁，熏洗患处。（《草药手册》）④治瘰气：青葙全草、腐婢、仙鹤草各 15 克，水煎，早、晚饭前服。（《草药手册》）⑤治皮肤风热疮疹瘙痒：青葙茎叶，煎水洗患处，洗时须避风。（《草药手册》）⑥治支气管炎、胃肠炎：青葙茎叶 3 ～ 10 克，水煎服。（《广西本草选编》）⑦治痈疮疖肿：青葙鲜茎叶，捣烂外敷。（《广西本草选编》）

图 064-03　青葙（药材）

鸡冠花　大鸡公苋　（图 065）

Celosia cristata L.

【形态特征】一年生直立草本，高 30 ～ 80 厘米。全株无毛，粗壮。分枝少，近上部扁平，绿色或带红色，有棱纹突起。单叶互生，具柄；叶片长 5 ～ 13 厘米，宽 2 ～ 6 厘米，先端渐尖或长尖，基部渐窄成柄，全缘。中部以下多花；苞片、小苞片和花被片干膜质，宿存；胞果卵形，长约 3 毫米，熟时盖裂，包于宿存花被内。种子肾形，黑色，有光泽。

【产地、生长环境与分布】仙桃市各地均有栽培。全国各地区均有栽培。

【药用部位】植物的干燥花序，种子。

【采集加工】夏、秋季采收，将花序、种子晒干备用。

【性味】花序：味甘，性凉。种子：味甘，性寒。

图 065　鸡冠花 *Celosia cristata*

【功能主治】花序：清热除腥、凉血止血、止带；用于吐血、崩漏、便血、痔血、赤白带下、久痢不止。种子：同青葙。

【用法用量】内服：煎汤，6 ～ 12 克。

莲子草属 *Alternanthera* Forssk.

喜旱莲子草　空心莲子草　水花生　革命草　水蕹菜　（图 066）

Alternanthera philoxeroides (Mart.) Griseb.

【形态特征】多年生草本；茎基部匍匐，上部上升，管状，不明显 4 棱，长 55 ～ 120 厘米，具分枝，幼茎及叶腋有白色或锈色柔毛，茎老时无毛，仅在两侧纵沟内保留。叶片矩圆形、矩圆状倒卵形或倒卵状披针形，长 2.5 ～ 5 厘米，宽 7 ～ 20 毫米，顶端急尖或圆钝，具短尖，基部渐狭，全缘，两面无毛或上面有贴生毛及缘毛，下面有颗粒状突起；叶柄长 3 ～ 10 毫米，无毛或微有柔毛。花密生，成具总花梗的头状花序，单生于叶腋，球形，直径 8 ～ 15 毫米；苞片及小苞片白色，顶端渐尖，具 1 脉；苞片卵形，长 2 ～ 2.5 毫米，小苞片披针形，长 2 毫米；花被片矩圆形，长 5 ～ 6 毫米，白色，光亮，

图 066　喜旱莲子草 *Alternanthera philoxeroides*

无毛，顶端急尖，背部侧扁；雄蕊花丝长 2.5 ～ 3 毫米，基部连合成杯状；退化雄蕊矩圆状条形，和雄蕊约等长，顶端裂成窄条；子房倒卵形，具短柄，背面侧扁，顶端圆形。果实未见。花期 5—10 月。

【产地、生长环境与分布】仙桃市各地均有产。多生于池沼、水沟内。原产于巴西，我国引种于北京、江苏、浙江、江西、湖南、福建，后逸为野生，现我国各地广布。

【药用部位】全草。

【采集加工】春、夏、秋季采收，除去杂草，洗净，鲜用或晒干备用。

【性味】味苦、甘，性寒。

【功能主治】清热利湿、凉血解毒；用于咯血、尿血、感冒发热、麻疹、乙型脑炎、淋浊、湿疹、痈肿疮疖、毒蛇咬伤。

【用法用量】内服：煎汤，30 ～ 60 克，鲜品加倍；或捣汁。外用：适量，捣敷；或捣汁涂。

牛膝属 *Achyranthes* L.

牛膝　家牛膝　（图 067）

Achyranthes bidentata Blume

【形态特征】多年生草本，高 70 ～ 120 厘米。根圆柱形，直径 5 ～ 10 毫米，土黄色。茎有棱角或四方形，绿色或带紫色，有白色贴生或开展柔毛，或近无毛，分枝对生，节膨大。单叶对生；叶柄长 5 ～ 30 毫米；叶片膜质，椭圆形或椭圆状披针形，长 5 ～ 12 厘米，宽 2 ～ 6 厘米，先端渐尖，基部宽楔形，全缘，两面被柔毛。穗状花序顶生及腋生，长 3 ～ 5 厘米，花期后反折；总花梗长 1 ～ 2 厘米，有白色柔毛；花多数，密生，长 5 毫米；苞片宽卵形，长 2 ～ 3 毫米，先端长渐尖；小苞片刺状，长 2.5 ～ 3 毫米，先端弯曲，基部两侧各有 1 卵形膜质小裂片，长约 1 毫米；花被片披针形，长 3 ～ 5 毫米，光亮，先端急尖，有 1 中脉；雄蕊长 2 ～ 2.5 毫米；退化雄蕊先端平圆，稍有缺刻状细锯齿。胞果长圆形，长 2 ～ 2.5 毫米，黄褐色，光滑。种子长圆形，长 1 毫米，黄褐色。花期 7—9 月，果期 9—10 月。

【产地、生长环境与分布】仙桃市各地均有产。生于屋旁、林缘、山坡草丛中。除东北地区外，全国广布，有些地区有大量栽培品种。

图 067-01　牛膝 *Achyranthes bidentata*（1）

图 067-02　牛膝 *Achyranthes bidentata*（2）

【药用部位】 根，茎叶。

【采集加工】 秋季采收，晒干备用。

【成分】 根含三萜皂苷，水解后生成齐墩果酸，并含多量钾盐。种子也含三萜皂苷，另含蜕皮甾酮和牛膝蜕皮甾酮。

【性味】 味苦、甘、酸，性平。

【功能主治】 根：生用活血通经、引血下行；用于闭经、难产、胞衣难下、产后瘀血、腹痛、尿血、喉痹、牙龈肿痛、跌打损伤等；熟用补肝。茎叶：清热解毒、通经利尿；用于感冒发热、扁桃体炎、白喉、流行性腮腺炎、疟疾、风湿性关节炎、尿路结石、肾炎性水肿。

【验方参考】 ①治小儿行迟，三岁不能行者：五加皮五钱，牛膝、木瓜各二钱半，为末。每服五分，米饮入酒二三点调服。（《全幼心鉴》）②治胞衣不下：冬葵子一合，牛膝一两，水二升，煎一升服。（《千金方》）③治妊妇胎动，母欲死，子尚在，以此下之：水银、朱砂各半两，研膏。以牛膝半两，水五大盏。煎汁，入蜜调服半匙。（《太平圣惠方》）④治久疟寒热，五淋尿血，茎中痛，下痢，喉痹口疮齿痛，痈肿恶疮伤折：煎服，5 ~ 12 克。（《本草纲目》）

31. 仙人掌科 Cactaceae

仙人掌属 *Opuntia* Mill.

仙人掌　凤尾簕　龙舌　平虑草　老鸦舌　神仙掌　（图 068）

Opuntia dillenii (Ker Gawl.) Haw.

【形态特征】 丛生肉质灌木，高（1）1.5 ~ 3 米。上部分枝宽倒卵形、倒卵状椭圆形或近圆形，长 10 ~ 35（40）厘米，宽 7.5 ~ 20（25）厘米，厚达 2 厘米，先端圆形，边缘通常不规则波状，基部楔形或渐狭，绿色至蓝绿色，无毛；小窠疏生，直径 0.2 ~ 0.9 厘米，明显突出，成长后刺常增粗并增多，每小窠具（1）3 ~ 10（20）根刺，密生短绵毛和倒刺刚毛；刺黄色，有淡褐色横纹，粗钻形，多少开展并内弯，基部扁，坚硬，长 1.2 ~ 4（6）厘米，宽 1 ~ 1.5 毫米；倒刺刚毛暗褐色，长 2 ~ 5 毫米，直立，多少宿存；短绵毛灰色，短于倒刺刚毛，宿存。叶钻形，长 4 ~ 6 毫米，绿色，早落。花辐状，直径 5 ~ 6.5 厘米；花托倒卵形，长 3.3 ~ 3.5 厘米，直径 1.7 ~ 2.2 厘米，顶端截形并凹陷，基部渐狭，绿色，疏生突出的小窠，小窠具短绵毛、倒刺刚毛和钻形刺；萼状花被片宽倒卵形至狭倒卵形，长 10 ~ 25 毫米，宽 6 ~ 12 毫米，先端急尖或圆形，具小尖头，黄色，具绿色中肋；瓣状花被片倒卵形或匙状倒卵形，长 25 ~ 30 毫米，宽 12 ~ 23 毫米，先端圆形、截形或微凹，边缘全缘或浅啮蚀状；花丝淡黄色，长 9 ~ 11 毫米；花药长约 1.5 毫米，黄色；花柱长 11 ~ 18 毫米，直径 1.5 ~ 2 毫米，

图 068　仙人掌 *Opuntia dillenii*

淡黄色；柱头 5，长 4.5 ~ 5 毫米，黄白色。浆果倒卵球形，顶端凹陷，基部多少狭缩成柄状，长 4 ~ 6 厘米，直径 2.5 ~ 4 厘米，表面平滑无毛，紫红色，每侧具 5 ~ 10 个突起的小窠，小窠具短绵毛、倒刺刚毛和钻形刺。种子多数，扁圆形，长 4 ~ 6 毫米，宽 4 ~ 4.5 毫米，厚约 2 毫米，边缘稍不规则，无毛，淡黄褐色。花期 6—10（12）月。

【产地、生长环境与分布】仙桃市各地均有栽培。多生于向阳干燥的山坡、石上、路旁或村庄。分布于西南、华南地区及浙江、江西、福建等地。

【药用部位】根及茎。

【采集加工】栽培 1 年后，即可随用随采。

【性味】味苦，性寒。

【功能主治】行气活血、凉血止血、解毒消肿；用于胃痛、痞块、痢疾、喉痛、肺热咳嗽、肺痨咯血、吐血、痔血、疮疡疔疖、乳痈、痄腮、癣疾、蛇虫咬伤、烫伤、冻伤。

【用法用量】内服：煎汤，10 ~ 30 克；或焙干研末，3 ~ 6 克。外用：适量，鲜品捣敷。

【验方参考】①治痞块：仙人掌 15 ~ 30 克，捣绒，蒸甜酒吃；再用仙人掌适量，加甜酒炒热，包患处。（《贵州草药》）②治急性细菌性痢疾：鲜仙人掌 30 ~ 60 克，水煎服。（《常用中草药手册》）③治胃痛：仙人掌研末，每次一钱，开水吞服；或用仙人掌一两，切细，和牛肉二两炒吃。（《贵州草药》）④治肠风痔血：仙人掌，与甘草浸酒饮。（《药性考》）⑤治痔疮出血：仙人掌 30 克，牛肉 250 克，炖服。（《草木便方今释》）

仙人球属 *Echinopsis* Zucc.

仙人球　翅翅球　雪球　仙人头　仙人拳　（图 069）

Echinopsis tubiflora (Pfeiff.) Zucc. ex A. Dietr.

【形态特征】多年生常绿肉质草本，高约 15 厘米。茎球形、椭圆形或倒卵形，绿色，肉质，有纵棱 12 ~ 14 条，棱上有丛生的针刺，通常每丛 6 ~ 10 枚，少数达 15 枚，长 2 ~ 4 厘米，硬直，黄色或

黄褐色，长短不一，辐射状，刺丛内着生密集的白茸毛。叶细小，生于刺丛内，早落。花大型，侧生，着生于刺丛中，粉红色，夜间开放，长喇叭状，长 15～20 厘米，花筒外被鳞片，鳞片腋部具长绵毛。浆果球形或卵形，无刺。种子细小，多数。花期 5—6 月。

【产地、生长环境与分布】 仙桃市各地均有栽培。生于阳光充足的沙壤土中，耐干旱，不耐寒。全国各地均有零星栽培，南方地区多栽培于庭园、假山或花盆中，北方地区多栽培于温室。

图 069 仙人球 *Echinopsis tubiflora*

【药用部位】 茎。

【采集加工】 全年可采，洗净，去皮、刺，鲜用。

【性味、归经】 味甘，性平。归肺、胃经。

【功能主治】清热止咳、凉血解毒、消肿止痛；用于肺热咳嗽、痰中带血、衄血、吐血、胃溃疡、痈肿、烫伤、蛇虫咬伤。

【用法用量】 内服：煎汤，9～30 克。外用：适量，鲜品捣敷，或捣汁涂搽。

【验方参考】 ①治鼻衄：仙人球 30 克，猪瘦肉 60 克，同煮服。（《福建药物志》）②治疮毒：仙人球鲜全草适量，捣烂敷患处。（《浙江药用植物志》）③治烫伤：仙人球鲜全草适量，捣烂取汁，涂搽患处。（《浙江药用植物志》）④治蛇虫咬伤：仙人球全草捣汁，搽患处。（《湖南药物志》）

32. 木兰科 Magnoliaceae

含笑属 *Michelia* L.

1. 雌蕊群及聚合果均无毛；花被片质厚，带肉质，淡黄色，边缘常染有紫色 ································· 含笑花 *M. figo*

1. 雌蕊群被毛，聚合果残留毛；花被片薄 ······································· 深山含笑 *M. maudiae*

含笑花 香蕉花 含笑 （图 070）

Michelia figo (Lour.) Spreng.

【形态特征】常绿灌木，高 2～3 米，树皮灰褐色，分枝繁密；芽、嫩枝、叶柄、花梗均密被黄褐色茸毛。叶革质，狭椭圆形或倒卵状椭圆形，长 4～10 厘米，宽 1.8～4.5 厘米，先端钝短尖，基部楔形或阔楔形，上面有光泽，无毛，下面中脉上留有褐色平伏毛，余脱落无毛，叶柄长 2～4 毫米，托叶痕长达叶柄顶端。花直立，花瓣长 12～20 毫米，宽 6～11 毫米，淡黄色而边缘有时红色或紫色，具甜浓的芳香，花被片 6，肉质，较肥厚，长椭圆形，长 12～20 毫米，宽 6～11 毫米；雄蕊长 7～8 毫米，药隔伸出成急尖头，雌蕊群无毛，长约 7 毫米，超出于雄蕊群；雌蕊群柄长约 6 毫米，被淡黄色茸毛。聚合果长 2～3.5 厘米；

菁葖卵圆形或球形，顶端有短尖的喙。花期 3—5 月，果期 7—8 月。

【产地、生长环境与分布】仙桃市各城乡街道旁均有栽培。本种原产于华南地区，广东鼎湖山有野生分布，现广植于全国各地。

【药用部位】花蕾，叶。

【采集加工】春季采收，花蕾晒干备用，叶鲜用。

【性味】味苦、微涩，性平。

【功能主治】花：祛瘀生新；用于月经不调。叶：用于跌打损伤。

图 070　含笑花 *Michelia figo*

深山含笑　莫夫人含笑花　光叶白兰花　（图 071）

Michelia maudiae Dunn

【形态特征】常绿乔木，高达 20 米，各部均无毛；树皮薄，浅灰色或灰褐色，平滑不裂；芽、嫩枝、叶下面、苞片均被白粉。叶互生，革质，深绿色，叶背淡绿色，长圆状椭圆形，很少卵状椭圆形，长 7～18 厘米，宽 3.5～8.5 厘米，先端骤狭短渐尖或短渐尖而尖头钝，基部楔形、阔楔形或近圆钝，上面深绿色，有光泽，下面灰绿色，被白粉，侧脉每边 7～12 条，直或稍曲，至近叶缘开叉网结，网眼致密。叶柄长 1～3 厘米，无托叶痕。花梗绿色，具 3 环状苞片脱落痕，佛焰苞状苞片淡褐色，薄革质，

图 071　深山含笑 *Michelia maudiae*

长约 3 厘米；花芳香，花被片 9 片，纯白色，基部稍呈淡红色，外轮的倒卵形，长 5～7 厘米，宽 3.5～4 厘米，顶端具短急尖，基部具长约 1 厘米的爪，内两轮则渐狭小；近匙形，顶端尖；雄蕊长 1.5～2.2 厘米，药隔伸出长 1～2 毫米的尖头，花丝宽扁，淡紫色，长约 4 毫米；雌蕊群长 1.5～1.8 厘米；雌蕊群柄长 5～8 毫米。心皮绿色，狭卵圆形，连花柱长 5～6 毫米。聚合果长 7～15 厘米，菁葖长圆体形、倒卵圆形、卵圆形，顶端圆钝或具短突尖头。种子红色，斜卵圆形，长约 1 厘米，宽约 5 毫米，稍扁。花期 2—3 月，果期 9—10 月。

【产地、生长环境与分布】仙桃市各城乡街道旁均有栽培。分布于浙江（南部）、福建、湖南、广东（北部、中部及南部沿海岛屿）、广西、贵州。

【药用部位】花，根。

【采集加工】　春季采收，晒干备用。

【性味】　味辛，性温。

【功能主治】　花：散风寒、通鼻窍、行气止痛。根：清热解毒、行气化浊、止咳。

木兰属 *Magnolia* L.

1. 花药内向开裂，先出叶后开花；花被片近相似，外轮花被片不退化为萼片状；叶为落叶或常绿。

　2. 常绿大乔木。托叶与叶柄离生，叶柄上无托叶痕；花大，直径15～20厘米；聚合果大，圆柱状长圆形或卵圆形，

　　直径4～5厘米；种子近卵圆形，两侧不压扁 ························荷花玉兰 *M. grandiflora*

1. 花药内侧向开裂或侧向开裂；花先于叶开放或花叶近同时开放；外轮与内轮花被片形态近相似，大小近相等或外轮

花被片极退化成萼片状；叶为落叶。

　3. 乔木，花被片纯白色，有时基部外面带粉红色，外轮与内轮近等长；花凋谢后出叶 ···············玉兰 *M. denudata*

荷花玉兰　广玉兰　洋玉兰　白玉兰　（图072）

Magnolia grandiflora L.

【形态特征】　常绿乔木，在原产地高达30米；树皮淡褐色或灰色，薄鳞片状开裂；小枝粗壮，具横隔的髓心；小枝、芽、叶下面、叶柄均密被褐色或灰褐色短茸毛（幼树的叶下面无毛）。叶厚革质，椭圆形、长圆状椭圆形或倒卵状椭圆形，长10～20厘米，宽4～7（10）厘米，先端钝或短钝尖，基部楔形，叶面深绿色，有光泽；侧脉每边8～10条；叶柄长1.5～4厘米，无托叶痕，具深沟。花白色，芳香，直径15～20厘米；花被片9～12，厚肉质，倒卵形，长6～10厘米，

图072　荷花玉兰 *Magnolia grandiflora*

宽5～7厘米；雄蕊长约2厘米，花丝扁平，紫色，花药内向，药隔伸出成短尖；雌蕊群椭圆体形，密被长茸毛；心皮卵形，长1～1.5厘米，花柱呈卷曲状。聚合果圆柱状长圆形或卵圆形，长7～10厘米，直径4～5厘米，密被褐色或淡灰黄色茸毛；蓇葖背裂，背面圆，顶端外侧具长喙；种子近卵圆形或卵形，长约14毫米，直径约6毫米，外种皮红色，除去外种皮的种子，顶端延长成短颈。花期5—6月，果期9—10月。

【产地、生长环境与分布】　仙桃市部分乡镇有栽培。原产于美洲东南部，我国长江流域以南各城市有栽培。

【药用部位】　树皮，叶，花

【采集加工】　春季采收花，夏、秋季采收叶、树皮。

【性味】　味辛，性温。

【功能主治】 花：祛风散寒、止痛；用于外感风寒、鼻塞头痛。树皮：行气止痛；用于湿阻、气滞胃痛。

【用法用量】 内服：煎汤，3～10克。外用：适量，捣敷或研末撒患处。

玉兰　白玉兰　木兰　玉兰花　（图073）

Magnolia denudata Desr.

【形态特征】 落叶乔木，高达25米，胸径1米，枝广展形成宽阔的树冠；树皮深灰色，粗糙开裂；小枝稍粗壮，灰褐色；冬芽及花梗密被淡灰黄色长绢毛。叶纸质，倒卵形、宽倒卵形或倒卵状椭圆形，基部徒长枝叶椭圆形，长10～15（18）厘米，宽6～10（12）厘米，先端宽圆、平截或稍凹，具短突尖，中部以下渐狭成楔形；叶上面深绿色，嫩时被柔毛，后仅中脉及侧脉留有柔毛，下面淡绿色，沿脉上被柔毛，侧脉每边8～10条，网脉明显；叶柄长1～2.5厘米，被柔毛，上面具狭纵沟；托叶痕为叶柄长的1/4～1/3。花蕾卵圆形，花先于叶开放，直立，芳香，直径10～16厘米；花梗显著膨大，密被淡黄色长绢毛；花被片9片，白色，基部常带粉红色，近相似，长圆状倒卵形，长6～8（10）厘米，宽2.5～4.5（6.5）厘米；雄蕊长7～12毫米，花药长6～7毫米，侧向开裂；药隔宽约5毫米，顶端伸出成短尖头；雌蕊群淡绿色，无毛，圆柱形，长2～2.5厘米；雌蕊狭卵形，长3～4毫米，具长4毫米的锥尖花柱。聚合果圆柱形（庭园栽培种常因部分心皮不育而弯曲），长12～15厘米，直径3.5～5厘米；蓇葖厚木质，褐色，具白色皮孔；种子心形，侧扁，高约9毫米，宽约10毫米，外种皮红色，内种皮黑色。

图073-01　玉兰 *Magnolia denudata*

图073-02　辛夷（药材）

【产地、生长环境与分布】 仙桃市各地均有栽培，襄河公园栽培较多。人工栽培或野生。全国各地有栽培。

【药用部位】 花蕾。

【采集加工】 春季采集，晒干备用。

【性味】 味苦、辛，性温。

【功能主治】 祛风发散、通鼻窍；用于头痛、鼻塞、（急）慢性鼻窦炎、过敏性鼻炎。

【验方参考】 治痛经不孕：玉兰花将开未足，每岁1朵，每日清晨空心，水煎服。（《良方集要》）

鹅掌楸属 *Liriodendron* L.

鹅掌楸　马褂木　双飘树　（图 074）
Liriodendron chinense (Hemsl.) Sarg.

【形态特征】乔木，高达 40 米，胸径 1 米以上，小枝灰色或灰褐色。叶马褂状，长 4 ～ 12（18）厘米，近基部每边具 1 侧裂片，先端具 2 浅裂，下面苍白色，叶柄长 4 ～ 8（16）厘米。花杯状，花被片 9，外轮 3 片绿色，萼片状，向外弯垂，内两轮 6 片，直立，花瓣状、倒卵形，长 3 ～ 4 厘米，绿色，具黄色纵条纹，花药长 10 ～ 16 毫米，花丝长 5 ～ 6 毫米，花期时雌蕊群超出花被之上，心皮黄绿色。聚合果长 7 ～ 9 厘米，具翅的小坚果长约 6 毫米，顶端钝或钝尖，具种子 1 ～ 2 颗。花期 5 月，果期 9—10 月。

图 074　鹅掌楸 *Liriodendron chinense*

【产地、生长环境与分布】仙桃市流潭公园有栽培。生于山地林中，或成小片纯林。分布于陕西、安徽、四川、云南、湖北等地。

【药用部位】根，树皮。

【采集加工】秋季采挖，除尽泥土，鲜用或晒干。

【性味、归经】味辛，性温。归肺经。

【功能主治】祛风除湿、止咳、强筋骨；用于风湿关节痛、肌肉萎缩、风寒咳嗽。

【用法用量】内服：煎汤，15 ～ 30 克；或浸酒。

【验方参考】治肌肉萎缩：鹅掌楸根、大血藤各一两，茜草根、一口血各三钱，豇豆、木通各五钱，红花五分，泡酒服。（《贵州草药》）

33. 蜡梅科 Calycanthaceae

蜡梅属 *Chimonanthus* Lindl.

蜡梅　大叶蜡梅　狗矢蜡梅　狗蝇梅　铁筷子花　腊梅　（图 075）
Chimonanthus praecox (L.) Link

【形态特征】落叶灌木，高达 4 米；幼枝四方形，老枝近圆柱形，灰褐色，无毛或被疏微毛，有皮孔；鳞芽通常着生于第二年生枝条的叶腋内，芽鳞片近圆形，覆瓦状排列，外面被短柔毛。叶纸质至近革质、卵圆形、椭圆形、宽椭圆形至卵状椭圆形，有时长圆状披针形，长 5 ～ 25 厘米，宽 2 ～ 8 厘米，顶端急尖至渐尖，有时具尾尖，基部急尖至圆形，除叶背脉上被疏微毛外无毛。花着生于第二年生枝条叶腋内，先花后叶，芳香，直径 2～4 厘米；花被片圆形、长圆形、倒卵形、椭圆形或匙形，长 5～20 毫米，宽 5～15 毫米，无毛，内部花被片比外部花被片短，基部有爪；雄蕊长 4 毫米，花丝比花药长或等长，花药向内弯，无毛，药隔顶端短尖，退化雄蕊长 3 毫米；心皮基部被疏硬毛，花柱长达子房 3 倍，基部被毛。果托近木质化，坛状或倒卵状椭圆形，长 2～5 厘米，直径 1～2.5 厘米，口部收缩，

图 075　蜡梅 *Chimonanthus praecox*

并具有钻状披针形的被毛附生物。花期 11 月至翌年 3 月，果期 4—11 月。

【产地、生长环境与分布】仙桃市各地均有栽培。多生于河道、溪流、公路两边。分布于山东、江苏、安徽、浙江、福建、江西、湖南、湖北、河南、陕西、四川、贵州、云南等地，多为栽培。

【药用部位】根，茎，花。

【采集加工】根、茎，夏、秋季采收；花，冬季采收，晒干备用。

【成分】蜡梅花含挥发油，油中有龙脑、桉油精、芳樟醇、洋蜡梅碱、异洋蜡梅碱、蜡梅苷、α-胡萝卜素、亚油酸、油酸等成分。叶含蜡梅碱、洋蜡梅碱、异洋蜡梅碱；鲜叶含氢氰酸。种子含脂肪油、亚油酸、亚麻酸等成分。

【性味】根、根皮：味辛，性温；有毒。花：味辛，性凉。

【功能主治】花：解暑生津、开胃散郁、止咳；用于暑热头晕、呕吐、气郁胃闷、麻疹、百日咳；外用治烫火伤、中耳炎。根：祛风、解毒、止血；用于风寒感冒、腰肌劳损、风湿性关节炎。根皮：外用治刀伤出血。

【用法用量】花 3～6 克，根 10～15 克，水煎服。

【验方参考】①治久咳：铁筷子花三钱，泡开水服。（《贵阳民间药草》）②治烫火伤：蜡梅花（以）茶油浸（涂）。（《岭南采药录》）

34. 樟科 Lauraceae

樟属 *Cinnamomum* Schaeff.

樟　小叶樟　樟木子　香樟　樟树　（图 076）

Cinnamomum camphora (L.) Presl

【形态特征】常绿大乔木，高可达 55 米，胸径 30～80 厘米；树皮灰褐色。枝条圆柱形，紫褐色，无毛，嫩时多少具棱角。芽小，卵圆形，芽鳞疏被绢毛。叶互生，卵圆形或椭圆状卵圆形，长 8～17 厘米，宽 3～10 厘米，先端短渐尖、基部锐尖、宽楔形至圆形，坚纸质，上面光亮，幼时有极细的微柔毛，老

时变无毛，下面苍白色，极密被绢状微柔毛，中脉在上面平坦下面凸起，侧脉每边 4～6 条，最基部的一对近对生，其余的均为互生，斜升，两面近明显，侧脉脉腋在下面有明显的腺窝，上面相应处明显呈泡状隆起，横脉及细脉网状，两面不明显，叶柄长 2～3 厘米，腹凹背凸，略被微柔毛。圆锥花序在幼枝上腋生或侧生，同时亦有近侧生，有时基部具苞叶，长（5）10～15 厘米，多分枝，分枝二歧状，具棱角，总梗圆柱形，长 4～6 厘米，与各级序轴均无毛。花绿白色，长约 2.5 毫米，花梗丝状，长 2～4 毫米，被绢状微柔毛。花被筒倒锥形，外面近无毛，花被裂片 6，卵圆形，长约 1.2 毫米，外面近无毛，内面被白色绢毛，反折，很快脱落。能育雄蕊 9，第一、第二轮雄蕊长约 1 毫米，花药近圆形，花丝无腺体，第三轮雄蕊稍长，花丝近基部有一对肾形大腺体。退化雄蕊 3，位于最内轮，心形，近无柄，长约 0.5 毫米。子房卵珠形，长约 1.2 毫米，无毛，花柱长 1 毫米，柱头头状。果球形，直径 7～8 毫米，绿色，无毛；果托浅杯状，顶端宽 6 毫米。花期 5—6 月，果期 7—8 月。

图 076　樟 *Cinnamomum camphora*

【产地、生长环境与分布】 仙桃市各地均有产，多为栽培。主要分布于长江流域以南区域，以江西、浙江、台湾、广东、福建、湖南等地较多。

【药用部位】 根，木材，树皮，叶，果实，根及木材提取的结晶（樟脑）。

【采集加工】 夏、秋季采收，鲜用或晾干。

【性味】 味辛，性温。

【功能主治】 根：理气活血、祛风湿；用于上吐下泻、心腹胀痛、风湿痹痛、跌打损伤、疥癣瘙痒。叶：止血；研末治外伤出血。果实：解表退热；用于高热感冒、麻疹、百日咳、痢疾。根及木材提取的结晶（樟脑）：通窍、杀虫、止痛、辟秽；用于心腹胀痛、跌打损伤、疮疡疥癣。

【用法用量】 根：20～30 克，水煎服，或浸酒服；外用适量，煎水洗。叶：研末外敷。果实：10～15 克，水煎服。

【验方参考】①治气胀、气痛：香樟根末 5 钱，熬甜酒吃。②治风湿、跌打损伤、筋骨疼痛：香樟根 5 钱、铁筷子 5 钱、白龙须 5 钱、岩川芎 5 钱，泡酒服，早晚 1 次，每次服 5 钱。③治风湿痛：香樟根煎水洗。④治歪嘴风：鲜香樟根 2 两、枫香树根皮 5 钱，混合捣烂，外包。⑤治脚汗：香樟根皮，捣烂，包脚底过夜。（①～⑤出自《贵阳民间药草》）

35. 毛茛科 Ranunculaceae

翠雀属 *Delphinium* L.

1. 根为一年生直根；叶通常为二至三回羽状复叶；花瓣上部扇状增宽；退化雄蕊无毛，无突起；种子扁球形，有螺旋状的横膜翅和同心的横膜翅 ·························· 卵瓣还亮草 *D. anthriscifolium* var. *savatieri*

1. 根多年生；叶掌状分裂；花瓣上部多少变狭；退化雄蕊通常腹面中央有髯毛或只有缘毛，稀无毛，基部常有2突起；种子多少四面体形，只沿棱生翅或密生鳞状横翅 ···························· 翠雀 *D. grandiflorum*

卵瓣还亮草 （图 077）

Delphinium anthriscifolium var. *savatieri* (Franchet) Munz

【形态特征】 多年生草本，茎高可达78厘米，等距地生叶，分枝。羽状复叶，近基部叶在开花时常枯萎；叶片菱状卵形或三角状卵形，羽片狭卵形，表面疏被短柔毛，背面无毛或近无毛；叶柄无毛或近无毛。总状花序，有花多达15朵；轴和花梗被短柔毛；基部苞片叶状，小苞片生于花梗中部，披针状线形，萼片堇色或紫色，退化雄蕊的瓣片卵形、椭圆形至长圆形，退化雄蕊与萼片同色，无毛，种子扁球形。3—5月开花。

【产地、生长环境与分布】 仙桃市各地均有产。多生于林边、灌丛或草坡较阴湿处。分布于云南、四川、广西、广东、贵州、湖南、江西、浙江、江苏、陕西南部。

【药用部位】 全草。

【采集加工】 夏、秋季采收，晒干备用。

【性味】 味辛，性温；有毒。

【功能主治】 祛风通络；用于风湿痛、半身不遂；外涂治痈疮癣癞等。

【用法用量】 4～5克，水煎服；外用捣汁涂或煎水洗。

【验方参考】 ①治食积胀满、潮热：卵瓣还亮草、蓬蘽各1两，麦芽4～5钱，水煎，冲红糖，早晚饭前各服一次。（《浙

图 077-01　卵瓣还亮草
Delphinium anthriscifolium var. *savatieri*（1）

图 077-02　卵瓣还亮草
Delphinium anthriscifolium var. *savatieri*（2）

江天目山药用植物志》）②治中风半身不遂、风湿筋骨疼痛：煎服，3～6克。（《华南药用植物》）③治痈疮：鲜草适量，捣烂敷患处。（《华南药用植物》）

翠雀　鸽子花　百部草 （图 078）

Delphinium grandiflorum L.

【形态特征】 多年生草本，无块根。茎高35～65厘米，与叶柄均被反曲而贴伏的短柔毛，上部有

时变无毛，等距地生叶，分枝。基生叶和茎下部叶有长柄；叶片圆五角形，长2.2～6厘米，宽4～8.5厘米，3全裂，中央全裂片近菱形，一至二回3裂近中脉，小裂片线状披针形至线形，宽0.6～2.5（3.5）毫米，边缘干时稍反卷，侧全裂片扇形，不等2深裂近基部，两面疏被短柔毛或近无毛；叶柄长为叶片的3～4倍，基部具短鞘。总状花序有3～15朵花；下部苞片叶状，其他苞片线形；花梗长1.5～3.8厘米，与轴密被贴伏的白色短柔毛；小苞片生于花梗中部或上部，线形或丝形，长3.5～7

图 078　翠雀 *Delphinium grandiflorum*

毫米；萼片紫蓝色，椭圆形或宽椭圆形，长1.2～1.8厘米，外面有短柔毛，距钻形，长1.7～2（2.3）厘米，直或末端稍向下弯曲；花瓣蓝色，无毛，顶端圆形；退化雄蕊蓝色，瓣片近圆形或宽倒卵形，顶端全缘或微凹，腹面中央有黄色髯毛；雄蕊无毛；心皮3，子房密被贴伏的短柔毛。蓇葖直，长1.4～1.9厘米；种子倒卵状四面体形，长约2毫米，沿棱有翅。5—10月开花。

【产地、生长环境与分布】仙桃市杨林尾镇、通海口镇均有产。分布于云南（昆明以北）、四川（西北部）、山西、河北、贵州、内蒙古、辽宁（西部）、吉林（西部）、黑龙江。

【药用部位】根，全草。

【采集加工】7—8月采收，晒干备用。

【性味】味苦，性寒；有毒。

【功能主治】根：泻火止痛、杀虫；含漱用于风热牙痛。全草：外用于疥癣。种子：用于哮喘。

毛茛属 *Ranunculus* L.

1. 瘦果卵球形或稍扁而凸，长1～1.2毫米，宽为厚的1～3倍，背腹线有1纵肋；花瓣蜜槽呈点状或棱状袋穴
·· 石龙芮 *R. sceleratus*

1. 瘦果两侧压扁，长2～2.5毫米，宽为厚的5倍以上，边缘有棱和宽翼；花瓣蜜槽上有分离的小鳞片
·· 毛茛 *R. japonicus*

石龙芮　胡椒菜　堇菜　（图 079）
Ranunculus sceleratus L.

【形态特征】一年生草本。须根簇生。茎直立，高10～50厘米，直径2～5毫米，有时粗达1厘米，上部多分枝，具多数节，下部节上有时生根，无毛或疏生柔毛。基生叶多数；叶片肾状圆形，长1～4厘米，宽1.5～5厘米，基部心形，3深裂不达基部，裂片倒卵状楔形，不等地2～3裂，顶端钝圆，有粗圆齿，无毛；叶柄长3～15厘米，近无毛。茎生叶多数，下部叶与基生叶相似；上部叶较小，3全裂，裂片披针形至线形，全缘，无毛，顶端钝圆，基部扩大成膜质宽鞘抱茎。聚伞花序有多数花；花小，直径4～8毫米；花梗长1～2厘米，无毛；萼片椭圆形，长2～3.5毫米，外面有短柔毛，花瓣5，倒卵形，等长

或稍长于花萼，基部有短爪，蜜槽呈棱状袋穴；雄蕊 10 多枚，花药卵形，长约 0.2 毫米；花托在果期伸长增大呈圆柱形，长 3～10 毫米，直径 1～3 毫米，生短柔毛。聚合果长圆形，长 8～12 毫米，为宽的 2～3 倍；瘦果极多数，近百枚，紧密排列，倒卵球形，稍扁，长 1～1.2 毫米，无毛，喙短至近无，长 0.1～0.2 毫米。花果期 5—8 月。

【产地、生长环境与分布】仙桃市各地均有产。多生于潮湿地区、水边。我国南北各地皆有分布。

【药用部位】全草。

【采集加工】夏季采收，洗净晒干或鲜用。

【成分】全草含原头翁素、毛茛苷、5-羟色胺、白头翁素、不饱和甾醇类、没食子鞣质及黄酮类化合物等。

【性味、归经】味苦、辛，性平。归心、肺经。

【功能主治】消肿、拔毒散结、截疟；用于淋巴结结核、疟疾、痈肿、蛇咬伤、慢性下肢溃疡。

图 079　石龙芮 *Ranunculus sceleratus*

【用法用量】外用：适量，捣敷或煎膏涂患处及穴位。内服：煎汤，干品 3～9 克，亦可炒研为散服，每次 1～1.5 克。

【验方参考】①治血疝初起：胡椒菜叶揉按揉之。（《濒湖集简方》）②治结核：堇菜日干为末，油煎成膏磨之，日三五度。（《食疗本草》）

毛茛　水茛　毛建草　瞌睡草　老虎草　　（图 080）

Ranunculus japonicus Thunb.

【形态特征】多年生草本，高 30～70 厘米。须根多数，簇生。茎直立，具分枝，中空，有开展或贴伏的柔毛。基生叶为单叶；叶柄长达 15 厘米，有开展的柔毛；叶片轮廓圆心形或五角形，长及宽为 3～10 厘米，基部心形或截形，通常 3 深裂不达基部，中央裂片倒卵状楔形或宽卵形或菱形，3 浅裂，边缘有粗齿或缺刻，侧裂片不等 2 裂，两面被柔毛，下面或幼时毛较密；茎下部叶与基生叶相同，茎上部叶较小，3 深裂，裂片披针形，有尖齿；最上部叶为宽线形，全缘，无柄。聚伞花序有多数花，疏散；花两性，直径 1.5～2.2 厘米；花梗长达 8 厘米，被柔毛；萼片 5，椭圆形，长 4～6 毫米，被白柔毛；花瓣 5，倒卵圆形，长 6～11 毫米，宽 4～8 毫米，黄色，基部有爪，长约 0.5 毫米，蜜槽鳞片长 1～2 毫米；雄蕊多数，花药长约 1.5 毫米，花托短小，无毛；心皮多数，无毛，花柱短。瘦果斜卵形，扁平，长 2～2.5 毫米，无毛，喙长约 0.5 毫米。花果期 4—9 月。

图 080-01　毛茛 *Ranunculus japonicus*（1）　　　图 080-02　毛茛 *Ranunculus japonicus*（2）

【产地、生长环境与分布】　仙桃市各地均有野生。生于田野、路边、水沟边草丛中或山坡湿草地。分布于全国各地（西藏除外）。

【药用部位】　全草及根。

【采集加工】　夏末秋初采收，洗净，阴干。鲜用可随采随用。

【性味】　味辛，性温。

【功能主治】　退黄、定喘、截疟、镇痛、消翳；用于黄疸、哮喘、疟疾、偏头痛、牙痛、鹤膝风、风湿关节痛、目生翳膜、瘰疬、痈疮肿毒。

【用法用量】　外用：适量，捣敷患处或穴位，使局部发赤起疱时取出；或煎水洗。

【验方参考】　①治黄疸：鲜毛茛捣烂团成丸（如黄豆大），缚臂上，夜即起疱，用针刺破放出黄水，黄疸自愈。（《药材资料汇编》）②治疟疾：鲜草捣烂，敷太渊穴，用布包好，1 小时后，皮肤起水疱，去药，用针挑破水疱。（《湖南药物志》）③治偏头痛：毛茛鲜根和食盐少许杵烂，敷于患侧太阳穴。敷法：将铜钱 1 个（或用厚纸壳剪成钱形亦可），隔住好肉，然后将药放在钱孔上，外以布条扎护，约敷 1 小时，俟起疱，即须取去，不可久敷，以免产生大水疱。（《江西民间草药》）④治牙痛：按照外治偏头痛的方法，敷于经渠穴，右边牙痛敷左手，左边牙痛敷右手。又可以毛茛少许，含牙痛处。（《江西民间草药》）⑤治鹤膝风：鲜毛茛根杵烂，如黄豆大一团，敷于膝眼（膝盖下两边有窝陷处），待发生水疱，以消毒针刺破，放出黄水，再以清洁纱布覆之。（《江西民间草药》）

天葵属 *Semiaquilegia* Makino

天葵　耗子屎　紫背天葵　千年老鼠屎　麦无踪　（图 081）

Semiaquilegia adoxoides (DC.) Makino

【形态特征】　多年生草本，块根长 1 ~ 2 厘米，粗 3 ~ 6 毫米，外皮棕黑色。茎 1 ~ 5 条，高 10 ~ 32 厘米，直径 1 ~ 2 毫米，被稀疏的白色柔毛，分歧。基生叶多数，为掌状三出复叶；叶片轮廓卵圆形至肾形，长 1.2 ~ 3 厘米；小叶扇状菱形或倒卵状菱形，长 0.6 ~ 2.5 厘米，宽 1 ~ 2.8 厘米，3 深裂，深裂片又有 2 ~ 3 个小裂片，两面均无毛；叶柄长 3 ~ 12 厘米，基部扩大成鞘状。茎生叶与基生叶相似，惟较小。花小，直径 4 ~ 6 毫米；苞片小，倒披针形至倒卵圆形，不裂或 3 深裂；花梗纤细，长 1 ~ 2.5 厘米，被伸展的白色短柔毛；萼片白色，常带淡紫色，狭椭圆形，长 4 ~ 6 毫米，宽 1.2 ~ 2.5 毫米，顶端急尖；花瓣匙形，长 2.5 ~ 3.5 毫米，顶端近截形，基部凸起呈囊状；雄蕊退化约 2 枚，线状披针形，白膜质，与花丝近等长；心皮无毛。蓇葖卵状长椭圆形，长 6 ~ 7 毫米，宽约 2 毫米，表面具凸起的横向脉纹，种子卵状椭圆形，褐色至黑褐色，长约 1 毫米，表面有许多小瘤状突起。3—4 月开花，4—5 月结果。

图 081　天葵 *Semiaquilegia adoxoides*

【产地、生长环境与分布】仙桃市各地均有产。生于林下、石隙、草丛等阴湿处。分布于我国西南、华东、东北等地区。

【药用部位】块根。

【采集加工】夏、秋季采收，晒干备用。

【性味、归经】味甘、微苦、微辛，性寒；有小毒。归肝、脾、膀胱经。

【功能主治】消肿、清热解毒、利水；用于瘰疬、疝气、小便不利、肿毒、蛇咬伤、尿路结石。

【用法用量】内服：煎汤，3 ~ 9 克；或研末，1.5 ~ 3 克；或浸酒。外用：适量，捣敷或捣汁点眼。

【验方参考】①治瘰疬：紫背天葵一两五钱，海藻、海带、昆布、贝母、桔梗各一两，海螵蛸五钱。上为细末，酒糊为丸如梧桐子大。每服七十丸，食后温酒下。（《古今医鉴》天葵丸）②治诸疝初起，发寒热，疼痛，欲成囊痈者：荔枝核十四枚，小茴香二钱，紫背天葵四两。蒸白酒二缸，频服。（《经验集》）③治毒蛇咬伤：天葵嚼烂，敷伤处，药干再换。（《湖南药物志》）④治缩阴症：天葵五钱，煮鸡蛋食。（《湖南药物志》）

铁线莲属 *Clematis* L.

铁线莲　东北铁线莲　架子菜　（图 082）
Clematis florida Thunb.

【形态特征】草质藤本，长 1 ~ 2 米。茎棕色或紫红色，具六条纵纹，节部膨大，被稀疏短柔毛。二回三出复叶，连叶柄长达 12 厘米；小叶片狭卵形至披针形，长 2 ~ 6 厘米，宽 1 ~ 2 厘米，顶端钝尖，基部圆形或阔楔形，边缘全缘，极稀有分裂，两面均不被毛，脉纹不显；小叶柄清晰能见，短或长达 1 厘米；叶柄长 4 厘米。花单生于叶腋；花梗长 6 ~ 11 厘米，近于无毛，在中下部生一对叶状苞片；苞片宽卵圆形或卵状三角形，长 2 ~ 3 厘米，基部无柄或具短柄，被黄色柔毛；花开展，直径约 5 厘米；萼片 6 枚，白色，倒卵圆形或匙形，长达 3 厘米，宽约 1.5 厘米，顶端较尖，基部渐狭，内面无毛，外面沿三条直的中脉形成一线状披针形的带，密被茸毛，边缘无毛；雄蕊紫红色，花丝宽线形，无毛，花药侧生，长方矩圆形，较花丝为短；子房狭卵形，被淡黄色柔毛，花柱短，上部无毛，柱头膨大成头状，微2裂。瘦果倒卵形，扁平，边缘增厚，宿存花柱伸长成喙状，细瘦，下部有开展的短柔毛，上部无毛，膨大的柱头2裂。花期1—2月，果期3—4月。

图 082 铁线莲 *Clematis florida*

【产地、生长环境与分布】 仙桃市西流河镇有产。多生于土坡灌丛中、路旁及小溪边。分布于广西、广东、湖南、江西等地。

【药用部位】 铁线莲或重瓣铁线莲的全株或根。

【采集加工】 7—8月采收全株，切段，鲜用或晒干。秋、冬季挖根，晒干。

【性味、归经】 味苦、微辛，性温。归肝、脾、肾经。

【功能主治】利尿、通络、理气通便、解毒；用于风湿性关节炎、小便不利、闭经、便秘腹胀、风火牙痛、眼起星翳、虫蛇咬伤、黄疸。

【用法用量】 内服：煎汤，15～30克；研末，3～5克。外用：适量，鲜草加酒或食盐捣烂敷。

【验方参考】 ①治腹胀、大小便秘结：铁线莲干根30克，加仙鹤草、石菖蒲、夏枯草、乌药各15～18克。水煎，早晚饭前各服1次。（《浙江天目山药用植物志》）②治反胃呕吐，饮食胸膈饱胀，胃口疼痛，吞酸吐痰：铁线莲（花蕊、叶、梗、根俱可用），为细末。每服一钱五分，滚水点酒服。忌鱼、羊、蛋、蒜。（《滇南本草》）③治眼起星翳：铁线莲鲜根捣烂塞鼻孔，左目塞右孔，右目塞左孔。（《浙江天目山药用植物志》）

黑种草属 *Nigella* L.

黑种草 斯亚旦 瘤果黑种草 （图 083）
Nigella damascena L.

【形态特征】 一年生草本，高35～50厘米。茎直立，上部分枝，具纵棱，被短腺毛和短柔毛。叶互生，二回羽状复叶；茎中部叶有短柄；叶片轮廓卵形，长约5厘米，宽约3厘米，羽片约4对，近对生，末回裂片线形或线状披针形，宽0.6～1毫米，上面无毛，下面疏被短腺毛。花两性，直径约2厘米，单生于枝端；萼片5，花瓣状，白色或带蓝色，卵形，长约1.2厘米，宽约6毫米，基部有短爪，无毛；花瓣约8，小，长约5毫米，有短爪，唇形，上唇较下唇略短，披针形，下唇2裂超过中部，裂片宽菱形，先端近球形变粗，基部有蜜槽，边缘有少数柔毛；雄蕊多数，长约8毫米，无毛，花药椭圆形，花丝丝状；心皮5，基部合生至花柱基部，散生圆形小鳞片状突起，花柱与子房等长。蒴果长约1厘米，有圆形鳞片状突起，宿存花柱与果实近等长。种子多数，三棱形，长约2.5毫米，有横皱纹。花期6—7月，果期8月。

【产地、生长环境与分布】 仙桃市沔城镇有产。多生于路旁及小溪边。原产于欧洲南部，现我国一些城市也有栽培。

【药用部位】 种子。

【采集加工】夏、秋季采收,晒干备用。

【性味、归经】 味辛，性热。归心、肺经。

【功能主治】 补脑肾、通经、通乳、利尿；用于尿路结石、肾结石、耳鸣、乳汁缺少、闭经、白癜风、疥疮。

【用法用量】 内服：煎汤，0.5～2钱。

图 083　黑种草 *Nigella damascena*

36. 芍药科 Paeoniaceae

芍药属 *Paeonia* L.

芍药　野芍药　芍药花　赤芍　赤芍药　（图 084）
Paeonia lactiflora Pall.

【形态特征】 多年生草本。根粗壮，分枝黑褐色。茎高 40～70 厘米，无毛。下部茎生叶为二回三出复叶，上部茎生叶为三出复叶；小叶狭卵形、椭圆形或披针形，顶端渐尖，基部楔形或偏斜，边缘具白色骨质细齿，两面无毛，背面沿叶脉疏生短柔毛。花数朵，生于茎顶和叶腋，有时仅顶端一朵开放，而近顶端叶腋处有发育不好的花芽，直径 8～11.5 厘米；苞片 4～5，披针形，大小不等；萼片 4，宽卵形或近圆形，长 1～1.5 厘米，宽 1～1.7 厘米；花瓣 9～13，倒卵形，长 3.5～6 厘米，宽 1.5～4.5 厘米，花瓣各色，有时基部具深紫色斑块；花丝长 0.7～1.2 厘米，黄色；花盘浅杯状，包裹心皮基部，顶端裂片钝圆；心皮 4～5，无毛。蓇葖长 2.5～3 厘米，直径 1.2～1.5 厘米，顶端具喙。花期 5—6 月，果期 8 月。

图 084-01　芍药 *Paeonia lactiflora*

图 084-02　芍药根（药材）

【产地、生长环境与分布】 仙桃市长埫口镇有少量野生。多生于山坡草地。分布于我国东北、华北地区，陕西及甘肃南部。

【药用部位】 根（白芍）。

【采集加工】 秋季采收，刮去表面粗皮，晒干备用。

【成分】 本品含芍药苷、丹皮酚、β–谷甾醇、苯甲酸和草酸钙等。

【性味、归经】 味苦、酸，性凉。归肝、脾经。

【功能主治】 养血调经、敛阴止汗、柔肝止痛、平抑肝阳；用于血虚萎黄、月经不调、自汗、盗汗、胁痛、腹痛、四肢挛痛、头痛眩晕。野生芍药根掘起洗净即成赤芍，有凉血、散瘀的功效。

【验方参考】 ①治风湿痹，身体疼痛，恶风微肿：赤芍药、麻黄（去根、节，先煮，掠去沫，焙）、天冬（去心，焙）各90克，杏仁（去皮、尖、双仁，炒）50枚，水煎服。（《圣济总录》芍药饮）②清热燥湿，调气和血：黄芩9克、黄连15克、芍药30克、当归15克、木香6克、槟榔6克、官桂5克、大黄6克、甘草6克，水煎服。（《素问病机气宜保命集》芍药汤）

37. 猕猴桃科 Actinidiaceae

猕猴桃属 *Actinidia* Lindl.

猕猴桃　藤梨　木子　猕猴梨　羊桃　（图085）
Actinidia chinensis Planch.

【形态特征】 藤本。幼枝赤色，同叶柄密生灰棕色柔毛，老枝无毛；髓大，白色，片状。单叶互生；叶柄长达6厘米；叶片纸质，圆形、卵圆形或倒卵形，长5～17厘米，先端突尖、微凹或平截，基部阔楔形至心形，边缘有刺毛状齿，上面暗绿色，仅叶脉有毛，下面灰白色，密生灰棕色星状茸毛。花单生或数朵聚生于叶腋；单性花，雌雄异株或单性花与两性花共存；萼片5，稀为4，基部稍连合，与花梗被淡棕色茸毛；花瓣5，稀为4，或多至6～7，刚开放时呈乳白色，后变黄色；雄蕊多数，

图085　猕猴桃 *Actinidia chinensis*

花药背着；子房上位，多室，花柱丝状，多数。浆果卵圆形或长圆形，长3～5厘米，密生棕色长毛，有香气。种子细小，黑色。花期6—7月，果期8—9月。

【产地、生长环境与分布】 生于山地林间或灌丛中，常绕于他物上。分布于陕西、四川、江苏、安徽、浙江、江西、福建、贵州、云南等地。

【药用部位】 干燥成熟果实。

【采集加工】 9月中下旬至10月上旬采摘成熟果实，鲜用或晒干用。

【性味、归经】 味酸、甘，性寒。归胃、肝、肾经。

【功能主治】 解热、止渴、健胃、通淋；用于烦热、消渴、肺热干咳、消化不良、湿热黄疸、石淋、痔疮。

【用法用量】 内服：煎汤，30 ~ 60 克；或生食，或榨汁饮。

【验方参考】 ①治烦热口渴：猕猴桃果实 30 克，水煎服。（《青岛中草药手册》）②治尿路结石：猕猴桃果实 15 克，水煎服。（《广西本草选编》）③治肝硬化腹水：猕猴桃果实、半边莲各 30 克，大枣 10 枚，煎服。（《安徽中草药》）④治消化不良、食欲不振：猕猴桃干果 60 克，水煎服。（《湖南药物志》）

【使用注意】 脾胃虚寒者慎服。

38. 金丝桃科 Hypericaceae

金丝桃属 *Hypericum* L.

1. 叶下面有密集脉网；花柱多少合生，其长度至少为子房的 1.5 倍 ························· 金丝桃 *H. monogynum*

1. 叶下面有稀疏或几不可见的脉网；花柱离生，其长度在子房 1.5 倍以下 ················· 金丝梅 *H. patulum*

金丝桃　土连翘　五心花　（图 086）
Hypericum monogynum L.

【形态特征】 半常绿灌木，高约 70 厘米。小枝圆柱形，秃净。叶对生，无柄，纸质，长椭圆形，长 4 ~ 9 厘米，宽 1.5 ~ 2.5 厘米，先端钝尖，基部楔形，抱茎，全缘，上面绿色，光滑，下面略现灰绿色。聚伞花序顶生；花鲜黄色，直径 3 ~ 5 厘米；萼片 5，卵状长椭圆形，长约 8 毫米；花瓣 5，阔倒卵形，长 1.5 ~ 2.5 厘米；雄蕊多数，与花瓣等长或略长；花柱细长，先端 5 裂。蒴果圆卵形，长约 8 毫米，先端室间 5 裂，花柱与萼片宿存。花果期 6—8 月。

图 086　金丝桃 *Hypericum monogynum*

【产地、生长环境与分布】 仙桃市各地均有产。以肥沃、深厚、排水良好的沙土上生长较好。分布于我国南北各地。

【药用部位】 全草。

【采集加工】 夏、秋季采叶鲜用。根全年可采，鲜用或晒干切片，研末。

【性味】 味苦、涩，性温。

【功能主治】 清热解毒、祛风湿、消肿。

【用法用量】 内服：煎汤，15 ~ 30 克。外用：鲜根或鲜叶适量，捣敷。

【验方参考】 ①治风湿腰痛：金丝桃根一两，鸡蛋两个，水煎两小时。吃蛋喝汤，一天二次分服。（《浙江民间常用草药》）②治蝮蛇、银环蛇咬伤：鲜金丝桃根加食盐适量，捣烂，外敷伤处。一天换一次。（《浙江民间常用草药》）③治疔肿：鲜金丝桃叶加食盐适量，捣烂，外敷患处。（《浙江民间常用草药》）④治漆疮、蜂蜇伤：金丝桃根磨粉，用麻油残烧酒调敷局部。（《浙江民间常用草药》）

金丝梅　土连翘　（图 087）

Hypericum patulum Thunb. ex Murray

【形态特征】灌木，高 0.3 ～ 1.5（3）米，丛状，具开张的枝条，有时略多叶。茎淡红色至橙色，幼时具 4 纵线棱或呈四棱形，很快具 2 纵线棱，有时最后呈圆柱形；节间长 0.8 ～ 4 厘米，短于或稀有长于叶；皮层灰褐色。叶具柄，叶柄长 0.5 ～ 2 毫米；叶片披针形或长圆状披针形至卵形或长圆状卵形，长 1.5 ～ 6 厘米，宽 0.5 ～ 3 厘米，先端钝形至圆形，常具小尖突，基部狭或宽楔形至短渐狭，边缘平坦，不增厚，坚纸质，上面绿色，下面苍白色，主侧脉 3 对，中脉在上方分枝，第三级脉网稀疏而几不

图 087　金丝梅 *Hypericum patulum*

可见，腹腺体多少密集，叶片腺体短线形和点状。花序具 1 ～ 15 花，自茎顶端第 1 ～ 2 节生出，伞房状，有时顶端第 1 节间短，有时在茎中部有一些具 1 ～ 3 花的小枝；花梗长 2 ～ 4（7）毫米；苞片狭椭圆形至狭长圆形，凋落。花直径 2.5 ～ 4 厘米，多少呈杯状；花蕾宽卵珠形，先端钝形。萼片离生，在花蕾及果时直立，宽卵形或宽椭圆形或近圆形至长圆状椭圆形或倒卵状匙形，近等大或不等大，长 5 ～ 10 毫米，宽 3.5 ～ 7 毫米，先端钝形至圆形或微凹而常有小尖突，边缘有细的啮蚀状小齿至具小缘毛，膜质，常带淡红色，中脉通常分明，小脉不明显或略明显，有多数腺条纹。花瓣金黄色，无红晕，多少内弯，长圆状倒卵形至宽倒卵形，长 1.2 ～ 1.8 厘米，宽 1 ～ 1.4 厘米，长为萼片的 1.5 ～ 2.5 倍，边缘全缘或略为啮蚀状小齿，有 1 行近边缘生的腺点，有侧生的小尖突，小尖突先端多少圆形至消失。雄蕊 5 束，每束有雄蕊 50 ～ 70 枚，最长者长 7 ～ 12 毫米，长为花瓣的 2/5 ～ 1/2，花药亮黄色。子房多少呈宽卵珠形，长 5 ～ 6 毫米，宽 3.5 ～ 4 毫米；花柱长 4 ～ 5.5 毫米，长为子房 4/5 至几与子房相等，多少直立，向顶端外弯。蒴果宽卵珠形，长 0.9 ～ 1.1 厘米，宽 0.8 ～ 1 厘米。种子深褐色，多少呈圆柱形，长 1 ～ 1.2 毫米，无或几无龙骨状突起，有浅的线状蜂窝纹。花期 6—7 月，果期 8—10 月。

【产地、生长环境与分布】仙桃市长埫口镇有产。生于疏林下、路旁或灌丛中。分布于陕西、江苏、安徽、浙江、江西、福建、台湾、湖北、湖南、广西、四川、贵州等地。

【药用部位】全株。

【采集加工】夏、秋季采收，切段，晒干备用。

【性味】味苦、辛，性寒。

【功能主治】清热解毒、利尿、祛瘀；用于肝炎、感冒、上呼吸道感染、痢疾、淋证、疝气、筋骨疼痛、

跌打损伤、喉蛾、牙痛、黄水疮。

【用法用量】内服：15 ～ 50 克，煎汤。外用：适量，捣敷或研末撒。

39. 小檗科 Berberidaceae

南天竹属 *Nandina* Thunb.

南天竹　南天竺　红杷子　天烛子　红枸子　天竹　兰竹　（图 088）

Nandina domestica Thunb.

【形态特征】常绿小灌木。茎常丛生而少分枝，高 1 ～ 3 米，光滑无毛，幼枝常为红色，老后呈灰色。叶互生，集生于茎的上部，三回羽状复叶，长 30 ～ 50 厘米；二至三回羽片对生；小叶薄革质，椭圆形或椭圆状披针形，长 2 ～ 10 厘米，宽 0.5 ～ 2 厘米，顶端渐尖，基部楔形，全缘，上面深绿色，冬季变红色，背面叶脉隆起，两面无毛；近无柄。圆锥花序直立，长 20 ～ 35 厘米；花小，白色，具芳香，直径 6 ～ 7 毫米；萼片多轮，外轮萼片卵状三角形，长 1 ～ 2 毫米，向内各轮渐大，

图 088　南天竹 *Nandina domestica*

最内轮萼片卵状长圆形，长 2 ～ 4 毫米；花瓣长圆形，长约 4.2 毫米，宽约 2.5 毫米，先端圆钝；雄蕊 6，长约 3.5 毫米，花丝短，花药纵裂，药隔延伸；子房 1 室，具 1 ～ 3 枚胚珠。果柄长 4 ～ 8 毫米；浆果球形，直径 5 ～ 8 毫米，熟时鲜红色，稀橙红色。种子扁圆形。

【产地、生长环境与分布】仙桃市西流河镇有产，民间多栽培。生于林下沟旁、路边或灌丛中。分布于福建、浙江、山东、江苏、江西、安徽、湖南、湖北、广西、广东、四川、云南、贵州、陕西、河南等地。

【药用部位】根，茎，叶，果实。

【采集加工】根、茎、叶，夏、秋季采收；果实，成熟时采收，晒干备用。

【成分】南天竹含多种生物碱。茎、根含南天竹碱、小檗碱；茎含原阿片碱、异南天竹碱、木兰花碱；叶含木兰花碱；果实含原阿片碱。叶、花蕾及果实均含有氢氰酸。叶尚含穗花杉双黄酮、南天竹苷 A 及南天竹苷 B。

【性味】根、茎、叶：味苦，性寒。果实：味苦，性平；有小毒。

【功能主治】根、茎：清热除湿、通经活络；用于感冒发热、结膜炎、肺热咳嗽、湿热黄疸、急性胃肠炎、尿路感染、跌打损伤。果实：止咳平喘；用于咳嗽、哮喘、百日咳。

【用法用量】根、茎，15 ～ 50 克，果实，15 克，水煎服。

【验方参考】①治小儿哮喘：经霜天烛子、蜡梅花各三钱，水蜒蚰一条。俱预收，临用水煎服。（《三

奇方》）②治百日咳：南天竹干果实三至五钱，水煎调冰糖服。（《福建中草药》）③治三阴疟：南天竹隔年陈子，蒸熟。每岁一粒，每早晨白汤下。（《文堂集验方》）④治下疳久而溃烂，名蜡烛疳：红杷子烧存性一钱，梅花冰片五厘，麻油调搽。（《不药良方》）⑤解砒毒，食砒垂死者：南天竹子四两，擂水服之。如无鲜品，即用干子一二两煎汤服亦可。（《本草纲目拾遗》）

十大功劳属 *Mahonia* Nutt.

1. 叶柄长 2.5 ～ 9 厘米。

　　2. 小叶 2 ～ 5 对；花梗与苞片等长；花瓣基部腺体显著·······························十大功劳 *M. fortunei*

1. 叶柄长 2 厘米以下或近无柄。

　　3. 小叶背面被白粉；浆果直径 1 ～ 1.2 厘米·······························阔叶十大功劳 *M. bealei*

十大功劳　细叶十大功劳　（图 089）

Mahonia fortunei (Lindl.) Fedde

图 089　十大功劳 *Mahonia fortunei*

【形态特征】灌木，高 0.5 ～ 2（4）米。叶倒卵形至倒卵状披针形，长 10 ～ 28 厘米，宽 8 ～ 18 厘米，具 2 ～ 5 对小叶，最下一对小叶外形与往上小叶相似，距叶柄基部 2 ～ 9 厘米，上面暗绿色至深绿色，叶脉不明显，背面淡黄色，偶稍苍白色，叶脉隆起，叶轴粗 1 ～ 2 毫米，节间 1.5 ～ 4 厘米，往上渐短；小叶无柄或近无柄，狭披针形至狭椭圆形，长 4.5 ～ 14 厘米，宽 0.9 ～ 2.5 厘米，基部楔形，边缘每边具 5 ～ 10 刺齿，先端急尖或渐尖。总状花序 4 ～ 10 个簇生，长 3 ～ 7 厘米；芽鳞披针形至三角状卵形，长 5 ～ 10 毫米，宽 3 ～ 5 毫米；花梗长 2 ～ 2.5 毫米；苞片卵形，急尖，长 1.5 ～ 2.5 毫米，宽 1 ～ 1.2 毫米；花黄色；外萼片卵形或三角状卵形，长 1.5 ～ 3 毫米，宽约 1.5 毫米，中萼片长圆状椭圆形，长 3.8 ～ 5 毫米，宽 2 ～ 3 毫米，内萼片长圆状椭圆形，长 4 ～ 5.5 毫米，宽 2.1 ～ 2.5 毫米；花瓣长圆形，长 3.5 ～ 4 毫米，宽 1.5 ～ 2 毫米，基部腺体明显，先端微缺裂，裂片急尖；雄蕊长 2 ～ 2.5 毫米，药隔不延伸，顶端平截；子房长 1.1 ～ 2 毫米，无花柱，胚珠 2 枚。浆果球形，直径 4 ～ 6 毫米，紫黑色，被白粉。

【产地、生长环境与分布】仙桃市各地均有产。多生于林中、灌丛中、路边或河边。分布于广西、四川、贵州、湖北、江西、浙江等地。

【药用部位】全株。

【采集加工】根、茎、叶，全年可采，晒干备用。果实，11—12 月采收，晒干。

【成分】叶含小檗碱、掌叶防己碱及木兰花碱等。

【性味】味苦，性凉。

【功能主治】 清热补虚、止咳化痰；用于肺痨咯血、骨蒸潮热、头晕耳鸣、腰酸腿软、心烦、目赤。

【验方参考】 ①治肺结核潮热、骨蒸、腰酸膝软、头晕耳鸣等症：十大功劳干叶或果 9 ～ 15 克，水煎服；或研细末炼蜜为丸，每日 3 次，每次 3 ～ 6 克。（《常用中草药》）②治风火牙痛：十大功劳叶 9 克，水煎顿服，每日 1 剂，痛甚服 2 剂。（《江西草药》）③治赤白带下：十大功劳叶、白英、仙鹤草各 30 克，水煎服。（《浙南本草新编》）

阔叶十大功劳　土黄柏　土黄连　八角刺　刺黄柏　黄天竹　（图 090）

Mahonia bealei (Fort.) Carr.

【形态特征】 常绿灌木或小乔木，高 0.5 ～ 4（8）米。叶狭倒卵形至长圆形，长 27 ～ 51 厘米，宽 10 ～ 20 厘米，具 4 ～ 10 对小叶，最下一对小叶距叶柄基部 0.5 ～ 2.5 厘米，上面暗灰绿色，背面被白霜，有时淡黄绿色或苍白色，两面叶脉不明显，叶轴粗 2 ～ 4 毫米，节间长 3 ～ 10 厘米；小叶厚革质，硬直，自叶下部往上小叶渐次变长而狭，最下一对小叶卵形，长 1.2 ～ 3.5 厘米，宽 1 ～ 2 厘米，具 1 ～ 2 粗锯齿，往上小叶近圆形至卵形或长圆形，长 2 ～ 10.5 厘米，宽 2 ～ 6 厘米，基部阔

图 090　阔叶十大功劳 *Mahonia bealei*

楔形或圆形，偏斜，有时心形，边缘每边具 2 ～ 6 粗锯齿，先端具硬尖，顶生小叶较大，长 7 ～ 13 厘米，宽 3.5 ～ 10 厘米，具柄，长 1 ～ 6 厘米。总状花序直立，通常 3 ～ 9 个簇生；芽鳞卵形至卵状披针形，长 1.5 ～ 4 厘米，宽 0.7 ～ 1.2 厘米；花梗长 4 ～ 6 厘米；苞片阔卵形或卵状披针形，先端钝，长 3 ～ 5 毫米，宽 2 ～ 3 毫米；花黄色；外萼片卵形，长 2.3 ～ 2.5 毫米，宽 1.5 ～ 2.5 毫米，中萼片椭圆形，长 5 ～ 6 毫米，宽 3.5 ～ 4 毫米，内萼片长圆状椭圆形，长 6.5 ～ 7 毫米，宽 4 ～ 4.5 毫米；花瓣倒卵状椭圆形，长 6 ～ 7 毫米，宽 3 ～ 4 毫米，基部腺体明显，先端微缺；雄蕊长 3.2 ～ 4.5 毫米，药隔不延伸，顶端圆形至截形；子房长圆状卵形，长约 3.2 毫米，花柱短，胚珠 3 ～ 4 枚。浆果卵形，长约 1.5 厘米，直径 1 ～ 1.2 厘米，深蓝色，被白粉。

【产地、生长环境与分布】 仙桃市沔阳公园有栽培。多生于阔叶林、竹林、杉木林及混交林下、林缘、草坡、溪边、路旁或灌丛中。分布于华东、中南、西南地区及陕西、甘肃。

【药用部位】 全株。

【采集加工】 根、茎、叶，全年可采，晒干备用。果实，11—12 月采收，晒干。

【成分】 叶含小檗碱、掌叶防己碱及木兰花碱等。

【性味、归经】 味苦，性凉。归肺经。

【功能主治】 清热解毒、消肿、止泻；用于肺结核。

【用法用量】 全株、茎，10～15克，果实，7.5～15克，水煎服。

【验方参考】 ①治肺结核潮热、骨蒸、腰酸膝软、头晕耳鸣等症：十大功劳干叶或果9～15克，水煎服；或研细末炼蜜为丸，每日3次，每次3～6克。（《常用中草药》）②治肺结核咳嗽咯血：阔叶十大功劳叶、女贞子、旱莲草、枸杞子各9克，水煎服。（《安徽中草药》）③治风火牙痛：十大功劳叶9克，水煎顿服，每日1剂，痛甚服2剂。（《江西草药》）④治赤白带下：十大功劳叶、白英、仙鹤草各30克，水煎服。（《浙南本草新编》）

40. 防己科　Menispermaceae

木防己属　*Cocculus* DC.

木防己　广防己　土防己　土木香　白木香　（图091）
Cocculus orbiculatus (L.) DC.

【形态特征】 缠绕性木质藤本。根为不整齐的圆柱形，外皮黄褐色。小枝有纵线纹和柔毛。叶互生，卵形或宽卵形或卵状长圆形，长4～14厘米，宽2.5～6厘米，先端形状多变，基部圆形、楔形或心形，两面被短柔毛；叶柄短，被毛。花单性异株。聚伞花序排成圆锥状；萼片6，2轮；花瓣6，淡黄色，2轮；雄花具雄蕊6，对瓣着生；雌花有退化雄蕊6，心皮6。核果近球形，蓝黑色，被白粉。

图091-01　木防己 *Cocculus orbiculatus*　　　　图091-02　木防己 *Cocculus orbiculatus*

【产地、生长环境与分布】 仙桃市长埫口镇有产。生于丘陵、土坡、路边、灌丛及疏林中。主要分布于华东、中南、西南地区。

【药用部位】 根，叶。

【采集加工】 秋、冬季采收，晒干备用。

【成分】 根含多种生物碱，如木兰花碱、木防己碱、异木防己碱、高木防己碱、去甲毛木防己碱等。

【性味、归经】 味苦、辛，性寒。归膀胱、脾、肾经。

【功能主治】 用于风湿痹痛、神经痛、肾炎水肿、尿路感染；外用治跌打损伤、蛇咬伤。

【用法用量】根：6 ～ 15 克，水煎服。叶：10 ～ 15 克，水煎服，或泡酒服；外用适量，捣敷或煎水洗。

【验方参考】①治水肿：木防己、黄芪、茯苓各 9 克，桂枝 6 克，甘草 3 克，水煎服。（《全国中草药汇编》）②治耳内肿痛：木防己根，同烧酒磨浓汁，滴入耳。（《江西民间验方参考》）③治产后风湿关节痛：木防己 30 克，福建胡颓子根 15 克，酌加酒，水煎服。（《福建药物志》）④治风湿痛、肋间神经痛：木防己、牛膝各 15 克，水煎服。（《浙江药用植物志》）⑤治肾炎水肿、尿路感染：木防己 9 ～ 15 克，车前子 30 克，水煎服。（《浙江药用植物志》）⑥治肾病水肿及心脏性水肿：木防己 21 克，车前草 30 克，薏米 30 克，瞿麦 15 克，水煎服。（《青岛中草药手册》）

千金藤属 *Stephania* Lour.

千金藤　小青藤　金线吊乌龟　公老鼠藤　野桃草　爆竹消　朝天药膏　（图 092）
Stephania japonica (Thunb.) Miers

【形态特征】多年生落叶藤本，长可达 5 米。全株无毛。根圆柱状，外皮暗褐色，内面黄白色。老茎木质化，小枝纤细，有直条纹。叶互生；叶柄长 5 ～ 10 厘米，盾状着生；叶片阔卵形或卵圆形，长 4 ～ 8 厘米，宽 3 ～ 7 厘米，先端钝或微缺，基部近圆形或近平截，全缘，上面绿色，有光泽，下面粉白色，两面无毛，掌状脉 7 ～ 9 条。花小，单性，雌雄异株；雄株为复伞形聚伞花序，总花序梗通常短于叶柄，小聚伞花序近无梗，团集于假伞梗的末端，假伞梗挺直。雄花：萼片 6（8），排成 2 轮，卵形或倒卵形；花瓣 3（4）；雄蕊 6，花丝合生成柱状。

图 092　千金藤 *Stephania japonica*

雌株也为复伞形聚伞花序，总花序梗通常短于叶柄，小聚伞花序和花均近无梗，紧密团集于假伞梗的顶端。雌花：萼片 3（4）；花瓣 3（4）；子房卵形，花柱 3 ～ 6 深裂，外弯。核果近球形，红色，直径约 6 毫米，内果皮背部有 2 行高耸的小横肋状雕纹，每行通常 10 颗，胎座迹通常不穿孔。花期 6—7 月，果期 8—9 月。

【产地、生长环境与分布】仙桃市各地均有产。生于山坡路边、沟边、草丛或山地丘陵灌丛中。分布于江苏、安徽、浙江、江西、福建、台湾、河南、湖北、湖南、四川等地。

【药用部位】根或茎叶。

【采集加工】7—8 月采收茎叶，9—10 月挖根，晒干备用。

【性味、归经】味苦、辛，性寒。归肺、肾、膀胱、肝经。

【功能主治】清热解毒、祛风止痛、利水消肿；用于咽喉肿痛、痈肿疮疖、毒蛇咬伤、风湿痹痛、胃痛、脚气水肿。

【用法用量】内服：煎汤，9 ～ 15 克；研末，每次 1 ～ 1.5 克，每日 2 ～ 3 次。外用：适量，研末撒或鲜品捣敷。

【验方参考】①治痢疾、咽喉肿痛：千金藤根 15 克，水煎服。（《浙江民间常用草药》）②治疟疾：千金藤根 15～30 克，水煎服。（《湖南药物志》）③治胃痛：千金藤研为细末，1.5～3 克，开水吞服。（《湖北中草药志》）④治鹤膝风：千金藤 120 克，韭菜根 60 克，葱 3 根，大蒜头 1 个。先将千金藤研末，加后三味捣烂，用蜂蜜调匀敷患处，逐渐发疱流水，再用消毒纱布覆盖，让其自愈。（《湖北中草药志》）

【使用注意】服用过量，可致呕吐。

41. 睡莲科 Nymphaeaceae

莲属 *Nelumbo* Adans.

莲　荷花　芙蓉　（图 093）

Nelumbo nucifera Gaertn.

【形态特征】多年生水生草本；根状茎横生，肥厚，节间膨大，内有多数纵行通气孔道，节部缢缩，上生黑色鳞叶，下生须状不定根。叶圆形，盾状，直径 25～90 厘米，全缘稍呈波状，上面光滑，具白粉，下面叶脉从中央射出，有 1～2 次叉状分枝；叶柄粗壮，圆柱形，长 1～2 米，中空，外面散生小刺。花梗和叶柄等长或稍长，也散生小刺；花直径 10～20 厘米，美丽，芳香；花瓣红色、粉红色或白色，矩圆状椭圆形至倒卵形，长 5～10

图 093　莲 *Nelumbo nucifera*

厘米，宽 3～5 厘米，由外向内渐小，有时变成雄蕊，先端圆钝或微尖；花药条形，花丝细长，着生在花托之下；花柱极短，柱头顶生；花托（莲房）直径 5～10 厘米。坚果椭圆形或卵形，长 1.8～2.5 厘米，果皮革质，坚硬，熟时黑褐色；种子（莲子）卵形或椭圆形，长 1.2～1.7 厘米，种皮红色或白色。花期 6—8 月，果期 8—10 月

【产地、生长环境与分布】仙桃市各地均有产。自生或栽培在池塘或水田内。分布于我国南北各省。

【药用部位】全株。根状茎称"莲藕"，根状茎节部称"藕节"，根状茎加工制成的淀粉称"藕粉"；细瘦根茎称"藕蔤"；叶称"荷叶"，部分荷叶和少许叶柄相连部位称"荷蒂"，叶柄称"荷梗"，花称"莲花"，雄蕊称"莲须"，花托称"莲房"，种子称"莲子"，落入泥头的种子称"石莲子"，种子中绿色幼叶及胚芽称"莲心"。

【采集加工】7 月下旬，终止叶出现，早期出现的立叶开始枯黄时，可以采收嫩藕，一般手工挖取。叶片枯黄后把田水排干，用铁锹挖取老藕，在深水湖荡则用铁钩起藕。在采收前摘叶也可防止藕表面锈斑生成。采收莲子的最佳时间是莲蓬呈黑褐色或棕褐色时。7 月下旬采收早子，产量少，8 月上旬至 9 月上旬采收伏子，产量高，10 月上旬采收秋子，产量不稳定。每亩可收 40～50 千克。藕不耐储藏，晚春、早秋可储藏 10～15 天，冬天可储藏 1 个月左右。种藕留种：可在采收时按一定行距留下种藕，以便翌

年萌发新株，提早出苗。如全部作留种田，则在田间保持浅水越冬或用稻草覆盖防冻，翌春随挖随栽，每亩留种田可供 5 ～ 6 亩田栽植。

【性味、归经】 藕、藕蓄：味甘，性平。归脾经。藕节：味甘、涩，性平。归肝、肺、胃经。藕粉：味甘、咸，性平。荷叶、荷梗：味微苦，性平。莲花：味苦、甘，性温。归心、肝经。莲子：味甘、微涩，性平。归心、脾、肾经。莲房：味苦、涩，性温。归肝经。莲心：味苦，性寒。归心、肺、肾经。莲须：味甘、涩，性温。归心、肾经。莲衣：味涩、微苦，性平。归心、脾经。

【功能主治】 叶、叶柄、花托、花、雄蕊、果实、种子及根状茎均作药用；藕节、荷叶、荷梗、莲房、雄蕊及莲子都富含鞣质，作收敛止血药。莲叶及莲子心中含有大量的生物碱类，很多研究表明荷叶碱具有减肥、降脂的作用。荷叶碱可以通过调节脂肪酸代谢来降低由高能量饮食引起的血脂异常；荷叶碱可以有效地缓解血管舒张的压力，因此推断荷叶碱可用于治疗一些由血管舒张压引起的疾病。莲子的水溶性多糖提取物能够抑制动物肿瘤细胞的生长。

【用法用量】 藕：生食、捣汁或煮食；外用，捣敷。藕节：15 ～ 25 克，水煎、捣汁或入散剂服。藕粉：开水冲，加适量糖服。荷叶：5 ～ 15 克，水煎服，或入丸、散；外用煎水洗、捣敷或研末敷。荷梗：15 ～ 25 克，水煎服。荷蒂：7.5 ～ 15 克，水煎服或煎水洗。莲子：10 ～ 20 克，水煎服，或入丸、散。莲衣：1.5 ～ 2.5 克，水煎服。莲花：2.5 ～ 5 克，研末或煎汤服；外用适量，敷贴患处。莲房：7.5 ～ 15 克，水煎服，或入丸、散；外用适量，煎水洗或研末调敷。莲须：4 ～ 7.5 克，水煎服，或入丸、散。莲心：2.5 ～ 3 克，水煎服，或入散剂。

【验方参考】 ①治久痢不止：老莲子 2 两（去心），为末。每服 1 钱，陈米汤调下。（《世医得效方》）②治心经虚热、小便赤浊：石莲肉 6 两，炙甘草 1 两，为细末。每服 2 钱，灯心汤调下。（《仁斋直指方》莲子六一汤）③治大便下血：藕节晒干研粉，人参、白蜜煎汤调服 2 钱，日 2 服。（《全幼心鉴》）

芡属 *Euryale* Salisb.

芡实　刺莲藕　鸡头荷　鸡头莲　鸡头米　（图 094）

Euryale ferox Salisb. ex DC

【形态特征】 一年生大型水生草本。沉水叶箭形或椭圆肾形，长 4 ～ 10 厘米，两面无刺；叶柄无

图 094-01　芡实 *Euryale ferox*（1）

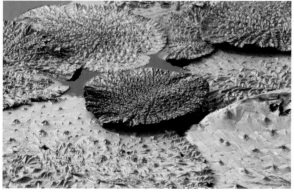

图 094-02　芡实 *Euryale ferox*（2）

刺；浮水叶革质，椭圆肾形至圆形，直径10～130厘米，盾状，有或无弯缺，全缘，下面带紫色，有短柔毛，两面在叶脉分枝处有锐刺；叶柄及花梗粗壮，长可达25厘米，皆有硬刺。花长约5厘米；萼片披针形，长1～1.5厘米，内面紫色，外面密生稍弯硬刺；花瓣矩圆状披针形或披针形，长1.5～2厘米，紫红色，成数轮排列，向内渐变成雄蕊；无花柱，柱头红色，成凹入的柱头盘。浆果球形，直径3～5厘米，污紫红色，外面密生硬刺；种子球形，直径约10毫米，黑色。

图 094-03　芡实（药材）

【产地、生长环境与分布】仙桃市沙湖镇有产。多生于池塘、水库、湖泊和湖边。产于我国南北各省，从黑龙江至云南、广东。

【药用部位】干燥成熟种仁。

【采集加工】秋末冬初采收成熟果实，除去果皮，取出种子，洗净，再除去硬壳，晒干。

【性味、归经】味甘、涩，性平。归脾、肾经。

【功能主治】益肾固精、补脾止泻、除湿止带；用于遗精滑精、遗尿尿频、脾虚久泻、白浊、带下。

【用法用量】内服：煎汤，9～15克。

【验方参考】①治精滑不禁：沙苑蒺藜（炒）、芡实（蒸）、莲须各二两，龙骨（酥炙）、牡蛎（盐水煮一日一夜，煅粉）各一两。共为末，莲子粉糊为丸，盐汤下。（《医方集解》金锁固精丸）②治浊病：芡实粉、白茯苓粉各适量，黄蜡（化），蜜和丸，梧桐子大。每服百丸，盐汤下。（《摘玄方》分清丸）

睡莲属 *Nymphaea* L.

睡莲　瑞莲　子午莲　茈碧花　（图 095）

Nymphaea tetragona Georgi

【形态特征】多年水生草本；根状茎短粗。叶纸质，心状卵形或卵状椭圆形，长5～12厘米，宽3.5～9厘米，基部具深弯缺，约占叶片全长的1/3，裂片急尖，稍开展或几重合，全缘，上面光亮，下面带红色或紫色，两面皆无毛，具小点；叶柄长达60厘米。花直径3～5厘米；花梗细长；花萼基部四棱形，萼片革质，宽披针形或窄卵形，长2～3.5厘米，宿存；花瓣白色，宽披针形、长圆形或倒卵形，

图 095　睡莲 *Nymphaea tetragona*

长2～2.5厘米，内轮不变成雄蕊；雄蕊比花瓣短，花药条形，长3～5毫米；柱头具5～8辐射线。浆果球形，直径2～2.5厘米，为宿存萼片包裹；种子椭圆形，长2～3毫米，黑色。花期6—8月，果期8—10月。

【产地、生长环境与分布】　仙桃市各地均有产。生于池沼湖泊中。全国广泛分布。

【药用部位】　花。

【采集加工】　夏季采收，洗净，除去杂质，晒干。

【性味】　味甘、苦，性平。

【功能主治】　消暑、解酒、定惊；用于中暑、醉酒烦渴、小儿惊风。

【用法用量】　内服：煎汤，6～9克。

【验方参考】　治小儿急慢惊风：睡莲花七朵或十四朵，煎汤服。（《本草纲目拾遗》）

42. 三白草科 Saururaceae

蕺菜属　*Houttuynia* Thunb.

蕺菜　鱼腥草　鱼鳞草　臭菜　（图 096）

Houttuynia cordata Thunb.

【形态特征】　腥臭草本，高30～60厘米；茎下部伏地，节上轮生小根，上部直立，无毛或节上被毛，有时带紫红色。叶薄纸质，有腺点，背面尤甚，卵形或阔卵形，长4～10厘米，宽2.5～6厘米，顶端短渐尖，基部心形，两面有时除叶脉被毛外余均无毛，背面常呈紫红色；叶脉5～7条，全部基出或最内1对离基约5毫米从中脉发出，如为7脉时，则最外1对很纤细或不明显；叶柄长1～3.5厘米，无毛；托叶膜质，长1～2.5厘米，顶端钝，下部与叶柄合生而成一长8～20毫米的鞘，且常有缘毛，基部扩大，略抱茎。花序长约2厘米，宽5～6毫米；总花梗长1.5～3厘米，无毛；总苞片长圆形或倒卵形，长10～15毫米，宽5～7毫米，顶端钝圆；雄蕊长于子房，花丝长为花药的3倍。蒴果长2～3毫米，顶端有宿存的花柱。

【产地、生长环境与分布】　仙桃市各地均有产。多生于屋旁、沟边、溪边或林下湿地。分布于长江

图 096-01　蕺菜 *Houttuynia cordata*（1）　　　图 096-02　蕺菜 *Houttuynia cordata*（2）

以南各省区。

【药用部位】　全草。

【采集加工】　夏、秋季采收，晒干备用。

【性味】　味辛，性凉；有小毒。

【功能主治】　散热解毒、利尿消肿；用于肺炎、慢性支气管炎、肺脓肿、热痢、疟疾、水肿、淋证、带下、痈肿、痔疮、脱肛、湿疹、秃疮、疥癣。外用治痈肿疮毒、毒蛇咬伤。

【用法用量】　15 ～ 25 克，水煎或捣汁服；外用煎水熏洗或捣敷。

【验方参考】　①治慢性支气管炎、肺心病：鱼腥草 30 克，北沙参、蒲公英各 15 克，银花、连翘各适量，制南星、姜半夏、前胡各 5 克，细辛 3 克，共煎服。（《名中医治病绝招》）②治肺痈吐脓吐血：鱼腥草、天花粉、侧柏叶各等份，煎汤服之。（《滇南本草》）③治肺痈：戡，捣汁，入年久芥菜卤饮之。（《本草经疏》）④治病毒性肺炎、支气管炎、感冒：鱼腥草、厚朴、连翘各 3 钱，研末，桑枝 1 两，煎水冲服。（《江西草药》）

43. 罂粟科 Papaveraceae

紫堇属 *Corydalis* DC.

1. 不具主根。

1. 具主根。

  2. 主根圆筒形，约与花瓣片等长或稍长，少数稍短于花瓣片 ················紫堇 *C. edulis*

  2. 距短囊状，占花瓣全长的 1/3。

    3. 蒴果常呈念珠状。苞片较大，下部的常呈叶状。花较长，长约 2 厘米；柱头 2 深裂，各枝具 3 ～ 4 枚单生乳状突。

      4. 叶的末回裂片较宽展；总状花序疏具多花；花黄色或淡黄色 ················黄堇 *C. pallida*

紫堇　闷头花　断肠草　蝎子花　（图 097）

Corydalis edulis Maxim.

【形态特征】　一年生灰绿色草本，高 20 ～ 50 厘米，具主根。茎分枝，具叶；花枝花葶状，常与叶对生。基生叶具长柄，叶片近三角形，长 5 ～ 9 厘米，上面绿色，下面苍白色，一至二回羽状全裂，一回羽片 2 ～ 3 对，具短柄，二回羽片近无柄，倒卵圆形，羽状分裂，裂片狭卵圆形，顶端钝，近具短尖。茎生叶与基生叶同型。总状花序疏具 3 ～ 10 花。苞片狭卵圆形至披针形，渐尖，全缘，有时下部的疏具齿，约与花梗等长或稍长。花梗长约 5 毫米。萼片小，近圆形，直径约 1.5 毫米，具齿。花粉红色至紫红色，平展。外花瓣较宽展，顶端微凹，无鸡冠状突起。上花瓣长 1.5 ～ 2 厘米；距圆筒形，基部稍下弯，约占花瓣全长的 1/3；蜜腺体长，近伸达距末端，大部分与距贴生，末端不变狭。下花瓣近基部渐狭。内花瓣具鸡冠状突起；爪纤细，稍长于瓣片。柱头横向纺锤形，两端各具 1 乳突，上面具沟槽，槽内具极细小的乳突。蒴果线形，下垂，长 3 ～ 3.5 厘米，具 1 列种子。种子直径约 1.5 毫米，密生环状小凹点；种阜小，紧贴种子。

【产地、生长环境与分布】　仙桃市各地均有产。多生于土坡、路边、房前屋后土石坎上。分布于东北、华北、华东、华中地区及贵州地区。

【药用部位】　根或全草。

图 097-01　紫堇 *Corydalis edulis*（1）

图 097-02　紫堇 *Corydalis edulis*（2）

【采集加工】 4—6 月采收，鲜用或晒干备用。

【性味】 味苦、涩、辛，性凉；有毒。

【功能主治】 清热解毒、杀虫止痒；用于疮疡肿毒、聤耳流脓、咽喉疼痛、顽癣、秃疮、毒蛇咬伤。

【用法用量】 内服：煎汤，4 ～ 10 克。外用：适量，捣敷、研末调敷或煎水外洗。

【验方参考】 ①治肺痨咯血：断肠草根 3 钱，水煎或泡酒服。（《贵州民间草药》）②治疮毒：蝎子花(紫堇)根适量，煎水洗患处。（《陕西中草药》）③治慢性化脓性中耳炎：紫堇全草鲜汁（加适量防腐剂或蒸汽加压消毒）滴耳。（《中华医学杂志》）

黄堇　菊花黄连　（图 098）

Corydalis pallida (Thunb.) Pers.

【形态特征】 灰绿色丛生草本，高 20 ～ 60 厘米，具主根，少数侧根发达，呈须根状。茎 1 至多条，发自基生叶腋，具棱，常上部分枝。基生叶多数，莲座状，花期枯萎。茎生叶稍密集，下部的具柄，上部的近无柄，上面绿色，下面苍白色，二回羽状全裂，一回羽片 4 ～ 6 对，具短柄至无柄，二回羽片无柄，卵圆形至长圆形，顶生的较大，长 1.5 ～ 2 厘米，宽 1.2 ～ 1.5 厘米，3 深裂，裂片边缘具圆齿状裂片，裂片顶端圆钝，近具短尖，侧生的较小，常具 4 ～ 5 圆齿。总状花序顶生和腋生，有时对叶生，长约 5 厘米，疏具多花和或长或短的花序轴。苞片披针形至长圆形，具短尖，约与花梗等长。花梗长 4 ～ 7 毫米。花黄色至淡黄色，较粗大，平展。萼片近圆形，中央着生，直径约 1 毫米，边缘具齿。外花瓣顶端勺状，具短尖，无鸡冠状突起，或有时仅上花瓣具浅鸡冠状突起。上花瓣长 1.7 ～ 2.3 厘米；距约占花瓣全长的 1/3，背部平直，腹部下垂，稍下弯；蜜腺体约占距长的 2/3，末端钩状弯曲。下花瓣长约 1.4 厘米。内花瓣长约 1.3 厘米，具鸡冠状突起，爪约与瓣片等长。雄蕊束披针形。子房线形；柱头具横向伸出的 2 臂，各枝顶端具 3 乳突。蒴果线形，念珠状，长 2 ～ 4 厘米，宽约 2 毫米，斜伸至下垂，具 1 列种子。种子黑亮，直径约 2 毫米，表面密具圆锥状突起，中部较低平；种阜帽状，约包裹种子的 1/2。

【产地、生长环境与分布】 仙桃市各地均有产。多生于土坡、路边、房前屋后土石坎上。分布于东北、华北、华东、华中地区及贵州。

【药用部位】 全草。

【采集加工】 4—6 月采收，晒干备用。

图 098-01　黄堇 *Corydalis pallida*（1）　　　　图 098-02　黄堇 *Corydalis pallida*（2）

【成分】 本品含原阿片碱和四氢掌叶防己碱。

【性味】 味辛、苦、涩，性寒；有毒。

【功能主治】 杀虫、解毒、清热、利尿；用于疥癣、疮毒肿痛、目赤、流火、暑热腹泻、肺痨咯血、小儿惊风。

【用法用量】 10～15克，水煎服。外用适量，捣敷。

【验方参考】 ①治牛皮癣、顽癣：黄堇根磨酒、醋外搽。（《草药手册》）②治疮毒肿痛：黄堇鲜全草五钱，煎服；并用鲜叶捣汁涂患处。（《浙江天目山药用植物志》）③治毒蛇咬伤：鲜黄堇草适量，捣汁涂敷。（《浙江天目山药用植物志》）④治目赤肿痛：黄堇鲜全草加食盐少许捣烂，闭上患眼后，外敷包好，卧床二小时。（《浙江民间常用草药》）⑤治流火：黄堇全草一两，加黄酒、红糖煎服。连服三天。（《浙江民间常用草药》）⑥治暑热腹泻、痢疾：黄堇鲜全草一两，水煎服，连服数日。（《浙江民间常用草药》）⑦治肺痨咯血：黄堇鲜全草一至二两，捣烂取汁服（用水煎则无效）。（《浙江民间常用草药》）⑧治小儿惊风抽搐，人事不省：鲜黄堇一两，水煎服。（《浙江天目山药用植物志》）

罂粟属 *Papaver* L.

虞美人　丽春花　赛牡丹　满园春　虞美人花　（图 099）

Papaver rhoeas L.

【形态特征】 一年生草本，全体被伸展的刚毛，稀无毛。茎直立，高 25～90 厘米，具分枝，被淡黄色刚毛。叶互生，叶片轮廓披针形或狭卵形，长 3～15 厘米，宽 1～6 厘米，羽状分裂，下部全裂，全裂片披针形和二回羽状浅裂，上部深裂或浅裂，裂片披针形，最上部粗齿状羽状浅裂，顶生裂片通常较大，小裂片先端均渐尖，两面被淡黄色刚毛，叶脉在背面突起，在表面略凹；下部叶具柄，上部叶无柄。花单生于茎和分枝顶端；花梗长 10～15 厘米，被淡黄色平展的刚毛。花蕾长圆状倒卵形，下垂；萼片 2，宽椭圆形，长 1～1.8 厘米，绿色，外面被刚毛；花瓣 4，圆形、横向宽椭圆形或宽倒卵形，长 2.5～4.5 厘米，全缘，稀圆齿状或顶端缺刻状，紫红色，基部通常具深紫色斑点；雄蕊多数，花丝丝状，长约 8 毫米，深紫红色，花药长圆形，长约 1 毫米，黄色；子房倒卵形，长 7～10 毫米，无毛，柱头 5～18，辐射状，连合成扁平、边缘圆齿状的盘状体。蒴果宽倒卵形，长 1 ～ 2.2 厘米，无毛，具不明显的肋。种子多数，肾状长圆形，长约 1 毫米。花果期 3—8 月。

【产地、生长环境与分布】仙桃市彭场镇有产。多为园林栽培。原产于欧洲，世界各地及我国常见栽培，为观赏植物。

【药用部位】花和全株。

【性味】味苦、涩，性凉。

【功能主治】镇痛、镇咳、止泻；用于咳嗽、痢疾、腹痛。

图 099　虞美人　*Papaver rhoeas*

44. 十字花科　Cruciferae

播娘蒿属　*Descurainia* Webb et Berth.

播娘蒿　大蒜芥　米米蒿　麦蒿　（图 100）
Descurainia sophia (L.) Webb ex Prantl

【形态特征】一年生草本，高 20 ～ 80 厘米，有毛或无毛，毛为叉状毛，以下部茎生叶为多，向上渐少。茎直立，分枝多，常于下部呈淡紫色。叶为三回羽状深裂，长 2 ～ 12（15）厘米，末端裂片条形或长圆形，裂片长（2）3 ～ 5（10）毫米，宽 0.8 ～ 1.5（2）毫米，下部叶具柄，上部叶无柄。花序伞房状，果期伸长；萼片直立，早落，长圆条形，背面有分叉细柔毛；花瓣黄色，长圆状倒卵形，长 2 ～ 2.5 毫米，或稍短于萼片，具爪；雄蕊 6 枚，比花瓣长 1/3。长角果圆筒状，长 2.5 ～ 3 厘米，宽约 1 毫米，无毛，稍内曲，与果梗不成一条直线，果瓣中脉明显；果梗长 1 ～ 2 厘米。种子每室 1 行，种子小型，多数，长圆形，长约 1 毫米，稍扁，淡红褐色，表面有细网纹。

【产地、生长环境与分布】仙桃市胡场镇有产。多生于土坡、田野及农田。除华南地区外全国各地均产。

【药用部位】全草，果实，种子。

【采集加工】春、夏季采收，晒干备用。

图 100-01　播娘蒿　*Descurainia sophia*（1）

图 100-02 播娘蒿 *Descurainia sophia*（2）

【性味】味辛、微苦，性平。

【功能主治】全草：收敛；作创伤药、清洁剂。果实：作通便药。种子：利尿消肿、祛痰定喘。

【用法用量】内服：7.5 ～ 15 克，煎汤；或入丸、散。外用：适量，煎水洗或研末调敷。

独行菜属 *Lepidium* L.

1. 有花瓣，和萼片等长或比萼片长；子叶缘倚胚根 ···北美独行菜 *L. virginicum*

1. 无花瓣，或花瓣退化，比萼片短；子叶背倚胚根 ···独行菜 *L. apetalum*

北美独行菜　美洲独行菜　琴叶独行菜　（图 101）

Lepidium virginicum L.

【形态特征】一年生或二年生草本，高 20 ～ 50 厘米；茎单一，直立，上部分枝，具柱状腺毛。基生叶倒披针形，长 1 ～ 5 厘米，羽状分裂或大头羽裂，裂片大小不等，卵形或长圆形，边缘有锯齿，两面有短伏毛；叶柄长 1 ～ 1.5 厘米；茎生叶有短柄，倒披针形或线形，长 1.5 ～ 5 厘米，宽 2 ～ 10 毫米，顶端急尖，基部渐狭，边缘有尖锯齿或全缘。总状花序顶生；萼片椭圆形，长约 1 毫米；花瓣白色，倒卵形，和萼片等长或稍长；雄蕊 2 或 4。短角果近圆形，长 2 ～ 3 毫米，宽 1 ～ 2 毫米，扁平，有

图 101　北美独行菜 *Lepidium virginicum*

窄翅，顶端微缺，花柱极短；果梗长 2 ～ 3 毫米。种子卵形，长约 1 毫米，光滑，红棕色，边缘有窄翅；子叶缘倚胚根。花期 4—5 月，果期 6—7 月。

【产地、生长环境与分布】仙桃市各地均有产。常生于路旁、荒地或农田中，十分耐旱，为常见杂草。分布于辽宁、河北、山东、河南、安徽、四川、江苏、浙江、福建、湖北、湖南、江西、贵州、广东、广西、云南、台湾等地。

【药用部位】种子（葶苈子）。

【采集加工】夏季果实成熟时采收植株，晒干，打下种子，除去杂质，晒干备用。

【性味、归经】味苦、辛，性寒。归肺、膀胱经。

【功能主治】泻肺行水、祛痰消肿、止咳定喘；用于喘急咳逆、面目浮肿、肺痈、渗出性肠膜炎。

【用法用量】内服：7.5～15克，煎汤或入丸、散。外用：适量，煎水洗或研末调敷。

独行菜　葶苈子　腺茎独行菜　辣辣菜　拉拉罐　拉拉罐子　（图102）

Lepidium apetalum Willdenow

【形态特征】一年生或二年生草本，高5～30厘米；茎直立，有分枝，无毛或具微小头状毛。基生叶窄匙形，一回羽状浅裂或深裂，长3～5厘米，宽1～1.5厘米；叶柄长1～2厘米；茎上部叶线形，有疏齿或全缘。总状花序在果期可延长至5厘米；萼片早落，卵形，长约0.8毫米，外面有柔毛；花瓣不存在或退化成丝状，比萼片短；雄蕊2或4。短角果近圆形或宽椭圆形，扁平，长2～3毫米，宽约2毫米，顶端微缺，上部有短翅，隔膜宽不到1毫米；果梗弧形，长约3毫米。种子椭圆形，长约1毫米，平滑，棕红色。

图102　独行菜 *Lepidium apetalum*

【产地、生长环境与分布】仙桃市西流河镇有产。多生于山坡、山沟、路旁及村庄附近。分布于西北、西南、华南、东北、华东等地。

【药用部位】种子（葶苈子），全草。

【采集加工】全草，夏、秋季采收；种子、果实，成熟时采收；晒干备用。

【成分】种子含脂肪油、芥子苷、蛋白质、糖类等。

【性味、归经】味辛、苦，性寒。归肺、膀胱经。

【功能主治】种子：清热止血、泻肺平喘、行水消肿；用于痰涎壅肺、咳喘痰多、胸胁胀满、不得平卧、肺炎高热、痰多喘急、肺源性心脏病水肿、胸腹水肿、小便淋痛。全草：水煎液浓缩物制成干糖浆，用于肠炎、腹泻及细菌性痢疾。

【用法用量】内服：7.5～15克，煎汤或入丸、散。外用：适量，煎水洗或研末调敷。

【验方参考】治毒蛇咬伤：鲜独行菜全草和水少许，杵烂敷伤处。（《江西民间草药》）

芸薹属 *Brassica* L.

1. 二年生或多年生草本；叶厚，肉质，粉蓝色或蓝绿色；花大，直径 1.5 ～ 2.5 厘米，白色至浅黄色，有长爪（甘蓝型）。

　　2. 花序在花期延长，顶端呈伞房状；花瓣白色或极浅黄色，长达 2.5 厘米；幼基生叶及心叶无毛。

　　　　3. 叶层层包裹成球体，花梗不为肉质密集的乳白色肉质体 ································· 甘蓝 *B.oleracea* var. *capitata*

　　2. 花序在花期短，顶端簇生或成伞房状，长达 10 厘米或更长；花较小，直径 1 ～ 1.5 厘米，淡黄色；基生叶或心叶有少数透明刺毛 ··· 欧洲油菜 *B. napus*

1. 多为一年生草本，不形成肥厚块根；花小，直径 4 ～ 20 毫米，鲜黄色或浅黄色，花瓣具不明显的爪。

　　4. 种子不具明显的窠孔；长角果不呈念珠状；植株无辛辣味。

　　　　5. 基生叶及下部茎生叶的叶柄很宽，扁平，边缘有具缺刻的翅；二年生草本 ·················· 白菜 *B. pekinensis*

　　　　5. 基生叶及下部茎生叶的叶柄厚，但无明显的翅；一年生或二年生草本 ·················· 青菜 *B. chinensis*

　　4. 种子具明显的窠孔；长角果皱缩或具突出的果瓣及很短的喙；植株有辛辣味（芥菜型） ·············· 芥菜 *B. juncea*

甘蓝　椰菜　洋白菜　圆白菜　高丽菜　包菜　（图 103）

Brassica oleracea var. *capitata* L.

【形态特征】二年生草本，被粉霜。一年生茎肉质，不分枝，绿色或灰绿色。基生叶多数，质厚，层层包裹成球状体，扁球形，直径 10 ～ 30 厘米或更大，乳白色或淡绿色；二年生茎有分枝，具茎生叶。基生叶及下部茎生叶长圆状倒卵形至圆形，长和宽达 30 厘米。顶端圆形，基部骤窄成极短有宽翅的叶柄，边缘有波状不明显锯齿；上部茎生叶卵形或长圆状卵形，长 8 ～ 13.5 厘米，宽 3.5 ～ 7 厘米，基部抱茎；最上部叶长圆形，长约 4.5 厘米，宽约 1 厘米，抱茎。总状花序顶生及腋生；花淡黄色，直径 2 ～ 2.5 厘米；花梗长 7 ～ 15

图 103　甘蓝 *Brassica oleracea* var. *capitata*

毫米；萼片直立，线状长圆形，长 5 ～ 7 毫米；花瓣宽椭圆状倒卵形或近圆形，长 13 ～ 15 毫米，脉纹明显，顶端微缺，基部骤变窄成爪，爪长 5 ～ 7 毫米。长角果圆柱形，长 6 ～ 9 厘米，宽 4 ～ 5 毫米，两侧稍压扁，中脉突出，喙圆锥形，长 6 ～ 10 毫米；果梗粗，直立开展，长 2.5 ～ 3.5 厘米。种子球形，直径 1.5 ～ 2 毫米，棕色。

【产地、生长环境与分布】仙桃市各地均有栽培。全国各地广泛栽培。

【药用部位】茎叶。

【采集加工】冬、春季采收，一般鲜用。

【成分】甘蓝含芸薹素和吲哚 –3– 乙醛等。

【性味】味甘，性平。

【功能主治】清热、止痛；用于胃痛等。

【验方参考】治胃、十二指肠溃疡、疼痛：鲜菜叶捣烂取汁1杯（200～300毫升），略加温，饭前饮服，每日2次，10日为1个疗程。（《华南药用植物》）

欧洲油菜　油菜　油麻菜籽　麻油菜籽　（图104）
Brassica napus L.

【形态特征】一年生或二年生草本，高30～50厘米，具粉霜；茎直立，有分枝，仅幼叶有少数散生刚毛。下部叶大头羽裂，长5～25厘米，宽2～6厘米，顶裂片卵形，长7～9厘米，顶端圆形，基部近截平，边缘具钝齿，侧裂片约2对，卵形，长1.5～2.5厘米；叶柄长2.5～6厘米，基部有裂片；中部及上部茎生叶由长圆状椭圆形渐变成披针形，基部心形，抱茎。总状花序伞房状；花直径10～15毫米；花梗长6～12毫米；萼片卵形，长5～8毫米；花瓣浅黄色，倒卵形，长10～15毫米，爪长4～6毫米。长角果线形，长40～80毫米，果瓣具1中脉，喙细，长1～2厘米；果梗长约2厘米。种子球形，直径约1.5毫米，黄棕色，近种脐处常带黑色，有网状窠穴。

【产地、生长环境与分布】仙桃市各地均有栽培。原产于欧洲，在我国各地广泛种植和驯化。

【药用部位】种子，油脂。

【采集加工】种子，春末夏初采收，晒干；油脂，加工后储存。

【成分】种子含油率约40%。

【性味】味甘、辛，性温。

【功能主治】种子：行气祛瘀、消肿散结；用于痛经、产后瘀血腹痛；外用治痈疖肿毒。油脂：燥湿止痒；用于湿疹、黄水疮等。

图104-01　欧洲油菜 *Brassica napus*（1）　　图104-02　欧洲油菜 *Brassica napus*（2）

白菜　黄芽菜　大白菜　结球白菜　包心白菜　（图105）
Brassica pekinensis (Lour.) Rupr.

【形态特征】二年生草本，高40～60厘米，全株稍有白粉，无毛，有时叶下面中脉上有少数刺毛。基生叶大，倒卵状长圆形至倒卵形，长 30～60 厘米，顶端圆钝，边缘皱缩，波状，有时具不明显牙齿状齿，中脉白色，很宽；有多数粗壮的侧脉，叶柄白色，扁平，长 5～9 厘米，宽 2～8 厘米，边缘有具缺刻的宽薄翅；上部茎生叶长圆状卵形、长圆状披针形至长披针形，长 2.5～7 厘米，顶端圆钝至短急尖，全缘或有裂齿，有柄或抱茎，有粉霜。花鲜黄色，直径 1.2～1.5 厘米；花梗长 4～6 毫米；萼片长圆形或卵状披针形，长 4～5 毫米，直立，淡绿色至黄色；花瓣倒卵形，长 7～8 毫米，

图 105　白菜　*Brassica pekinensis*

基部渐窄成爪。长角果较粗短，长 3～6 厘米，宽约 3 毫米，两侧压扁，直立，喙长 4～10 毫米，宽约 1 毫米，顶端圆；果梗开展或上升，长 2.5～3 厘米，较粗。种子球形，直径 1～1.5 毫米，棕色。花期 5 月，果期 6 月。

　　【产地、生长环境与分布】　仙桃市各地均有栽培。原产于我国华北地区，现各地广泛栽培。

　　【药用部位】　叶，根。

　　【采集加工】　秋、冬季采收，鲜用。

　　【性味、归经】　味甘，性平。归胃、膀胱经。

　　【功能主治】　通利肠胃、养胃和中、利小便；用于水肿、胃炎。

　　【用法用量】　内服：适量，煮食或捣汁饮。

青菜　小白菜　（图 106）

Brassica chinensis L.

　　【形态特征】　一年生或二年生草本，高 25～70 厘米，无毛，带粉霜；根粗，坚硬，常成纺锤形块根，顶端常有短根颈；基直立，有分枝。基生叶倒卵形或宽倒卵形，长 20～30 厘米，坚实，深绿色，有光泽，基部渐狭成宽柄。全缘或有不明显圆齿或波状齿。中脉白色，宽达 1.5 厘米，有多条纵脉；叶柄长 3～5 厘米，有或无窄边；下部茎生叶和基生叶相似，基部渐狭成叶柄；上部茎生叶倒卵形或椭圆形，长 3～7 厘米，宽 1～3.5 厘米，基部抱茎，宽展，两侧有垂耳，全缘，微带粉霜。总状花序顶生，呈圆锥状；花浅黄色，长约 1 厘米，

图 106　青菜　*Brassica chinensis*

授粉后长达 1.5 厘米；花梗细，和花等长或较短；萼片长圆形，长 3 ～ 4 毫米，直立开展，白色或黄色；花瓣长圆形，长约 5 毫米，顶端圆钝，有脉纹，具宽爪。长角果线形，长 2 ～ 6 厘米，宽 3 ～ 4 毫米，坚硬，无毛，果瓣有明显中脉及网结侧脉；喙顶端细，基部宽，长 8 ～ 12 毫米；果梗长 8 ～ 30 毫米。种子球形，直径 1 ～ 1.5 毫米，紫褐色，有蜂窝纹。花期 4 月，果期 5 月。

【产地、生长环境与分布】仙桃市各地均有栽培。原产于亚洲，现我国南北各省均有栽培，尤以长江流域为广。

【药用部位】全草，茎叶，种子。

【采集加工】春、夏季采收，鲜用或晒干备用。

【性味】味甘，性平。

【功能主治】全草、种子：清热解毒、通利肠胃；用于肺热咳嗽、便秘、丹毒、漆疮。茎叶：滋阴、开胃、化痰、利膈；用于肺热咳嗽、喉痛失音、烫伤。

【用法用量】煮食或捣汁服；外用适量，捣敷。

芥菜　盖菜　凤尾菜　排菜　苦芥　大叶芥菜　（图 107）

Brassica juncea (L.) Czern. et Coss.

【形态特征】一年生草本，高 30 ～ 150 厘米，常无毛，有时幼茎及叶具刺毛，带粉霜，有辛辣味；茎直立，有分枝。基生叶宽卵形至倒卵形，长 15 ～ 35 厘米，顶端圆钝，基部楔形，大头羽裂，具 2 ～ 3 对裂片，或不裂，边缘均有缺刻或锯齿，叶柄长 3 ～ 9 厘米，具小裂片；茎下部叶较小，边缘有缺刻或锯齿，有时具圆钝锯齿，不抱茎；茎上部叶窄披针形，长 2.5 ～ 5 厘米，宽 4 ～ 9 毫米，边缘具不明显疏齿或全缘。总状花序顶生，花后延长；花黄色，直径 7 ～ 10 毫米；花梗长 4 ～ 9 毫米；萼片淡黄色，长圆状椭圆形，长 4 ～ 5 毫米，直立开展；花瓣倒卵形，长 8 ～ 10 毫米，爪长 4 ～ 5 毫米。长角果线形，长 3 ～ 5.5 厘米，宽 2 ～ 3.5 毫米，果瓣具 1 突出中脉；喙长 6 ～ 12 毫米；果梗长 5 ～ 15 毫米。种子球形，直径约 1 毫米，紫褐色。

图 107　芥菜 *Brassica juncea*

【产地、生长环境与分布】仙桃市各地均有栽培。多分布于长江以南各省。

【药用部位】种子。

【采集加工】春末种子成熟时采收，晒干备用。

【成分】种子含油率达 30%。

【性味、归经】味辛，性温。归肺、胃经。

【功能主治】化痰平喘、消肿止痛；用于支气管哮喘、慢性支气管炎、胸肋胀满、寒性脓肿；外用治神经性疼痛、扭伤、挫伤。

【用法用量】 3 ～ 9 克，水煎服。外用适量，研粉用醋调敷患处。

【验方参考】 治支气管哮喘、慢性支气管炎：芥子、细辛各 21 克，延胡索、甘遂各 12 克，共研粉，分 3 次外用。用时取生姜 50 克，捣烂调药粉成稠糊状，摊在 6 块油纸上，贴在两侧肺俞、心俞、膈俞上，用胶布固定，贴 4 ～ 6 小时后取下，每日贴 1 次，3 日为 1 个疗程，多在三伏天使用。（《华南药用植物》）

蔊菜属 *Rorippa* Scop.

1. 长角果线状圆柱形或线形···蔊菜 *R. indica*

1. 短角果球形、近球形、圆柱形、椭圆形或长圆形···风花菜 *R. globosa*

蔊菜 辣米菜 野油菜 塘葛菜 田葛菜 （图 108）
Rorippa indica (L.) Hiern

【形态特征】 一、二年生直立草本，高 20 ～ 40 厘米，植株较粗壮，无毛或具疏毛。茎单一或分枝，表面具纵沟。叶互生，基生叶及茎下部叶具长柄，叶形多变化，通常大头羽状分裂，长 4 ～ 10 厘米，宽 1.5 ～ 2.5 厘米，顶端裂片大，卵状披针形，边缘具不整齐牙齿状齿，侧裂片 1 ～ 5 对；茎上部叶片宽披针形或匙形，边缘具疏齿，具短柄或基部耳状抱茎。总状花序顶生或侧生，花小，多数，具细花梗；萼片 4，卵状长圆形，长 3 ～ 4 毫米；花瓣 4，黄色，匙形，基部渐狭成短爪，与萼片近等长；雄蕊 6，2 枚稍短。长角果线状圆柱形，短而粗，长 1 ～ 2 厘米，宽 1 ～ 1.5 毫米，直立或稍内弯，成熟时果瓣隆起；果梗纤细，长 3 ～ 5 毫米，斜升或近水平开展。种子每室 2 行，多数，细小，卵圆形而扁，一端微凹，表面褐色，具细网纹；子叶缘倚胚根。

图 108-01 蔊菜 *Rorippa indica*（1）

图 108-02 蔊菜 *Rorippa indica*（2）

【产地、生长环境与分布】 仙桃市各地均有产。多生于荒野、路边、房前屋后。分布于华东、中南、西南地区及陕西、甘肃。

【药用部位】 全草。

【采集加工】 春、夏季采收，晒干备用。

【成分】 本品含有丰富的维生素、蔊菜素、蛋白质、胡萝卜素等营养物质。

【性味、归经】 味辛、苦，性微温。归肺、肝经。

【功能主治】 清热利尿、活血通经、镇咳化痰、健胃理气、解毒；用于咳嗽痰喘、感冒发热、麻疹透发不畅、风湿痹痛、咽喉肿痛、疔疮痈肿、漆疮、闭经、跌打损伤、黄疸、水肿。

【用法用量】 内服：煎汤，10～30 克，鲜品加倍；或捣绞汁服。外用：适量，捣敷。

【验方参考】 ①治感冒发热：蔊菜 15 克，桑叶 9 克，菊花 15 克，水煎服。（《青岛中草药手册》）②治风湿性关节炎：蔊菜 30 克，与猪脚煲服。（《广西民族药简编》）③治小便不利：蔊菜 15 克，茶叶 6 克，水冲代茶饮。（《青岛中草药手册》）④治鼻窦炎：鲜蔊菜适量，和雄黄少许捣烂，塞鼻腔内。（《福建中草药》）⑤治蛇头疔：鲜蔊菜适量捣烂，调鸭蛋清外敷。（《福建中草药》）

风花菜　银条菜　圆果蔊菜　（图 109）
Rorippa globosa (Turcz.) Hayek

【形态特征】 一年生或二年生直立粗壮草本，高 20～80 厘米，植株被白色硬毛或近无毛。茎单一，基部木质化，下部被白色长毛，上部近无毛，分枝或不分枝。茎下部叶具柄，上部叶无柄，叶片长圆形至倒卵状披针形，长 5～15 厘米，宽 1～2.5 厘米，基部渐狭，下延成短耳状而半抱茎，边缘具不整齐粗齿，两面被疏毛，尤以叶脉为显。总状花序多数，呈圆锥花序式排列，果期伸长。花小，黄色，具细梗，长 4～5 毫米；萼片 4，长卵形，长约 1.5 毫米，开展，基部等大，边缘膜质；花瓣 4，倒卵形，与萼片等长或稍短，基部渐狭成短爪；雄蕊 6。短角果近球形，直径约 2 毫米，果瓣隆起，平滑无毛，有不明显网纹，顶端具宿存短花柱；果梗纤细，呈水平开展或稍向下弯。种子多数，淡褐色，极细小，扁卵形，一端微凹；子叶缘倚胚根。

【产地、生长环境与分布】仙桃市各地均有产。生于路旁、田边、水沟潮湿地及杂草丛中。分布于江苏、山东、四川、内蒙古、辽宁、吉林、黑龙江等地。

【药用部位】 全草。

图 109　风花菜 *Rorippa globosa*

【采集加工】 夏季采收，除去杂质，晒干，切段备用。

【性味、归经】 味辛，性凉。归心、肝、肺经。

【功能主治】 清热利尿、解毒消肿；用于水肿、黄疸、淋证、腹水、咽痛、痈肿、烫火伤。

【用法用量】 内服：煎汤，6～15 克。外用：适量，捣敷患处。

【验方参考】 ①治黄疸、肝炎：风花菜配萹蓄、苦荞叶、茵陈，煎汤服。（《高原中草药治疗手册》）

②治腹水过多：风花菜配播娘蒿子、大黄，煎汤服。（《高原中草药治疗手册》）③治无名肿毒及骨髓炎：风花菜配牛耳大黄、蒲公英、墨地叶，捣烂敷患处。（《高原中草药治疗手册》）

荠属　*Capsella* Medic.

荠　地米菜　荠菜　（图110）
Capsella bursa-pastoris (L.) Medic.

【形态特征】一年生或二年生草本，高（7）10～50厘米，无毛、有单毛或分叉毛；茎直立，单一或从下部分枝。基生叶丛生成莲座状，大头羽状分裂，长可达12厘米，宽可达2.5厘米，顶裂片卵形至长圆形，长5～30毫米，宽2～20毫米，侧裂片3～8对，长圆形至卵形，长5～15毫米，顶端渐尖，浅裂，或有不规则粗锯齿或近全缘，叶柄长5～40毫米；茎生叶窄披针形或披针形，长5～6.5毫米，宽2～15毫米，基部箭形，抱茎，边缘有缺刻或锯齿。总状花序顶生及腋生，果期延长达20厘米；花梗长3～8毫米；萼片长圆形，长1.5～2毫米；花瓣白色，卵形，长2～3毫米，有短爪。短角果倒三角形或倒心状三角形，长5～8毫米，宽4～7毫米，扁平，无毛，顶端微凹，裂瓣具网脉；花柱长约0.5毫米；果梗长5～15毫米。种子2行，长椭圆形，长约1毫米，浅褐色。

【产地、生长环境与分布】仙桃市各地均有分布。常生于土坡、田边及路旁。分布几遍全国，全世界温带地区广布。

【药用部位】全草，花，种子。

【采集加工】2—3月采收，晒干备用。

【成分】本品含蛋白质、脂肪、膳食纤维、糖类、胡萝卜素、维生素 B_1、维生素 B_2、烟酸、维生素 E、维生素 C、钙、磷、铁、钾、钠、镁、锰、锌、铜和硒等成分。

【性味】全草、种子：味甘，性平。花：味甘，性温；无毒。

图 110-01　荠 *Capsella bursa-pastoris*（1）

图 110-02　荠 *Capsella bursa-pastoris*（2）

【功能主治】和脾、利水、止血、明目；用于痢疾、水肿、淋证、乳糜尿、吐血、便血、血崩、月经过多、目赤肿痛等。

【用法用量】全草：15～25克（鲜品50～100克），水煎服，或入丸、散。外用，研末调敷或煎水洗。种子：15～25克，水煎服。

【验方参考】①治小儿麻疹火盛：鲜荠菜1～2两，白茅根4～5两，水煎，可代茶长服。（《广西中草药》）②治高血压：荠菜、夏枯草各30克，水煎服。荠菜、猪毛菜各9克，水煎服。服3日，停1日。（《华南药用植物》）③治肾结石：荠菜30克，水3碗煎至1碗，打入鸡蛋1个，再煎至蛋熟，加食盐水许，吃蛋喝汤。（《华南药用植物》）

萝卜属 *Raphanus* L.

萝卜　莱菔　莱菔子　（图111）
Raphanus sativus L.

【形态特征】一年生或二年生草本，高20～100厘米；直根肉质，长圆形、球形或圆锥形，外皮绿色、白色或红色；茎有分枝，无毛，稍具粉霜。基生叶和下部茎生叶大头羽状半裂，长8～30厘米，宽3～5厘米，顶裂片卵形，侧裂片4～6对，长圆形，有钝齿，疏生粗毛，上部叶长圆形，有锯齿或近全缘。总状花序顶生及腋生；花白色或粉红色，直径1.5～2厘米；花梗长5～15毫米；萼片长圆形，长5～7毫米；花瓣倒卵形，长1～1.5厘米，具紫纹，下部有长5毫米的爪。长角果圆柱形，长3～6厘米，宽10～12毫米，在相当种子间处缢缩，并形成海绵质横隔；顶端喙长1～1.5厘米；果梗长1～1.5厘米。种子1～6个，卵形，微扁，长约3毫米，红棕色，有细网纹。

图111　萝卜 *Raphanus sativus*

【产地、生长环境与分布】仙桃市各地均有产，以栽培为主。原产于欧洲。全国各地广泛栽培。

【药用部位】根，叶，种子。鲜根即"萝卜"，种子成熟后的老根中药称"地骷髅"，基生叶中药称"莱菔叶"，种子中药称"莱菔子"。

【采集加工】根、叶，秋、冬季采收。根鲜用，叶鲜用或晒干备用。种子成熟时采收，晒干。种子收获后将老根切下，晒干备用。

【成分】根主要含葡萄糖、蔗糖和果糖。其他各部分还含香豆酸、咖啡酸、阿魏酸、苯丙酮酸、龙胆酸、羟基苯甲酸和多种氨基酸。

【性味、归经】根：味甘、辛，性凉。归肺、胃经。叶：味甘、微苦、辛，性寒。归脾、胃经。种子：味甘、辛，性平。地骷髅：味甘、辛，性平。

【功能主治】消积滞、化痰热、下气、宽中、除燥生津、清热解毒、利便；用于食积胀满、痰嗽失音、肺痨咯血、呕吐反酸等。

【用法用量】根：7.5 ～ 15 克，水煎服，或入丸、散；外用适量，研末调敷。叶：15 ～ 25 克，水煎服，或入散剂，或鲜品捣汁服。

【验方参考】①治轻型肠粘连、不完全性肠梗阻：炒莱菔子、厚朴各 9 ～ 15 克，木香、乌药、桃仁、赤芍、番泻叶各 9 克，芒硝（冲服），可因症状而加减。水煎服。同时按病情给予输液、胃肠减压等。（《华南药用植物》）②治食积气滞：莱菔子、炒山楂、炒六曲、炒谷芽、炒麦芽各 9 克，水煎服。（《华南药用植物》）

碎米荠属 *Cardamine* L.

碎米荠 （图 112）

Cardamine hirsuta L.

【形态特征】一年生小草本，高 15 ～ 35 厘米。茎直立或斜升，分枝或不分枝，下部有时淡紫色，被较密柔毛，上部毛渐少。基生叶具叶柄，有小叶 2 ～ 5 对，顶生小叶肾形或肾圆形，长 4 ～ 10 毫米，宽 5 ～ 13 毫米，边缘有 3 ～ 5 圆齿，小叶柄明显，侧生小叶卵形或圆形，较顶生的形小，基部楔形而两侧稍歪斜，边缘有 2 ～ 3 圆齿，有或无小叶柄；茎生叶具短柄，有小叶 3 ～ 6 对，生于茎下部的与基生叶相似，生于茎上部的顶生小叶菱状长卵形，顶端 3 齿裂，侧生小叶长卵形至线形，多数全缘；全部小叶两面稍有毛。总状花序生于枝顶，花小，直径约 3 毫米，花梗纤细，长 2.5 ～ 4 毫米；萼片绿色或淡紫色，长椭圆形，长约 2 毫米，边缘膜质，外面有疏毛；花瓣白色，倒卵形，长 3 ～ 5 毫米，顶端钝，向基部渐狭；花丝稍扩大；雌蕊柱状，花柱极短，柱头扁球形。长角果线形，稍扁，无毛，长达 30 毫米；果梗纤细，直立开展，长 4 ～ 12 毫米。种子椭圆形，宽约 1 毫米，顶端有的具明显的翅。

【产地、生长环境与分布】仙桃市各地均有产。多生于冬季干水的稻田、山坡、路旁。全国广布。

图 112-01　碎米荠 *Cardamine hirsuta*（1）　　　　　图 112-02　碎米荠 *Cardamine hirsuta*（2）

【药用部位】 全草。

【采集加工】 3—5 月采收，晒干备用。

【性味】 味甘，性凉。

【功能主治】 清热解毒、祛风除湿；用于痢疾、泄泻、腹胀、带下、乳糜尿、外伤出血。

【用法用量】 15 ～ 39 克，水煎服。外用适量，捣敷。

诸葛菜属 *Orychophragmus* Bunge

诸葛菜　二月兰　紫金菜　菜子花　（图 113）
Orychophragmus violaceus (L.) O. E. Schulz

【形态特征】 一年生或二年生草本，高 10 ～ 50 厘米，无毛；茎单一，直立，基部或上部稍有分枝，浅绿色或带紫色。基生叶及下部茎生叶大头羽状全裂，顶裂片近圆形或短卵形，长 3 ～ 7 厘米，宽 2 ～ 3.5 厘米，顶端钝，基部心形，有钝齿，侧裂片 2 ～ 6 对，卵形或三角状卵形，长 3 ～ 10 毫米，越向下越小，偶在叶轴上杂有极小裂片，全缘或有齿，叶柄长 2 ～ 4 厘米，疏生细柔毛；上部叶长圆形或窄卵形，长 4 ～ 9 厘米，顶端急尖，基部耳状，抱茎，边缘有不整齐齿。花紫色、浅红色或褪成白色，直径 2 ～ 4 厘米；花梗长 5 ～ 10 毫米；花萼筒状，紫色，萼片长约 3 毫米；花瓣宽倒卵形，长 1 ～ 1.5 厘米，宽 7 ～ 15 毫米，密生细脉纹，爪长 3 ～ 6 毫米。长角果线形，长 7 ～ 10 厘米，具 4 棱，裂瓣有 1 凸出中脊，喙长 1.5 ～ 2.5 厘米；果梗长 8 ～ 15 毫米。种子卵形至长圆形，长约 2 毫米，稍扁平，黑棕色，有纵条纹。

图 113-01　诸葛菜 *Orychophragmus violaceus*（1）　　　图 113-02　诸葛菜 *Orychophragmus violaceus*（2）

【产地、生长环境与分布】 仙桃市西流河镇有产。喜生于阴湿土坎、石坎、坡地。我国陕西南部和长江流域以南各地均有分布。

【药用部位】 全草。

【采集加工】 春、夏季采收，晒干备用。

【成分】 本品茎中蛋白质、钙、铁、胡萝卜素、维生素 C 的含量比紫菜薹高，特别是蛋白质和钙的含量，几乎为所有食用蔬菜之冠。

【性味】 味甘、微苦，性平。

【功能主治】 开胃下气、利湿解毒；用于食积不化、黄疸、消渴、热毒风肿、乳痈等。

45. 悬铃木科 Platanaceae

悬铃木属 *Platanus* L.

二球悬铃木 （图 114）

Platanus acerifolia (Aiton) Willd.

【形态特征】 落叶大乔木，高可达 35 米。枝条开展，树冠广阔，呈长椭圆形。树皮灰绿色或灰白色，不规则片状剥落，剥落后呈粉绿色，光滑。柄下芽。单叶互生，叶大，叶片三角状，长 9 ～ 15 厘米，宽 9 ～ 17 厘米，3 ～ 5 掌状分裂，边缘有不规则尖齿和波状齿，基部截形或近心形，嫩时有星状毛，后近于无毛。花期 4—5 月，头状花序球形，球形花序直径 2.5 ～ 3.5 厘米；花长约 4 毫米；萼片 4；花瓣 4；雄花有 4 ～ 8 个雄蕊；雌花有 6 个分离心皮。球果下垂，通常 2 球一串。9—10 月果熟，坚果基部有长毛。

图 114　二球悬铃木 *Platanus acerifolia*

【产地、生长环境与分布】 仙桃市城区以及乡镇大道旁有栽培。分布于上海、杭州、南京、徐州、青岛、九江、武汉、郑州、西安等城市，栽培较多。

【药用部位】 全株，果实，叶。

【采集加工】 夏、秋季采收，晒干备用。

【性味】 味微涩，性温。

【功能主治】 全株、果实：祛风除湿、活血散瘀、发汗解表、止血；用于血小板减少性紫癜。叶：滋补退热、发汗。

46. 金缕梅科 Hamamelidaceae

蚊母树属 *Distylium* Sieb. et Zucc.

蚊母树 （图 115）

Distylium racemosum Sieb. et Zucc.

【形态特征】 常绿灌木或中乔木，嫩枝有鳞垢，老枝秃净，干后暗褐色；芽体裸露无鳞状苞片，被鳞垢。叶革质，椭圆形或倒卵状椭圆形，长 3～7 厘米，宽 1.5～3.5 厘米，先端钝或略尖，基部阔楔形，上面深绿色，发亮，下面初时有鳞垢，以后变秃净，侧脉 5～6 对，在上面不明显，在下面稍突起，网脉在上下两面均不明显，边缘无锯齿；叶柄长 5～10 毫米，略有鳞垢。托叶细小，早落。总状花序长约 2 厘米，花序轴无毛，总苞 2～3 片，卵形，有鳞垢；苞片披针形，长 3 毫米，雌雄花同在一个花序上，雌花位于花序的顶端；萼筒短，萼齿大小不等，被鳞垢；雄蕊 5～6 个，花丝长约 2 毫米，

图 115　蚊母树 *Distylium racemosum*

花药长 3.5 毫米，红色；子房有星状茸毛，花柱长 6～7 毫米。蒴果卵圆形，长 1～1.3 厘米，先端尖，外面有褐色星状茸毛，上半部两片裂开，每片 2 浅裂，不具宿存萼筒，果梗短，长不及 2 毫米。种子卵圆形，长 4～5 毫米，深褐色、发亮，种脐白色。

【产地、生长环境与分布】仙桃市各地均有产，沔州森林公园分布较多。多生于常绿林中。分布于福建、浙江、台湾、广东等地；亦见于朝鲜及日本。

【药用部位】根，树皮。

【采集加工】夏、秋季采收，晒干备用。

【性味】味苦、涩，性寒。

【功能主治】活血化瘀、抗肿瘤。

檵木属 *Loropetalum* R. Br.

1. 叶长 2～5 厘米，上面常有粗毛，先端短尖。

　2. 花白色 ·· 檵木 *L. chinense*

1. 叶长 5～10 厘米，上面无毛，稀有疏毛，先端尾状渐尖。

　2. 花红色 ·· 红花檵木 *L. chinense* var. *rubrum*

檵木　（图 116）

Loropetalum chinense (R. Br.) Oliver

【形态特征】常绿灌木或小乔木，株高 1～3 米，高者可达 8 米。小枝密生锈色星状毛，老枝灰棕色，近无毛。叶卵圆形至卵圆状椭圆形，长 2～4 厘米，宽 1～2 厘米，先端渐尖，基部不对称圆形，叶下面有白霜，沿叶脉有毛，边缘有纤毛；叶柄长 3～5 毫米，密被锈色星状毛。花乳白色；萼片卵形，长 2～3 毫米，被毛。花瓣长 1.8～2.5 厘米，宽 2 毫米；花药有药隔。蒴果宽倒卵形，长 6～7 毫米，4 裂。花期 4—5 月，果期 7—8 月。

【产地、生长环境与分布】仙桃市城区有栽培。多为公园观赏栽培。分布于长江中下游及其以南地区。

【药用部位】花，根，叶。

【采集加工】 花，春、夏季采收，根、叶，夏、秋季采收，晒干备用。

【成分】 花含槲皮素和异槲皮苷，叶、根含黄酮类、鞣质和 3，4，5- 三羟基苯甲酸。

【性味、归经】 花：味甘、涩，性平。归肺、脾、胃、大肠经。根：味苦，性温。归肝、胃、大肠、肾经。叶：味苦、涩，性平。

【功能主治】 花：清热解暑、止咳、止血；用于咳嗽、咯血、遗精、烦渴血痢、泄泻、妇女血崩等。叶：清热解暑、活血

图 116　檵木 *Loropetalum chinense*

止血、抗菌消炎，其提取物对链球菌、伤寒杆菌及大肠杆菌等均有抑制作用；用于暑热泄泻、扭闪伤筋、创伤出血、目痛、喉痛等。根：用于咯血、腹痛泄泻、脱肛、肢节酸痛、带下、产后恶露不畅、跌打吐血、齿痛等。

【验方参考】 ①治鼻出血：檵木 4 钱，水煎服。（《江西民间草药》）②治暑泻：檵木茎叶 7 钱（1钱 =5 克），水煎服。（《江西民间草药》）③治痢疾：檵木茎叶 7 钱，水煎，红痢加白糖，白痢加红糖 5 钱，调服。（《江西民间草药》）④治痢疾：檵木 3 钱、骨碎补 3 钱、荆芥 1 钱 5 分、青木香（现用土木香）2 钱，水煎服。（《湖南药物志》）⑤治跌打吐血：檵木根或叶适量，煮猪精肉服。（《湖南药物志》）⑥治牙痛：檵木根 1 两（1 两 =50 克），鸡、鸭蛋各 1 枚，煮熟，加红糖服。（《湖南药物志》）⑦治遗精：檵木花 4 钱、猪瘦肉 4 两，水炖，服汤食肉，每日 1 剂。（《江西草药》）⑧治烧伤：檵木叶烧灰存性，麻油调涂。（《江西草药》）⑨治咯血：檵木根 4 两，水煎服。（《江西草药》）⑩治肚子作痛：鲜檵花茎叶和子 2 ～ 4 钱，搓成团，饭前用开水送服。（《福建民间草药》）⑪治闪筋：鲜檵木叶 1 握，加烧酒捣烂，绞汁 1 杯，日服 1 ～ 2 次。（《福建民间草药》）⑫治外伤出血：鲜檵木叶 1 握，捣烂外敷。（《福建民间草药》）⑬治胮胀：鲜檵木叶 1 握，加红糖捣匀外敷。（《福建民间草药》）⑭治妇女带下：檵木根 2 ～ 3 两，切片，露 7 个晚上后，入锅内焙干，再用酒炒 3 次，同未生过蛋的母鸡 1 只，去肠杂，酌加红糖炖熟，分 2 ～ 3 次服（喝汤食肉）。（《福建民间草药》）⑮治刀伤初起或已溃烂者（热天最适宜）：初伤者用茶叶水先洗，檵木嫩叶捣敷。若已化脓流黄水者，用此药 1 两，研为细末，调菜油涂上。（《贵州民间草药》）⑯治黄水疮：锯（檵）木条、树枝燃烧，打刀烟（将刀放在药物燃烧的火焰上，收集其烟），取烟外涂患处，1 日 1 次。（《贵州草药》）⑰治紫癜：檵木鲜叶 1 两，捣烂，酌加水揉取汁服。（《草药手册》）⑱治脱肛：檵木根 1 两，猪直肠 17 厘米，炖汤。（《草药手册》）⑲用作皮肤消毒剂：檵木（叶、茎均可）500 克，加水 5000 毫升，过滤备用。可用于各种野外手术消毒。（《中药大辞典》）

红花檵木　红檵花　红桎木　红檵木　（图 117）

Loropetalum chinense var. *rubrum* Yieh

【形态特征】 本变种与檵木的不同点在于本种花为红色，叶初时多为紫红色。

图 117　红花檵木 *Loropetalum chinense* var. *rubrum*

【产地、生长环境与分布】　仙桃市城区及各地均有栽培，喜温暖，耐寒冷。主要分布于长江中下游及其以南地区。

【药用部位】　同檵木。

枫香树属 *Liquidambar* L.

枫香树　枫香　路路通　大叶枫　枫子树　鸡爪枫　鸡枫树　（图 118）
Liquidambar formosana Hance

【形态特征】　落叶乔木，高达 30 米，胸径最大可达 1 米，树皮灰褐色，方块状剥落；小枝干后灰色，被柔毛，略有皮孔；芽体卵形，长约 1 厘米，略被微毛，鳞状苞片敷有树脂，干后棕黑色，有光泽。叶薄革质，阔卵形，掌状 3 裂，中央裂片较长，先端尾状渐尖；两侧裂片平展；基部心形；上面绿色，干后灰绿色，不发亮；下面有短柔毛，或变秃净仅在脉腋间有毛；掌状脉 3 ～ 5 条，在上下两面均显著，网脉明显可见；边缘有锯齿，齿尖有腺状突；叶柄长达 11 厘米，常有短柔毛；托叶线形，

图 118　枫香树 *Liquidambar formosana*

游离，或略与叶柄连生，长 1 ～ 1.4 厘米，红褐色，被毛，早落。雄性短穗状花序常多个排成总状，雄蕊多数，花丝不等长，花药比花丝略短。雌性头状花序有花 24 ～ 43 朵，花序柄长 3 ～ 6 厘米，偶有皮孔，无腺体；萼齿 4 ～ 7 个，针形，长 4 ～ 8 毫米，子房下半部藏在头状花序轴内，上半部游离，有柔毛，花柱长 6 ～ 10 毫米，先端常卷曲。头状果序圆球形，木质，直径 3 ～ 4 厘米；蒴果下半部藏于花序轴内，

有宿存花柱及针刺状萼齿。种子多数，褐色，多角形或有窄翅。

【产地、生长环境与分布】仙桃市森林公园有栽培。可生于干旱缺水的荒山野岭之地，分布于秦岭及淮河以南各省，北起河南、山东，东至台湾，西至四川、云南及西藏，南至广东。

【药用部位】根，叶，果序（路路通）和树脂。

【采集加工】7—8月割裂树干，使树脂流出，阴干。果序于冬季采摘，除去杂质，洗净，晒干。

【性味】味辛、苦，性平。

【功能主治】树脂：解毒止痛、止血生肌。根、叶：祛风除湿、通络活血。果序：祛风活络、利水、通经；用于关节痹痛、麻木痉挛、水肿胀满、乳少、闭经。

【用法用量】内服：煎汤，鲜品0.5～1两；捣汁或烧存性研末。外用：适量，捣敷或煎水洗。

【验方参考】①治痈肿发背：枫香树幼叶和老米饭共捣烂，敷患处。（《闽南民间草药》）②治痢疾：幼枫香树的枝头嫩叶一两，水煎，去渣，白糖调服。（《江西民间草药验方》）③治泄泻：幼枫香树枝头嫩叶二两，捣烂，加冷开水擂汁服。（《江西民间草药验方》）④治中暑：枫香树嫩叶三钱，洗净，杵烂，开水送下。（《闽东本草》）⑤治口鼻大小便同时出血：枫香树树脂、叶（烧存性）各一钱，开水冲服。（《闽东本草》）

47. 景天科 Crassulaceae

景天属 *Sedum* L.

1. 花有梗，心皮直立，基部宽广，多少合生；蓇葖腹面不作浅囊状 ················ 火焰草 *S. stellariifolium*
1. 花无梗或几无梗，心皮基部多少合生，在成熟时至少上部半叉开至星芒状排列；蓇葖的腹面浅囊状。

　　2. 植株直立，叶通常无距或有短距；萼无距 ···················· 费菜 *S. aizoon*
　　2. 植株多为平卧的、上升的或者外倾的；叶常有距；萼片有距或者无距，常不等长。

　　　　3. 叶常为轮生。

　　　　　　4. 叶线形至线状倒披针形 ···················· 佛甲草 *S. lineare*
　　　　　　4. 叶倒披针形至长圆形 ···················· 垂盆草 *S. sarmentosum*

　　　　3. 叶常为互生或对生。

　　　　　　5. 植株上部的叶腋有珠芽；叶先端不凹 ···················· 珠芽景天 *S. bulbiferum*
　　　　　　5. 植株叶腋不具珠芽；叶先端凹入 ···················· 凹叶景天 *S. emarginatum*

火焰草　繁缕景天　卧儿菜　繁缕叶景天　（图119）

Sedum stellariifolium Franch.

【形态特征】一年生或二年生草本。植株被腺毛。茎直立，有多数斜上的分枝，基部呈木质，高10～15厘米，褐色，被腺毛。叶互生，正三角形或三角状宽卵形，长7～15毫米，宽5～10毫米，先端急尖，基部宽楔形至截形，长于叶柄，柄长4～8毫米，全缘。总状聚伞花序；花顶生，花梗长5～10毫米，萼片5，披针形至长圆形，长1～2毫米，先端渐尖；花瓣5，黄色，披针状长圆形，长3～5毫米，先端渐尖；雄蕊10，较花瓣短；鳞片5，宽匙形至宽楔形，长0.3毫米，先端有微缺；心皮5，近直立，长圆形，长约4毫米，花柱短。蓇葖下部合生，上部略叉开；种子长圆状卵形，长0.3毫米，有纵纹，褐色。

【产地、生长环境与分布】 仙桃市各地均有产，沔城镇分布较多。生于山坡或山谷土上或石缝中。产自云南、贵州、四川、台湾等地。

【药用部位】 全草。

【采集加工】 夏季采收，晒干备用。

【性味】 味微苦，性凉。

【功能主治】 清热解毒、凉血止血；用于热毒疮疡、乳痈、丹毒、无名肿毒、水火烫伤、咽喉肿痛、牙龈炎、血热吐血、咯血、鼻衄、外伤出血。

【用法用量】 内服：煎汤，10～30克（鲜品50～100克）或捣汁。外用：适量，捣敷。

图 119　火焰草 *Sedum stellariifolium*

费菜　土三七　还阳草　田三七　六月还阳　麦王七　（图120）
Sedum aizoon L.

【形态特征】 根状茎短粗，略横生。茎高20～50厘米，嫩时肉质，无毛，密被叶，老时带黄色。叶互生，肉质或近草质，无毛，长披针形至卵状倒披针形，长5～8厘米，宽1.7～2厘米，先端渐尖，基部楔形，边缘有不整齐的锯齿；花期叶边有时带紫色。伞房状聚伞花序顶生，花多，水平分枝。萼片5，线形，不等长，长3～5毫米，先端钝；花瓣5，金黄色，椭圆状披针形，长6～10毫米；雄蕊10，较花瓣短；鳞片细小，近正方形；心皮5，卵状长圆形，基部合生，腹面浅囊状，花柱长钻形。蓇

图 120　费菜 *Sedum aizoon*

葖果作星芒状放射，长7毫米，有直立的喙；种子椭圆形，长约1毫米。花期7—8月，果期8—9月。

【产地、生长环境与分布】 仙桃市各地均有产，多为栽培品种。分布于东北、华北、西北、华东地区及河南、四川、湖北、贵州。

【药用部位】 全草，根。

【采集加工】 夏、秋季采收，鲜用或晒干备用。

【成分】 全草含马栗树皮素、杨梅树皮苷、金丝桃苷、异杨梅树皮苷、棉花皮素、棉花皮苷、槲皮素、山奈酚。嫩茎叶每100克含胡萝卜素2.8毫克，维生素C 96毫克，维生素B_2 0.37毫克。

【性味、归经】 味甘、微酸，性平。归心、肝、脾经。

【功能主治】活血散瘀、止血、宁心、利湿、消肿、解毒；用于跌打损伤、吐血、咯血、便血、心悸、痈肿等。根可作红伤药。全草泡酒服，用于劳伤、心气痛。根捣烂外敷，可敛疮口、生肌；捣烂和酒烘热外敷，可治走路脚跟酸痛。

【用法用量】15～25克（鲜品100～150克），水煎服；外用捣敷。

【验方参考】①治癔症或心肌亢进：鲜费菜2两、蜂蜜2两、猪心1个（不剖削，保留内部血液），置瓷罐中，将费菜团塞在猪心周围，勿令倒置，再加蜂蜜冲入开水，以浸为度。放在锅内炖熟，去费菜，分2次食尽。（《福建民间草药》）②治筋骨伤痛：鲜土三七根四五条，洗去泥沙，用老酒二三杯，红糖煎汤调服，有活血止痛功效。（《浙江中医杂志》）③治外伤、骨折：麦王七根、四季葱、金挖耳、见肿消、化石草（铁箍散）叶各适量，用黄酒或酒糟捣烂外敷。可用于骨折手术前的消肿，消肿后即可进行整骨复位手术，手术后可再敷药消肿，同时内服活血化瘀药物。如未骨折，亦可用此方消肿。热伤一般7日可消肿。（该方为天宝葛洞草医屈定华先生所献祖传秘方）

佛甲草　窄叶小六儿令　尖叶六儿令　狗牙瓣　半枝莲　狗牙半支　铁指甲　（图121）
Sedum lineare Thunb.

【形态特征】多年生草本。茎高10～20厘米，肉质，下部多匍匐生长，有分枝，全株无毛，不结实枝纤细，基部节上生不定根。叶通常3～4片轮生，或在花茎上部单片互生，线形或披针形，长10～25毫米，宽2～6毫米，先端略尖，基部钝圆或楔形，有短距。萼片5，线状披针形，长1.5～7毫米，不等大；花瓣5，披针形或卵状披针形，长4～6毫米，先端钝，有小尖头；雄蕊10，2轮，较花瓣短，花药椭圆形；心皮5，长4～5毫米，基部合生，顶端渐狭成短花柱，每一心皮基部外侧有1鳞片，鳞片宽楔形至近四方形，长0.5毫米，宽0.5～0.6毫米。蓇葖果略叉开；种子小，卵圆形，表面有乳状小点。花期5—6月。

图121　佛甲草 *Sedum lineare*

【产地、生长环境与分布】仙桃市各地均有产。生于林缘、路边、旱地边荒坡。长江中下游以南广布。

【药用部位】全草。

【采集加工】夏、秋季采收，晒干备用。

【性味】味甘，性凉。

【功能主治】清热解毒、消肿、止血；用于胰腺炎、慢性肝炎、咽喉肿痛、黄疸、痢疾。外用治痈肿、疔疮、带状疱疹、丹毒、烫伤、蛇咬伤。

【用法用量】30～60克，水煎服。外用鲜品适量，捣敷。

【验方参考】①治喉火：狗牙瓣 5 钱，捣烂，加蛋清冲开水服。（《贵阳民间药草》）②治咽喉肿痛：鲜佛甲草 2 两，捣绞汁，加米醋少许，开水一大杯漱喉，日数次。（《闽东本草》）③治喉癣：狗牙半支捣汁，加陈京墨磨汁，和匀漱喉，日咽 4 ～ 5 次。（《救生苦海》）④治无名肿毒：佛甲草加盐捣烂，罨敷患处。（《浙江民间常用草药》）⑤治天蛇头疼不可忍：半枝莲同香糟捣烂，少加食盐，包住患处。（《医宗汇编》）⑥治黄疸：狗牙瓣（生）1 两，炖瘦肉 4 两，内服。（《贵阳民间药草》）⑦治牙痛：铁指甲煅之，搽之。（《贵阳民间药草》）⑧治乳痈红肿：狗牙瓣、蒲公英、金银花各适量，加甜酒捣烂外敷。（《贵阳民间药草》）⑨治慢性肝炎：佛甲草 30 克，当归 9 克，红枣 10 颗。水煎服，每日 1 剂。（《华南药用植物》）⑩治胰腺癌：鲜佛甲草 60 ～ 120 克，鲜荠菜 90 ～ 180 克（干品减半），水煎早晚各服 1 次。（《华南药用植物》）

垂盆草　狗牙草　瓜子草　石指甲　狗牙瓣　（图 122）
Sedum sarmentosum Bunge

【形态特征】多年生草本。不育枝及花茎细，匍匐而节上生根，直到花序之下，长 10 ～ 25 厘米。3 叶轮生，叶倒披针形至长圆形，长 15 ～ 28 毫米，宽 3 ～ 7 毫米，先端近急尖，基部急狭，有距。聚伞花序，有 3 ～ 5 分枝，花少，宽 5 ～ 6 厘米；花无梗；萼片 5，披针形至长圆形，长 3.5 ～ 5 毫米，先端钝，基部无距；花瓣 5，黄色，披针形至长圆形，长 5 ～ 8 毫米，先端有稍长的短尖；雄蕊 10，较花瓣短；鳞片 10，楔状四方形，长 0.5 毫米，

图 122　垂盆草 *Sedum sarmentosum*

先端稍有微缺；心皮 5，长圆形，长 5 ～ 6 毫米，略叉开，有长花柱。种子卵形，长 0.5 毫米。花期 5—7 月，果期 8 月。

【产地、生长环境与分布】仙桃市各地均有产。常生于海拔 1600 米以下的向阳山坡、石隙、沟边及路旁湿润处。分布于吉林、辽宁、河北、山西、陕西、甘肃、山东、江苏、安徽、浙江、江西、福建、河南、湖北、湖南、四川、贵州等地。

【药用部位】全草。

【采集加工】夏、秋季采收，除去杂质，切段，晒干备用。

【性味、归经】味甘、淡，性凉。归肝、胆、小肠经。

【功能主治】清热利湿、解毒消肿；用于湿热黄疸、淋证、泄泻、肺痈、肠痈、疮疖肿毒、蛇虫咬伤、水火烫伤、咽喉肿痛、口腔溃疡及湿疹、带状疱疹。

【用法用量】内服：煎汤，15 ～ 30 克（鲜品 50 ～ 100 克）；或捣汁。外用：适量，捣敷，或研末调搽，或取汁外涂，或煎水湿敷。

【验方参考】①治肝炎：a. 急性黄疸型肝炎，垂盆草 30 克，茵陈蒿 30 克，板蓝根 15 克，水煎服。

（《安徽中草药》）b. 急性黄疸型或无黄疸型肝炎，鲜垂盆草 62 ～ 125 克，鲜旱莲草 125 克，煎煮成 200 ～ 300 毫升，每次口服 100 ～ 150 毫升，每日 2 次，一个疗程 15 ～ 30 天。（《福建药物志》）c. 慢性迁延型肝炎，鲜垂盆草 30 克，紫金牛 9 克，水煎去渣，加食糖适量，分 2 次服。（《浙江药用植物志》）d. 慢性肝炎，垂盆草 30 克，当归 9 克，红枣 10 颗，水煎服，每日 1 剂。（《四川中药志》）②治肠炎、痢疾：垂盆草 30 克，马齿苋 30 克，水煎服，每日 1 剂。（《四川中药志》）③治无名肿毒、创伤感染：鲜垂盆草配等量鲜大黄、鲜青蒿，共捣烂敷患处。（《陕甘宁青中草药选》）④治咽喉肿痛：垂盆草 15 克，山豆根 9 克，水煎服。（《青岛中草药手册》）⑤治烫伤、烧伤：鲜垂盆草适量，捣汁涂患处或垂盆草 12 克，瓦松 9 克，共研细末，菜油调敷。（《陕甘宁青中草药选》）

【使用注意】脾胃虚寒者慎服。

珠芽景天　马尿花　小箭草　（图 123）

Sedum bulbiferum Makino

【形态特征】二年生或多年生草本。常越冬生长，夏天枯死。株高 10 ～ 20 厘米，茎圆柱形，肉质，有时带红色，基部多分枝，全体无毛。叶肉质，卵圆形，长 0.4 ～ 0.6 厘米，宽 0.3 ～ 0.5 厘米，先端钝尖，基部楔形，边全缘，近无柄。花黄色。花期 3—4 月。

【产地、生长环境与分布】仙桃市各地均有产。生于较潮湿的地边、坎下。分布于广西、广东、福建、重庆、陕西、四川、湖北、湖南、江西、安徽、浙江、江苏等地。

图 123　珠芽景天　*Sedum bulbiferum*

【药用部位】全草。

【采集加工】夏、秋季采收，鲜用或晒干备用。

【成分】本品含三萜类成分，如 δ - 香树脂酮和 δ - 香树脂醇。

【性味】味涩，性凉；无毒。

【功能主治】清热凉血、止血、散寒、理气、止痛、截疟；用于食积腹痛、风湿瘫痪、疟疾。

【用法用量】12 ～ 24 克，水煎服。

【验方参考】竹溪民间将全株捣烂用水服，治流鼻血。

凹叶景天　石马齿苋　六月雪　酱瓣草　马牙半支　（图 124）

Sedum emarginatum Migo

【形态特征】多年生草本。茎细弱，高 10 ～ 15 厘米。叶对生，匙状倒卵形至宽卵形，长 1 ～ 2 厘米，宽 5 ～ 10 毫米，先端圆，有微缺，基部渐狭，有短距。花序聚伞状，顶生，宽 3 ～ 6 毫米，有多花，常有 3 个分枝；花无梗；萼片 5，披针形至狭长圆形，长 2 ～ 5 毫米，宽 0.7 ～ 2 毫米，先端钝；基部有短距；花瓣5，黄色，线状披针形至披针形，长6～8毫米，宽1.5～2毫米；鳞片5，长圆形，长0.6毫米，钝圆，心皮5，长圆形，长4～5毫米，基部合生。蓇葖略叉开，腹面有浅囊状隆起；种子细小，褐色。花期5—6月，果期6月。

图124　凹叶景天 *Sedum emarginatum*

【产地、生长环境与分布】仙桃市各地均有产，长埫口镇发现较多。生于山坡阴湿处。主产于云南、四川、湖北、湖南、江西、安徽、浙江、江苏、甘肃、陕西、福建等地。

【药用部位】全草。

【性味】味酸，性凉。

【功能主治】清热解毒、散瘀消肿；用于跌打损伤、热疖、疮毒等。

【用法用量】内服：煎汤，1～2两；或捣汁。外用：适量，捣敷。

【验方参考】①治疮毒红肿：六月雪、芙蓉叶、鱼腥草各适量，共捣绒敷。（《四川中药志》）②治瘰疬：马牙半支作菜常服。（《本草纲目拾遗》）③治淋疾：芝麻一把，核桃一个，石马齿苋适量，共捣烂，滚生酒冲服。（《奇方类编》）④治疟疾：酱瓣草，略洗蒸熟，一日晒干，不干焙之，每斤配老姜一斤，磨细收贮。一日者一钱，二日者二钱，三日者三钱，酒调服。（《周益生家宝方》）

石莲属 *Sinocrassula* Berger

石莲　宝石花　因地卡　（图125）

Sinocrassula indica (Decne.) Berger

【形态特征】基生叶莲座状，匙状长圆形，长3.5～6厘米，宽1～1.5厘米；茎生叶互生，宽倒披针状线形至近倒卵形，上部的渐缩小，长2.5～3厘米，宽4～10毫米，渐尖。花序圆锥状或近伞房状，总梗长5～6厘米；苞片似叶而小；萼片5，宽三角形，长2毫米，宽1毫米，先端稍急尖，花瓣5，红色，披针形至卵形，长4～5毫米，宽2毫米，先端常反折；雄蕊5，长3～4毫米；鳞片5，正方形，长0.5毫米，先端有微缺；心皮5，基部0.5～1毫米合生，卵形，长2.5～3毫米，先端急狭，

图125　石莲 *Sinocrassula indica*

花柱长不及1毫米。蓇葖的喙反曲；种子平滑。花期7—10月。

【产地、生长环境与分布】仙桃市各地均有栽培。分布于西藏、云南、广西、贵州、四川、湖南、湖北、陕西、甘肃。

【药用部位】全草。

【采集加工】全年可采，洗净，晒干备用。

【性味】味甘、淡，性凉。

【功能主治】清热解毒、止痛、止血、止痢；可用于咽喉肿痛、痢疾、崩漏、便血；外用治疮疡久不收口及烧、烫伤。

【用法用量】内服：煎汤，30～50克。外用：适量，捣敷。

48. 虎耳草科 Saxifragaceae

虎耳草属 *Saxifraga* Tourn. ex L.

虎耳草　（图126）

Saxifraga stolonifera Curt.

【形态特征】多年生草本，高8～45厘米。匍匐枝细长，密被卷曲长腺毛，具鳞片状叶。茎被长腺毛，具1～4枚苞片状叶。基生叶具长柄，叶片近心形、肾形至扁圆形，长1.5～7.5厘米，宽2～12厘米，先端钝或急尖，基部近截形、圆形至心形，（5）7～11浅裂（有时不明显），裂片边缘具不规则齿和腺毛，腹面绿色，被腺毛，背面通常红紫色，被腺毛，有斑点，具掌状达缘脉序，叶柄长1.5～21厘米，被长腺毛；茎生叶披针形，长约6毫米，宽约2毫米。聚伞花序圆锥状，长7.3～26

图126　虎耳草 *Saxifraga stolonifera*

厘米，具7～61花；花序分枝长2.5～8厘米，被腺毛，具2～5花；花梗长0.5～1.6厘米，细弱，被腺毛；花两侧对称；萼片在花期开展至反曲，卵形，长1.5～3.5毫米，宽1～1.8毫米，先端急尖，边缘具腺毛，腹面无毛，背面被褐色腺毛，3脉于先端汇合成1疣点；花瓣白色，中上部具紫红色斑点，基部具黄色斑点，5枚，其中3枚较短，卵形，长2～4.4毫米，宽1.3～2毫米，先端急尖，基部具长0.1～0.6毫米之爪，羽状脉序，具2级脉（2）3～6条，另2枚较长，披针形至长圆形，长6.2～14.5毫米，宽2～4毫米，先端急尖，基部具长0.2～0.8毫米之爪，羽状脉序，具2级脉5～10（11）条。雄蕊长4～5.2毫米，花丝棒状；花盘半环状，围绕于子房一侧，边缘具瘤突；2心皮下部合生，长3.8～6毫米；子房卵球形，花柱2，叉开。花果期4—11月。

【产地、生长环境与分布】仙桃市沔城镇和袁市社区均有产。生于屋旁、林下、灌丛、草甸和阴湿岩隙。

分布于河北、陕西、甘肃（东南部）、江苏、安徽、浙江、江西、福建、台湾、河南、湖北、湖南、广东、广西、四川（东部）、贵州、云南（东部和西南部）。

【药用部位】　全草。

【采集加工】　夏、秋季采集，晒干备用。

【性味】　味辛、苦，性寒；有小毒。

【功能主治】　清热解毒、凉血止血；用于风疹、湿疹、中耳炎、丹毒、咳嗽吐血、肺痈、崩漏、痔疮。

【验方参考】　①治中耳炎：鲜虎耳草叶捣汁滴入耳内。（《浙江民间常用草药》）②治血崩：鲜虎耳草1～2两，加黄酒、水各半煎服。（《浙江民间常用草药》）③治荨麻疹：虎耳草、青黛各适量，煎服。（《四川中药志》）④治风丹热毒、风火牙痛：鲜虎耳草1两，水煎服。（《南京地区常用中草药》）⑤治湿疹、皮肤瘙痒：鲜虎耳草1斤，切碎，加95%酒精拌湿，再加30%酒精1000毫升浸泡1周，去渣，外敷患处。（《南京地区常用中草药》）⑥治风疹瘙痒、湿疹：鲜虎耳草5钱至1两，煎服。（《上海常用中草药》）⑦治肺热咳嗽气逆：虎耳草3～6钱，冰糖半两，水煎服（《江西民间草药》）。⑧治百日咳：虎耳草1～3钱，冰糖3钱，煎服。（《江西民间草药》）⑨治肺吐臭脓：虎耳草4钱，忍冬叶1两，水煎2次，分服。（《江西民间草药》）⑩治痔疮：虎耳草1两，水煎，加食盐少许，放罐内，坐熏，1日2次。（《江西民间草药》）

扯根菜属　*Penthorum* Gronov. ex L.

扯根菜　水泽兰　（图127）

Penthorum chinense Pursh

【形态特征】　多年生草本，高50～100厘米。茎紫红色或绿色，无毛，不分枝或少有分枝；秋时有肉质、黄色、粗壮的根状茎横走。叶狭披针形至披针形，长5～10厘米，宽1～1.5厘米，先端长渐尖，基部楔形，边缘有细齿，两面均无毛；无柄或近无柄。花序顶生，聚伞状，多分枝，花在分枝上一侧着生，无梗或近无梗，花序梗疏生短腺毛；萼片三角形，黄绿色，长约2毫米；无花瓣；雄蕊10，较萼为长；心皮5，下部合生；花柱5，极短。蒴果常5裂，形似八角茴，成熟时紫红色，直径约6毫米。花期8—9月，果期9—10月。

图127　扯根菜　*Penthorum chinense*

【产地、生长环境与分布】　仙桃市各地均有产。生于海拔1500米以下的沟边、溪边或林缘潮湿地。全国各地广布。

【药用部位】　全草。

【采集加工】　夏、秋季采收，晒干备用。

【性味】　味甘、苦，性温。

【功能主治】　消肿、利尿、祛瘀、行气；用于黄疸、水肿、跌打损伤。

【用法用量】　内服：15～30克，煎汤。外用：鲜品适量，捣敷。

【验方参考】　①治水肿、食肿、气肿：水泽兰1两、臭草根5钱、五谷根4钱、折耳根3钱、石菖蒲3钱，水煎服，日3次。（《贵州民间草药》）②治水肿：水泽兰1两，水煎服。（《贵州草药》）③治跌打损伤：水泽兰适量，捣绒敷患处，另用水泽兰5钱，煎酒服。（《贵州草药》）

49. 绣球花科　Hydrangeaceae

绣球属　*Hydrangea* L.

绣球　八仙花　绣球花　粉团花　（图 128）

Hydrangea macrophylla (Thunb.) Ser.

【形态特征】　落叶灌木。小枝粗壮，有明显皮孔与叶迹，树心内有髓；树皮灰白色，有纸片状裂皮。叶大而稍厚，对生，椭圆形至宽卵形，长7～20厘米，宽4～10厘米，先端短渐尖，基部宽楔形，边缘除基部外有粗锯齿，无毛或有时背脉上有粗毛，上面鲜绿色，下面黄绿色，叶柄长1～3厘米。伞房花序顶生，球形，直径可达20厘米，花梗有柔毛，花白色、粉红色或变为蓝色，全部是不孕花，有4枚萼片，萼片宽卵形或圆形，长1～2厘米。花期6—7月。

图 128　绣球　*Hydrangea macrophylla*

【产地、生长环境与分布】　仙桃市城区及各乡镇均有产，多为栽培。喜温暖、湿润和半阴环境。我国各地均有栽培。

【药用部位】　根，茎，叶，花。

【采集加工】　夏、秋季采叶、花，秋、冬季采根，晒干或鲜用。

【成分】　本品含抗疟生物碱。花含芦丁，干花中含量超过0.36%。根及其他部分含白瑞香素的甲基衍生物和伞形花内酯。根中含八仙花酚、八仙花酸和半月苔酸。叶还含茵芋苷等。其变种八仙绣球的根、皮、叶、花含八仙花酚的葡萄糖苷，根和皮中还含有伞形花内酯的葡萄糖苷。

【性味】　味苦，微辛，性寒；有小毒。

【功能主治】　清热抗疟。茎煎水熏洗治风湿疥癣、湿烂痒痛。

【用法用量】　内服：15～20克，煎汤。外用：适量，煎水洗或磨汁涂。

【验方参考】　①治疟疾：八仙花叶3钱，黄常山2钱，水煎服。（《现代实用中药》）②治肾囊风：粉团花7朵，煎水洗患处。（《现代实用中药》）③治喉烂：粉团花根醋磨汁，以鸡毛涂患处，涎出愈。（《现代实用中药》）

50. 海桐科 Pittosporaceae

海桐属 *Pittosporum* **Banks ex Gaertn.**

海桐 （图 129）

Pittosporum tobira (Thunb.) Ait.

【形态特征】 常绿灌木，株高 2～3
米。叶互生，薄革质，倒卵形，长 4～10
厘米，宽 2～3 厘米，先端钝圆，基部楔形，
边缘稍反卷，全缘，无毛；叶柄长达 1 厘米。
伞形花序顶生；花白色，后变黄，花梗长
约 2 厘米。蒴果球形，长 1～1.3 厘米，3
瓣裂，黄色；种子橘红色。花期 4—5 月，
果期 6—7 月。

【产地、生长环境与分布】 仙桃市沔
阳公园有栽培。全国各地广为栽培。

【药用部位】 叶。

【采集加工】 全年可采，鲜用。

【性味】 味苦，性凉。

【功能主治】 杀虫、解毒；用于疥疮、肿毒。

【用法用量】 外用：鲜品适量，捣烂敷患处。内服：适量，煎汤。

图 129　海桐 *Pittosporum tobira*

51. 蔷薇科 Rosaceae

桃属 *Amygdalus* **L.**

桃　桃树 （图 130）

Amygdalus persica L.

【形态特征】 乔木，高 3～8 米；树冠宽广而平展；树皮暗红褐色，老时粗糙呈鳞片状；小枝细长，
无毛，有光泽，绿色，向阳处转变成红色，具大量小皮孔；冬芽圆锥形，顶端钝，外被短柔毛，常 2～3
个簇生，中间为叶芽，两侧为花芽。叶片长圆状披针形、椭圆状披针形或倒卵状披针形，长 7～15 厘米，
宽 2～3.5 厘米，先端渐尖，基部宽楔形，上面无毛，下面在脉腋间具少数短柔毛或无毛，叶边具细锯齿
或粗锯齿，齿端具腺体或无腺体；叶柄粗壮，长 1～2 厘米，常具 1 至数枚腺体，有时无腺体。花单生，
先于叶开放，直径 2.5～3.5 厘米；花梗极短或几无梗；萼筒钟形，被短柔毛，稀几无毛，绿色而具红色
斑点；萼片卵形至长圆形，顶端圆钝，外被短柔毛；花瓣长圆状椭圆形至宽倒卵形，粉红色，罕为白色；
雄蕊 20～30，花药绯红色；花柱几与雄蕊等长或稍短；子房被短柔毛。果实形状和大小均有变异，卵形、
宽椭圆形或扁圆形，直径（3）5～7（12）厘米，长几与宽相等，色泽变化由淡绿白色至橙黄色，常在

向阳面具红晕，外面密被短柔毛，稀无毛，腹缝明显，果梗短而深入果洼；果肉白色、浅绿白色、黄色、橙黄色或红色，多汁有香味，甜或酸甜；核大，离核或粘核，椭圆形或近圆形，两侧扁平，顶端渐尖，表面具纵、横沟纹和孔穴；种仁味苦，稀味甜。花期 3—4 月，果实成熟期因品种而异，通常为 8—9 月。

图 130-01　桃 *Amygdalus persica*（1）　　　图 130-02　桃 *Amygdalus persica*（2）

　　【产地、生长环境与分布】仙桃市各地均有产。生于街边、屋旁、旱田间、草地中，野生和栽培均有。原产于我国，各省区广泛栽培。

　　【药用部位】根，茎，树皮，叶，花，未成熟果实（碧桃），种仁（桃仁），干枯树枝上的病桃（桃奴），桃树胶。

　　【采集加工】花早春采收，4—6 月摘取未成熟果实，根、茎、树皮、叶、种仁、桃树胶，夏季采收，晒干备用。

　　【性味】根、茎、树皮、花、桃奴、桃树胶：味苦，性平。碧桃：味酸、苦，性平。种仁：味甘、苦，性平；有小毒。

　　【功能主治】根、树皮：清热利湿、活血止痛、截疟、杀虫；用于风湿性关节炎、腰痛、跌打损伤、丝虫病、间日疟。叶：清热解毒、杀虫止痒；用于疟疾、痈疖、痔疮、湿疹、滴虫性阴道炎、疥疮。花：泻下通便、利水消肿；用于水肿、腹泻、便秘。桃奴：止痛、止汗；用于胃痛、疝痛、盗汗。碧桃：用于盗汗、遗精、吐血、疟疾、心腹痛、妊娠下血。种仁：活血、润肠、通便；用于闭经、癥瘕、痞块、跌打损伤、肠燥便秘等。桃树胶：和血、益气、止渴、止血；用于糖尿病、乳糜尿、小儿疳积。

　　【用法用量】内服：种仁 4.5 ～ 9 克，根、茎、树皮 15 ～ 30 克，花 3 ～ 6 克，碧桃 7.5 ～ 15 克，桃奴、桃树胶 9 ～ 15 克，煎汤。外用：叶适量，煎水洗。

杏属 *Armeniaca* Mill.

梅　春梅　（图 131）

Armeniaca mume Sieb.

　　【形态特征】小乔木，稀灌木，高 4 ～ 10 米；树皮浅灰色或带绿色，平滑；小枝绿色，光滑无毛。叶片卵形或椭圆形，长 4 ～ 8 厘米，宽 2.5 ～ 5 厘米，先端尾尖，基部宽楔形至圆形，叶边常具小锐锯齿，灰绿色，幼嫩时两面被短柔毛，成长时逐渐脱落，或仅下面脉腋间具短柔毛；叶柄长1～2厘米，幼时具毛，老时脱落，常有腺体。花单生或有时2朵同生于1芽内，直径2～2.5厘米，香味浓，先于叶开放；花梗短，长1～3毫米，常无毛；花萼通常红褐色，但有些品种的花萼为绿色或绿紫色；萼筒宽钟形，无毛或有时被短柔毛；萼片卵形或近圆形，先端圆钝；花瓣倒卵形，白色至粉红色；雄蕊短或稍长于花瓣；子房密被柔毛，花柱短或稍长于雄蕊。果实近球形，直径2～3厘米，黄色或绿白色，

图131 梅 *Armeniaca mume*

被柔毛，味酸；果肉与核粘贴；核椭圆形，顶端圆形而有小突尖头，基部渐狭成楔形，两侧微扁，腹棱稍钝，腹面和背棱上均有明显纵沟，表面具蜂窝状孔穴。花期冬、春季，果期5—6月（在华北地区果期延至7—8月）。

【产地、生长环境与分布】仙桃市各地均有产。生于街边、屋旁、旱田间、草地中，多为栽培。我国各地均有栽培，但以长江流域以南各省较多。

【药用部位】根，带叶枝梗，叶，花蕾（白梅花），果实（乌梅），未成熟果实（白梅），种仁（梅核仁）。

【采集加工】根，全年可采。枝、叶，夏、秋季采收；花蕾，冬季采收；果实，夏季采收，晒干备用。

【成分】果实含柠檬酸、苹果酸、琥珀酸、糖类、谷甾醇、蜡样物质及齐墩果酸样物质。在成熟时期含氨基酸。花蕾含挥发油，主要为苯甲醛、苯甲酸。

【性味、归经】叶：味酸，性平；无毒。花蕾：味酸，涩，性平；无毒。乌梅：味酸，涩，性温。白梅：味酸，咸，性平；无毒。梅核仁：味酸，性平；无毒。乌梅、白梅归肝、脾、肺、大肠经。花蕾归肝、肺经。

【功能主治】根：用于风痹、休息痢、胆囊炎、瘰疬。叶：用于休息痢、霍乱。乌梅：敛肺涩肠、生津止渴、驱虫止痢；用于肺热久咳、口干烦渴、胆道蛔虫病、胆囊炎、细菌性痢疾、慢性腹泻、月经过多、阴茎癌、宫颈癌、牛皮癣，外用治疮疡久不收口、鸡眼。白梅：用于喉痹、泄泻烦渴、痈疽肿毒、外伤出血。梅核仁：清暑、明目、除烦。

【验方参考】①治胆囊炎：梅树根（多年的）2两，水煎服，每日1剂。（《单方验方调查资料选编》）②治瘰疬：鲜梅根1～2两，酒、水煎服。（《福建中草药》）③治月水不止：梅叶（焙）、棕榈皮灰各等份，为末，每服2钱，酒调下。（《圣济总录》）④治胆道蛔虫病：a.乌梅45克，黄连（或黄檗）9～12克，木香、川椒各6～9克，大黄、干姜各9克，细辛1.8～3克，使君子12～15克，槟榔12克，苦楝根皮15克，水煎服，每日1剂。病情重者可服2剂，分4～6次服。b.乌梅、苦楝皮、白芍各9克，枳壳6克，柴胡4.5克，甘草3克，水煎服，每日1剂，早晚空腹服。便秘加大黄、芒硝；呕吐加黄连、生姜；舌苔白腻加川椒；腹痛剧烈配合注射阿托品。（《华南药用植物》）⑤治急性细菌性痢疾：乌梅熬成10%乌梅汤，并加入少许红糖，每次服100毫升，每日3次，7日为1个疗程。（《华南药用植物》）⑥治胆囊炎、胆石症、胆道感染：乌梅、五味子各30克，红木香（长梗南五味子）15克，水煎2次，得400毫升，分

2次服。（《华南药用植物》）⑦治鼻息肉：乌梅肉炭、硼砂各9克，冰片1克，共研细末，撒患处，或用香油调搽。（《华南药用植物》）⑧治阴茎癌、宫颈癌：乌梅27个，卤1000毫升，放于砂锅或搪瓷缸内，煮沸后小火持续20分钟左右，放置24小时，过滤备用。每服3毫升，每日6次，饭前、饭后各服1次。可同时外用作搽剂。服药期间禁食红糖、白酒、酸、辣等刺激性食物。（《华南药用植物》）⑨治牛皮癣：乌梅2500克，水煎，去核。浓缩成膏500克，每服9克（半汤匙）。加糖适量，开水冲服或直接吞服，每日3次。（《华南药用植物》）⑩治鸡眼、胼胝：乌梅30克，食盐9克，醋15毫升，温开水50毫升，先将食盐溶在温开水中，放入乌梅浸24小时（新鲜乌梅可浸12小时），然后将乌梅核去掉，取乌梅肉加醋捣成泥状，即可外用。涂药前，患处用温开水浸泡，用刀刮去表面角质层。每日换药1次，连续3～4次。（《华南药用植物》）。

樱属　*Cerasus* Mill.

樱桃　（图132）

Cerasus pseudocerasus (Lindl.) G. Don

【形态特征】乔木，高2～6米，树皮灰白色。小枝灰褐色，嫩枝绿色，无毛或被疏柔毛。冬芽卵形，无毛。叶片卵形或长圆状卵形，长5～12厘米，宽3～5厘米，先端渐尖或尾状渐尖，基部圆形，边有尖锐重锯齿，齿端有小腺体，上面暗绿色，近无毛，下面淡绿色，沿脉或脉间有稀疏柔毛，侧脉9～11对；叶柄长0.7～1.5厘米，被疏柔毛，先端有1或2个大腺体；托叶早落，披针形，有羽裂腺齿。花序伞房状或近伞形，有花3～6朵，先于叶开放；总苞倒卵状椭圆形，褐色，

图132　樱桃　*Cerasus pseudocerasus*

长约5毫米，宽约3毫米，边有腺齿；花梗长0.8～1.9厘米，被疏柔毛；萼筒钟状，长3～6毫米，宽2～3毫米，外面被疏柔毛，萼片三角状卵圆形或卵状长圆形，先端急尖或钝，边缘全缘，长为萼筒的一半或过半；花瓣白色，卵圆形，先端下凹或2裂；雄蕊30～35枚，栽培者可达50枚；花柱与雄蕊近等长，无毛。核果近球形，红色，直径0.9～1.3厘米。花期3—4月，果期5—6月。

【产地、生长环境与分布】仙桃市各地均有产。常为民间栽培，野生极少见。分布于辽宁、河北、陕西、甘肃、山东、河南、江苏、浙江、湖南、江西、广东、四川、重庆。

【药用部位】叶，果实，果核。

【采集加工】果实、果核，夏初采收；叶，夏、秋季采收；晒干备用。

【性味】果实：味酸、甘，性平。果核：味苦、辛，性平。叶：味甘，性平。

【功能主治】果实：活血消肿；用于冻疮。果核：清热透疹；用于脾虚泄泻、肾虚遗精、风湿性腰腿疼痛、四肢麻木、瘫痪、冻疮。叶：外用治毒蛇咬伤。

【用法用量】 果核，3～9克；叶，15～30克；水煎服；外用鲜品适量，捣烂敷患处。果实，250～500克，水煎或浸酒服；外用浸酒涂搽或捣敷。

山楂属 *Crataegus* L.

山楂 山里红果 鼠楂 梁梅 酸枣 棠梂子 北山楂 （图133）

Crataegus pinnatifida Bge.

【形态特征】 落叶乔木，高达6米，树皮粗糙，暗灰色或灰褐色；刺长1～2厘米，有时无刺；小枝圆柱形，当年生枝紫褐色，无毛或近于无毛，疏生皮孔，老枝灰褐色；冬芽三角状卵形，先端圆钝，无毛，紫色。叶片宽卵形或三角状卵形，稀菱状卵形，长5～10厘米，宽4～7.5厘米，先端短渐尖，基部截形至宽楔形，通常两侧各有3～5羽状深裂片，裂片卵状披针形或带形，先端短渐尖，边缘有尖锐稀疏不规则重锯齿，上面暗绿色有光泽，下面沿叶脉有疏生短柔毛或在脉腋有髯毛，

图133 山楂 *Crataegus pinnatifida*

侧脉6～10对，有的达到裂片先端，有的达到裂片分裂处；叶柄长2～6厘米，无毛；托叶草质，镰形，边缘有锯齿。伞房花序具多花，直径4～6厘米，总花梗和花梗均被柔毛，花后脱落，减少，花梗长4～7毫米；苞片膜质，线状披针形，长6～8毫米，先端渐尖，边缘具腺齿，早落；花直径约1.5厘米；萼筒钟状，长4～5毫米，外面密被灰白色柔毛；萼片三角状卵形至披针形，先端渐尖，全缘，约与萼筒等长，内外两面均无毛，或在内面顶端有髯毛；花瓣倒卵形或近圆形，长7～8毫米，宽5～6毫米，白色；雄蕊20，短于花瓣，花药粉红色；花柱3～5，基部被柔毛，柱头头状。果实近球形或梨形，直径1～1.5厘米，深红色，有浅色斑点；小核3～5，外面稍具棱，内面两侧平滑；萼片脱落很迟，先端留一圆形深洼。花期5—6月，果期9—10月。

【产地、生长环境与分布】仙桃市彭场镇有栽培。生于屋前、河边杂木林或灌丛中。分布于山东、陕西、山西、河南、江苏、浙江、辽宁、吉林、黑龙江、内蒙古、河北等地。

【药用部位】 植物的干燥成熟果实。

【采集加工】 秋季果实成熟时采收，切片，干燥。

【性味、归经】 味酸、甘，性微温。归脾、胃、肝经。

【功能主治】 消食健胃、行气散瘀、化浊降脂；用于肉食积滞、胃脘胀满、泄泻腹痛、血瘀闭经、产后瘀阻、心腹刺痛、胸痹心痛、疝气疼痛、高脂血症。焦山楂，消食导滞作用增强；用于肉食积滞、泄泻不爽。

【用法用量】 煎服，9～12克。

【验方参考】 ①治一切食积：山楂四两，白术四两，神曲二两。上为末，蒸饼丸，梧子大，服七十

丸，白汤下。（《丹溪心法》）②治食肉不消：山楂肉四两，水煮食之，并饮其汁。（《简便单方俗论》）③治诸滞腹痛：山楂一味煎汤饮。（《方氏脉症正宗》）④治肠风：酸枣并肉核烧灰，米饮调下。（《是斋百一选方》）⑤治老人腰痛及腿痛：棠梂子、鹿茸（炙）各等份，为末，蜜丸梧子大，每服百丸，日二服。（《本草纲目》）⑥治寒湿气小腹疼、外肾偏大肿痛：茴香、柿楂子。上等份为细末，每服一钱或二钱，盐、酒调，空心热服。（《是斋百一选方》）

【使用注意】 胃酸分泌过多者慎用。

蛇莓属 *Duchesnea* J. E. Smith

蛇莓　蛇泡草　三爪风　龙吐珠　东方草莓 （图 134）
Duchesnea indica (Andr.) Focke

【形态特征】 多年生草本；根茎短，粗壮；匍匐茎多数，长 30～100 厘米，有柔毛。小叶片倒卵形至菱状长圆形，长 2～3.5（5）厘米，宽 1～3 厘米，先端圆钝，边缘有钝锯齿，两面皆有柔毛，或上面无毛，具小叶柄；叶柄长 1～5 厘米，有柔毛；托叶窄卵形至宽披针形，长 5～8 毫米。花单生于叶腋；直径 1.5～2.5 厘米；花梗长 3～6 厘米，有柔毛；萼片卵形，长 4～6 毫米，先端锐尖，外面有散生柔毛；副萼片倒卵形，长 5～8 毫米，比萼片长，先端常具 3～5 锯齿；花瓣倒卵形，长 5～10

图 134　蛇莓 *Duchesnea indica*

毫米，黄色，先端圆钝；雄蕊 20～30；心皮多数，离生；花托在果期膨大，海绵质，鲜红色，有光泽，直径 10～20 毫米，外面有长柔毛。瘦果卵形，长约 1.5 毫米，光滑或具不明显突起，鲜时有光泽。花期 6—8 月，果期 8—10 月。

【产地、生长环境与分布】 仙桃市各地均有产。生于水沟边、村边草地或树林中。分布于华北、西北、华东、中南、西南地区及辽宁。

【药用部位】 全草。

【采集加工】 夏、秋季采收，晒干备用。

【性味、归经】 味甘、苦，性寒。归肺、肝、大肠经。

【功能主治】 清热解毒、散瘀消肿、凉血止血；用于热病、惊痫、感冒、痢疾、黄疸、目赤、口疮、咽痛、疟腮、疔肿、毒蛇咬伤、吐血、崩漏、月经不调、烫火伤、跌打肿痛。

【用法用量】 内服：煎汤，9～15 克（鲜品 30～60 克）；或捣汁饮。外用：适量，捣敷或研末撒。

【验方参考】 ①治感冒发热咳嗽：蛇莓鲜品 30～60 克，水煎服。（《山西中草药》）②治痢疾、肠炎：蛇莓全草 15～30 克，水煎服。（《浙江民间常用草药》）③治黄疸：蛇莓全草 15～30 克，水煎服。（《广西中草药》）④治火眼肿痛或起云翳：鲜蛇莓适量，捣烂如泥，稍加鸡蛋清搅匀，敷眼皮上。

（《河南中草药手册》）⑤治咽喉痛：蛇莓适量，研细面，每服 6 克，开水冲服。（《河南中草药手册》）⑥治对口疮：鲜蛇莓、马樱丹叶各等量，饭粒少许，同捣烂敷患处。（《福建药物志》）⑦治腮腺炎：蛇莓（鲜）30 ～ 60 克，加盐少许同捣烂外敷。（《草药手册》）⑧治带状疱疹：蛇莓鲜全草捣烂，取汁外敷。（《浙江民间常用草药》）

枇杷属 *Eriobotrya* Lindl.

枇杷 （图 135）

Eriobotrya japonica (Thunb.) Lindl.

【形态特征】 常绿小乔木，高可达 10 米；小枝粗壮，黄褐色，密生锈色或灰棕色茸毛。叶片革质，披针形、倒披针形、倒卵形或椭圆状长圆形，长 12 ～ 30 厘米，宽 3 ～ 9 厘米，先端急尖或渐尖，基部楔形或渐狭成叶柄，上部边缘有疏锯齿，基部全缘，上面光亮，多皱，下面密生灰棕色茸毛，侧脉 11 ～ 21 对；叶柄短或几无柄，长 6 ～ 10 毫米，有灰棕色茸毛；托叶钻形，长 1 ～ 1.5 厘米，先端急尖，有毛。圆锥花序顶生，长 10 ～ 19 厘米，具多花；总花梗和花梗密生锈色茸毛；花梗长 2 ～ 8 毫米；苞片钻形，长 2 ～ 5 毫米，密生锈色茸毛；花直径 12 ～ 20 毫米；萼筒浅杯状，长 4 ～ 5 毫米，萼片三角状卵形，长 2 ～ 3 毫米，先端急尖，萼筒及萼片外面有锈色茸毛；花瓣白色，长圆形或卵形，长 5 ～ 9 毫米，宽 4 ～ 6 毫米，基部具爪，有锈色茸毛；雄蕊 20，远短于花瓣，花丝基部扩展；花柱 5，离生，柱头头状，无毛，子房顶端有锈色柔毛，5 室，每室有 2 胚珠。果实球形或长圆形，直径 2 ～ 5 厘米，黄色或橘黄色，外有锈色柔毛，不久脱落；种子 1 ～ 5，球形或扁球形，直径 1 ～ 1.5 厘米，褐色，光亮，种皮纸质。花期 10—12 月，果期 5—6 月。

图 135-01　枇杷 *Eriobotrya japonica*

图 135-02　枇杷（药材）

【产地、生长环境与分布】仙桃市各地均有产，多为栽培。分布于甘肃、陕西、河南、江苏、安徽、浙江、江西、湖北、湖南、四川、云南、贵州、广西、广东、福建、台湾；各地广泛栽培，四川、湖北有野生者。

【药用部位】 根、树干（韧皮部）、叶、花、果核。

【采集加工】 花，冬季采收；叶、果核，夏季采收；根，全年可采；晒干备用。

【性味】 根：味苦，性平。叶、花：味苦，性平。果核：味苦，性寒。

【功能主治】 根：用于虚劳久嗽、关节疼痛。树干韧皮部：降逆止呃。叶：清肺和胃、降气化痰；

用于肺热痰嗽、咯血、衄血、胃热呕吐。花：用于伤风感冒、咳嗽痰血。果核：化痰止咳、疏肝理气；用于咳嗽、疝气、水肿、瘰疬。果核：润肺、止渴、下气；用于肺痿导致的咳嗽吐血、衄血、燥渴、呕逆。

【用法用量】 叶：7.5 ～ 15 克（鲜品 25 ～ 50 克），水煎服；或熬膏，或入丸、散。花、果核：10 ～ 15 克，水煎服；外用研末调敷。

【验方参考】 ①治咳嗽、喉中有痰声：枇杷叶 5 钱，川贝母 1 钱 5 分，杏仁 2 钱，广陈皮 2 钱，共为末，每服 1 ～ 2 钱，开水送下。（《滇南本草》）②治声音嘶哑：鲜枇杷叶 1 两，淡竹叶 5 钱，水煎服。（《福建中草药》）③治温病有热、饮水暴冷：枇杷叶（拭去毛）、茅根各半升。上二味切，以水 4 升，煮取 2 升，稍饮之，止则停。（《古今录验方》）④治呃逆不止、饮食不入：枇杷叶（拭去毛，炙）4 两，陈橘皮（汤浸去白，焙）5 两，甘草 3 两（炙，锉）。上三味粗捣筛。每服 3 钱匕，水 1 盏，入生姜 1 枣大，切，同煎至 7 分，去滓稍热服，不拘时候。（《圣济总录》）⑤治小儿吐乳不定：枇杷叶 1 分（拭去毛，微炙黄），母丁香 1 分，上药捣细罗为散，如吐者，乳头上涂一字，令儿咂便止。（《太平圣惠方》）⑥治衄血不止：枇杷叶，去毛，焙，研末，茶服 1 ～ 2 钱，日 2 服。（《太平圣惠方》）⑦治痘疮溃烂：枇杷叶煎汤洗之。（《摘元方》）⑧治头风、鼻流清涕：枇杷花、辛夷各等份，研末，酒服 2 钱，日 2 服。（《本草纲目》）⑨治关节疼痛：鲜枇杷根 4 两，猪脚 1 个，黄酒 0.5 斤，炖服。（《闽东本草》）⑩治咳嗽：枇杷花 1 两（无花用叶 3 ～ 5 片，刮去背面茸毛，切碎），将花或叶用蜂糖在锅中炒黄后放水熬数滚，去渣顿服。（《竹溪民间验方》）

草莓属 *Fragaria* L.

草莓　凤梨草莓　（图 136）
Fragaria × ananassa Duch.

【形态特征】 多年生草本，高 10 ～ 40 厘米。茎低于叶或近相等，密被开展黄色柔毛，叶三出；叶柄长 2 ～ 10 厘米，密被开展黄色柔毛；小叶具短柄，倒卵形或菱形，稀几圆形，长 3 ～ 7 厘米，宽 2 ～ 6 厘米，先端圆钝，基部阔楔形，侧生小叶基部偏斜，边缘具缺刻状锯齿，锯齿急尖，上面深绿色，几无毛，下面淡白绿色，疏生毛，沿脉较密；叶片质地较厚。聚伞花序，有花 5 ～ 15 朵；花序下面具一短柄的小叶；花两性，直径 1.5 ～ 2 厘米；萼片卵形，比副萼片稍长，副萼片椭圆状披针形，全缘，

图 136　草莓 *Fragaria × ananassa*

稀深 2 裂，果时扩大；花瓣白色，近圆形或倒卵状椭圆形，基部具不明显的爪；雄蕊 20，不等长；雌蕊极多。聚合果大，直径达 3 厘米，鲜红色，宿存萼片直立，紧贴于果实；瘦果尖卵形，光滑。花期 4—5 月，果期 6—7 月。

【产地、生长环境与分布】 仙桃市各地均有栽培。草莓宜生于肥沃、疏松、中性或微酸性土壤中。

我国各地均有栽培。

　　【药用部位】　果实。

　　【采集加工】　草莓开花后约 30 天即可成熟，在果面着色 75% ～ 80% 时即可采收，每隔 1 ～ 2 天采收 1 次，可延续采摘 2 ～ 3 个星期，采摘时不要伤及花萼，必须带有果柄，轻采轻放，保证果品质量。

　　【功能主治】　清凉止渴、健胃消食；用于口渴、食欲不振、消化不良。

　　【用法用量】　内服：适量，作食品。

苹果属 *Malus* Mill.

1. 叶片不分裂，在芽中呈席卷状；果实内无石细胞。
　2. 萼片脱落；花柱 3 ～ 5；果实较小，直径多在 1.5 厘米以下。
　　3. 叶边有细钝锯齿；萼片先端圆钝；花柱 4 或 5；果实梨形或倒卵形 ⋯⋯⋯⋯⋯⋯⋯⋯⋯⋯ 垂丝海棠 *M. halliana*
　　3. 叶边有细锐锯齿；萼片先端渐尖或急尖；花柱 3，稀为 4；果实椭圆形或近球形 ⋯⋯⋯⋯ 湖北海棠 *M. hupehensis*
　2. 萼片永存；花柱（4）5；果实较大，直径常在 2 厘米以上 ⋯⋯⋯⋯⋯⋯⋯⋯⋯⋯⋯⋯⋯⋯⋯ 楸子 *M. prunifolia*

垂丝海棠 　（图 137）

Malus halliana Koehne

　　【形态特征】　落叶小乔木，高达 5 米，树冠疏散，枝开展。小枝细弱，微弯曲，圆柱形，最初有毛，不久脱落，紫色或紫褐色。冬芽卵形，先端渐尖，无毛或仅在鳞片边缘具柔毛，紫色。叶片卵形或椭圆形至长椭卵形，长 3.5 ～ 8 厘米，宽 2.5 ～ 4.5 厘米，先端长渐尖，基部楔形至近圆形，锯齿细钝或近全缘，质较厚实，表面有光泽。中脉有时具短柔毛，其余部均无毛，上面深绿色，有光泽并常带紫晕。叶柄长 5 ～ 25 毫米，幼时被稀疏柔毛，老时近于无毛；托叶小，膜质，披针形，内面有毛，

图 137　垂丝海棠 *Malus halliana*

早落。伞房花序，花序中常有 1 ～ 2 朵花无雌蕊，具花 4 ～ 6 朵，花梗细弱，长 2 ～ 4 厘米，下垂，有稀疏柔毛，紫色；花直径 3 ～ 3.5 厘米。萼筒外面无毛；萼片三角状卵形，长 3 ～ 5 毫米，先端钝，全缘，外面无毛，内面密被茸毛，与萼筒等长或稍短。花瓣倒卵形，长约 1.5 厘米，基部有短爪，粉红色，常在 5 数以上。雄蕊 20 ～ 25，花丝长短不齐，约等于花瓣之半。花柱 4 或 5，较雄蕊为长，基部有长茸毛，顶花有时缺少雌蕊。果实梨形或倒卵形，直径 6 ～ 8 毫米，略带紫色，成熟很迟，萼片脱落。果梗长 2 ～ 5 厘米。花期 3—4 月，果期 9—10 月。

　　【产地、生长环境与分布】　仙桃市城区有栽培。生于土坡丛林中或溪边。分布于湖北、陕西、江苏、安徽、浙江、四川、云南等地。

　　【药用部位】　叶状体。

【采集加工】 3—4 月花盛开时采收，晒干。

【性味、归经】 味淡、苦，性平。归肝经。

【功能主治】 调经和血；用于血崩。

【用法用量】 内服：煎汤，6 ～ 15 克。

湖北海棠　茶海棠　花红茶　野海棠　（图 138）
Malus hupehensis (Pamp.) Rehd.

图 138　湖北海棠 *Malus hupehensis*

【形态特征】 乔木，高达 8 米；小枝最初有短柔毛，不久脱落，老枝紫色至紫褐色；冬芽卵形，先端急尖，鳞片边缘有疏生短柔毛，暗紫色。叶片卵形至卵状椭圆形，长 5 ～ 10 厘米，宽 2.5 ～ 4 厘米，先端渐尖，基部宽楔形，稀近圆形，边缘有细锐锯齿，嫩时具稀疏短柔毛，不久脱落无毛，常呈紫红色；叶柄长 1 ～ 3 厘米，嫩时有稀疏短柔毛，逐渐脱落；托叶草质至膜质，线状披针形，先端渐尖，疏生柔毛，早落。伞房花序，具花 4 ～ 6 朵，花梗长 3 ～ 6 厘米，无毛或稍有长柔毛；苞片膜质，披针形，早落；花直径 3.5 ～ 4 厘米；萼筒外面无毛或稍有长柔毛；萼片三角状卵形，先端渐尖或急尖，长 4 ～ 5 毫米，外面无毛，内面有柔毛，略带紫色，与萼筒等长或稍短；花瓣倒卵形，长约 1.5 厘米，基部有短爪，粉白色或近白色；雄蕊 20，花丝长短不齐，约等于花瓣之半；花柱 3，稀 4，基部有长茸毛，较雄蕊稍长。果实椭圆形或近球形，直径约 1 厘米，黄绿色稍带红晕，萼片脱落；果梗长 2 ～ 4 厘米。花期 4—5 月，果期 8—9 月。

【产地、生长环境与分布】 仙桃市神潭村有产。生于灌丛中、疏林中或水边、沟底、路旁等处。分布于南北各省区。

【药用部位】 嫩叶及果实。

【采集加工】 夏、秋季采叶，鲜用；8—9 月采果实，鲜用。

【性味】 果实：味甘、酸，性平。叶：味甘、微苦，性平。

【功能主治】 果实：消积化滞、和胃健脾；用于食积停滞、消化不良、痢疾、疳积。叶：解暑止渴。

【用法用量】 煎汤，鲜果 60 ～ 90 克；或嫩叶适量，泡茶饮。

楸子　海棠果　（图 139）
Malus prunifolia (Willd.) Borkh.

【形态特征】 小乔木，高达 8 米；小枝粗壮，圆柱形，嫩时密被短柔毛，老枝灰紫色或灰褐色，无毛；

冬芽卵形，先端急尖，微具柔毛，边缘较密，紫褐色，有数枚外露鳞片。叶片卵形或椭圆形，长 5～9 厘米，宽 4～5 厘米，先端渐尖或急尖，基部宽楔形，边缘有细锐锯齿，在幼嫩时上下两面的中脉及侧脉有柔毛，逐渐脱落，仅在下面中脉稍有短柔毛或近于无毛；叶柄长 1～5 厘米，嫩时密被柔毛，老时脱落。花 4～10 朵，近似伞形花序，花梗长 2～3.5 厘米，被短柔毛；苞片膜质，线状披针形，先端渐尖，微被柔毛，早落；花直径 4～5 厘米；萼筒外面被柔毛；萼片披针形或三角状披针形，

图 139　楸子 *Malus prunifolia*

长 7～9 厘米，先端渐尖，全缘，两面均被柔毛，萼片比萼筒长；花瓣倒卵形或椭圆形，长 2.5～3 厘米，宽约 1.5 厘米，基部有短爪，白色，含苞未放时粉红色；雄蕊 20，花丝长短不齐；花柱 4（5），基部有长茸毛，比雄蕊较长。果实卵形，直径 2～2.5 厘米，红色，先端渐尖，稍具隆起，萼洼微突，萼片宿存肥厚，果梗细长。花期 4—5 月，果期 8—9 月。

【产地、生长环境与分布】仙桃市城区有产，多为栽培。生于公园土坡、平地边。分布于河北、山东、山西、河南、陕西、甘肃、辽宁、内蒙古等地，野生或栽培。

【药用部位】果实。

【采集加工】8—9 月果熟时采摘，鲜用。

【性味】味甘、酸，性平。

【功能主治】生津、消食；用于食积、口渴。

【用法用量】内服：煎汤，15～30 克。

梨属 *Pyrus* L.

麻梨　黄皮梨　麻梨子　（图 140）

Pyrus serrulata Rehd.

【形态特征】乔木，高 8～10 米；小枝圆柱形，微带棱角，在幼嫩时具褐色茸毛，以后脱落无毛，二年生枝紫褐色，具稀疏白色皮孔；冬芽肥大，卵形，先端急尖，鳞片内面具有黄褐色茸毛。叶片卵形至长卵形，长 5～11 厘米，宽 3.5～7.5 厘米，先端渐尖，基部宽楔形或圆形，边缘有细锐锯齿，齿尖常向内合拢，下面在幼嫩时被褐色茸毛，以后脱落，侧脉 7～13 对，网脉明显；叶柄长 3.5～7.5 厘米，嫩时有褐色茸毛，不久脱落；托叶膜质，线状披针形，先端渐尖，内面有褐色茸毛，早落。伞形总状花序，有花 6～11 朵，花梗长 3～5 厘米，总花梗和花梗均被褐色绵毛，逐渐脱落；苞片膜质，线状披针形，长 5～10 毫米，先端渐尖，边缘有腺齿，内面具褐色绵毛；花直径 2～3 厘米；萼筒外面有稀疏茸毛；萼片三角状卵形，长约 3 毫米，先端渐尖或急尖，边缘具腺齿，外面具稀疏茸毛，内面密生茸毛；花瓣宽卵形，长 10～12 厘米，先端圆钝，基部具短爪，白色；雄蕊 20，约短于花瓣之半；花柱 3，稀 4，和

雄蕊近等长，基部具稀疏柔毛。果实近球形或倒卵形，长 1.5 ～ 2.2 厘米，深褐色，有浅褐色果点，3 ～ 4 室，萼片宿存，或有时部分脱落，果梗长 3 ～ 4 厘米。花期 4 月，果期 6—8 月。

图 140　麻梨 *Pyrus serrulata*

【产地、生长环境与分布】仙桃市各地均有产。生于灌丛中、田间或林边。分布于湖北、湖南、江西、浙江、四川、广东、广西等地。

【药用部位】果实，树皮。

【采集加工】果实，秋季采收，鲜用。树皮，全年可采，刮去外面粗皮，取内白皮鲜用。

【性味】果实：味甘，性凉。树皮：味微苦、涩，性寒。

【功能主治】果实：生津、润燥止咳、清热、消暑健胃、收敛、化痰止咳、消食积；用于食物中毒。树皮：水煎服解羊角七中毒。

石楠属 *Photinia* Lindl.

石楠　千年红　凿木　山官木　（图 141）
Photinia serratifolia (Desfontaines) Kalkman

【形态特征】常绿乔木或灌木，高达 10 米，无毛。小枝灰褐色。叶革质，长椭圆形、长倒卵形或倒卵状椭圆形，长 9 ～ 20 厘米，宽 3 ～ 6.5 厘米，先端渐尖，基部圆形或宽楔形，边缘有疏生带腺体的细锯齿，叶上面暗绿色，叶下面黄绿色，无毛；叶柄长 2 ～ 4 厘米，被柔毛。复伞房花序顶生，直径 10 ～ 16 厘米，花梗长 3 ～ 5 毫米；花白色，直径 6 ～ 8 毫米。果球形，直径 5 ～ 6 毫米，红色。花期 5—7 月，果期 10 月。

图 141　石楠 *Photinia serratifolia*

【产地、生长环境与分布】仙桃市城区及各乡镇均有产。生于丛林中或灌丛中。分布于陕西，华中、华南、西南及华东各省。常栽培供观赏。

【药用部位】叶。

【采集加工】全年均可采收，但以夏、秋季采收者为佳，采后晒干即可。

【性味、归经】味辛、苦，性平。归肾、肝经。

【功能主治】祛风除湿、活血解毒；用于风痹、历节痛风、头风头痛、腰膝无力、外感咳嗽、疮痈肿痛、跌打损伤、风湿筋骨疼痛、阳痿遗精。

【用法用量】内服：煎汤，6～9克。外用：适量，捣敷。

【验方参考】①治腰膝酸痛：石楠叶、牛膝、络石藤各9克，枸杞6克，狗脊12克，水煎服。（《青岛中草药手册》）②治头风头痛：石楠叶、川芎、白芷各4.5克，水煎服。（《浙江药用植物志》）③治偏头痛：石楠叶、蔓荆子、女贞子各9克，白芷6克，川芎4.5克，煎服。（《安徽中草药》）④治感冒咳嗽：石楠叶、桔梗、紫菀、桑白皮各9克，煎服。（《安徽中草药》）⑤治咳嗽痰喘：石楠叶研末，装烟斗内燃着当烟吸。（《安徽中草药》）

委陵菜属 *Potentilla* L.

1. 茎平卧或匍匐；根多分枝，常具纺锤状块根···绢毛匍匐委陵菜 *P. reptans* var. *sericophylla*

1. 主根细长，并有稀疏侧根。茎平展，上升或直立···朝天委陵菜 *P. supina*

绢毛匍匐委陵菜 （图142）
Potentilla reptans var. *sericophylla* Franch.

【形态特征】多年生匍匐草本。根多分枝，常具纺锤状块根。匍匐枝长20～100厘米，节上生不定根，被稀疏柔毛或脱落几无毛。基生叶为三出掌状复叶，连叶柄长7～12厘米，边缘两个小叶浅裂至深裂，有时混生有不裂者，小叶下面及叶柄伏生绢状柔毛，稀脱落被稀疏柔毛；匍匐枝上叶与基生叶相似；基生叶托叶膜质，褐色，外面几无毛，匍匐枝上托叶草质，绿色，卵状长圆形或卵状披针形，全缘，稀有1～2齿，顶端渐尖或急尖。单花自叶腋生或与叶对生，花梗长6～9厘米，被疏柔毛；花直径1.5～2.2厘米；萼片卵状披针形，顶端急尖，副萼片长椭圆形或椭圆状披针形，顶端急尖或圆钝，与萼片近等长，外面被疏柔毛，果时显著增大；花瓣黄色，宽倒卵形，顶端显著下凹，比萼片稍长；花柱近顶生，基部细，柱头扩大。瘦果黄褐色，卵球形，外面被显著点纹。花果期4—9月。

图142-01　绢毛匍匐委陵菜
Potentilla reptans var. *sericophylla* （1）

图142-02　绢毛匍匐委陵菜
Potentilla reptans var. *sericophylla* （2）

【产地、生长环境与分布】 仙桃市长埫口镇有产。生于山坡草地、渠旁、溪边灌丛中及林缘。分布于内蒙古、河北、山西、陕西、甘肃、河南、山东、江苏、浙江、四川、云南。

【药用部位】 块根或全草。

【采集加工】 夏、秋季采收，晒干备用。

【性味、归经】 全草：味微苦，性寒。块根：味甘，性平。归肝、大肠经。

【功能主治】 块根：收敛解毒、生津止渴、利尿。全草：有发表、止咳作用。

【用法用量】 内服：50 ～ 100 克，煎汤。外用：鲜品适量，捣烂外敷，可治疮疖。

朝天委陵菜 （图 143）

Potentilla supina L.

【形态特征】 一年生或二年生草本。主根细长，并有稀疏侧根。茎平展，上升或直立，叉状分枝，长 20 ～ 50 厘米，被疏柔毛或脱落几无毛。基生叶羽状复叶，有小叶 2 ～ 5 对，间隔 0.8 ～ 1.2 厘米，连叶柄长 4 ～ 15 厘米，叶柄被疏柔毛或脱落几无毛；小叶互生或对生，无柄，最上面 1 ～ 2 对小叶基部下延与叶轴合生，小叶片长圆形或倒卵状长圆形，通常长 1 ～ 2.5 厘米，宽 0.5 ～ 1.5 厘米，顶端圆钝或急尖，基部楔形或宽楔形，边缘有圆钝或缺刻状锯齿，两面绿色，被稀疏柔毛或脱落几无

图 143 朝天委陵菜 *Potentilla supina*

毛；茎生叶与基生叶相似，向上小叶对数逐渐减少；基生叶托叶膜质，褐色，外面被疏柔毛或几无毛，茎生叶托叶草质，绿色，全缘，有齿或分裂。茎上多叶，下部花自叶腋生，顶端呈伞房状聚伞花序；花梗长 0.8 ～ 1.5 厘米，常密被短柔毛；花直径 0.6 ～ 0.8 厘米；萼片三角状卵形，顶端急尖，副萼片长椭圆形或椭圆状披针形，顶端急尖，比萼片稍长或近等长；花瓣黄色，倒卵形，顶端微凹，与萼片近等长或较短；花柱近顶生，基部乳头状膨大，花柱扩大。瘦果长圆形，先端尖，表面具脉纹，腹部鼓胀若翅或有时不明显。花果期 3—10 月。

【产地、生长环境与分布】 仙桃市长埫口镇有产。生于田边、荒地、河岸沙地、草甸、山坡湿地。分布于东北、华北、西南、西北地区及湖北、河南、山东、江西等地。

【药用部位】 块根或全草。

【采集加工】 6—9 月枝叶繁茂时割取全草，晾干或鲜用。块根秋季可采挖，洗净，鲜用或晒干。

【性味、归经】 味苦，性寒。归肝、大肠经。

【功能主治】 清热解毒、凉血、止痢；用于感冒发热、肠炎、热毒泄泻、痢疾、各种出血；鲜品外用于疮毒痈肿及蛇虫咬伤。

【用法用量】 内服：10 ～ 20 克，煎汤。外用：鲜品适量，捣敷。

火棘属 *Pyracantha* Roem.

火棘 火把果 救军粮 红子刺 吉祥果 （图 144 ）
Pyracantha fortuneana (Maxim.) Li

【形态特征】常绿灌木，高达 3 米；侧枝短，先端呈刺状，嫩枝外被锈色短柔毛，老枝暗褐色，无毛；芽小，外被短柔毛。叶片倒卵形或倒卵状长圆形，长 1.5 ～ 6 厘米，宽 0.5 ～ 2 厘米，先端圆钝或微凹，有时具短尖头，基部楔形，下延连于叶柄，边缘有钝锯齿，齿尖向内弯，近基部全缘，两面皆无毛；叶柄短，无毛或嫩时有柔毛。花集成复伞房花序，直径 3 ～ 4 厘米，花梗和总花梗近于无毛，花梗长约 1 厘米；花直径约 1 厘米；萼筒钟状，无毛；萼片三角状卵形，先端钝；

图 144　火棘 *Pyracantha fortuneana*

花瓣白色，近圆形，长约 4 毫米，宽约 3 毫米；雄蕊 20，花丝长 3 ～ 4 毫米，花药黄色；花柱 5，离生，与雄蕊等长，子房上部密生白色柔毛。果实近球形，直径约 5 毫米，橘红色或深红色。花期 3—5 月，果期 8—11 月。

【产地、生长环境与分布】仙桃市流潭公园有栽培。生于山地、丘陵阳坡灌丛草地及河沟路旁；分布于黄河以南及广大西南地区。

【药用部位】以果实、根及叶入药。

【采集加工】秋季采果实，冬末春初挖根，晒干或鲜用，叶随用随采。

【性味】味甘、酸，性平。

【功能主治】果实：消积止痢、活血止血；用于消化不良、肠炎、痢疾、小儿疳积、崩漏、带下、产后腹痛。根：清热凉血；用于虚劳骨蒸潮热、肝炎、跌打损伤、筋骨疼痛、腰痛、崩漏、带下、月经不调、吐血、便血。叶：清热解毒；外敷治疮疡肿毒。

【用法用量】内服：果实，1 两；根，0.5 ～ 1 两。外用：叶适量，捣敷。

蔷薇属 *Rosa* L.

野蔷薇 （图 145 ）
Rosa multiflora Thunb.

【形态特征】攀援灌木；小枝圆柱形，通常无毛，有短、粗稍弯曲皮束。小叶 5 ～ 9，近花序的小叶有时 3，连叶柄长 5 ～ 10 厘米；小叶片倒卵形、长圆形或卵形，长 1.5 ～ 5 厘米，宽 8 ～ 28 毫米，先端急尖或圆钝，基部近圆形或楔形，边缘有尖锐单锯齿，稀混有重锯齿，上面无毛，下面有柔毛；小叶柄和叶轴有柔毛或无毛，有散生腺毛；托叶篦齿状，大部贴生于叶柄，边缘有或无腺毛。花多朵，排成圆锥状花序，花梗长 1.5～2.5 厘米，无毛或有腺毛，有时基部有篦齿状小苞片；花直径 1.5～2 厘米，萼片披针形，有时中部具 2 个线形裂片，外面无毛，内面有柔毛；花瓣白色，宽倒卵形，先端微凹，基部楔形；花柱结合成束，无毛，比雄蕊稍长。果近球形，直径 6～8 毫米，红褐色或紫褐色，有光泽，无毛，萼片脱落。

图 145-01　野蔷薇 *Rosa multiflora*（1）　　　　图 145-02　野蔷薇 *Rosa multiflora*（2）

【产地、生长环境与分布】仙桃市各地均有产。生于河流沿岸、村旁、公园、林地中。野蔷薇原产于我国，分布于华北、华中、华东、华南及西南地区，主产于黄河流域以南各省区的平原和低山丘陵，品种甚多，庭园多见。

【药用部位】根，果实，花。

【采集加工】花，春、夏季采收；根、果实，夏、秋季采收；晒干备用。

【性味】根、花：味微苦、性寒。果实：味酸、涩，性凉。

【功能主治】根、果实：活血通络、收敛解毒；用于关节痛、面神经麻痹、高血压、偏瘫、烫伤、月经不调、行经腹痛、小便不利、水肿、疮痈疔毒、顽癣疥疮、跌打损伤。花：用于暑热胸闷、头痛烦躁、口渴、呕吐、脘腹胀满、胃痛、泄泻、口疮、吐血、疟疾。

绣线菊属 *Spiraea* L.

绣线菊　柳叶绣线菊　珍珠梅　空心柳　（图 146）

Spiraea salicifolia L.

【形态特征】直立灌木，高 1～2 米；枝条密集，小枝稍有棱角，黄褐色，嫩枝具短柔毛，老时脱落；冬芽卵形或长圆状卵形，先端急尖，有数个褐色外露鳞片，外被稀疏细短柔毛。叶片长圆状披针形至披针形，长 4～8 厘米，宽 1～2.5 厘米，先端急尖或渐尖，基部楔形，边缘密生锐锯齿，有时为重锯齿，两面无毛；叶柄长 1～4 毫米，无毛。花序为长圆形或金字塔形的圆锥花序，长 6～13 厘米，直径 3～5 厘米，被细短柔毛，花朵密集；花梗长 4～7 毫米；苞片披针形至线状披针形，全缘或有少数锯齿，微被细短柔毛；花直径 5～7 毫米；萼筒钟状；萼片三角形，内面微被短柔毛；花瓣卵形，先端通常圆钝，长 2～3 毫米，宽 2～2.5 毫米，粉红色；雄蕊 50；花盘圆环形，裂片呈细圆锯齿状；子房有稀疏短柔毛，花柱短于雄蕊。

蓇葖果直立，无毛或沿腹缝有短柔毛，花柱顶生，倾斜开展，常具反折萼片。花期6—8月，果期8—9月。

【产地、生长环境与分布】仙桃市各地均有产。生于河流沿岸、湿草地、空旷地中。分布于黑龙江、吉林、辽宁、内蒙古、河北。

【药用部位】根，嫩叶。

【采集加工】全年采根，洗净，晒干；夏季采嫩叶，晒干备用。

【性味】味苦，性凉。

【功能主治】清热解毒；用于目赤肿痛、头痛、牙痛、肺热咳嗽；外用治创伤出血。

【用法用量】内服：1～2两，煎汤。外用：适量，捣烂敷患处。

图 146　绣线菊 *Spiraea salicifolia*

李属 *Prunus* L.

李　玉皇李　嘉应子　嘉庆子　山李子　（图 147）

Prunus salicina Lindl.

【形态特征】落叶乔木，高9～12米；树冠广圆形，树皮灰褐色，起伏不平；老枝紫褐色或红褐色，无毛；小枝黄红色，无毛；冬芽卵圆形，红紫色，有数枚覆瓦状排列鳞片，通常无毛，稀鳞片边缘有极稀疏毛。叶片长圆状倒卵形、长椭圆形，稀长圆状卵形，长6～8（12）厘米，宽3～5厘米，先端渐尖、急尖或短尾尖，基部楔形，边缘有圆钝重锯齿，常混有单锯齿，幼时齿尖带腺，上面深绿色，有光泽，侧脉6～10对，不达到叶片边缘，与主脉成45°角，两面均无毛，有时下面沿主脉有稀疏柔毛

图 147　李 *Prunus salicina*

或脉腋有髯毛；托叶膜质，线形，先端渐尖，边缘有腺，早落；叶柄长1～2厘米，通常无毛，顶端有2个腺体或无，有时在叶片基部边缘有腺体。花通常3朵并生；花梗长1～2厘米，通常无毛；花直径1.5～2.2厘米；萼筒钟状；萼片长圆状卵形，长约5毫米，先端急尖或圆钝，边有疏齿，与萼筒近等长，萼筒和萼片外面均无毛，内面在萼筒基部被疏柔毛；花瓣白色，长圆状倒卵形，先端啮蚀状，基部楔形，有明显带紫色脉纹，具短爪，着生在萼筒边缘，比萼筒长2～3倍；雄蕊多数，花丝长短不等，排成不规则2轮，比花瓣短；雌蕊1，柱头盘状，花柱比雄蕊稍长。核果球形、卵球形或近圆锥形，直径3.5～5厘米，

栽培品种可达 7 厘米，黄色或红色，有时为绿色或紫色，顶端微尖，基部有纵沟，外被蜡粉；核卵圆形或长圆形，有皱纹。花期 4 月，果期 7—8 月。

【产地、生长环境与分布】　仙桃市各地均有产。生于灌丛、疏林中或水边、沟底、路旁等处。分布于南北各省区。

【药用部位】　果实。

【采集加工】　7—8 月采鲜果或捣汁，或以干品煎汤服。

【性味、归经】　味微苦，性凉。归肝、肾经。

【功能主治】　清肝涤热、生津、利水；用于虚劳骨蒸、消渴、腹水。

【验方参考】　①鲜李汁：李子 100 ～ 120 克，去核捣碎，绞取汁液，加蜂蜜少许服（《随息居饮食谱》）。本品既能清肝经虚热，又能养胃阴、生津液。用于胃阴不足。②驻色酒：鲜李子 250 克，绞取汁液，和米酒 250 毫升兑匀，夏初服用，每次 1 小杯。（《说林》）。古人认为，夏日（立夏）饮李汁酒，可使妇女容颜美丽，故称驻色酒。可供参考使用。食疗举例：鲜李子 2 ～ 3 枚，醋浸后水煎，每次饮汤 20 ～ 50 毫升，一日 3 ～ 4 次，可作慢性子宫出血、月经过多的辅助治疗。③鲜李或醋浸李子 4 ～ 8 个，捣烂，煎水洗患处，用于治疗体癣。

52. 豆科 Leguminosae

合萌属　*Aeschynomene* L.

合萌　田皂角　水松柏　水槐子　水通草　　（图 148）
Aeschynomene indica L.

【形态特征】　一年生亚灌木状草本，高 30 ～ 100 厘米，无毛；多分枝。偶数羽状复叶，互生；托叶膜质，披针形，先端锐尖，小叶 20 ～ 30 对，长圆形，先端圆钝，有短尖头，基部圆形，无小叶柄。总状花序腋生，花少数，总花梗有疏刺毛，有黏质；膜质苞片 2 枚，边缘有锯齿；花萼二唇形，上唇 2 裂，下唇 3 裂；花冠黄色，带紫纹，旗瓣无爪，翼瓣有爪，较旗瓣稍短，龙骨瓣较翼瓣短；雄蕊 10 枚合生，上部分裂为 2 组，每组有 5 枚，花药肾形；子房无毛，有子房柄。荚果线状长圆形，

图 148　合萌　*Aeschynomene indica*

微弯，有 6 ～ 10 荚节，荚节平滑或有小瘤突。花期夏、秋季，果期 10—11 月。

【产地、生长环境与分布】　仙桃市各地均有产。生于温暖湿润的塘边、溪边和平原水稻田埂边。分布于华北、华东、中南、西南等地。

【药用部位】　根，全草。

【采集加工】 9—10 月采收，拔起全株，除去根、枝叶及茎顶端部分，剥去茎皮，取木质部，晒干。

【性味】 味甘，性寒。

【功能主治】 清热利湿、消积、解毒；用于血淋、疳积、目昏、牙痛、疮疖。

【用法用量】 内服：鲜用，30 ～ 60 克。外用：适量，捣敷。

【验方参考】 ①治血淋：鲜田皂角根、鲜车前草各 30 克，水煎服。（《福建中草药》）②治胆囊炎：鲜田皂角根 24 ～ 30 克，水煎服。（《福建中草药》）③治小儿疳积：鲜田皂角根 15 ～ 60 克，水煎服，每日 1 剂。（《江西草药》）

合欢属 *Albizia* Durazz.

合欢　绒花树　马缨花　（图 149）
Albizia julibrissin Durazz.

【形态特征】 落叶乔木，高可达 16 米，树冠开展；小枝有棱角，嫩枝、花序和叶轴被茸毛或短柔毛。托叶线状披针形，较小叶小，早落。二回羽状复叶，总叶柄近基部及最顶一对羽片着生处各有 1 枚腺体；羽片 4 ～ 12 对，栽培的有时达 20 对；小叶 10 ～ 30 对，线形至长圆形，长 6 ～ 12 毫米，宽 1 ～ 4 毫米，向上偏斜，先端有小尖头，有缘毛，有时在下面或仅中脉上有短柔毛；中脉紧靠上边缘。头状花序于枝顶排成圆锥花序；花粉红色；花萼管状，长 3 毫米；花冠长 8 毫米，裂片三角形，长 1.5 毫米，花萼、花冠外均被短柔毛；花丝长 2.5 厘米。荚果带状，长 9 ～ 15 厘米，宽 1.5 ～ 2.5 厘米，嫩荚有柔毛，老荚无毛。花期 6—7 月，果期 8—10 月。

图 149-01　合欢 *Albizia julibrissin*

图 149-02　合欢皮（药材）

图 149-03　合欢花（药材）

【产地、生长环境与分布】仙桃市各地均有产，城区道路旁分布较多，多为栽培。生于溪旁、杂林间。分布于东北至华南及西南部各省区。非洲、中亚至东亚均有分布；北美亦有栽培。

【药用部位】树皮和花。

【采集加工】春、夏季采花，择晴天摘下，迅速晒干或晾干；夏、秋季花开放时剥下树皮，晒干备用。

【性味、归经】花：味甘、苦，性平。树皮：味甘，性平。归心、肝经。

【功能主治】树皮：解郁安神、活血消肿；用于心神不安、忧郁失眠、肺痈疮肿、跌打伤痛。花：解郁安眠；用于夜眠不安、抑郁不舒、瘰疬、筋骨折伤。

【用法用量】内服：7.5～15克，煎汤；或入散剂。外用：适量，研末调敷。

紫穗槐属　*Amorpha* L.

紫穗槐　棉槐　椒条　棉条　穗花槐　（图150）

Amorpha fruticosa L.

【形态特征】落叶灌木，丛生，高1～4米。小枝灰褐色，被疏毛，后变无毛，嫩枝密被短柔毛。叶互生，奇数羽状复叶，长10～15厘米，有小叶11～25片，基部有线形托叶；叶柄长1～2厘米；小叶卵形或椭圆形，长1～4厘米，宽0.6～2厘米，先端圆形，锐尖或微凹，有一短而弯曲的尖刺，基部宽楔形或圆形，上面无毛或被疏毛，下面有白色短柔毛，具黑色腺点。穗状花序常1至数个顶生和枝端腋生，长7～15厘米，密被短柔毛；花有短梗；苞片长3～4毫米；花萼长2～3毫米，

图150　紫穗槐 *Amorpha fruticosa*

被疏毛或几无毛，萼齿三角形，较萼筒短；旗瓣心形，紫色，无翼瓣和龙骨瓣；雄蕊10，下部合生成鞘，上部分裂，包于旗瓣之中，伸出花冠外。荚果下垂，长6～10毫米，宽2～3毫米，微弯曲，顶端具小尖，棕褐色，表面有凸起的疣状腺点。花果期5—10月。

【产地、生长环境与分布】仙桃市梅湖社区有产，多为栽培品种。原产于美国东北部和东南部，我国东北、华北、西北地区及山东、安徽、江苏、河南、湖北、广西、四川等地均有栽培。

【药用部位】叶。

【采集加工】两年以上的紫穗槐每年可收割2～3次，第一次于5月中旬收割，第二次于7—8月采叶，不宜采尽，第三次于秋季割条。

【性味】味微苦，性凉。

【功能主治】祛湿消肿；用于痈肿、湿疹、烧烫伤。

黄芪属 *Astragalus* L.

紫云英 苕子菜 沙蒺藜 红花草 翘摇 （图 151）
Astragalus sinicus L.

【形态特征】二年生草本，多分枝，匍匐，高 10～30 厘米，被白色疏柔毛。奇数羽状复叶，具 7～13 片小叶，长 5～15 厘米；叶柄较叶轴短；托叶离生，卵形，长 3～6 毫米，先端尖，基部互相多少合生，具缘毛；小叶倒卵形或椭圆形，长 10～15 毫米，宽 4～10 毫米，先端钝圆或微凹，基部宽楔形，上面近无毛，下面散生白色柔毛，具短柄。总状花序生 5～10 花，呈伞形；总花梗腋生，较叶长；苞片三角状卵形，长约 0.5 毫米；花梗短；花萼钟状，长约 4 毫米，被白色柔毛，萼齿

图 151 紫云英 *Astragalus sinicus*

披针形，长约为萼筒的 1/2；花冠紫红色或橙黄色，旗瓣倒卵形，长 10～11 毫米，先端微凹，基部渐狭成瓣柄，翼瓣较旗瓣短，长约 8 毫米，瓣片长圆形，基部具短耳，瓣柄长约为瓣片的 1/2，龙骨瓣与旗瓣近等长，瓣片半圆形，瓣柄长约等于瓣片的 1/3；子房无毛或疏被白色短柔毛，具短柄。荚果线状长圆形，稍弯曲，长 12～20 毫米，宽约 4 毫米，具短喙，黑色，具隆起的网纹；种子肾形，栗褐色，长约 3 毫米。花期 2—6 月，果期 3—7 月。

【产地、生长环境与分布】仙桃市各地均有产，彭杨公路分布较多。生于草坡、溪边及潮湿处。分布于长江流域各省区，现我国各地多栽培。

【药用部位】根、全草和种子。

【采集加工】夏、秋季采集，鲜用或晒干。

【性味】味微辛、微甘，性平。

【功能主治】祛风明目、健脾益气、解毒止痛。根：用于肝炎、营养性浮肿、带下、月经不调。全草：用于急性结膜炎、神经痛、带状疱疹、疮疖痈肿、痔疮。

【用法用量】内服：鲜根 2～3 两，全草 0.5～1 两，种子 2～3 钱，煎汤。外用：适量，鲜草捣烂敷，或干草研粉调敷。

决明属 *Cassia* L.

1. 亚灌木或草本。

  2. 小叶不超过 10 对，长 2 厘米以上，非线形 ·· 决明 *C. tora*

1. 乔木、小乔木或灌木。

  2. 小叶长 2.5～3.5 厘米，背面多呈粉白色 ·· 双荚决明 *C. bicapsularis*

决明 草决明 钝叶决明 （图152）

Cassia tora L.

【形态特征】直立、粗壮、一年生亚灌木状草本，高1～2米。叶长4～8厘米；叶柄上无腺体；叶轴上每对小叶间有棒状的腺体1枚；小叶3对，膜质，倒卵形或倒卵状长椭圆形，长2～6厘米，宽1.5～2.5厘米，顶端圆钝而有小尖头，基部渐狭，偏斜，上面被稀疏柔毛，下面被柔毛；小叶柄长1.5～2毫米；托叶线状，被柔毛，早落。花腋生，通常2朵聚生；总花梗长6～10毫米；花梗长1～1.5厘米，丝状；萼片稍不等大，卵形或卵状长圆形，膜质，外面被柔毛，长约8毫米；花瓣黄色，下面二片略长，长12～15毫米，宽5～7毫米；能育雄蕊7枚，花药四方形，顶孔开裂，长约4毫米，花丝短于花药；子房无柄，被白色柔毛。荚果纤细，近四棱形，两端渐尖，长达15厘米，宽3～4毫米，膜质；种子约25颗，菱形，光亮。花果期8—11月。

【产地、生长环境与分布】仙桃市沔阳公园有产。生于河边沙地上。分布于长江以南各省区。

【药用部位】种子。

【采集加工】夏、秋季采收，晒干备用。

【性味、归经】味甘、微苦，性凉。归肝、肾经。

【功能主治】清肝明目、润肠通便；用于目赤涩痛、羞明多泪、头痛眩晕、目暗不明、大便秘结。

【用法用量】煎服，9～15克；用于润肠通便，不宜久煎。

【验方参考】①治失明，目中无他病，无所见，如绢中视：草决明2升，捣筛，以粥饮服方寸匕。忌鱼、蒜、猪肉等。（《僧深集方》决明散）②治雀目：草决明2两，地肤子1两。上药，捣细罗为散。每于食后，以清粥饮调下1钱。（《太平圣惠方》）③治急性结膜炎：草决明、菊花各3钱，蔓荆子、木贼各2钱，水煎服。（《河北中药手册》）④治高血压：夏枯草6钱，草决明1两，石膏2两，茺蔚子6钱，黄芩5钱，桑叶5钱，槐角5钱，钩藤5钱。浓煎，过滤取汁，加蜂蜜收膏。每次用开水冲服1～2匙，一日3次。（《中草药土方土法》）

图152-01 决明 *Cassia tora*

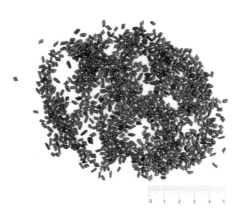

图152-02 决明子（药材）

双荚决明　金边黄槐　双荚黄槐　腊肠仔树　（图 153）

Cassia bicapsularis L.

【形态特征】直立灌木，多分枝，无毛。叶长 7～12 厘米，有小叶 3～4 对；叶柄长 2.5～4 厘米；小叶倒卵形或倒卵状长圆形，膜质，长 2.5～3.5 厘米，宽约 1.5 厘米，顶端圆钝，基部渐狭，偏斜，下面粉绿色，侧脉纤细，在近边缘处网结；在最下方的一对小叶间有黑褐色线形而钝头的腺体 1 枚。总状花序生于枝条顶端的叶腋间，常集成伞房花序状，长度约与叶相等，花鲜黄色，直径约 2 厘米；雄蕊 10 枚，7 枚能育，3 枚退化而无花药，能育雄蕊中有 3 枚特大，高出于花瓣，4 枚较小，

图 153　双荚决明 *Cassia bicapsularis*

短于花瓣。荚果圆柱状，膜质，直或微曲，长 13～17 厘米，直径 1.6 厘米，缝线狭窄；种子二列。花期 10—11 月，果期 11 月至翌年 3 月。

【产地、生长环境与分布】适宜在肥力中等的微酸性土壤或砖红壤中生长。原产于美洲热带地区，现全世界热带地区均有栽培。我国广东、广西等地有引种栽培。

【药用部位】种子。

【采集加工】秋季果实成熟后采收。

【性味、归经】味苦，性寒。归大肠经。

【功能主治】清肝明目、泻下导滞；用于目疾、便秘。

【用法用量】内服：煎汤，9～15 克；缓下 3～6 克，开水泡服。

紫荆属　*Cercis* L.

紫荆　紫珠　（图 154）

Cercis chinensis Bunge

【形态特征】丛生或单生灌木，高 2～5 米；树皮和小枝灰白色。叶纸质，近圆形或三角状圆形，长 5～10 厘米，宽与长相等或略短于长，先端急尖，基部浅至深心形，两面通常无毛，嫩叶绿色，仅叶柄略带紫色，叶缘膜质透明，新鲜时明显可见。花紫红色或粉红色，2～10 朵成束，簇生于老枝和主干上，尤以主干上花束较多，越到上部幼嫩枝条则花越少，通常先于叶开放，但嫩枝或幼株上的花则与叶同时开放，花长 1～1.3 厘米；花梗长 3～9 毫米；龙骨瓣基部具深紫色斑纹；子房嫩绿色，花蕾时光亮无毛，后期则密被短柔毛，有胚珠 6～7 颗。荚果扁狭长形，绿色，长 4～8 厘米，宽 1～1.2 厘米，翅宽约 1.5 毫米，先端急尖或短渐尖，喙细而弯曲，基部长渐尖，两侧缝线对称或近对称；果颈长 2～4 毫米；种子 2～6 颗，阔长圆形，长 5～6 毫米，宽约 4 毫米，黑褐色，光亮。花期 3—4 月，果期 8—10 月。

图 154-01　紫荆 *Cercis chinensis*（1）　　　　　图 154-02　紫荆 *Cercis chinensis*（2）

【产地、生长环境与分布】 仙桃市桃花岭有产。为一常见的栽培植物，多植于庭园、屋旁、寺街边，少数生于密林或石灰岩地区。分布于我国东南部，北至河北，南至广东、广西，西至云南、四川，西北至陕西，东至浙江、江苏和山东等地。

【药用部位】 木材，根，树皮，花，果实。

【采集加工】 4—5 月采花，晒干。全年可采收紫荆木，鲜时切片，晒干。

【性味】 味苦，性平。

【功能主治】 树皮（紫荆皮）：活血通经、消肿解毒；用于风寒湿痹、闭经、血气痛、喉痹、淋证、痛肿、疥癣、跌打损伤、蛇虫咬伤。木部（紫荆木）：活血、通淋；用于痛经、血瘀腹痛、淋证。花（紫荆花）：清热凉血、祛风解毒；用于风湿筋骨痛、鼻中疳疮。果实（紫荆果）：用于咳嗽、孕妇心痛。

【用法用量】 木材：25 ～ 50 克，水煎服。树皮：10 ～ 20 克，水煎服，或浸酒，或入丸、散；外用研末调敷。花：5 ～ 10 克，水煎服，或浸酒服；外用研末敷。果实：10 ～ 20 克，水煎服。

【验方参考】①治疯狗咬伤：鲜紫荆根皮加砂糖捣烂，敷伤口周围。（《福建民间草药》）②治妇人遗尿：紫荆根皮 5 ～ 8 钱，酒水各半炖服。（《福建民间草药》）③治筋骨疼痛、痰火痿软、湿气流痰：紫荆皮 2 两（酒炒），秦（当）归 5 钱，川牛膝 3 钱，川羌活 2 钱，木瓜 3 钱，上好酒 5 斤，重汤煎一炷香为度，露一夜，去火毒用。（《滇南本草》）④消妇人血气：紫荆皮为末，醋糊丸，樱桃大。每酒化服 1 丸。（《妇人良方》）⑤治产后诸淋：紫荆皮 5 钱，半酒半水煎，温服。（《妇人良方》）⑥治一切痈疽、发背、流注、诸肿冷热不明者：川紫荆皮（炒）5 两，独活（去节，炒）3 两，赤芍药（炒）2 两，白芷（生）1 两，木蜡（石菖蒲，随证加减），为末，用葱汤调热敷。（《仙传外科集验方》冲和仙膏，又名黄云膏、仙膏）⑦治伤眼青肿：紫荆皮适量，小便浸七日，晒研，用生地黄汁、姜汁调敷，不肿用葱汁。（《永类钤方》）⑧治鼻中疳疮：紫荆花阴干为末贴之。（《卫生简易方》）

扁豆属 *Lablab* Adans.

扁豆　藊豆　火镰扁豆　膨皮豆　藤豆　沿篱豆　鹊豆 　（图 155）

Lablab purpureus (L.) Sweet

【形态特征】 多年生、缠绕藤本。全株几无毛，茎长可达 6 米，常呈淡紫色。羽状复叶具 3 小叶；

托叶基着，披针形；小托叶线形，长 3 ～ 4 毫米；小叶宽三角状卵形，长 6 ～ 10 厘米，宽约与长相等，侧生小叶两边不等大，偏斜，先端急尖或渐尖，基部近截平。总状花序直立，长 15 ～ 25 厘米，花序轴粗壮，总花梗长 8 ～ 14 厘米；小苞片 2，近圆形，长 3 毫米，脱落；花 2 至多朵簇生于每一节上；花萼钟状，长约 6 毫米，上方 2 裂齿几完全合生，下方的 3 枚近相等；花冠白色或紫色，旗瓣圆形，基部两侧具 2 枚长而直立的小附属体，附属体下有 2 耳，翼瓣宽倒卵形，具截平的耳，龙骨瓣呈直角弯曲，基部渐狭成瓣柄；子房线形，无毛，花柱比子房长，弯曲不逾 90° 角，一侧扁平，近顶部内缘被毛。荚果长圆状镰形，长 5 ～ 7 厘米，近顶端最阔，宽 1.4 ～ 1.8 厘米，扁平，直或稍向背弯曲，顶端有弯曲的尖喙，基部渐狭；种子 3 ～ 5 颗，扁平，长椭圆形，在白花品种中为白色，在紫花品种中为紫黑色，种脐线形，长约占种子周长的 2/5。花期 4—12 月。

图 155-01　扁豆 *Lablab purpureus*（1）　　　　图 155-02　扁豆 *Lablab purpureus*（2）

【产地、生长环境与分布】 仙桃市各地均有产。多为田间栽培。我国各地广泛栽培。

【药用部位】 种子。

【采集加工】 立冬前后摘取成熟荚果，晒干，打出种子，再晒至全干。

【性味】 味甘，性平。

【功能主治】 健脾和中、消暑化湿；用于暑湿吐泻，脾虚呕逆，食少久泄，水停消渴，赤白带下，小儿疳积。

【用法用量】 内服：煎汤，3 ～ 6 钱；或入丸、散。

【验方参考】①治脾胃虚弱，饮食不进而呕吐泄泻者：白扁豆一斤半（姜汁浸，去皮，微炒），人参（去芦）、白茯苓、白术、甘草（炒）、山药各二斤，莲子肉（去皮）、桔梗（炒令深黄色）、薏苡仁、缩砂仁各一斤，上为细末，每服二钱，枣汤调下，小儿量岁数加减服。（《太平惠民和剂局方》参苓白术散）②治霍乱：扁豆一升，香薷一升，以水六升煮取二升，分服，单用亦得。（《千金方》）③治消渴饮水：白扁豆浸去皮，为末，以天花粉汁同蜜和丸梧子大，金箔为衣，每服二三十丸，天花粉汁下，日二服，次服滋肾药。（《仁存堂经验方》）④治水肿：扁豆三升，炒黄，磨成粉，每早午晚各食前，大人用三钱，小儿用一钱，灯心汤调服。（《本草汇言》）⑤治赤白带下：白扁豆炒为末，用米饮每服二钱。（《永类钤方》）⑥解砒霜毒：白扁豆生研，水绞汁饮。（《永类钤方》）⑦治恶疮连痂痒痛：捣扁豆封，痂落即瘥。（《补辑肘后方》）

皂荚属 *Gleditsia* L.

皂荚　皂荚树　皂角　猪牙皂　牙皂　（图156）
Gleditsia sinensis Lam.

【形态特征】 落叶乔木或小乔木，高可达30米；枝灰色至深褐色；刺粗壮，圆柱形，常分枝，多呈圆锥状，长达16厘米。叶为一回羽状复叶，长10～18（26）厘米；小叶（2）3～9对，纸质，卵状披针形至长圆形，长2～8.5（12.5）厘米，宽1～4（6）厘米，先端急尖或渐尖，顶端圆钝，具小尖头，基部圆形或楔形，有时稍歪斜，边缘具细锯齿，上面被短柔毛。下面中脉上稍被柔毛；网脉明显，在两面凸起；小叶柄长1～2（5）毫米，被短柔毛。花杂性，黄白色，组成总状花序；花序腋生或

图156　皂荚 *Gleditsia sinensis*

顶生，长5～14厘米，被短柔毛。雄花：直径9～10毫米；花梗长2～8（10）毫米；花托长2.5～3毫米，深棕色，外面被柔毛；萼片4，三角状披针形，长3毫米，两面被柔毛；花瓣4，长圆形，长4～5毫米，被微柔毛；雄蕊8（6）；退化雌蕊长2.5毫米。两性花：直径10～12毫米；花梗长2～5毫米；萼、花瓣与雄花的相似，惟萼片长4～5毫米，花瓣长5～6毫米；雄蕊8；子房缝线上及基部被毛（偶有少数湖北标本子房全体被毛），柱头浅2裂；胚珠多数。荚果带状，长12～37厘米，宽2～4厘米，劲直或扭曲，果肉稍厚，两面鼓起，或有的荚果短小，多少呈柱形，长5～13厘米，宽1～1.5厘米，弯曲作新月形，通常称猪牙皂，内无种子；果颈长1～3.5厘米；果瓣革质，褐棕色或红褐色，常被白色粉霜；种子多颗，长圆形或椭圆形，长11～13毫米，宽8～9毫米，棕色，光亮。花期3—5月，果期5—12月。

【产地、生长环境与分布】 仙桃市流潭公园有产。生于路边、沟旁、住宅附近。分布于东北、华北、华东、华南地区以及四川、贵州等地。

【药用部位】 果实或不育果实。

【采集加工】 栽培5～6年后即结果，秋季果实成熟变黑时采摘，晒干。

【性味、归经】 味辛、咸，性温。归肺、肝、胃、大肠经。

【功能主治】 祛痰止咳、开窍通闭、杀虫散结；用于痰咳喘满、中风口噤、痰涎壅盛、神昏不语、癫痫、喉痹、二便不通、痈肿疥癣。

【用法用量】 内服：1～3克，多入丸、散。外用：适量，研末掭鼻；或煎水洗，或研末掺或调敷，或熬膏涂，或烧烟熏。

【验方参考】 ①治咳逆上气，时时唾浊，但坐不得眠：皂荚240克（刮去皮，用酥炙）末之，蜜丸梧子大，以枣膏和汤服三丸，日三夜一服。（《金匮要略》）②治卒中风口：大皂荚30克（去皮、子，

研末下筛）。以三年大醋和，左喝涂右，右喝涂左，干更涂之。（《千金方》）③治大小便不通、关格不利：烧皂荚，细研，粥饮下 9 克，立通。（《证类本草》）

【使用注意】 体虚及孕妇、咯血者禁服。

大豆属 *Glycine* Willd.

大豆 菽 黄豆 （图 157）
Glycine max (L.) Merr.

【形态特征】 一年生草本，高 30 ～ 90 厘米。茎粗壮，直立，或上部近缠绕状，上部多少具棱，密被褐色长硬毛。叶通常具 3 小叶；托叶宽卵形，渐尖，长 3 ～ 7 毫米，具脉纹，被黄色柔毛；叶柄长 2 ～ 20 厘米，幼嫩时散生疏柔毛或具棱并被长硬毛；小叶纸质，宽卵形、近圆形或椭圆状披针形，顶生一枚较大，长 5 ～ 12 厘米，宽 2.5 ～ 8 厘米，先端渐尖或近圆形，稀呈钝形，具小尖突，基部宽楔形或圆形，侧生小叶较小，斜卵形，通常两面散生糙毛或下面无毛；侧脉每边 5 条；小托叶披针形，长 1 ～ 2

图 157 大豆 *Glycine max*

毫米；小叶柄长 1.5 ～ 4 毫米，被黄褐色长硬毛。总状花序短的少花，长的多花；总花梗长 10 ～ 35 毫米或更长，通常有 5 ～ 8 朵无柄、紧凑的花，植株下部的花有时单生或成对生于叶腋间；苞片披针形，长 2 ～ 3 毫米，被糙伏毛；小苞片披针形，长 2 ～ 3 毫米，被伏贴的刚毛；花萼长 4 ～ 6 毫米，密被长硬毛或糙伏毛，常深裂成二唇形，裂片 5，披针形，上部 2 裂片常合生至中部以上，下部 3 裂片分离，均密被白色长柔毛。花紫色、淡紫色或白色，长 4.5 ～ 8（10）毫米，旗瓣倒卵状近圆形，先端微凹并通常外反，基部具瓣柄，翼瓣篦状，基部狭，具瓣柄和耳，龙骨瓣斜倒卵形，具短瓣柄；雄蕊二体；子房基部有不发达的腺体，被毛。荚果肥大，长圆形，稍弯，下垂，黄绿色，长 4 ～ 7.5 厘米，宽 8 ～ 15 毫米，密被褐黄色长毛；种子 2 ～ 5 颗，椭圆形、近球形、卵圆形至长圆形，长约 1 厘米，宽 5 ～ 8 毫米，种皮光滑，淡绿色、黄色、褐色或黑色，因品种而异，种脐明显，椭圆形。花期 6—7 月，果期 7—9 月。

【产地、生长环境与分布】 仙桃市各地均有产。主要为田间栽培。原产于我国，全国各地均有栽培，以东北地区最著名，亦广泛栽培于世界各地。

【药用部位】 种子。

【采集加工】 8—10 月果实成熟后采收，取其种子晒干。

【性味】 味甘，性平。

【功能主治】 宽中导滞、健脾利水、解毒消肿；用于食积泄泻、腹胀食呆、疮痈肿毒、脾虚水肿、外伤出血。

【用法用量】 9 ～ 30 克，水煎服。

鸡眼草属 *Kummerowia* Schindl.

鸡眼草　掐不齐　公母草　（图 158）

Kummerowia striata (Thunb.) Schindl.

【形态特征】一年生草本，披散或平卧，多分枝，高（5）10～45 厘米，茎和枝上被倒生的白色细毛。叶为三出羽状复叶；托叶大，膜质，卵状长圆形，比叶柄长，长 3～4 毫米，具条纹，有缘毛；叶柄极短；小叶纸质，倒卵形、长倒卵形或长圆形，较小，长 6～22 毫米，宽 3～8 毫米，先端圆形，稀微缺，基部近圆形或宽楔形，全缘；两面沿中脉及边缘有白色粗毛，但上面毛较稀少，侧脉多而密。花小，单生或 2～3 朵簇生于叶腋；花梗下端具 2 枚大小不等的苞片，萼基部具 4 枚小苞片，其中 1 枚极小，位于花梗关节处，小苞片常具 5～7 条纵脉；花萼钟状，带紫色，5 裂，裂片宽卵形，具网状脉，外面及边缘具白毛；花冠粉红色或紫色，长 5～6 毫米，较萼约长 1 倍，旗瓣椭圆形，下部渐狭成瓣柄，具耳，龙骨瓣比旗瓣稍长或近等长，翼瓣比龙骨瓣稍短。荚果圆形或倒卵形，稍侧扁，长 3.5～5 毫米，较萼稍长或长达 1 倍，先端短尖，被小柔毛。花期 7—9 月，果期 8—10 月。

图 158-01　鸡眼草 *Kummerowia striata*（1）　　　　图 158-02　鸡眼草 *Kummerowia striata*（2）

【产地、生长环境与分布】仙桃市沔街有产。生于向阳山坡的路旁、田中、林中及水边。分布于东北、华北、华东、中南、西南等地区。

【药用部位】全草。

【采集加工】7—8 月采收，晒干或鲜用。

【性味】味甘、辛，性平。

【功能主治】清热解毒、健脾利湿；用于感冒发热、暑湿吐泻、疟疾、痢疾、传染性肝炎、热淋、白浊。

【用法用量】内服：煎汤，3～5 钱。外用：适量，捣敷或捣汁涂。

苜蓿属 *Medicago* L.

1. 荚果不作螺旋形转曲；多年生。

1. 荚果呈螺旋形转曲；一二年生或多年生。

　2. 多年生；荚果旋转 2～4（6）圈，中央无孔或近无孔；花冠紫色或各色·····················紫苜蓿 *M. sativa*

2. 一年生；花冠淡黄色 ·· 小苜蓿 *M. minima*

紫苜蓿 苜蓿 （图 159）

Medicago sativa L.

【形态特征】 多年生草本，高 30 ～
100 厘米。根粗壮，深入土层，根颈发达。
茎直立、丛生以至平卧，四棱形，无毛或
微被柔毛，枝叶茂盛。羽状三出复叶；托
叶大，卵状披针形，先端锐尖，基部全缘
或具 1 ～ 2 齿裂，脉纹清晰；叶柄比小叶短；
小叶长卵形、倒长卵形至线状卵形，等大，
或顶生小叶稍大，长（5）10 ～ 25（40）
毫米，宽 3 ～ 10 毫米，纸质，先端钝圆，
具由中脉伸出的长齿尖，基部狭窄，楔形，
边缘 1/3 以上具锯齿，上面无毛，深绿色，
下面被贴伏柔毛，侧脉 8 ～ 10 对，与中脉

图 159 紫苜蓿 *Medicago sativa*

成锐角，在近叶边处略有分叉；顶生小叶柄比侧生小叶柄略长。花序总状或头状，长 1 ～ 2.5 厘米，具花 5 ～ 30
朵；总花梗挺直，比叶长；苞片线状锥形，比花梗长或等长；花长 6 ～ 12 毫米；花梗短，长约 2 毫米；
萼钟形，长 3 ～ 5 毫米，萼齿线状锥形，比萼筒长，被贴伏柔毛；花冠各色，淡黄色、深蓝色至暗紫色，
花瓣均具长瓣柄，旗瓣长圆形，先端微凹，明显较翼瓣和龙骨瓣长，翼瓣较龙骨瓣稍长；子房线形，具柔毛，
花柱短阔，上端细尖，柱头点状，胚珠多数。荚果螺旋状紧卷 2 ～ 4（6）圈，中央无孔或近无孔，直径 5 ～ 9
毫米，被柔毛或渐脱落，脉纹细，不清晰，熟时棕色；有种子 10 ～ 20 粒。种子卵形，长 1 ～ 2.5 毫米，
平滑，黄色或棕色。花期 5—7 月，果期 6—8 月。

【产地、生长环境与分布】仙桃市各地均有产。全国各地都有栽培或呈半野生状态。生于田边、路旁、
旷野、草原、河岸及沟谷等地。

【药用部位】 全草。

【采集加工】 夏、秋季采收，晒干备用。

【性味】 味苦、微甘，性平。

【功能主治】具有降低胆固醇和血脂含量，消退动脉粥样硬化斑块，调节免疫，抗氧化、防衰老功能。

小苜蓿 （图 160）

Medicago minima (L.) Grufb.

【形态特征】 一年生草本，高 5 ～ 30 厘米，全株被伸展柔毛，偶杂有腺毛；主根粗壮，深入土中。
茎铺散，平卧并上升，基部多分枝，羽状三出复叶；托叶卵形，先端锐尖，基部圆形，全缘或具不明显浅齿；
叶柄细柔，长 5 ～ 10（20）毫米；小叶倒卵形，几等大，长 5 ～ 8（12）毫米，宽 3 ～ 7 毫米，纸质，
先端圆或凹缺，具细尖，基部楔形，边缘 1/3 以上具锯齿，两面均被毛。花序头状，具花 3 ～ 6（8）朵，

疏松；总花梗细，挺直，腋生，通常比叶长，有时甚短；苞片细小，刺毛状；花长 3～4 毫米；花梗甚短或无梗；萼钟形，密被柔毛，萼齿披针形，不等长，与萼筒等长或稍长；花冠淡黄色，旗瓣阔卵形，显著比翼瓣和龙骨瓣长。荚果球形，旋转 3～5 圈，直径 2.5～4.5 毫米，边缝具 3 条棱，被长棘刺，通常长等于半径，水平伸展，尖端钩状；种子每圈有 1～2 粒。种子长肾形，长 1.5～2 毫米，棕色，平滑。花期 3—4 月，果期 4—5 月。

图 160　小苜蓿 *Medicago minima*

【产地、生长环境与分布】 仙桃市徐鸳泵站有产。生于荒坡、沙地、河岸。分布于黄河流域及长江以北各省区。

【药用部位】 根。

【采集加工】 春、夏季采收，晒干备用。

【性味】 味微甘，性平。

【功能主治】 清热、利湿、止咳。

草木樨属 *Melilotus* (L.) Mill.

草木樨　黄香草木樨　黄花草木樨　辟汗草　（图 161）
Melilotus officinalis (L.) Pall.

【形态特征】 一年生或二年生草本。茎高通常 60～90 厘米，多分枝，无毛。3 小叶，长椭圆形至倒披针形，长 1～1.5 厘米，宽 3～6 毫米，先端截形，中脉突出成短尖头，边缘自基部以上有疏细齿；托叶线形，长约 5 毫米。总状花序，腋生，长达 20 厘米；花萼钟状，花冠黄色，旗瓣长于翼瓣。荚果长 3 毫米，无毛，卵球形，有网脉；种子 1，卵球形，褐色。花期 7—8 月，果期 8—9 月。

图 161-01　草木樨 *Melilotus officinalis* （1）

图 161-02　草木樨 *Melilotus officinalis* （2）

【产地、生长环境与分布】 仙桃市杨林尾镇有产。生于湿地上。分布于我国西南、华东及北部地区。欧洲、北美洲和亚洲其他地区也有分布。

【药用部位】 全草。

【采集加工】 夏、秋季采收，洗净，切碎，晒干。

【性味】 味辛，性平。

【功能主治】 芳香化浊、截疟；用于暑湿胸闷、口臭、头胀、头痛、疟疾、痢疾。

【用法用量】 1.5～3钱，水煎服。

黧豆属 *Mucuna* Adans.

常春油麻藤　棉麻藤　牛马藤　常绿油麻藤　（图162）
Mucuna sempervirens Hemsl.

【形态特征】 常绿木质藤本，长可达25米。老茎直径超过30厘米，树皮有皱纹，幼茎有纵棱和皮孔。羽状复叶具3小叶，叶长21～39厘米；托叶脱落；叶柄长7～16.5厘米；小叶纸质或革质，顶生小叶椭圆形、长圆形或卵状椭圆形，长8～15厘米，宽3.5～6厘米，先端渐尖头可达15厘米，基部稍楔形，侧生小叶极偏斜，长7～14厘米，无毛；侧脉4～5对，在两面明显，下面凸起；小叶柄长4～8毫米，膨大。总状花序生于老茎上，长10～36厘米，每节上有3花，无香气

图162　常春油麻藤 *Mucuna sempervirens*

或有臭味；苞片和小苞片不久脱落，苞片狭倒卵形，长、宽各15毫米；花梗长1～2.5厘米，具短硬毛；小苞片卵形或倒卵形；花萼密被暗褐色伏贴短毛，外面被稀疏的金黄色或红褐色脱落的长硬毛，萼筒宽杯形，长8～12毫米，宽18～25毫米；花冠深紫色，干后黑色，长约6.5厘米，旗瓣长3.2～4厘米，圆形，先端凹达4毫米，基部耳长1～2毫米，翼瓣长4.8～6厘米，宽1.8～2厘米，龙骨瓣长6～7厘米，基部瓣柄长约7毫米，耳长约4毫米；雄蕊管长约4厘米，花柱下部和子房被毛。果木质，带形，长30～60厘米，宽3～3.5厘米，厚1～1.3厘米，种子间缢缩，近念珠状，边缘多数加厚，凸起为一圆形脊，中央无沟槽，无翅，具伏贴红褐色短毛和长的脱落红褐色刚毛；种子4～12颗，内部隔膜木质，带红色、褐色或黑色，扁长圆形，长2.2～3厘米，宽2～2.2厘米，厚1厘米，种脐黑色，包围着种子的3/4。花期4—5月，果期8—10月。

【产地、生长环境与分布】 仙桃市杨林尾镇有产。生于灌丛中。分布于亚热带、温带地区，产于四川、贵州、云南、陕西南部（秦岭南坡）、湖北、浙江、江西、湖南、福建、广东、广西。

【药用部位】 茎。

【采集加工】 全年均可采收，晒干备用。

【性味、归经】味甘、微苦，性温。归肝、胃经。

【功能主治】活血调经、补血舒筋；用于月经不调、痛经、闭经、产后血虚、贫血、风湿痹痛、四肢麻木、跌打损伤。

【用法用量】内服：煎汤，15～30克，或浸酒。外用：适量，捣敷。

【验方参考】①治闭经、月经不调：牛马藤15克，熟地、当归各9克，水煎服。（《福建药物志》）②治血滞闭经：牛马藤30克，大鸡血藤12克，泽兰15克，水煎服。（《四川中药志》）③治再生障碍性贫血：油麻藤30～60克，黄芪30克，龟板、鳖甲各9～15克，水煎，每日3次分服。（《中草药资料》）④治筋骨疼痛麻木：木瓜、牛马藤、麻柳姜各60克，泡酒服。（《重庆草药》）⑤治风湿关节痛、屈伸不利：牛马藤30克，常青藤30克，木瓜15克，水煎服。（《四川中药志》）

豌豆属　*Pisum* L.

豌豆　回鹘豆　麦豆　雪豆　荷兰豆　（图163）
Pisum sativum L.

【形态特征】一年生攀援草本，高0.5～2米。全株绿色，光滑无毛，被粉霜。叶具小叶4～6片，托叶比小叶大，叶状，心形，下缘具细齿。小叶卵圆形，长2～5厘米，宽1～2.5厘米；花于叶腋单生或数朵排列为总状花序；花萼钟状，深5裂，裂片披针形；花冠颜色多样，随品种而异，但多为白色和紫色，雄蕊二体（9+1）。子房无毛，花柱扁，内面有髯毛。荚果肿胀，长椭圆形，长2.5～10厘米，宽0.7～14厘米，顶端斜急尖，背部近于伸直，内侧有坚硬纸质的内皮；种子2～10颗，圆形，青绿色，有皱纹或无，干后变为黄色。花期6—7月，果期7—9月。

图163　豌豆　*Pisum sativum*

【产地、生长环境与分布】仙桃市各地均有产。生于田间、杂草丛中。我国主要分布在中部、东北部等地。主要产区有四川、河南、湖北、江苏、青海、江西等。

【药用部位】种子。

【采集加工】夏、秋季果实成熟时采收荚果，晒干，打出种子。

【性味、归经】味甘，性平。归脾、胃经。

【功能主治】和中下气、通乳利水、解毒；用于消渴、吐逆、腹胀、霍乱转筋、乳少、脚气水肿、疮痈。

【用法用量】内服：煎汤，60～125克；或煮食。外用：适量，煎水洗；或研末调涂。

【验方参考】①治霍乱转筋、心膈烦闷：豌豆三合，香薷三两，上药以水三大盏，煎至一盏半，去滓，分为三服，温温服之，如人行五里再服。（《太平圣惠方》）②治消渴（糖尿病）：青豌豆适量，煮熟淡食。（《食物中药与便方》）

菜豆属 *Phaseolus* L.

菜豆　香菇豆　芸豆　四季豆　云扁豆　矮四季豆　地豆　豆角　（图164）
Phaseolus vulgaris L.

图 164　菜豆 *Phaseolus vulgaris*

【形态特征】 一年生缠绕或近直立草本。茎被短柔毛或老时无毛。羽状复叶具3小叶；托叶披针形，长约4毫米，基着。小叶宽卵形或卵状菱形，侧生的偏斜，长4～16厘米，宽2.5～11厘米，先端长渐尖，有细尖，基部圆形或宽楔形，全缘，被短柔毛。总状花序比叶短，有数朵生于花序顶部的花；花梗长5～8毫米；小苞片卵形，有数条隆起的脉，约与花萼等长或稍较其为长，宿存；花萼杯状，长3～4毫米，上方的2枚裂片连合成一微凹的裂片；花冠白色、黄色、紫堇色或红色；旗瓣近方形，宽9～12毫米，翼瓣倒卵形，龙骨瓣长约1厘米，先端旋卷，子房被短柔毛，花柱压扁。荚果带形，稍弯曲，长10～15厘米，宽1～1.5厘米，略肿胀，通常无毛，顶有喙；种子4～6，长椭圆形或肾形，长0.9～2厘米，宽0.3～1.2厘米，白色、褐色、紫色或有花斑，种脐通常白色。花期春、夏季。

【产地、生长环境与分布】 仙桃市各地均有栽培。全国各地均有栽培。我国西北和东北地区在春、夏季栽培；华北地区、长江流域和华南地区行春播和秋播。

【药用部位】 种子。

【采集加工】 秋季果实成熟后摘取豆荚，晒干，搓下种子，除去杂质，再晒至足干。

【性味、归经】 味微甘，性温。归胃、肾经。

【功能主治】 温中和气、宣肺气、利肠胃、益肾补元；用于提高人体免疫力、缓解慢性疾病。

【用法用量】 内服：煎汤，3～12克。外用：适量，捣敷。可入糖浆、蜜膏、片剂、敷剂、散剂等。

田菁属 *Sesbania* Scop.

田菁　向天蜈蚣　（图165）
Sesbania cannabina (Retz.) Poir.

【形态特征】 一年生草本，高3～3.5米。茎绿色，有时带褐色、红色，微被白粉，有不明显淡绿色线纹，平滑，基部有多数不定根，幼枝疏被白色绢毛，后秃净，折断有白色黏液，枝髓粗大充实。羽状复叶；叶轴长15～25厘米，上面具沟槽，幼时疏被绢毛，后几无毛；托叶披针形，早落；小叶20～30（40）对，对生或近对生，线状长圆形，长8～20（40）毫米，宽2.5～4（7）毫米，位于叶轴两端者较短小，先端钝至截平，具小尖头，基部圆形，两侧不对称，上面无毛，下面幼时疏被绢毛，后秃净，两面被紫色小腺点，下面尤密；小叶柄长约 1 毫米，疏被毛；小托叶钻形，短于或几等于小叶柄，宿存。总状花序长3～10 厘米，具 2～6 朵花，疏松；总花梗及花梗纤细，下垂，疏被绢毛；苞片线状披针形，小苞片 2 枚，均早落；花萼斜钟状，长 3～4 毫米，无毛，萼齿短三角形，先端锐齿，各齿间常有 1～3 腺状附属物，内面边缘具白色细长曲柔毛；花冠黄色，旗瓣横椭圆形至近圆形，长 9～10 毫米，

图 165   田菁 *Sesbania cannabina*

先端微凹至圆形，基部近圆形，外面散生大小不等的紫黑点和线，胼胝体小，梨形，瓣柄长约 2 毫米，翼瓣倒卵状长圆形，与旗瓣近等长，宽约 3.5 毫米，基部具短耳，中部具较深色的斑块，并横向皱褶，龙骨瓣较翼瓣短，三角状阔卵形，长、宽近相等，先端圆钝，平三角形，瓣柄长约 4.5 毫米；雄蕊二体，对旗瓣的 1 枚分离，花药卵形至长圆形；雌蕊无毛，柱头头状，顶生。荚果细长，长圆柱形，长 12～22 厘米，宽 2.5～3.5 毫米，微弯，外面具黑褐色斑纹，喙尖，长 5～7（10）毫米，果颈长约 5 毫米，开裂，种子间具横隔，有种子 20～35 粒；种子绿褐色，有光泽，短圆柱状，长约 4 毫米，直径 2～3 毫米，种脐圆形，稍偏于一端。花果期 7—12 月。

【产地、生长环境与分布】仙桃市各地散布，长埫口镇分布较多。生于路边草地。分布于江苏、浙江、福建、台湾、广东、云南。

【药用部位】叶，种子。

【采集加工】秋季果实成熟后采收。

【性味】味辛、苦，性平。

【功能主治】消炎、止痛；用于胸腹炎、高热、关节挫伤、关节痛。

【用法用量】0.5～5 钱，外用捣烂敷患处。

槐属 *Styphnolobium* Schott

槐　国槐　槐树　槐蕊　豆槐　白槐　细叶槐　金药树　（图 166）

Styphnolobium japonicum (L.) Schott

【形态特征】乔木，高达 25 米；树皮灰褐色，具纵裂纹。当年生枝绿色，无毛。羽状复叶长达 25 厘米；叶轴初被疏柔毛，旋即脱净；叶柄基部膨大，包裹着芽；托叶形状多变，有时呈卵形、叶状，有时呈线形或钻状，早落；小叶 4～7 对，对生或近互生，纸质，卵状披针形或卵状长圆形，长 2.5～6 厘米，宽 1.5～3 厘米，先端渐尖，具小尖头，基部宽楔形或近圆形，稍偏斜，下面灰白色，初被疏短柔毛，旋变无毛；小托叶 2 枚，钻状。圆锥花序顶生，常呈金字塔形，长达 30 厘米；花梗比花萼短；小苞片

2 枚，形似小托叶；花萼浅钟状，长约 4 毫米，萼齿 5，近等大，圆形或钝三角形，被灰白色短柔毛，萼管近无毛；花冠白色或淡黄色，旗瓣近圆形，长、宽约 11 毫米，具短柄，有紫色脉纹，先端微缺，基部浅心形，翼瓣卵状长圆形，长 10 毫米，宽 4 毫米，先端浑圆，基部斜戟形，无皱褶，龙骨瓣阔卵状长圆形，与翼瓣等长，宽达 6 毫米；雄蕊近分离，宿存；子房近无毛。荚果串珠状，长 2.5～5 厘米或稍长，直径约 10 毫米，种子间缢缩不明显，种子排列较紧密，具肉质果皮，成熟后不开裂，

图 166　槐 *Styphnolobium japonicum*

具种子 1～6 粒；种子卵球形，淡黄绿色，干后黑褐色。花期 6—7 月，果期 8—10 月。

【产地、生长环境与分布】仙桃市各地均有产。多为屋旁栽培。原产于我国，现南北各省区广泛栽培，华北和黄土高原地区尤为多见。

【药用部位】花及花蕾，叶，枝，根，果实。

【采集加工】槐米：一般于 6 月下旬至 7 月中旬，花未开放时采摘。槐花：于 7—8 月花盛期采收，晒干，除去枝梗、泥沙等杂质。槐角：9—11 月果实成熟近干燥时，打落或摘下。过早不成熟，过晚则多胶质，不易干。以晒干为好，防止冻干，切忌翻动，否则变色。晒干后，除去枝梗及杂质，即可。

【成分】本品含芸香苷，花蕾中含量多，开放后含量少。从干花蕾中可得三萜皂苷，水解后得白桦脂醇、槐花二醇、葡萄糖、葡萄糖醛酸。

【性味、归经】槐花：味苦，性微寒；归肝、大肠经。槐角：味苦，性寒；归肝、大肠经。槐叶：味苦，性平；归肝、胃经。

【功能主治】槐花：凉血止血、清肝泻火；用于便血、痔血、血痢、崩漏、吐血、衄血、肝热目赤、头痛眩晕。槐叶：清肝泻火、凉血解毒、燥湿杀虫；用于小儿惊痫、肠风、尿血、痔疮、湿疹、疥癣、痈疮疔肿。槐枝：散瘀止血、清热燥湿、祛风杀虫；用于崩漏、赤白带下、痔疮、阴囊湿痒、心痛、目赤、疥癣。槐根：散瘀消肿、杀虫；用于痔疮、喉痹、蛔虫病。槐角：凉血止血、清肝明目；用于痔疮出血、肠风下血、血痢、崩漏、血淋、血热吐衄、肝热目赤、头晕目眩。

【验方参考】①治小儿惊痫、疥癣及疔肿：槐叶煎汤。（《日华子本草》）②治崩中或赤白，不问年月远近：槐核，烧灰，食前酒下方寸匕。（《梅师集验方》）③治痔核：槐枝，浓煎汤，先洗痔，便以艾灸其上七壮，以知为度。（《传信方》）④疗五痔：煮槐根洗之。（《集验方》）⑤治女子痔疮：槐花根二两，葛菌二两，炖猪大肠服。（《重庆草药》）

车轴草属　*Trifolium* L.

1. 茎匍匐，无毛；花白色至淡红色 ·· 白车轴草 *T. repens*

1. 茎直立，有疏毛；花淡红色至紫色 ·· 红车轴草 *T. pratense*

白车轴草　白三叶　荷兰翘摇　（图 167）

Trifolium repens L.

【形态特征】短期多年生草本，生长期达 5 年，高 10～30 厘米。主根短，侧根和须根发达。茎匍匐蔓生，上部稍上升，节上生根，全株无毛；掌状三出复叶；托叶卵状披针形，膜质，基部抱茎成鞘状，离生部分锐尖；叶柄较长，长 10～30 厘米；小叶倒卵形至近圆形，长 8～20（30）毫米，宽 8～16（25）毫米，先端凹头至钝圆，基部楔形渐窄至小叶柄，中脉在下面隆起，侧脉约 13 对，与中脉作 50° 角展开，两面均隆起，近叶边分叉并伸达锯齿齿尖；小叶柄长 1.5 毫米，微被柔毛。花序球形，顶生，直径 15～40 毫米；总花梗甚长，比叶柄长近 1 倍，具花 20～50（80）朵，密集；无总苞；苞片披针形，膜质，锥尖；花长 7～12 毫米；花梗比花萼稍长或等长，开花立即下垂；萼钟形，具脉纹 10 条，萼齿 5，披针形，稍不等长，短于萼筒，萼喉开张，无毛；花冠白色、乳黄色或淡红色，具香气。旗瓣椭圆形，比翼瓣和龙骨瓣长近 1 倍，龙骨瓣比翼瓣稍短；子房线状长圆形，花柱比子房略长，胚珠 3～4 粒。荚果长圆形；种子通常 3 粒，阔卵形。花果期 5—10 月。

图 167-01　白车轴草 *Trifolium repens*（1）　　　　图 167-02　白车轴草 *Trifolium repens*（2）

【产地、生长环境与分布】仙桃市流潭公园有产。生于湿润草地、河岸、路边，呈半自生状态。我国东北、华北、华中、西南、华南地区均有分布，多栽培。

【药用部位】全草。

【采集加工】夏、秋季花盛期采收，晒干。

【性味】味微甘，性平。

【功能主治】清热、凉血、宁心；常用于癫痫、痔疮出血、硬结肿块。

【用法用量】内服：煎汤，15～30 克。外用：适量，捣敷。

红车轴草　红三叶　（图 168）

Trifolium pratense L.

【形态特征】短期多年生草本，生长期 2～5（9）年。主根深入土层达 1 米。茎粗壮，具纵棱，直立或平卧上升，疏生柔毛或秃净。掌状三出复叶；托叶近卵形，膜质，每侧具脉纹 8～9 条，基部抱茎，先端离生部分渐尖，具锥刺状尖头；叶柄较长，茎上部的叶柄短，被伸展毛或秃净；小叶卵状椭圆形至倒卵形，长 1.5～3.5（5）厘米，宽 1～2 厘米，先端钝，有时微凹，基部阔楔形，两面疏生褐色长柔毛，叶面上常有"V"字形白斑，侧脉约 15 对，在叶边处分叉隆起成 20° 角，伸出形成不明显的钝齿；小叶柄短，长约 1.5 毫米。花序球状或卵状，顶生；无总花梗或具甚短总花梗，包于顶生叶的托叶内，托叶扩展成焰苞状，具花 30～70 朵，密集；花长 12～14（18）毫米；几无花梗；萼钟形，被长柔毛，具脉纹 10 条，萼齿丝状，锥尖，比萼筒长，最下方 1 齿比其余萼齿长 1 倍，萼喉开张，

图 168　红车轴草 *Trifolium pratense*

具一多毛的加厚环；花冠紫红色至淡红色，旗瓣匙形，先端圆形，微凹缺，基部狭楔形，明显比翼瓣和龙骨瓣长，龙骨瓣稍比翼瓣短；子房椭圆形，花柱丝状细长，胚珠 1～2 粒。荚果卵形；通常有 1 粒扁圆形种子。花果期 5～9 月。

　　【产地、生长环境与分布】　仙桃市城区公园及乡镇街道有栽培。生于林缘、路边、草地等湿润处。我国南北各省区均有种植。

　　【药用部位】　花序及带花枝叶。

　　【采集加工】　夏、秋季采收，晒干备用。

　　【性味、归经】　味辛、甘，性平。归肺经。

　　【功能主治】　镇痉、止咳、止喘。全草制成软膏，治局部溃疡。

野豌豆属 *Vicia* L.

1. 总花梗长，花多，通常 5 朵以上 ·· 广布野豌豆 *V. cracca*

1. 总花梗极短，花 1～4（6）朵。

　2. 花长约 5 毫米；叶轴顶端具卷须；荚果扁 ·· 野豌豆 *V. sepium*

　2. 花大，长 25～33 毫米；叶轴顶端无卷须呈短尖头；荚果肥厚；种子间具海绵状横隔膜 ·················· 蚕豆 *V. faba*

广布野豌豆　草藤　落豆秧　（图 169）

Vicia cracca L.

　　【形态特征】　多年生草本，高 40～150 厘米。根细长，多分支。茎攀援或蔓生，有棱，被柔毛。偶数羽状复叶，叶轴顶端卷须有 2～3 分支；托叶半箭头形或戟形，上部 2 深裂；小叶 5～12 对互生，线形、长圆形或披针状线形，长 1.1～3 厘米，宽 0.2～0.4 厘米，先端锐尖或圆形，具短尖头，基部近圆形或近楔形，全缘；叶脉稀疏，呈三出脉状，不甚清晰。总状花序与叶轴近等长，花多数，10～40 朵密集，生于总花序轴上部；花萼钟状，萼齿 5，近三角状披针形；花冠紫色、蓝紫色或紫红色，长 0.8～1.5 厘米；旗瓣长圆形，中部缢缩呈提琴形，先端微缺，瓣柄与瓣片近等长；翼瓣与旗瓣近等长，明显长于龙骨瓣，先端钝；子房有柄，胚珠 4～7，花柱弯与子房连接处大于 90°，上部四周被毛。荚果长圆形或

长圆菱形，长 2 ～ 2.5 厘米，宽约 0.5 厘米，先端有喙，果梗长约 0.3 厘米。种子 3 ～ 6，扁圆球形，直径约 0.2 厘米，种皮黑褐色，种脐长相当于种子周长 1/3。花果期 5—9 月。

【产地、生长环境与分布】 仙桃市各地均有产，周邦村分布较多。生于草甸、林缘、山坡、河滩草地及灌丛。广布于我国南北各地。

【药用部位】 全草。

【采集加工】夏、秋季采收，晒干备用。

【性味】 味甘，性平。

图 169　广布野豌豆 *Vicia cracca*

【功能主治】 祛风湿、活血、舒筋、止痛；用于风湿病、闪挫伤、无名肿毒、阴囊湿疹。

野豌豆　滇野豌豆　野芳豆　（图 170）

Vicia sepium L.

【形态特征】 多年生草本，高 30 ～ 100 厘米。根茎匍匐，茎柔细斜升或攀援，具棱，疏被柔毛。偶数羽状复叶长 7 ～ 12 厘米，叶轴顶端卷须发达；托叶半戟形，有 2 ～ 4 裂齿；小叶 5 ～ 7 对，长卵圆形或长圆状披针形，长 0.6 ～ 3 厘米，宽 0.4 ～ 1.3 厘米，先端钝或平截，微凹，有短尖头，基部圆形，两面被疏柔毛，下面较密。短总状花序，花 2 ～ 4（6）朵腋生；花萼钟状，萼齿披针形或锥形，短于萼筒；花冠红色或近紫色至浅粉红色，稀白色；旗瓣近提琴形，先端凹，翼瓣短于旗瓣，

图 170　野豌豆 *Vicia sepium*

龙骨瓣内弯，最短；子房线形，无毛，胚珠 5，子房柄短，花柱与子房连接处成 90° 角；柱头远轴面有一束黄髯毛。荚果宽长圆状，近菱形，长 2.1 ～ 3.9 厘米，宽 0.5 ～ 0.7 厘米，成熟时亮黑色，先端具喙，微弯。种子 5 ～ 7，扁圆球形，表皮棕色，有斑，种脐长相当于种子周长的 2/3。花期 6 月，果期 7—8 月。

【产地、生长环境与分布】 仙桃市各地均有产，毛嘴镇榨湾村分布较多。生于草坡、林缘草丛中。分布于西北、西南各省区。

【药用部位】 全草。

【采集加工】 夏季采收，晒干或鲜用。

【性味】 味甘、辛，性温。

【功能主治】 补肾调经、祛痰止咳；用于肾虚腰痛、遗精、月经不调、咳嗽痰多；外用治疗疮。

【用法用量】 内服：煎汤，0.5～1两。外用：适量，鲜草捣烂敷或煎水洗患处。

蚕豆　南豆　胡豆　竖豆　佛豆　（图171）

Vicia faba L.

【形态特征】 一年生草本，高 30 ～ 100（120）厘米。主根短粗，多须根，根瘤粉红色，密集。茎粗壮，直立，直径 0.7 ～ 1 厘米，具四棱，中空、无毛。偶数羽状复叶，叶轴顶端卷须短缩为短尖头；托叶戟形或近三角状卵形，长 1 ～ 2.5 厘米，宽约 0.5 厘米，略有锯齿，具深紫色密腺点；小叶通常 1 ～ 3 对，互生，上部小叶可达 4 ～ 5 对，基部较少，小叶椭圆形、长圆形或倒卵形，稀圆形，长 4 ～ 6（10）厘米，宽 1.5 ～ 4 厘米，先端圆钝，具短尖头，基部楔形，全缘，两面均无毛。总状花序腋生，花梗近无；花萼钟形，萼齿披针形，下萼齿较长；

图 171　蚕豆 *Vicia faba*

具花 2 ～ 4（6）朵呈丛状着生于叶腋，花冠白色，具紫色脉纹及黑色斑晕，长 2 ～ 3.5 厘米，旗瓣中部缢缩，基部渐狭，翼瓣短于旗瓣，长于龙骨瓣；雄蕊二体（9+1），子房线形无柄，胚珠 2 ～ 4（6），花柱密被白色柔毛，顶端远轴面有一束髯毛。荚果肥厚，长 5 ～ 10 厘米，宽 2 ～ 3 厘米；表皮绿色，被茸毛，内有白色海绵状横隔膜，成熟后表皮变为黑色。种子 2 ～ 4（6），长方圆形、近长方形，中间内凹，种皮革质，青绿色、灰绿色至棕褐色，稀紫色或黑色；种脐线形，黑色，位于种子一端。花期 4—5 月，果期 5—6 月。

【产地、生长环境与分布】 仙桃市各地均有产。多栽培于田间或路旁。全国各地均有栽培，以长江以南地区为主。

【药用部位】 全草，花，荚果，种子，种壳，叶。

【采集加工】 夏季采收，晒干备用。

【性味、归经】 种子、种壳：味甘，性温。叶：味微甘，性温。花：味甘，性平。归脾、胃经。

【功能主治】 全草：化痰、止咳、平喘、祛风寒；用于咳嗽痰喘、风寒感冒、蚕豆病、风湿痹痛、筋骨疼痛、带下、痈疮肿毒。花、荚果、种子、种壳：止血、利尿、解毒、消肿；用于噎膈、水肿。叶：用于肺结核咯血、消化道出血、外伤出血、臁疮。

【验方参考】 ①治水肿：蚕豆 2 两，冬瓜皮 2 两，水煎服。（《民间常用草药汇编》）②止血：取鲜蚕豆叶捣烂挤汁，每服 20 毫升，每日 2 次。煎服效果略差。（《中药大辞典》）③治咯血：蚕豆花 3 钱，水煎去渣，溶化冰糖适量，一日 2 ～ 3 回服。（《现代实用中药》）④治血热崩漏：鲜蚕豆花 1 两，水煎服。（《福建中草药》）⑤治臁疮臭烂，多年不愈：蚕豆叶一把，捶烂敷患处。（《贵阳市中医、草药医、民族医秘方验方》）⑥治小便日久不通、难忍欲死：蚕豆壳 3 两，煎汤服之。如无鲜壳，取子壳代之。（《慈航活人书》）⑦治各种内出血：蚕豆梗焙干研细末，每日 3 钱，分 3 次吞服；油水泻，蚕豆梗 1 两，煎服。（《上海常用中草药》）

豇豆属 *Vigna* Savi

1. 荚果被毛··绿豆 *V. radiata*

1. 荚果无毛。

  2. 托叶箭头形，长达 1.7 厘米···赤豆 *V. angularis*

  2. 托叶披针形至卵状披针形，长 1～1.5 厘米···豇豆 *V. unguiculata*

绿豆　青小豆　（图 172 ）

Vigna radiata (L.) Wilczek

图 172　绿豆 *Vigna radiata*

【形态特征】 一年生直立草本，高 20～60 厘米。茎被褐色长硬毛。羽状复叶具 3 小叶；托叶盾状着生，卵形，长 0.8～1.2 厘米，具缘毛；小托叶显著，披针形；小叶卵形，长 5～16 厘米，宽 3～12 厘米，侧生的多少偏斜，全缘，先端渐尖，基部阔楔形或浑圆，两面多少被疏长毛，基部三脉明显；叶柄长 5～21 厘米；叶轴长 1.5～4 厘米；小叶柄长 3～6 毫米。总状花序腋生，有花 4 至数朵，最多可达 25 朵；总花梗长 2.5～9.5 厘米；花梗长 2～3 毫米；小苞片线状披针形或长圆形，长 4～7 毫米，有线条，近宿存；萼管无毛，长 3～4 毫米，裂片狭三角形，长 1.5～4 毫米，具缘毛，上方的一对合生成一先端 2 裂的裂片；旗瓣近方形，长 1.2 厘米，宽 1.6 厘米，外面黄绿色，里面有时粉红色，顶端微凹，内弯，无毛；翼瓣卵形，黄色；龙骨瓣镰刀状，绿色而染粉红色，右侧有显著的囊。荚果线状圆柱形，平展，长 4～9 厘米，宽 5～6 毫米，被淡褐色、散生的长硬毛，种子间多少收缩；种子 8～14 颗，淡绿色或黄褐色，短圆柱形，长 2.5～4 毫米，宽 2.5～3 毫米，种脐白色而不凹陷。花期初夏，果期 6—8 月。

【产地、生长环境与分布】 仙桃市各地均有产。多为田间栽培。我国南北各地均有栽培。热带、亚热带地区广泛栽培。

【药用部位】 种子。

【采集加工】 立秋后种子成熟时采收，拔取全株，晒干，将种子打落，簸净杂质。

【性味】 味甘，性凉。

【功能主治】 清热解毒、消暑、利水；用于暑热烦渴、水肿、泄泻、丹毒、痈肿。

【用法用量】 内服：煎汤，0.5～1 两；研末或生研绞汁。外用：适量，研末调敷。

【验方参考】 ①解暑：绿豆淘净，下锅加水，大火一滚，取汤冷色碧食之。如多滚则色浊，不堪食矣。（《遵生八笺》绿豆汤）②治消渴，小便如常：绿豆二升，淘净，用水一斗，煮烂研细，澄滤取汁，早晚食前各服一小盏。（《圣济总录》绿豆汁）③治十种水气：绿豆二合半，大附子一只（去皮、脐，切作两片），水三碗，煮熟，空心卧时食豆，次日将附子两片作四片，再以绿豆二合半，如前煮食，第三日别以绿豆、附子如前煮食，第四日如第二日法煮食，水从小便下，肿自消，未消再服。忌生冷、毒物、盐酒六十日。（《类编朱氏集验医方》）④治小便不利，淋沥：青小豆半升，冬麻子三合（捣碎，以水二升淘，绞取汁），陈橘皮一合（末）。上以冬麻子汁煮橘皮及豆令热食之。（《太平圣惠方》）⑤治赤痢经年不愈：绿豆角蒸熟，随意食之。（《普济方》）⑥治小儿遍身火丹并赤游肿：绿豆、大黄为末，薄荷蜜水调涂。（《普济方》）⑦治痈疽：赤小豆、绿豆、黑豆、川姜黄各适量，上为细末，未发起，姜汁和井华水调敷；已发起，蜜水调敷。（《普济方》）⑧治金石丹火药毒，并酒毒、烟毒、煤毒为病：绿豆一升，生捣末，豆腐浆二碗，调服。一时无豆腐浆，用糯米泔顿温亦可。（《本草汇言》）⑨解乌头毒：绿豆四两，生甘草二两，煎服。（《上海常用中草药》）

赤豆　小豆　红豆　红小豆　（图 173）
Vigna angularis (Willd.) Ohwi et Ohashi

【形态特征】一年生、直立或缠绕草本。高 30～90 厘米，植株被疏长毛。羽状复叶具 3 小叶；托叶盾状着生，箭头形，长 0.9～1.7 厘米；小叶卵形至菱状卵形，长 5～10 厘米，宽 5～8 厘米，先端宽三角形或近圆形，侧生的偏斜，全缘或浅 3 裂，两面均稍被疏长毛。花黄色，5 或 6 朵生于短的总花梗顶端；花梗极短；小苞片披针形，长 6～8 毫米；花萼钟状，长 3～4 毫米；花冠长约 9 毫米，旗瓣扁圆形或近肾形，常稍歪斜，顶端凹，翼瓣比龙骨瓣宽，具短瓣柄及耳，龙骨瓣顶端弯曲近半圈，

图 173　赤豆 *Vigna angularis*

其中一片的中下部有一角状突起，基部有瓣柄；子房线形，花柱弯曲，近先端有毛。荚果圆柱状，长 5～8 厘米，宽 5～6 毫米，平展或下弯，无毛；种子通常暗红色或其他颜色，长圆形，长 5～6 毫米，宽 4～5 毫米，两头截平或近浑圆，种脐不凹陷。花期夏季，果期 9—10 月。

【产地、生长环境与分布】仙桃市各地均有产。多为田间栽培。我国南北地区均有栽培。

【药用部位】种子。

【采集加工】秋季果实成熟而未开裂时拔取全株，晒干，打下种子，除去杂质，再晒干。

【性味】味甘、酸，性平。

【功能主治】利水消肿、解毒排脓；用于水肿胀满、脚气浮肿、黄疸尿赤、风湿热痹、痈肿疮毒、肠痈腹痛。

【用法用量】内服：煎汤，9～30 克。外用：适量，研末调敷。

豇豆 豆角 角豆 饭豆 （图174）

Vigna unguiculata (L.) Walp.

【形态特征】一年生缠绕草本。茎无毛或近于无毛。托叶披针形，两端渐狭急尖，基部着生茎上；三出复叶互生，顶生小叶菱状卵形，两侧小叶斜卵形。花序较叶短，着生 2～3 朵花；小苞片匙形，早落；萼钟状，无毛，皱缩，萼齿 5，披针形；花冠蝶形，淡紫色或带黄白色，旗瓣、翼瓣有耳，龙骨瓣无耳；雄蕊 10，二体；雌蕊 1，子房无柄，花序顶部被髯毛。荚果长 20～30 厘米，下垂；种子肾形或球形。花期 6—7 月，果期 8 月。

图 174 豇豆 *Vigna unguiculata*

【产地、生长环境与分布】仙桃市各地均有产。豇豆是旱地作物，生于土层深厚、疏松、保肥保水性强的肥沃土壤。全国大部分地区有栽培。

【药用部位】种子。

【采集加工】秋季果实成熟后采收。

【成分】种子含大量淀粉、脂肪油、蛋白质、烟酸、维生素 B_1、维生素 B_2。鲜嫩豇豆含维生素 C。

【性味、归经】味甘，性平。归脾、肾经。

【功能主治】健脾补肾；用于脾胃虚弱、泄泻、吐逆、消渴、遗精、带下、白浊、小便频数。

【用法用量】内服：适量，煎汤或煮食。

【验方参考】①治食积腹胀、嗳气：生豇豆适量，细嚼咽下，或捣绒泡冷开水服。（《常用草药治疗手册》）②治带下、白浊：豇豆、藤藤菜各适量，炖鸡肉服。（《四川中药志》）③治蛇咬伤：豇豆、山慈姑、樱桃叶、黄豆叶各适量，捣绒外敷。（《常用草药治疗手册》）

【使用注意】气滞便结者禁用。

53. 酢浆草科 Oxalidaceae

酢浆草属 *Oxalis* L.

1. 花白色或紫红色。

  2. 植株无纺锤形根茎；花直径小于 2 厘米。

    3. 花紫红色；小叶表面绿色，长 1～4 厘米，宽 1.5～6 厘米。（栽培或常逸生）········红花酢浆草 *O. corymbosa*

    3. 花淡紫色或白色；小叶紫红色·····················紫叶酢浆草 *O. triangularis* subsp. *papilionacea*

1. 花黄色。

  4. 花直径小于 1 厘米；小叶表面无紫斑·····························酢浆草 *O. corniculata*

  4. 花直径约 2 厘米；小叶表面具紫斑（栽培）·····················黄花酢浆草 *O. pes-caprae*

红花酢浆草　大酸味草　铜锤草　南天七　（图 175）

Oxalis corymbosa DC.

【形态特征】 多年生直立草本。无地上茎，地下部分有球状鳞茎，外层鳞片膜质，褐色，背具 3 条肋状纵脉，被长缘毛，内层鳞片呈三角形，无毛。叶基生；叶柄长 5～30 厘米或更长，被毛；小叶 3，扁圆状倒心形，长 1～4 厘米，宽 1.5～6 厘米，顶端凹入，两侧角圆形，基部宽楔形，表面绿色，被毛或近无毛；背面浅绿色，通常两面或有时仅边缘有干后呈棕黑色的小腺体，背面尤甚并被疏毛；托叶长圆形，顶部狭尖，与叶柄基部合生。总花梗基生，二歧聚伞花序，通常排列成伞形花序式，

图 175　红花酢浆草 *Oxalis corymbosa*

总花梗长 10～40 厘米或更长，被毛；花梗、苞片、萼片均被毛；花梗长 5～25 毫米，每花梗有披针形、干膜质苞片 2 枚；萼片 5，披针形，长 4～7 毫米，先端有暗红色、长圆形的小腺体 2 枚，顶部腹面被疏柔毛；花瓣 5，倒心形，长 1.5～2 厘米，为萼长的 2～4 倍，淡紫色至紫红色，基部颜色较深；雄蕊 10 枚，长的 5 枚超出花柱，另 5 枚长至子房中部，花丝被长柔毛；子房 5 室，花柱 5，被锈色长柔毛，柱头浅 2 裂。花果期 3—12 月。

【产地、生长环境与分布】 仙桃市各地均有产。生于低海拔的山地、路旁、荒地或水田中。因其鳞茎极易分离，故繁殖迅速，常为田间莠草。分布于河北、陕西、四川和云南等地。原产于南美洲热带地区，我国长江以北各地作为观赏植物引入，南方各地已逸为野生。

【药用部位】 全草。

【采集加工】 夏、秋季采收，鲜用或晒干备用。

【性味】 味酸，性寒。

【功能主治】 清热解毒、散瘀消肿、调经；用于咽炎、牙痛、肾盂肾炎、痢疾、月经不调、带下；外用治毒蛇咬伤、跌打损伤、烧烫伤。

【用法用量】 内服：煎汤，15～30 克；或浸酒、炖肉。外用：适量，捣烂敷。

紫叶酢浆草　（图 176）

Oxalis triangularis subsp. *papilionacea* (Hoffmanns. ex Zucc.) Lourteig

【形态特征】 多年生具球根的草本。株高 15～30 厘米（光线充足时植株会比较矮小）。地下部分生有鳞茎，鳞茎会不断增生。叶丛生于基部，全部为根生叶。掌状复叶由 3 片小叶组成，每片小叶呈倒三角形，宽大于长，质软。叶片颜色为艳丽的紫红色，部分品种的叶片内侧还镶嵌有如蝴蝶般的紫黑色斑块。伞形花序，花 12～14 朵，花冠 5 裂，淡紫色或白色，端部呈淡粉色。如遇阴雨天，粉红色带浅白色的小花只含花苞但不会开放。紫叶酢浆草有睡眠状态，到了晚上叶片会自动聚合收拢后下垂，直到

第二天早上再舒展张开。花期 5—11 月。

【产地、生长环境与分布】 仙桃市城区和各乡镇均有栽培。喜温暖湿润的环境，能耐干旱，最适宜的生长温度为 16～22 ℃，同时需要充足的光照。原产于巴西，现我国有引种栽培。

【药用部位】 全草。

【采集加工】 全年可采收，洗净鲜用或晒干备用。

【性味】 味酸，性寒。

【功能主治】 清热利湿、解毒消肿、凉血散瘀；用于湿热泄泻、痢疾、黄疸、

图 176　紫叶酢浆草 *Oxalis triangularis* subsp. *papilionacea*

淋证、带下、吐血、衄血、尿血、月经不调、跌打损伤、咽喉肿痛、痈肿疔疮、丹毒、湿疹、麻疹、痔疮、烫伤、蛇虫咬伤。

黄花酢浆草　（图 177）

Oxalis pes-caprae L.

【形态特征】 多年生草本，高 5～10 厘米。根茎匍匐，具块茎，地上茎短缩不明显或无地上茎，基部具褐色膜质鳞片。叶多数，基生，无托叶；叶柄长 3～6 厘米，基部具关节；小叶 3，倒心形，长约 2 厘米，宽 2～2.5 厘米，先端深凹陷，基部楔形，两面被柔毛，具紫斑。伞形花序基生，明显长于叶，总花梗被柔毛；苞片狭披针形，长 2.5～4 毫米，宽约 1 毫米，先端急尖；花梗与苞片近等长或稍长，被柔毛，下垂；萼片披针形，长 4.5～6 毫米，宽 1.5～2 毫米，先端急尖，边缘白色膜质，具缘毛；

图 177　黄花酢浆草 *Oxalis pes-caprae*

花瓣黄色，宽倒卵形，长为萼片的 4～5 倍，先端圆形、微凹，基部具爪；雄蕊 10，2 轮，内轮长为外轮的 2 倍，花丝基部合生；子房被柔毛。蒴果圆柱形，被柔毛。种子卵形。

【产地、生长环境与分布】 仙桃市各地均有产。生于山坡草坪、河流沿岸、路边、田边、荒地或林下阴湿处等，喜向阳、温暖、湿润的环境。北京、陕西、新疆等地有栽培。原产于南非，我国作为观赏花卉引种。

【药用部位】 全草。

【采集加工】 全年均可采收，尤以夏、秋季为宜，洗净，鲜用或晒干。

【性味】 味酸，性寒。

【功能主治】 清热、利湿、止渴、利尿、降火清肝、清心安神、凉血散瘀；用于痢疾、腹痛、胃痛、小便不利、荨麻疹、丹毒、急性淋巴结炎、高血压、急慢性肝炎、尿路感染、咽喉痛、神经衰弱失眠、跌打瘀肿等。

酢浆草 酸味草 鸠酸 酸醋酱 （图178）

Oxalis corniculata L.

【形态特征】 草本，高10～35厘米，全株被柔毛。根茎稍肥厚。茎细弱，多分枝，直立或匍匐，匍匐茎节上生根。叶基生或茎上互生；托叶小，长圆形或卵形，边缘被密长柔毛，基部与叶柄合生，或同一植株下部托叶明显而上部托叶不明显；叶柄长1～13厘米，基部具关节；小叶3，无柄，倒心形，长4～16毫米，宽4～22毫米，先端凹入，基部宽楔形，两面被柔毛或表面无毛，沿脉被毛较密，边缘具贴伏缘毛。花单生或数朵集为伞形花序状，腋生，总花梗淡红色，与叶近等长；花梗长4～15毫米，果后延伸；小苞片2，披针形，长2.5～4毫米，膜质；萼片5，披针形或长圆状披针形，长3～5毫米，背面和边缘被柔毛，宿存；花瓣5，黄色，长圆状倒卵形，长6～8毫米，宽4～5毫米；雄蕊10，花丝白色半透明，有时被疏短柔毛，基部合生，长、短互间，长者花药较大且早熟；子房长圆形，5室，被短伏毛，花柱5，柱头头状。蒴果长圆柱形，长1～2.5厘米，具5棱。种子长卵形，长1～1.5毫米，褐色或红棕色，具横向肋状网纹。花果期2—9月。

图 178-01 酢浆草 *Oxalis corniculata*（1）

图 178-02 酢浆草 *Oxalis corniculata*（2）

【产地、生长环境与分布】 仙桃市沙湖泵站有产。生于山坡草地、河谷沿岸、路边、田边、荒地或林下阴湿处等。全国广布。

【药用部位】 全草。

【采集加工】 全年均可采收，尤以夏、秋季为宜，洗净，鲜用或晒干。

【性味】 味酸，性寒。

【功能主治】清热利湿、凉血散瘀、解毒消肿；常用于湿热泄泻、痢疾、黄疸、淋证、带下、吐血、衄血、尿血、月经不调、跌打损伤、咽喉肿痛、痈肿疔疮、丹毒、湿疹、疥癣、痔疮、麻疹、烫伤、蛇虫咬伤。

【用法用量】内服：煎汤，2～4钱（鲜品1～2两）；捣汁或研末。外用：适量，煎水洗；或捣敷、捣汁涂、调敷，或煎水漱口。

【验方参考】①治咳嗽：酢浆草（蜜炙）9克，桑白皮（蜜炙）3克，水煎服。（《陕西中草药》）②治咳喘：鲜酢浆草30克，紫菀9克，煎服。（《安徽中草药》）③治产后腹痛：酢浆草鲜全草30克，鸡蛋3个，酒适量。水煎，分3次服。（《壮族民间用药选编》）④治黄疸型肝炎：酢浆草15～30克，水煎服；或用鲜草和米泔水捣汁服，每日1剂。（《浙南本草新编》）⑤治妇女经漏，淋漓不断：鲜酢浆草60克，捣烂取汁，酌加红糖炖服。（《河南中草药手册》）⑥治乳痈：酢浆草、马兰各30克，水煎服，药渣捣烂，敷患处。（《河南中草药手册》）⑦治脱肛：鲜酢浆草适量，煎汤熏洗患处。（《青岛中草药手册》）

54. 牻牛儿苗科 Geraniaceae

老鹳草属 *Geranium* L.

1. 多年生草本，根茎粗壮；茎生叶片3裂，植株有时具腺毛 ·········· 老鹳草 *G. wilfordii*
1. 一年生草本，根细；叶片圆肾形；总花梗通常数个集生于茎端，呈伞形状花序·········· 野老鹳草 *G. carolinianum*

老鹳草　老鹳嘴　老鸦嘴　贯筋　老贯筋　老牛筋　（图179）

Geranium wilfordii Maxim.

【形态特征】多年生草本，高30～50厘米。根茎直生，粗壮，具簇生纤维状细长须根，上部围以残存基生托叶。茎直立，单生，具棱槽，假二叉状分枝，被倒向短柔毛，有时上部混生开展腺毛。叶基生和茎生叶对生；托叶卵状三角形或上部为狭披针形，长5～8毫米，宽1～3毫米，基生叶和茎下部叶具长柄，柄长为叶片的2～3倍，被倒向短柔毛，茎上部叶柄渐短或近无柄；基生叶片圆肾形，长3～5厘米，宽4～9厘米，5深裂达2/3处，裂片倒卵状楔形，下部全缘，上部不规则状齿裂，茎生叶3裂至3/5处，裂片长卵形或宽楔形，上部齿状浅裂，先端长渐尖，表面被短伏毛，背面沿脉被短糙毛。花序腋生和顶生，稍长于叶，总花梗被倒向短柔毛，有时混生腺毛，每梗具2花；苞片钻形，长3～4毫米；花梗与总花梗相似，长为花的2～4倍，花果期通常直立；萼片长卵形或卵状椭圆形，长5～6毫米，宽2～3毫米，先端具细尖头，背面沿脉和边缘被短柔毛，有时混生开展的腺毛；花瓣白色或淡红色，倒卵形，与萼片近等长，内面基部被疏柔毛；雄蕊稍短于萼片，花丝淡棕色，下部扩展，被缘毛；雌蕊被短糙状毛，花柱分枝紫红色。蒴果长约2厘米，被短柔毛和长糙毛。花期6—8月，果期8—9月。

【产地、生长环境与分布】仙桃市各地均有产，何湾村堤边分布较多。生于沟边阴湿处。分布于云南、四川、河南、江西、浙江、江苏。

【药用部位】全草。

【采集加工】夏、秋季果实近成熟时采割，捆成把，晒干备用。

【性味】味苦、微辛，性平。

图 179-01　老鹳草 *Geranium wilfordii*（1）　　图 179-02　老鹳草 *Geranium wilfordii*（2）

【功能主治】祛风通络、活血、清热利湿；用于风湿痹痛、肌肤麻木、筋骨酸痛、跌打损伤、泄泻痢疾、疮毒。

【用法用量】内服：煎汤，9～15克；或浸酒，或熬膏。外用：适量，捣烂加酒炒热外敷或制成软膏涂敷。

【验方参考】①治筋骨瘫痪：老鹳草、筋骨草、舒筋草各适量，炖肉服。（《四川中药志》）②治筋骨疼痛，通行经络，祛诸风：新鲜老鹳草洗净，置100斤于铜锅内，加水煎煮2次，过滤，再将滤液浓缩至约30斤，加饮用酒5两，煮10分钟，最后加入熟蜂蜜6斤，混合拌匀，煮20分钟，待冷装罐。（《中药形性经验鉴别法》老鹳草膏）

野老鹳草 　（图180）

Geranium carolinianum L.

【形态特征】一年生草本，高20～60厘米，根纤细，单一或分枝，茎直立或仰卧，单一或多数，具棱角，密被倒向短柔毛。基生叶早枯，茎生叶互生或最上部对生；托叶披针形或三角状披针形，长5～7毫米，宽1.5～2.5毫米，外被短柔毛；茎下部叶具长柄，柄长为叶片的2～3倍，被倒向短柔毛，上部叶柄渐短；叶片圆肾形，长2～3厘米，宽4～6厘米，基部心形，掌状5～7裂近基部，裂片楔状倒卵形或菱形，下部楔形、全缘，上部羽状深裂，小裂片条状矩圆形，先端急尖，表面被短伏毛，背面主要沿脉被短伏毛。花序腋生和顶生，长于叶，被倒生短柔毛和开展的长腺毛，每总花梗具2花，顶生总花梗常数个集生，花序呈伞形状；花梗与总花梗相似，等于或稍短于花；苞片钻状，长3～4毫米，被短柔毛；萼片长卵形或近椭圆形，长5～7毫米，宽3～4毫米，先端急尖，具长约1毫米尖头，外被短柔毛或沿脉被开展的糙柔毛和腺毛；花瓣淡紫红色，倒卵形，稍长于萼，先端圆形，基部宽楔形，雄蕊稍短于萼片，中部以下被长糙柔毛；雌蕊稍长于雄蕊，密被糙柔毛。蒴果长约2厘米，被短糙毛，果瓣由喙上部先裂向下卷曲。花期4—7月，果期5—9月。

【产地、生长环境与分布】仙桃市各地均有产，何湾村较多。生于平原和低山荒坡杂草丛中。分布于四川及华东、华北、东北地区。

【药用部位】全草。

【采集加工】夏、秋季采收，晒干备用。

图 180-01　野老鹳草 *Geranium carolinianum*（1）　　　图 180-02　野老鹳草 *Geranium carolinianum*（2）

【性味】味辛、苦，性平。

【功能主治】祛风湿、通经络、止泄泻；用于风湿痹痛、麻木拘挛、筋骨酸痛、泄泻痢疾。

55. 大戟科 Euphorbiaceae

大戟属 *Euphorbia* L.

1. 总苞的腺体具花瓣状附属物。

　　2. 茎匍匐状；花序单一，腋生；叶较小，蒴果具毛 ···地锦草 *E. humifusa*

　　2. 茎斜向上或近直立；花序聚生；叶较大，蒴果无毛 ·······································通奶草 *E. hypericifolia*

1. 总苞的腺体无附属物。

　　3. 腺体盘状，4 枚，盾状着生于总苞边缘；总苞叶常 5 枚；种子具网状脊纹 ············泽漆 *E. helioscopia*

泽漆　五朵云　五灯草　五风草　猫儿眼睛草　　（图 181）

Euphorbia helioscopia L.

【形态特征】一年生草本。根纤细，长 7 ～ 10 厘米，直径 3 ～ 5 毫米，下部分枝。茎直立，单一或自基部多分枝，分枝斜展向上，高 10 ～ 30（50）厘米，直径 3 ～ 5（7）毫米，光滑无毛。叶互生，倒卵形或匙形，长 1 ～ 3.5 厘米，宽 5 ～ 15 毫米，先端具齿，中部以下渐狭或呈楔形；总苞叶 5 枚，倒卵状长圆形，长 3 ～ 4 厘米，宽 8 ～ 14 毫米，先端具齿，基部略渐狭，无柄；总伞幅 5 枚，长 2 ～ 4 厘米；苞叶 2 枚，卵圆形，先端具齿，基部呈圆形。花序单生，有柄或近无柄；总苞钟状，高

图 181　泽漆 *Euphorbia helioscopia*

约 2.5 毫米，直径约 2 毫米，光滑无毛，边缘 5 裂，裂片半圆形，边缘和内侧具柔毛；腺体 4，盘状，中部内凹，基部具短柄，淡褐色。雄花数枚，明显伸出总苞外；雌花 1 枚，子房柄略伸出总苞边缘。蒴果三棱状阔圆形，光滑，无毛；具明显的 3 纵沟，长 2.5 ～ 3 毫米，直径 3 ～ 4.5 毫米；成熟时分裂为 3 个分果爿。种子卵状，长约 2 毫米，直径约 1.5 毫米，暗褐色，具明显的脊网；种阜扁平状，无柄。花果期 4—10 月。

【产地、生长环境与分布】仙桃市各地均有产。生于路旁、荒野和草坡。广布于全国（除黑龙江、吉林、内蒙古、广东、海南、台湾、新疆、西藏外）。

【药用部位】 全草。

【采集加工】 春、夏季采集全草，晒干。

【性味】 味辛、苦，性微寒。

【功能主治】行水消肿、化痰止咳、解毒杀虫；用于水气肿满、痰饮喘咳、疟疾、细菌性痢疾、瘰疬、结核性瘘管、骨髓炎。

【用法用量】 三钱至五钱，煎服；外用适量，捣敷。

【验方参考】①治水气通身洪肿，四肢无力，喘息不安，腹中响响胀满，眼不得视：泽漆根十两，鲤鱼五斤，赤小豆二升，生姜八两，茯苓三两，人参、麦冬、甘草各二两。上八味细切，以水一斗七升，先煮鱼及豆，减七升，去滓，内药煮取四升半。一服三合，日三，人弱服二合，再服气下喘止，可至四合，晬时小便利，肿气减或小溏下。（《千金方》泽漆汤）②治十种水气：泽漆十斤于夏间拣取嫩叶，入酒一斗，研取汁，约二斗。上于银锅内，以慢火熬如稀饧即止，于瓷器内收。每日空心，以温酒调下一茶匙，以愈为度。（《太平圣惠方》）③治水肿盛满，气急喘嗽，小便涩赤如血者：泽漆叶（微炒）五两，桑根白皮（炙黄，锉）三两，白术一两，郁李仁（汤浸，去皮，炒熟）三两，杏仁（汤浸，去皮、尖、双仁，炒）一两半，陈橘皮（汤浸，去白，炒干）一两，人参一两半。上七味，粗捣筛。每服五钱匕，用水一盏半，生姜一枣大，拍破，煎至八分，去滓温服。以利黄水三升及小便利为度。（《圣济总录》泽漆汤）④治心下有物大如杯，不得食者：葶苈二两（熬），大黄二两，泽漆四两。捣筛，蜜丸，和捣千杵。服如梧子大二丸，日三服，稍加。（《补辑肘后方》）⑤治肺源性心脏病：鲜泽漆茎叶 60 克，洗净切碎，加水 500 克，放鸡蛋 2 个煮熟，去壳刺孔，再煮熬数分钟。先吃鸡蛋后喝汤，每日 1 剂。（《草药手册》）⑥治脚气赤肿，行步作疼：猫儿眼睛草不以多少（锉碎），入鹭鸶藤、蜂窝各等份。每服一两重，水五碗，煎至二碗，趁热熏洗。（《履巉岩本草》）⑦治瘰疬：猫儿眼睛草一二捆，井水二桶，锅内熬至一桶，去滓澄清，再熬至一碗，瓶收。每以椒、葱、槐枝，煎汤洗疮净，乃搽此膏。（《本草纲目》）⑧治疮癣有虫：猫儿眼睛草，晒干为末，香油调搽。（《卫生易简方》）⑨治神经性皮炎：鲜泽漆白浆敷癣上或用椿树叶捣碎同敷。（《兄弟省市中草药单方验方新医疗法选编》）⑩治宫颈癌：泽漆 100 克，加水适量，与鸡蛋 3 个共煮，煮熟后食蛋喝汤，每日 1 剂。（《陕西中草药》）⑪治乳汁稀少：鲜泽漆 30 克，黄酒适量，炖服。（《福建药物志》）

通奶草　小飞扬草 　（图 182）

Euphorbia hypericifolia L.

【形态特征】一年生草本，根纤细，长 10 ～ 15 厘米，直径 2 ～ 3.5 毫米，常不分枝，少数由末端

分枝。茎直立，自基部分枝或不分枝，高
15～30厘米，直径1～3毫米，无毛或
被少许短柔毛。叶对生，狭长圆形或倒卵形，
长1～2.5厘米，宽4～8毫米，先端钝
或圆，基部圆形，通常偏斜，不对称，边
缘全缘或基部以上具细锯齿，上面深绿色，
下面淡绿色，有时略带紫红色，两面被稀
疏的柔毛，或上面的毛早脱落；叶柄极短，
长1～2毫米；托叶三角形，分离或合生。
苞叶2枚，与茎生叶同型。花序数个簇生
于叶腋或枝顶，每个花序基部具纤细的柄，
柄长3～5毫米；总苞陀螺状，高与直径

图 182   通奶草 *Euphorbia hypericifolia*

各约1毫米或稍大，边缘5裂，裂片卵状三角形；腺体4，边缘具白色或淡粉色附属物。雄花数枚，微伸
出总苞外；雌花1枚，子房柄长于总苞；子房三棱状，无毛；花柱3，分离；柱头2浅裂。蒴果三棱状，
长约1.5毫米，直径约2毫米，无毛，成熟时分裂为3个分果爿。种子卵棱状，长约1.2毫米，直径约0.8
毫米，每个棱面具数个皱纹，无种阜。花果期8—12月。

【产地、生长环境与分布】仙桃市各地均有产。生于旷野荒地、路旁、灌丛及田间。分布于江西、台湾、
湖南、广东、广西、海南、四川、贵州和云南。

【药用部位】全草。

【采集加工】春、夏季采集全草，晒干。

【性味】味微酸、涩，性微凉。

【功能主治】清热利湿、收敛止痒；用于细菌性痢疾、肠炎腹泻、痔疮出血；外用治湿疹、过敏性皮炎、
皮肤瘙痒。

【用法用量】内服：煎汤，0.5～1两。外用：适量，鲜品煎水熏洗患处。

地锦草 血见愁 红丝草 奶浆草 （图183）

Euphorbia humifusa Willd.

【形态特征】一年生草本。根纤细，长10～18厘米，直径2～3毫米，常不分枝。茎匍匐，自基
部以上多分枝，偶尔先端斜向上伸展，基部常呈红色或淡红色，长达20（30）厘米，直径1～3毫米，
被柔毛或疏柔毛。叶对生，矩圆形或椭圆形，长5～10毫米，宽3～6毫米，先端钝圆，基部偏斜，略
渐狭，边缘常于中部以上具细锯齿；叶面绿色，叶背淡绿色，有时淡红色，两面被疏柔毛；叶柄极短，
长1～2毫米。花序单生于叶腋，基部具1～3毫米的短柄；总苞陀螺状，高与直径各约1毫米，边缘4
裂，裂片三角形；腺体4，矩圆形，边缘具白色或淡红色附属物。雄花数枚，近与总苞边缘等长；雌花1
枚，子房柄伸出至总苞边缘；子房三棱状卵形，光滑无毛；花柱3，分离；柱头2裂。蒴果三棱状卵球形，
长约2毫米，直径约2.2毫米，成熟时分裂为3个分果爿，花柱宿存。种子三棱状卵球形，长约1.3毫米，
直径约0.9毫米，灰色，每个棱面无横沟，无种阜。花果期5—10月。

【产地、生长环境与分布】 仙桃市各地均有产。生于原野荒地、路旁、田间、沙丘等地，较常见。除海南外，分布于全国各地。

【药用部位】 全草。

【采集加工】 10 月采收全株，洗净，晒干或鲜用。

【性味】 味辛，性平。

【功能主治】 清热解毒、凉血止血、利湿退黄；用于痢疾、泄泻、咯血、尿血、便血、崩漏、疮疖痈肿、湿热黄疸，为活血止血药。

图 183　地锦草 *Euphorbia humifusa*

【用法用量】 内服：煎汤，15 ～ 30 克；或浸酒。外用：适量，煎水洗；或磨汁涂，或捣烂敷。

铁苋菜属 *Acalypha* L.

铁苋菜　蛤蜊花　海蚌含珠　蚌壳草　（图 184）
Acalypha australis L.

【形态特征】 一年生草本，高 30 ～ 60 厘米，被柔毛。茎直立，多分枝。叶互生，椭圆状披针形，长 2.5 ～ 8 厘米，宽 1.5 ～ 3.5 厘米，顶端渐尖，基部楔形，两面有疏毛或无毛，叶脉基部三出；叶柄长，花序腋生，有叶状肾形苞片 1 ～ 3，不分裂，合对如蚌；通常雄花序极短，着生在雌花序上部，雄花萼 4 裂，雄蕊 8；雌花序生于苞片内。蒴果钝三棱形，淡褐色，有毛。种子黑色。花期 5—7 月，果期 7—11 月。

图 184　铁苋菜 *Acalypha australis*

【产地、生长环境与分布】 仙桃市各地均有产。生于草坡、沟边、路旁、田野。分布几乎遍及全国，长江流域尤多。

【药用部位】 全草或地上部分。

【采集加工】 夏、秋季采割，除去杂质，晒干。

【成分】 本品含生物碱、黄酮苷、酚类。

【性味、归经】 味苦、涩，性凉。归心、肺经。

【功能主治】 清热解毒、利湿、收敛止血；用于肠炎、痢疾、吐血、衄血、便血、尿血、崩漏；外用治痈疖疮疡、皮炎湿疹。

【用法用量】　内服：煎汤，10～30克。外用：鲜品适量，捣烂敷患处。

【验方参考】①治月经不调：鲜铁苋菜二两，水煎服。(《青海常用中草药手册》)②治崩漏：铁苋菜、蒲黄炭各三钱，藕节炭五钱，水煎服。(《青海常用中草药手册》)③治吐血、衄血：铁苋菜、白茅根各一两，水煎服。(《内蒙古中草药》)④治血淋：鲜铁苋菜一两，蒲黄炭、小蓟、木通各三钱，水煎服。(《青海常用中草药手册》)⑤治疮痈肿毒、蛇虫咬伤：鲜铁苋菜适量，捣烂外敷。(《内蒙古中草药》)

蓖麻属 *Ricinus* L.

蓖麻　麻子　老麻子　草麻　（图185）

Ricinus communis L.

【形态特征】　一年生粗壮草本或草质灌木，高达5米；小枝、叶和花序通常被白霜，茎多汁液。叶轮廓近圆形，长、宽达40厘米或更大，掌状7～11裂，裂缺几达中部，裂片卵状长圆形或披针形，顶端急尖或渐尖，边缘具锯齿；掌状脉7～11条。网脉明显；叶柄粗壮，中空，长可达40厘米，顶端具2枚盘状腺体，基部具盘状腺体；托叶长三角形，长2～3厘米，早落。总状花序或圆锥花序，长15～30厘米或更长；苞片阔三角形，膜质，早落。雄花：花萼裂片卵状三角形，长7～10毫米；雄蕊束众多。雌花：萼片卵状披针形，长5～8毫米，凋落；子房卵状，直径约5毫米，密生软刺或无刺，花柱红色，长约4毫米，顶部2裂，密生乳头状突起。蒴果卵球形或近球形，长1.5～2.5厘米，果皮具软刺或平滑；种子椭圆形，微扁平，长8～18毫米，平滑，斑纹淡褐色或灰白色；种阜大。花期几乎全年或6—9月（栽培）。

图185-01　蓖麻 *Ricinus communis*（1）

图185-02　蓖麻 *Ricinus communis*（2）

【产地、生长环境与分布】　仙桃市各地均有产。生于土坡疏林下、村旁疏林下，河流两岸冲积地常有逸为野生种，呈多年生灌木。分布于华北、东北、西北、华东、华南和西南等地区。

【药用部位】　全株。

【采集加工】　夏、秋季采收，根及叶分别晒干或鲜用，种子晒干，加工成油脂备用。

【性味】叶：味甘、辛，性平；有小毒。根：味淡、微辛，性平。种子：味甘、辛，性平；有毒。

【功能主治】叶：消肿拔毒、止痒；用于疮疡肿毒、湿疹瘙痒，并可灭蛆、杀孑孓。根：祛风活血、止痛镇静；用于风湿关节痛、破伤风、癫痫、精神分裂症。种子：消肿拔毒、泻下通滞；用于痈疽肿毒、瘰疬、喉痹、疥癞癣疮、水肿腹满、大便燥结。

【用法用量】根：1～2两，水煎服。种子：外用适量，捣敷或调敷；内服，入丸剂，1～5克；生研或炒食。

【验方参考】①治疮胀：蓖麻子二十多颗，去壳，和少量食盐、稀饭捣匀，敷患处，日换两次。（《福建民间草药》）②治痈疽初起：去皮蓖麻子一份，松香四份，将蓖麻子捣碎，加入松香粉充分搅拌，用开水搅成糊状，置于冷水中冷却成膏状备用。用时将白膏药按疮面大小摊于纸或布上贴患处。（《中草药新医疗法资料选编》）③治瘰疬：蓖麻子炒熟，去皮，烂嚼，临睡服二三枚，渐加至十数枚。（《本草衍义》）④治咽中疮肿：蓖麻子一枚（去皮），朴硝一钱，同研，新汲水作一服，连进二三服效。（《医准》）⑤治喉痹：蓖麻子，取肉捶碎，纸卷作筒，烧烟吸之。（《医学正传》）⑥治诸骨鲠：蓖麻子七粒，去壳研细，入寒水石末，缠令干湿得所，以竹篦子挑二三钱入喉中，少顷以水咽之即下。（《魏氏家藏方》）⑦治疠风，手指挛曲，节间痛不可忍，渐至断落：蓖麻一两（去皮），黄连一两（锉如豆），以小瓶子入水一升，同浸，春夏三日，秋冬五日，后取蓖麻子一枚，肇彼，以浸药水，平旦时一服，渐加至四五枚，微利不妨，瓶中水少更添。忌动风食。（《医准》）⑧治烫伤：蓖麻子、蛤粉各等份，研膏。汤损用油调涂，火疮用水调涂。（《古今录验养生必用方》）⑨治犬咬伤：蓖麻子五十粒，去壳，以井水研膏，先以盐水洗咬处，次以蓖麻膏贴。（《袖珍方》）⑩治风气头痛不可忍：乳香、蓖麻仁各等份。捣饼，随左右贴太阳穴。（《本草纲目》）⑪治小儿癫痫：蓖麻仁三枚，棘刚子（去皮）三十枚，石燕子（烧）一枚，滑石（末）二钱，扇香（研）半钱巴，上五味捣研匀，稀面糊和丸，如绿豆大，每服十五丸，空心，煎灯心汤下。（《圣济总录》蓖麻丸）⑫治气喘咳嗽：蓖麻子去壳炒熟，拣甜者吃，多服见效。（《卫生易简方》）⑬治难产及胞衣不下：蓖麻子七枚，研如膏，涂脚底心，子及衣才下，便速洗去。（《海上集验方》）⑭催生并治死胎不下：蓖麻子三个，巴豆四个，研细，入麝香少许，贴脐心上。（《卫生家宝方》）⑮治子宫脱垂：蓖麻仁、枯矾各等份，为末，安纸上托入，仍以蓖麻仁十四枚，研膏涂顶心。（《摘元方》）⑯治暴患脱肛：蓖麻子一两，烂杵为膏，捻作饼子，两指宽大，贴囟上；如阴证脱肛，生附子末、葱、蒜同研作膏，依前法贴之。（《活幼心书》蓖麻膏）⑰治口眼歪斜：蓖麻子仁七粒，研作末，右歪安在左手心，左歪安在右手心，却以铜盂盛热水。坐药上，冷即换，五六次即正也。（《妇人良方》）⑱治风湿性关节炎、风瘫、四肢酸痛、癫痫：蓖麻根五钱至一两，水煎服。（《常用中草药手册》）⑲治瘰疬：白茎蓖麻根一两，冰糖一两，豆腐一块，开水炖服，渣捣烂敷患处。（《福建中草药》）

叶下珠属 *Phyllanthus* L.

叶下珠　阴阳草　假油树　珍珠草　珠仔草　蓖其草　（图186）
Phyllanthus urinaria L.

【形态特征】一年生草本，高10～60厘米，茎通常直立，基部多分枝，枝倾卧而后上升；枝具翅状纵棱，上部被一纵列疏短柔毛。叶片纸质，因叶柄扭转而呈羽状排列，长圆形或倒卵形，长4～10毫米，宽2～5毫米，顶端圆、钝或急尖而有小尖头，下面灰绿色，近边缘或边缘有1～3列短粗毛；侧脉每边 4～5 条，明显；叶柄极短；托叶卵状披针形，长约 1.5 毫米。花雌雄同株，直径约 4 毫米。雄花：2～4 朵簇生于叶腋，通常仅上面 1 朵开花，下面的很小；花梗长约 0.5 毫米，基部有苞片 1～2 枚；萼片 6，倒卵形，长约 0.6 毫米，顶端钝；雄蕊 3，花丝全部合生成柱状；花粉粒长球形，通常具 5 孔沟，少数为 3 孔、4 孔、6 孔沟，内孔横长椭圆形；花盘腺体 6，分离，与萼片互生。雌花：单生于小枝中下部的叶腋内；花梗长约 0.5 毫米；萼片 6，近相等，卵状披针形，长约 1 毫米，边缘膜质，

图 186 叶下珠 *Phyllanthus urinaria*

黄白色；花盘圆盘状，边全缘；子房卵状，有鳞片状突起，花柱分离，顶端 2 裂，裂片弯卷。蒴果圆球状，直径 1～2 毫米，红色，表面具小突刺，有宿存的花柱和萼片，开裂后轴柱宿存；种子长 1.2 毫米，橙黄色。花期 4—6 月，果期 7—11 月。

【产地、生长环境与分布】 仙桃市城区及各乡镇有少量分布。生于旷野平地、旱田、路旁或林缘。分布于河北、山西、陕西、华东、华中、华南、西南等地区。

【药用部位】 全草。

【采集加工】 夏、秋季采集全草，除去杂质，晒干。

【性味】 味微苦，性凉。

【功能主治】 清热利尿、明目、消积；用于肾炎水肿、尿路感染、结石、肠炎、痢疾、小儿疳积、角膜炎、黄疸型肝炎；外用治竹叶青蛇咬伤。

【用法用量】 内服：煎汤，25～50 克。外用：适量，鲜草捣烂敷伤口周围。

【验方参考】 ①治痢疾、肠炎腹泻：叶下珠、铁苋菜各 30 克，煎汤，加糖适量冲服，或配老鹳草水煎服。（《中草药学》）②治黄疸：鲜叶下珠 60 克，鲜马鞭草 90 克，鲜半边莲 60 克，水煎服。（《草药手册》）③治赤白痢疾：叶下珠 30～60 克，水煎加红糖服或冲蜜服。或加红猪母菜 30 克煎服；或叶下珠 20 克，老鹳草 20 克，水煎，加红糖服。④治细菌性痢疾、膀胱炎：鲜叶下珠 30 克，金银花叶 20 克，红糖 20 克，煎服。或叶下珠适量，洗净，加冷开水适量，绞汁加红糖，每日 1 剂，分 2～3 次服，连服 3～5 天。⑤治伤暑发热：叶下珠 30 克，水煎加蜜服。⑥治目赤肿痛、夜盲、眼花：叶下珠 30～60 克，炖猪肝或鸭肝 120 克，饮汤食肝。⑦治肾盂肾炎急性期或慢性急发：鲜叶下珠 40 克，白花蛇舌草 30 克，车前草 20 克，水煎，每日 1 剂，分 3 次服，连服 2～5 天。⑧治小儿疳积：鲜叶下珠根、鲜老鼠耳根各 15 克，炖服。或叶下珠煮猪肝或鸡肝食。⑨治小儿疳积引起的结膜炎、夜盲：叶下珠 15 克，猪肝 50 克，蒸熟饮汤食肝。⑩治单纯性消化不良：叶下珠 15 克，水煎服。⑪治急性黄疸型肝炎：鲜叶下珠、六月雪、茵陈各 30 克，每日 1 剂，水煎分 2 次服。⑫治竹叶青蛇咬伤：鲜叶下珠洗净，绞汁，用米酒适量或米汤冲服，渣贴患处。⑬治指头蛇疮：叶下珠捣雄黄末贴之。⑭治小儿头面暑疖：叶下珠捣汁，调雄黄末抹患处。（③～⑭出自《全国中草药汇编》）

假奓包叶属 *Discocleidion*

假奓包叶　小泡叶　（图 187）

Discocleidion rufescens (Franch.) Pax et Hoffm.

【形态特征】灌木或小乔木,高 1.5～5 米；小枝、叶柄、花序均密被白色或淡黄色长柔毛。叶纸质,卵形或卵状椭圆形,长 7～14 厘米,宽 5～12 厘米,顶端渐尖,基部圆形或近截平,稀浅心形或阔楔形,边缘具锯齿,上面被糙伏毛,下面被茸毛,叶脉上被白色长柔毛；基出脉 3～5 条,侧脉 4～6 对；近基部两侧常具褐色斑状腺体 2～4 个；叶柄长 3～8 厘米,顶端具 2 枚线形小托叶,长约 3 毫米,被毛,边缘具黄色小腺体。总状花序或下部多分枝呈圆锥花序,长 15～20 厘米,苞片卵形,

图 187　假奓包叶 *Discocleidion rufescens*

长约 2 毫米；雄花 3～5 朵簇生于苞腋,花梗长约 3 毫米；花萼裂片 3～5,卵形,长约 2 毫米,顶端渐尖；雄蕊 35～60 枚,花丝纤细；腺体小,棒状圆锥形；雌花 1～2 朵生于苞腋,苞片披针形,长约 2 毫米,疏生长柔毛,花梗长约 3 毫米；花萼裂片卵形,长约 3 毫米；花盘具圆齿,被毛；子房被黄色糙伏毛,花柱长 1～3 毫米,外反,2 深裂至近基部,密生羽毛状突起。蒴果扁球形,直径 6～8 毫米,被柔毛。花期 4—8 月,果期 8—10 月。

【产地、生长环境与分布】仙桃市沔州森林公园有产。生于树林中或灌丛中。分布于甘肃、陕西、四川、湖北、湖南、贵州、广西、广东等地。

【药用部位】根皮。

【采集加工】春、夏季采集,晒干备用。

【性味】味苦,性温。

【功能主治】泻水消积；用于水肿、食积、毒疮；外用治竹叶青蛇咬伤。

秋枫属 *Bischofia* Bl.

秋枫　茄冬　秋风子　大秋枫　红桐　过冬梨　朱桐树　乌杨　（图 188）

Bischofia javanica Bl.

【形态特征】常绿或半常绿大乔木,高达 40 米,胸径可达 2.3 米；树干圆满通直,但分枝低,主干较短；树皮灰褐色至棕褐色,厚约 1 厘米,近平滑,老树皮粗糙,内皮纤维质,稍脆；砍伤树皮后流出汁液红色,干凝后变瘀血状；木材鲜时有酸味,干后无味,表面槽棱突起；小枝无毛。三出复叶,稀 5 小叶,总叶柄长 8～20 厘米；小叶片纸质,卵形、椭圆形、倒卵形或椭圆状卵形,长 7～15 厘米,宽 4～8

厘米，顶端急尖或短尾状渐尖，基部宽楔形至钝，边缘有浅锯齿，每厘米长有 2 ～ 3 个，幼时仅叶脉上被疏短柔毛，老渐无毛；顶生小叶柄长 2 ～ 5 厘米，侧生小叶柄长 5 ～ 20 毫米；托叶膜质，披针形，长约 8 毫米，早落。花小，雌雄异株，多朵组成腋生的圆锥花序；雄花序长 8 ～ 13 厘米，被微柔毛至无毛；雌花序长 15 ～ 27 厘米，下垂。雄花：直径达 2.5 毫米；萼片膜质，半圆形，内面凹成勺状，外面被疏微柔毛；花丝短；退化雌蕊小，盾状，被短柔毛。雌花：萼片长圆状卵形，内面凹成勺状，

图 188　秋枫 *Bischofia javanica*

外面被疏微柔毛，边缘膜质；子房光滑无毛，3 ～ 4 室，花柱 3 ～ 4，线形，顶端不分裂。果实浆果状，圆球形或近圆球形，直径 6 ～ 13 毫米，淡褐色；种子长圆形，长约 5 毫米。花期 4—5 月，果期 8—10 月。

【产地、生长环境与分布】　仙桃市各地均有产。生于潮湿沟谷林中或平原栽培，尤以河边堤岸或行道树为多。分布于陕西、江苏、安徽、浙江、江西、台湾、河南、湖北、湖南、广东、海南、广西、四川、贵州、云南、福建等地。

【药用部位】　根、树皮及叶。

【采集加工】　全年可采，晒干或鲜用。

【性味】　味微辛、涩，性凉。

【功能主治】　行气活血、消肿解毒。根及树皮：用于风湿骨痛。叶：用于食道癌、胃癌、传染性肝炎、小儿疳积、肺炎、咽喉炎；外用治痈疽、疮疡。

【用法用量】　内服：煎汤，根及树皮 3 ～ 5 钱；鲜叶 2 ～ 3 两。外用：适量，捣烂敷患处。

算盘子属　*Glochidion* J. R. Forst. & G. Forst.

算盘子　算盘珠　野南瓜　（图 189）

Glochidion puberum (L.) Hutch.

【形态特征】　直立灌木，高 1 ～ 5 米，多分枝；小枝灰褐色；小枝、叶片下面、萼片外面、子房和果实均密被短柔毛。叶片纸质或近革质，长圆形、长卵形或倒卵状长圆形，稀披针形，长 3 ～ 8 厘米，宽 1 ～ 2.5 厘米，顶端钝、急尖、短渐尖或圆，基部楔形至钝，上面灰绿色，仅中脉被疏短柔毛或几无毛，下面粉绿色；侧脉每边 5 ～ 7 条，下面凸起，网脉明显；叶柄长 1 ～ 3 毫米；托叶三角形，长约 1 毫米。花小，雌雄同株或异株，2 ～ 5 朵簇生于叶腋内，雄花束常着生于小枝下部，雌花束则在上部，或有时雌花和雄花同生于一叶腋内。雄花：花梗长 4 ～ 15 毫米；萼片 6，狭长圆形或长圆状倒卵形，长 2.5 ～ 3.5 毫米；雄蕊 3，合生成圆柱状。雌花：花梗长约 1 毫米；萼片 6，与雄花的相似，但较短而厚；子房圆球状，5 ～ 10 室，每室有 2 颗胚珠，花柱合生成环状，长、宽与子房几相等，与子房接连处缢缩。蒴果扁球状，直径 8 ～ 15 毫米，边缘有 8 ～ 10 条纵沟，成熟时带红色，顶端具有环状而稍伸长的宿存花柱，种子近肾形，具三棱，

长约 4 毫米，朱红色。花期 4—8 月，果期 7—11 月。

图 189　算盘子 *Glochidion puberum*

【产地、生长环境与分布】 仙桃市城区有栽培。生于土坡灌丛中。分布于长江流域以南各地。

【药用部位】 果实。

【采集加工】 秋季采摘，拣净杂质，晒干。

【性味、归经】 味苦，性凉；有小毒。归肾经。

【功能主治】 清热除湿、解毒利咽、行气活血；用于痢疾、泄泻、黄疸、疟疾、淋浊、带下、咽喉肿痛、牙痛、疝痛、产后腹痛。

【用法用量】 内服：煎汤，9 ～ 15 克。

【验方参考】 ①治黄疸：算盘子 60 克，大米（炒焦黄）30 ～ 60 克，水煎服。（《甘肃中草药手册》）②治尿道炎、小便不利：野南瓜果实 15 ～ 30 克，水煎服。（《湖北中草药志》）

【使用注意】 有小毒，不可过量服用。

乌桕属 *Triadica* Lour.

乌桕　柏树　木蜡树　木梓树　蜡烛树　木油树　桊子树　（图 190）
Triadica sebifera (L.) Small

【形态特征】 乔木，高可达 15 米，各部均无毛而具乳状汁液；树皮暗灰色，有纵裂纹；枝广展，具皮孔。叶互生，纸质，叶片菱形、菱状卵形，稀菱状倒卵形，长 3 ～ 8 厘米，宽 3 ～ 9 厘米，顶端骤然紧缩具长短不等的尖头，基部阔楔形或钝，全缘；中脉两面微凸起，侧脉 6 ～ 10 对，纤细，斜上升，离缘 2 ～ 5 毫米弯拱网结，网状脉明显；叶柄纤细，长 2.5 ～ 6 厘米，顶端具 2 腺体；托叶顶端钝，长约 1 毫米。花单性，雌雄同株，聚集成顶生、长 6 ～ 12 厘米的总状花序，雌花通常生于花序轴最

图 190　乌桕 *Triadica sebifera*

下部或罕有在雌花下部亦有少数雄花着生，雄花生于花序轴上部或有时整个花序全为雄花。雄花：花梗纤细，长 1 ～ 3 毫米，向上渐粗；苞片阔卵形，长和宽近相等，约 2 毫米，顶端略尖，基部两侧各具一近肾形的腺体，每一苞片内具 10 ～ 15 朵花；小苞片 3，不等大，边缘撕裂状；花萼杯状，3 浅裂，裂片钝，

具不规则的细齿；雄蕊 2 枚，罕有 3 枚，伸出于花萼之外，花丝分离，与球状花药近等长。雌花：花梗粗壮，长 3 ～ 3.5 毫米；苞片深 3 裂，裂片渐尖，基部两侧的腺体与雄花的相同，每一苞片内仅 1 朵雌花，间有 1 雌花和数雄花同聚生于苞腋内；花萼 3 深裂，裂片卵形至卵状披针形，顶端短尖至渐尖；子房卵球形，平滑，3 室，花柱 3，基部合生，柱头外卷。蒴果梨状球形，成熟时黑色，直径 1 ～ 1.5 厘米。具 3 种子，分果爿脱落后而中轴宿存；种子扁球形，黑色，长约 8 毫米，宽 6 ～ 7 毫米，外被白色、蜡质的假种皮。花期 4—8 月。

【产地、生长环境与分布】仙桃市城区及各乡镇街道均有栽培。生于旷野、塘边或疏林中。分布于黄河以南各省区，北达陕西、甘肃。

【药用部位】根皮、树皮或叶。

【采集加工】根皮及树皮四季可采，切片晒干。叶多鲜用，或晒干。

【性味、归经】味苦，性微温。归肺、肾、胃、大肠经。

【功能主治】利水消肿、解毒杀虫；用于血吸虫病、肝硬化腹水、大小便不利、毒蛇咬伤；外用治疗疮、鸡眼、乳腺炎、跌打损伤、湿疹、皮炎。

【用法用量】内服：煎汤，根皮 3 ～ 9 克；叶 9 ～ 15 克。外用：适量，鲜叶捣烂敷患处，或煎水洗。

【验方参考】①治水气，小便涩，身体虚肿：乌桕皮二两，木通一两（锉），槟榔一两。上药，捣细罗为散，每服不计时候，以粥饮调下二钱。（《太平圣惠方》）②治大便不通：乌桕根一寸，劈破，以水煎，取小半盏服之，不用多吃，兼能利水。（《证类本草》）③治婴儿胎毒满头：水边乌桕树根，晒研，入雄黄末少许，生油调搽。（《经验良方》）④治毒蛇咬伤：乌桕树二层皮（鲜 30 克，干 15 克），捣烂，米酒适量和匀，去渣，1 次饮至微醉为度，将酒渣敷伤口周围。（《岭南草药志》）⑤治脚癣：乌桕鲜叶捣烂，加食盐少许调匀，敷患处。（《广西本草选编》）

【使用注意】体虚、孕妇及溃疡患者忌服。

56. 芸香科 Rutaceae

花椒属 *Zanthoxylum* L.

1. 叶轴有翼叶或至少有狭窄、绿色的叶质边缘。

　　2. 小叶 3 ～ 9 片，通常呈披针形···竹叶花椒 *Z. armatum*

　　2. 小叶 11 ～ 19 片，卵状披针形，具钝锯齿，革质·····································胡椒木 *Z. piperitum*

1. 叶轴无翼叶或仅有甚狭窄的叶质边缘，则叶轴腹面有浅的纵沟。

　　3. 小叶 5 ～ 13 片，有叶翼，稀披针形，小叶仅叶缘及齿缝处有油点·················花椒 *Z. bungeanum*

竹叶花椒　万花针　竹叶总管　山花椒　狗椒　野花椒　崖椒　秦椒　蜀椒　（图 191）

Zanthoxylum armatum DC.

【形态特征】高 3 ～ 5 米的落叶小乔木；茎枝多锐刺，刺基部宽而扁，红褐色，小枝上的刺劲直，水平抽出，小叶背面中脉上常有小刺，仅叶背基部中脉两侧有丛状柔毛，或嫩枝梢及花序轴均被褐锈色短柔毛。叶有小叶 3 ～ 9 片，稀 11 片，翼叶明显，稀仅有痕迹；小叶对生，通常披针形，长 3 ～ 12

厘米，宽 1～3 厘米，两端尖，有时基部宽楔形，干后叶缘略向背卷，叶面稍粗糙；或为椭圆形，长 4～9 厘米，宽 2～4.5 厘米，顶端中央一片最大，基部一对最小；有时为卵形，叶缘有甚小且疏离的裂齿，或近于全缘，仅在齿缝处或沿小叶边缘有油点；小叶柄甚短或无柄。花序近腋生或同时生于侧枝之顶，长 2～5 厘米，有花约 30 朵；花被片 6～8 片，形状与大小儿相同，长约 1.5 毫米；雄花的雄蕊 5～6 枚，药隔顶端有 1 干后变褐黑色油点；不育雌蕊具垫状突起，顶端 2～3 浅裂；雌花有心皮 2～3 个，背部近顶侧各有 1 油点，花柱斜向背弯，不育雄蕊短线状。果紫红色，有微凸起的少数油点，单个分果瓣直径 4～5 毫米；种子直径 3～4 毫米，褐黑色。花期 4—5 月，果期 8—10 月。

【产地、生长环境与分布】仙桃市敦厚太洪闸有产。生于海拔 1400 米以下的山坡灌丛中，或栽培在房前屋后。分布于我国中部和南部各省区。

【药用部位】根，树皮，叶，果实及种子。

【采集加工】全年采根、树皮，秋季采果，夏季采叶，鲜用或晒干。

【性味】味辛，性温。

图 191-01　竹叶花椒 *Zanthoxylum armatum*（1）

图 191-02　竹叶花椒 *Zanthoxylum armatum*（2）

【功能主治】温中燥湿、祛寒止疼、除虫消痒；用于脘腹冷痛、湿寒呕吐腹泻、蛔厥腹痛、龋齿牙痛、湿疹、疥癣痒疮。根、果：用于胃腹冷痛、肠胃混乱、蛔虫病腹痛、感冒头痛、寒证咳嗽、类风湿关节炎、蜈蚣咬伤。叶：外敷治跌打损伤肿疼、痈疮疮毒、皮肤瘙痒。

【用法用量】内服：煎汤，6～9 克；研末，1～3 克。外用：适量，煎水洗或含漱；或酒精浸泡外搽，或研粉塞入龋齿洞中，或鲜品捣敷。

【验方参考】①治胃痛、牙痛：竹叶花椒果一至二钱，山姜根三钱，研末，温开水送服。（《江西草药》）②治痧证腹痛：竹叶花椒果三至五钱，水煎服；或研末，每次五分至一钱，黄酒送服。（《江西草药》）③治虚寒胃痛：a. 野花椒果 3～6 克，水煎服。（《浙南本草新编》）b. 竹叶花椒果 6 克，生姜 9 克，水煎服。（《全国中草药汇编》）④治腹痛泄泻：竹叶花椒 6～9 克，煎服。（《安徽中草药》）⑤治蛔虫病腹痛：竹叶花椒 6 克，苦楝皮 9 克，水煎服，服时兑醋适量。（《安徽中草药》）

胡椒木　（图192）

Zanthoxylum piperitum Benn.

【形态特征】落叶灌木。树皮黑棕色，上有瘤状突起，枝叶密生，枝有刺。奇数羽状复叶，叶基有短刺2枚，叶轴有狭翼，小叶对生，11～19片，长0.7～1厘米，卵状披针形，具钝锯齿，革质，叶面浓绿富光泽，全叶密生腺体。聚伞状圆锥花序，雌雄异株，雄花黄色，雌花橙红色，子房3～4个。果红色，椭圆形，种子黑色。花期5月。

图192-01　胡椒木 *Zanthoxylum piperitum*（1）　　　图192-02　胡椒木 *Zanthoxylum piperitum*（2）

【产地、生长环境与分布】仙桃市袁市社区有栽培。喜光，喜温暖湿润气候。除东北地区外，我国各地均可栽培。

【药用部位】根。

【性味、归经】味辛，性温。归肾、膀胱经。

【功能主治】温中、下气、消痰、解毒；用于寒痰食积、脘腹冷痛、反胃、呕吐清水、泄泻，并解食物毒。

花椒　椒　大椒　秦椒　蜀椒　（图193）

Zanthoxylum bungeanum Maxim.

【形态特征】高3～7米的落叶小乔木；茎干上的刺常早落，枝有短刺，小枝上的刺基部宽而扁，当年生枝被短柔毛。叶有小叶5～13片，叶轴常有甚狭窄的叶翼；小叶对生，无柄，卵形、椭圆形，稀披针形，位于叶轴顶部的较大，近基部的有时圆形，长2～7厘米，宽1～3.5厘米，叶缘有细裂齿，齿缝有油点。其余无或散生肉眼可见的油点，叶背基部中脉两侧有丛毛或小叶两面均被柔毛，中脉在叶面微凹陷，叶背干后常有红褐色斑纹。花序顶生或生于侧枝之顶，花序轴及花梗密被短柔毛或无毛；花被片6～8片，黄绿色，形状及大小大致相同；雄花的雄蕊5枚或多至8枚；退化雌蕊顶端叉状浅裂；雌花很少有发育雄蕊，有心皮3或2个，间有4个，花柱斜向背弯。果紫红色，单个分果瓣直径4～5毫米，散生微凸起的油点，顶端有甚短的芒尖或无；种子长3.5～4.5毫米。花期4—5月，果期8—9月或10月。

【产地、生长环境与分布】仙桃市流潭公园有产。生于山坡、沟谷边疏林中，林缘，灌丛中。分布于我国南北各地。

【药用部位】　成熟果皮及种子。

【采集加工】　秋季采收成熟果实，除去杂质，晒干。与种子分开备用。

【性味】　味辛，性温。

【功能主治】　温中散寒、除湿、止痛、杀虫；用于食积停饮、心腹冷痛、呕吐、咳嗽气逆、风寒湿痹、泄泻、痢疾、疝痛、齿痛、蛔虫病、蛲虫病、阴痒、疥疮。

【用法用量】　内服：煎汤，3 ～ 6 克。外用：适量，煎汤熏洗。注意阴虚火旺者忌服，孕妇慎服。

图 193　花椒 *Zanthoxylum bungeanum*

【验方参考】　①回乳：花椒 10 ～ 15 克，加水 400 ～ 500 毫升，浸泡 2 小时，煎煮至 250 毫升，加红糖 50 ～ 100 克，于断奶当日趁热 1 次服下，每日 1 次，连用 1 ～ 3 次。（《食物药用指南》）②治冷痢：花椒（微炒出汗）0.9 克，捣罗为末，炼蜜和丸，如绿豆大，每服以粥饮下五丸，日三四服。（《太平圣惠方》）③治冷虫心痛：花椒 120 克，炒出汗，酒一碗淋之，服酒。（《寿域神方》）④治齿痛：蜀椒，醋煎含之。（《食疗本草》）

枳属 *Poncirus* Raf.

枳　臭橘　臭杞　枸橘　枳壳　（图 194）

Poncirus trifoliata (L.) Raf.

【形态特征】　小乔木，株高 1 ～ 5 米，树冠伞形或圆头形。枝绿色，嫩枝扁，有纵棱，刺长达 4 厘米，刺尖干枯状，红褐色，基部扁平。叶柄有狭长的翼叶，通常指状三出叶，很少 4 ～ 5 小叶，或杂交种的则除 3 小叶外尚有 2 小叶或单小叶同时存在，小叶等长或中间的一片较大，长 2 ～ 5 厘米，宽 1 ～ 3 厘米，对称或两侧不对称，叶缘有细钝裂齿或全缘，嫩叶中脉上有细毛。花单朵或成对腋生，一般先于叶开放，也有先叶后花的，有完全花及不完全花，后者雄蕊发育，雌蕊萎缩，花有大、小二型，花径 3.5 ～ 8 厘米；萼片长 5 ～ 7 毫米；花瓣白色，匙形，长 1.5 ～ 3 厘米；雄蕊通常 20 枚，花丝不等长。果近圆球形或梨形，大小差异较大，通常纵径 3 ～ 4.5 厘米，横径 3.5 ～ 6 厘米，果顶微凹，有环圈，果皮暗黄色，粗糙，也有无环圈，果皮平滑的，油胞小而密，果心充实，瓤囊 6 ～ 8 瓣，汁胞有短柄，果肉含黏液，微有香橼气味，甚酸且苦，带涩味，有种子 20 ～ 50 粒；种子阔卵形，乳白色或乳黄色，有黏液，

图 194-01　枳 *Poncirus trifoliata*（1）

平滑或间有不明显的细脉纹，长 9～12 毫米。花期 5—6 月，果期 10—11 月。

【产地、生长环境与分布】 仙桃市各地均有产。生于山坡路旁，或栽培在村旁、庭园内。分布于陕西、甘肃、河北、山东、江苏、安徽、浙江、江西、福建、台湾、河南、湖北、湖南、广东、广西、四川、贵州、云南等地，多为栽培。

【药用部位】 果实。

【采集加工】 拾取自然脱落在地上的幼小果实，晒干；略大者自中部横切为两半，晒干者称"绿衣枳实"；未成熟果实，横切为两半，晒干者称"绿衣枳壳"。

图 194-02　枳 *Poncirus trifoliata*（2）

【性味】 味苦、辛，性温。

【功能主治】 舒肝止痛、破气散结、消食化滞、除痰镇咳；用于胸胁胀满、脘腹胀痛、乳房结块、疝气疼痛、睾丸肿痛、跌打损伤、食积、便秘、子宫脱垂。

【用法用量】 内服：煎汤，9～15 克；或煅研粉服。外用：适量，煎水洗；或熬膏涂。

【验方参考】 ①治胃脘胀痛、消化不良：枸橘 9 克，水煎服；或煅存性研粉，温酒送服。（《浙江药用植物志》）②治疝气：枸橘 6 个，用 250 克白酒泡 7 天。每服药酒 2 盅，每日服 3 次。（《河北中草药》）③治睾丸肿痛：枸橘焙干，研末。每次服 3 克，每日服 2 次。用开水或温酒送服，或水煎服；或枸橘 3 个，小茴香 9 克，水煎服，每日服 2 次。（《山东中草药手册》）④治跌打损伤、闪腰岔气：枳 12 克，小茴香秆 30 克，香附子 12 克，藿香秆 9 克，水煎服。（《河南中草药手册》）⑤治淋巴结炎：鲜枸橘、白矾各等份，捣烂敷患处。（《河北中草药》）⑥治牙痛：枳 6 克，小茴香 9 克，水煎服。（《河南中草药手册》）⑦治咽喉痛、扁桃体炎：枸橘 4 个，竹子叶 7 片，槐蛾 1 块；或加望江南 3～6 克。水煎，代茶饮。（《山东中草药手册》）⑧治内伤诸痛：枸橘，醋浸熬胶，摊贴。贴即痛止，但须久贴，方不复发。（《本经逢原》）⑨治下痢脓血：枸橘、草薢各等份，炒存性，研粉，每次 6 克，用茶汁送服。（《浙江药用植物志》）⑩治遍身白疹、瘙痒不止：小枸橘不拘多少，切作片，麸皮炒黄为末，每服二钱，酒浸少时，去枸橘，但饮酒。仍以枸橘煎汤洗患处。（《急救良方》）

57. 七叶树科 Hippocastanaceae

七叶树属 *Aesculus* L.

七叶树　梭椤树　梭椤子　天师栗　开心果　猴板栗　（图 195）

Aesculus chinensis Bunge

【形态特征】 落叶乔木，高达 25 米，树皮深褐色或灰褐色，小枝圆柱形，黄褐色或灰褐色，无毛或嫩时有微柔毛，有圆形或椭圆形淡黄色的皮孔。冬芽大型，有树脂。掌状复叶，由 5～7 小叶组成，叶柄长 10 ～ 12 厘米，有灰色微柔毛；小叶纸质，长圆状披针形至长圆状倒披针形，稀长椭圆形，先端短锐尖，基部楔形或阔楔形，边缘有钝尖形的细锯齿，长 8 ～ 16 厘米，宽 3 ～ 5 厘米，上面深绿色，无毛，下面除中肋及侧脉的基部嫩时有疏柔毛外，其余部分无毛；中肋在上面显著，在下面凸起，侧脉 13 ～ 17 对，在上面微显著，在下面显著；中央小叶的小叶柄长 1 ～ 1.8 厘米，两侧的小叶柄长 5 ～ 10 毫米，有灰色微柔毛。花序圆筒形，连同长 5 ～ 10 厘米的总花梗在内共长 21 ～ 25 厘米，花序

图 195　七叶树 *Aesculus chinensis*

总轴有微柔毛，小花序常由 5 ～ 10 朵花组成，平斜向伸展，有微柔毛，长 2 ～ 2.5 厘米，花梗长 2 ～ 4 毫米。花杂性，雄花与两性花同株，花萼管状钟形，长 3 ～ 5 毫米，外面有微柔毛，不等地 5 裂，裂片钝形，边缘有短纤毛；花瓣 4，白色，长圆状倒卵形至长圆状倒披针形，长 8 ～ 12 毫米，宽 1.5 ～ 5 毫米，边缘有纤毛，基部爪状；雄蕊 6，长 1.8 ～ 3 厘米，花丝线状，无毛，花药长圆形，淡黄色，长 1 ～ 1.5 毫米；子房在雄花中不发育，在两性花中发育良好，卵圆形，花柱无毛。果实球形或倒卵圆形，顶部短尖或钝圆而中部略凹下，直径 3 ～ 4 厘米，黄褐色，无刺，具很密的斑点，果壳干后厚 5 ～ 6 毫米，种子常 1 ～ 2 粒发育，近于球形，直径 2 ～ 3.5 厘米，栗褐色；种脐白色，约占种子体积的 1/2。花期 4—5 月，果期 10 月。

　　【产地、生长环境与分布】仙桃市各地少有栽培，何坝村分布较多。生于道路旁，多作为行道树和庭园树。河北南部、山西南部、河南北部、陕西南部均有栽培，仅秦岭有野生。

　　【药用部位】种子。

　　【采集加工】10 月种子成熟时采收，晒干。

　　【性味】味甘，性温。

　　【功能主治】安神、理气、杀虫等；用于胃寒作痛、气郁胸闷、疳积、虫积腹痛、疟疾、痢疾。

58. 苦木科　Simaroubaceae

臭椿属　*Ailanthus* Desf.

臭椿　樗　椿树　木砻树　（图 196）

Ailanthus altissima (Mill.) Swingle

　　【形态特征】落叶乔木，高可达 20 米，树皮平滑而有直纹；嫩枝有髓，幼时被黄色或黄褐色柔毛，后脱落。叶为奇数羽状复叶，长 40 ～ 60 厘米，叶柄长 7 ～ 13 厘米，有小叶 13 ～ 27；小叶对生或近对生，纸质，卵状披针形，长 7 ～ 13 厘米，宽 2.5 ～ 4 厘米，先端长渐尖，基部偏斜，截形或稍圆，两侧各具 1 或 2 个粗锯齿，齿背有 1 个腺体，叶面深绿色，背面灰绿色，揉碎后具臭味。圆锥花序长 10 ～ 30 厘米；花淡绿色，花梗长 1 ～ 2.5 毫米；萼片 5，覆瓦状排列，裂片长 0.5 ～ 1 毫米；花瓣 5，长 2 ～ 2.5

毫米，基部两侧被硬粗毛；雄蕊 10，花丝基部密被硬粗毛，雄花中的花丝长于花瓣，雌花中的花丝短于花瓣；花药长圆形，长约 1 毫米；心皮 5，花柱连合，柱头 5 裂。翅果长椭圆形，长 3 ～ 4.5 厘米，宽 1 ～ 1.2 厘米；种子位于翅的中间，扁圆形。花期 4—5 月，果期 8—10 月。

【产地、生长环境与分布】 仙桃市各地均有产。喜生于向阳山坡或灌丛中，村庄家前屋后多栽培，常植为行道树。我国除黑龙江、吉林、新疆、青海、宁夏、甘肃和海南外，各地均有分布。世界各地广为栽培。

图 196 臭椿 *Ailanthus altissima*

【药用部位】 树皮，根皮和果实。

【采集加工】 春、夏季采根，去净外面粗皮和中间木心，切丝，晒干备用。秋末采果，晒干。

【性味】 根皮：味苦、涩，性寒。果实：味苦，性凉。

【用法用量】 树皮、根皮：煎服，6 ～ 10 克。果实：外用适量，煎水冲洗。臭椿叶不能食用。

【功能主治】 燥湿清热、收涩固肠；用于赤白久痢、肠风下血、带下血崩、梦遗滑精等。根皮：用于慢性痢疾、肠炎、便血、遗精、带下、功能性子宫出血。果实：用于胃痛、便血、尿血；外用治滴虫性阴道炎。

【验方参考】 ①治膀胱炎、尿道炎：椿皮 12 克（鲜品 45 克），鲜车前草 60 克，煎服。（《安徽中草药》）②治肝脾大：椿皮熬膏，摊布上敷患处，每日换 1 次。（《安徽中草药》）③治关节疼痛：臭椿根皮 30 克，酒水各半，猪脚 1 只，同炖服。（《福建药物志》）④治赤白带下有湿热者：椿皮 12 克，黄柏、黄芩各 9 克，鸡冠花、翻白草各 15 克，水煎服。（《华山药物志》）⑤治肠风下血：凤眼草（臭椿子）半生半炒为末，每服 6 克，米汤送下。（《圣济总录》椿荚散）⑥治大便下血、湿热痢疾：凤眼草 9 克，槐花 9 克，黄柏 6 克，白头翁 15 克，马齿苋 30 克，水煎服。（《青岛中草药手册》）⑦治滴虫性阴道炎：椿根皮 15 克，水煎服，同时用千里光 30 克，煎水洗阴道。（《中草药学》）

59. 楝科 Meliaceae

楝属 *Melia* L.

楝 苦楝 楝树 （图 197）

Melia azedarach L.

【形态特征】 落叶乔木，高达 10 米；树皮灰褐色，纵裂。分枝广展，小枝有叶痕。叶为二至三回奇数羽状复叶，长 20 ～ 40 厘米；小叶对生、卵形、椭圆形至披针形，顶生一片通常略大，长 3 ～ 7 厘米，宽 2 ～ 3 厘米，先端短渐尖，基部楔形或宽楔形，多少偏斜，边缘有钝锯齿，幼时被星状毛，后两面均无毛，侧脉每边 12 ～ 16 条，广展，向上斜举。圆锥花序约与叶等长，无毛或幼时被鳞片状短柔毛；花芳香；花萼 5 深裂，裂片卵形或长圆状卵形，先端急尖，外面被微柔毛；花瓣淡紫色，倒卵状匙形，长约 1 厘米，两面均被微柔毛，通常外面较密；雄蕊管紫色，无毛或近无毛，长 7 ～ 8 毫米，有纵细脉，管口有钻形、2 ～ 3 齿裂的狭裂片 10 枚，花药 10 枚，着生于裂片内侧，且与裂片互生，长椭圆形，顶端微突尖；子房近球形，5 ～ 6 室，无毛，每室有胚珠 2 颗，花柱细长，柱头头状，顶端具 5 齿，不伸出雄蕊管。核果球形至椭圆形，长 1 ～ 2 厘米，宽 8 ～ 15 毫米，内果皮木质，4 ～ 5 室，每室有种子 1 颗；种子椭圆形。花期 4—5 月，果期 10—12 月。

【产地、生长环境与分布】 仙桃市各地均有产。生于旷野或路旁，常栽培于屋前房后。分布于黄河以南各省区，较常见；已广泛引为栽培。广布于亚洲热带和亚热带地区，温带地区也有栽培。

【药用部位】 花，树，根皮，叶和果实。

【采集加工】 夏、秋季采收，晒干备用。

【性味】 味苦，性凉。

【功能主治】 树皮、根皮：清热、燥湿、杀虫；用于蛔虫病、蛲虫病、风疹、疥癣、稻田皮炎。鲜叶可灭钉螺。

【用法用量】 根皮 10 ～ 15 克，水煎服，或入丸、散。外用适量，煎水洗或研末调敷。

图 197-01 楝 *Melia azedarach*（1） 图 197-02 楝 *Melia azedarach*（2）

图 197-03 苦楝子（药材） 图 197-04 苦楝皮（药材）

【验方参考】　①治钩虫病：苦楝皮（去粗皮）5000克，加水25000毫升，熬成5000毫升；另用石榴皮24克，加水2500毫升，熬成1000毫升。再把两种药水混合搅匀，成人每次服30毫升。（《湖南药物志》）②治痢疾：苦楝树皮12克，骨碎补9克，荆芥6克，青木香（现用土木香）6克，檵木花9克，水煎服。（《湖南药物志》）③治虫牙痛：苦楝树皮水煎漱口。（《湖南药物志》）④治疥疮风虫：苦楝根皮、皂角（去皮，子）各等份，为末，猪脂调涂。（《奇效良方》）⑤治顽固性湿癣：苦楝根皮，洗净晒干烧灰，调茶油涂抹患处，隔日洗去再涂，如此三四次。（《福建中医药》）⑥治热厥心痛，或发或止，久治不愈者：川楝子、玄胡各30克，上为细末。每服9克，酒调下。（《保命集》）⑦治肋间神经痛：川楝子9克，橘络6克，水煎服。（《浙江药用植物志》）⑧治妊娠心气痛：川楝子、茴香（炒）各9克，艾叶末（盐炒）4.5克。上作一服，水二盅，煎至一盅。不拘时服。（《卫生宝鉴》）⑨治冻疮：川楝子120克，水煎后趁热熏患处，再用药水泡洗。（《湖北中草药志》）⑩治寒疝疼痛：川楝子12克，木香9克，茴香6克，吴茱萸（汤泡）3克，水煎。（《医方集解》）

香椿属　*Toona*（Endl.）M. Roem.

香椿　香椿铃　香铃子　香椿子　香椿芽　（图198）

Toona sinensis (A. Juss.) Roem.

【形态特征】　乔木；树皮粗糙，深褐色，片状脱落。叶具长柄，偶数羽状复叶，长30～50厘米或更长；小叶16～20，对生或互生，纸质，卵状披针形或卵状长椭圆形，长9～15厘米，宽2.5～4厘米，先端尾尖，基部一侧圆形，另一侧楔形，不对称，边全缘或有疏离的小锯齿，两面均无毛，无斑点，背面常呈粉绿色，侧脉每边18～24条，平展，与中脉几成直角开出，背面略凸起；小叶柄长5～10毫米。圆锥花序与叶等长或更长，被稀疏的锈色短柔毛或有时近无毛，小聚伞花序生于短

图198　香椿　*Toona sinensis*

的小枝上，多花；花长4～5毫米，具短花梗；花萼5齿裂或浅波状，外面被柔毛，且有睫毛状毛；花瓣5，白色，长圆形，先端钝，长4～5毫米，宽2～3毫米，无毛；雄蕊10枚，其中5枚能育，5枚退化；花盘无毛，近念珠状；子房圆锥形，有5条细沟纹，无毛，每室有胚珠8颗，花柱比子房长，柱头盘状。蒴果狭椭圆形，长2～3.5厘米，深褐色，有小而苍白色的皮孔，果瓣薄；种子基部通常钝，上端有膜质的长翅，下端无翅。花期6—8月，果期10—12月。

【产地、生长环境与分布】　仙桃市各地均有产。适宜生于河边、宅院周围肥沃湿润的土壤中。原产于我国中部和南部。东北自辽宁南部，西至甘肃，北起内蒙古南部，南到广东、广西，西南至云南均有栽培。

【药用部位】　根皮，叶，嫩枝，果。

【采集加工】　根皮全年可采，秋后采果，夏、秋季采叶及嫩枝。

【性味、归经】味辛、苦，性温。归肝、肺经。

【功能主治】祛风利湿、止血止痛。根皮：用于痢疾、肠炎、尿路感染、便血、血崩、带下、风湿腰腿痛。叶及嫩枝：用于痢疾。果：用于胃、十二指肠溃疡、慢性胃炎。

【用法用量】内服：煎汤，6～15克；或研末。

【验方参考】①治外感风寒：香椿子、鹿衔草各适量，水煎服。（《四川中药志》）②治胸痛：香椿子、龙骨各适量，研末冲开水服。（《湖南药物志》）③治风湿关节痛：香椿子炖猪肉或羊肉服。（《四川中药志》）④治疝气痛：香椿子五钱，水煎服。（《湖南药物志》）

60. 漆树科 Anacardiaceae

黄连木属 *Pistacia* L.

黄连木　黄连树　楷木　（图199）
Pistacia chinensis Bunge

【形态特征】落叶乔木，高20余米；树干扭曲，树皮暗褐色，呈鳞片状剥落，幼枝灰棕色，具细小皮孔，疏被微柔毛或近无毛。奇数羽状复叶互生，有小叶5～6对，叶轴具条纹，被微柔毛，叶柄上面平，被微柔毛；小叶对生或近对生，纸质，披针形或卵状披针形或线状披针形，长5～10厘米，宽1.5～2.5厘米，先端渐尖或长渐尖，基部偏斜，全缘，两面沿中脉和侧脉被卷曲微柔毛或近无毛，侧脉和细脉两面突起；小叶柄长1～2毫米。花单性异株，先花后叶，圆锥花序腋生，

图199　黄连木 *Pistacia chinensis*

雄花序排列紧密，长6～7厘米，雌花序排列疏松，长15～20厘米，均被微柔毛；花小，花梗长约1毫米，被微柔毛；苞片披针形或狭披针形，内凹，长1.5～2毫米，外面被微柔毛，边缘具毛。雄花：花被片2～4，披针形或线状披针形，大小不等，长1～1.5毫米，边缘具毛；雄蕊3～5，花丝极短，长不到0.5毫米，花药长圆形，大，长约2毫米；雌蕊缺。雌花：花被片7～9，大小不等，长0.7～1.5毫米，宽0.5～0.7毫米，外面2～4片远较狭，披针形或线状披针形，外面被柔毛，边缘具毛，里面5片卵形或长圆形，外面无毛，边缘具毛；不育雄蕊缺；子房球形，无毛，直径约0.5毫米，花柱极短，柱头3，厚，肉质，红色。核果倒卵状球形，略压扁，直径约5毫米，成熟时紫红色，干后具纵向细条纹，先端细尖。

【产地、生长环境与分布】仙桃市各地均有产。分布于我国长江以南各省区及华北、西北地区。

【药用部位】树皮及叶。

【采集加工】树皮全年可采收，叶夏、秋季均可采收。

【性味】 味苦，性寒。

【功能主治】 清热、利湿、解毒；用于痢疾、淋证、肿毒、牛皮癣、痔疮、风湿疮及漆疮初起等。

【用法用量】 内服：煎汤，3～6克。外用：适量，煎水洗，或研粉敷患处。

盐肤木属 *Rhus* (Tourn.) L. emend. Moench

盐肤木　盐霜柏　盐酸木　敷烟树　蒲连盐　（图 200）

Rhus chinensis Mill.

图 200　盐肤木 *Rhus chinensis*

【形态特征】 落叶小乔木或灌木，高2～10米。小枝棕褐色，被锈色柔毛，具圆形小皮孔。奇数羽状复叶互生，叶轴及叶柄常有翅；小叶5～13，小叶无柄；小叶纸质，多形，常为卵形或椭圆状卵形或长圆形，长6～12厘米，宽3～7厘米。先端急尖，基部圆形，边缘具粗锯齿或圆齿，叶面暗绿色，叶背粉绿色，被白粉，叶面沿中脉疏被柔毛或近无毛，叶背被锈色柔毛。圆锥花序宽大，顶生，多分枝，雄花序长30～40厘米，雌花序较短，密被锈色柔毛；花小，杂性，黄白色；雄花花萼裂片卵形，长约1毫米，花瓣倒卵状长圆形，长约2毫米，开花时外卷，雄蕊伸出，花丝线形，花药卵形；雌花花萼裂片较短，长约0.6毫米，花瓣椭圆状卵形，长约1.6毫米；花盘无毛；子房卵形，长约1毫米，密被白色微柔毛；花柱3，柱头头状。核果球形，略压扁，直径4～5毫米，被具节柔毛和腺毛，成熟时红色，果核直径3～4毫米。花期8—9月，果期10月。

【产地、生长环境与分布】 仙桃市各地少有栽培，沔阳公园栽培较多。生于灌丛、疏林中。分布于全国各地（除新疆、青海外）。

【药用部位】 根，叶，花，果实。

【采集加工】 根全年可采，夏、秋季采叶，晒干备用。

【性味、归经】 味酸、咸，性凉。归肾经。

【功能主治】 清热解毒、散瘀止血；用于感冒发热、支气管炎、咳嗽咯血、泄泻、痢疾、痔疮出血。根、叶，外用治跌打损伤、毒蛇咬伤、漆疮。

【用法用量】 内服：煎汤，15～60克。外用：适量，鲜叶捣敷或煎水洗患处。

【验方参考】①治疥疮：盐肤木叶煎水温洗。(《安徽中草药》)②治漆疮：盐肤木叶适量，煎水洗患处。(《浙江药用植物志》)

61. 槭树科 Aceraceae

槭属 *Acer* L.

1. 叶通常 7 ~ 13 裂，稀 5 裂；花序伞房状，每花序只有少数几朵花·····················鸡爪槭 *A. palmatum*

1. 叶常 3 裂，裂片全缘、稀浅波状或锯齿状···三角槭 *A. buergerianum*

鸡爪槭　七角枫　（图 201）

Acer palmatum Thunb.

【形态特征】 落叶小乔木。树皮深灰色；小枝细瘦，当年生枝紫色或紫绿色，多年生枝淡灰紫色或深紫色。叶对生；叶柄长 4 ~ 6 厘米，细瘦，无毛；叶纸质，近圆形，直径 7 ~ 10 厘米，基部心形或近心形，5 ~ 9 掌状分裂，通常 7 裂，裂片长圆状卵形或披针形，先端锐尖或长锐尖，边缘具紧贴的尖锐锯齿，裂片间的凹缺钝尖或锐尖，深达叶片直径的 1/2 或 1/3，上面深绿色，无毛，下面淡绿色，在叶脉的叶腋被白色丛毛。伞房花序，无毛，花紫色，杂性，雄花与两性花同株；花萼与花瓣均

图 201　鸡爪槭 *Acer palmatum*

为 5；雄蕊 8，无毛；花盘微裂，位于雄蕊外侧；子房无毛，花柱长，2 裂，柱头扁平，花梗长约 1 厘米，细瘦，无毛。翅果嫩时紫红色，成熟时淡棕黄色；小坚果球形，直径 7 毫米，脉纹显著；翅与小坚果共长 2 ~ 2.5 厘米，宽 1 厘米，张开成钝角。花期 5 月，果期 9 月。

【产地、生长环境与分布】 仙桃市各地均有产。生于林边或疏林中。分布于山东、江苏、安徽、浙江、江西、河南、湖北、湖南、贵州等地。

【药用部位】 以枝叶入药。

【采集加工】 夏、秋季采收，晒干备用。

【性味】 味辛、微苦，性平。

【功能主治】 止痛、解毒；用于腹痛；外用治痈疖肿毒。

【用法用量】 内服：煎汤，5 ~ 10 克。外用：适量，煎水洗。

三角槭　三角枫　（图 202）

Acer buergerianum Miq.

【形态特征】 落叶乔木，高 5 ~ 10 米，稀达 20 米。树皮褐色或深褐色，粗糙。小枝细瘦；当年生枝紫色或紫绿色，近于无毛；多年生枝淡灰色或灰褐色，稀被蜡粉。冬芽小，褐色，长卵圆形，鳞片内侧被长柔毛。叶纸质，基部近于圆形或楔形，外貌椭圆形或倒卵形，长 6 ~ 10 厘米，通常浅 3 裂，裂片

向前延伸，稀全缘，中央裂片三角状卵形，急尖、锐尖或短渐尖；侧裂片短钝尖或甚小，以至于不发育，裂片边缘通常全缘，稀具少数锯齿；裂片间的凹缺钝尖；上面深绿色，下面黄绿色或淡绿色，被白粉，

略被毛，在叶脉上较密；初生脉3条，稀基部叶脉也发育良好，在上面不显著，在下面显著；侧脉通常在两面都不显著；叶柄长2.5～5厘米，淡紫绿色，细瘦，无毛。花多数常成顶生被短柔毛的伞房花序，直径约3厘米，总花梗长1.5～2厘米，开花在叶长大以后；萼片5，黄绿色，卵形，无毛，长约1.5毫米；花瓣5，淡黄色，狭窄披针形或匙状披针形，先端钝圆，长约2毫米，雄蕊8，与萼片等长或微短，花盘无毛，微分裂，位于雄蕊外侧；子房密被淡黄色长柔毛，花柱无毛，很短、2裂，柱头平展或略反卷；花梗长5～10毫米，细瘦，嫩时被长柔毛，渐老近于无毛。翅果黄褐色；小坚果特别凸起，直径6毫米；翅与小坚果共长2～2.5厘米，稀达3厘米，宽9～10毫米，中部最宽，自基部狭窄，张开成锐角或近于直立。花期4月，果期8月。

【产地、生长环境与分布】 仙桃市各地均有产。多为栽培，生于林中。分布于山东、河南、江苏、浙江、安徽、江西、湖北、湖南、贵州和广东等地。

【药用部位】 根，根皮，茎皮。

【采集加工】夏、秋季采收，晒干备用。

【性味】 味辛、微苦，性平。

【功能主治】 根：用于风湿关节痛。根皮、茎皮：清热解毒、消暑。

图 202-01　三角槭 *Acer buergerianum*（1）

图 202-02　三角槭 *Acer buergerianum*（2）

62. 无患子科 Sapindaceae

栾属 *Koelreuteria* Laxm.

栾树　灯笼树　摇钱树　大夫树　灯笼果　黑叶树　石栾树　（图 203）

Koelreuteria paniculata Laxm.

【形态特征】 落叶灌木或乔木，高可达10米。小枝暗黑色，被柔毛。单数羽状复叶互生，有时呈二

回或不完全的二回羽状复叶；小叶 7 ~ 15，纸质，卵形或卵状披针形，长 3.5 ~ 7.5 厘米，宽 2.5 ~ 3.5 厘米，基部钝形或截头形，先端短尖或短渐尖，边缘锯齿状或分裂，有时羽状深裂达基部成二回羽状复叶。圆锥花序顶生，大，长 25 ~ 40 厘米；花淡黄色，中心紫色；萼片 5，有小睫毛状毛；花瓣 4，被疏长毛，雄蕊 8，花丝被疏长毛；雌蕊 1，花盘有波状齿。蒴果长椭圆状卵形，边缘有膜质薄翅 3 片。种子圆形，黑色。花期 7—8 月，果期 10 月。

图 203　栾树 *Koelreuteria paniculata*

　　【产地、生长环境与分布】 仙桃市各地均有产。多生于杂木林或灌木林中。分布于我国北部及中部大部分省区。

　　【药用部位】 花。

　　【采集加工】 6—7 月采花，阴干或晒干。

　　【性味、归经】 味苦，性寒。归肝经。

　　【功能主治】 清肝明目；用于目赤肿痛、多泪。

　　【用法用量】 内服：煎汤，3 ~ 6 克。

无患子属 *Sapindus* L.

无患子　洗手果　油罗树　目浪树　黄目树　苦患树　油患子　木患子　（图 204）

Sapindus saponaria L.

　　【形态特征】 落叶大乔木，高可达 20 米。嫩枝绿色，无毛。偶数羽状复叶，互生；叶连柄长 25 ~ 45 厘米或更长，叶轴上面两侧有直槽；小叶 5 ~ 8 对，通常近对生，小叶柄长约 0.5 厘米；叶片薄纸质，长椭圆状披针形或稍呈镰形，长 7 ~ 15 厘米或更长，宽 2 ~ 5 厘米，先端短尖，基部楔形，腹面有光泽，两面无毛或背面被微柔毛。花序顶生，圆锥形；花小，辐射对称；萼片卵形或长圆状卵形，大的长约 0.2 厘米，外面基部被疏柔毛；花瓣 5，披针形，有长爪，长约 0.25 厘米，外面基部被长柔毛或近无毛，鳞片 2 个，小耳状；花盘碟状，无毛；雄蕊 8，伸出，花丝中部以下密被长柔毛；子房无毛。核果肉质，果的发育分果爿近球形，直径 2 ~ 2.5 厘米，橙黄色，干时变黑。种子球形，黑色，坚硬。花

图 204　无患子 *Sapindus saponaria*

期春季，果期夏、秋季。

【产地、生长环境与分布】仙桃市各地少有栽培，沔阳公园栽培较多。喜温暖湿润的气候，多为栽培。分布于华东、中南至西南地区。各地寺庙、庭园和村边常见栽培。

【药用部位】种子。

【采集加工】秋季采摘成熟果实，除去果肉和果皮，取种子晒干。

【性味、归经】味苦、辛，性寒。归心、肺经。

【功能主治】清热、祛痰、消积、杀虫；用于喉痹肿痛、肺热咳喘、音哑、食滞、疳积、蛔虫腹痛、滴虫性阴道炎、癣疾、肿毒。

【用法用量】内服：煎汤，3～6克；或研末。外用：适量，烧灰或研末吹喉、擦牙；或煎汤洗，或熬膏涂。

【验方参考】①治喉痹：无患子适量，研，内喉中立开。（《普济方》）②治喉蛾：无患子核、凤尾草各9克，水煎服。（《福建药物志》）③治百日咳、感冒发烧：无患子果仁3枚，水煎服。（《青岛中草药手册》）④治哮喘：无患子种子研粉，每次6克，开水冲服。（《浙江药用植物志》）⑤治小儿腹中气胀：木患子仁3～4枚，煨熟食之，令放出矢气即消。（《岭南草药志》）⑥治小儿疳积：木患子仁6～7枚（煨熟），和苏鼠1只煅灰，共研为散，分3～4次蒸猪肝食。（《岭南草药志》）⑦治牙齿肿痛：无患子一两，大黄、香附各一两，青盐半两，泥固煅研，日用擦牙。（《普济方》）

63. 凤仙花科 Balsaminaceae

凤仙花属 *Impatiens* L.

凤仙花　指甲花　急性子　凤仙透骨草　（图205）

Impatiens balsamina L.

【形态特征】一年生草本，高60～100厘米。茎粗壮，肉质，直立，不分枝或有分枝，无毛或幼时被疏柔毛，基部直径可达8毫米，具多数纤维状根，下部节常膨大。叶互生，最下部叶有时对生；叶片披针形、狭椭圆形或倒披针形，长4～12厘米，宽1.5～3厘米，先端尖或渐尖，基部楔形，边缘有锐锯齿，向基部常有数对无柄的黑色腺体，两面无毛或被疏柔毛，侧脉4～7对；叶柄长1～3厘米，上面有浅沟，两侧具数对具柄的腺体。花单生或2～3朵簇生于叶腋，无总花梗，白色、

图205　凤仙花 *Impatiens balsamina*

粉红色或紫色，单瓣或重瓣；花梗长2～2.5厘米，密被柔毛；苞片线形，位于花梗的基部；侧生萼片2，卵形或卵状披针形，长2～3毫米，唇瓣深舟状，长13～19毫米，宽4～8毫米，被柔毛，基部急

尖成长 1～2.5 厘米内弯的距；旗瓣圆形，兜状，先端微凹，背面中肋具狭龙骨状突起，顶端具小尖，翼瓣具短柄，长 23～35 毫米，2 裂，下部裂片小，倒卵状长圆形，上部裂片近圆形，先端 2 浅裂，外缘近基部具小耳；雄蕊 5，花丝线形，花药卵球形，顶端钝；子房纺锤形，密被柔毛。蒴果宽纺锤形，长 10～20 毫米，两端尖，密被柔毛。种子多数，圆球形，直径 1.5～3 毫米，黑褐色。花期 7—10 月。

【产地、生长环境与分布】　仙桃市各地均有产，多在屋前栽培。我国各地庭园广泛栽培，为习见的观赏花卉。

【药用部位】　以根、茎、花及种子入药。茎称"凤仙透骨草"，种子称"急性子"。

【采集加工】　根：秋季采挖根部，洗净，鲜用或晒干。茎：夏、秋季植株生长茂盛时割取地上部分，除去叶及花果，洗净，晒干。花：夏、秋季开花时采收，鲜用或阴干、烘干。种子：8—9 月当蒴果由绿转黄时，要及时分批采摘，将蒴果脱粒，筛去果皮及杂质，即得药材急性子。

【性味】　味微苦，性温；有小毒。

【功能主治】　花：祛风、活血、消肿、止痛；用于风湿肢体痿废、腰胁疼痛、妇女闭经腹痛、产后瘀血未尽、跌打损伤、骨折、痈疽疮毒、毒蛇咬伤、带下、鹅掌风、灰指甲。花外搽可治鹅掌风，又能除狐臭。全草：祛风活血、消肿止痛；用于跌打损伤、筋骨挛缩、风湿性关节炎、疔疮等。根：活血、通经、消肿；用于风湿筋骨疼痛、跌打损伤、咽喉骨鲠。茎：祛风湿、活血、止痛；用于风湿关节痛、屈伸不利。种子：软坚、消积；用于噎膈、骨鲠在喉、腹部肿块、闭经。种子煎膏外搽，可治麻木酸痛。

【用法用量】　内服：煎汤，1～2 钱。外用：适量，鲜花捣烂敷患处。

【验方参考】　①治风湿卧床不起：凤仙花、柏子仁、朴硝、木瓜各适量，煎汤洗浴，每日二三次。内服独活寄生汤。（《扶寿精方》）②治腰胁引痛不可忍者：凤仙花研饼，晒干，为末，空心每酒服三钱。（《本草纲目》）③治跌扑伤损筋骨，并血脉不行：凤仙花三两，当归尾二两，浸酒饮。（《兰台集》）④治骨折疼痛异常，不能动手术投接，可先服本药酒止痛：干凤仙花一钱（鲜品三钱），泡酒，内服一小时后，患处麻木，便可投骨。（《贵州民间方药集》）⑤治蛇咬伤：凤仙花适量，擂酒服。（《本草纲目》）⑥治百日咳、呕血、咯血：鲜凤仙花七至十五朵，水煎服，或和冰糖少许炖服更佳。（《闽东本草》）⑦治带下：凤仙花五钱（或根一两），墨鱼一两，水煎服，每日一剂。（《江西草药》）⑧治鹅掌风：鲜凤仙花外擦。（《上海常用中草药》）⑨治灰指甲：白凤仙花捣烂外敷。（《陕甘宁青中草药选》）

64. 冬青科 Aquifoliaceae

冬青属 *Ilex* L.

枸骨　猫儿刺　老虎刺　（图 206）

Ilex cornuta Lindl. et Paxt.

【形态特征】　常绿灌木或小乔木，高（0.6）1～3 米，稀 8～10 米。幼枝具纵脊及沟，沟内被微柔毛或变无毛，二年生枝褐色，三年生枝灰白色，具纵裂缝及隆起的叶痕，无皮孔。叶片厚革质，二型，四角状长圆形或卵形，长 4～9 厘米，宽 2～4 厘米，先端具 3 枚尖硬刺齿，中央刺齿常反曲，基部圆形或近截形。叶于叶缘附近网结，深绿色，具光泽，背淡绿色，无光泽，两面无毛，主脉在上面凹下，背面隆起，侧脉 5 或 6 对，在叶面不明显。花淡黄色，4 基数。雄花：花梗长 5～6 毫米，无毛。雌花：

花梗长 8～9 毫米，果期长 13～14 毫米，无毛。果球形，直径 8～10 毫米，成熟时鲜红色，基部具四角形宿存花萼，顶端宿存柱头盘状，明显 4 裂；果梗长 8～14 毫米。分核 4，轮廓倒卵形或椭圆形，长 7～8 毫米，背部宽约 5 毫米，遍布皱纹和皱纹状纹孔，背部中央具 1 纵沟，内果皮骨质。

【产地、生长环境与分布】 仙桃市各地公园有栽培。生于疏林中。分布于长江中下游各省区。

【药用部位】 根、枝叶和果实。

【采集加工】 果实秋季成熟时采收，晒干。

【性味】 味微苦，性凉。

【功能主治】 养阴清热、补益肝肾；用于肺结核咯血、肝肾阴虚、头晕耳鸣、腰膝酸痛。

【用法用量】 根：10～15 克（鲜品 25～75 克），水煎服；外用煎水洗。叶：15～25 克，水煎、浸酒或煎膏服；外用适量，捣汁或熬膏涂敷。果实：7.5～15 克，水煎或泡酒服。

图 206-01　枸骨 *Ilex cornuta*

图 206-02　枸骨叶（药材）

【验方参考】 ①治劳动伤腰：枸骨根一两至一两五钱，乌贼干二个，酌加酒、水各半炖服。（《福建民间草药》）②治关节炎：枸骨根一至二两，猪蹄一只，酌加酒、水各半，炖三小时服。（《浙江民间草药》）③治头风：枸骨根一两，煎服。（《浙江民间草药》）④治赤眼：枸骨根五钱，车前草五钱至一两，煎服。（《浙江民间草药》）⑤治牙痛：枸骨根五钱，煎服。（《浙江民间草药》）

65. 卫矛科 Celastraceae

卫矛属 *Euonymus* L.

1. 果实发育时，心皮各部等量生长；蒴果近球状，仅在心皮腹缝线处稍凹入，果裂时果皮内层常突起成假轴；假种皮包围种子全部；小枝外皮常有细密瘤点。

　　2. 蒴果上端呈浅裂至半裂状；假种皮包围种子全部，少为仅包围部分，呈杯状或盔状 ················ 扶芳藤 *E. fortunei*

　　2. 蒴果全体呈深裂状，仅基部连合；假种皮包围种子全部或部分，呈盔状或舟状 ················ 卫矛 *E. alatus*

1. 果实发育时心皮顶端生长迟缓，其余部分生长超过顶端，果实呈浅裂至深裂状；果裂时果皮内外层一般不分离，果内无假轴；假种皮包围种子全部或部分，小枝外皮一般平滑无瘤突 ················ 白杜 *E. maackii*

扶芳藤　岩青杠　岩青藤　常春卫矛　（图207）

Euonymus fortunei (Turcz.) Hand. -Mazz.

【形态特征】常绿藤状灌木，高1米至数米；小枝方棱不明显。叶薄革质，椭圆形、长方椭圆形或长倒卵形，宽窄变异较大，可窄至近披针形，长3.5～8厘米，宽1.5～4厘米，先端钝或急尖，基部楔形，边缘齿浅不明显，侧脉细微和小脉全不明显；叶柄长3～6毫米。聚伞花序3～4次分枝；花序梗长1.5～3厘米，第一次分枝长5～10毫米，第二次分枝长5毫米以下，最终小聚伞花密集，有花4～7朵，分枝中央有单花，小花梗长约5毫米；花白绿色，4数，直径约6毫米；花盘方形，

图207　扶芳藤 *Euonymus fortunei*

直径约2.5毫米；花丝细长，长2～3毫米，花药圆心形；子房三角锥状，具4棱，粗壮明显，花柱长约1毫米。蒴果粉红色，果皮光滑，近球状，直径6～12毫米；果序梗长2～3.5厘米；小果梗长5～8毫米；种子长方椭圆状，棕褐色，假种皮鲜红色，全包种子。花期6月，果期10月。

【产地、生长环境与分布】仙桃市各地均有产。生于林下。分布于江苏、浙江、安徽、江西、湖北、湖南、四川、陕西等地。

【药用部位】茎，叶。

【采集加工】全年可采，洗净切段，晒干备用。

【性味】味苦，性微温；无毒。

【功能主治】舒筋活络、止血消瘀；用于腰肌劳损、风湿痹痛、咯血、血崩、月经不调。外用治跌打损伤、骨折、创伤出血。

【用法用量】内服：6～12克，煎汤或浸酒。外用：适量，捣敷。

卫矛　鬼箭羽　鬼箭　六月凌　四面锋　四棱树　山鸡条子　（图208）

Euonymus alatus (Thunb.) Sieb.

【形态特征】落叶灌木，高1～3米。树皮光滑，灰白色。小枝圆柱形或四棱形，常具2～4列木栓质的宽翅，翅宽达1厘米，棕褐色。单叶对生；叶片卵状椭圆形或窄长椭圆形，长2～8厘米，宽1～3厘米，先端突尖或渐尖，基部楔形，边缘具细锯齿。叶柄短，长1～3毫米。夏季开白绿色花，聚伞花序1～3朵花，生于叶腋，小花直径约8毫米，4数；萼片半圆形；花瓣近圆形；雄蕊着生于花盘边缘；花丝极短；花药2室开裂。蒴果4深裂，绿色带紫色，成熟后基部开裂。种子椭圆状或阔椭圆状，种皮褐色或浅棕色，假种皮橙红色。

【产地、生长环境与分布】仙桃市各地均有产。生于山坡、沟地边沿。我国除东北地区、新疆、青海、西藏、广东及海南以外，各省区均产。

【药用部位】　根，带翅的枝或叶。

【采集加工】　夏、秋季采集，切碎，晒干备用。

【性味、归经】　味苦，性寒。归肝、脾经。

【功能主治】　行血通经、散瘀止痛；用于月经不调、产后瘀血腹痛、冠心病心绞痛、糖尿病、荨麻疹、跌打损伤肿痛。

【用法用量】　内服：煎汤，3～10克。

【验方参考】　①治腹内包块：卫矛6克，赤芍9克，红花9克，赤木3克，水煎服。（《辽宁常用中草药手册》）②治闭经、瘀血腹痛：卫矛9克，丹参15克，赤芍12克，益母草30克，香附9克，水煎服。（《山东中草药手册》）③治月经不调：卫矛茎枝10克，水煎，加红糖服。（《湖南药物志》）④治血崩：卫矛10克，当归10克，甘草10克，水煎，日服2次。（《东北药用植物志》）

图 208　卫矛　*Euonymus alatus*

白杜　丝绵木　桃叶卫矛　华北卫矛　（图 209）

Euonymus maackii Rupr.

【形态特征】　小乔木，高达6米。叶卵状椭圆形、卵圆形或窄椭圆形，长4～8厘米，宽2～5厘米，先端长渐尖，基部阔楔形或近圆形，边缘具细锯齿，有时极深而锐利；叶柄通常细长，常为叶片的1/4～1/3，但有时较短。聚伞花序3至多花，花序梗略扁，长1～2厘米；花4数，淡白绿色或黄绿色，直径约8毫米；小花梗长2.5～4毫米；雄蕊花药紫红色，花丝细长，长1～2毫米。蒴果倒圆心状，4浅裂，长6～8毫米，直径9～10毫米，成熟后果皮粉红色；种子长椭圆状，长5～6毫米，直径约4毫米，种皮棕黄色，假种皮橙红色，全包种子，成熟后顶端常有小口。

【产地、生长环境与分布】　仙桃市朱湾村有产。生于山坡丛林中，以栽培为主。分布于我国东北、经华北至长江流域各地，西至甘肃、陕西、四川。

图 209-01　白杜　*Euonymus maackii*（1）

图 209-02　白杜　*Euonymus maackii*（2）

【药用部位】 全株，枝叶，果实。

【采集加工】 秋末或冬季采收，晒干。

【性味】 味苦、涩，性寒；有小毒。

【功能主治】 祛风湿、活血、止血；用于风湿性关节炎、腰痛、血栓闭塞性脉管炎、衄血、漆疮、痔疮。

66. 黄杨科 Buxaceae

黄杨属 *Buxus* L.

黄杨　黄杨木　瓜子黄杨　锦熟黄杨　（图 210）

Buxus sinica (Rehder & E. H. Wilson) M. Cheng

图 210　黄杨 *Buxus sinica*

【形态特征】灌木或小乔木，高 1～6 米；枝圆柱形，有纵棱，灰白色；小枝四棱形，全面被短柔毛或外方相对两侧面无毛，节间长 0.5～2 厘米。叶革质，阔椭圆形、阔倒卵形、卵状椭圆形或长圆形，大多数长 1.5～3.5 厘米，宽 0.8～2 厘米，先端圆或钝，常有小凹口，不尖锐，基部圆或急尖或楔形，叶面光亮，中脉凸出，下半段常有微细毛，侧脉明显，叶背中脉平坦或稍凸出，中脉上常密被白色短线状钟乳体，全无侧脉，叶柄长 1～2 毫米，上面被毛。花序腋生，头状，花密集，花序轴长 3～4 毫米，被毛，苞片阔卵形，长 2～2.5 毫米，背部多少有毛。雄花：约 10 朵，无花梗，外萼片卵状椭圆形，内萼片近圆形，长 2.5～3 毫米，无毛，雄蕊连花药长 4 毫米，不育雌蕊有棒状柄，末端膨大，高 2 毫米左右（高度约为萼片长度的 2/3 或和萼片几等长）。雌花：萼片长 3 毫米，子房较花柱稍长，无毛，花柱粗扁，柱头倒心形，下延达花柱中部。蒴果近球形，长 6～8（10）毫米，宿存花柱长 2～3 毫米。

【产地、生长环境与分布】 仙桃市各地均有产。多生于路边、溪边、林下。分布于陕西、甘肃、湖北、四川、贵州、广西、广东、江西、浙江、安徽、江苏、山东等地。

【药用部位】 根，叶。

【采集加工】 全年可采，晒干。

【性味】 味苦、辛，性平。

【功能主治】 祛风除湿、行气活血；用于风湿关节痛、痢疾、胃痛、疝痛、腹胀、牙痛、跌打损伤、疮疡肿毒。

【用法用量】 内服：3～4 钱，作煎剂或泡酒服。外用：适量，捣烂敷患处。

67. 鼠李科 Rhamnaceae

鼠李属　*Rhamnus* L.

冻绿　红冻　黑狗丹　山李子　绿子　大绿　（图 211）

Rhamnus utilis Decne.

【形态特征】落叶灌木或小乔木，高达 4 米。幼枝无毛，小枝褐色或紫红色，稍平滑，对生或近对生，枝端常具针刺；叶对生或近对生；叶柄长 0.5～1.5 厘米，上面具沟；托叶披针形，常具疏毛，宿存；叶片纸质，椭圆形、长圆形或倒卵状椭圆形，长 4～15 厘米，宽 2～6.5 厘米，先端突尖或渐尖，基部楔形，边缘具细锯齿，上面无毛或仅中脉具疏柔毛，下面沿脉或脉腋有金黄色柔毛，侧脉 5～6 对，网脉明显。花单性，雌雄异株，黄绿色，无总梗的伞状聚伞花序生于枝端或叶腋；花萼 4 裂，裂片卵形；花瓣 4，长椭圆形，小或无；雄花雄蕊 4，花药狭长，"丁"字形着生，与花瓣一起着生于萼裂的基部，退化雌蕊子房扁球形，花柱 2 裂；雌花的子房球形，花柱长，柱头 3 裂，退化雄蕊 4。核果近球形，直径 6～8 毫米，熟时黑色，具 2 分核。基部有宿存萼筒，果梗长 5～12 毫米，无毛。种子近球形，背侧基部有短沟。花期 4—6 月，果期 5—8 月。

【产地、生长环境与分布】仙桃市下查埠镇有产。生于向阳丘陵、土坡草丛、灌丛或疏林中。分布于华东、中南、西南地区及河北、山西、陕西、甘肃等地。

【药用部位】根，根皮，树皮，种子，叶。

【采集加工】夏、秋季采收，鲜用或晒干。

图 211　冻绿　*Rhamnus utilis*

【性味】味涩、苦，性寒。

【功能主治】根、根皮、树皮：清热解毒、凉血止血、祛风、杀虫、止痒；用于疥疮、瘙痒、湿疹、痧证、腹胀腹痛、跌打损伤。种子：用于食积腹胀。

【用法用量】内服：25～50 克，煎汤。治跌打损伤，冻绿叶 30 克，捣烂冲酒服。外用：适量，捣敷或研末调敷。

枣属　*Ziziphus* Mill.

枣　枣子　大枣　贯枣　枣树　（图 212）

Ziziphus jujuba Mill.

【形态特征】落叶小乔木，稀灌木，高达 10 米；树皮褐色或灰褐色；有长枝，短枝和无芽小枝（即新枝）比长枝光滑，紫红色或灰褐色，呈"之"字形曲折，具 2 个托叶刺，长刺可达 3 厘米，粗直，短刺下弯，长 4～6 毫米；短枝短粗，矩状，自老枝发出；当年生小枝绿色，下垂，单生或 2～7 个簇生于短枝上。

叶纸质，卵形、卵状椭圆形或卵状矩圆形；长3～7厘米，宽1.5～4厘米，顶端钝或圆形，稀锐尖，具小尖头，基部稍不对称，近圆形，边缘具圆齿状锯齿，上面深绿色，无毛，下面浅绿色，无毛或仅沿脉多少被疏微毛，基生三出脉；叶柄长1～6毫米，或在长枝上的可达1厘米，无毛或有疏微毛；托叶刺纤细，后期常脱落。花黄绿色，两性，5基数，无毛，具短总花梗，单生或2～8个密集成腋生聚伞花序。

图212-01　枣 *Ziziphus jujuba*（1）

【产地、生长环境与分布】 仙桃市各地均有栽培。生于屋旁，多为栽培，少有野生。分布于华北、华东、中南、西南地区，辽宁、内蒙古、陕西、甘肃、宁夏也有分布。

【药用部位】 果实，根，树皮，叶。

【采集加工】 果实，秋季成熟时采收，树皮，春、夏季采收，根、叶，夏、秋季采收，除去杂质，洗净，晒干备用。

【性味】 果实：味甘，性温。树皮：味苦、涩，性温。

【功能主治】 干果：补脾益气、生津；用于脾虚泄泻、心悸、失眠、盗汗、血小板减少性紫癜。叶：清热解毒；用于小儿时气发热、疮疖。枣核：用于胫疮、走马

图212-02　枣 *Ziziphus jujuba*（2）

牙疳。树皮：收敛止泻、祛痰、镇咳、消炎、止血；用于痢疾、肠炎、慢性支气管炎、目昏不明、烫伤、外伤出血。根：行气、活血、调经；用于关节酸痛、胃痛、吐血、血崩、月经不调、风疹、丹毒。

【用法用量】 根：25～50克，水煎服；外用煎水洗。树皮：烧存性研末，每服2.5～5克；外用煎水洗或烧存性研末撒。叶：适量，水煎服；外用煎水洗。果实：15～25克，水煎服，或入丸、散；外用煎水洗或烧存性研末调敷。

【验方参考】 ①治脾胃湿寒，饮食减少，长作泄泻，完谷不化：白术四两，干姜二两，鸡内金二两，熟枣肉半斤，上药四味，白术、鸡内金皆用生者，每味各自轧细、焙熟，再将干姜轧细，共和枣肉，同捣如泥，作小饼，木炭火上炙干，空心时，当点心，细嚼咽之。（《医学衷中参西录》）②治反胃吐食：大枣一枚（去核），斑蝥一枚（去头、翅）入内喂热，去蝥，空心食之，白汤下。（《本草纲目》）③补气：大南枣十颗，蒸软去核，配人参一钱，布包，藏饭锅内蒸烂，捣匀为丸，如弹子大，收贮用之。（《醒园录》）④治中风惊恐虚悸，四肢沉重：大枣七颗（去核），青粱粟米二合，上二味以水三升半，先煮枣取一升半，去滓，投米煮粥食之。（《圣济总录》）⑤治妇人脏躁，喜悲伤，欲哭，数欠伸：大枣十颗，甘草三两，小麦一升，上三味，以水六升，煮取三升，温分三服。（《金匮要略》）

马甲子属 *Paliurus* Mill.

马甲子 铁篱笆 铜钱树 马鞍树 雄虎刺 （图213）
Paliurus ramosissimus (Lour.) Poir.

【形态特征】灌木，高达6米；小枝褐色或深褐色，被短柔毛，稀近无毛。叶互生、纸质，宽卵形、卵状椭圆形或近圆形，长3～5.5（7）厘米，宽2.2～5厘米，顶端钝或圆形，基部宽楔形、楔形或近圆形，稍偏斜，边缘具钝细锯齿或细锯齿，稀上部近全缘，上面沿脉被棕褐色短柔毛，幼叶下面密生棕褐色细柔毛，后渐脱落仅沿脉被短柔毛或无毛，基生三出脉；叶柄长5～9毫米，被毛，基部有2个紫红色斜向直立的针刺，长0.4～1.7厘米。腋生聚伞花序，被黄色茸毛；萼片宽卵形，长2毫米，宽1.6～1.8毫米；花瓣匙形，短于萼片，长1.5～1.6毫米，宽1毫米；雄蕊与花瓣等长或略长于花瓣；花盘圆形，边缘5或10齿裂；子房3室，每室具1胚珠，花柱3深裂。核果杯状，被黄褐色或棕褐色茸毛，周围具木栓质3浅裂的窄翅，直径1～1.7厘米，长7～8毫米；果梗被棕褐色茸毛；种子紫红色或红褐色，扁圆形。花期5—8月，果期9—10月。

图213 马甲子 *Paliurus ramosissimus*

【产地、生长环境与分布】仙桃市各地少有栽培。生于工厂外围空地、潮湿土地上。野生或栽培。分布于江苏、浙江、安徽、江西、湖南、湖北、福建、台湾、广东、广西、云南、贵州、四川。

【药用部位】根，枝，叶，花，果。

【采集加工】一般在7月下旬至8月上旬开始采收，8月下旬至9月上旬结束，晾干。

【性味】味甘，性平、温。

【功能主治】根：祛风散瘀、解毒消肿；用于风湿痹痛、跌打损伤、咽喉肿痛、痈疽。叶：用于无名肿痛。

【用法用量】内服：煎汤，2～3钱（鲜品1～2两）；或浸酒。外用：适量，浸酒涂擦。

68. 葡萄科 Vitaceae

蛇葡萄属 *Ampelopsis* Michx.

蛇葡萄 蛇白蔹 假葡萄 野葡萄 山葡萄 绿葡萄 见毒消 （图214）
Ampelopsis glandulosa

【形态特征】木质藤本。小枝圆柱形，有纵棱纹。卷须2～3叉分枝，相隔2节间断与叶对生。叶为单叶，心形或卵形，3～5中裂，常混生有不分裂者，长3.5～14厘米，宽3～11厘米，顶端急尖，基部心形，基缺近呈钝角，稀圆形，边缘有急尖锯齿，叶片上面无毛，下面脉上被稀疏柔毛，边缘有粗钝或急尖锯齿；基出脉5，中央脉有侧脉4～5对，网脉不明显突出；叶柄长1～7厘米，被疏柔毛；花序梗长1～2.5厘米，被疏柔毛；花梗长1～3毫米，疏生短柔毛；花蕾卵圆形，高1～2毫米，顶端圆形；萼碟形，边缘具波状浅齿，外面疏生短柔毛；花瓣5，卵状椭圆形，高0.8～1.8毫米，外面几无毛；雄蕊5，花药长椭圆形，长甚于宽；花盘明显，边缘浅裂。种子长椭圆形，顶端近圆形。

图 214　蛇葡萄　*Ampelopsis glandulosa*

【产地、生长环境与分布】仙桃市各地均有产。生于灌丛中或土坡上。分布于辽宁、河北、山西、山东、江苏、浙江、江西、福建、广东、广西等地。

【药用部位】根皮。

【采集加工】春、秋季采收，去木心，切段晒干或鲜用。

【性味】味辛、苦，性凉。

【功能主治】清热解毒、祛风活络、止痛、止血；用于风湿性关节炎、呕吐、腹泻、溃疡。外用治跌打损伤、肿痛、疮疡肿毒、外伤出血、烧烫伤。

【用法用量】内服：3～9克，煎汤。外用：适量，鲜品捣烂敷患处。

【验方参考】治慢性风湿性关节炎：蛇葡萄、穿山龙各9克，珍珠梅茎3克，水煎服。（《长白山植物药志》）

葡萄属　*Vitis* L.

蘡薁　薁　燕薁　蘡舌　山葡萄　野葡萄　（图 215）

Vitis bryoniifolia Bunge

【形态特征】落叶藤本。枝条细长，有棱角，幼枝密被深灰色或锈色茸毛。树皮不具皮孔，为长裂片状剥落；髓褐色。叶互生，通常3～5深裂，长6～14厘米，宽约相等，基部心形，边缘具浅而不整齐的粗锯齿，上面暗绿色，无毛或脉上有疏细毛，下面深灰色或锈色，密被茸毛；叶柄长3～8厘米，通常被毛。圆锥花序长5～10厘米，花两性与单性，异株；花萼盘形，全缘；花瓣绿白色，5片；雄蕊5，生于雌蕊下花盘基部，与雌蕊对生；雌蕊下有花盘，含有5蜜腺，子房2室，花序短圆锥形。浆果黑色，被紫色蜡粉，卵圆形或椭圆形。种子1～3粒。

【产地、生长环境与分布】仙桃市各地均有产。生于树林中、灌丛、沟边或田埂。分布于河北、陕西、山西、山东、江苏、安徽、浙江、湖北、湖南、江西、福建、广东、广西、四川、云南。

【药用部位】全株。

【采集加工】根、茎、叶，全年可采，鲜用或晒干。果实，夏、秋季成熟时采收，鲜用或晒干。

【性味】 味酸、甘、涩，性平。

【功能主治】 茎、叶：祛湿、利小便、解毒；用于淋证、痢疾、痹痛、哕逆、瘰疬、乳痈、湿疹、臁疮。

【用法用量】 内服：煎汤，0.5～1两；或捣汁。外用：适量，捣敷或取汁点眼、滴耳。

【验方参考】 ①治血淋：蘡薁藤五钱，车前草五钱，凤尾草三钱，小蓟三钱，藕节五钱，水煎服。（《三年来的中医药实验研究》）②治痢疾：蘡薁茎一两，水煎。红痢加白糖，白痢加红糖一两调服。③治

图 215　蘡薁　*Vitis bryoniifolia*

风湿关节痛：蘡薁茎一两五钱，酒、水各半煎二次，分服。④治癫痫：鲜蘡薁茎（拣粗大的去皮）三两，水煎二次分服，每日一剂，连续服用三至五剂。⑤治瘰疬：蘡薁茎及根一两，水煎两次，每日饭后各服一次。（②～⑤出自《江西民间草药》）⑥治卒呕又厥逆：蘡薁藤断之当汁出，器承，取饮一升。（《补辑肘后方》）⑦治跌打损伤：蘡薁全草二两，水、酒各半煎服。⑧治乳风（乳腺炎）、风眼：干蘡薁全草、蒲公英、山甘草头各七钱，清水煎服。⑨治皮肤湿疹：鲜蘡薁叶，捣绞汁抹患处。⑩治脚臁疮久久不愈：鲜蘡薁叶，捣敷患处，以愈为度。（⑦～⑩出自《泉州本草》）⑪治耳痛：新鲜蘡薁藤，洗净，截取一段，以一端对患者耳道，以口从另一端吹之，使藤汁滴入耳内。（《江西民间草药验方》）⑫治外伤出血：蘡薁叶，晒干研粉，外用。（《单方验方调查资料选编》）

地锦属 *Parthenocissus* Planch.

地锦　爬墙虎　爬山虎　土鼓藤　红葡萄藤　（图 216）

Parthenocissus tricuspidata (Sieb. et Zucc.) Planch.

【形态特征】 木质藤本。小枝圆柱形，几无毛或微被疏柔毛。卷须5～9分枝，相隔2节间断与叶对生。卷须顶端嫩时膨大成圆珠形，后遇附着物扩大成吸盘。叶为单叶，通常着生在短枝上为3浅裂，时有着生在长枝上者小型不裂，叶片通常倒卵圆形，长4.5～17厘米，宽4～16厘米，顶端裂片急尖，基部心形，边缘有粗锯齿，上面绿色，无毛，下面浅绿色，无毛或中脉上疏生短柔毛，基出脉5，中央脉有侧脉3～5对，网脉上面不明显，下面微突出；叶柄长4～12厘米，无毛或疏生短柔毛。

图 216　地锦　*Parthenocissus tricuspidata*

花序着生在短枝上，基部分枝，形成多歧聚伞花序，长2.5～12.5厘米，主轴不明显；花序梗长1～3.5厘米，几无毛；花梗长2～3毫米，无毛；花蕾倒卵状椭圆形，高2～3毫米，顶端圆形；萼碟形，边缘全缘或呈波状，无毛；花瓣5，长椭圆形，高1.8～2.7毫米，无毛；雄蕊5，花丝长1.5～2.4毫米，花药长椭圆卵形，长0.7～1.4毫米，花盘不明显；子房椭球形，花柱明显，基部粗，柱头不扩大。果实球形，直径1～1.5厘米，有种子1～3颗；种子倒卵圆形，顶端圆形，基部急尖成短喙，种脐在背面中部呈圆形，腹部中棱脊突出，两侧洼穴呈沟状，从种子基部向上达种子顶端。花期5—8月，果期9—10月。

【产地、生长环境与分布】仙桃市袁市社区有产。生于屋旁墙沿，多为栽培。分布于河北、山东、河南、陕西、甘肃、山西、江苏、浙江、江西、湖南、湖北、广东等地。

【药用部位】藤茎，根。

【采集加工】藤茎于秋季采收，去掉叶片，切段；根于冬季挖取，洗净，切片，晒干或鲜用。

【性味】味辛、微涩，性温。

【功能主治】祛风止痛，活血通络；用于风湿痹痛、中风半身不遂、偏头痛、产后血瘀、腹生结块、跌打损伤、痈肿疮毒、溃疡不敛。

【用法用量】内服：煎汤，15～30克；或浸酒。外用：适量，煎水洗；或磨汁涂，或捣烂敷。

【验方参考】①治风湿痹痛：红葡萄藤30～60克，水煎服；或用倍量浸酒内服外擦。（《广西本草选编》）②治半身不遂：爬山虎藤15克，锦鸡儿根60克，大血藤根15克，千斤拔根30克，冰糖少许，水煎服。（《江西草药》）③治偏头痛：爬山虎根30克，防风9克，川芎6克，水煎服，连服3～4剂。（《浙江民间常用草药》）

乌蔹莓属 *Cayratia* Juss.

乌蔹莓　乌蔹草　五叶莓　五爪龙　五将草　五龙草　（图217）
Cayratia japonica (Thunb.) Gagnep.

【形态特征】草质藤本。小枝圆柱形，有纵棱纹，无毛或微被疏柔毛。卷须2～3叉分枝，相隔2节间断与叶对生。叶为鸟足状5小叶，中央小叶长椭圆形或椭圆状披针形；叶柄长1.5～10厘米，中央小叶柄长0.5～2.5厘米。花序腋生，复二歧聚伞花序；花序梗长1～13厘米，无毛或微被毛。果实近球形，直径约1厘米，有种子2～4颗；种子三角状倒卵形。花期3—8月，果期8—11月。

【产地、生长环境与分布】仙桃市各地均有产。生于旷野、灌丛、林下。分布于我国华东、中南及西南各地。

图217　乌蔹莓 *Cayratia japonica*

【药用部位】　全草。

【采集加工】　夏、秋季采集，切段，晒干或鲜用。

【性味】　味苦、酸，性寒。

【功能主治】　解毒消肿、活血散瘀、利尿、止血；用于咽喉肿痛、目翳、咯血、尿血、痢疾。外用治痈肿、丹毒、腮腺炎、跌打损伤、毒蛇咬伤。

【用法用量】　内服：煎汤，15～30克；或研末、泡酒，或捣烂取汁。外用：适量，捣烂外敷。

69. 杜英科　Elaeocarpaceae

杜英属　*Elaeocarpus* L.

杜英　假杨梅　梅擦饭　青果　野橄榄　胆八树　（图218）
Elaeocarpus decipiens Hemsl.

【形态特征】　常绿乔木，高5～15米；嫩枝及顶芽初时被微毛，不久变秃净，干后黑褐色。叶革质、披针形或倒披针形，长7～12厘米，宽2～3.5厘米，上面深绿色，干后发亮，下面秃净无毛，幼嫩时亦无毛，先端渐尖，尖头钝，基部楔形，常下延，侧脉7～9对，在上面不很明显，在下面稍突起，网脉在上下两面均不明显，边缘有小钝齿；叶柄长1厘米，初时有微毛，在结实时变秃净。总状花序多生于叶腋，长5～10厘米，花序轴纤细，有微毛；花柄长4～5毫米；花白色，萼片披针形，

图218　杜英　*Elaeocarpus decipiens*

长5.5毫米，宽1.5毫米，先端尖，两侧有微毛；花瓣倒卵形，与萼片等长，上半部撕裂，裂片14～16条，外侧无毛，内侧近基部有毛；雄蕊25～30枚，长3毫米，花丝极短，花药顶端无附属物；花盘5裂，有毛；子房3室，花柱长3.5毫米，胚珠每室2颗。核果椭圆形，长2～2.5厘米，宽1.3～2厘米，外果皮无毛，内果皮坚骨质，表面有多数沟纹，1室，种子1颗，长1.5厘米。花期6—7月。

【产地、生长环境与分布】　仙桃市各地少有栽培，赵西垸林场栽培较多。多为林地栽培。分布于广东、广西、福建、台湾、浙江、江西、湖南、贵州和云南。

【药用部位】　根。

【采集加工】　秋季果实成熟后采收，晒干。

【性味】　味辛，性温。

【功能主治】　散瘀消肿；用于跌打损伤、瘀肿。

70. 锦葵科 Malvaceae

秋葵属 *Abelmoschus* Medic.

黄蜀葵　秋葵　豹子眼睛花　棉花葵　（图 219）

Abelmoschus manihot (L.) Medicus

【形态特征】一年生或多年生草本，高 1～2 米，疏被长硬毛。叶掌状 5～9 深裂，直径 15～30 厘米，裂片长圆状披针形，长 8～18 厘米，宽 1～6 厘米，具粗钝锯齿，两面疏被长硬毛；叶柄长 6～18 厘米，疏被长硬毛；托叶披针形，长 1～1.5 厘米。花单生于枝端叶腋；小苞片 4～5，卵状披针形，长 15～25 毫米，宽 4～5 毫米，疏被长硬毛；萼佛焰苞状，5 裂，近全缘，较长于小苞片，被柔毛，果时脱落；花大，淡黄色，内面基部紫色，直径约 12 厘米；雄蕊柱长 1.5～2 厘米，花药近无柄；柱头紫黑色，匙状盘形。蒴果卵状椭圆形，长 4～5 厘米，直径 2.5～3 厘米，被硬毛；种子多数，肾形，被柔毛组成的条纹多条。花期 8—10 月。

图 219-01　黄蜀葵 *Abelmoschus manihot*（1）

【产地、生长环境与分布】仙桃市三伏潭镇有产。生于林下、平原。分布于河北、山东、河南、陕西、湖北、湖南、四川、贵州、云南、广西、广东和福建等地。

【药用部位】根，茎，叶，花和种子。

【采集加工】秋季挖根；夏、秋季采收叶和花；秋季采收种子，晒干备用。

【性味】根：味甘、苦，性寒。茎、叶、花：味甘，性微寒。种子：味甘，性寒。

图 219-02　黄蜀葵 *Abelmoschus manihot*（2）

【功能主治】根：清热凉血、通淋、消肿、解毒；用于淋证、痈疽肿毒、腮腺炎、骨折、刀伤。茎：活血、除邪热；用于产褥热、烫伤。叶：托疮解毒、排脓生肌。花：通淋、消肿、解毒；用于淋证、痈疽肿毒、烫伤。种子：利水、消肿、通乳；用于淋证、水肿、乳汁不通、痈肿、跌扑损伤、骨折。

【用法用量】根：5～15 克（鲜品 25～50 克），水煎服；外用适量，捣敷或煎水洗。花：5～10 克，水煎服；外用研末调敷或油浸涂。种子：9～15 克，水煎服；或研粉，每服 1.5～3 克。

【验方参考】①治石淋：黄蜀葵花 1 两，炒，捣罗为散，每服 1 钱匕，食前米饮调下。（《圣济总录》独圣散）②治烫伤：用瓶盛麻油，以箸就树夹取黄蜀葵花，收入瓶内，勿犯人手，密封收之，遇有伤者，以油涂之。（《经验方》）③治小儿口疮：黄蜀葵花烧末敷。（《肘后备急方》）④治肺热咳嗽：黄蜀葵根 7 钱，水煎服，酌加冰糖化服。⑤通乳：黄蜀葵根 1 两，煮黄豆或猪腿服。⑥防止产褥热：黄蜀葵茎及根 1 两，用鸡蛋煎服或水煎取汁，煮鸡蛋 2 个，加甜酒少许服。⑦治气血虚：黄蜀葵茎及根 1 两，星宿菜 2 钱，用猪肉汤煎服。（④～⑦出自《草药手册》）⑧治淋证：黄蜀葵根 5 钱至 1 两 5 钱，水煎服。（《岭南采药录》）

蜀葵属 *Althaea* L.

蜀葵 一丈红 大蜀季 戎葵 （图 220）
Althaea rosea (L.) Cavan.

【形态特征】 二年生直立草本，高达 2 米，茎枝密被刺毛。叶近圆心形，直径 6 ～ 16 厘米，掌状 5 ～ 7 浅裂或波状棱角，裂片三角形或圆形，中裂片长约 3 厘米，宽 4 ～ 6 厘米，上面疏被星状柔毛，粗糙，下面被星状长硬毛或茸毛；叶柄长 5 ～ 15 厘米，被星状长硬毛；托叶卵形，长约 8 毫米，先端具 3 尖。花腋生，单生或近簇生，排列成总状花序式，具叶状苞片，花梗长约 5 毫米，果时延长至 1 ～ 2.5 厘米，被星状长硬毛；小苞片杯状，常 6 ～ 7 裂，裂片卵状披针形，长 10 毫米，密被星状粗

图 220 蜀葵 *Althaea rosea*

硬毛，基部合生；萼钟状，直径 2 ～ 3 厘米，5 齿裂，裂片卵状三角形，长 1.2 ～ 1.5 厘米，密被星状粗硬毛；花大，直径 6 ～ 10 厘米，有红、紫、白、粉红、黄和黑紫等色，单瓣或重瓣，花瓣倒卵状三角形，长约 4 厘米，先端凹缺，基部狭，爪被长髯毛；雄蕊柱无毛，长约 2 厘米，花丝纤细，长约 2 毫米，花药黄色；花柱分枝多数，微被细毛。果盘状，直径约 2 厘米，被短柔毛，分果爿近圆形，多数，背部厚达 1 毫米，具纵槽。花期 2—8 月。

【产地、生长环境与分布】 仙桃市各地均有产。生于林下。我国分布很广，华东、华中、华北、华南地区均有分布。

【药用部位】 根，叶，花，种子。

【采集加工】 春、秋季采根，晒干切片；夏季采花，阴干；花前采叶；秋季采种子，晒干。

【性味】 味甘，性凉。

【功能主治】 根：清热、解毒、排脓、利尿；用于肠炎、痢疾、尿路感染、小便赤痛、宫颈炎、带下。种子：利尿通淋；用于尿路结石、小便不利、水肿。花：通利二便、解毒散结；用于二便不通、梅核气，并解河鲀毒。花、叶：外用治痈肿疮疡、烧烫伤。

【用法用量】根 3 ～ 6 钱；种子、花均为 1 ～ 2 钱，水煎服或入丸、散。外用适量，鲜花、叶捣烂敷或煎水洗患处。

黄花稔属 *Sida* L.

心叶黄花稔　心叶黄花棯　心叶黄花仔　吸血草　（图 221）
Sida cordifolia L.

【形态特征】直立亚灌木状草本，高约 1 米；小枝密被星状柔毛和混生长柔毛，毛长 3 毫米。叶卵形，长 1.5 ～ 5 厘米，宽 1 ～ 4 厘米，先端钝或圆，基部圆形或微心形，边缘具钝齿，两面均密被星状柔毛，下面脉上混生长柔毛；叶柄长 1 ～ 2.5 厘米，密被星状柔毛和混生长柔毛；托叶线形，长 5 毫米，密被星状柔毛。花簇生于枝端或叶腋间，或单生，花梗长 5 ～ 15 毫米，密被星状柔毛和混生长柔毛，端有节；花萼杯形，裂片 5，三角形，长 5 ～ 6 毫米，密被星状柔毛和混生长柔毛；花黄色，直径 15 毫米，花瓣长圆形，长 6 ～ 8 毫米；雄蕊柱长 6 毫米，被长硬毛。蒴果直径 6 ～ 8 毫米，分果爿 10，顶端有 2 长芒，芒长 3 ～ 4 毫米，突出于萼外，被倒生刚毛；种子长卵形，顶端具短毛。

图 221-01　心叶黄花稔 *Sida cordifolia*（1）

【产地、生长环境与分布】仙桃市各地均有产。生于土坡草丛或路旁灌丛间。分布于台湾、福建、广东、广西、四川及云南的峨山、元江、富宁、景东和鹤庆等地区。

【药用部位】叶，根，种子和全草。

图 221-02　心叶黄花稔 *Sida cordifolia*（2）

【采集加工】夏、秋季采收，晒干备用。

【性味】味甘、微辛，性平。

【功能主治】全草：清热利湿、止咳、解毒消痈；用于湿热黄疸、痢疾、泄泻、淋证、发热咳嗽、气喘、痈肿疮毒。

【用法用量】内服：煎汤，鲜根 30 ～ 60 克；或研末。外用：鲜叶适量，捣烂敷。

【验方参考】①治坐马痈：鲜吸血草（心叶黄花稔）叶适量，活蜗牛带壳 6 ～ 7 个，共捣烂敷患处，每日换 1 ～ 2 次。（《闽南民间草药》）②治脓肿不易出脓作痛：鲜吸血草叶适量，洗净，捣烂敷。如

疮较大者，可加三黄末或叶下红共捣涂患处。（《闽南民间草药》）

棉属 *Gossypium* L.

陆地棉　大陆棉　棉花　（图 222）

Gossypium hirsutum L.

【形态特征】一年生草本,高 0.6 ～ 1.5 米，小枝疏被长毛。叶阔卵形，直径 5 ～ 12 厘米，长、宽近相等或较宽，基部心形或心状截头形，常 3 浅裂，很少 5 裂，中裂片常深裂达叶片之半，裂片宽三角状卵形，先端突渐尖，基部宽，上面近无毛，沿脉被粗毛，下面疏被长柔毛；叶柄长 3 ～ 14 厘米，疏被柔毛；托叶卵状镰形，长 5 ～ 8 毫米，早落。花单生于叶腋，花梗通常较叶柄略短；小苞片 3，分离，基部心形，具腺体 1 个，边缘具 7 ～ 9 齿，连齿长达 4 厘米，宽约 2.5 厘米，被长硬

图 222　陆地棉 *Gossypium hirsutum*

毛和纤毛；花萼杯状，裂片 5，三角形，具缘毛；花白色或淡黄色，后变淡红色或紫色，长 2.5 ～ 3 厘米；雄蕊柱长 1 ～ 2 厘米。蒴果卵圆形，长 3.5 ～ 5 厘米，具喙，3 ～ 4 室；种子分离，卵圆形，具白色长棉毛和灰白色不易剥离的短棉毛。花期夏、秋季。

【产地、生长环境与分布】仙桃市各地均有产。各地广泛栽培。分布于河北、山西、山东、安徽、浙江、福建、江西、湖北、湖南、广东、海南、广西、贵州、云南、四川、陕西、甘肃、新疆等地。

【药用部位】根，茎皮，外果皮，棉絮（种毛），种子，棉籽油。

【采集加工】秋季采收，晒干备用。

【性味】根：味微苦，性平。棉絮：味甘，性温；无毒。种子：味辛，性热；有毒。棉籽油：味辛，性热；有微毒。

【功能主治】根：补虚、平喘、调经；用于体虚咳喘、疝气、带下、子宫脱垂。棉絮：止血；用于吐血、血崩、金疮出血。棉籽油：祛湿杀虫；用于恶疮、疥癣（外搽）。种子：温肾、补虚、止血；用于阳痿、睾丸偏坠、遗尿、痔血、脱肛、崩漏、带下。

【用法用量】根皮：15 ～ 50 克，水煎服。种子：10 ～ 20 克，水煎服，或入丸、散；外用，煎水洗。果壳：适量，煎水当茶饮。棉籽油：适量，外搽。

木槿属 *Hibiscus* L.

1. 叶基部心形、截形或圆形，有 5 ～ 11 掌状脉；花柱分枝有毛 ⋯⋯⋯⋯⋯⋯⋯⋯⋯⋯⋯⋯⋯⋯⋯⋯⋯ 木芙蓉 *H. mutabilis*

1. 叶基部楔形至宽楔形，有 3 ～ 5 脉；花柱分枝平滑无毛 ⋯⋯⋯⋯⋯⋯⋯⋯⋯⋯⋯⋯⋯⋯⋯⋯⋯⋯⋯ 木槿 *H. syriacus*

木芙蓉　芙蓉花　拒霜花　木莲　地芙蓉　华木　（图223）

Hibiscus mutabilis L.

图 223　木芙蓉 *Hibiscus mutabilis*

【形态特征】落叶灌木或小乔木，高 2～5 米；小枝、叶柄、花梗和花萼均密被星状毛与直毛相混的细绵毛。叶宽卵形至圆卵形或心形，直径 10～15 厘米，常 5～7 裂，裂片三角形，先端渐尖，具钝圆锯齿，上面疏被星状细毛和点，下面密被星状细茸毛；主脉 7～11 条；叶柄长 5～20 厘米；托叶披针形，长 5～8 毫米，常早落。花单生于枝端叶腋间，花梗长 5～8 厘米，近端具节；小苞片 8，线形，长 10～16 毫米，宽约 2 毫米，密被星状绵毛，基部合生；萼钟形，长 2.5～3 厘米，裂片 5，卵形，渐尖头；花初开时白色或淡红色，后变深红色，直径约 8 厘米，花瓣近圆形，直径 4～5 厘米，外面被毛，基部具髯毛；雄蕊柱长 2.5～3 厘米，无毛；花柱分枝 5，疏被毛。蒴果扁球形，直径约 2.5 厘米，被淡黄色刚毛和绵毛，果爿 5；种子肾形，背面被长柔毛。

【产地、生长环境与分布】仙桃市各地均有产。喜温暖、湿润环境，不耐寒，忌干旱，耐水湿。对土壤要求不高，瘠薄土地亦可生长。分布于我国各地。

【药用部位】以花（芙蓉花）、叶（芙蓉叶）和根入药。

【采集加工】夏、秋季采收叶片，阴干，研成粉末储藏备用。秋季采摘初开放的花朵或花蕾，晒干即可。

【性味、归经】味辛，性平。归脾、肺经。

【功能主治】清热解毒、消肿排脓、凉血止血；用于肺热咳嗽、月经过多、带下；外用治痈肿疮疖、乳腺炎、淋巴结炎、腮腺炎、烧烫伤、毒蛇咬伤、跌打损伤。

【用法用量】内服：煎汤，0.3～1 两。外用：适量，以鲜叶、花捣烂敷患处或干叶、花研末用油、凡士林、酒、醋或浓茶调敷。

【验方参考】①治吐血、子宫出血、火眼、疮肿、肺痈：芙蓉花三钱至一两，煎服。（《上海常用中草药》）②治痈疽肿毒：木芙蓉花、叶，丹皮各适量，煎水洗。（《湖南药物志》）③治蛇头疔、天蛇毒：鲜木芙蓉花二两，冬蜜五钱，捣烂敷，日换二至三次。（《民间实用草药》）④治水烫伤：木芙蓉花晒干，研末，麻油调搽。（《湖南药物志》）⑤治灸疮不愈：芙蓉花研末敷。（《奇效良方》）⑥治虚劳咳嗽：芙蓉花二至四两，鹿衔草一两，黄糖二两，炖猪心肺服；无糖时加盐亦可。（《重庆草药》）⑦治经血不止：拒霜花、莲蓬壳各等份，为末，每用米饮下二钱。（《妇人良方》）

木槿　木棉　荆条　朝开暮落花　喇叭花　（图224）

Hibiscus syriacus L.

【形态特征】落叶灌木，高 3～4 米，小枝密被黄色星状茸毛。叶菱形至三角状卵形，长 3～10 厘米，宽 2 ～ 4 厘米，具深浅不同的 3 裂或不裂，先端钝，基部楔形，边缘具不整齐齿缺，下面沿叶脉微被毛或近无毛。花单生于枝端叶腋间，花萼钟形，长 14 ～ 20 毫米，密被星状短茸毛，裂片 5，三角形；花朵有纯白、淡粉红、淡紫、紫红等色，花形呈钟状，有单瓣、复瓣、重瓣几种。外面疏被纤毛和星状长柔毛。蒴果卵圆形，直径约 12 毫米，密被黄色星状茸毛；种子肾形，背部被黄白色长柔毛。

【产地、生长环境与分布】仙桃市各地均有产。生于路边、屋旁、田埂或灌丛中。

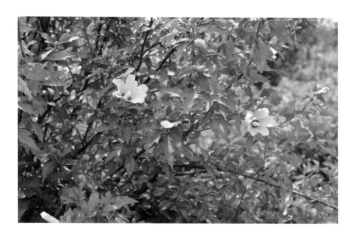

图 224　木槿 *Hibiscus syriacus*

分布于台湾、福建、广东、广西、云南、贵州、四川、湖南、湖北、安徽、江西、浙江、江苏、山东、河北、河南、陕西等地，多为栽培。

【药用部位】花，果，根，皮。

【采集加工】5—10 月，采收鲜花，晾干。

【性味】味甘，性平；无毒。

【功能主治】木槿花：清热凉血、解毒消肿；用于痢疾、痔疮出血、带下、疮疖痈肿、烫伤。根：清热解毒、利水消肿、止咳；用于咳嗽、肺痈、肠痈、痔疮肿痛、带下、疥癣。根皮：清热利湿、杀虫止痒；用于痢疾、脱肛、阴囊湿疹、脚癣等。果实称"朝天子"，清肺化痰、解毒止痛；用于痰喘咳嗽、神经性头痛、黄水疮。

【用法用量】内服：煎汤，3 ～ 5 钱。外用：适量，烧烟熏、煎汤洗或研末调敷。

苘麻属 *Abutilon* Mill.

苘麻　椿麻　塘麻　青麻　白麻　车轮草　（图 225）

Abutilon theophrasti Medic.

【形态特征】一年生亚灌木状草本，高达 2 米，茎枝被柔毛。叶互生，圆心形，长 5 ～ 10 厘米，先端长渐尖，基部心形，边缘具细圆锯齿，两面均密被星状柔毛；叶柄长 3 ～ 12 厘米，被星状细柔毛；托叶早落。花单生于叶腋，花梗长 1 ～ 13 厘米，被柔毛，近顶端具节；花萼杯状，密被短茸毛，裂片 5，卵形，长约 6 毫米；花黄色，花瓣倒卵形，长约 1 厘米；雄蕊柱平滑无毛，心皮 15 ～ 20，长 1 ～ 1.5 厘米，顶端

图 225-01　苘麻 *Abutilon theophrasti*（1）

平截，具扩展、被毛的长芒 2，排列成轮状，密被软毛。蒴果半球形，直径约 2 厘米，长约 1.2 厘米，分果爿 15～20，被粗毛，顶端具长芒 2；种子肾形，褐色，被星状柔毛。

图 225-02　苘麻 *Abutilon theophrasti*（2）

【产地、生长环境与分布】仙桃市各地均有产。常见于路旁、荒地和田野间。分布于吉林、辽宁、河北、山西、河南、山东、江苏、安徽、浙江、台湾、福建、江西、湖北、湖南、广东、海南、广西、贵州、云南、四川、陕西、宁夏及新疆。

【药用部位】根，全草，种子。

【采集加工】秋季采收，鲜用或晒干。

【性味】味苦，性平。

【功能主治】全草：清热利湿、解毒开窍；用于痢疾、中耳炎、耳鸣、耳聋、睾丸炎、化脓性扁桃体炎、痈疽肿毒。种子：清热利湿、解毒、退翳；用于赤白带下、痢疾、淋证涩痛、痈肿、目翳。

图 225-03　苘麻子（药材）

【用法用量】全草：煎服，10～30 克；外用适量，捣敷。种子：3～9 克，煎服。

【验方参考】①治慢性中耳炎：苘麻鲜全草 60 克，猪耳适量，水煎服；或苘麻 15 克，糯米 30 克，毛蚶 20 粒，水煎服。（《福建药物志》）②治小儿瘄耳有疮及恶肉：白麻秸（取皮）一合，花燕脂十颗（雄黄少许）。上捣筛，细研，敷耳中令满，一两度愈。（《古今录验方》）③治化脓性扁桃体炎：苘麻、一枝花各 15 克，天胡荽 9 克，水煎服或捣烂绞汁服。（《福建药物志》）④治痈疽肿毒：苘麻鲜叶和蜜捣敷。如漫肿无头者，取鲜叶和红糖捣敷，内服子实一枚，日服 2 次。（《福建民间草药》）

锦葵属 *Malva* L.

锦葵　荆葵　钱葵　小钱花　金钱紫花葵　小白淑气花　棋盘花　（图 226）
Malva sinensis Cavan.

【形态特征】二年生或多年生直立草本，高 50～90 厘米，分枝多，疏被粗毛。叶圆心形或肾形，具 5～7 圆齿状钝裂片，长 5～12 厘米，宽儿相等，基部近心形至圆形，边缘具圆锯齿，两面均无毛或仅脉上疏被短糙伏毛；叶柄长 4～8 厘米，近无毛，但上面槽内被长硬毛；托叶偏斜，卵形，具锯齿，先端渐尖。花 3～11 朵簇生，花梗长 1～2 厘米，无毛或疏被粗毛；小苞片 3，长圆形，长 3～4 毫米，宽1～2毫米，先端圆形，疏被柔毛；萼杯状，长6～7毫米，萼裂片5，宽三角形，两面均被星状疏柔毛；花紫红色或白色，直径3.5～4厘米，花瓣5，匙形，长2厘米，先端微缺，爪具髯毛；雄蕊柱长8～10毫米，被刺毛，花丝无毛；花柱分枝9～11，被微细毛。果扁圆形，直径5～7毫米，分果片9～11，肾形，被柔毛；种子黑褐色，肾形，长2毫米。

【产地、生长环境与分布】仙桃市各地均有产。在各种土壤上均能生长。为我国南北各城市常见的栽培植物，偶有逸生。

图 226 锦葵 *Malva sinensis*

南自广东、广西，北至内蒙古、辽宁，东起台湾，西至新疆和西南各省区，均有分布。

【药用部位】花，叶，茎。

【采集加工】夏、秋季采收，晒干备用。

【性味】味咸，性寒。

【功能主治】利尿通便、清热解毒；用于大小便不畅、带下、淋巴结结核、咽喉肿痛。

【用法用量】内服：煎汤，3～9克；或研末，1～3克，开水送服。

【验方参考】①治胸膜炎：锦葵6～9克，水煎服。（《华山药物志》）②治感冒咳嗽、咽喉肿痛：锦葵9克，麻黄3克，杏仁9克，甘草1.5克，薄荷3克，水煎服。（《华山药物志》）③治大小便不畅、淋巴结结核、妇人带下及脐腹痛：锦葵3克，研末，白开水冲服。（《华山药物志》）

71. 椴树科 Tiliaceae

扁担杆属 *Grewia* L.

扁担杆　扁担木　孩儿拳头　（图 227）
Grewia biloba G. Don

【形态特征】灌木或小乔木，高1～4米，多分枝；嫩枝被粗毛。叶薄革质，椭圆形或倒卵状椭圆形，长4～9厘米，宽2.5～4厘米，先端锐尖，基部楔形或钝，两面有稀疏星状粗毛，基出脉3条，两侧脉上行过半，中脉有侧脉3～5对，边缘有细锯齿；叶柄长4～8毫米，被粗毛；托叶钻形，长3～4毫米。聚伞花序腋生，多花，花序柄长不到1厘米；花柄长3～6毫米；苞片钻形，长3～5毫米；萼片狭长圆形，长4～7毫米，外面被毛，内面无毛；花瓣长1～1.5毫米；雌雄蕊柄长0.5毫米，有毛；雄蕊长2毫米；子房有毛，花柱与萼片平齐，柱头扩大，盘状，有浅裂。核果红色，有2～4颗分核。花期5—7月。

【产地、生长环境与分布】仙桃市各地均有产。生于路旁、草地的灌丛或疏林中。分布于河北、山西、山东、河南、陕西、安徽、江苏、浙江、江西、湖南、湖北、四川、贵州、云南、台湾、广东、广西等地。

【药用部位】根或全株。

【采集加工】 夏、秋季采挖，洗净，切片，晒干。

【性味】 味辛、甘，性温。

【功能主治】健脾益气、固精止带、祛风除湿；用于小儿疳积、脾虚久泻、遗精、红崩、带下、子宫脱垂、脱肛、风湿关节痛。

【用法用量】 煎汤，0.5 ~ 1 两；亦可适量浸酒服。

图 227-01　扁担杆 *Grewia biloba*（1）

图 227-02　扁担杆 *Grewia biloba*（2）

72. 梧桐科 Sterculiaceae

梧桐属 *Firmiana* Marsili

梧桐　青桐　桐麻　碧梧　中国梧桐　（图 228）
Firmiana simplex (L.) W. Wight

【形态特征】 高达 20 米，胸径 50 厘米；树干挺直，光洁，分枝高；树皮绿色或灰绿色，平滑，常不裂。小枝粗壮，绿色，芽鳞被锈色柔毛，树皮青绿色，光滑，片状剥落；嫩枝有黄褐色茸毛；老枝光滑，红褐色。叶大，阔卵形，宽 10 ~ 22 厘米，长 10 ~ 21 厘米，3 ~ 5 裂至中部，长比宽略短，基部截形、阔心形或稍呈楔形，裂片宽三角形，边缘有数个粗大锯齿，上下两面幼时被灰黄色茸毛，后变无毛；叶柄长 3 ~ 10 厘米，密被黄褐色茸毛；托叶长 1 ~ 1.5 厘米，基部鞘状，上部开裂。圆锥花序长约 20 厘米，被短茸毛；花单性，无花瓣；萼管长约 2 毫米，裂片 5，条状披针形，长约 10 毫米，外面密生淡黄色短茸毛；雄花的雄蕊柱约与萼裂片等长，花

图 228　梧桐 *Firmiana simplex*

药约 15 个生于雄蕊柱顶端；雌花的雌蕊具柄，心皮 5，子房基部有退化雄蕊。蓇葖，在成熟前即裂开，纸质，长 7 ～ 9.5 厘米；种子球形，分为 5 个分果，分果成熟前裂开呈小艇状，种子生在边缘。果枝有球形果实，通常 2 个，常下垂，直径 2.5 ～ 3.5 厘米。花期 5 月，果期 9～10 月。

【产地、生长环境与分布】仙桃市各地均有栽培。喜生于湿润的黏质土，多为栽培。

【药用部位】叶，花，根，茎皮及种子。

【采集加工】根，全年可采；茎皮，春、夏季采收；叶，夏、秋季采收；花，夏季采收；种子，秋季采收；分别晒干备用。

【性味】根、茎皮：味苦，性凉；无毒。叶、种子：味甘，性平。

【功能主治】根、茎皮：祛风湿、杀虫。根：用于风湿关节痛、肺结核咯血、跌打损伤、带下、丝虫病、蛔虫病。茎皮：用于痔疮、脱肛。种子：顺气和胃、补肾；用于胃痛、伤食腹泻、小儿口疮、须发早白。叶：镇静、降血压、祛风、解毒；用于冠心病、高血压、风湿关节痛、阳痿、遗精、神经衰弱、银屑病、痈疮肿毒。花：用于烧烫伤、水肿。

【用法用量】根、茎皮：鲜品 50 ～ 100 克，水煎服，或捣汁服。叶：25 ～ 50 克，水煎服；外用，鲜叶敷贴、煎水洗或研末调敷。花：15 ～ 25 克，水煎服；外用，研末调涂。种子：5 ～ 15 克，水煎或研末服；外用煅存性研末撒。

【验方参考】①治伤食腹泻：梧桐子炒焦研粉，冲服，每服 1 钱。（《常用中草药手册》）②治哮喘：梧桐根 5 钱至 1 两，水煎服。（《常用中草药手册》）③治白发：梧桐子 3 钱，何首乌 5 钱，黑芝麻 3 钱，熟地 5 钱，水煎服。（《山东中草药手册》）④治风湿疼痛：梧桐鲜根 1 两至 1 两 5 钱（干者 0.8 ～ 1.2 两），酒、水各半同煎 1 小时，内服，加 1 个猪脚同煎更好。（《福建民间草药》）

73. 瑞香科 Thymelaeaceae

结香属　*Edgeworthia* Meisn.

结香　打结花　打结树　黄瑞香　梦花　（图 229）

Edgeworthia chrysantha Lindl.

【形态特征】灌木，高 0.7 ～ 1.5 米，小枝粗壮，褐色，常作三叉分枝，幼枝常被短柔毛，韧皮极坚韧，叶痕大，直径约 5 毫米。叶在花前凋落，长圆形、披针形至倒披针形，先端短尖，基部楔形或渐狭，长 8 ～ 20 厘米，宽 2.5 ～ 5.5 厘米，两面均被银灰色绢状毛，下面较多，侧脉纤细，弧形，每边 10 ～ 13 条，被柔毛。头状花序顶生或侧生，具花 30 ～ 50 朵成绒球状，外围以 10 枚左右被长毛而早落的总苞；花序梗长 1 ～ 2 厘米，被灰白色长硬毛；花芳香，无梗，花萼长 1.3 ～ 2 厘米，宽 4 ～ 5 毫米，外面密被白色丝状毛，内面无毛，黄色，顶端 4 裂，裂片卵形，长约 3.5 毫米，宽约 3 毫米；雄蕊 8，2 列，上列 4 枚与花萼裂片对生，下列 4 枚与花萼裂片互生，花丝短，花药近卵形。子房卵形，长约 4 毫米，直径约 2 毫米，顶端被丝状毛，花柱线形，长约 2 毫米，无毛，柱头棒状，长约 3 毫米，具乳突，花盘浅杯状，膜质，边缘不整齐。果椭圆形，绿色，长约 8 毫米，直径约 3.5 毫米，顶端被毛。花期冬末春初，果期春、夏季。

【产地、生长环境与分布】仙桃市沔阳公园有栽培。喜生于阴湿肥沃地。分布于河南、陕西及长江流域以南各省区。

图 229-01　结香 *Edgeworthia chrysantha*（1）　　　　图 229-02　结香 *Edgeworthia chrysantha*（2）

【药用部位】根，花。

【采集加工】夏、秋季采根，春季采花；晒干或鲜用。

【性味】味甘，性温。

【功能主治】根：舒筋活络、消肿止痛；用于风湿关节痛、腰痛；外用治跌打损伤、骨折。花：祛风明目；用于目赤疼痛、夜盲症。

【用法用量】根：煎汤，3～5钱；外用适量，捣烂敷患处。花：煎汤，2～3钱。

74. 大风子科 Flacourtiaceae

柞木属 *Xylosma* G. Forst.

柞木　凿子树　蒙子树　葫芦刺　红心刺　（图 230）

Xylosma racemosa (Sieb. et Zucc.) Miq.

【形态特征】常绿大灌木或小乔木，高4～15米；树皮棕灰色，不规则从下面向上反卷呈小片，裂片向上反卷；幼时有枝刺，结果株无刺；枝条近无毛或有疏短毛。叶薄革质，雌雄株稍有区别，通常雌株的叶有变化，菱状椭圆形至卵状椭圆形，长4～8厘米，宽2.5～3.5厘米，先端渐尖，基部楔形或圆形，边缘有锯齿，两面无毛或在近基部中脉有污毛；叶柄短，长约2毫米，有短毛。花小，总状花序腋生，长1～2厘米，花梗极短，长约3毫米；花萼4～6片，卵形，长2.5～3.5毫米，外面有短毛；花瓣缺；雄花有多数雄蕊，花丝细长，长约4.5毫米，花药椭圆形，底着药；花盘由多数腺体组成，

图 230　柞木 *Xylosma racemosa*

包围着雄蕊；雌花的萼片与雄花同；子房椭圆形，无毛，长约 4.5 毫米，1 室，有 2 侧膜胎座，花柱短，柱头 2 裂；花盘圆形，边缘稍波状。浆果黑色，球形，顶端有宿存花柱，直径 4 ～ 5 毫米；种子 2 ～ 3 粒，卵形，长 2 ～ 3 毫米，鲜时绿色，干后褐色，有黑色条纹。花期春季，果期冬季。

【产地、生长环境与分布】 仙桃市各地均有产。生于林边、丘陵和平原或村边附近灌丛中。分布于秦岭以南各省区。

【药用部位】 根皮，茎皮，枝，根，叶。

【采集加工】 全年可采，晒干。

【性味】 味苦、涩，性寒。

【功能主治】 清热利湿、散瘀止血、消肿止痛。根皮、茎皮：用于黄疸水肿、死胎不下。根、叶：用于跌打肿痛、骨折、脱臼、外伤出血。

【用法用量】 根：20 ～ 30 克（鲜品 100 ～ 200 克），水煎服，或烧存性研末调服。茎皮、叶：5 ～ 15 克，水煎或研末服；外用捣敷。

【验方参考】 ①治黄疸、水肿、关窍不通：柞木根四至六钱，煎服或烧炭兑酒服。（《四川常用中草药》）②治痢疾：柞木根三两，煎汤服。（《湖南药物志》）③治肺结核咯血：鲜柞木根皮二至四两，水煎服。（《单方验方调查资料选编》）④治瘰疬、鼠瘘：柞木根、何首乌、九子连环草、夏枯草、母猪藤、昆布、海藻各适量，水煎服。（《单方验方调查资料选编》）

75. 堇菜科 Violaceae

堇菜属 *Viola* L.

1. 柱头呈头状或球状，腹面无喙，但具大的柱头孔，两侧或近基部有须毛或柔毛……………………三色堇 *V. tricolor*

1. 柱头不呈头状或球状，腹面具喙，喙端具较细的柱头孔 ……………………紫花地丁 *V. philippica*

三色堇　三色堇菜　猫儿脸　蝴蝶花　人面花　猫脸花　（图 231）

Viola tricolor L.

【形态特征】 茎高 10 ～ 40 厘米，全株光滑。地上茎较粗，直立或稍倾斜，有棱，单一或多分枝。基生叶叶片长卵形或披针形，具长柄；茎生叶叶片卵形、长圆状圆形或长圆状披针形，先端圆或钝，基部圆，边缘具稀疏的圆齿或钝锯齿，上部叶叶柄较长，下部者较短；托叶大型，叶状，羽状深裂，长 1 ～ 4 厘米。花大，直径 3.5 ～ 6 厘米，每个茎上有 3 ～ 10 朵，通常每花有紫、白、黄三色；花梗稍粗，单生于叶腋，上部具 2 枚对生的小苞片；小苞片极小，卵状三角形；萼片绿色，长

图 231　三色堇 *Viola tricolor*

圆状披针形，长 1.2～2.2 厘米，宽 3～5 毫米，先端尖，边缘狭膜质，基部附属物发达，长 3～6 毫米，边缘不整齐；上方花瓣深紫堇色，侧方及下方花瓣均为三色，有紫色条纹，侧方花瓣里面基部密被须毛，下方花瓣距较细，长 5～8 毫米；子房无毛，花柱短，基部明显膝曲，柱头膨大，呈球状，前方具较大的柱头孔。

【产地、生长环境与分布】 仙桃市沔阳公园有栽培。多为园林、花坛种植。我国南北方普遍栽培。作为药用植物，在河北省有少量种植。

【药用部位】 全草。

【采集加工】 春、夏季采收，晒干备用。

【性味、归经】 味苦，性寒。归肺经。

【功能主治】 清热解毒、止咳；用于疮疡肿毒、小儿湿疹、小儿瘰疬、咳嗽。

【用法用量】 内服：煎汤，10～15 克。外用：适量，捣敷。

紫花地丁　野堇菜　光瓣堇菜　光萼堇菜　犁头草　（图 232）
Viola philippica Cav.

【形态特征】 多年生草本，无地上茎，高 4～14 厘米，果期高可达 20 厘米。根状茎短，垂直，淡褐色，长 4～13 毫米，粗 2～7 毫米，节密生，有数条淡褐色或近白色的细根。叶多数，基生，莲座状；叶片下部者通常较小，呈三角状卵形或狭卵形，上部者较长，呈长圆形、狭卵状披针形或长圆状卵形，长 1.5～4 厘米，宽 0.5～1 厘米，先端圆钝，基部截形或楔形，稀微心形，边缘具较平的圆齿，两面无毛或被细短毛，有时仅下面沿叶脉被短毛，果期叶片增大，长可达 10 厘米，宽可达 4

图 232-01　紫花地丁 *Viola philippica*（1）

厘米；叶柄在花期通常长于叶片 1～2 倍，上部具极狭的翅，果期长可达 10 厘米，下部具较宽之翅，无毛或被细短毛；托叶膜质，苍白色或淡绿色，长 1.5～2.5 厘米，2/3～4/5 与叶柄合生，离生部分线状披针形，边缘疏生具腺体的流苏状细齿或近全缘。花中等大，紫堇色或淡紫色，稀呈白色，喉部色较淡并带有紫色条纹；花梗通常多数，细弱，与叶片等长或高出于叶片，无毛或有短毛，中部附近有 2 枚线形小苞片；萼片卵状披针形或披针形，长 5～7 毫米，先端渐尖，基部附属物短，长 1～1.5 毫米，末端圆形或截形，边缘具膜质白边，无毛或有短毛；花瓣倒卵形或长圆状倒卵形，侧方花瓣长 1～1.2 厘米，里面无毛或有须毛，下方花瓣连距长 1.3～2 厘米，里面有紫色脉纹；距细管状，长 4～8 毫米，末端圆；花药长约 2 毫米，药隔顶部的附属物长约 1.5 毫米，下方 2 枚雄蕊背部的距细管状，长 4～6 毫米，末端稍细；子房卵形，无毛，花柱棍棒状，比子房稍长，基部稍膝曲，柱头三角形，两侧及后方稍增厚成微隆起的缘边，顶部略平，前方具短喙。蒴果长圆形，长 5～12 毫米，无毛；种子卵球形，长 1.8 毫米，淡黄色。花果期 4 月中下旬至 9 月。

【产地、生长环境与分布】仙桃市各地均有产。生于田间、荒地、草丛、林缘或灌丛中。分布于黑龙江、吉林、辽宁、内蒙古、河北、山西、陕西、甘肃、山东、江苏、安徽、浙江、江西、福建、台湾、河南、湖北、湖南、广西、四川、贵州、云南。

图 232-02　紫花地丁 *Viola philippica*（2）　　　图 232-03　紫花地丁 *Viola philippica*（3）

【药用部位】全草。

【采集加工】春、秋季采收，除去杂质，晒干。

【性味、归经】味苦、辛，性寒。归心、肝经。

【功能主治】清热解毒、凉血消肿；用于盲肠炎、结膜炎、黄疸、痢疾、腹泻、目赤、喉痹等；外用治痈疖、瘰疬、丹毒、毒蛇咬伤。

【用法用量】15 ～ 30 克，水煎服，或鲜品捣烂外敷。

76. 柽柳科 Tamaricaceae

柽柳属 *Tamarix* L.

柽柳　垂丝柳　西河柳　红柳　三春柳　香松　（图 233）

Tamarix chinensis Lour.

【形态特征】乔木或灌木，高 3 ～ 6（8）米；老枝直立，暗褐红色，光亮，幼枝稠密细弱，常开展而下垂，红紫色或暗紫红色，有光泽；嫩枝繁密纤细，悬垂。叶鲜绿色，从去年生木质化生长枝上生出的绿色营养枝上的叶为长圆状披针形或长卵形，长 1.5 ～ 1.8 毫米，稍开展，先端尖，基部背面有龙骨状隆起，常呈薄膜质；上部绿色营养枝上的叶为钻形或卵状披针形，半贴生，先端渐尖而内弯，基部变窄，长 1 ～ 3 毫米，背面有龙骨状突起。每年开花二三次。春季开花：总状花序侧生在去年生木质化的小枝上，长 3 ～ 6 厘米，宽 5 ～ 7 毫米，花大而少，较稀疏而纤弱点垂，小枝亦下倾；有短总花梗，或近无梗，梗生有少数苞叶或无；苞片线状长圆形，或长圆形，渐尖，与花梗等长或稍长；花梗纤细，较萼短；花五出；萼片 5，狭长卵形，具短尖头，略全缘，外面 2 片，背面具隆脊，长 0.75 ～ 1.25 毫米，较花瓣略短；花瓣 5，粉红色，通常卵状椭圆形或椭圆状倒卵形，稀倒卵形，长约 2 毫米，较花萼微长，果时宿存；花

盘 5 裂，裂片先端圆或微凹，紫红色，肉
质；雄蕊 5，长于或略长于花瓣，花丝着
生在花盘裂片间，自其下方近边缘处生出；
子房圆锥状瓶形，花柱 3，棍棒状，长约
为子房之半。蒴果圆锥形。夏、秋季开花；
总状花序长 3 ～ 5 厘米，较春生者细，生
于当年生幼枝顶端，组成顶生大圆锥花序，
疏松而通常下弯；花五出，较春季者略小，
密生；苞片绿色，草质，较春季花的苞片
狭细，较花梗长，线形至线状锥形或狭三
角形，渐尖，向下变狭，基部背面有隆起，

图 233　柽柳 *Tamarix chinensis*

全缘；花萼三角状卵形；花瓣粉红色，直
而略外斜，远比花萼长；花盘 5 裂，或每一裂片再 2 裂成 10 裂片状；雄蕊 5，长等于花瓣或为其 2 倍，
花药钝，花丝着生在花盘主裂片间，自其边缘和略下方生出；花柱棍棒状，其长等于子房的 2/5 ～ 3/4。
花期 4—9 月。

【产地、生长环境与分布】仙桃市胡场镇有少量栽培。多为园艺栽培。野生于辽宁、河北、河南、山东、
江苏（北部）、安徽（北部）等地；栽培于我国东部至西南部各省区。

【药用部位】干燥细枝嫩叶。

【采集加工】除去老枝及杂质，洗净，稍润，切段，晒干。

【性味、归经】味甘、辛，性平。归肺、胃、心经。

【功能主治】疏风、解表、透疹、解毒；用于风热感冒、麻疹初起、疹出不透、风湿痹痛、皮肤瘙痒。

【用法用量】内服：煎汤，10 ～ 15 克；或入散剂。外用：适量，煎汤擦洗。

【验方参考】治瘄疹发不出、烦闷、躁乱：a. 西河柳叶，风干为末，水调四钱，顿服立定。（《本
草纲目拾遗》）b. 蝉退一钱，鼠粘子（炒研）一钱五分，荆芥穗一钱，玄参二钱，甘草一钱，麦门冬（去
心）三钱，干葛一钱五分，薄荷叶一钱，知母（蜜炙）一钱，西河柳五钱，竹叶三十片，水煎服。（《先
醒斋医学广笔记》）

77. 秋海棠科 Begoniaceae

秋海棠属 *Begonia* L.

紫背天葵　天葵秋海棠　观音菜　血皮菜　天葵　（图 234）

Begonia fimbristipula Hance

【形态特征】多年生无茎草本。根状茎球状，直径 7 ～ 8 毫米，具多数纤维状根。叶均基生，具长柄；

叶片两侧略不相等，轮廓宽卵形，长6～13厘米，宽4.8～8.5厘米，先端急尖或渐尖状急尖，基部略偏斜，心形至深心形，边缘有大小不等三角形重锯齿，有时呈缺刻状，齿尖有长可达0.8毫米的芒，上面散生短毛，下面淡绿色，沿脉被毛，但沿主脉的毛较长，常有不明显白色小斑点，掌状7（8）条脉，叶柄长4～11.5厘米，被卷曲长毛；托叶小，卵状披针形，长5～7毫米，宽2～4毫米，先端急尖，顶端带刺芒，边撕裂状。花葶高6～18厘米，无毛；花粉红色，数朵，二至三回二歧聚

图 234　紫背天葵 *Begonia fimbristipula*

伞状花序，首次分枝长2.5～4厘米，二次分枝长7～13毫米，通常均无毛或近于无毛；下部苞片早落，小苞片膜质，长圆形，长3～4毫米，宽1.5～2.5毫米，先端钝或急尖，无毛。雄花：花梗长1.5～2厘米，无毛；花被片4，红色，外面2枚宽卵形，长11～13毫米，宽9～10毫米，先端钝至圆，外面无毛，内面2枚倒卵状长圆形，长11～12.5毫米，宽4～5毫米，先端圆，基部楔形；雄蕊多数，花丝长1～1.3毫米，花药长圆形或倒卵状长圆形，长约1毫米，先端微凹或钝。雌花：花梗长1～1.5厘米，无毛，花被片3，外面2枚宽卵形至近圆形，长6～11毫米，近等宽，内面的倒卵形，长6.5～9.2毫米，宽3～4.2毫米，基部楔形，子房长圆形，长5～6毫米，直径3～4毫米，无毛，3室，每室胎座具2裂片，具不等3翅；花柱3，长2.8～3毫米，近离生或1/2合生，无毛，柱头增厚，外向扭曲成环状。蒴果下垂，果梗长1.5～2毫米，无毛，轮廓倒卵状长圆形，长约1.1毫米，直径7～8毫米，无毛，具有不等3翅，大的翅近舌状，长1.1～1.4厘米，宽约1厘米，上方的边平，下方的边弧形，其余2翅窄，长约3毫米，上方的边平，下方的边斜；种子极多数，小，淡褐色，光滑。花期5月，果期6月。

【产地、生长环境与分布】仙桃市各地均有产。生于疏林下、潮湿草地上。分布于浙江、江西、湖南、福建、广西、广东、海南和香港等地。

【药用部位】全草。

【采集加工】秋、冬季采收，晒干。

【性味】味辛，微酸，性平。

【功能主治】祛瘀、活血、调经；用于月经不调、风湿、跌打损伤。

四季海棠　四季秋海棠　瓜子海棠　（图 235）

Begonia cucullata var. *hookeri* (Sweet) L. B. Sm. & B. G. Schub.

【形态特征】直立肉质草本，高15～45厘米。根呈纤维状。全株无毛，基部多分枝，绿色或淡红色。单叶互生；叶柄着生于叶片基部；叶稍肉质，卵形或宽卵形，长5～8厘米，宽3.5～7.5厘米，先端圆钝，基部稍心形，略偏斜，边缘有锯齿和睫毛状毛，两面光亮，绿色；主脉通常微红。花淡红色或带白色，数朵集生在腋生的总花梗上，花单性，雌雄同花，雄花较大，直径1～2厘米，花被片4，内面2片较小；

雌花稍小，花被片 5。蒴果绿色，并有红色的翅，其中一翅稍大。花期全年。

【产地、生长环境与分布】 仙桃市沔阳公园有栽培。生于树林下的潮湿地。我国各地有栽培。

【药用部位】 花，叶。

【采集加工】 全年均可采，多为鲜用。

【性味】 味苦，性凉。

【功能主治】 清热解毒；用于疮疖。

【用法用量】 外用适量，鲜品捣敷。

【验方参考】 治疮疖：蚬肉海棠花适量（鲜品）捣烂，敷患处。（《原色中草药图集》）

图 235　四季海棠 *Begonia cucullata* var. *hookeri*

78. 葫芦科 Cucurbitaceae

冬瓜属 *Benincasa* Savi

冬瓜　白瓜　白东瓜皮　白冬瓜　白瓜皮　白瓜子　地芝　东瓜　（图 236）

Benincasa hispida (Thunb.) Cogn.

【形态特征】 一年生蔓生或架生草本；茎被黄褐色硬毛及长柔毛，有棱沟。叶柄粗壮，长 5～20 厘米，被黄褐色硬毛和长柔毛；叶片肾状近圆形，宽 15～30 厘米，5～7 浅裂或有时中裂，裂片宽三角形或卵形，先端急尖，边缘有小齿，基部深心形，弯缺张开，近圆形，深、宽均为 2.5～3.5 厘米，表面深绿色，稍粗糙，有疏柔毛，老后渐脱落，变近无毛；背面粗糙，灰白色，有粗硬毛，叶脉在叶背面稍隆起，密被毛。卷须 2～3 歧，被粗硬毛和长柔毛。雌雄同株；花单生。雄花梗长 5～15 厘米，密被黄褐色短刚毛和长柔毛，常在花梗的基部具一苞片，苞片卵形或宽长圆形，长 6～10 毫米，先端急尖，有短柔毛；花萼筒宽钟形，宽 12～15 毫米，密生刚毛状长柔毛，裂片披针形，长 8～12 毫米，有锯齿，反折；花冠黄色，辐状，裂片宽倒卵形，长 3～6 厘米，宽 2.5～3.5 厘米，两面有稀疏的柔毛，先端钝圆，具 5 脉；雄蕊 3，离生，花丝长 2～3 毫米，基部膨大，被毛，花药长 5 毫米，宽 7～10 毫米，药室三回折曲，雌花梗长不及 5 厘米，密生黄褐色硬毛和长柔毛；子房卵形或圆筒形，密生黄褐色茸毛状硬毛，长 2～4 厘米；花柱长 2～3 毫米，柱头 3，长 12～15 毫米，2 裂。果实长圆柱状或近球状，大型，有硬毛和白

图 236-01　冬瓜 *Benincasa hispida*（1）

霜，长 25～60 厘米，直径 10～25 厘米。种子卵形，白色或淡黄色，压扁，有边缘，长 10～11 毫米，宽 5～7 毫米，厚 2 毫米。

【产地、生长环境与分布】仙桃市各地均有产。多为田间栽培。主要分布于亚洲热带、亚热带地区，我国各地区均有栽培。我国云南南部（西双版纳）有野生。

【药用部位】果实，瓜瓤，瓜皮，种子。

【采集加工】瓜瓤、种子，果实成熟时采收。瓜皮，削取外层果皮，晒干。

【性味】瓜瓤、种子：味甘，性平。瓜皮：味甘，性凉。

【功能主治】瓜瓤：清热、止渴、利水、消肿；用于烦渴、水肿、淋证、痈肿。瓜皮：利尿消肿；用于水肿胀满、小便不利、暑热口渴、小便短赤。种子：清肺化痰、消痈排脓、利湿；用于痰热咳嗽、肺痈、肠痈、白浊、带下、水肿、脚气等。

【用法用量】冬瓜皮：9～30 克，水煎服。冬瓜瓤：煎服，1～2 两；或绞汁；外用适量，煎水洗。

图 236-02　冬瓜 *Benincasa hispida*（2）

图 236-03　冬瓜 *Benincasa hispida*（3）

西瓜属 *Citrullus* Schrad.

西瓜　寒瓜　（图 237）

Citrullus lanatus (Thunb.) Matsum. et Nakai

【形态特征】一年生蔓生藤本；茎、枝粗壮，具明显的棱沟，被长而密的白色或淡黄褐色长柔毛。卷须较粗壮，具短柔毛，2 歧，叶柄粗，长 3～12 厘米，粗 0.2～0.4 厘米，具不明显的沟纹，密被柔毛；叶片纸质，轮廓三角状卵形，带白绿色，长 8～20 厘米，宽 5～15 厘米，两面具短硬毛，脉上和背面较多，3 深裂，中裂片较长，倒卵形、长圆状披针形或披针形，顶端急尖或渐尖，裂片又羽状或二重羽状浅裂或深裂，边缘波状或有疏齿，末次裂片通常有少数浅锯齿，先端钝圆，叶片基部心形，有时形成半圆形的弯缺，弯缺宽 1～2 厘米，深 0.5～0.8 厘米。

【产地、生长环境与分布】仙桃市各地均有产。多生于土质疏松、土层深厚、排水良好的沙壤土。我国各地有栽培，品种甚多，外果皮、果肉及种子形式多样，以新疆、甘肃兰州、山东德州、江苏溧阳等地较为有名。

【药用部位】果皮。

【采集加工】 7—8 月采收果实。

【性味、归经】 性寒，味甘。归心、胃、膀胱经。

【功能主治】 清热消暑、生津止渴、利尿、治血痢、解酒毒；用于中暑发热、热盛伤津、烦闷口渴、尿少色黄、喉肿口疮。

【验方参考】 ①外部果皮用于暑热烦渴，尿少色黄。（《湘蓝考》）②西瓜翠治浮肿，小便不利。（《德宏民族药志》）③果皮治中暑，发热，烦闷，口渴，水肿，小便不利。（《蒙药正典》）

图 237　西瓜 *Citrullus lanatus*

南瓜属 *Cucurbita* L.

南瓜　倭瓜　番瓜　饭瓜　番南瓜　北瓜　（图 238）
Cucurbita moschata (Duch. ex Lam.) Duch. ex Poiret

【形态特征】 一年生蔓生草本；茎常节部生根，长 2～5 米，密被白色短刚毛。叶柄粗壮，长 8～19 厘米，被短刚毛；叶片宽卵形或卵圆形，质稍柔软，有 5 角或 5 浅裂，稀钝，长 12～25 厘米，宽 20～30 厘米，侧裂片较小，中间裂片较大，三角形，上面密被黄白色刚毛和茸毛，常有白斑，叶脉隆起，各裂片之中脉常延伸至顶端，成一小尖头，背面色较淡，毛更明显，边缘有小而密的细齿，顶端稍钝。卷须稍粗壮，与叶柄一样被短刚毛和茸毛，3～5 歧。雌雄同株。雄花单生；花萼筒钟形，长 5～6 毫米，裂片条形，长 1～1.5 厘米，被柔毛，上部扩大成叶状；花冠黄色，钟状，长 8 厘米，直径 6 厘米，5 中裂，裂片边缘反卷，具皱褶，先端急尖；雄蕊 3，花丝腺体状，长 5～8 毫米，花药靠合，长 15 毫米，药室折曲。雌花单生；子房 1 室，花柱短，柱头 3，膨大，顶端 2 裂。果梗粗壮，有棱和槽，长 5～7 厘米，瓜蒂扩大成喇叭状；瓠果形状多样，因品种而异，外面常有数条纵沟或无。种子多数，长卵形或长圆形，灰白色，边缘薄，长 10～15 毫米，宽 7～10 毫米。

【产地、生长环境与分布】 仙桃市各地均有产。多为田间栽培，多生于肥沃、中性或微酸性沙壤土。现我国南北各地广泛种植。

【药用部位】 果实，果瓤，种子。

【采集加工】 夏、秋季果实成熟时采收。

【性味】 果实：味甘，性温。果瓤：味甘，性凉。种子：味甘，性平。

【功能主治】 果实：补中益气、消炎止痛、解毒杀虫。果瓤：解毒、敛疮；用于痈肿疮毒、烫伤、创伤。种子：驱虫；用于绦虫病、血吸虫病。

【用法用量】 内服：蒸煮或生捣汁。外用：捣敷。

图 238-01 南瓜 *Cucurbita moschata*（1）

图 238-02　南瓜 *Cucurbita moschata*（2）

黄瓜属 *Cucumis* L.

1. 果皮平滑，无瘤状突起 ··· 马泡瓜 *C. melo* var. *agrestis*

1. 果皮粗糙，通常具刺尖的瘤状突起 ··· 黄瓜 *C. sativus*

马泡瓜　马宝　麻包蛋　小野瓜　小马泡　（图 239）

Cucumis melo L. var. *agrestis* Naud.

【形态特征】一年生草本。茎蔓生，茎上每节有一根卷须。叶有柄，呈楔形或心形，叶面较粗糙，有刺毛。7—8 月开花，花黄色，雌雄同株同花，花冠具有 3～5 裂，子房长椭圆形，花柱细长，柱头 3 枚。瓜有大有小，最大的像鹅蛋，最小的像纽扣。瓜味有香有甜，有酸有苦，瓜皮颜色有青色的、白色带青条的。种子淡黄色，扁平，长椭圆形，表面光滑，种仁白色。

【产地、生长环境与分布】仙桃市各地均有产。野生于荒地、田边、路旁。分布于河南、湖北、山东、辽宁、河南、安徽等地。

【药用部位】果肉。

【采集加工】夏季果实成熟时采摘。

图 239-01　马泡瓜 *Cucumis melo* var. *agrestis*（1）

图 239-02　马泡瓜 *Cucumis melo* var. *agrestis*（2）

图 239-03　马泡瓜 *Cucumis melo* var. *agrestis*（3）

【性味】 味甘，性凉；无毒。

【功能主治】 清热解毒、利水利尿；用于烦躁口渴、咽喉肿痛、烫伤、红眼病。

黄瓜　青瓜　胡瓜　旱黄瓜　（图240）

Cucumis sativus L.

【形态特征】 一年生攀援草本，全体被粗毛。茎细长，被刺毛。具卷须。单叶互生；叶片三角状广卵形，长、宽各 12～18 厘米，掌状 3～5 裂，裂片三角形，先端锐尖，两面均有粗毛，叶缘具锯齿；叶柄粗，具粗毛。花单性，雌雄同株，有短柄；雄花 1～7 朵，腋生；雌花 1 朵单生，或数朵并生；萼 5 裂，裂片钻形，长 8～10 毫米，具长毛；花冠黄色，5 深裂，裂片椭圆状披针形，先端锐尖；雄蕊分离，着生于花萼筒部；花丝短，花药长椭圆形；子房下位，花柱短，柱头 3 枚，胚珠多数。

图 240　黄瓜 *Cucumis sativus*

瓠果圆柱形，幼嫩时青绿色，老则变黄色；表面疏生短刺瘤，并有突起。种子椭圆形，扁平，白色。花期 6—7 月，果期 7—8 月。

【产地、生长环境与分布】 仙桃市各地均有产。多为田间栽培。全国各地均有栽培。

【药用部位】 果实。

【采集加工】 7—8 月采摘果实，鲜用。

【成分】 黄瓜含葡萄糖、鼠李糖、半乳糖、甘露糖、木糖、果糖以及芸香苷、异槲皮苷等。

【性味】 味甘，性凉。

【功能主治】除热、利水、解毒；用于烦渴、咽喉肿痛、火眼、烫伤。瓜干陈久者，补脾气、止腹泻。

【用法用量】内服：煮熟或生啖。外用：浸汁、制霜或研末调敷。

【验方参考】①治小儿热痢：嫩黄瓜同蜜食十余枚。(《海上名方》)②治水病肚胀至四肢肿：胡瓜一个，破作两片不出子，以醋煮一半，水煮一半，俱烂，空心顿服，须臾下水。（《千金髓方》）③治咽喉肿痛：老黄瓜一枚，去子，入硝填满，阴干为末。每以少许吹之。（《医林类证集要》）④治跌打疮肿：六月取黄瓜入瓷瓶中，水浸之。每以水扫于疮上。（《医林类证集要》）⑤治火眼赤痛：五月取老黄瓜一条，上开小孔，去瓤，入芒硝令满，悬阴处，待硝透出刮下，留点眼。（《寿域神方》）⑥治汤火伤灼：五月掐黄瓜入瓶内，封，挂檐下，取水刷之，良。（《医方摘要》）

葫芦属　*Lagenaria* Ser.

葫芦　葫芦壳　抽葫芦　壶芦　蒲芦　（图241）

Lagenaria siceraria (Molina) Standl.

【形态特征】一年生攀援草本；茎、枝具沟纹，被黏质长柔毛，老后渐脱落，变近无毛。叶柄纤细，长 16～20 厘米，有和茎枝一样的毛被，顶端有 2 腺体；叶片卵状心形或肾状卵形，长、宽均 10～35 厘米，不分裂或 3～5 裂，具 5～7 掌状脉，先端锐尖，边缘有不规则的齿，基部心形，弯缺开张，半圆形或近圆形，深 1～3 厘米，宽 2～6 厘米，两面均被微柔毛，叶背及脉上较密。卷须纤细，初时有微柔毛，后渐脱落，变光滑无毛，上部分 2 歧。雌雄同株，雌、雄花均单生。雄花：花梗细，比叶柄稍长，花梗、花萼、花冠均被微柔毛；花萼筒漏斗状，长约 2 厘米，裂片披针形，长 5 毫米；花冠黄色，裂片皱波状，长 3～4 厘米，宽 2～3 厘米，先端微缺而顶端有小尖头，5 脉；雄蕊 3，花丝长 3～4 毫米，花药长 8～10 毫米，长圆形，药室折曲。雌花：花梗比叶柄稍短或近等长；花萼和花冠似雄花；花萼筒长 2～3 毫米；子房中间缢细，密生黏质长柔毛，花柱粗短，柱头 3，膨大，2 裂。果实初为绿色，后变白色至带黄色，由于长期栽培，果形变异

图 241-01　葫芦 *Lagenaria siceraria*（1）

图 241-02　葫芦 *Lagenaria siceraria*（2）

很大，因不同品种或变种而异，有的呈哑铃状，中间缢细，下部和上部膨大，上部大于下部，长数十厘米，有的仅长10厘米（小葫芦），有的呈扁球形、棒状或钩状，成熟后果皮变木质。种子白色，倒卵形或三角形，顶端截形或2齿裂，稀圆，长约20毫米。花期夏季，果期秋季。

【产地、生长环境与分布】　仙桃市各地均有产。多为田间栽培。我国各地均有栽培。

【药用部位】　干燥种子。

【采集加工】　立冬前后摘下果实，取出种子，晒干备用。

【性味】　味酸、涩，性温。

【功能主治】　止泻、引吐、利水消肿；用于热痢、肺病、皮疹、重症水肿及腹水。

【用法用量】　6～9克，水煎服，用于止泻、引吐；15～30克，水煎服，用于利水消肿。

赤瓟属　*Thladiantha* Bunge

赤瓟　气包　赤包　山屎瓜　（图 242）
Thladiantha dubia Bunge

【形态特征】　全株被黄白色长柔毛状硬毛。根块状，茎稍粗壮，上有棱沟。叶柄稍粗，长2～6厘米；叶片宽卵状心形，长5～8厘米，宽4～9厘米，先端急尖或短渐尖，基部心形，边缘浅波状，两面粗糙，脉上有长硬毛。卷须纤细，被长柔毛，单一。花雌雄异株；雄花单生，或聚生于短枝的上端，呈假总状花序，有时2～3朵花生于总梗上，花梗细长；花萼筒极短，近辐状，裂片披针形，向外反折，具3脉，两面均被长柔毛；花冠黄色，裂片长圆形，长2～2.5厘米，宽0.8～1.2厘米，具5脉，上部向外反折，外面被短柔毛，内面有短的疣状腺点；雄蕊5枚，其中1枚分离，其余4枚两两稍靠合，退化子房半球形；雌花单生，花梗细；花萼、花冠同雄花；退化雄蕊5，子房长圆形，密被长柔毛，花柱无毛，自3～4毫米处分3叉，柱头膨大，肾形，2裂。果实卵状长圆形，长4～5厘米，直径2.8厘米，先端有残存的花柱基，基部稍变狭。表面橙黄色，或红棕色，有光泽，被柔毛，具10条明显的纵纹。种子卵形，黑色，平滑无毛，长4～4.5毫米，

图 242-01　赤瓟 *Thladiantha dubia*（1）

图 242-02　赤瓟 *Thladiantha dubia*（2）

宽 2.5 ～ 3 毫米，厚 1.5 毫米。花期 6—8 月，果期 8—10 月。

【产地、生长环境与分布】 仙桃市各地均有产。生于草坪、河边及林缘湿处。分布于黑龙江、吉林、辽宁、河北、山西、山东、陕西、甘肃和宁夏；朝鲜、日本和欧洲有栽培。

【药用部位】 果实。

【采集加工】果实成熟后连柄摘下，防止果实破裂，用线将果柄串起，挂于日光下或通风处，晒干为止。置通风干燥处，防止潮湿霉烂及虫蛀。

【性味】 味酸、苦，性平。

【功能主治】理气、活血、祛痰、利湿；用于反胃吐酸、肺痨咯血、黄疸、痢疾、胸胁疼痛、跌打扭伤、筋骨疼痛、闭经。

马胶儿属 *Zehneria* Endl.

马胶儿　老鼠拉冬瓜　野苦瓜　扣子草　玉钮子　（图 243）
Zehneria japonica (Thunberg) H. Y. Liu

【形态特征】 攀援或平卧草本。块根薯状。茎枝纤细，有棱沟，无毛。卷须不分枝。叶柄细，长 2.5 ～ 3.5 厘米，叶片膜质，三角状卵形、卵状心形或戟形，不分裂或 3 ～ 5 浅裂，长 3 ～ 5 厘米，宽 2 ～ 4 厘米，上面深绿色，脉上被极短的柔毛，背面淡绿色，无毛，先端渐尖或稀短渐尖，基部弯缺半圆形，边缘微波状或有疏齿，脉掌状。雌雄同株。雄花：单生或 2 ～ 3 朵生于短的总状花序上，花序梗纤细，极短，花梗丝状，花萼宽钟形，萼齿 5，花冠 5 裂，淡黄色，有极短的柔毛，雄蕊 3 枚，2 枚 2 室，1 枚 1 室，有时全部 2 室。雌花：在与雄花同一叶腋内单生，稀双生，子房狭卵形，有疣状突起，花柱短，柱头 3 裂，退化雄蕊腺体状。果实长圆形或狭卵形，两端钝，外面无毛，长 1 ～ 1.5 厘米，宽 0.5 ～ 0.8 厘米，成熟后橘红色或红色。种子灰白色，卵形，基部稍变狭，边缘不明显。花期 4—7 月，果期 7—10 月。

【产地、生长环境与分布】 仙桃市各地均有产。常生于林中阴湿处及路旁、田

图 243-01　马胶儿 *Zehneria japonica*（1）

图 243-02　马胶儿 *Zehneria japonica*（2）

边及灌丛中。分布于江苏、浙江、江西、福建、湖北、湖南、广东、广西、四川、贵州、云南。

【药用部位】 块根或全草。

【采集加工】 夏、秋季采收，挖块根，除去泥土及细根，洗净，切厚片；茎叶切碎，鲜用或晒干。

【性味、归经】 味甘、苦，性凉。归肺、肝、脾经。

【功能主治】 清热解毒、消肿散结、化痰利尿；用于痈疮疖肿、痰核瘰疬、咽喉肿痛、痄腮、石淋、小便不利、皮肤湿疹、目赤黄疸、痔瘘、脱肛、外伤出血、毒蛇咬伤。

栝楼属 *Trichosanthes* L.

栝楼　瓜蒌　瓜楼　药瓜　（图244）

Trichosanthes kirilowii Maxim.

【形态特征】 攀援藤本，长达10米；块根圆柱状，粗大肥厚，富含淀粉，淡黄褐色。茎较粗，多分枝，具纵棱及槽，被白色伸展柔毛。叶片纸质，轮廓近圆形，长、宽均5～20厘米，常3～5(7)浅裂至中裂，稀深裂或不分裂而仅有不等大的粗齿，裂片菱状倒卵形、长圆形，先端钝，急尖，边缘常再浅裂，叶基心形，弯缺深2～4厘米，上表面深绿色，粗糙，背面淡绿色，两面沿脉被长柔毛状硬毛，基出掌状脉5条，细脉网状；叶柄长3～10厘米，具纵条纹，被长柔毛。卷须3～7歧，被柔毛。花雌雄异株。雄总状花序单生，或与一单花并生，或在枝条上部者单生，总状花序长10～20厘米，粗壮，具纵棱与槽，被微柔毛，顶端有5～8花，单花花梗长约15厘米，小苞片倒卵形或阔卵形，长1.5～2.5(3)厘米，宽1～2厘米，中上部具粗齿，基部具柄，被短柔毛；花萼筒筒状，长2～4厘米，顶端扩大，直径约10毫米，中、下部直径约5毫米，被短柔毛，裂片披针形，长10～15毫米，宽3～5毫米，全缘；花冠白色，裂片倒卵形，长20毫米，宽18毫米，顶端中央具1绿色尖头，两侧具丝状流苏，被柔毛；花药靠合，长约6毫米，直径约4毫米，花丝分离，粗壮，被长柔毛。雌花单生，

图244-01　栝楼 *Trichosanthes kirilowii*

图244-02　瓜蒌（药材）

花梗长 7.5 厘米，被短柔毛；花萼筒圆筒
形，长 2.5 厘米，直径 1.2 厘米，裂片和
花冠同雄花；子房椭圆形，绿色，长 2 厘
米，直径 1 厘米，花柱长 2 厘米，柱头 3。
果梗粗壮，长 4 ～ 11 厘米；果实椭圆形
或圆形，长 7 ～ 10.5 厘米，成熟时黄褐
色或橙黄色；种子卵状椭圆形，压扁，长
11 ～ 16 毫米，宽 7 ～ 12 毫米，淡黄褐色，
近边缘处具棱线。花期 5—8 月，果期 8—
10 月。

【产地、生长环境与分布】 仙桃市各
地均有产。生于林下、灌丛中、草地和村
旁田边。分布于辽宁、陕西、甘肃、四川、
贵州和云南等地。

【药用部位】 果实，种子。

【采集加工】 秋末果实变为淡黄色时
采收，成熟一批采摘一批，用剪刀剪下果实，
悬挂于通风干燥处晾干。

【性味】 味甘、微苦，性寒。

【功能主治】 果实：清热化痰、宽胸
散结、润燥滑肠；用于肺热咳嗽、胸痹、
结胸、消渴、便秘、痈肿疮毒。种子：润
肺化痰、滑肠通便；用于燥咳痰黏、肠燥
便秘。

【用法用量】 内服：煎汤，9 ～ 20 克；或入丸、散。外用：适量，捣敷。

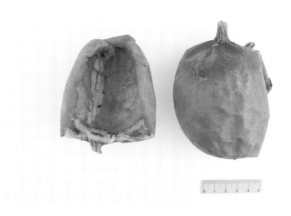

图 244-03　瓜蒌皮（药材）

图 244-04　瓜蒌子（药材）

丝瓜属 *Luffa* Mill.

丝瓜　胜瓜　菜瓜　水瓜　（图 245）

Luffa aegyptiaca Miller

【形态特征】 一年生攀援藤本；茎、枝粗糙，有棱沟，被微柔毛。卷须稍粗壮，被短柔毛，通常 2 ～ 4
歧。叶柄粗糙，长 10 ～ 12 厘米，具不明显的沟，近无毛；叶片三角形或近圆形，长、宽各 10 ～ 20 厘米，
通常掌状 5 ～ 7 裂，裂片三角形，中间的较长，长 8 ～ 12 厘米，顶端急尖或渐尖，边缘有锯齿，基部深
心形，弯缺深 2 ～ 3 厘米，宽 2 ～ 2.5 厘米，上面深绿色，粗糙，有疣点，下面浅绿色，有短柔毛，脉掌状，
具白色的短柔毛。雌雄同株。雄花：通常 15 ～ 20 朵花，生于总状花序上部，花序梗稍粗壮，长 12 ～ 14
厘米，被柔毛；花梗长 1 ～ 2 厘米，花萼筒宽钟形，直径 0.5 ～ 0.9 厘米，被短柔毛，裂片卵状披针形或

近三角形，上端向外反折，长 0.8 ～ 1.3 厘米，宽 0.4 ～ 0.7 厘米，里面密被短柔毛，边缘尤为明显，外面毛被较少，先端渐尖，具 3 脉；花冠黄色，辐状，开展时直径 5 ～ 9 厘米，裂片长圆形，长 2 ～ 4 厘米，宽 2 ～ 2.8 厘米，里面基部密被黄白色长柔毛，外面具 3 ～ 5 条凸起的脉，脉上密被短柔毛，顶端钝圆，基部狭窄；雄蕊通常 5，稀 3，花丝长 6 ～ 8 毫米，基部有白色短柔毛，花初开放时稍靠合，最后完全分离，药室多回折曲。雌花：单生，花梗长 2 ～ 10 厘米；子房长圆柱状，有柔毛，柱头 3，膨大。果实圆柱状，直或稍弯，长 15 ～ 30 厘米，直径 5 ～ 8 厘米，表面平滑，通常有深色纵条纹，未熟时肉质，成熟后干燥，里面呈网状纤维，由顶端盖裂。种子多数，黑色，卵形，扁，平滑，边缘狭翼状。花果期夏、秋季。

图 245-01　丝瓜 *Luffa aegyptiaca*（1）

【产地、生长环境与分布】仙桃市各地均有产。生于田间、屋旁、路边，多为栽培。我国南北各地普遍栽培，也广泛栽培于温带、热带地区。

【药用部位】鲜嫩果实，或霜后干枯的老熟果实（天骷髅）、网状纤维（丝瓜络）。

【采集加工】嫩丝瓜于夏、秋季采摘，鲜用。老丝瓜（天骷髅）于秋后采收，晒干。

【性味】果实：味甘，性凉。丝瓜络：味甘，性平。

图 245-02　丝瓜 *Luffa aegyptiaca*（2）

【功能主治】果实：清热化痰、凉血解毒；用于热病身热烦渴、咳嗽痰喘、肠风下血、痔疮出血、血淋、崩漏、痈疽疮疡、乳汁不通、无名肿毒、水肿。丝瓜络：祛风、通络、活血、下乳；用于痹痛拘挛、胸胁胀痛、乳汁不通、乳痈肿痛。

【用法用量】果实：煎服，9 ～ 15克（鲜品 60 ～ 120 克）；或烧存性为散，每次 3 ～ 9 克；外用适量，捣汁涂，或捣敷，或研末调敷。丝瓜络：煎服，5 ～ 15 克；或烧存性研末，

图 245-03　丝瓜络（药材）

每次 3 克；外用适量，煅存性研末调敷。

79. 千屈菜科 Lythraceae

千屈菜属 *Lythrum* L.

千屈菜　水枝柳　水柳　对叶莲　（图 246）
Lythrum salicaria L.

【形态特征】多年生草本，根茎横卧于地下，粗壮；茎直立，多分枝，高 30 ～ 100 厘米，全株青绿色，略被粗毛或密被茸毛，枝通常具 4 棱。叶对生或三叶轮生，披针形或阔披针形，长 4 ～ 6（10）厘米，宽 8 ～ 15 毫米，顶端钝形或短尖，基部圆形或心形，有时略抱茎，全缘，无柄。花组成小聚伞花序，簇生，因花梗及总梗极短，因此花枝全形似一大型穗状花序；苞片阔披针形至三角状卵形，长 5 ～ 12 毫米；萼筒长 5 ～ 8 毫米，有纵棱 12 条，稍被粗毛，裂片 6，三角形；附属体针状，直立，长 1.5 ～ 2 毫米；花瓣 6，红紫色或淡紫色，倒披针状长椭圆形，基部楔形，长 7 ～ 8 毫米，着生于萼筒上部，有短爪，稍皱缩；雄蕊 12，6 长 6 短，伸出萼筒之外；子房 2 室，花柱长短不一。蒴果扁圆形。

图 246　千屈菜 *Lythrum salicaria*

【产地、生长环境与分布】仙桃市各地均有产。生于河岸、湖畔、溪沟边和潮湿地。分布于全国各地，亦有栽培。

【药用部位】全草。

【采集加工】秋季采收全草，洗净，切碎，鲜用或晒干。

【性味】味苦，性寒。

【功能主治】清热解毒、收敛止血；用于痢疾、泄泻、便血、血崩、疮疡溃烂、吐血、衄血、外伤出血。

【用法用量】内服：煎汤，10 ～ 30 克。外用：适量，研末敷，或捣敷，或煎水洗。

80. 菱科 Trapaceae

菱属 *Trapa* L.

菱　菱角　水菱　沙角　菱实　（图 247）
Trapa bispinosa Roxb.

【形态特征】一年生浮水水生草本。叶二型：浮生叶聚生于茎顶，呈莲座状；叶柄长 5 ～ 10 厘米，中部膨胀成宽 1 厘米的海绵质气囊，被柔毛；叶三角形，长、宽各 2 ～ 4 厘米，边缘上半部有粗锯齿，近基部全缘，上面绿色无毛，下面脉上有毛。沉浸叶羽状细裂。花两性，白色，单生于叶腋；花萼 4 深裂；花瓣 4；雄蕊 4；子房半下位，2 室，花柱钻状，柱头头状，花盘鸡冠状。坚果倒三角形，两端有刺，两刺间距离 3 ～ 4 厘米。花期 6—7 月，果期 9—10 月。

【产地、生长环境与分布】 仙桃市各地均有产。生于池塘河沼中，各地均有栽培。分布于黑龙江、吉林、辽宁、陕西、河北、

图 247 菱 *Trapa bispinosa*

河南、山东、江苏、浙江、安徽、湖北、湖南、江西、福建、广东、广西等地水域；我国各地有栽培。

【药用部位】 果肉。

【采集加工】 8—9 月采收，鲜用或晒干。

【性味、归经】 味甘，性凉。归脾、胃经。

【功能主治】 健脾益胃、除烦止渴、解毒；用于脾虚泄泻、暑热烦渴、消渴、饮酒过度、痢疾。

【用法用量】 内服：煎汤，9 ～ 15 克，大剂量可用至 60 克；或生食。清暑热、除烦渴，宜生用；补脾益胃，宜熟用。

81. 石榴科 Punicaceae

石榴属 *Punica* L.

石榴　安石榴　花石榴　山力叶　丹若　若榴木　（图 248）

Punica granatum L.

【形态特征】落叶灌木或乔木，高通常 3 ～ 5 米，稀达 10 米，枝顶常成尖锐长刺，幼枝具棱角，无毛，老枝近圆柱形。叶通常对生，纸质，矩圆状披针形，长 2 ～ 9 厘米，顶端短尖、钝尖或微凹，基部短尖至稍钝形，上面光亮，侧脉稍细密；叶柄短。花大，1 ～ 5 朵生于枝顶；萼筒长 2 ～ 3 厘米，通常红色或淡黄色，裂片略外展，卵状三角形，长 8 ～ 13 毫米，外面近顶端有 1 黄绿色腺体，边缘有小乳突；花瓣通常大，红色、黄色或白色，长 1.5 ～ 3 厘米，宽 1 ～ 2 厘米，顶端圆形；花丝无毛，长达 13 毫米；花柱长超过雄蕊。浆果近球形，直径 5 ～ 12 厘米，通常为淡黄褐色或淡黄绿色，有时白色，稀暗紫色。种子多数，钝角形，红色至乳白色，肉质的外种皮供食用。

【产地、生长环境与分布】 仙桃市各地均有产。我国南北地区都有栽培，以江苏、河南等地种植面积较大。

【药用部位】 叶，果皮，花。

【采集加工】 叶：夏、秋季采收，洗净，鲜用或晒干。果皮：秋季果实成熟后收集果皮，晒干。花：

夏季开花时采摘。

【性味】叶：味酸、涩，性温。果皮：味酸、涩，性温。花：味酸、涩，性平。

【功能主治】叶：收敛止泻、解毒杀虫；用于泄泻、痘风疮、癞疮、跌打损伤。果皮：涩肠止泻、止血、驱虫；用于久泻、久痢、便血、脱肛、崩漏、带下、虫积腹痛。花：治鼻衄、中耳炎、创伤出血。

【验方参考】①治鼻衄不止：酸石榴花一分，黄蜀葵花一钱。上二味，捣罗为散，每服一钱匕，水一盏，煎至六分，不拘时候温服。（《圣济总录》二花散）②治鼻衄：石榴花适量，研末，每次用一分，吹入鼻孔。（《贵州草药》）③治九窍出血：石榴花，揉塞之。（《本草纲目》）④治金疮刀斧伤破血流：石灰一升，石榴花半斤，捣末，取少许敷上。（《海上集验方》）⑤治肺痈：石榴花、牛膝各二钱，银花藤五钱，百部三钱，白及、冰糖各一两，煨水服。（《贵州草药》）⑥治中耳炎：石榴花，瓦上焙干，加冰片少许，研细，吹耳内。（《草药手册》）⑦治蛔虫病：石榴根皮六钱。煎汤，分三次服，每半小时一次，服完后四小时再服盐类泻剂。（《中草药手册》）⑧治绦虫

图 248-01　石榴 *Punica granatum*（1）

图 248-02　石榴 *Punica granatum*（2）

病：醋石榴根，切，一升。水二升三合，煮取八合，去滓，着少米作稀粥。空腹食之。（《海上集验方》）⑨治肾结石：石榴树根、金钱草各一两，煎服。（《中草药手册》）⑩治女子血脉不通，赤白带下：石榴根一握，炙干，浓煎一大盏，服之。（《斗门方》）⑪治牙疳、鼻疳、衄血：石榴根皮或花二钱，水煎服。（《草药手册》）

82. 柳叶菜科 Onagraceae

柳叶菜属 *Epilobium* L.

柳叶菜　水丁香　通经草　（图 249）

Epilobium hirsutum L.

【形态特征】多年生草本，高约 1 米。茎密生展开的白色长柔毛及短腺毛。下部叶对生，上部叶互生；无柄，略抱茎，两面被柔毛；叶片长圆状披针形至披针形，长 4～13 厘米，宽 7～17 毫米，基部楔形，

边缘具细齿。花两性，单生于叶腋，浅紫色，长1～1.2厘米；萼筒圆柱形，裂片4，长7～9毫米，外面被毛；花瓣4，宽倒卵形，长1～1.2厘米，宽5～8毫米，先端凹缺，2裂；雄蕊8，4长4短；子房下位，柱头4裂，短棒状至棒状。蒴果圆柱形，具4棱，4开裂，长4～7厘米，被长柔毛及短腺毛；果柄长0.5～2厘米，密生小乳突。种子椭圆形，棕色，先端具一簇白色种缨。花期4—11月。

图249　柳叶菜　*Epilobium hirsutum*

【产地、生长环境与分布】 仙桃市老里仁口村有产。生于林下湿处，沟边或沼泽地。分布于东北、华北、中南、西南地区及陕西、新疆、浙江、江西等地。

【药用部位】 全草。

【采集加工】 全年均可采，鲜用或晒干。

【性味】 味苦、淡，性寒。

【功能主治】 清热解毒、利湿止泻、消食理气、活血接骨；用于湿热泄泻、食积、脘腹胀痛、牙痛、月经不调、跌打骨折、疮肿、烫伤、疥疮。

【用法用量】 内服：煎汤，6～15克；或鲜品捣汁。外用：适量，捣敷；或捣汁涂。

月见草属 *Oenothera* L.

粉花月见草　待霄草　粉晚樱草　夜来香　美丽月见草 　（图250）

Oenothera rosea L'Her. ex Ait.

【形态特征】 多年生草本，具粗大主根（粗达1.5厘米）；茎常丛生，上升，长30～55厘米，多分枝，被曲柔毛，上部幼时密生，有时混生长柔毛，下部常紫红色。基生叶紧贴地面，倒披针形，长1.5～4厘米，宽1～1.5厘米，先端锐尖或钝圆，自中部渐狭或骤狭，并不规则羽状深裂下延至叶柄。

图250　粉花月见草　*Oenothera rosea*

【产地、生长环境与分布】 仙桃市郑场镇徐鸳渡口有产。生于草坡、沟边半阴处。分布于华南地区。

【药用部位】 根。

【采集加工】 秋季挖根，洗净，切段，晒干；或采收全草晒干。

【性味】 味苦，性凉。

【功能主治】 解毒、化瘀、降血压；用于热毒疮肿、冠心病、高血压。

83. 八角枫科 Alangiaceae

八角枫属 *Alangium* Lam.

八角枫　华瓜木　白龙须　木八角　橙木　（图251）
Alangium chinense (Lour.) Harms

【形态特征】 落叶灌木或小乔木，高4～5米。树皮淡灰黄色，平滑，小枝圆柱形，灰黄色，具淡黄色或褐色粗毛，皮孔不明显。单叶互生，有柄；叶形变异较大，常为卵形、圆形或椭圆形，长5～18厘米，宽4～12厘米，先端长尖，基部偏斜，平截，略呈心形，全缘或少为上部3～5浅裂；主脉5条，下面脉腋常有丛状毛。花白色，渐变为乳黄色；3～15朵乃至30余朵排成腋生聚伞花序；花梗长6～15毫米；萼广钟形，萼齿6～8；花瓣与萼齿同数互生，条形，常由顶端反卷；雄蕊与花瓣同数，

图 251　八角枫 *Alangium chinense*

等长，花丝略扁，密被茸毛，花药条形，长为花丝的3倍；花盘圆形，位于子房顶部；子房下位，2室，每室胚珠1，花柱细长，柱头3浅裂。核果卵形，长5～7毫米，熟时黑色，顶端具宿存萼齿及花盘。种子1枚。

【产地、生长环境与分布】仙桃市各地均有产，林地分布较多。生于路旁、灌丛或杂林中。分布于陕西、甘肃、江苏、安徽、浙江、江西、福建、河南、湖北、湖南、广东、四川、贵州、云南等地。

【药用部位】 根，枝，叶，花。

【采集加工】 根：全年可采挖，除去泥沙，斩取侧根和须状根，晒干即可。枝：全年可采。叶、花：夏、秋季采收，晒干备用或鲜用。

【性味】 味辛、苦，性温。

【功能主治】祛风除湿、舒筋活络、散瘀止痛；用于风湿痹痛、肢体麻木、跌打损伤。根：祛风、通络、散瘀、止痛。叶：用于跌打损伤、接骨。花：用于头痛及胸痛。

【用法用量】内服：须根0.5～1钱（2.5～5克），根1～2钱（5～10克），煎服或浸酒服（本品有毒，剂量必须严格控制，应从小剂量开始，至患者出现不同程度软弱无力、疲倦感觉为度）。外用：煎水洗。

84. 蓝果树科 Nyssaceae

喜树属　*Camptotheca* Decne.

喜树　旱莲　水桐树　天梓树　旱莲子　千丈树　（图 252）
Camptotheca acuminata Decne.

【形态特征】落叶乔木，高达 30 米。树皮浅灰色。叶互生，纸质，椭圆状卵形或长椭圆形，长 10 ～ 25 厘米，宽 6 ～ 12 厘米，先端短渐尖，基部宽楔形，全缘，或呈微波状，上面深绿色有光泽，下面疏生短柔毛，脉上较密；叶柄长 1.5 厘米左右。花单性同株，绿白色，无梗，多数排成球形头状花序，直径 4 厘米，或数花序排成总状，间有单生于枝端叶腋的；雌花球顶生，雄花球腋生。苞片 3，两面被短柔毛；萼杯状，萼齿 5；花瓣 5，淡绿色，外面密被短柔毛；雄花有雄蕊 10，2 轮，外轮较长；

图 252　喜树 *Camptotheca acuminata*

雌花子房下位，花柱 2 ～ 3 裂。瘦果窄矩圆形，长 2 ～ 2.5 厘米，顶端有宿存花柱，两边有窄翅，褐色。花期 7—8 月，果期 11—12 月。

【产地、生长环境与分布】仙桃市部分地区有产，沙湖镇分布较多。生于林边或溪边。分布于江西、浙江、湖南、湖北、四川、云南、贵州、广西、广东等地。

【药用部位】果实，根。

【采集加工】果实：秋末至初冬采收，晒干。根：全年可采。

【性味】味苦，性寒；有毒。

【功能主治】祛风除湿、舒筋活络、散瘀止痛。

【用法用量】内服：煎汤，根皮 3 ～ 5 钱；果实 1 ～ 3 钱；或制成针剂、片剂用。

85. 五加科 Araliaceae

五加属　*Eleutherococcus* Maxim.

细柱五加　五加　白簕树　五叶路刺　白刺尖　五叶木　（图 253）
Eleutherococcus nodiflorus (Dunn) S. Y. Hu

【形态特征】落叶灌木，有时蔓生状，高 2 ～ 3 米。茎直立或攀援，枝无刺或在叶柄基部单生扁平的刺。叶互生或簇生于短枝上；叶柄长 4 ～ 9 厘米，光滑或疏生小刺，小叶无柄；掌状复叶，小叶 5 枚，稀 3 ～ 4 枚，中央 1 枚较大，两侧小叶渐次较小，倒卵形至披针形，长 3 ～ 8 厘米，宽 1.5 ～ 4 厘米，先端尖或短渐尖，基部楔形，边缘有钝细锯齿，两面无毛或仅沿脉上有锈色茸毛。伞形花序，腋生或单生于短枝末梢，花序柄长1～3厘米，果时伸长；花多数，黄绿色，直径约2厘米，花柄柔细，光滑，长6～10毫米；萼边缘有5齿，裂片三角形，直立或平展；花瓣5，着生于肉质花盘的周围，卵状三角形，顶端尖，开放后反卷；雄蕊5；子房下位，2室（稀3室）；花柱2（稀3），丝状，分离，开展。核果浆果状，扁球形，侧向压扁，直径约5毫米，成熟时黑色。种子2粒，半圆形，扁平细小，淡褐色。花期5—7月，果期7—10月。

图253-01　细柱五加 *Eleutherococcus nodiflorus*

【产地、生长环境与分布】　仙桃市部分地区有产，太洪村分布较多。生于林缘、路边或灌丛中。分布于陕西、河南、山东、安徽、江苏、浙江、江西、湖北、湖南、四川、云南、贵州、广西和广东等地。

【药用部位】　根皮，茎皮。

【采集加工】　夏、秋季采挖，剥取皮，晒干备用。

【性味】　味辛、苦，性温。

【功能主治】　祛风湿、补肝肾、强筋骨；用于风湿痹痛、筋骨痿软、小儿行迟、体虚乏力、水肿、脚气。

图253-02　五加皮（药材）

八角金盘属　*Fatsia* Decne. & Planch.

八角金盘　手树　（图254）

Fatsia japonica (Thunb.) Decne. et Planch.

【形态特征】　常绿灌木或小乔木，高可达5米。茎光滑无刺。叶柄长10～30厘米；叶片大，革质，近圆形，直径12～30厘米，掌状7～9深裂，裂片长椭圆状卵形，先端短渐尖，基部心形，边缘有疏离粗锯齿。圆锥花序顶生，长20～40厘米；伞形花序直径3～5厘米，花序轴被褐色茸毛；花萼近全缘，无毛；花瓣5，卵状三角形，长2.5～3毫米，黄白色，无毛；雄蕊5，花丝与花瓣等长；子房下位，5室，每室有1胚珠；花柱5，分离；花盘突起半圆形。果实近球形，直径5毫米，熟时黑色。花期10—11月，果熟期翌年4月。

【产地、生长环境与分布】　仙桃市部分地区有栽培，沔阳公园栽培较多。我国华北、华东地区及云南昆明多有栽培，原产于日本。

【药用部位】 叶或根皮。

【采集加工】 7—10月采叶，根皮全年可采，鲜用或晒干。

【性味】 味辛、苦，性温。

【功能主治】 化痰止咳、散风除湿、化瘀止痛；用于咳喘、风湿痹痛、痛风、跌打损伤。

【用法用量】 内服：煎汤，1～3克。外用：适量，捣敷或煎汤熏洗。

【验方参考】 叶及根白，治跌打损伤、祛瘀血。（《台湾药用植物志》）

【使用注意】 孕妇慎服。

图254　八角金盘 Fatsia japonica

常春藤属 Hedera L.

常春藤　爬崖藤　狗姆蛇　三角藤　牛一枫　尖叶薜荔　龙鳞薜荔　（图255）
Hedera nepalensis var. *sinensis* (Tobl.) Rehd.

【形态特征】 多年生常绿藤本，长达20米。茎光滑，嫩枝上有柔毛如鳞片状，借气根攀援他物。单叶互生，革质，光滑；营养枝的叶三角状卵形至三角状长圆形，长2～6厘米，宽1～8厘米，全缘或3裂，基部截形；花枝和果枝的叶椭圆状卵形、椭圆状披针形，长5～12厘米，宽2～6厘米，先端尖，全缘，基部楔形，叶柄长1～5厘米。伞形花序，伞梗长1～2厘米，具棕黄色柔毛；花柄长5～10毫米，无节，有柔毛；花萼有5齿；花瓣黄绿色，5片，卵圆形；雄蕊5，与花瓣交错排列；子房5

图255　常春藤 Hedera nepalensis var. sinensis

室，花柱连合成短柱形，果实圆球形，浆果状，黄色或红色。花期8—9月。

【产地、生长环境与分布】 仙桃市各地均有产。野生于林地，多攀援于大树或岩石上，庭园常有栽培。分布于华北、华东、华南及西南各地。

【药用部位】 茎，叶。

【采集加工】 秋季采收，切段，晒干；鲜用时可随采随用。

【性味、归经】 味苦，性凉。归肝、脾经。

【功能主治】 祛风、利湿、平肝、解毒；用于风湿性关节炎、肝炎、头晕、口眼歪斜、衄血、目翳、痈疽肿毒。

【用法用量】 内服：煎汤，1～3钱；浸酒或捣汁。外用：煎水洗或捣敷。

【验方参考】 ①治肝炎：常春藤、败酱草，水煎服。（《草药手册》）②治关节风痛及腰部酸痛：常春藤茎及根三至四钱，黄酒、水各半煎服；并用水煎汁洗患处。（《浙江民间常用草药》）③治产后感风头痛：常春藤三钱，黄酒炒，加红枣七颗，水煎，饭后服。（《浙江民间常用草药》）④治疮黑凹：用发绳扎住，将尖叶薜荔捣汁，和蜜一盏服之。外以葱蜜捣敷四围。（《太平圣惠方》）⑤治衄血不止：龙鳞薜荔研水饮之。（《圣济总录》）⑥治口眼歪斜：三角藤五钱，白风藤五钱，钩藤七个。泡酒一斤。每服药酒五钱，或蒸酒适量服用。（《贵阳民间药草》）⑦治皮肤痒：三角藤全草一斤，熬水沐浴，每三天一次，经常洗用。（《贵阳民间药草》）

南鹅掌柴属 *Schefflera* J. R. Forst. & G. Forst.

鹅掌柴　大叶伞　鸭脚木　鸭母树　红花鹅掌柴　（图256）

Schefflera heptaphylla (L.) Frodin

【形态特征】 乔木，高约7米。小枝粗壮，疏生星状茸毛，髓实心。叶有小叶7～8；叶柄圆柱形，长25～35厘米，无毛，小叶柄不等长，长1.5～8厘米，无毛；小叶纸质，长圆状披针形，中央的较大，长24厘米，宽约8厘米，两侧的较小，长10～11厘米，宽3厘米，先端尾状渐尖，尖头长1.5～2厘米，略呈镰刀状，基部钝形至圆形，全缘；干时上面棕色，下面淡棕色，两面均无毛；侧脉7～10，下面明显，网脉在两面均不明显。圆锥花序顶生，长约30厘米，几无毛，分枝疏散，在

图256　鹅掌柴 *Schefflera heptaphylla*

下部的长约18厘米，上面的逐渐缩短；伞形花序有花10～20，成总状花序排列在分枝上；总花梗长1～2厘米，通常在中部有苞片2个，几无毛；苞片卵形，长1～2毫米，外面有短柔毛；小花梗长5～6毫米，结果后长至8毫米；小苞片小，卵形，外面被短柔毛；萼倒圆锥形，长约3毫米，无毛，边缘近全缘；花瓣5，长三角形，长约3毫米，无毛；花淡红黄色；雄蕊5，比花瓣稍长，花丝长约4.5毫米；子房下位，8～9室，花柱合生成短柱，长约1毫米，柱头不明显，8～9裂。果实球形，直径约3毫米，花盘扁平。花果期10月。

【产地、生长环境与分布】 仙桃市各地均有栽培。多为园林栽培。广泛分布于全国各地。

【药用部位】 茎皮及根。

【采集加工】 全年可采，洗净，晒干或鲜用。

【功能主治】 宣肺止咳、祛风止痛；用于外感咳嗽、风湿痹痛、跌打伤痛。

【用法用量】 内服：煎汤，9～15克。外用：适量，捣敷。

【验方参考】 茎皮及根用于风湿性关节炎、感冒咳嗽、发热、跌打损伤、扭挫伤痛。（《新华本草纲要》）

86. 伞形科 Umbelliferae

当归属 *Angelica* L.

白芷 川白芷 香白芷 走马芹 兴安白芷 （图257）
Angelica dahurica (Fisch. ex Hoffm.) Benth. et Hook. f. ex Franch. et Sav.

【形态特征】 多年生高大草本，高1～2.5米。根圆柱形，有分枝，直径3～5厘米，外表皮黄褐色至褐色，有浓烈气味。茎基部直径2～5厘米，有时为7～8厘米，通常带紫色，中空，有纵长沟纹。基生叶一回羽状分裂，有长柄，叶柄下部有管状抱茎边缘膜质的叶鞘；茎上部叶二至三回羽状分裂，叶片轮廓为卵形至三角形，长15～30厘米，宽10～25厘米，叶柄长至15厘米，下部为囊状膨大的膜质叶鞘，无毛或稀有毛，常带紫色；末回裂片长圆形、卵形或线状披针形，多无柄，长2.5～7

图 257 白芷 *Angelica dahurica*

厘米，宽1～2.5厘米，急尖，边缘有不规则的白色软骨质粗锯齿，具短尖头，基部两侧常不等大，沿叶轴下延成翅状；花序下方的叶简化成无叶的、显著膨大的囊状叶鞘，外面无毛。复伞形花序顶生或侧生，直径10～30厘米，花序梗长5～20厘米，花序梗、伞辐和花柄均有短糙毛；伞辐18～40，中央主伞有时伞辐多至70；总苞片通常缺或有1～2，成长卵形膨大的鞘；小总苞片5～10，线状披针形，膜质，花白色；无萼齿；花瓣倒卵形，顶端内曲成凹头状；子房无毛或有短毛；花柱比短圆锥状的花柱基长2倍。果实长圆形至卵圆形，黄棕色，有时带紫色，长4～7毫米，宽4～6毫米，无毛，背棱扁，厚而钝圆，近海绵质，远较棱槽宽，侧棱翅状，较果体狭；棱槽中有油管1，合生面有油管2。花期7—8月，果期8—9月。

【产地、生长环境与分布】 仙桃市各地均有产。常生于林下、林缘、溪旁、灌丛中，我国北方地区多栽培供药用。分布于东北及华北等地。

【药用部位】 根。

【采集加工】 夏、秋季叶黄时采挖，除去须根及泥沙，晒干或低温干燥。

【性味】 味辛，性温。

【功能主治】 祛风、燥湿、消肿、止痛；用于头痛、眉棱骨痛、齿痛、鼻渊、寒湿腹痛、肠风痔漏、赤白带下、痈疽疮疡、皮肤瘙痒、疥癣。

芹属 *Apium* L.

1. 二年生或多年生草本。叶一至二回羽状分裂，裂片卵形或圆形，边缘3浅裂或3深裂。果棱尖锐 ····· 旱芹 *A. graveolens*
1. 一年生草本。叶三至四回羽状多裂，裂片线形。果棱圆钝 ·· 细叶旱芹 *A. leptophyllum*

旱芹 芹菜 药芹 （图258）
Apium graveolens L.

【形态特征】 二年生或多年生草本，
高 15～150 厘米，有强烈香气。根圆锥形，
支根多数，褐色。茎直立，光滑，有少数
分枝，并有棱角和直槽。根生叶有柄，柄
长 2～26 厘米，基部略扩大成膜质叶鞘；
叶片轮廓为长圆形至倒卵形，长 7～18 厘
米，宽 3.5～8 厘米，通常 3 裂达中部或 3
全裂，裂片近菱形，边缘有圆锯齿或锯齿，
叶脉两面隆起；较上部的茎生叶有短柄，
叶片轮廓为阔三角形，通常分裂为 3 小叶，
小叶倒卵形，中部以上边缘疏生钝锯齿以
至缺刻。复伞形花序顶生或与叶对生，花

图 258 旱芹 *Apium graveolens*

序梗长短不一，有时缺少，通常无总苞片和小总苞片；伞辐细弱，3～16，长 0.5～2.5 厘米；小伞形花
序有花 7～29，花柄长 1～1.5 毫米，萼齿小或不明显；花瓣白色或黄绿色，卵圆形，长约 1 毫米，宽 0.8
毫米，顶端有内折的小舌片；花丝与花瓣等长或稍长于花瓣，花药卵圆形，长约 0.4 毫米；花柱基扁压，
花柱幼时极短，成熟时长约 0.2 毫米，向外反曲。分生果圆形或长椭圆形，长约 1.5 毫米，宽 1.5～2 毫米，
果棱尖锐，合生面略收缩；每棱槽内有油管 1，合生面有油管 2，胚乳腹面平直。花期 4—7 月。

【产地、生长环境与分布】仙桃市各地均有产。多为田间栽培。我国南北各地均有栽培，供作蔬菜。

【药用部位】 全草。

【采集加工】 四季皆可采挖，春末夏初最佳，晒干备用。

【性味、归经】 味微苦，性凉。归肝、胃、肺经。

【功能主治】平肝、清热、祛风、利水、止血、解毒；用于肝阳眩晕、风热头痛、咳嗽、黄疸、小便淋痛、
尿血、崩漏、带下、疮疡肿毒。

【用法用量】内服：煎汤，9～15 克（鲜品 30～60 克）；或绞汁，或入丸剂。外用：适量，捣敷；
或煎水洗。

【验方参考】①治湿气：旱芹不以多少，干为细末，面糊为丸，如梧桐子大。每服三十丸至四十丸，
空心食前，温酒、盐汤服之。大能杀百虫。（《履巉岩本草》）②治高血压、高血压动脉硬化：旱芹鲜
草适量捣汁，每服 50～100 毫升；或配鲜车前草 60～120 克，红枣 10 颗，煎汤代茶饮。（《中草药学》）
③治小便不利：鲜芹菜 60 克，捣绞汁，调红糖服。（《泉州本草》）

细叶旱芹 （图 259）

Apium leptophyllum (Pers.) F. Muell.

【形态特征】一年生草本，高 25 ～ 45 厘米。茎多分枝，光滑。根生叶有柄，柄长 2 ～ 5（11）厘米，基部边缘略扩大成膜质叶鞘；叶片轮廓呈长圆形至长圆状卵形，长 2 ～ 10 厘米，宽 2 ～ 8 厘米，三至四回羽状多裂，裂片线形至丝状；茎生叶通常三出式羽状多裂，裂片线形，长 10 ～ 15 毫米。复伞形花序顶生或腋生，通常无梗或少有短梗，无总苞片和小总苞片；伞辐 2 ～ 3（5），长 1 ～ 2 厘米，无毛；小伞形花序有花 5 ～ 23，花柄不等长；无萼齿；花瓣白色、绿白色或略带粉红色，

图 259 细叶旱芹 *Apium leptophyllum*

卵圆形，长约 0.8 毫米，宽 0.6 毫米，顶端内折，有中脉 1 条；花丝短于花瓣，很少与花瓣等长，花药近圆形，长约 0.1 毫米；花柱基扁压，花柱极短。果实圆心形或圆卵形，长、宽各 1.5 ～ 2 毫米，分生果棱 5 条，圆钝；胚乳腹面平直，每棱槽内有油管 1，合生面有油管 2。心皮柄顶端 2 浅裂。花期 5 月，果期 6—7 月。

【产地、生长环境与分布】仙桃市各地均有产。生于杂草地及水沟边，为外来种。分布于江苏、福建、台湾、广东等地。

【药用部位】全草。

【采集加工】春、夏季采集。

【性味】味苦，性平。

【功能主治】茎叶可作蔬菜食用；全草民间也作药用，有降低血压的功效。

芫荽属 *Coriandrum* L.

芫荽 胡荽 香菜 香荽 （图 260）

Coriandrum sativum L.

【形态特征】叶片一回或二回羽状全裂，羽片广卵形或扇形半裂，长 1 ～ 2 厘米，宽 1 ～ 1.5 厘米，边缘有钝锯齿、缺刻或深裂，上部的茎生叶三回至多回羽状分裂，末回裂片狭线形，长 5 ～ 10 毫米，宽 0.5 ～ 1 毫米，顶端钝，全缘。伞形花序顶生或与叶对生，花序梗长 2 ～ 8 厘米。伞辐 3 ～ 7，长 1 ～ 2.5 厘米。小总苞片 2 ～ 5，线形，全缘。小伞形花序有孕花 3 ～ 9，花白色或带淡紫色。萼齿通常大小不等，小的卵状三角形，大的长卵形。花瓣倒卵形，长 1 ～ 1.2 毫米，宽约 1 毫米，顶端有内凹的小舌片，辐射瓣长 2 ～ 3.5 毫米，宽 1 ～ 2 毫米，通常全缘，有 3 ～ 5 脉。花丝长 1 ～ 2 毫米，花药卵形，长约 0.7 毫米；花柱幼时直立。果熟时向外反曲。果实圆球形，背面主棱及相邻的次棱明显。胚乳腹面内凹。油管不明显，

或有1个位于次棱的下方。花果期4—11月。

【产地、生长环境与分布】 仙桃市各地均有产，野生和栽培品种均有。多为田间栽培。分布于河北、山东、安徽、江苏、浙江、江西、湖南、广东、广西、陕西、四川、贵州、云南、西藏、湖北、河南等地。

【药用部位】 全草及成熟果实。

【采集加工】 全草春、夏季可采，切段晒干。夏季采果实，除去杂质，鲜用或洗净，晒干，切碎用。

【性味、归经】 味辛，性温。归肺、胃经。

图 260　芫荽　*Coriandrum sativum*

【功能主治】 发汗透疹、消食下气、醒脾和中；用于麻疹初期透出不畅、食物积滞、胃口不开、脱肛等。芫荽辛香升散，能促进胃肠蠕动，有助于开胃醒脾、调和中焦；芫荽提取液具有显著的发汗、清热、透疹的功能，其特殊香味能刺激汗腺分泌，促使机体发汗、透疹。

【用法用量】 内服：10 ～ 15 克。外用：适量。本品可入汤剂、糖浆剂、散剂、敷剂、漱口剂、滴剂等。

蛇床属 *Cnidium* Cusson

蛇床　山胡萝卜　蛇米　蛇粟　蛇床子　（图 261）

Cnidium monnieri (L.) Cusson

【形态特征】 一年生草本，高 10 ～ 60 厘米。根圆锥状，较细长；茎直立或斜上，多分枝；下部叶具短柄，上部叶柄全部鞘状；复伞形花序直径 2 ～ 3 厘米；总苞片 6 ～ 10，小总苞片多数，小伞形花序具花 15 ～ 20；花瓣白色，先端具内折小舌片；花柱基略隆起；分生果长圆状，胚乳腹面平直。花期4—7 月，果期 6—10 月。

【产地、生长环境与分布】 仙桃市各地均有产，河坝村野生种较多。生于田边、路旁、草地及河边湿地。分布于我国华东、中南等地区，朝鲜、北美及其他欧洲国家亦有分布。

【药用部位】 果实。

【采集加工】 夏、秋季果实成熟时割取全株，晒干，打下果实，筛净。

【性味、归经】 味辛、苦，性温。归脾、肾经。

【功能主治】 温肾壮阳、燥湿杀虫、

图 261-01　蛇床　*Cnidium monnieri*

祛风止痒；用于男子阳痿、阴囊湿痒，女子宫寒不孕、寒湿带下、阴痒肿痛、风湿痹痛、湿疮疥癣。

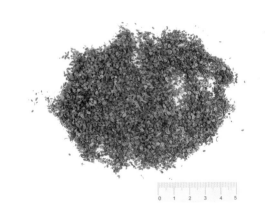

图 261-02　蛇床子（药材）

【验方参考】①治阳痿不起：菟丝子、蛇床子、五味子各等份。上三味末之，蜜丸如梧子。饮服三十丸，日三。（《千金方》）②治妇人阴寒，温阴中坐药：蛇床子，末之，以白粉少许，和合相得，丸如枣大，绵裹纳之。（《金匮要略》蛇床子散）③治妇人阴痒：蛇床子一两，白矾二钱。煎汤，频洗。（《濒湖集简方》）④治妇人子脏挺出：蛇床子一升，酢梅二七枚。水五升，煮取二升半，洗之，日十过。（《僧深集方》蛇床洗方）⑤治肾囊风疙瘩作痒，搔之作痛：蛇床子、威灵仙、归尾、苦参各 10 克，煎水熏洗。（《外科大成》蛇床子汤）

胡萝卜属 *Daucus* L.

野胡萝卜　山萝卜　鹤虱风　野萝卜　虱子草　南鹤虱　蕾丝花　（图 262）

Daucus carota L.

【形态特征】二年生草本，高可达 120 厘米。茎单生，全体有白色粗硬毛。基生叶薄膜质，叶片长圆形，二至三回羽状全裂，末回裂片线形或披针形，顶端尖锐，有小尖头，茎生叶近无柄，有叶鞘，末回裂片小或细长。复伞形花序，花序梗有糙硬毛；总苞有多数苞片，呈叶状，羽状分裂，裂片线形，花通常白色，有时带淡红色；花柄不等长。果实圆卵形。花期 5—7 月。

图 262-01　野胡萝卜 *Daucus carota*

【产地、生长环境与分布】仙桃市各地均有产，燕京啤酒厂旁分布较多。生于山坡路旁、旷野或田间。分布于四川、贵州、湖北、江西、安徽、江苏、浙江等地。欧洲及东南亚地区也有分布。

【药用部位】果实。

【采集加工】春季未开花前采挖，去其茎叶，洗净，晒干或鲜用。

【性味】味甘、微辛，性寒。

【功能主治】健脾化痰；用于腹泻、小儿惊风、腹胀、呕吐等症状。对慢性咽炎、慢性支气管炎、慢性哮喘、咳嗽、痰多、皮肤瘙痒、小便频繁、水肿、四肢无力也有很好的缓解作用。

【用法用量】3～9克，煎服。

【验方参考】①治蛔虫病、绦虫病、蛲虫病：南鹤虱6克，研末水调服。（《湖北中草药志》）②治钩虫病：南鹤虱45克，浓煎两（次）汁合并，加白糖适量调味，晚上临睡前服，连用2剂。（《浙江药用植物志》）③治虫积腹痛：南鹤虱9克，南瓜子、槟榔各15克，水煎服。（《湖北中草药志》）④治蛲虫病肛痒：南鹤虱、花椒、白鲜皮各15克，苦楝根皮9克。煎水，趁热熏洗或坐浴。（《浙江药用植物志》）⑤治阴痒：南鹤虱6克，煎水熏洗阴部。（《湖北中草药志》）⑥治蛔虫腹痛：单用本品十两，捣筛为蜜丸，梧桐子大，以蜜汤空腹吞四十丸，日增至五十丸。（《千金方》）

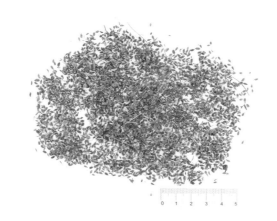

图 262-02　南鹤虱（药材）

茴香属 *Foeniculum* Mill.

茴香　小茴香　怀香　怀香籽　香丝菜　茴香子　谷香　（图263）
Foeniculum vulgare Mill.

【形态特征】多年生草本，有强烈香气。茎直立，圆柱形，高 0.5～1.5 米，上部分枝，灰绿色，表面有细纵纹。茎生叶互生，叶柄长 3.5～4.5 厘米，由下而上渐短，近基部呈鞘状，宽大抱茎，边缘有膜质波状狭翅；叶片三至四回羽状分裂，末回裂片线形至丝形。复伞形花序顶生，直径 3～12 厘米，伞梗 5～20 枝或更多，长 2～5 厘米，每一小伞形花序有花 5～30，小伞梗纤细，长 4～10 毫米；不具总苞和小总苞；花小，无花萼；花瓣 5，金黄色，

图 263　茴香 *Foeniculum vulgare*

广卵形，长约 1.5 毫米，宽约 1 毫米，中部以上向内卷曲，先端微凹；雄蕊 5，花药卵形，2 室，花丝丝状，伸出花瓣外；雌蕊 1，子房下位，2 室，花柱 2，极短，浅裂。双悬果，卵状长圆形，长 5～8 毫米，宽约 2 毫米，外表黄绿色，顶端残留黄褐色柱基，分果椭圆形，有 5 条隆起的纵棱，每个棱槽内有 1 个油管，合生面有 2 个油管。花期 6—9 月，果期 10 月。

【产地、生长环境与分布】仙桃市各地均有栽培。我国各地普遍栽培。主产于山西、甘肃、辽宁、内蒙古。此外，吉林、黑龙江、河北、陕西、四川、贵州、广西等地亦产。

【药用部位】 果实。

【采集加工】 9—10月果实成熟时，割取全株，晒干后打下果实，去净杂质，晒干。

【性味】 味辛，性温。

【功能主治】 温肾散寒、和胃理气；用于寒疝、少腹冷痛、肾虚腰痛、胃痛、呕吐、脚气。

【用法用量】内服：煎汤，1～3钱；或入丸、散。外用：研末调敷或炒热温熨。与蛋类一起清炒食用，味道鲜美。

天胡荽属 *Hydrocotyle* L.

1. 叶片不裂或浅裂 ·· 少脉香菇草 *H. vulgaris*

1. 叶片3深裂几达基部 ··· 破铜钱 *H. sibthorpioides* var. *batrachium*

少脉香菇草　野天胡荽　显脉香菇草　毛香菇草　铜钱草　香菇草　（图264）
Hydrocotyle vulgaris L.

【形态特征】 多年生整株挺水或湿生草本。株高5～15厘米（在我国杭州达10～45厘米），全株光滑无毛；植株具有蔓生性；根茎发达，多成网状密集交错生长，偶露地表成匍匐状；节上密生不定根，每节20～60不等；节间长3～10厘米；非水生状态幼茎节处多膨大，成不规则块状，近球形，直径0.6～1.8厘米；沉水叶互生，具长柄，圆形，直径3～7厘米，叶缘波状，有钝圆锯齿，叶面油绿具光泽，射出脉13～20条，呈放射状。叶柄细长，无叶鞘；托叶细小，膜质。花两性；小花

图264　少脉香菇草 *Hydrocotyle vulgaris*

白色或粉黄绿色，密集成头状；伞形花序总状排列，由10～50朵小花组成；花序细长，长10～35厘米，着生于根茎节处，无萼齿；小花梗长2～6毫米；花两性，小花白色；花瓣5片，卵形，在花蕾时镊合状排列。雄蕊5枚，雌蕊2枚；子房下位，2室；分果，长1～2毫米，宽2～4毫米，扁圆形，两侧扁平，背棱和中棱明显。侧棱常藏于合生面，表面无网纹，油管不明显，内果皮有1层厚壁细胞，围绕着种子胚乳。花期6—8月。

【产地、生长环境与分布】仙桃市各地均有产。生于潮湿的路边、林地及田坎等。我国各地生态园水域、水族馆有栽培。

【药用部位】 全草。

【采集加工】 夏季采集，全草洗净，切段，晒干。

【性味】味甘，性平。

【功能主治】清热利尿、解毒消肿；用于黄疸、痢疾、水肿、淋证、目翳、喉肿、痈肿疮毒、带状疱疹、跌打损伤。

破铜钱 鹅不食草 铜钱草 小叶铜钱草 （图 265）

Hydrocotyle sibthorpioides var. *batrachium* (Hance) Hand. -Mazz.

【形态特征】 一年生匍匐状草本，微臭，揉碎有辛辣味。茎细，基部分枝很多，枝匍匐，着地生根，无毛或略有细柔毛。叶互生；叶片小，倒卵状披针形，先端钝，基部楔形，边缘有疏齿，无柄。头状花序小，扁球形，无柄，单生于叶腋；花黄色，外围为雌花，有极细的花管，中央为两性花，花管具 4 裂片；雄蕊 4，花药基部钝圆；子房下位，柱头 2 裂。瘦果四棱形，棱上有毛。花期 4—9 月，果期 5—10 月。

图 265 破铜钱 *Hydrocotyle sibthorpioides* var. *batrachium*

【产地、生长环境与分布】 仙桃市各地均有产。生于稻田、阴湿山地及路旁或湿润草地。分布于江苏、浙江、安徽、广东等省。

【药用部位】 全草。

【采集加工】 夏季开花时采集，鲜用或晒干用。

【性味、归经】 味辛，性平。归肺、肝经。

【功能主治】 宣肺止咳、利湿去浊、利尿通淋；用于肺气不宣咳嗽、咳痰、肝胆湿热、黄疸、口苦、头晕目眩、两肋胀满、湿热淋证。

【用法用量】 内服：煎汤，3～10 克，鲜品加倍，捣汁服可用至 60 克。外用：适量，捣敷。

【验方参考】 ①治伤风头痛、鼻塞：鹅不食草（鲜或干均可）搓揉，嗅其气，即打喷嚏，每日 2 次。（《贵阳民间药草》）②治阿米巴痢疾：鹅不食草、乌韭根各 15 克，水煎服，每日 1 剂，血多者加仙鹤草 15 克。（《江西草药》）③治膀胱结石：鹅不食草 60 克，洗净捣汁，加白糖少许，1 次服完。（《贵阳民间药草》）④治支气管哮喘：鹅不食草、瓜蒌、莱菔子各 9 克，煎服。（《安徽中草药》）⑤治黄疸型肝炎：鹅不食草 9 克，茵陈 24 克，水煎服。（《河北中草药》）⑥治痔疮：鹅不食草 50 克，无花果叶 15～18 克。煎水，先熏过再洗。（《贵阳民间药草》）

【使用注意】 气虚胃弱者忌用，胃溃疡及胃炎患者慎用。

水芹属 *Oenanthe* L.

水芹 水芹菜 野芹菜 （图 266）

Oenanthe javanica (Bl.) DC.

【形态特征】 多年生草本，高 15～80 厘米，茎直立或基部匍匐。基生叶有柄，柄长达 10 厘米，基部有叶鞘；叶片轮廓三角形，一至二回羽状分裂，末回裂片卵形至菱状披针形，长 2～5 厘米，宽 1～2 厘米，边缘有牙齿状或圆齿状锯齿；茎上部叶无柄，裂片和基生叶的裂片相似，较小。复伞形花序顶生，花序梗长 2～16 厘米；无总苞；伞辐 6～16，不等长，长 1～3 厘米，直立和展开；小总苞片 2～8，线形，长 2～4 毫米；小伞形花序有花 20 余朵，花柄长 2～4 毫米；萼齿线状披针形，长与花柱基相等；花瓣白色，倒卵形，长 1 毫米，宽 0.7 毫米，有一长而内折的小舌片；花柱基圆锥形，花柱直立或两侧分开，长 2 毫米。果实近于四角状椭圆形或筒状长圆形，长 2.5～3 毫米，宽 2 毫米，侧棱较背棱和中棱隆起，木栓质，分生果横剖面近于五边状的半圆形；每棱槽内有油管 1，合生面有油管 2。花期 6—7 月，果期 8—9 月。

图 266-01　水芹 *Oenanthe javanica*（1）

【产地、生长环境与分布】 仙桃市各地均有产。多生于浅水低洼地或池沼、水沟旁，农舍附近常见栽培。分布于我国各地。

【药用部位】 全草。

【采集加工】 夏、秋季采集，全草洗净，切段，晒干。

【性味、归经】 味甘，性凉。归肺、胃、肝经。

【功能主治】 清热解毒、润肺利湿；用于暴热烦渴、黄疸、水肿、淋病、带下、瘰疬、痄腮。

图 266-02　水芹 *Oenanthe javanica*（2）

【验方参考】 ①治小儿发热，月余不凉：水芹菜、大麦芽、车前子各适量，水煎服。（《滇南本草》）②治小便淋痛：水芹菜白根者，去叶捣汁，井水和服。（《太平圣惠方》）③治小便不利：水芹三钱，水煎服。（《湖南药物志》）④治带下：水芹四钱，景天二钱，水煎服。（《湖南药物志》）⑤治小便出血：水芹捣汁，日服六七合。（《太平圣惠方》）⑥治小儿霍乱吐痢：芹叶细切，煮熟汁饮。（《子母秘录》）⑦治痄腮：水芹捣烂，加茶油敷患处。（《湖南药物志》）

窃衣属 *Torilis* Adans.

窃衣　华南鹤虱　水防风　破子草　（图 267）

Torilis scabra (Thunb.) DC.

【形态特征】 一年生或多年生草本，高 10～70 厘米。全株有贴生短硬毛。茎单生，有分枝，有细直纹和刺毛。叶卵形，一至二回羽状分裂，小叶片披针状卵形，羽状深裂，末回裂片披针形至长圆形，长 2～10 毫米，宽 2～5 毫米，边缘有条裂状粗齿至缺刻或分裂。复伞形花序顶生或腋生，花序梗长 2～8

厘米；总苞片通常无，很少1，钻形或线形；伞辐2～4，长1～5厘米，粗壮，有纵棱及向上紧贴的硬毛；小总苞片5～8，钻形或线形；小伞形花序有花4～12；萼齿细小，三角状披针形，花瓣白色，倒圆卵形，先端内折；花柱基圆锥状，花柱向外反曲。果实长圆形，长4～7毫米，宽2～3毫米，有内弯或呈钩状的皮刺，粗糙，每棱槽下方有油管1。花果期4—10月。

【产地、生长环境与分布】仙桃市各地均有产。生于林下、路旁、河边及空旷草地上。分布于安徽、江苏、浙江、江西、福建、湖北、湖南、广东、广西、四川、贵州、陕西、甘肃等地。

【药用部位】全草或果实。

【采集加工】夏末秋初采收，晒干或鲜用。

【性味、归经】味苦、辛，性平。归脾、大肠经。

【功能主治】杀虫止泻、收湿止痒；用于虫积腹痛、泄泻、疮疡溃烂、阴痒带下、风湿疹。

【用法用量】内服：煎汤，6～9克。外用：适量，捣汁涂；或煎水洗。

图 267-01　窃衣 *Torilis scabra*（1）

图 267-02　窃衣 *Torilis scabra*（2）

【验方参考】①治蛔虫病：窃衣果实6～9克，水煎服。（《湖南药物志》）②治腹痛：鲜破子草30克，水煎，去渣，调冬蜜30克服。（《福建药物志》）③治慢性腹泻：窃衣果实6～9克。水煎服。（《广西本草选编》）④治痈疮溃烂久不收口，滴虫性阴道炎：窃衣果实适量，煎水冲洗或坐浴。（《广西本草选编》）⑤治皮肤瘙痒：破子草鲜叶，捣烂绞汁涂患处。（《福建药物志》）

87. 杜鹃花科 Ericaceae

杜鹃花属 *Rhododendron* L.

杜鹃　映山红　山石榴　（图 268）

Rhododendron simsii Planch.

【形态特征】落叶灌木，高2（5）米；分枝多而纤细，密被亮棕褐色扁平糙伏毛。叶革质，常集生于枝端，卵形、椭圆状卵形或倒卵形或倒卵形至倒披针形，长1.5～5厘米，宽0.5～3厘米，先端短渐尖，基部楔形或宽楔形，边缘微反卷，具细齿，上面深绿色，疏被糙伏毛，下面淡白色，密被褐色糙伏毛，中脉在上面凹陷，下面凸出；叶柄长 2 ～ 6 毫米，密被亮棕褐色扁平糙伏毛。花芽卵球形，鳞片外面中部以上被糙伏毛，边缘具睫毛状毛。花 2 ～ 3（6）朵簇生于枝顶；花梗长 8 毫米，密被亮棕褐色糙伏毛；花萼 5 深裂，裂片三角状长卵形，长 5 毫米，被糙伏毛，边缘具睫毛状毛；花冠阔漏斗形，玫瑰色、鲜红色或暗红色，长 3.5 ～ 4 厘米，宽 1.5 ～ 2 厘米，裂片 5，倒卵形，长 2.5 ～ 3 厘米，

图 268 杜鹃 *Rhododendron simsii*

上部裂片具深红色斑点；雄蕊 10，长约与花冠相等，花丝线状，中部以下被微柔毛；子房卵球形，10 室，密被亮棕褐色糙伏毛，花柱伸出花冠外，无毛。蒴果卵球形，长达 1 厘米，密被糙伏毛；花萼宿存。花期 4—5 月，果期 6—8 月。

【产地、生长环境与分布】仙桃市各地均有栽培，公路两旁较多。生于疏灌丛或松林下，多为栽培。分布于华东、两湖、两广及西南地区，为我国中南及西南地区典型的酸性土指示植物。

【药用部位】全株，花。

【采集加工】杜鹃花：4—5 月花盛开时采收，烘干。

【性味】味甘、酸，性平。

【功能主治】和血、调经、止咳、祛风湿、解疮毒；用于吐血、衄血、崩漏、月经不调、咳嗽、风湿痹痛、痈疖疮毒。

【用法用量】花，25 ～ 50 克；果实，1 ～ 2.5 克；水煎服。根：25 ～ 50 克，水煎服或浸酒服；外用捣敷，或煎水洗。

【验方参考】①治月家病、闭经干瘦：映山红二两，水煎服。（《贵州草药》）②治跌打疼痛：映山红子（研末）五分，用酒吞服。（《贵州草药》）③治流鼻血：映山红花（生的）五钱至一两，水煎服。（《贵州草药》）④治带下：杜鹃花（用白花）五钱，和猪脚爪适量同煮，喝汤食肉。（《浙江民间常用草药》）

88. 报春花科 Primulaceae

珍珠菜属 *Lysimachia* L.

1. 花黄色，极少白色；花丝下半合生成筒或浅环并与花冠筒基部合生。

　2. 花单出或双出腋生。

　　3. 植物体有褐色腺点，稀为透明腺点 ························· 点腺过路黄 *L. hemsleyana*

　　3. 植物体有紫色或黑色腺条 ····················· 过路黄 *L. christinae*

1. 花白色、淡红色或淡紫色；花丝分离，贴生于花冠筒中部或花冠裂片基部。

　4. 花药椭圆形或卵圆形，先端无腺体，如长逾 1 毫米，则叶互生。

5. 花多数，排成伸长的总状花序；苞片线形，稀叶状；花冠白色或淡红色 ····························泽珍珠菜 *L. candida*

5. 花冠阔钟形或裂片开展而合生部分很短，如为狭钟形，则叶线形或边缘及顶端有粗腺条 ············北延叶珍珠菜
　　L. silvestrii

点腺过路黄　女儿红　露天过路黄　露天金钱草　（图 269）
Lysimachia hemsleyana Maxim.

【形态特征】 多年生草本。茎簇生，
平铺地面，先端伸长成鞭状，长可达 90 厘
米，圆柱形，密被多细胞柔毛。叶对生；
叶柄长 5 ～ 18 毫米；叶片卵形或阔卵形，
长 1.5 ～ 4 厘米，宽 1.2 ～ 3 厘米，先端锐尖，
基部近圆形或截形，全缘，上面绿色，密
被小糙伏毛，下面淡绿色，毛被较疏，两
面均有褐色或黑色粒状小点，极少为透明
腺点，侧脉 3 ～ 4 对。花单生于茎中部叶腋，
极少生于短枝上部叶腋；花梗长 7 ～ 15 毫
米，果时下弯，可增长至 2.5 厘米；花萼
分裂近达基部，裂片狭披针形，被稀疏小

图 269　点腺过路黄 *Lysimachia hemsleyana*

柔毛，散生褐色腺点；花冠黄色，钟状辐形，先端锐尖或稍钝，散生暗红色或褐色腺点；花丝下部合生
成筒，花药长圆形；子房卵珠形，花柱长 6 ～ 7 毫米。蒴果近球形，直径 3.5 ～ 4 毫米。花期 4—6 月，
果期 5—7 月。

【产地、生长环境与分布】仙桃市各地均有产，长垱口镇分布较多。生于山谷林缘、溪旁和路边草丛中。
分布于陕西、江苏、安徽、浙江、江西、福建、河南、湖北、湖南、四川等地。

【药用部位】 全草。

【采集加工】 夏季采收，鲜用或晒干。

【性味】 味微苦，性凉。

【功能主治】 清热利湿、通经；用于肝炎、肾盂肾炎、膀胱炎、闭经。

【用法用量】 内服：煎汤，30 ～ 60 克。

【验方参考】 ①治慢性肝炎：点腺过路黄全草 60 克，酢浆草 30 克，夏枯草、虎杖、筋骨草各 15 克，
水煎服。（《湖南药物志》）②治肾盂肾炎、膀胱炎：点腺过路黄全草 30 ～ 60 克，尿珠子根、黄荆根、
石莲子各 30 克，水煎服。（《湖南药物志》）

过路黄　金钱草　大金钱草　路边黄　神仙对坐草　（图 270）
Lysimachia christinae Hance

【形态特征】 茎柔弱，平卧延伸，长 20 ～ 60 厘米，无毛、被疏毛以至密被铁锈色多细胞柔毛，幼
嫩部分密被褐色无柄腺体，下部节间较短，常发出不定根，中部节间长 1.5 ～ 5（10）厘米。叶对生、卵

圆形、近圆形以至肾圆形,长(1.5)2～6(8)厘米,宽1～4(6)厘米,先端锐尖或圆钝以至圆形,基部截形至浅心形,鲜时稍厚,透光可见密布的透明腺条,干时腺条变黑色,两面无毛或密被糙伏毛;叶柄比叶片短或与之近等长,无毛以至密被毛。花单生于叶腋;花梗长1～5厘米,通常不超过叶长,毛被如茎,多少具褐色无柄腺体;花萼长(4)5～7(10)毫米,分裂近达基部,裂片披针形、椭圆状披针形以至线形或上部稍扩大而近匙形,先端锐尖或稍钝,无毛、被柔毛或仅边缘具缘毛;花冠黄色,长7～15毫米,基部合生部分长2～4毫米,裂片狭卵形以至近披针形,先端锐尖或钝,质地稍厚,具黑色长腺条;花丝长6～8毫米,下半部合生成筒;花药卵圆形,长1～1.5毫米;花粉粒具3孔沟,近球形,表面具网状纹饰;子房卵珠形,花柱长6～8毫米。蒴果球形,直径4～5毫米,无毛,有稀疏黑色腺条。花期5—7月,果期7—10月。

图 270-01　过路黄 *Lysimachia christinae*

【产地、生长环境与分布】 仙桃市各地均有产。生于沟边、路旁阴湿处和林下。分布于西南地区东部,陕西南部,华中地区,广东、广西等地。

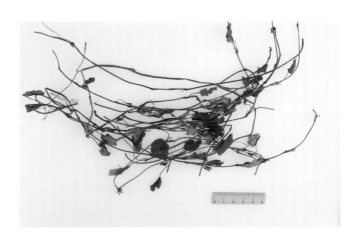

图 270-02　金钱草（药材）

【药用部位】 全草。

【采集加工】 夏、秋季采收,晒干备用。

【性味、归经】 味甘、微苦,性凉。归肝、胆、肾、膀胱经。

【功能主治】 利水通淋、清热解毒、散瘀消肿;用于尿路结石、胆囊炎、胆石症、黄疸型肝炎、水肿、跌打损伤、毒蛇咬伤及毒蕈和药物中毒;外敷用于烫伤及化脓性炎症。

【用法用量】 15～60克,水煎服。

泽珍珠菜　星宿菜　（图271）

Lysimachia candida Lindl.

【形态特征】 一年生或二年生草本,全体无毛。茎单生或数条簇生,直立,高10～30厘米,单一或有分枝。基生叶匙形或倒披针形,长2.5～6厘米,宽0.5～2厘米,具有狭翅的柄,开花时存在或早调；茎叶互生，很少对生，叶片倒卵形、倒披针形或线形，长 1～5 厘米，宽 2～12 毫米，先端渐尖或钝，基部渐狭，下延，边缘全缘或微皱成波状，两面均有黑色或带红色的小腺点，无柄或近于无柄。总状花序顶生，初时因花密集而呈阔圆锥形，其后渐伸长，果时长 5～10 厘米；苞片线形，长 4～6 毫米；花梗长约为苞片的 2 倍，花序最下方长达 1.5 厘米；花萼长 3～5 毫米，分裂近达基部，裂片披针形，边缘膜质，背面沿中肋两侧有黑色短腺条；花冠白色，长 6～12 毫米，筒部长 3～6 毫米，裂片长圆形或倒卵状长圆形，先端圆钝；雄蕊稍短于花冠，花丝贴生至花冠的中下部，分离部分长约 1.5 毫米；花药近线形，长约 1.5 毫米；花粉粒具 3 孔沟，长球形，表面具网状纹饰；子房无毛，花柱长约 5 毫米。蒴果球形，直径 2～3 毫米。花期 3—6 月，果期 4—7 月。

【产地、生长环境与分布】 仙桃市各地均有产，沙嘴街道前通路附近分布较多。生于田边、溪边和路旁潮湿处。国内主要产自陕西（南部）、河南、山东以及长江以南各地。

图 271 泽珍珠菜 *Lysimachia candida*

【药用部位】 全草。

【采集加工】 4—6 月采收，鲜用或洗净，切段、晒干。

【性味】 味苦、涩，性平。

【功能主治】 活血散瘀、利水化湿、和中止痢；用于跌打损伤、关节风湿痛、妇女闭经、乳痈、瘰疬、目赤肿痛、水肿、黄疸、疟疾、小儿疳积、痢疾。

【用法用量】 内服：煎汤，9～15 克（鲜品 30～60 克）。外用：捣敷或煎水熏洗。

【验方参考】 ①治水肿：星宿菜、爵床、丁香蓼各 15 克，地胆草、葫芦茶各 12 克，水煎服。②治感冒、喉痛：干星宿菜 15～30 克，垂盆草、岗梅各 20 克，水煎服。③治带下、淋证：星宿菜鲜草 30～60 克，爵床 30 克，水煎服。④治风湿性腰膝酸痛：星宿菜鲜根 60 克，淡水鳗鱼 1 尾，炖服。⑤治疝气、睾丸炎：星宿菜干全草 60 克，炖鸡蛋服。⑥治跌打损伤：星宿菜鲜全草 60 克，捣烂加酒 250 毫升，炖服，渣敷伤处。（①～⑥出自《草药验方治百病》）

北延叶珍珠菜 （图 272）

Lysimachia silvestrii (Pamp.) Hand.-Mazz.

【形态特征】 一年生草本，全体无毛。茎直立，稍粗壮，高 30～75 厘米，圆柱形，单一或上部分枝。叶互生，卵状披针形或椭圆形，稀为卵形，长 3 ～ 7 厘米，宽 1 ～ 3.5 厘米，先端渐尖，基部渐狭，干时近膜质，上面绿色，下面淡绿色，边缘和先端有暗紫色或黑色粗腺条；叶柄长 1.5 ～ 3 厘米。总状花序顶生，疏花；花序最下方的苞片叶状，上部的渐次缩小成钻形，长约 6 毫米；花梗长 1 ～ 2 厘米；花萼长约 6 毫米，分裂近达基部，裂片披针形，先端渐尖，常向外反曲，背面有暗紫色或黑色短腺条，先端尤密；花冠白色，长约 6 毫米，基部合生部分长约 2 毫米，裂片倒卵状长圆形，先端钝或稍锐尖，裂片间的弯缺圆钝；雄蕊比花冠略短或花药顶端露出花冠外，花丝贴生于花冠裂片的基部，分离部分长 2.5 毫米；花药狭椭圆形，长约 1 毫米；花粉粒具 3 孔沟，长球形，表面具网状纹饰；子房无毛，花柱长 4 毫米。蒴果球形，直径 3 ～ 4 毫米。花期 5—7 月，果期 8 月。

图 272　北延叶珍珠菜 *Lysimachia silvestrii*

【产地、生长环境与分布】仙桃市各地均有产，剅河镇谢场村分布较多。生于草地、沟边和疏林下。分布于甘肃东南部、陕西南部、四川东北部、湖北、湖南、江西。

【药用部位】全草。

【采集加工】秋季采收，鲜用或干用。

【性味】味辛、涩，性平。

【功能主治】内服具有活血、调经之功效；用于月经不调、跌打损伤等。外用于蛇咬伤等。

【用法用量】内服：煎汤，15 ～ 30 克；或泡酒，或鲜品捣汁。外用：适量，煎水洗；或鲜品捣敷。

【验方参考】①治小儿疳积：珍珠菜根六钱，鸡蛋一个，水煮，服汤食蛋。(《江西草药》)②治痢疾：珍珠菜半斤，水煎服，每日一剂。(《江西草药》)③治跌打损伤：珍珠菜根、马兰根各五钱，酒水各半煎服。(《江西草药》)④治乳痈：珍珠菜根五钱，忽白七个，酒水各半煎服。(《江西草药》)

89. 蓝雪科（白花丹科）Plumbaginaceae

白花丹属 *Plumbago* L.

蓝花丹　蓝茉莉　花绣球　蓝雪花　转子莲　（图 273）

Plumbago auriculata Lam.

【形态特征】常绿柔弱半灌木，上端蔓状或极开散，高约 1 米或更长，除花序外无毛，被有细小的钙质颗粒。叶薄，通常菱状卵形至狭长卵形，有时（未充分发育的）为椭圆形或长倒卵形，长（1）3 ～ 6

（7）厘米，宽（0.5）1.5～2（2.5）厘米，先端骤尖而有小短尖，罕钝或微凹，基部楔形，向下渐狭成柄，上部叶的叶柄基部常有小型半圆形至长圆形的耳。穗状花序含18～30枚花；总花梗短，通常长2～12毫米，穗轴（包括果期）长2～5（8）厘米，与总花梗及其下方1～2节的茎上密被灰白色至淡黄褐色短茸毛；苞片长4～10毫米，宽1～2毫米，线状狭长卵形，先端短渐尖，小苞长2～6毫米，宽1～2毫米，狭卵形或长卵形，先端急尖或有短尖；萼长11～13.5毫米，萼筒中部直径1～1.2

图 273　蓝花丹 *Plumbago auriculata*

毫米，先端有5枚长卵状三角形的短小裂片，裂片外面被有均匀的微柔毛，萼筒上半部或上部和裂片的绿色部分着生具柄的腺；花冠淡蓝色至蓝白色，花冠筒长3.2～3.4厘米，中部直径0.5～1毫米，冠檐宽阔，直径通常2.5～3.2厘米，裂片长1.2～1.4厘米，宽约1厘米，倒卵形，先端圆；雄蕊略露于喉部之外，花药长约1.7毫米，蓝色；子房近梨形，有5棱，棱在子房上部变宽而凸出成角，花柱无毛，柱头内藏。果实未见。花期6—9月和12月至翌年4月。

　　【产地、生长环境与分布】　仙桃市沔城镇有栽培。多生于肥沃、疏松、通透性良好的土壤。原产于南非南部，现已广泛被各国引种栽培；我国华南、华东、西南地区和北京常有栽培。

　　【药用部位】　根。

　　【采集加工】　夏、秋季采收，切碎，晒干或鲜用。

　　【性味、归经】　味辛、甘，性温；有毒。归肝经。

　　【功能主治】　行气活血、止痛；用于脘腹胁痛、跌打损伤、骨折。

　　【用法用量】　内服：煎汤，1.5～6克；鲜品捣汁或浸酒。外用：适量，捣敷。

　　【验方参考】　①治跌打损伤：转子莲五钱,泡酒服。（《贵州草药》）②接骨：转子莲、刺老包根各等份,捣绒包患处。（《贵州草药》）

90. 柿科　Ebenaceae

柿属　*Diospyros* L.

柿　（图 274）

Diospyros kaki Thunb.

　　【形态特征】　落叶乔木；株高14～27米；冬芽卵圆形，先端钝；叶纸质，卵状椭圆形、倒卵形或近圆形，新叶疏被柔毛，老叶上面深绿色，有光泽，无毛，下面绿色，有柔毛或无毛，中脉在上面凹下，有微柔毛；花雌雄异株，稀雄株有少数雌花，雌株有少数雄花；聚伞花序腋生；雄花序长1～1.5厘米，弯垂，被柔毛或茸毛，有3（5）花；花序梗长约5毫米，有微小苞片；雄花长0.5～1厘米，花梗长约

3 毫米；花萼钟状，两面有毛，4 深裂，裂片卵形，长约 7 毫米，有睫毛状毛；花冠钟形，长不超过花萼的 2 倍，黄白色，被毛，4 裂，裂片卵形或心形，开展；雄蕊 16～24；退化子房微小。果形种种，有球形、扁球形、球形而略呈方形、卵形等，基部通常有棱，嫩时绿色，后变黄色、橙黄色，果肉较脆硬，老熟时果肉变柔软多汁，呈橙红色或大红色等，有种子数颗。种子褐色，椭圆状，侧扁，在栽培品种中通常无种子或有少数种子；宿存萼在花后增大增厚，4 裂，方形或近圆形，近平扁，厚革质或干时近木质，外面有伏柔毛，后变无毛，里面密被棕色绢毛，裂片革质，两面无毛，有光泽；果柄粗壮。

图 274-01　柿 *Diospyros kaki*（1）

图 274-02　柿 *Diospyros kaki*（2）

【产地、生长环境与分布】 仙桃市各地均有产。多为屋旁栽培。我国各地广泛栽培。

【药用部位】 根，叶，成熟果实，干燥宿萼。

【采集加工】 根、叶：夏、秋季采收。果实：秋季采收，晒干备用。柿霜：收集柿饼加工时产生的白霜，备用。

【性味、归经】 果实：味甘，性寒。归心、肺、大肠经。根：味苦、涩，性凉。叶：味苦、酸、涩，性凉。归肺经。

【功能主治】 柿子：清热润肺、生津解毒；用于止血润便、缓和痔疮肿痛、降血压。柿饼：润脾补胃、润肺止血。柿霜饼、柿霜：润肺生津、祛痰镇咳、压胃热、解酒、疗口疮。柿蒂：下气止呃；用于呃逆和夜尿症。根：清热凉血；用于吐血、痔疮出血、血痢。叶：降血压；用于高血压。

【用法用量】 根：50～100 克，水煎服；外用捣烂炒敷。叶：5～15 克，水煎服；外用研末敷。果实：内服或捣汁服。柿饼：生食、煎汤或烧存性入散剂。柿蒂：10～20 克，水煎服，或入散剂。

【验方参考】 ①治呃逆：a. 柿蒂、丁香、人参各等份，为细末，水煎，食后服。（《洁古家珍》柿钱散）b. 柿蒂（烧灰存性）为末，黄酒调服，或用姜汁、砂糖各等份和匀，炖热徐服。（《村居救急方》）②治伤寒呕哕不止：干柿蒂七枚，白梅三枚。上二味，粗捣筛，只作一服，用水一盏，煎至半盏。去滓温服，不拘时。（《圣济总录》柿蒂汤）③治饱满咳逆不止：柿蒂、丁香各一两。上细切，每服四钱，水一盏半，姜五片，煎至七分。去滓热服，不拘时候。（《济生方》柿蒂汤）④治百日咳：柿蒂四钱（阴干），乌梅核中之白仁十个（细切），加白糖三钱。用水二杯，煎至一杯。一日数回分服，连服数日。（《江西中医药》）⑤治血淋：干柿蒂（烧灰存性）为末，每服二钱，空心米饮调服。（《奇效良方》柿蒂散）

91. 木犀科 Oleaceae

梣属 *Fraxinus* L.

1. 花序顶生于枝端或出自当年生枝的叶腋，叶后开花或与叶同时开放·······························白蜡树 *F. chinensis*

1. 花序侧生于去年生枝上，花序下无叶，先花后叶或同时开放·······························湖北梣 *F. hubeiensis*

白蜡树　白蜡　白荆树　青榔木　（图 275）

Fraxinus chinensis Roxb.

【形态特征】落叶乔木，高 10～12 米；树皮灰褐色，纵裂。芽阔卵形或圆锥形，被棕色柔毛或腺毛。小枝黄褐色，粗糙，无毛或疏被长柔毛，旋即秃净，皮孔小，不明显。羽状复叶长 15～25 厘米；叶柄长 4～6 厘米，基部不增厚；叶轴挺直，上面具浅沟，初时疏被柔毛，旋即秃净；小叶 5～7 枚，硬纸质，卵形、倒卵状长圆形至披针形，长 3～10 厘米，宽 2～4 厘米，顶生小叶与侧生小叶近等大或稍大，先端锐尖至渐尖，基部钝圆或楔形，叶缘

图 275　白蜡树 *Fraxinus chinensis*

具整齐锯齿，上面无毛，下面无毛或有时沿中脉两侧被白色长柔毛，中脉在上面平坦，侧脉 8～10 对，下面凸起，细脉在两面凸起，明显网结；小叶柄长 3～5 毫米。圆锥花序顶生或腋生于枝梢，长 8～10 厘米；花序梗长 2～4 厘米，无毛或被细柔毛，光滑，无皮孔；花雌雄异株；雄花密集，花萼小，钟状，长约 1 毫米，无花冠，花药与花丝近等长；雌花疏离，花萼大，桶状，长 2～3 毫米，4 浅裂，花柱细长，柱头 2 裂。翅果匙形，长 3～4 厘米，宽 4～6 毫米，上中部最宽，先端锐尖，常呈犁头状，基部渐狭，翅平展，下延至坚果中部，坚果圆柱形，长约 1.5 厘米；宿存萼紧贴于坚果基部，常在一侧开口深裂。花期 4—5 月，果期 7—9 月。

【产地、生长环境与分布】仙桃市长埫口镇有产。分布于湖南、四川、贵州、云南等地。药材以四川产量为最大。

【药用部位】树皮（秦皮），根皮，树叶，植物枝干上分泌的蜡（虫白蜡）。

【采集加工】树皮、根皮、树叶：夏、秋季采收，晒干备用。虫白蜡：8—9 月为采蜡期，清晨用利刀将包有蜡质的树枝切下，放入沸水锅中煮之，蜡质熔化而浮于水面，冷后凝结成块。取出后再加水加热熔化，过滤后凝固即成。

【性味、归经】味苦，性微寒。虫白蜡：味甘，性温。归肝、肺经。

【功能主治】树皮、根皮：清热燥湿、止痢、明目；用于肠炎、痢疾、白带异常、慢性支气管炎、急性结膜炎；外用治牛皮癣。树叶：调经、止血、生肌。虫白蜡：止血生肌、敛疮；用于创伤出血、疮口久溃不敛。

【用法用量】树皮、根皮：6～9 克，水煎服；外用 30～60 克，煎水洗患处。虫白蜡：内服入丸、

散，3～6克；外用适量，熔化调制药膏。

【验方参考】①治打伤：白蜡30克，藤黄9克。入麻油溶化，涂伤处。此方止痛止血，治烫伤亦愈。（《回生集》）②治杖疮：白蜡30克，猪骨髓5个，潮脑9克。共入铫内熬成膏，用甘草煮油纸摊贴。（《洞天奥旨》）③治外臁：白蜡3克，轻粉3克，猪油90克。捶烂以油纸摊膏贴之。（《万氏秘传外科心法》）

湖北梣 对节白蜡 （图276）

Fraxinus hubeiensis S. Z. Qu，C. B. Shang & P. L. Su

【形态特征】 落叶大乔木，高达19米，胸径达1.5米；树皮深灰色，老时纵裂；营养枝常呈棘刺状。小枝挺直，被细茸毛或无毛。羽状复叶长7～15厘米；叶柄长3厘米，基部不增厚；叶轴具狭翅，小叶着生处有关节，至少在节上被短柔毛；小叶7～9（11）枚，革质，披针形至卵状披针形，长1.7～5厘米，宽0.6～1.8厘米，先端渐尖，基部楔形，叶缘具锐锯齿，上面无毛，下面沿中脉基部被短柔毛，侧脉6～7对；小叶柄长3～4毫米，被细柔毛。花杂性，密集簇生于去年生枝上，

图276 湖北梣 *Fraxinus hubeiensis*

成甚短的聚伞圆锥花序，长约1.5厘米；两性花花萼钟状，雄蕊2，花药长1.5～2毫米，花丝较长，长5.5～6毫米，雌蕊具长花柱，柱头2裂。翅果匙形，长4～5厘米，宽5～8毫米，中上部最宽，先端急尖。花期2—3月，果期9月。

【产地、生长环境与分布】 仙桃市各地均有栽培。主要生于河沟两岸。产于湖北，为我国特有种。

【药用部位】 树皮，叶。

【采集加工】 春、夏季采收，晒干备用。

【性味】 味苦，性微寒。

【功能主治】 清热燥湿、收敛、明目；用于湿热毒痢、腹泻、急性肝炎、急性结膜炎、皮肤痒疹。

连翘属 *Forsythia* Vahl

金钟花 土连翘 （图277）

Forsythia viridissima Lindl.

【形态特征】落叶灌木，高可达3米，全株除花萼裂片边缘具睫毛状毛外，其余均无毛。枝棕褐色或红棕色，直立，小枝绿色或黄绿色，呈四棱形，皮孔明显，具片状髓。叶片长椭圆形至披针形，或倒卵状长椭圆形，长3.5～15厘米，宽1～4厘米，先端锐尖，基部楔形，通常上半部具不规则锐锯齿或

粗锯齿，稀近全缘，上面深绿色，下面淡绿色，两面无毛，中脉和侧脉在上面凹入，下面凸起；叶柄长 6 ～ 12 毫米。花 1 ～ 3（4）朵着生于叶腋，先于叶开放；花梗长 3 ～ 7 毫米；花萼长 3.5 ～ 5 毫米，裂片绿色，卵形、宽卵形或宽长圆形，长 2 ～ 4 毫米，具睫毛状毛；花冠深黄色，长 1.1 ～ 2.5 厘米，花冠管长 5 ～ 6 毫米，裂片狭长圆形至长圆形，长 0.6 ～ 1.8 厘米，宽 3 ～ 8 毫米，内面基部具橘黄色条纹，反卷；在雄蕊长 3.5 ～ 5 毫米的花中，雌蕊长 5.5 ～ 7 毫米，在雄蕊长 6 ～ 7 毫米的花中，雌蕊

图 277　金钟花 *Forsythia viridissima*

长约 3 毫米。果卵形或宽卵形，长 1 ～ 1.5 厘米，宽 0.6 ～ 1 厘米，基部稍圆，先端喙状渐尖，具皮孔；果梗长 3 ～ 7 毫米。花期 3—4 月，果期 8—11 月。

【产地、生长环境与分布】仙桃市沔阳公园有栽培。生于林缘。分布于江苏、安徽、浙江、江西、福建、湖北、湖南及云南等地。

【药用部位】根、叶、果壳。

【采集加工】果：夏、秋季采收，晒干。根：全年可挖取，洗净，切段，鲜用或晒干。叶：春、夏、秋季均可采集，鲜用或晒干。

【性味、归经】味苦，性温。归肺、肝经。

【功能主治】清热解毒、祛湿泻火；用于流行性感冒、目赤肿痛、疥疮、筋骨酸痛、瘰疬。

【用法用量】内服：煎汤，9 ～ 15 克。外用：捣敷患处。

素馨属 *Jasminum* L.

1. 叶脱落，花先于叶开放；花冠直径 2 ～ 2.5 厘米 ·· 迎春花 *J. nudiflorum*

1. 叶柄长 2 ～ 6 毫米；聚伞花序通常有花 3 朵；花冠管直径 2 ～ 3 毫米，花冠裂片长圆形或近圆形，先端钝或圆，宽 5 ～ 9 毫米 ··· 茉莉花 *J. sambac*

迎春花　迎春　小黄花　金腰带　清明花　（图 278）

Jasminum nudiflorum Lindl.

【形态特征】落叶灌木，直立或匍匐，高 0.3 ～ 5 米，枝条下垂。枝稍扭曲，光滑无毛，小枝四棱形，棱上多少具狭翼。叶对生，三出复叶，小枝基部常具单叶；叶轴具狭翼，叶柄长 3 ～ 10 毫米，无毛；叶片和小叶片幼时两面稍被毛，老时仅叶缘具睫毛状毛；小叶片卵形、长卵形或椭圆形、狭椭圆形，稀倒卵形，先端锐尖或钝，具短尖头，基部楔形，叶缘反卷，中脉在上面微凹入，下面凸起，侧脉不明显；顶生小叶片较大，长 1 ～ 3 厘米，宽 0.3 ～ 1.1 厘米，无柄或基部延伸成短柄，侧生小叶片长 0.6 ～ 2.3 厘米，宽 0.2 ～ 11 厘米，无柄；单叶为卵形或椭圆形，有时近圆形，长 0.7 ～ 2.2 厘米，宽 0.4 ～ 1.3 厘米。花单生于去年生小枝的叶腋，稀生于小枝顶端；苞片小叶状，披针形、卵形或椭圆形，长 3 ～ 8 毫

米，宽 1.5～4 毫米；花梗长 2～3 毫米；花萼绿色，裂片 5～6 枚，窄披针形，长 4～6 毫米，宽 1.5～2.5 毫米，先端锐尖；花冠黄色，直径 2～2.5 厘米，花冠管长 0.8～2 厘米，基部直径 1.5～2 毫米，向上渐扩大，裂片 5～6 枚，长圆形或椭圆形，长 0.8～1.3 厘米，宽 3～6 毫米，先端锐尖或圆钝。

图 278　迎春花 *Jasminum nudiflorum*

【产地、生长环境与分布】仙桃市各地均有产。生于街道两旁及屋旁，多为栽培。分布于甘肃、陕西、四川、云南西北部、西藏东南部。

【药用部位】花，叶。

【采集加工】每年 2—3 月采花，6 月采叶，鲜用或晒干。

【性味】叶：味苦，性平。花：味甘、涩，性平。

【功能主治】叶：解毒消肿、止血、止痛；用于跌打损伤、外伤出血、口腔炎、痈疖肿毒、外阴瘙痒。花：清热利尿、解毒；用于发热头痛、小便热痛、下肢溃疡。

【用法用量】叶：内服，2～3 钱；外用鲜品捣烂敷患处或煎水坐浴。花：内服，1～3 钱；外用研粉，调麻油搽敷患处。

茉莉花　茉莉　（图 279）

Jasminum sambac (L.) Aiton

【形态特征】直立或攀援灌木，高达 3 米。小枝圆柱形或稍压扁状，有时中空，疏被柔毛。叶对生，单叶，叶片纸质，圆形、椭圆形、卵状椭圆形或倒卵形，长 4～12.5 厘米，宽 2～7.5 厘米，两端圆或钝，基部有时微心形，侧脉 4～6 对，在上面稍凹入，下面凸起，细脉在两面常明显，微凸起，除下面脉腋间常具簇毛外，其余无毛；叶柄长 2～6 毫米，被短柔毛，具关节。聚伞花序顶生，通常有花 3 朵，有时单花或多达 5 朵；花序梗长 1～4.5 厘米，被短柔毛；苞片微小，锥形，长 4～8 毫米；

图 279　茉莉花 *Jasminum sambac*

花梗长 0.3～2 厘米；花极芳香；花萼无毛或疏被短柔毛，裂片线形，长 5～7 毫米；花冠白色，花冠管长 0.7～1.5 厘米，裂片长圆形至近圆形，宽 5～9 毫米，先端圆或钝。果球形，直径约 1 厘米，呈紫黑色。

花期 5—8 月，果期 7—9 月。

【产地、生长环境与分布】 仙桃市各地均有栽培。喜温暖湿润气候，在通风良好、半阴的环境中生长最好。我国南方地区和世界各地广泛栽培。

【药用部位】 花，叶，根。

【采集加工】 一般秋后挖根，切片，晒干备用；夏、秋季采花，晒干备用。

【性味】 根（茉莉根）：味苦，性温。叶（茉莉叶）：味辛，性凉。花（茉莉花）：味辛、甘，性温。

【功能主治】 茉莉根：麻醉、止痛；用于跌损筋骨、龋齿、头痛、失眠。茉莉叶：清热解表；用于外感发热、腹胀腹泻。茉莉花：理气、开郁、辟秽、和中；用于下痢腹痛、目赤红肿、疮毒。

【用法用量】 茉莉根：1.5～2.5 克，磨汁内服；外用捣敷。茉莉花：内服，煎汤，1.5～3 克，或泡茶；外用，煎水洗目或菜油浸滴耳。

【验方参考】 ①治暑湿感冒。夏季感受暑湿，发热头胀，脘闷少食，小便短小者，可用茉莉花 3 克，青茶 3 克，藿香 6 克，荷叶 6 克（切碎），以沸水浸泡，时时饮服。②治胸胁疼痛：茉莉花 5 克，白糖适量。放锅内，加清水适量煎至开，去渣饮用。可治肝气郁结引起的胸胁疼痛。③治慢性胃炎：茉莉花 8 克，石菖蒲 6 克，青茶 10 克，白糖适量。茉莉花、石菖蒲、青茶用温开水洗净后控干，然后混合加工研成细末，每天一剂，沸水冲泡，加入白糖，代茶饮。具有理气化湿、消食止痛之效。适用于慢性胃炎、脘腹胀痛、纳谷不香等症。④治女子痛经：茉莉花 10 克，玫瑰花 5 朵，粳米 100 克，冰糖适量。将茉莉花、玫瑰花、粳米分别去杂洗净，粳米放入盛有适量水的锅内，煮沸后加入茉莉花、玫瑰花、冰糖，改为文火煮成粥。此粥具有疏肝解郁、健脾和胃、理气止痛的功效。适用于肝气郁结引起的胸胁疼痛、肋间神经痛、妇女痛经等症。⑤治疮疡肿毒：茉莉花 5 克，白砂糖适量。将茉莉花、白砂糖加水 1500 毫升煎好，去渣饮用。此饮甘甜芬芳，具有疏肝理气、止痢解毒的功效。适用于胸胁疼痛、下痢腹痛、疮疡肿毒等症。⑥治痢疾腹痛：茉莉花 5 克，金橘饼 10 克，粳米 100 克。将茉莉花研为细末，金橘饼切成丁状；粳米淘洗干净，加水煮成稀粥，再加入金橘饼煮二三沸；于粥中调入茉莉花末即可食用。此粥清香可口，具有疏肝理气、健脾和胃、止痢的功效。适用于梅核气、腹胀腹痛、痢疾等症。⑦治目赤肿痛：用适量茉莉花煎水熏洗，或配金银花 9 克，菊花 6 克，水煎服，可将茉莉根研末，熟鸡蛋黄调匀，塞龋齿内，用于龋齿牙痛；用茉莉根 1 克，磨水服用，能镇静安神，治疗失眠。

女贞属 *Ligustrum* L.

女贞　大叶女贞　冬青　落叶女贞 （图 280）
Ligustrum lucidum Ait.

【形态特征】 常绿乔木，树冠卵形，一般高 6 米左右。树皮灰绿色，平滑不开裂。枝条开展，光滑无毛。单叶对生，卵形或卵状披针形，长 6～12 厘米；先端渐尖，基部楔形或近圆形，全缘，表面深绿色，有光泽，无毛，叶背浅绿色，革质。6—7 月开花，花白色，圆锥花序顶生，长 12～20 厘米。浆果状核果近肾形，10—11 月果熟，熟时深蓝色。

【产地、生长环境与分布】 仙桃市各地均有栽培。为园林绿化中应用较多的乡土树种。广泛分布于长江流域及以南地区，华北、西北地区也有栽培。

【药用部位】 叶可蒸馏提取冬青油，用作甜食和牙膏等的添加剂。成熟果实晒干为中药女贞子。

【采集加工】 11—12 月种子成熟，种子成熟后，常被蜡质白粉，要适时采收，选择树势壮、树姿好、抗性强的树作为采种母树。可用高枝剪剪取果穗，捋下果实，将其浸入水中 5 ～ 7 天，搓去果皮，洗净、阴干。

图 280-01　女贞 Ligustrum lucidum

【性味】 味甘、苦，性平。

【功能主治】 果实：滋阴益寿、补益肝肾、清热明目、乌须黑发；用于头晕目眩、耳鸣目暗、腰膝酸痛、内热、须发早白等症。冬青油：收敛、利尿和兴奋等；用于肌肉疼痛。

【用法用量】 树皮、枝叶，30 ～ 60 克，果实，9 ～ 15 克，水煎服。

【验方参考】 ①治神经衰弱：女贞子、鳢肠、桑葚子各五钱至一两，水煎服。或女贞子二斤，浸米酒二斤，每天酌量服。

图 280-02　女贞子（药材）

（《浙江民间常用草药》）②治风热赤眼：女贞子不以多少，捣汁熬膏，净瓶收固，埋地中七日，每用点眼。（《济急仙方》）③治肾受燥热，淋浊溺痛，腰脚无力，久为下消：女贞子四钱，生地六钱，龟板六钱，当归、茯苓、石斛、花粉、草薢、牛膝、车前子各二钱，大淡菜三枚，水煎服。（《医醇胜义》女贞汤）④治视神经炎：女贞子、草决明、青葙子各一两，水煎服。（《浙江民间常用草药》）⑤治瘰疬、结核性潮热等：女贞子三钱，地骨皮二钱，青蒿一钱五分，夏枯草二钱五分，水煎，一日三回分服。（《现代实用中药》）⑥治一切眼疾：女贞叶捣烂，加朴硝调匀贴眼部。（《现代实用中药》）⑦治口舌生疮，舌肿胀出：女贞叶捣汁含浸吐涎。（《现代实用中药》）

丁香属 *Syringa* L.

丁香　紫丁香　（图 281）

Syringa oblata Lindl.

【形态特征】 灌木或小乔木，高可达 5 米；树皮灰褐色或灰色。小枝、花序轴、花梗、苞片、花萼、幼叶两面以及叶柄均无毛而密被腺毛。小枝较粗，疏生皮孔。叶片革质或厚纸质，卵圆形至肾形，宽常大于长，长 2 ～ 14 厘米，宽 2 ～ 15 厘米，先端短突尖至长渐尖或锐尖，基部心形、截形至近圆形，或宽楔形，上面深绿色，下面淡绿色；萌生枝上叶片常呈长卵形，先端渐尖，基部截形至宽楔形；叶柄长 1 ～ 3 厘米。圆锥花序直立，由侧芽抽生，近球形或长圆形，长 4 ～ 16（20）厘米，宽 3 ～ 7（10）厘米；花梗长 0.5 ～ 3 毫米；花萼长约 3 毫米，萼齿渐尖、锐尖或钝；花冠紫色，长

图 281　丁香 *Syringa oblata*

1.1 ～ 2 厘米，花冠管圆柱形，长 0.8 ～ 1.7 厘米，裂片呈直角开展，卵圆形、椭圆形至倒卵圆形，长 3 ～ 6 毫米，宽 3 ～ 5 毫米，先端内弯略呈兜状或不内弯；花药黄色，位于距花冠管喉部 0 ～ 4 毫米处。果倒卵状椭圆形、卵形至长椭圆形，长 1 ～ 1.5（2）厘米，宽 4 ～ 8 毫米，先端长渐尖，光滑。花期 4—5 月，果期 6—10 月。

【产地、生长环境与分布】仙桃市新里仁口村有栽培。主要分布于西南及黄河流域以北各地，广东、广西等地有栽培。

【药用部位】花蕾。

【采集加工】通常在 9 月至翌年 3 月，花蕾由青色转为鲜红色时采收。

【性味】味辛，性温。

【功能主治】温中、暖肾、降逆；用于呃逆、呕吐、反胃、痢疾、心腹冷痛、疝气、癣证。

【用法用量】1 ～ 3 克，内服或研末外敷。

【验方参考】①治心痛不止：丁香 15 克，肉桂 30 克，共研细末，每日在饭前以热黄酒服 3 克。②治小儿吐逆：丁香、半夏（生用）各 30 克，同研为细末。姜汁和丸，如绿豆大，姜汤下三二十丸。③治唇舌生疮：包丁香末放入口中。

92. 夹竹桃科 Apocynaceae

夹竹桃属 *Nerium* L.

白花夹竹桃　（图 282）

Nerium indicum cv. Paihua

【形态特征】常绿直立大灌木，高达 5 米，枝条灰绿色，含水液；嫩枝条具棱，被微毛，老时毛脱落。叶 3 ～ 4 枚轮生，下枝为对生，窄披针形，顶端急尖，基部楔形，叶缘反卷，长 11 ～ 15 厘米，宽 2 ～ 2.5 厘米，叶面深绿色，无毛，叶背浅绿色，有多数洼点，幼时被疏微毛，老时毛渐脱落；中脉在叶面陷入，在叶背凸起，侧脉两面扁平，纤细，密生而平行，每边达 120 条，直达叶缘；叶柄扁平，基部稍宽，长 5 ～ 8

毫米，幼时被微毛，老时毛脱落；叶柄内
具腺体。聚伞花序顶生，着花数朵；总花
梗长约 3 厘米，被微毛；花梗长 7 ～ 10 毫
米；苞片披针形，长 7 毫米，宽 1.5 毫米；
花芳香；花萼 5 深裂，红色，披针形，长 3 ～ 4
毫米，宽 1.5 ～ 2 毫米，外面无毛，内面
基部具腺体；花冠深红色或粉红色，栽培
演变有白色或黄色，花冠为单瓣呈 5 裂时，
其花冠为漏斗状，长和直径约 3 厘米，其
花冠筒圆筒形，上部扩大成钟形，长 1.6 ～ 2
厘米，花冠筒内面被长柔毛，花冠喉部具
5 片宽鳞片状副花冠，每片其顶端撕裂，

图 282　白花夹竹桃 *Nerium indicum*

并伸出花冠喉部之外，花冠裂片倒卵形，顶端圆形，长 1.5 厘米，宽 1 厘米；花冠为重瓣呈 15 ～ 18 枚时，
裂片组成三轮，内轮为漏斗状，外面二轮为辐状，分裂至基部或每 2 ～ 3 片基部连合，裂片长 2 ～ 3.5 厘
米，宽 1 ～ 2 厘米，每花冠裂片基部具长圆形而顶端撕裂的鳞片；雄蕊着生在花冠筒中部以上，花丝短，
被长柔毛，花药箭头状，内藏，与柱头连生，基部具耳，顶端渐尖，药隔延长呈丝状，被柔毛；无花盘；
心皮 2，离生，被柔毛，花柱丝状，长 7 ～ 8 毫米，柱头近圆球形，顶端突尖；每心皮有胚珠多颗。蓇葖 2，
离生，平行或并连，长圆形，两端较窄，长 10 ～ 23 厘米，直径 6 ～ 10 毫米，绿色，无毛，具细纵条纹；
种子长圆形，基部较窄，顶端钝、褐色，种皮被锈色短柔毛，顶端具黄褐色绢质种毛；种毛长约 1 厘米。
花期几乎全年，夏、秋季为最盛；果期一般在冬、春季，栽培种很少结果。

　　【产地、生长环境与分布】仙桃市各地均有栽培。多在公园、风景区、道路旁或河旁、湖旁周围栽培。
分布于云南、广西、广东和河北等地。

　　【药用部位】白花、嫩叶。

　　【采集加工】6—9 月采花，晾干备用，全年可采嫩叶。

　　【性味】味苦、涩，性平。

　　【功能主治】利尿、通便、活血、消积、祛瘀、镇咳等。

络石属 *Trachelospermum* **Lem.**

络石　石龙藤　万字花　万字茉莉　（图 283）

Trachelospermum jasminoides (Lindl.) Lem.

　　【形态特征】常绿木质藤本，长达 10 米，具乳汁；茎赤褐色，圆柱形，有皮孔；小枝被黄色柔毛，
老时渐无毛。叶革质或近革质，椭圆形至卵状椭圆形或宽倒卵形，长 2 ～ 10 厘米，宽 1 ～ 4.5 厘米，顶
端锐尖至渐尖或钝，有时微凹或有小突尖，基部渐狭至钝，叶面无毛，叶背被疏短柔毛，老渐无毛；叶
面中脉微凹，侧脉扁平，叶背中脉凸起，侧脉每边 6 ～ 12 条，扁平或稍凸起；叶柄短，被短柔毛，老渐
无毛；叶柄内和叶腋外腺体钻形，长约 1 毫米。二歧聚伞花序腋生或顶生，花多朵组成圆锥状，与叶等
长或较长；花白色，芳香；总花梗长 2 ～ 5 厘米，被柔毛，老时渐无毛；苞片及小苞片狭披针形，长 1 ～ 2

毫米；花萼 5 深裂，裂片线状披针形，顶部反卷，长 2～5 毫米，外面被长柔毛及缘毛，内面无毛，基部具 10 枚鳞片状腺体；花蕾顶端钝，花冠筒圆筒形，中部膨大，外面无毛，内面在喉部及雄蕊着生处被短柔毛，长 5～10 毫米，花冠裂片长 5～10 毫米，无毛；雄蕊着生在花冠筒中部，腹部粘生在柱头上，花药箭头状，基部具耳，隐藏在花喉内；花盘环状 5 裂与子房等长；子房由 2 个离生心皮组成，无毛，花柱圆柱状，柱头卵圆形，顶端全缘；每心皮有胚珠多颗，着生于 2 个并生的侧膜胎座上。

图 283　络石 *Trachelospermum jasminoides*

蓇葖双生，叉开，无毛，线状披针形，向先端渐尖，长 10～20 厘米，宽 3～10 毫米。种子多颗，褐色，线形，长 1.5～2 厘米，直径约 2 毫米，顶端具白色绢质种毛；种毛长 1.5～3 厘米。花期 3—7 月，果期 7—12 月。

【产地、生长环境与分布】 仙桃市各地均有栽培。生于溪边、路旁、林缘或杂木林中，常缠绕于树上或攀援于墙壁上、岩石上，亦有移栽于园圃。分布于山东、安徽、江苏、浙江、福建、台湾、江西、河北、河南、湖北、湖南、广东、广西、云南、贵州、四川、陕西等地。

【药用部位】 根，茎，叶，果实。

【采集加工】 夏、秋季采收，晒干备用。

【性味】 味苦，性微寒。

【功能主治】 祛风除湿、活血通络、消肿止痛、清热解毒、利关节、止血；用于风湿性关节炎、肌肉痹痛、跌打损伤、产后腹痛等。乳汁有毒，对心脏有毒害作用。花芳香，可提取制"络石浸膏"。

【用法用量】 10～15 克，水煎、浸酒或入丸、散服；外用，捣末调敷或捣汁洗。

【验方参考】 ①治坐骨神经痛：络石藤 60～90 克，水煎服。（《广西本草选编》）②治关节炎：络石藤、五加根皮各 30 克，牛膝根 15 克，水煎服，白酒引。（《江西草药》）③治喉痹咽塞、喘息不通、须臾欲绝：络石草 60 克，切，以水一大升半，煮取一大盏，去滓，细细吃。（《近效方》）④治咳嗽喘息：络石藤茎、叶各 15 克，水煎服。（《湖南药物志》）⑤治腹泻：络石藤 60 克，红枣 10 颗，水煎服。（《青岛中草药手册》）

蔓长春花属 *Vinca* L.

花叶蔓长春花　对叶常春藤　花叶常春蔓　爬藤黄杨　（图 284）
Vinca major 'Variegata' Loud.

【形态特征】 蔓性半灌木，茎偃卧，花茎直立；除叶缘、叶柄、花萼及花冠喉部有毛外，其余均无毛。叶椭圆形，边缘白色，有黄白色斑点，长 2～6 厘米，宽 1.5～4 厘米，先端急尖，基部下延；侧脉约 4 对；叶柄长 1 厘米。花单朵腋生；花梗长 4～5 厘米；花萼裂片狭披针形，长 9 毫米；花冠蓝色，花冠筒漏斗状，花冠裂片倒卵形，长 12 毫米，宽 7 毫米，先端圆形；雄蕊着生于花冠筒中部之下，花丝短而扁平，花药的顶端有毛；子房由 2 个心皮组成。蓇葖长约 5 厘米。

【产地、生长环境与分布】 仙桃市沔城镇有产。喜光耐阴，且耐低温，生于灌丛中。江苏、浙江、台湾等地区有栽培。

【药用部位】 茎叶。

【采集加工】 4—5 月，开花后采摘，晒干备用。

【功能主治】 清热解毒。

图 284　花叶蔓长春花 *Vinca major*

93. 萝藦科 Asclepiadaceae

萝藦属 *Metaplexis* R. Br.

萝藦　芄兰　斫合子　白环藤　羊婆奶　奶浆藤　（图 285）

Metaplexis japonica (Thunb.) Makino

【形态特征】 多年生草质藤本，长达 8 米，具乳汁；茎圆柱状，下部木质化，上部较柔韧，表面淡绿色，有纵条纹，幼时密被短柔毛，老时被毛渐脱落。叶膜质，卵状心形，长 5～12 厘米，宽 4～7 厘米。总状式聚伞花序腋生或腋外生，具长总花梗；总花梗长 6～12 厘米，被短柔毛。蓇葖叉生，纺锤形，平滑无毛；种子扁平，卵圆形，长 5 毫米，宽 3 毫米。花期 6—9 月，果期 9—12 月。

【产地、生长环境与分布】 仙桃市各地均有产。多生于林边荒地、山脚、河边、路旁灌丛中。分布于河北、河南、山东、陕西、江苏、浙江、湖北、福建、四川、辽宁等地。

【药用部位】 全株可用。

【采集加工】 7—8 月采集全草，鲜用或晒干。

【性味】 味淡，性平；无毒。

【功能主治】 补益精气、通乳、解毒；用于虚损劳伤、阳痿、带下、乳汁不通、丹毒疮肿。

【用法用量】 内服：煎汤，15～60 克。外用：鲜品适量，捣敷。

【验方参考】 ①治吐血虚损：萝藦、地骨皮、柏子仁、五味子各三两。上为细末，空心米饮下。（《不居集》萝藦散）

图 285　萝藦 *Metaplexis japonica*

②治阳痿：萝藦根、淫羊藿根、仙茅根各三钱，水煎服，每日一剂。（《江西草药》）③治肾炎水肿：萝藦根一两，煎服。每日一剂。（《单方验方新医疗法选编》）④治劳伤：奶浆藤根，炖鸡服。（《四川中药志》）⑤治瘰疬：萝藦根七钱至一两，水煎服，甜酒为引，每日一剂。（《江西草药》）⑥下乳：奶浆藤三至五钱，水煎服；炖肉服可用一至二两。（《民间常用草药汇编》）⑦治小儿疳积：萝藦茎叶适量，研末。每服一至二钱，白糖调服。（《江西草药》）⑧治丹火毒遍身赤肿不可忍：萝藦，捣绞取汁敷之，或捣敷上。（《梅师集验方》）⑨治诸般打扑损伤，皮破血出，痛不可忍：婆婆针袋儿（萝藦），擂水化服，渣罨疮口上。（《袖珍方》）⑩治五步蛇咬伤：萝藦根三钱、兔耳风根二钱、龙胆草根二钱，水煎服，白糖为引。（《江西草药》）

94. 茜草科 Rubiaceae

鸡矢藤属 *Paederia* L.

鸡矢藤　鸡屎藤　臭藤　（图 286）
Paederia scandens (Lour.) Merr.

【形态特征】 蔓生草本。基部木质，秃净或稍被微毛。叶对生，有柄；叶片近膜质，卵形、椭圆形、矩圆形至披针形，先端短尖或渐尖，基部浑圆或楔形，两面均秃净或近秃净；中间托叶三角形，脱落。圆锥花序腋生及顶生，扩展，分枝为蝎尾状的聚伞花序；花白紫色，无柄；萼狭钟状；花冠钟状，上端 5 裂，镊合状排列，内面红紫色，被粉状柔毛；雄蕊 5，花丝极短，着生于花冠筒内；子房下位，2 室，花柱丝状，2 枚，基部愈合。浆果球形，成熟时光亮，草黄色。花期 8—10 月，果期 9—11 月。

【产地、生长环境与分布】 仙桃市各地均有产。生于溪边、河边、路边、林旁及灌木林中，常攀援于其他植物或岩石上。分布于云南、贵州、四川、广西、广东等地。

【药用部位】 全草。

【采集加工】 夏、秋季采收地上部分，除去杂质，晒干。

【性味】 味甘、苦，性平。

图 286-01　鸡矢藤 *Paederia scandens*（1）

图 286-02　鸡矢藤 *Paederia scandens*（2）

【功能主治】 主治风湿筋骨痛、跌打损伤、外伤性疼痛、肝胆及胃肠绞痛、黄疸型肝炎、肠炎、痢疾、消化不良、小儿疳积、肺结核咯血、支气管炎、放射反应引起的白细胞减少症、农药中毒；外用治皮炎、湿疹、疮疡肿毒。

【用法用量】 15 ~ 25 克（大剂量 50 ~ 100 克），水煎服，或浸酒服。外用，捣敷或煎水洗。

【验方参考】 ①治风湿关节痛：鸡矢藤、络石藤各 30 克，水煎服。（《福建药物志》）②治食积腹泻：鸡屎藤 30 克，水煎服。（《福建中草药》）③治慢性支气管炎：鸡屎藤 30 克，百部 15 克，枇杷叶 10 克，水煎，加盐少许内服。（《全国中草药汇编》）④治带状疱疹、热疖肿毒、跌打肿痛、毒蛇咬伤：鲜鸡屎藤嫩叶捣烂敷患处。（《安徽中草药》）⑤治跌打损伤：鸡屎藤根、藤各 30 克，酒水煎服。（《福建中草药》）

拉拉藤属　*Galium* L.

猪殃殃　八仙草　爬拉殃　光果拉拉藤　拉拉藤　（图 287）
Galium spurium L.

【形态特征】 多枝、蔓生或攀援状草本。茎 4 棱，棱上、叶缘及叶下面中脉上均有倒生小刺毛。叶 4 ~ 8 片轮生，近无柄，叶片条状倒披针形，长 1 ~ 3 厘米，顶端有突尖头。聚伞花序腋生或顶生，单生或 2 ~ 3 个簇生，有黄绿色小花数朵；花瓣 4 枚，有纤细梗；花萼上也有钩毛，花冠辐射状，裂片矩圆形，长不及 1 毫米。果干燥，密被钩毛，每一果室有 1 颗平凸的种子。

图 287　猪殃殃 *Galium spurium*

【产地、生长环境与分布】 仙桃市各地均有产。多生于荒地、菜园、路旁、田边土壤肥沃处。分布于南北各地。

【药用部位】 全草。

【采集加工】 夏季采收，除去杂质，晒干或鲜用。

【性味】 味辛、苦，性凉、微寒。

【功能主治】 清热利尿、凉血解毒、消肿；用于乳癌溃烂、牙出血、感冒、急慢性阑尾炎、尿路感染、水肿、痛经、崩漏、带下、盲肠炎、白血病。外用治痈疖肿毒、跌打损伤。

【用法用量】 内服，50 ~ 100 克；外用适量，鲜品捣烂敷或绞汁涂患处。

【验方参考】 ①治乳癌溃烂：鲜品猪殃殃 180 克，水煎，每日 1 剂，连服 7 天。另用鲜草捣烂取汁和猪油外敷患处，每日换 3 ~ 6 次。②治白血病：猪殃殃 60 克，半枝莲、乌点规、银花藤各 30 克，水煎，每日 1 剂，连服 1 ~ 2 个月。③治急性膀胱炎：猪殃殃、车茶草各 30 克，金银花 10 克，水煎，连服 3 ~ 5 天。④治风热感冒：猪殃殃 60 克，大青叶 15 克，水煎，连服 3 ~ 5 天。⑤治跌打肿痛：猪殃殃根、脾草根各 120 克，水酒各半煎服。⑥治牙龈出血：猪殃殃 50 克，山梅根 20 克，水煎，分 3 ~ 5 次，每日 1

剂。⑦治尿血、便血：猪殃殃、茅根各 30 克，仙鹤草 15 克，水煎服。⑧治闭经：猪殃殃 20 克，香附 10 克，益母草 30 克，水煎，分 2 ～ 3 次服，连服 3 ～ 5 天。⑨治子宫颈癌：猪殃殃 30 克，水煎，加红糖适量分 2 ～ 3 次服，每日 1 剂，连续服。⑩治感冒发热：猪殃殃全草 30 克（或鲜品 60 克），水煎服。⑪治行经腹痛：猪殃殃全草 15 克，益母草 6 克，水煎服。⑫治盲肠炎：鲜品猪殃殃 250 克，水煎分次服。⑬治跌打损伤：鲜品猪殃殃、咸酸鸡各等份，共捣烂外敷患处。⑭治漆疮：鲜品猪殃殃捣烂，取汁抹敷患处。⑮治毒蛇咬伤：鲜品猪殃殃捣烂敷患处，又用鲜草 120 克，水煎服。本品内服常用量，鲜品 90 ～ 180 克，干品 30 ～ 60 克。（①～⑮出自《全国中草药汇编》）

茜草属 *Rubia* L.

茜草　拉拉秧子根　拉拉豆　锯锯草　（图 288）

Rubia cordifolia L.

【形态特征】多年生攀援草本，长 1 ～ 3 米。支根数条或数十条，细长，外皮黄赤色。茎方形，有 4 棱，棱上有倒生刺。叶 4 片轮生，有长柄，叶片卵状心形或狭卵形，长 1.5 ～ 6 厘米，宽 1 ～ 4 厘米，先端渐尖，基部心形或圆形，全缘，叶脉 3 ～ 5，自基部射出，叶柄和叶下面中肋上均有倒刺，聚伞花序圆锥状，腋生或顶生；花小，花萼不明显；花冠 5 裂，裂片卵形或卵状披针形，基部连合，淡黄色；雄蕊 5，着生于花冠筒喉内，花丝较短；子房下位，2 室，花柱上部 2 裂，柱头头状。浆果小球形，肉质，红色转黑色。花期 7—9 月，果期 9—10 月。

图 288　茜草 *Rubia cordifolia*

【产地、生长环境与分布】仙桃市各地均有产。生于原野、林边、灌丛及河道边。全国大部分地区有分布。主产于陕西、河北、河南、山东等地。此外，湖北、江苏、浙江、甘肃、辽宁、山西、广东、广西、四川等地亦产。以陕西、河南产量较大，品质较佳。

【药用部位】根，茎。

【采集加工】春、秋季采收，除去杂质，晒干备用。

【性味】味苦，性寒。

【功能主治】根及根状茎：凉血止血、通经活络、止咳祛痰、祛瘀生新；用于吐血、衄血、尿血、便血、外伤出血、血崩、闭经、风湿痹痛、跌打损伤、瘀滞肿痛、黄疸、慢性支气管炎。茎、叶：活血消肿、止血祛瘀；用于吐血、血崩、跌打损伤、风湿痹痛、腰痛、痈疮肿毒。果实：印度用于治痢疾。

【用法用量】10 ～ 15 克，水煎服，或入丸、散。

【验方参考】①治吐血：茜草根一两，捣成末。每服二钱，水煎，冷却，用水调末二钱服亦可。②治妇女闭经：茜草根一两，酒煎服。③治蛊毒（吐血、下血如猪肝）：茜草根、蘘荷叶各三分，加水四升，煮成二升服。④治脱肛：茜草根、石榴皮各一把，加酒一碗，煎至七成，温服。

栀子属 *Gardenia* Ellis

栀子 黄栀 山栀子 栀子花 （图 289）

Gardenia jasminoides Ellis

【形态特征】常绿灌木，高达 2 米。叶对生或 3 叶轮生，叶片革质，长椭圆形或倒卵状披针形，长 5～14 厘米，宽 2～7 厘米，全缘；托叶 2 片，通常连合成筒状包围小枝。花单生于枝端或叶腋，白色，芳香；花萼绿色，圆筒状；花冠高脚碟状，裂片 5 或较多；子房下位。花期 5—7 月，果期 8—11 月。

【产地、生长环境与分布】仙桃市各地均有产。生于屋旁、路旁。全国大部分地区有栽培，南方各地有野生，主要分布于江西、湖南、浙江、福建、四川等省。

【药用部位】根，花，叶，果实。

【采集加工】花，春季采收；根、叶，秋季采收；9—11 月果实成熟呈红黄色时采收，除去果梗及杂质，蒸至上汽或置沸水中略烫，取出，干燥。

【性味、归经】味苦，性寒。归心、肝、肺、胃经。

【功能主治】果实：泻火除烦、清热利尿、凉血解毒；用于热病心烦、黄疸尿赤、血淋涩痛、血热吐衄、目赤肿痛、火毒疮疡；外用治扭挫伤痛。根：泻火解毒、清热利湿、凉血散瘀；用于传染性肝炎、跌打损伤、风火牙痛。

图 289-01 栀子 *Gardenia jasminoides*

图 289-02 栀子（药材）

【用法用量】10～20 克，水煎服，或入丸、散。外用，研末调敷。

【验方参考】①治热病发热、心烦不宁等。栀子善泻火泄热而除烦。在外感热病的气分证初期，见有发热、胸闷、心烦等，可用栀子配合豆豉，以透邪泄热、除烦解郁。如属一切实热火证而见高热烦燥、神昏谵语等，可用本品配黄连等泻火而清邪热。②治肝胆湿热郁蒸之黄疸、小便短赤者，常配茵陈、大黄等药用，如茵陈蒿汤（《伤寒论》），或配黄柏用，如栀子柏皮汤（《金匮要略》）。③治血淋涩痛。栀子善清利下焦湿热而通淋，清热凉血以止血，故可治血淋涩痛或热淋证，常配木通、车前子、滑石等药用，如八正散（《太平惠民和剂局方》）。④治血热妄行之吐血、衄血等，常配白茅根、大黄、侧柏叶等药用，如十灰散（《十药神书》）；该品若配黄芩、黄连、黄柏用，可治三焦火盛迫血妄行之吐血、衄血，如黄连解毒汤（《外台秘要》）。⑤治肝胆火热上攻之目赤肿痛，常配大黄用，如栀子汤（《圣济总录》）。⑥治火毒疮疡、红肿热痛者，常配金银花、连翘、蒲公英用；或配白芷以助消肿，如缩毒散（《普济方》）。⑦治扭挫伤。将山栀子捣碎，研成极粉，以温水调成糊状，加入少许酒精，包敷伤处。一般 3 ～ 5 天更换 1 次，如肿胀明显可隔天更换 1 次。骨折者不宜使用，脱臼者应先整复后再用。

白马骨属 *Serissa* Comm. ex Juss.

六月雪　白马骨　满天星　路边姜　路边荆　碎叶冬青　（图 290）
Serissa japonica (Thunb.) Thunb. Nov. Gen.

【形态特征】小灌木，高 60 ～ 90 厘米，有臭气。叶革质，卵形至倒披针形，长 6 ～ 22 毫米，宽 3 ～ 6 毫米，顶端短尖至长尖，边全缘，无毛；叶柄短。花单生或数朵丛生于小枝顶部或腋生，有被毛、边缘浅波状的苞片；萼檐裂片细小，锥形，被毛；花冠淡红色或白色，长 6 ～ 12 毫米，裂片扩展，顶端 3 裂；雄蕊突出冠管喉部外；花柱长突出，柱头 2，直，略分开。花期 5—7 月。

图 290　六月雪 *Serissa japonica*

【产地、生长环境与分布】仙桃市沔阳公园有栽培。分布于江苏、安徽、江西、浙江、福建、广东、香港、广西、四川、云南等地。

【药用部位】全株。

【采集加工】全年可采，洗净鲜用或切段晒干。

【性味】味淡、微辛，性凉。

【功能主治】疏风解表、清热利湿、舒筋活络；用于感冒、咳嗽、牙痛、急性扁桃体炎、咽喉炎、急慢性肝炎、肠炎、痢疾、小儿疳积、高血压头痛、偏头痛、风湿关节痛、带下；茎烧灰点眼治眼翳。

【用法用量】10 ～ 30 克，水煎服。外用，捣烂敷。

【验方参考】①治水痢：白马骨茎叶煮汁服。（《本草纲目拾遗》）②治肝炎：六月雪二两，过路黄一两，水煎服。（《浙江民间常用草药》）③治骨蒸劳热，小儿疳积：六月雪一至二两，水煎服。（《浙江民间常用草药》）④治目赤肿痛：路边荆茎叶一二两，煎服，渣再煎熏洗。（《三年来的中医药实验研究》）⑤治偏头痛：鲜白马骨一至二两，水煎泡少许食盐服。（《泉州本草》）⑥治咽喉炎：六月雪三至五钱，水煎，每日一剂，分二次服。（《中草药新医疗法处方集》）⑦治牙痛：白马骨一

两半，和乌贼鱼干炖服。（《泉州本草》）⑧治鹅口疮：白马骨叶一握，稍捣，浸米泔，取汁洗口内。（《闽东本草》）

95. 旋花科 Convolvulaceae

马蹄金属 *Dichondra* J. R. Forst. & G. Forst.

马蹄金　金马蹄草　小灯盏　小金钱　小铜钱草　小半边钱　落地金钱　荷包草　（图291）
Dichondra micrantha Urban

图 291　马蹄金 *Dichondra micrantha*

【形态特征】多年生匍匐小草本。茎细长，被灰色短柔毛，节上生根。单叶互生；叶柄长 3～5 厘米；叶片肾形至圆形，直径 0.4～2.5 厘米，先端宽圆形或微缺，基部阔心形，叶面微被毛，背面被贴生短柔毛，全缘。花单生于叶腋，花柄短于叶柄，丝状；萼片 5，倒卵状长圆形至匙形，长 2～3 毫米，背面及边缘被毛；花冠钟状，黄色，深 5 裂，裂片长圆状披针形，无毛；雄蕊 5，着生于花冠 2 裂片间弯缺处；子房被疏柔毛，2 室，花柱 2，柱头头状。蒴果近球形，直径约 1.5 毫米，膜质。种子 1～2 颗，黄色至褐色，无毛。花期 4 月，果期 7—8 月。

【产地、生长环境与分布】仙桃市各地均有产。生于路边、沟边草丛中或墙下、花坛等半阴湿处。分布于长江以南各地。

【药用部位】全草。

【采集加工】全年随时可采，鲜用或洗净晒干。

【性味、归经】味苦、辛，性凉。归肺、肝、大肠经。

【功能主治】清热、利湿、解毒；用于黄疸、痢疾、砂淋、白浊、水肿、疔疮肿毒、跌打损伤、毒蛇咬伤。

【用法用量】内服：煎汤，6～15 克（鲜品 30～60 克）。外用：适量，捣敷。

【验方参考】①治黄疸：荷包草、螺蛳三合，同捣汁澄清，煨热服。（《本草纲目拾遗》）②治急性黄疸型传染性肝炎：马蹄金 30 克，鸡骨草 30 克，千屈菜 30 克，山栀子 15 克，车前子 15 克，水煎服。（《四川中药志》）③治水肿初起：活鲫鱼大者一尾，用瓷片割开，去鳞及肠血，以纸试净，勿见水，以荷包草填腹令满，甜白酒蒸熟，去草食鱼。（《百草镜》）④治全身水肿（肾炎）：（马蹄金）鲜草捣烂敷脐上，每日 1 次，7 日为 1 疗程；或 15～30 克，煎服。（《上海常用中草药》）

牵牛属 *Pharbitis* Choisy

牵牛　裂叶牵牛　大牵牛花　喇叭花　牵牛花　二丑　（图 292）
Pharbitis nil (L.) Choisy

【形态特征】一年生攀援草本，叶心形，互生；叶柄长 2 ～ 15 厘米；叶片宽卵形或近圆形，深或浅 3 裂，偶有 5 裂，长 4 ～ 15 厘米，宽 4.5 ～ 14 厘米，基部心形，中裂片长圆形或卵圆形，渐尖或骤尖，侧裂片较短，三角形，裂口锐或圆，叶面被微硬的柔毛。花腋生，单一或 2 ～ 3 朵着生于花序梗顶端，花序梗长短不一，被毛；苞片 2，线形或叶状；萼片 5，近等长，狭披针形，外面有毛；花冠漏斗状，长 5 ～ 10 厘米，蓝紫色或紫红色，花冠管色淡；雄蕊 5，不伸出花冠外，花丝不等长，基部稍阔，有毛；雌蕊 1，子房无毛，3 室，柱头头状。蒴果近球形，直径 0.8 ～ 1.3 厘米，3 瓣裂。种子 5 ～ 6 颗，卵状三棱形、黑褐色或米黄色。花期 7—9 月，果期 8—10 月。

图 292-01　牵牛 *Pharbitis nil*（1）　　　　图 292-02　牵牛 *Pharbitis nil*（2）

【产地、生长环境与分布】仙桃市各地均有产。生于山野灌丛中、村边、路旁。分布于除西北和东北地区外大部分地区。

【药用部位】种子。

【采集加工】10—12 月采集果实，晒干备用。

【性味】味苦，性寒；有毒。

【功能主治】泻水通便、消痰涤饮、杀虫攻积；用于水肿胀痛、二便不通、痰饮积聚、气逆喘咳、虫积腹痛、蛔虫病、绦虫病。

【用法用量】3 ～ 6 克，水煎服。研末吞服，每次 0.5 ～ 1 克，每日 2 ～ 3 次。

图 292-03　牵牛子（药材）

茑萝属 *Quamoclit* Mill.

茑萝松 金丝线 锦屏封 茑萝 五角星花 （图 293）
Quamoclit pennata Voigt

图 293 茑萝松 *Quamoclit pennata*

【形态特征】一年生柔弱缠绕草本，无毛。叶卵形或长圆形，长 2～10 厘米，宽 1～6 厘米，单叶互生，叶的裂片细长如丝，羽状深裂至中脉，具 10～18 对线形至丝状的平展的细裂片，裂片先端锐尖；叶柄长 8～40 毫米，基部常具假托叶。花序腋生，由少数花组成聚伞花序；总花梗大多超过叶，长 1.5～10 厘米，花直立，花柄较花萼长，长 9～20 毫米，在果时增厚成棒状；萼片绿色，稍不等长，椭圆形至长圆状匙形，外面 1 个稍短，长约 5 毫米，先端钝而具小突尖；花冠高脚碟状，长 2.5 厘米以上，深红色，无毛，管柔弱，上部稍膨大，冠檐开展，直径 1.7～2 厘米，5 浅裂；雄蕊及花柱伸出；花丝基部具毛；子房无毛。上着数朵五角星状小花，颜色深红鲜艳，除红色外，还有白色的。蒴果卵形，长 7～8 毫米，4 室，4 瓣裂，隔膜宿存，透明。种子 4，卵状长圆形，长 5～6 毫米，黑褐色。花期从 7 月上旬至 9 月下旬，每天开放一批，晨开午后即蔫。茑萝的细长光滑的蔓生茎，长可达 5 米，柔软，极富攀援性，是理想的绿篱植物。

【产地、生长环境与分布】 仙桃市彭场镇有栽培。喜光，喜温暖湿润环境，我国广泛栽培。

【药用部位】 全草，根。

【采集加工】 6—9 月采收，晒干；鲜用或随采随用。

【性味】 味苦，性凉。

【功能主治】清热凉血、除湿解毒；用于肺热咯血、肺结核咯血、尿血、小儿惊风、破伤风、肾炎水肿、风湿痹痛、跌打损伤。

【用法用量】 内服：煎汤，6～9 克。外用：鲜品捣敷；或煎水洗。

菟丝子属 *Cuscuta* L.

菟丝子 吐丝子 菟丝实 豆寄生 黄藤子 萝丝子 （图 294）
Cuscuta chinensis Lam.

【形态特征】一年生寄生草本。茎纤细呈丝线状，橙黄色，多分枝，缠绕于其他植物体上，随处生吸器，侵入寄主体内。叶退化为三角状小鳞片。花白色，簇生；苞片卵圆形；花萼杯状，先端 5 裂，裂片卵形或椭圆形；花冠钟形，5 浅裂，裂片三角形；雄蕊 5 枚，花丝短，与花冠裂片互生。雌蕊 1 枚，子房上位，

2室，每室有胚珠2枚，花柱2，柱头头状。蒴果扁球形，长约3毫米，褐色。花期7—9月，果期8—10月。

【产地、生长环境与分布】仙桃市各地均有产，郑场镇徐鸳渡口分布较多。多生于路旁、田边、荒地及灌丛中，多寄生于豆科、菊科、藜科植物上，尤以大豆上为常见。全国大部分地区有分布。

【药用部位】种子。

【采集加工】秋季果实成熟时采收植物，晒干，打下种子，除去杂质。

图294　菟丝子　*Cuscuta chinensis*

【性味】味辛、甘，性平。

【功能主治】补肾益精、养肝明目。

【用法用量】内服，6～12克。外用适量，调敷。

【验方参考】①治小便淋涩：车前子（焙）、菟丝子各等份。上为末，炼蜜为丸，食后服之。（《医方类聚》引《千金月令》驻景丸）②治脾肾两虚，大便溏泄：菟丝子、石莲子各9克，茯苓12克，山药15克，煎服。（《安徽中草药》）③治关节炎：菟丝子6克，鸡蛋壳9克，牛骨粉15克。研面，每服6克，每日3次。（《辽宁常用中草药手册》）④治面上粉刺：捣菟丝子，绞取汁涂之。（《肘后备急方》）⑤治白癜风：菟丝子9克，浸入95%酒精60克内，2～3天后取汁，外涂，每日2～3次。（《青岛中草药手册》）

番薯属 *Ipomoea* L.

蕹菜　空心菜　蕹　藤藤菜　通菜　藤藤花　蓊菜　藤菜　通心菜　（图295）
Ipomoea aquatica Forsskal

【形态特征】一年生草本，蔓生或漂浮于水。茎圆柱形，有节，节间中空，节上生根，无毛。叶片形状、大小有变化，卵形、长卵形、长卵状披针形或披针形，长3.5～17厘米，宽0.9～8.5厘米，顶端锐尖或渐尖，具小短尖头，基部心形、戟形或箭形，偶尔截形，全缘或波状，或有时基部有少数粗齿，两面近无毛或偶有稀疏柔毛；叶柄长3～14厘米，无毛。聚伞花序腋生，花序梗长1.5～9厘米，基部被柔毛，向上无毛，具1～3(5)朵花；苞片小鳞片状，长1.5～2毫米；花梗长1.5～5厘米，无毛；萼片近等长，卵形，长7～8毫米，顶端钝，具小短尖头，

图295　蕹菜　*Ipomoea aquatica*

外面无毛；花冠白色、淡红色或紫红色，漏斗状，长3.5～5厘米；雄蕊不等长，花丝基部被毛；子房圆锥状，无毛。蒴果卵球形至球形，直径约1厘米，无毛。种子密被短柔毛或有时无毛。

【产地、生长环境与分布】 仙桃市各地均有产，栽培为主。现已作为一种蔬菜广泛栽培，生于气候温暖湿润、土壤肥沃多湿的地方，不耐寒，遇霜冻茎、叶枯死。我国中部及南部各地常见栽培，分布遍及热带亚洲、非洲和大洋洲。

【药用部位】 嫩茎，叶，根。

【采集加工】 夏季采嫩茎、叶，秋季采根，洗净，鲜用或晒干。

【性味】 茎叶：味甘，性寒。根：味淡，性平。

【功能主治】 茎叶：凉血止血、清热利湿；用于鼻衄、便秘、淋浊、便血、尿血、痔疮、痈肿、蛇虫咬伤。根：健脾利湿；用于妇女带下、虚淋。

【用法用量】 内服：煎汤，60～120克；或捣汁。外用：煎水洗或捣敷。

【验方参考】 ①治鼻血不止：蕹菜数根，和糖捣烂，冲入沸水服。（《岭南采药录》）②治淋浊、便血、尿血：鲜蕹菜洗净，捣烂取汁，和蜂蜜酌量服之。（《闽南民间草药》）③治翻肛痔：空心菜二斤，水二斤，煮烂去渣滤过，加白糖四两，同煎如饴糖状。每日服三两，一日服二次，早晚服，未愈再服。（《贵州省中医验方秘方》）④治出斑：蕹菜、野芋、雄黄、朱砂同捣烂，敷胸前。（《岭南采药录》）⑤治囊痈：蕹菜捣烂，与蜜糖和匀敷患处。（《岭南采药录》）⑥治皮肤湿痒：鲜蕹菜，水煎数沸，候微温洗患处，日洗一次。（《闽南民间草药》）⑦治蛇咬伤：蕹菜洗净捣烂，取汁约半碗和酒服之，渣涂患处。（《闽南民间草药》）⑧治蜈蚣咬伤：鲜蕹菜，食盐少许，共搓烂，擦患处。（《闽南民间草药》）

打碗花属 *Calystegia* R. Br.

打碗花 老母猪草 旋花苦蔓 扶子苗 狗儿秧 小旋花 篱打碗花 （图296）
Calystegia hederacea Wall.

【形态特征】 一年生草本，全体不被毛，植株通常矮小，高8～30（40）厘米，常自基部分枝，具细长白色的根。茎细，平卧，有细棱。基部叶片长圆形，长2～3（5.5）厘米，宽1～2.5厘米，顶端圆，基部戟形，上部叶片3裂，中裂片长圆形或长圆状披针形，侧裂片近三角形，全缘或2～3裂，叶片基部心形或戟形；叶柄长1～5厘米。花腋生，1朵，花梗长于叶柄，有细棱；苞片宽卵形，长0.8～1.6厘米，顶端钝或锐尖至渐尖；萼片长圆形，长0.6～1厘米，顶端钝，具小短尖头，

图296 打碗花 *Calystegia hederacea*

内萼片稍短；花冠淡紫色或淡红色，钟状，长2～4厘米，冠檐近截形或微裂；雄蕊近等长，花丝基部

扩大，贴生花冠管基部，被小鳞毛；子房无毛，柱头2裂，裂片长圆形，扁平。蒴果卵球形，长约1厘米，宿存萼片与之近等长或稍短。种子黑褐色，长4～5毫米，表面有小疣。

【产地、生长环境与分布】仙桃市各乡镇均有产。为农田、荒地、路旁常见的杂草。全国各地均有分布，从平原至高海拔地区都有生长，分布于东非的埃塞俄比亚、亚洲南部、东部以至马来亚。

【药用部位】根，花。

【采集加工】秋季挖根状茎，洗净晒干或鲜用。

【性味】味甘、淡，性平。

【功能主治】根状茎：健脾益气、利尿、调经、止带；用于脾虚消化不良、月经不调、乳汁稀少。花：止痛，外用治牙痛。

【用法用量】根状茎1～2两，花外用适量。

鱼黄草属 *Merremia* Dennst. ex Endl.

篱栏网　鱼黄草　金花茉栾藤　小花山猪菜　茉栾藤　篱网藤　犁头网　（图297）
Merremia hederacea (Burm. F.) Hall. F.

【形态特征】缠绕或匍匐草本，匍匐时下部茎上生须根。茎细长，有细棱，无毛或疏生长硬毛，有时仅于节上有毛，有时散生小疣状突起。叶心状卵形，长1.5～7.5厘米，宽1～5厘米，顶端钝，渐尖或长渐尖，具小短尖头，基部心形或深凹，全缘或通常具不规则的粗齿或锐裂齿，有时为深或浅3裂，两面近于无毛或疏生微柔毛；叶柄细长，长1～5厘米，无毛或被短柔毛，具小疣状突起。聚伞花序腋生，有3～5朵花，有时更多或偶为单生，花序梗比叶柄粗，长0.8～5厘米，

图297　篱栏网 *Merremia hederacea*

第一次分枝为二歧聚伞式，以后为单歧式；花梗长2～5毫米，连同花序梗均具小疣状突起；小苞片早落；萼片宽倒卵状匙形，或近于长方形，外方2片长3.5毫米，内方3片长5毫米，无毛，顶端截形，明显具外倾的突尖；花冠黄色，钟状，长0.8厘米，外面无毛，内面近基部具长柔毛；雄蕊与花冠近等长，花丝下部扩大，疏生长柔毛；子房球形，花柱与花冠近等长，柱头球形。蒴果扁球形或宽圆锥形，4瓣裂，果瓣有皱纹，内含种子4粒，三棱状球形，长3.5毫米，表面被锈色短柔毛，种脐处毛簇生。

【产地、生长环境与分布】仙桃市各地均有产。生于灌丛或路旁草丛。分布于台湾、广东、海南、广西、江西、云南等地。

【药用部位】全草，种子。

【采集加工】全草：全年或夏、秋季采收，洗净，切碎，鲜用或晒干。种子：秋、冬季成熟时采收，除去果壳，晒干。

【性味】味甘、淡，性凉。

【功能主治】清热解毒、利咽喉；用于感冒、急性扁桃体炎、咽喉炎、急性结膜炎。

【用法用量】内服：煎汤，3～10克。外用：种子适量，研末吹喉；或全株捣敷。

【验方参考】①治感冒或中暑：篱栏子、猪肝菜、蚶壳草各30克，水煎服。（《岭南采药录》）②治妇女带下：篱栏子250克，牛肉100克，加油、盐、酒适量调味。作菜煎汤吃，连吃数天。（《岭南采药录》）

96. 紫草科 Boraginaceae

斑种草属 *Bothriospermum* Bge.

斑种草 细茎斑种草 （图298）

Bothriospermum chinense Bge.

【形态特征】一年生草本，稀为二年生，高20～30厘米，密生开展或向上的硬毛。根为直根，细长，不分枝。茎数条丛生，直立或斜升，由中部以上分枝或不分枝。基生叶及茎下部叶具长柄，匙形或倒披针形，通常长3～6厘米，稀达12厘米，宽1～1.5厘米，先端圆钝，基部渐狭为叶柄，边缘皱波状或近全缘，上下两面均被基部具基盘的长硬毛及伏毛，茎中部及上部叶无柄，长圆形或狭长圆形，长1.5～2.5厘米，宽0.5～1厘米，先端尖，基部楔形或宽楔形，上面被向上贴伏的硬

图298 斑种草 *Bothriospermum chinense*

毛，下面被硬毛及伏毛。花序长5～15厘米，具苞片；苞片卵形或狭卵形；花梗短，花期长2～3毫米，果期伸长；花萼长2.5～4毫米，外面密生向上开展的硬毛及短伏毛，裂片披针形，裂至近基部；花冠淡蓝色，长3.5～4毫米，檐部直径4～5毫米，裂片圆形，长、宽约1毫米，喉部有5个先端深2裂的梯形附属物；花药卵圆形或长圆形，长约0.7毫米，花丝极短，着生花冠筒基部以上1毫米处；花柱短，长约为花萼的1/2。小坚果肾形，长约2.5毫米，有网状皱褶及稠密的粒状突起，腹面有椭圆形的横凹陷。4—6月开花。

【产地、生长环境与分布】仙桃市各地均有产。生于荒野路边、山坡草丛及竹林下。分布于甘肃、陕西、河南、山东、山西、河北及辽宁。

【药用部位】全草。

【性味】味微苦，性凉。

【功能主治】解毒消肿、利湿止痒；用于痔疮、肛门肿痛、湿疹。

【用法用量】内服：煎汤，9～15克。

附地菜属 *Trigonotis* Stev.

附地菜 伏地草 伏地菜 鸡肠草 山苦菜 地瓜香 地胡椒 （图 299 ）
Trigonotis peduncularis (Trev.) Benth. ex Baker et Moore

【形态特征】 一年生或二年生草本。茎通常多条丛生，稀单一，密集，铺散，高 5～30 厘米，基部多分枝，被短糙伏毛。基生叶呈莲座状，有叶柄，叶片匙形，长 2～5 厘米，先端圆钝，基部楔形或渐狭，两面被糙伏毛，茎上部叶长圆形或椭圆形，无叶柄或具短柄。花序生于茎顶，幼时卷曲，后渐次伸长，长 5～20 厘米，通常占全茎的 1/2～4/5，只在基部具 2～3 个叶状苞片，其余部分无苞片；花梗短，花后伸长，长 3～5 毫米，顶端与花萼连接部分变粗呈棒状；花萼裂片卵形，长 1～3 毫米，先端急尖；花冠淡蓝色或粉色，筒部甚短，檐部直径 1.5～2.5 毫米，裂片平展，倒卵形，先端圆钝，喉部附属物 5，白色或带黄色；花药卵形，长 0.3 毫米，先端具短尖。小坚果 4，斜三棱锥状四面体形，长 0.8～1 毫米，有短毛或平滑无毛，背面三角状卵形，具 3 锐棱，腹面的 2 个侧面近等大而基底面略小，凸起，具短柄，柄长约 1 毫米，向一侧弯曲。早春开花，花期甚长。

图 299 附地菜 *Trigonotis peduncularis*

【产地、生长环境与分布】 仙桃市彭场镇和杨林尾镇有产。主要生于田野、路边、荒草地和灌木林间。分布于西藏、内蒙古、新疆、江西、福建、云南、甘肃、广西等地。

【药用部位】 全草。

【采集加工】 初夏采收，鲜用或晒干。

【成分】 附地菜的花含有飞燕草素 -3，5- 二葡萄糖苷。地上部分含有挥发油 0.013%～0.023%，其中含有 74 种成分，包括 21 种脂肪酸，20 种醇，14 种碳氢化合物，12 种羰基化合物等。内有牻牛儿醇、α - 松油醇萜类化合物等。

【性味】 味甘、辛，性温。

【功能主治】 温中健胃、消肿止痛、止血；用于胃痛、吐酸、吐血；外用治跌打损伤、骨折。

【用法用量】 1～2 钱，研粉冲服 3～5 分。外用适量，捣烂涂患处。

【验方参考】 ①治小便不利：附地菜一斤，于豆豉汁中煮，调和什羹食之，作粥亦得。（《食医心鉴》）②治气淋、小腹胀、满闷：石韦（去毛）一两，附地菜一两。上件药，捣碎，煎取一盏半，去滓，食前分为三服。（《太平圣惠方》）③治热肿：附地菜敷之。（《补辑肘后方》）④治漆疮瘙痒：附地菜捣涂之。（《肘后备急方》）⑤治手脚麻木：附地菜二两，泡酒服。（《贵州草药》）⑥治胸肋骨痛：附地菜一两，水煎服。（《贵州草药》）⑦治反花恶疮：附地菜研汁敷之。或为末，猪脂调搽。（《医林正宗》）⑧治风热牙痛、浮肿发歇、元脏气虚、小儿疳蚀：附地菜、旱莲草、细辛各等份。为末，每日擦三次。（《普济方》）

97. 马鞭草科 Verbenaceae

美女樱属 *Glandularia* J. F. Gmel.

细叶美女樱　羽叶马鞭草　（图 300）
Glandularia tenera (Spreng.) Cabrera

【形态特征】茎基部稍木质化，匍匐生长，节部生根。株高 20～30 厘米，枝条细长，具 4 棱，微生毛。叶对生，二回羽状深裂。穗状花序顶生，多数小花密集排列其上，花冠筒状，花色丰富，有白、粉红、玫瑰红、大红、紫、蓝等色，花期 4—10 月。果实为蒴果，黑色，于 8 月底成熟。

【产地、生长环境与分布】仙桃市各地散见，沔城镇分布较多。露地栽培，适宜在湿润、疏松的土壤中生长。我国华东及华南地区有引种栽植。

【药用部位】全草。

【采集加工】夏、秋季采收，晒干备用。

【性味】味苦，性寒、凉。

【功能主治】清热凉血；用于血热引起的各种疾病。

图 300　细叶美女樱 *Glandularia tenera*

大青属 *Clerodendrum* L.

臭牡丹　大红袍　臭梧桐　矮桐子　（图 301）
Clerodendrum bungei Steud.

【形态特征】灌木，高 1～2 米，植株有臭味；花序轴、叶柄密被褐色、黄褐色或紫色脱落性的柔毛；小枝近圆形，皮孔显著。叶片纸质，宽卵形或卵形，长 8～20 厘米，宽 5～15 厘米，顶端尖或渐尖，基部宽楔形、截形或心形，边缘具粗或细锯齿，侧脉 4～6 对，表面散生短柔毛，背面疏生短柔毛和散生腺点或无毛，基部脉腋有数个盘状腺体；叶柄长 4～17 厘米。伞房状聚伞花序顶生，密集；苞片叶状，披针形或卵状披针形，长约 3 厘米，早落或花时不落，早落后在花序梗上残留突起的痕迹，小苞片披针形，长约 1.8 厘米；花萼钟状，长 2～6 毫米，被短柔毛及少数盘状腺体，萼齿三角形或狭三角形，长 1～3

毫米；花冠淡红色、红色或紫红色，花冠管长2～3厘米，裂片倒卵形，长5～8毫米；雄蕊及花柱均突出花冠外；花柱短于、等于或稍长于雄蕊；柱头2裂，子房4室。核果近球形，直径0.6～1.2厘米，成熟时蓝黑色。花果期5—11月。

图 301　臭牡丹 *Clerodendrum bungei*

【产地、生长环境与分布】仙桃市各地均有产。生于沟谷、路旁、灌丛湿润处。分布于华北、西北、西南地区以及江苏、安徽、浙江、江西、湖南、湖北、广西。

【药用部位】茎，叶。

【采集加工】夏季采收，晒干。

【性味】味辛，性温；有小毒。

【功能主治】活血散瘀、消肿解毒；用于痈疽、疔疮、乳腺炎、关节炎、湿疹、牙痛、痔疮、脱肛。

【用法用量】内服：煎汤，3～5钱（鲜品1～2两）；捣汁或入丸、散。外用：捣敷，研磨调敷或煎水熏洗。

【验方参考】①治疔疮：苍耳、臭牡丹各一大握，捣烂，新汲水调服。泻下黑水愈。（《赤水玄珠》）②治一切痈疽：臭牡丹枝叶捣烂罨之。（《本草纲目拾遗》）③治痈肿发背：臭牡丹叶晒干，研极细末，蜂蜜调敷。未成脓者能内消，若溃后局部红热不退，疮口作痛者，用蜂蜜或麻油调敷，至红退痛止为度（阴疽忌用）。（《江西民间草药》）④治乳腺炎：鲜臭牡丹叶半斤，蒲公英三钱，麦冬全草四两，水煎冲黄酒、红糖服。（《浙江民间常用草药》）⑤治肺脓疡，多发性疖肿：臭牡丹全草三两，鱼腥草一两，水煎服。（《浙江民间常用草药》）⑥治关节炎：臭牡丹鲜叶绞汁，冲黄酒服，每天两次，每次一杯，连服二十天，如有好转，再续服至痊愈。（《浙江民间常用草药》）⑦治头痛：臭牡丹叶三钱，川芎二钱，头花千金藤根一钱，水煎服。（《浙江民间常用草药》）⑧治疟疾：臭牡丹枝头嫩叶（晒干，研末）一两，生甘草末一钱。二味混合，饭和为丸如黄豆大。每服七丸，早晨用生姜汤送下。（《江西民间草药》）⑨治火牙痛：鲜臭牡丹叶一至二两，煮豆腐服。（《草药手册》）⑩治内外痔：臭牡丹叶四两，煎水，加食盐少许，放桶内，趁热熏患处，至水凉为度，渣再煎再熏，一日二次。（《江西民间草药》）⑪治脱肛：臭牡丹叶适量，煎汤熏洗。（《陕西中草药》）

马缨丹属 *Lantana* L.

马缨丹　五色梅　臭草　（图302）
Lantana camara L.

【形态特征】直立或蔓性的灌木，高1～2米，有时藤状，长达4米；茎枝均呈四方形，有短柔毛，通常有短而倒钩状刺。单叶对生，揉烂后有强烈的气味，叶片卵形至卵状长圆形，长3～8.5厘米，宽1.5～5厘米，顶端急尖或渐尖，基部心形或楔形，边缘有钝齿，表面有粗糙的皱纹和短柔毛，背面有小刚毛，侧脉约5对；叶柄长约1厘米。花序直径1.5～2.5厘米；花序梗粗壮，长于叶柄；苞片披针形，长为花萼的 1 ～ 3 倍，外部有粗毛；花萼管状，膜质，长约 1.5 毫米，顶端有极短的齿；花冠黄色或橙黄色，开花后不久转为深红色，花冠管长约 1 厘米，两面有细短毛，直径 4 ～ 6 毫米；子房无毛。果圆球形，直径约 4 毫米，成熟时紫黑色。全年开花。

图 302　马缨丹 *Lantana camara*

【产地、生长环境与分布】仙桃市彭场镇有产。生于空旷草地上。分布于台湾、福建、浙江、云南、四川、广东和广西等地。

【药用部位】根，叶，花。

【采集加工】全年均可采，鲜用或晒干。

【性味、归经】味苦、微甘，性凉。归肺、肝、肾经。

【功能主治】清热解毒、散热止痛、祛风止痒；用于感冒高热、久热不退、痢疾、肺结核、哮喘性支气管炎、高血压等。茎叶，煎汤洗，用于湿疹、疥癞、毒疮、皮炎；捣烂敷患处可用于跌打损伤。

【用法用量】内服：煎汤，9 ～ 15 克；研末，3 ～ 5 克。外用：适量，捣烂敷。

【验方参考】①治腹痛吐泻：鲜马缨丹花 10 ～ 15 朵，水炖，调食盐少许服；或干花研末 6 ～ 15 克，开水送服。（《福建中草药》）②治湿疹：马缨丹干花研末 3 克，开水送服；外用鲜茎、叶煎汤浴洗。（《福建中草药》）③治跌打损伤：马缨丹鲜花或鲜叶捣烂，搓擦患处，或外敷。（《福建中草药》）④治小儿嗜睡：马缨丹花 9 克，葵花 6 克，水煎服。（《草药手册》）

马鞭草属 *Verbena* L.

1. 叶对生，线形或披针形，先端尖，基部无柄，绿色 ··柳叶马鞭草 *V. bonariensis*

1. 单叶对生，叶片卵圆形、倒卵形或长圆状披针形，基生叶常具粗锯齿及缺刻，茎生叶多 3 深裂，裂片具不整齐锯齿，两面被硬毛 ··马鞭草 *V. officinalis*

柳叶马鞭草　铁马鞭　龙芽草　风颈草　野荆草　蜻蜓草　退血草　燕尾草（图 303）

Verbena bonariensis L.

【形态特征】株高（连同花茎）为 100 ～ 150 厘米，多分枝，花为聚伞穗状花序，小筒状花着生于花茎顶部，顶生或腋生；花小，花朵由 5 瓣花瓣组成，每瓣花瓣只有 4 毫米或 8 毫米长，群生最顶端的花穗上，花冠呈紫红色或淡紫色，花色鲜艳。柳叶马鞭草生长初期叶为椭圆形，边缘有缺刻，像不整齐的锯齿，两面有粗毛，花茎抽高后叶转为细长形如柳叶状，边缘仍有尖缺刻，穗状花序顶生或腋生，细长如马鞭，所以被称为马鞭草。柳叶马鞭草全株都有纤细的茸毛，花葶虽高却不易倒伏。柳叶马鞭草花期 5—9 月，生长季节边发新枝边开花，花色柔和，开花植株分枝幅度可为 40 厘米以上，分层轮生可达 8 层。

【产地、生长环境与分布】仙桃市市区有栽培。多为公园栽培。全国各地均有栽培，作绿化景观植被。

【药用部位】全草。

图 303-01　柳叶马鞭草 *Verbena bonariensis*（1）　　　　图 303-02　柳叶马鞭草 *Verbena bonariensis*（2）

【采集加工】 夏、秋季采收，晒干备用。

【性味】 味苦，性微寒。

【功能主治】 清热解毒、活血散瘀、利尿消肿；根用于赤白下痢等疾病。

马鞭草　风须草　土马鞭　马鞭稍　马鞭子　铁马鞭　（图 304）

Verbena officinalis L.

【形态特征】 多年生草本，高 30～120 厘米。茎四方形，近基部可为圆形，节和棱上有硬毛。叶片卵圆形至倒卵形或长圆状披针形，长 2～8 厘米，宽 1～5 厘米，基生叶的边缘通常有粗锯齿和缺刻，茎生叶多数 3 深裂，裂片边缘有不整齐锯齿，两面均有硬毛，背面脉上尤多。穗状花序顶生和腋生，细弱，结果时长达 25 厘米；花小，无柄，最初密集，结果时疏离；苞片稍短于花萼，具硬毛；花萼长约 2 毫米，有硬毛，有 5 脉，脉间凹穴处质薄而色淡；花冠淡紫色至蓝色，长 4～8 毫米，外面有微毛，裂片 5；雄蕊 4，着生于花冠管的中部，花丝短；子房无毛。果长圆形，长约 2 毫米，外果皮薄，成熟时 4 瓣裂。花期 6—8 月，果期 7—10 月。

【产地、生长环境与分布】 仙桃市各地均有产。生于路边、山坡、溪边或林旁。分布于山西、陕西、甘肃、江苏、安徽、浙江、福建、江西、湖北、湖南、广东、广西、四川、贵州、云南、新疆、西藏。

【药用部位】 全草。

【采集加工】 夏、秋季采收，去除杂质，洗净，切段，晒干备用。

【成分】 全草含马鞭草苷、鞣质、挥发油。根和茎含有水苏糖，叶和种子含有腺苷和胡萝卜素。

【性味、归经】 味苦，性凉。归肝、脾经。

【功能主治】 清热解毒、活血散瘀、利水消肿；用于外感发热、湿热黄疸、水肿、痢疾、疟疾、白喉、喉痹、闭经、癥瘕、痈肿疮毒、牙疳。

【用法用量】 内服：煎汤，15～30 克（鲜品 30～60 克）；或入丸、散。外用：捣敷或煎水洗。

【验方参考】 ①治伤风感冒：鲜马鞭草一两五钱，羌活五钱，青蒿一两。上药煎汤二小碗，一日二次分服，连服二至三天，咽痛加鲜桔梗五钱。（《江苏验方草药选编》）②治卒大腹水病：鼠尾草、马鞭草各十斤，水一石，煮取五斗，去滓，更煎以粉和为丸服。如大豆大二丸加至四五丸，禁肥肉，生冷勿食。（《补辑肘后方》）③治鼓胀烦渴身干黑瘦：马鞭草细锉曝干，勿见火，以酒或水同煮至味出，去滓温服。（《卫生易简方》）④治痢疾：马鞭草二两，土牛膝五钱，将两药洗净水煎服，每天一剂，一般服二至五剂。（《全展选编·传染病》）⑤破腹中恶血杀虫：马鞭草生捣，水煮去滓煎如饴，空心酒服一匕。（《药性论》）⑥治妇人月水滞涩不通结成癥块腹肋胀大欲死：马鞭草根苗五斤细锉以水五斗煎至一斗，去滓，别于净器中熬成膏，每于食前以温酒调下半匙。（《太平圣惠方》）⑦治妇人疝痛：马鞭草一两，酒煎滚服以汤浴身取汗甚妙。（《奇方纂要》）⑧治酒积下血：马鞭草灰四钱，白芷灰一钱，蒸饼丸如梧子大，每米饮下五十丸。（《摘元方》）⑨治疟无问新久者：马鞭草汁五合，酒三合，分三服。（《千金方》）⑩治乳痈肿痛：马鞭草一握，酒一碗，生姜一块，擂汁服，渣敷之。（《卫生易简方》）⑪治痔疮：马鞭草煎水洗之。（《生草药性备要》）⑫治牙周炎、牙髓炎、牙槽脓肿：马鞭草一两切碎，晒干备用，水煎服，每天一剂。（《全展选编·五官科》）⑬治

图 304-01　马鞭草 *Verbena officinalis*

图 304-02　马鞭草 *Verbena officinalis*

喉痹深肿连颊吐气数者（马喉痹）：马鞭草根一握，截去两头，捣取汁服。（《千金方》）⑭治咽喉肿痛：鲜马鞭草茎叶捣汁，加人乳适量，调匀含咽。（《中草药学》）⑮治黄疸：马鞭草鲜根（或全草）二两，水煎调糖服，肝肿痛者加山楂根或山楂三钱。（《草药手册》）

牡荆属 *Vitex* L.

牡荆　黄荆柴　黄金子　（图 305）

Vitex negundo var. *cannabifolia* (Sieb. et Zucc.) Hand. -Mazz.

【形态特征】落叶灌木或小乔木；小枝四棱形，密生灰白色茸毛。掌状复叶，叶对生，小叶 5，少有 3；小叶片披针形或椭圆状披针形，顶端渐尖，基部楔形，边缘有粗锯齿，表面绿色，背面淡绿色，通常被柔毛。圆锥花序顶生，长 10～20 厘米；花序梗密生灰白色茸毛；花萼钟状，顶端有 5 裂齿，外有灰白色茸毛；花冠淡紫色，外有微柔毛，顶端 5 裂，二唇形；雄蕊伸出花冠管外；子房近无毛。果实近球形，黑色。花期 6—7 月，果期 8—11 月。

【产地、生长环境与分布】 仙桃市沔阳公园有栽培。生于向阳的路边或灌丛中。主产于华东地区。

【药用部位】 鲜叶。

【采集加工】 夏、秋季均可采收，去除杂质，晒干。

【性味、归经】 味微苦、辛，性平。归肺经。

【功能主治】 解表、祛痰、止咳、平喘。用于外感风寒、发热恶寒、头痛、肢节疼痛或咳嗽气喘等。

【用法用量】 内服：3～5克，煎汤；或捣汁饮。外用：适量，捣敷；或煎水熏洗。

图 305　牡荆 *Vitex negundo* var. *cannabifolia*

【验方参考】 ①治风寒感冒：鲜牡荆叶24克，或加紫苏鲜叶12克，水煎服。（《福建中草药》）②预防中暑：牡荆干嫩叶6～9克，水煎代茶饮。（《福建中草药》）③治小便出血：捣牡荆叶取汁，酒服二合。（《千金方》）④治急性胃肠炎：牡荆鲜茎叶30～60克，水煎服。（《福建中草药》）⑤治久痢不愈：牡荆鲜茎叶15～24克，和冰糖，冲开水炖3小时，饭前服，每日2次。（《福建民间草药》）⑥治足癣：牡荆鲜叶、马尾松鲜叶、油茶籽饼各等量，煎汤熏洗患处。（《福建中草药》）⑦治风疹：牡荆叶9～15克，水煎服；或另用叶煎汤熏洗。（《福建中草药》）

98. 唇形科 Labiatae

风轮菜属 *Clinopodium* L.

1. 轮伞花序总梗极多分枝，多花密集，常偏向于一侧 ································ 风轮菜 *C. chinense*
1. 轮伞花序无明显的总梗或具明显总梗时不具极多分枝，因而不偏向于一侧 ············ 寸金草 *C. megalanthum*

风轮菜　野薄荷　山薄荷　九层塔　苦刀草　野凉粉藤　蜂窝草　（图 306）
Clinopodium chinense (Benth.) O. Ktze.

【形态特征】 多年生草本。茎基部匍匐生根，上部上升，多分枝，高可达1米，四棱形，具细条纹，密被短柔毛及腺微柔毛。叶卵圆形，不偏斜，长2～4厘米，宽1.3～2.6厘米，先端急尖或钝，基部圆形或阔楔形，边缘具大小均匀的圆齿状锯齿，坚纸质，上面橄榄绿，密被平伏短硬毛，下面灰白色，被疏柔毛，脉上尤密，侧脉5～7对，与中肋在上面微凹陷下面隆起，网脉在下面清晰可见；叶柄长3～8毫米，腹凹背凸，密被疏柔毛。轮伞花序多花密集，半球状，位于下部者直径3厘米，最上部者直径1.5厘米，彼此远隔；苞叶叶状，向上渐小至苞片状，苞片针状，极细，无明显中肋，长3～6毫米，多数，被柔毛状缘毛及微柔毛；总梗长1～2毫米，分枝多数；花梗长约2.5毫米，与总梗及序轴被柔毛状缘毛及微柔毛。花萼狭管状，常染成紫红色，长约6毫米，13脉，外面主要沿脉上被疏柔毛及腺微柔毛，内面在齿上被疏柔毛，果时基部稍一边膨胀，上唇3齿，齿近外反，长三角形，先端具硬尖，下唇2齿，齿稍长，直伸，先端芒尖。花冠紫红色，长约 9 毫米，外面被微柔毛，内面在下唇下方喉部具 2 列毛茸，冠筒伸出，向上渐扩大，至喉部宽近 2 毫米，冠檐二唇形，上唇直伸，先端微缺，下唇 3 裂，中裂片稍大。雄蕊 4，前对稍长，均内藏或前对微露出，花药 2 室，室近水平叉开。花柱微露出，先端不相等 2 浅裂，裂片扁平。花盘平顶。子房无毛。小坚果倒卵形，长约 1.2 毫米，宽约 0.9 毫米，黄褐色。花期 5—8 月，果期 8—10 月。

图 306 风轮菜 *Clinopodium chinense*

【产地、生长环境与分布】仙桃市干河区域有产。生于山坡、草丛、路边、沟边、林下灌丛。分布于山东、浙江、江苏、安徽、江西、福建、台湾、湖南、湖北、广东、广西及云南东北部。

【药用部位】全草入药。

【采集加工】秋季采收，切段，晒干备用。

【成分】全草含三萜皂苷类及黄酮类等成分。三萜皂苷类包括风轮菜皂苷 A，黄酮类包括香蜂草苷、橙皮苷、异樱花素、芹菜素。此外，还含有熊果酸等。

【性味】味辛、苦，性凉。

【功能主治】疏风清热、解毒消肿、止血；用于感冒发热、中暑、咽喉肿痛、白喉、急性胆囊炎、肝炎、肠炎、痢疾、乳腺炎、疔疮肿毒、过敏性皮炎、急性结膜炎、尿血、崩漏、牙龈出血、外伤出血。

【用法用量】内服：煎汤，10～15 克；或捣汁。外用：适量，捣敷或煎水洗。

【验方参考】①治疔疮：蜂窝草捣敷，或研末调菜油敷。②治火眼：蜂窝草叶放手中揉去皮，放眼角，数分钟后流出泪转好。③治皮肤疮痒：蜂窝草晒干为末，调菜油外涂。④治狂犬咬伤：蜂窝草嫩头七个，捣绒，泡淘米水，加白糖服。⑤治小儿疳积：蜂窝草五钱，晒干研末，蒸猪肝吃。⑥治烂头疔：蜂窝草、菊花叶适量，捣绒敷。⑦治感冒寒热：蜂窝草五钱，阎王刺二钱，水煎服。（①～⑦出自《贵州民间药物》）

寸金草 盐烟苏 土白芷 山夏枯草 麻布草 居间寸金草 （图 307）

Clinopodium megalanthum (Diels) C. Y. Wu et Hsuan ex H. W. Li

【形态特征】多年生草本。茎多数，自根茎生出，高可达 60 厘米，基部匍匐生根，简单或分枝，四棱形，具浅槽，常染紫红色，极密被白色平展刚毛，下部较疏，节间伸长，比叶片长很多。叶三角状卵圆形，长 1.2～2 厘米，宽 1～1.7 厘米，先端钝或锐尖，基部圆形或近浅心形，边缘为圆齿状锯齿，上面橄榄绿，被白色纤毛，近边缘较密，下面色较淡，主要沿各级脉上被白色纤毛，余部有不明显小凹腺点，侧脉 4～5 对，与中脉在上面微凹陷或近平坦，下面带紫红色，明显隆起；叶柄极短，长 1～3 毫米，常带紫红色，密被白色平展刚毛。轮伞花序多花密集，半球形，花时连花冠直径达 3.5 厘米，生于茎、枝顶部，向上聚集；苞叶叶状，下部的略超出花萼，向上渐变小，呈苞片状，苞片针状，具肋，与花萼等长或略短，被白色平展缘毛及微小腺点，先端染紫红色。花萼圆筒状，开花时长约9毫米，13脉，外面主要沿脉上被白色刚毛，余部满布微小腺点，内面在喉部以上被白色疏柔毛，果时基部稍一边膨胀，上唇3齿，齿长三角形，多少外反，先端短芒尖，下唇2齿，齿与上唇近等长，三角形，先端长芒尖。花冠粉红色，较大，长1.5～2厘米，外面被微柔毛，内面在下唇下方具2列柔毛，冠筒十分伸出，基部宽1.5毫米，自伸出部分向上渐扩大，至喉部宽达5毫米，冠檐二唇形，上唇直伸，先端微缺，下唇3裂，

图307　寸金草 *Clinopodium megalanthum*

中裂片较大。雄蕊4，前对较长，均延伸至上唇下，几不超出，花药卵圆形，2室，室略叉开。花柱微超出上唇片，先端不相等2浅裂，裂片扁平。花盘平顶。子房无毛。小坚果倒卵形，长约1毫米，宽约0.9毫米，褐色，无毛。花期7～9月，果期8—11月。

【产地、生长环境与分布】仙桃市各地均有产。生于山坡、草地、路旁、灌丛中及林下。分布于云南、四川南部及西南部、湖北西南部及贵州北部。

【药用部位】全草。

【采集加工】秋季采收，洗净，切段，晒干。

【性味】味辛、微苦，性凉。

【功能主治】燥湿祛风、杀虫止痒、温肾壮阳；用于阴痒带下、湿疹瘙痒、湿痹腰痛、肾虚阳痿、宫冷不孕。

【用法用量】内服：煎汤，9～15克。外用：适量，捣敷。

野芝麻属 *Lamium* L.

1. 花冠筒直，圆筒形，内面无毛环；叶圆形或肾形，具深圆齿····················宝盖草 *L. amplexicaule*
1. 花冠筒内面近基部有毛环，自毛环以上扩展，几鼓胀；叶大，卵圆形或卵圆状披针形··············野芝麻 *L. barbatum*

宝盖草　莲台夏枯草　接骨草　珍珠莲　（图308）

Lamium amplexicaule L.

【形态特征】一年生或二年生植物。茎高10～30厘米，基部多分枝，上升，四棱形，具浅槽，常为深蓝色，几无毛，中空。茎下部叶具长柄，柄与叶片等长或超过之，上部叶无柄，叶片均呈圆形或肾形，长1～2厘米，宽0.7～1.5厘米，先端圆，基部截形或截状阔楔形，半抱茎，边缘具极深的圆齿，顶部的齿通常较其余的为大，上面暗橄榄绿，下面色稍淡，两面均疏生小糙伏毛。轮伞花序6～10花，其中常有闭花受精的花；苞片披针状钻形，长约4毫米，宽约0.3毫米，具缘毛。花萼管状钟形，长4～5毫米，宽1.7～2毫米，外面密被白色直伸的长柔毛，内面除萼上被白色直伸长柔毛外，余部无毛，萼齿5，披针状锥形，长1.5～2毫米，边缘具缘毛。花冠紫红色或粉红色，长1.7厘米，外面除上唇被较密带紫红

色的短柔毛外，余部均被微柔毛，内面无
毛环，冠筒细长，长约 1.3 厘米，直径约 1
毫米，筒口宽约 3 毫米，冠檐二唇形，上
唇直伸，长圆形，长约 4 毫米，先端微弯，
下唇稍长，3 裂，中裂片倒心形，先端深凹，
基部收缩，侧裂片浅圆裂片状。雄蕊花丝
无毛，花药被长硬毛。花柱丝状，先端不
相等 2 浅裂。花盘杯状，具圆齿。子房无毛。
小坚果倒卵圆形，具 3 棱，先端近截状，
基部收缩，长约 2 毫米，宽约 1 毫米，淡
灰黄色，表面有白色大疣状突起。花期 3—
5 月，果期 7—8 月。

图 308   宝盖草 *Lamium amplexicaule*

【产地、生长环境与分布】仙桃市各地均有产，三伏潭镇分布较多。生于路旁、林缘、沼泽草地及
宅旁等，或为田间杂草。分布于江苏、安徽、浙江、福建、湖南、湖北、河南、陕西、甘肃、青海、新疆、
四川、贵州、云南及西藏。

【药用部位】全草。

【采集加工】春、夏季采收，洗净，鲜用或晒干。

【成分】叶含环臭蚁醛类葡萄糖苷：野芝麻苷、去乙酰野芝麻苷、野芝麻新苷、去羟野芝麻新苷。
鲜叶中野芝麻新苷的含量约为 0.02%。含多种环烯醚萜苷类：7- 去乙酰野芝麻苷、野芝麻酯苷、山栀苷甲酯、
假杜鹃素、7- 乙酰基野芝麻新苷、5- 脱氧野芝麻苷、6- 脱氧野芝麻苷。

【性味】味辛、苦，性平。

【功能主治】清热利湿、活血祛风、消肿解毒；用于黄疸型肝炎、淋巴结结核、高血压、面神经麻痹、
半身不遂；外用治跌打伤痛、骨折、黄水疮。

【用法用量】内服：煎汤，10 ～ 15 克；或入丸、散。外用：适量，捣敷；或研末撒。

【验方参考】①治从高坠损、骨折筋伤：接骨草二两，紫葛根一两（锉），石斛一两（去根，锉），
巴戟一（二）两，丁香一两，续断一两，阿魏一两（面裹，煨面熟为度）。上药，捣粗罗为散。不计时候，
以温酒调下二钱。（《太平圣惠方》接骨草散）②治跌打损伤、足伤、红肿不能履地：接骨草、苎麻根、
大蓟，用鸡蛋清、蜂蜜共捣烂敷患处，一宿一换，若日久疼痛，加葱、姜再包。（《滇南本草》）③治
痰火、手足红肿疼痛：接骨草五钱，鸡脚刺根二钱，土黄连二钱，共捣烂，点烧酒包患处三次。肿消痛
止后加苍耳、白芷、川芎，去土黄连、鸡脚刺根，点水酒煎服三次。（《滇南本草》）④治女子两腿生
核、形如桃李、红肿结硬：接骨草三钱，水煎，点水酒服。又发，加威灵仙、防风、虎掌草，三服。（《滇
南本草》）⑤治淋巴结结核：a. 宝盖草嫩苗一两，鸡蛋二个，同炒食。b. 宝盖草二至三两，鸡蛋二至三个。
同煮，蛋熟后去壳，继续煮半小时，食蛋饮汤。c. 鲜宝盖草二两，捣烂取汁，药汁煮沸后服。均隔日一次，
连服三至四次。（《中草药手册》）⑥治口歪、半身不遂：接骨草、防风、钩藤、胆星，水煎，点水酒、
烧酒各半服。（《滇南本草》）

野芝麻 龙脑薄荷 山苏子 山麦胡 包团草 地蚤 吸吸草 土蚕子 （图 309）

Lamium barbatum Sieb. et Zucc.

【形态特征】 多年生植物；根茎有长地下匍匐枝。茎高达 1 米，单生、直立、四棱形，具浅槽，中空，几无毛。茎下部的叶卵圆形或心形，长 4.5 ～ 8.5 厘米，宽 3.5 ～ 5 厘米，先端尾状渐尖，基部心形，茎上部的叶卵圆状披针形，较茎下部的叶为长而狭，先端长尾状渐尖，边缘有微内弯的牙齿状锯齿，齿尖具胼胝体的小突尖，草质，两面均被短硬毛，叶柄长达 7 厘米，茎上部的渐变短。轮伞花序 4 ～ 14 花，着生于茎端；苞片狭线形或丝状，长 2 ～ 3 毫米，锐尖，具缘毛。花萼钟形，长约 1.5 厘米，宽约 4 毫米，外面疏被伏毛，膜质，萼齿披针状钻形，长 7 ～ 10 毫米，具缘毛。花冠白色或浅黄色，长约 2 厘米，冠筒基部直径 2 毫米，稍上方呈囊状膨大，筒口宽至 6 毫米，外面在上部被疏硬毛或近茸毛状毛被，余部几无毛，内面冠筒近基部有毛环，冠檐二唇形，上唇直立，倒卵圆形或长圆形，长约 1.2 厘米，先端圆形或微缺，边缘具缘毛及长柔毛，下唇长约 6 毫米，3 裂，中裂片倒肾形，先端深凹，基部急收缩，侧裂片宽，浅圆裂片状，长约 0.5 毫米，先端有针状小齿。雄蕊花丝扁平，被微柔毛，彼此粘连，花药深紫色，被柔毛。花柱丝状，先端近相等的 2 浅裂。花盘杯状。子房裂片长圆形，无毛。小坚果倒卵圆形，先端截形，基部渐狭，长约 3 毫米，直径 1.8 毫米，淡褐色。花期 4—6 月，果期 7—8 月。

【产地、生长环境与分布】 仙桃市各地均有产，剅河镇分布较多。生于路边、溪旁、田埂及荒坡上。分布于东北、华北、华东地区、陕西、甘肃、湖北、湖南、四

图 309-01 野芝麻 *Lamium barbatum*（1）

图 309-02 野芝麻 *Lamium barbatum*（2）

川以及贵州。

【药用部位】 全草，花。

【采集加工】 5—6 月采收全草，阴干或鲜用。

【成分】 叶含黏液质、鞣质、挥发油、抗坏血酸、胡萝卜素、皂苷。花含黄酮等成分，其中有异槲皮苷、山柰酚 –3– 葡萄糖苷、野芝麻苷、芸香苷，还含有胆碱、黏液质、挥发油、皂苷、抗坏血酸、组胺、焦性儿茶酚鞣质等。全株含水苏碱。

【性味】 味辛、甘，性平。

【功能主治】 凉血止血、活血止痛、利湿消肿；用于肺热咯血、血淋、月经不调、崩漏、水肿、胃痛、小儿疳积、跌打损伤、肿毒。花：用于子宫及泌尿系统疾病、带下及行经困难。全草：用于跌打损伤、小儿疳积。

【用法用量】 内服：煎汤，9 ~ 15 克；或研末。外用：适量，鲜品捣敷；或研末调敷。

【验方参考】 ①治咯血咳嗽：吸吸草 25 ~ 50 克，鹿衔草 25 克，同煎服。（《浙江民间草药》）②治宫颈炎、小便不利、月经不调：野芝麻 25 克，水煎，日服二次。（《吉林中草药》）③治小儿虚热：野芝麻 15 克，地骨皮 15 克，石斛 20 克，水煎服。（《草药手册》）④治血淋：野芝麻炒后研末，每服 15 克，热米酒冲服。（《草药手册》）⑤治闪挫扭伤：土蚕子鲜全草 200 克，鲜佩兰 200 克，鲜榄子叶 200 克，共捣烂外敷。（《常用中草药图谱及配方》）⑥治骨折：包团草、铁线草、接骨丹、接筋藤各等量，捣烂炒热包伤处。（《贵州草药》）

活血丹属 *Glechoma* L.

活血丹 地钱儿 钹儿草 连钱草 铜钱草 透骨消 （图 310）
Glechoma longituba (Nakai) Kupr.

【形态特征】 多年生草本，具匍匐茎，上升，逐节生根。茎高 10 ~ 20（30）厘米，四棱形，基部通常呈淡紫红色，几无毛，幼嫩部分被疏长柔毛。叶草质，下部者较小，叶片心形或近肾形，叶柄长为叶片的 1 ~ 2 倍；上部者较大，叶片心形，长 1.8 ~ 2.6 厘米，宽 2 ~ 3 厘米，先端急尖或钝三角形，基部心形，边缘具圆齿或粗锯齿状圆齿，上面被疏粗伏毛或微柔毛，叶脉不明显，下面常带紫色，被疏柔毛或长硬毛，常仅限于脉上，脉隆起，叶柄长为叶片的 1.5 倍，被长柔毛。轮伞花序通常 2 花，稀具 4 ~ 6

图 310-01 活血丹 *Glechoma longituba*

花；苞片及小苞片线形，长达 4 毫米，被缘毛。花萼管状，长 9 ~ 11 毫米，外面被长柔毛，尤沿肋上为多，内面多少被微柔毛，齿 5，上唇 3 齿，较长，下唇 2 齿，略短，齿卵状三角形，长为萼长 1/2，先端芒状，边缘具缘毛。花冠淡蓝色、蓝色至紫色，下唇具深色斑点，冠筒直立，上部渐膨大成钟形，有长筒与短筒两型，长筒者长1.7～2.2厘米，短筒者通常藏于花萼内，长1～1.4厘米，外面多少被长柔毛及微柔毛，内面仅下唇喉部被疏柔毛或几无毛，冠檐二唇形。上唇直立，2裂，裂片近肾形，下唇伸长，斜展，3裂，中裂片最大，肾形，较上唇片大1～2倍，先端凹入，两侧裂片长圆形，宽为中裂片之半。雄蕊4，内藏，无毛，后对着生于上唇下，较长，前对着生于两侧裂片下方花冠筒中

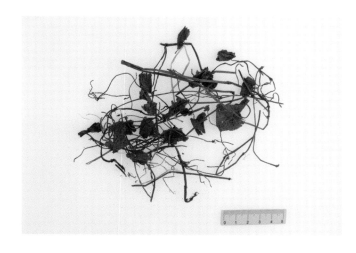

图310-02　活血丹（药材）

部，较短；花药2室，略叉开。子房4裂，无毛。花盘杯状，微斜，前方呈指状膨大。花柱细长，无毛，略伸出，先端近相等2裂。成熟小坚果深褐色，长圆状卵形，长约1.5毫米，宽约1毫米，顶端圆，基部略呈三棱形，无毛，果脐不明显。花期4—5月，果期5—6月。

【产地、生长环境与分布】仙桃市各地均有产。生于林缘、疏林下、草地中、溪边等阴湿处。分布于除青海、甘肃、新疆及西藏外的全国各地。

【药用部位】全草或茎叶入药。

【采集加工】4—5月采收全草，晒干或鲜用。

【成分】茎叶含挥发油，主要成分为左旋松樟酮、左旋薄荷酮、胡薄荷酮、α-蒎烯、β-蒎烯、柠檬烯、1，8-桉叶素、对-聚伞花素、异薄荷酮、异松樟酮、芳樟醇、薄荷醇及α-松油醇等。成分因产地、采用及其他因素而有所差异，还含欧亚活血丹呋喃、欧亚活血丹内酯。此外尚含熊果酸、β-谷甾醇、棕榈酸、琥珀酸、咖啡酸、阿魏酸、胆碱、维生素C及水苏糖等。

【性味】味苦、辛，性凉。

【功能主治】利湿通淋、清热解毒、散瘀消肿；用于热淋石淋、湿热黄疸、疮痈肿痛、跌打损伤。

【用法用量】内服：煎汤，15～30克；或浸酒，或捣汁。外用：适量，捣敷或绞汁涂敷。

【验方参考】①利小便，治膀胱结石：a. 连钱草、龙须草、车前草各15克，水煎服。（《浙江民间草药》）b. 连钱草100克，藕节100克，水煎服。（《吉林中草药》）②治肾及输尿管结石：连钱草120克，煎水冲蜂蜜，日服2次。（《吉林中草药》）③治肾炎水肿：连钱草、萹蓄各30克，荠菜花15克，煎服。（《上海常用中草药》）④治湿热黄疸：连钱草60克，婆婆针75克，水煎服。（《浙江药用植物志》）⑤治胆囊炎、胆石症：连钱草、蒲公英各30克，香附子15克，煎服，每日1剂。（《浙江药用植物志》）⑥治跌打损伤：连钱草（鲜）30克，杜衡根（鲜）3克，捣汁，水酒冲服；药渣捣烂敷患处。（《江西草药》）⑦治痈肿：鲜连钱草、鲜马齿苋等量，煎水熏洗。（《上海常用中草药》）⑧治疮疖、丹毒：鲜连钱草、鲜车前草各等份，捣烂绞汁，加等量白酒，擦患处。（《吉林中草药》）

薄荷属 *Mentha* L.

薄荷　香薷草　鱼香草　土薄荷　水薄荷　水益母　见肿消　（图311）
Mentha canadensis L.

【形态特征】多年生草本。茎直立，高30～60厘米，下部数节具纤细的须根及水平匍匐根状茎，锐四棱形，具四槽，上部被倒向微柔毛，下部仅沿棱上被微柔毛，多分枝。叶片长圆状披针形、披针形、椭圆形或卵状披针形，稀长圆形，长3～5（7）厘米，宽0.8～3厘米，先端锐尖，基部楔形至近圆形，边缘在基部以上疏生粗大的牙齿状锯齿，侧脉5～6对，与中肋在上面微凹陷下面显著，上面绿色；沿脉上密生余部疏生微柔毛，或除脉外余部近于无毛，上面淡绿色，通常沿脉上密生微柔毛；叶柄长2～10毫米，腹凹背凸，被微柔毛。轮伞花序腋生，轮廓球形，花时直径约18毫米，具梗或无梗，具梗时梗可长达3毫米，被微柔毛；花梗纤细，长2.5毫米，被微柔毛或近于无毛。花萼管状钟形，长约2.5毫米，外被微柔毛及腺点，内面无毛，10脉，不明显，萼齿5，狭三角状钻形，先端长锐尖，长1毫米。花冠淡紫色，长4毫米，外面略被微柔毛，内面在喉部以下被微柔毛，冠檐4裂，上裂片先端2裂，较大，其余3裂片近等大，长圆形，先端钝。雄蕊4，前对较长，长约5毫米，

图311-01　薄荷 *Mentha canadensis*

图311-02　薄荷（药材）

均伸出于花冠之外，花丝丝状，无毛，花药卵圆形，2室，室平行。花柱略超出雄蕊，先端近相等2浅裂，裂片钻形。花盘平顶。小坚果卵珠形，黄褐色，具小腺窝。花期7—9月，果期10月。

【产地、生长环境与分布】仙桃市各地均有产。生于水旁潮湿地。分布于我国南北各地。

【药用部位】全草，叶。

【性味】味辛，性凉。

【功能主治】疏散风热、清利头目、利咽透疹、疏肝行气；用于外感风热、头痛、咽喉肿痛、食滞气胀、口疮、牙痛、疥疮、瘾疹、温病初起、风疹瘙痒、肝郁气滞、胸闷胁痛。

【用法用量】煎服，3～6克，宜后下（花、叶类以及一些气味芳香、含挥发性成分多的药材，如薄荷等，

久煮会致香气挥发，药性损失，故宜在其他药物快要煎好时才下，即后下）。

鼠尾草属 *Salvia* L.

1. 一年生或二年生直立草本，多分枝；叶全部为单叶；花冠小，长 0.4 ～ 0.6 厘米 ························· 荔枝草 *S. plebeia*

1. 多年生草本；叶为单叶或奇数羽状复叶；花较大 ··· 丹参 *S. miltiorrhiza*

荔枝草　雪见草　癞子草　皱皮草　雪里青　过冬青　（图 312）

Salvia plebeia R. Br.

【形态特征】 一年生或二年生草本；主根肥厚，向下直伸，有多数须根。茎直立，高 15 ～ 90 厘米，粗壮，多分枝，被向下的灰白色疏柔毛。叶椭圆状卵圆形或椭圆状披针形，长 2 ～ 6 厘米，宽 0.8 ～ 2.5 厘米，先端钝或急尖，基部圆形或楔形，边缘具圆齿、牙齿状齿或尖锯齿，草质，上面被稀疏的微硬毛，下面被短疏柔毛，余部散布黄褐色腺点；叶柄长 4 ～ 15 毫米，腹凹背凸，密被疏柔毛。轮伞花序 6 花，多数，在茎、枝顶端密集组成总状或总状圆锥花序，花序长 10 ～ 25 厘米，结果时延长；

图 312　荔枝草 *Salvia plebeia*

苞片披针形，长于或短于花萼；先端渐尖，基部渐狭，全缘，两面被疏柔毛，下面较密，边缘具缘毛；花梗长约 1 毫米，与花序轴密被疏柔毛。花萼钟形，长约 2.7 毫米，外面被疏柔毛，散布黄褐色腺点，内面喉部有微柔毛，二唇形，唇裂约至花萼长 1/3，上唇全缘，先端具 3 个小尖头，下唇深裂成 2 齿，齿三角形，锐尖。花冠淡红色、淡紫色、紫色、蓝紫色至蓝色，稀白色，长 4.5 毫米，冠筒外面无毛，内面中部有毛环，冠檐二唇形，上唇长圆形，长约 1.8 毫米，宽 1 毫米，先端微凹，外面密被微柔毛，两侧折合，下唇长约 1.7 毫米，宽 3 毫米，外面被微柔毛，3 裂，中裂片最大，阔倒心形，顶端微凹或呈浅波状，侧裂片近半圆形。能育雄蕊 2，着生于下唇基部，略伸出花冠外，花丝长 1.5 毫米，药隔长约 1.5 毫米，弯成弧形，上臂和下臂等长，上臂具药室，两下臂不育，膨大，互相连合。花柱和花冠等长，先端不相等 2 裂，前裂片较长。花盘前方微隆起。小坚果倒卵圆形，直径 0.4 毫米，成熟时干燥，光滑。花期 4—5 月，果期 6—7 月。

【产地、生长环境与分布】 仙桃市各地均有产。生于路旁、沟边、田野潮湿的土壤上。分布于除新疆、甘肃、青海及西藏外的全国各地。

【药用部位】 全草。

【采集加工】 选取冬季或春季的嫩草，晒干或鲜用。

【性味】 味苦、辛，性凉。

【成分】 全草含高车前苷、粗毛豚草素、楔叶泽兰素（尼泊尔黄酮素）、楔叶兰素 –7– 葡萄糖苷（尼泊尔黄酮苷）、4– 羟基苯乳酸、咖啡酸。

【功能主治】清热解毒、利尿消肿、凉血止血；用于扁桃体炎、肺结核咯血、支气管炎、腹水肿胀、肾炎水肿、崩漏、便血、血小板减少性紫癜；外用治痈肿、痔疮肿痛、乳腺炎、阴道炎。

【用法用量】内服：煎汤，9～30克（鲜品15～60克），或捣绞汁饮。外用：适量，捣敷，或绞汁含漱及滴耳，亦可煎水外洗。

【验方参考】①治咯血、吐血、尿血：鲜荔枝草根五钱至一两，瘦猪肉二两，炖汤服。（《中草药学》）②治喉痛或生乳蛾：荔枝草捣烂，加米醋，绢包裹，缚箸头上，点入喉中数次。（《救生苦海》）③治双单蛾：雪里青一握，捣汁半茶盅，滚水冲服，有痰吐出；如无痰，将鸡毛探吐。若口干，以盐汤、醋汤止渴。切忌青菜、菜油。（《集效方》）④治风火牙痛：癞子草含口中。（《重庆草药》）⑤治耳心痛，耳心灌脓：癞子草捣汁滴耳。（《重庆草药》）⑥治痔疮便毒，口腔白疱疮，走马牙疳：大五倍子一个，贯穿一孔，将癞子草炕干，打成粉注入，装满封口，在火上煅后研粉，外加冰片，调麻油搽患处。（《重庆草药》）⑦治痔疮：雪里青汁，炒槐米为末，柿饼捣，丸如桐子大。每服三钱，雪里青煎汤下。（《慈航活人书》）⑧治痔疮：选取嫩草没生苔者荔枝草一二两（或加乌梅七个），水煎，先熏后洗，亦治脱肛。（《江西中医药》）⑨治鼠疮：过冬青五六枚，同鲫鱼入锅煮熟，去草及鱼，饮汁数次。（《经验广集》冬青汁）⑩治红肿痈毒：荔枝草鲜草同酒酿糟捣烂，敷患处；或晒干研末，同鸡蛋清调敷。（《江西中医药》）⑪治乳痈初起：雪见草连根一两，酒水各半煎服，药渣敷患处。（《江西民间草药验方》）⑫治疥疮、诸种奇痒疮：癞子草嫩尖叶捣烂取汁涂。（《重庆草药》）⑬治跌打伤：荔枝草一两，捣汁，以滚甜酒冲服，其渣杵烂，敷伤处。（《江西中医药》）⑭治蛇、犬咬伤及破伤风：荔枝草一握，约三两，以酒二碗，煎一碗服，取汗出效。（《卫生易简方》）⑮治白浊：雪里青草，生白酒煎服。（《本草纲目拾遗》）⑯治红白痢疾：癞子草（有花全草）二两，墨斗草一两，过路黄一两，水煎服，每日三次；现坠胀者，外加土地榆、臭椿根皮各一两。（《重庆草药》）

丹参　赤丹参　紫丹参　红根　（图313）

Salvia miltiorrhiza Bunge

【形态特征】多年生直立草本；根肥厚，肉质，外面朱红色，内面白色，长5～15厘米，直径4～14毫米，疏生支根。茎直立，高40～80厘米，四棱形，具槽，密被长柔毛，多分枝。叶常为奇数羽状复叶，叶柄长1.3～7.5厘米，密被向下长柔毛，小叶3～5(7)，长1.5～8厘米，宽1～4厘米，卵圆形或椭圆状卵圆形或宽披针形，先端锐尖或渐尖，基部圆形或偏斜，边缘具圆齿，草质，两面被疏柔毛，下面较密，小叶柄长2～14毫米，与叶轴密被长柔毛。轮伞花序6花或多花，下部者疏离，上部者密集，组成长4.5～17厘米具长梗的顶生或腋生总状花序；苞片披针形，先端渐尖，基部楔形，全缘，上

图313-01　丹参 *Salvia miltiorrhiza*（1）

面无毛，下面略被疏柔毛，比花梗长或短；花梗长 3 ～ 4 毫米，花序轴密被长柔毛或具腺长柔毛。花萼钟形，带紫色，长约 1.1 厘米，花后稍增大，外面被疏长柔毛及具腺长柔毛，具缘毛，内面中部密被白色长硬毛，具 11 脉，二唇形，上唇全缘，三角形，长约 4 毫米，宽约 8 毫米，先端具 3 个小尖头，侧脉外缘具狭翅，下唇与上唇近等长，深裂成 2 齿，齿三角形，先端渐尖。花冠紫蓝色，长 2 ～ 2.7 厘米，外被具腺短柔毛，尤以上唇为密，内面离冠筒基部 2 ～ 3 毫米有斜生不完全小疏柔毛毛环，

图 313-02　丹参 *Salvia miltiorrhiza*（2）

冠筒外伸，比冠檐短，基部宽 2 毫米，向上渐宽，至喉部宽达 8 毫米，冠檐二唇形，上唇长 12 ～ 15 毫米，镰刀状，向上竖立，先端微缺，下唇短于上唇，3 裂，中裂片长 5 毫米，宽达 10 毫米，先端 2 裂，裂片顶端具不整齐的尖齿，侧裂片短，顶端圆形，宽约 3 毫米。能育雄蕊 2，伸至上唇片，花丝长 3.5 ～ 4 毫米，药隔长 17 ～ 20 毫米，中部关节处略被小疏柔毛，上臂十分伸长，长 14 ～ 17 毫米，下臂短而增粗，药室不育，顶端连合。退化雄蕊线形，长约 4 毫米。花柱远外伸，长达 40 毫米，先端不相等 2 裂，后裂片极短，前裂片线形。花盘前方稍膨大。小坚果黑色，椭圆形，长约 3.2 厘米，直径 1.5 毫米。花期 4—8 月，花后见果。

【产地、生长环境与分布】仙桃市沔城镇有产。生于路旁水沟边。分布于河北、山西、陕西、山东、河南、江苏、浙江、安徽。

【药用部位】根。

【采集加工】春、秋季采挖，除去泥沙，干燥。

【成分】含丹参酮Ⅰ、丹参酮Ⅱ$_A$、丹参酮Ⅱ$_B$、隐丹参酮、紫草酸 B、丹参隐螺内酯、二氢丹参酮、二氢异丹参酮Ⅰ、丹参醇、丹参内酯、β‐谷固醇、豆固醇、柳杉酚等。

【性味】味苦，性微寒。

【功能主治】活血化瘀、通经止痛、清心除烦、凉血消痈；用于胸痹心痛、脘腹胁痛、癥瘕积聚、热痹疼痛、心烦不眠、月经不调、疮疡肿痛。

【用法用量】煎服，10 ～ 15 克。活血化瘀宜酒炙用。

【验方参考】①治经血涩少，产后瘀血腹痛，闭经腹痛：丹参、益母草、香附各 9 克，水煎服。（《陕甘宁青中草药选》）②治落胎身下有血：丹参 360 克，以酒五升，煮取三升，温服一升，日三服。（《千金方》）③治心腹诸痛属半虚半实者：丹参 30 克，檀香、砂仁各 4.5 克，水煎服。（《时方歌括》丹参饮）④治急慢性肝炎，两胁作痛：茵陈 15 克，郁金、丹参、板蓝根各 9 克，水煎服。（《陕甘宁青中草药选》）⑤治痛经：丹参 15 克，郁金 6 克，水煎，每日 1 剂，分 2 次服。（《全国中草药汇编》）

益母草属 *Leonurus* L.

益母草 益母夏枯 灯笼草 地母草 益母蒿 坤草 （图314）
Leonurus japonicus Houtt.

【形态特征】一年生或二年生草本，有于其上密生须根的主根。茎直立，通常高30～120厘米，钝四棱形，微具槽，有倒向糙伏毛，在节及棱上尤为密集，在基部有时近于无毛，多分枝，或仅于茎中部以上有能育的小枝条。叶轮廓变化很大，茎下部叶轮廓为卵形，基部宽楔形，掌状3裂，裂片呈长圆状菱形至卵圆形，通常长2.5～6厘米，宽1.5～4厘米，裂片上再分裂，上面绿色，有糙伏毛，叶脉稍下陷，下面淡绿色，被疏柔毛及腺点，叶脉突出，叶柄纤细，长2～3厘米，由于叶基下延

图314　益母草 *Leonurus japonicus*

而在上部略具翅，腹面具槽，背面圆形，被糙伏毛；茎中部叶轮廓为菱形，较小，通常分裂成3个或偶有多个长圆状线形的裂片，基部狭楔形，叶柄长0.5～2厘米；花序最上部的苞叶近于无柄，线形或线状披针形，长3～12厘米，宽2～8毫米，全缘或具稀少齿。轮伞花序腋生，具8～15花，轮廓为圆球形，直径2～2.5厘米，多数远离而组成长穗状花序；小苞片刺状，向上伸出，基部略弯曲，比萼筒短，长约5毫米，有贴生的微柔毛；花梗无。花萼管状钟形，长6～8毫米，外面有贴生微柔毛，内面于离基部1/3以上被微柔毛，5脉，显著，齿5，前2齿靠合，长约3毫米，后3齿较短，等长，长约2毫米，齿均宽三角形，先端刺尖。花冠粉红色至淡紫红色，长1～1.2厘米，外面于伸出萼筒部分被柔毛，冠筒长约6毫米，等大，内面在离基部1/3处有近水平向的不明显鳞毛毛环，毛环在背面间断，其上部多少有鳞状毛，冠檐二唇形，上唇直伸，内凹，长圆形，长约7毫米，宽4毫米，全缘，内面无毛，边缘具纤毛，下唇略短于上唇，内面在基部疏被鳞状毛，3裂，中裂片倒心形，先端微缺，边缘薄膜质，基部收缩，侧裂片卵圆形，细小。雄蕊4，均延伸至上唇片之下，平行，前对较长，花丝丝状，扁平，疏被鳞状毛，花药卵圆形，2室。花柱丝状，略超出于雄蕊而与上唇片等长，无毛，先端相等2浅裂，裂片钻形。花盘平顶。子房褐色，无毛。小坚果长圆状三棱形，长2.5毫米，顶端截平而略宽大，基部楔形，淡褐色，光滑。花期通常在6—9月，果期9—10月。

【产地、生长环境与分布】仙桃市各地均有产。生于山野、河滩草丛中及溪边湿润处，尤以阳处为多。分布于全国各地。

【药用部位】新鲜或干燥地上部分。

【采集加工】春、夏季采收，切段，晒干备用。

【成分】含益母草碱、水苏碱等多种生物碱及苯甲酸、氯化钾等。

【性味】味苦、辛，性微寒。

【功能主治】活血调经、利尿消肿、清热解毒；用于月经不调、恶露不净、水肿尿少、疮疡肿毒。

【用法用量】9～30克（鲜品12～40克），水煎服。

【验方参考】①堕胎下血：小蓟根叶、益母草各五两。水二大碗，煮汁一碗，再煎至一盏，分二服，一日服尽。（《圣济总录》）②治产后血晕，心气欲绝：益母草研汁，服一盏，绝妙。（《子母秘录》）③治产后血闭不下者：益母草汁一小盏，入酒一合，温服。（《太平圣惠方》）

紫苏属　*Perilla* L.

紫苏　白苏　赤苏　白紫苏　（图315）

Perilla frutescens (L.) Britt.

【形态特征】一年生、直立草本。茎高0.3～2米，绿色或紫色，钝四棱形，具四槽，密被长柔毛。叶阔卵形或圆形，长7～13厘米，宽4.5～10厘米，先端短尖或突尖，基部圆形或阔楔形，边缘在基部以上有粗锯齿，膜质或草质，两面绿色或紫色，或仅下面紫色，上面被疏柔毛，下面被贴生柔毛，侧脉7～8对，位于下部者稍靠近，斜上升，与中脉在上面微突起下面明显突起，色稍淡；叶柄长3～5厘米，背腹扁平，密被长柔毛。轮伞花序2花，组成长1.5～15厘米、密被长柔毛、偏向一侧的顶生及腋生总状花序；苞片宽卵圆形或近圆形，长、宽约4毫米，先端具短尖，外被红褐色腺点，无毛，边缘膜质；花梗长1.5毫米，密被柔毛。花萼钟形，10脉，长约3毫米，直伸，下部被长柔毛，夹有黄色腺点，内面喉部有疏柔毛环，结果时增大，长至1.1厘米，平伸或下垂，基部一边肿胀，萼檐二唇形，上唇宽大，3齿，中齿较小，下唇比上唇稍长，2齿，齿披针形。花冠白色至紫红色，长3～4毫米，外面略被微柔毛，内面在下唇片基部略被微柔毛，冠筒短，长2～2.5毫米，喉部斜钟形，冠檐近二唇形，上唇微缺，下唇3裂，中裂片较大，侧裂片与上唇相似。雄蕊4，几不伸出，前对稍长，离生，插生喉部，花丝扁平，花药2室，室平行，其后略叉开或极叉开。花柱先端相等2浅

图315-01　紫苏　*Perilla frutescens*

图315-02　紫苏梗（药材）

裂。花盘前方呈指状膨大。小坚果近球形，灰褐色，直径约1.5毫米，具网纹。花期8—11月，果期8—12月。

【产地、生长环境与分布】 仙桃市各地均有产。生于房屋前后、林地、草地。全国各地广泛栽培。

【药用部位】 茎，叶及种子。

【采集加工】 分苏叶和苏梗。苏叶，宜在夏、秋季节采收叶或带叶小枝，阴干后收储入药；亦可在秋季割取全株，先挂在通风处阴干，再取叶入药。苏叶以叶大、色紫、不碎、香气浓、无枝梗者为佳。苏梗，分为嫩苏梗和老苏梗，6—9月采收嫩苏梗，9月与紫苏子同时采收者为老苏梗。采收苏梗时，应除去小枝、叶和果实，取主茎，晒干或切片后晒干。苏梗以外皮紫棕色、分枝少、香气浓者为佳。

【性味】 味微辛，性温。

【功能主治】 紫苏叶：散寒解表、理气宽中；用于风寒感冒、头痛、咳嗽、胸腹胀满、鱼蟹中毒。紫苏梗有平气安胎之功效。种子也称紫苏子，有镇咳平喘、祛痰的功能。

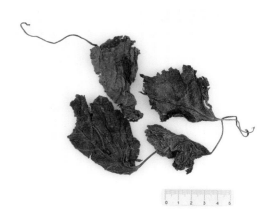

图 315-03　紫苏叶（药材）

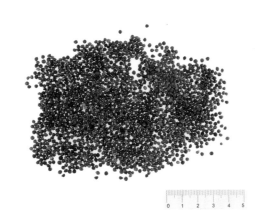

图 315-04　紫苏子（药材）

【用法用量】 紫苏叶：5～10克，水煎服。紫苏梗：7.5～15克，水煎服。紫苏子：7.5～15克，水煎服，或捣汁饮，或入丸、散。

【验方参考】①治外感风寒头痛：紫苏叶10克，桂皮6克，葱白5根，水煎服。②治感冒：紫苏叶10克，葱白5根，生姜3片，水煎温服。③治水肿：紫苏梗20克，蒜头连皮1个，老姜皮15克，冬瓜皮15克，水煎服。④治食蟹中毒：紫苏叶30克，生姜3片，煎汤频饮。⑤治急性胃肠炎：紫苏叶10克，藿香10克，陈皮6克，生姜3片，水煎服。⑥治妊娠呕吐：紫苏茎叶15克，黄连3克，水煎服。⑦治阴囊湿疹：紫苏茎叶适量，煎水泡洗患处。⑧治胸膈痞闷、呃逆：紫苏梗15克，陈皮6克，生姜3片，水煎服。⑨治孕妇胎动不安：麻根30克，紫苏梗10克，水煎服。（①～⑨出自《本草纲目》）

水苏属 *Stachys* L.

水苏　宽叶水苏　水鸡苏　鸡苏　（图316）

Stachys japonica Miq.

【形态特征】 多年生草本，高20～80厘米，有在节上生须根的根茎。茎单一，直立，基部多少匍匐，四棱形，具槽，在棱及节上被小刚毛，余部无毛。茎叶长圆状宽披针形，长 5～10 厘米，宽 1～2.3 厘米，先端微急尖，基部圆形至微心形，边缘为圆齿状锯齿，上面绿色，下面灰绿色，两面均无毛，叶柄明显，长 3～17 毫米，近茎基部者最长，向上渐变短；苞叶披针形，无柄，近于全缘，向上渐变小，最下部者超出轮伞花序，上部者等于或短于轮伞花序。轮伞花序 6～8 花，下部者远离，上部者密集组成长 5～13 厘米的穗状花序；小苞片刺状，微小，长约 1 毫米，无毛；花梗短，长约 1 毫米，疏被微柔毛。花萼钟形，连齿长达 7.5 毫米，外被具腺微柔毛，肋上杂有疏柔毛，稀毛贴生或近于无毛，内面在齿上疏被微柔毛，余部无毛，10 脉，不明显，齿 5，等大，三角状披针形，先端具刺尖头，边缘具缘毛。花冠粉红色或淡红紫色，长约 1.2 厘米，冠筒长约 6 毫米，几不超出于萼，外面无毛，内面在近基部 1/3 处有微柔毛毛环及在下唇下方喉部有鳞片状微柔毛，前面紧接在毛环上方呈囊状膨大，冠檐二唇形，

图 316　水苏 *Stachys japonica*

上唇直立，倒卵圆形，长 4 毫米，宽 2.5 毫米，外面被微柔毛，内面无毛，下唇开张，长 7 毫米，宽 6 毫米，外面疏被微柔毛，内面无毛，3 裂，中裂片最大，近圆形，先端微缺，侧裂片卵圆形。雄蕊 4，均延伸至上唇片之下，花丝丝状，先端略增大，被微柔毛，花药卵圆形，2 室，室极叉开。花柱丝状，稍超出雄蕊，先端相等 2 浅裂。花盘平顶。子房黑褐色，无毛。小坚果卵珠状，棕褐色，无毛。花期 5—7 月，果期 7 月以后。

【产地、生长环境与分布】仙桃市各地均有产。生于水沟、河岸等湿地上。分布于辽宁、内蒙古、河北、河南、山东、江苏、浙江、安徽、江西、福建等地。

【药用部位】全草或根入药。

【采集加工】秋末水苏茎叶凋萎后，可随时采收块茎，也可翌年春季萌芽前采收。鲜用或晒干。

【性味】味辛，性微温；无毒。

【功能主治】疏风理气、止血消炎、清热解毒、止咳利咽；用于感冒、瘰证、肺痿、肺痈、头风目眩、口臭、咽痛、痢疾、产后中风、吐血、衄血、血崩、血淋、跌打损伤。

【用法用量】内服：煎汤，3～5 钱（鲜品 0.5～1 两）；捣汁或入丸、散。外用：煎水洗、研末撒或捣敷。

【验方参考】①治风热头痛，热结上焦，致生风气痰厥头痛：水苏叶五两，皂荚（炙，去皮、子）三两，芫花（醋炒焦）一两。为末，炼蜜丸梧子大。每服二十丸，食后荆芥汤下。（《太平圣惠方》）②治吐血及下血，并妇人漏下：鸡苏茎叶煎取汁饮之。（《梅师集验方》）③治鼻衄不止：生鸡苏五合，香豉二合，合杵研，搓如枣核大，纳鼻中。（《梅师集验方》）④治血淋不绝：鸡苏一握，竹叶一握，

石膏八分（碎），生地黄一升（切），蜀葵子四分（末、汤成下）。以水六升，煮取二升，去滓，和葵子末，分温二服，如人行四五里久，进一服。（《广济方》）⑤治暑月目昏多眵泪：生龙脑薄荷（水苏）叶捣烂，生绢绞汁点之。（《圣济总录》）⑥治肿毒：鲜水苏全草，捣烂，敷患处。（《湖南药物志》）⑦治蛇虺咬伤：水苏叶研末，酒服并涂之。（《卫生易简方》）⑧治咳嗽失音：水苏30克，匍伏堇15克，水煎冲冰糖服。（《浙江本草新编》）

夏枯草属 *Prunella* L.

夏枯草　夏枯花　夏枯头　（图317）

Prunella vulgaris L.

【形态特征】多年生草本；根茎匍匐，在节上生须根。茎高20～30厘米，上升，下部伏地，自基部多分枝，钝四棱形，具浅槽，紫红色，被稀疏的糙毛或近于无毛。茎叶卵状长圆形或卵圆形，大小不等，长1.5～6厘米，宽0.7～2.5厘米，先端钝，基部圆形、截形至宽楔形，下延至叶柄成狭翅，边缘具不明显的波状齿或几近全缘，草质，上面橄榄绿，具短硬毛或几无毛，下面淡绿色，几无毛，侧脉3～4对，在下面略突出，叶柄长0.7～2.5厘米，自下部向上渐变短；花序下方的一对苞叶似茎

图317　夏枯草 *Prunella vulgaris*

叶，近卵圆形，无柄或具不明显的短柄。轮伞花序密集组成顶生长2～4厘米的穗状花序，每一轮伞花序下承以苞片；苞片宽心形，通常长约7毫米，宽约11毫米，先端具长1～2毫米的骤尖头，脉纹放射状，外面在中部以下沿脉上疏生刚毛，内面无毛，边缘具睫毛状毛，膜质，浅紫色。花萼钟形，连齿长约10毫米，筒长4毫米，倒圆锥形，外面疏生刚毛，二唇形，上唇扁平，宽大，近扁圆形，先端几截平，具3个不很明显的短齿，中齿宽大，齿尖均呈刺状微尖，下唇较狭，2深裂，裂片达唇片之半或以下，边缘具缘毛，先端渐尖，尖头微刺状。花冠紫色、蓝紫色或红紫色，长约13毫米，略超出于萼，冠筒长7毫米，基部宽约1.5毫米，其上向前方膨大，至喉部宽约4毫米，外面无毛，内面约近基部1/3处具鳞毛毛环，冠檐二唇形，上唇近圆形，直径约5.5毫米，内凹，多少呈盔状，先端微缺，下唇约为上唇1/2，3裂，中裂片较大，近倒心形，先端边缘具流苏状小裂片，侧裂片长圆形，垂向下方，细小。雄蕊4，前对长很多，均上升至上唇片之下，彼此分离，花丝略扁平，无毛，前对花丝先端2裂，1裂片能育具花药，1裂片钻形，长过花药，稍弯曲或近于直立，后对花丝的不育裂片微呈瘤状突出，花药2室，室极叉开。花柱纤细，先端相等2裂，裂片钻形，外弯。花盘近平顶。子房无毛。小坚果黄褐色，长圆状卵珠形，长1.8毫米，宽约0.9毫米，微具沟纹。花期4—6月，果期7—10月。

【产地、生长环境与分布】仙桃市各地均有产。生于荒坡、草地、溪边及路旁等湿润地。分布于陕西、甘肃、新疆、河南、湖北、湖南、江西、浙江、福建、台湾、广东、广西、贵州、四川及云南等地。

【药用部位】 全草。

【采集加工】 夏、秋季采收，晒干备用。

【成分】本品含三萜皂苷、芸香苷、金丝桃苷等苷类物质及熊果酸、咖啡酸、游离齐敦果酸等有机酸；花穗中含飞燕草素、矢车菊素、D-樟脑酸等。

【性味】 味苦、微辛，性微温。

【功能主治】 清肝泻火、明目、散结消肿；用于目赤肿痛、目珠夜痛、头痛眩晕、瘰疬、瘿瘤、乳痈、乳癖、乳房胀痛。

【用法用量】 煎服，9 ～ 15 克；或熬膏服。

【验方参考】①清热解郁、祛痰软坚，主治瘰疬：夏枯草50 克，香附20 克，昆布20 克，海藻20 克，牡蛎35 克，黄药子25 克，射干20 克，连翘20 克，龙胆草15 克，海浮石30 克。水煎服，每日1 剂，日服2 次。方中夏枯草清火、散结。(《孙宜林方》夏枯草汤)②治肝虚目珠疼痛，至夜疼痛：夏枯草30 克，香附(童便浸)60 克，炙甘草9 克。为末，每服12 克，茶水调下，每日3 次。方中夏枯草清火、明目。(《张氏医通》夏枯草散)③治无名肿毒：夏枯草、玄参、天花粉各9 克，山慈姑、煅牡蛎、海藻、昆布、白芥子、桔梗各6 克，生甘草3 克。水煎，食后服。方中夏枯草散结、消肿。(《疡科全书》消肿汤)

香茶菜属 *Rabdosia*（Bl.）Hassk.

牛尾草　虫牙药　马鹿尾　牛尾巴蒿　三叶扫把　扫帚草　（图318）
Rabdosia ternifolia (D. Don) Hara

【形态特征】 多年生粗壮草本或半灌木至灌木，高0.5 ～ 2 米，有时达7 米。茎直立，具分枝，六棱形，密被茸毛状长柔毛。叶对生及3 ～ 4 枚轮生，狭披针形、披针形、狭椭圆形，稀卵长圆形，长2 ～ 12 厘米，宽0.7 ～ 5 厘米，先端锐尖或渐尖，稀钝，基部阔楔形或楔形，极少近圆形，边缘具锯齿，坚纸质至近革质，上面橄榄绿，具皱纹，被疏柔毛至小长柔毛，下面较淡，网脉隆起，密被灰白色或污黄色茸毛；叶柄极短，长2 ～ 3 毫米，极少长1 厘米。由聚伞花序组成的穗状圆锥花序极密集，

图318　牛尾草 *Rabdosia ternifolia*

顶生及腋生，在分枝及主茎端又组成顶生的复合圆锥花序，长9 ～ 35 厘米，直径6 ～ 10 厘米，聚伞花序小，直径约6 毫米，密集，多花，具极短的梗，常连线状排列，有时间断；苞叶叶状，披针形至卵形，乃至极小而呈苞片状。花萼花时钟形，长约2.3 毫米，直径约2.5 毫米，密被灰白色或污黄色长柔毛，果时花萼增大，管状，长4 毫米，直立，萼齿5，三角形，等大，长0.5 毫米。花冠白色至浅紫色，上唇有紫斑，小，长5 ～ 6 毫米，外面被长柔毛，冠筒基部浅囊状隆起，直径2 ～ 3 毫米，冠檐二唇形，上唇具4 圆裂，

长约 2.5 毫米，外反，下唇圆状卵形，长约 3.5 毫米，宽约 2.7 毫米，内凹。雄蕊 4，与下唇近等长，从不伸出。花柱不伸出花冠下唇或有时微超出。小坚果卵圆形，长约 1.8 毫米，宽约 1 毫米，腹面具棱，背面圆形，无毛。花期 9 月至翌年 2 月，果期 12 月至翌年 4 月或 5 月。

【产地、生长环境与分布】 仙桃市沙湖镇有产。生于空旷荒坡上或疏林下。分布于云南南部、西南部及东南部，贵州南部，广西及广东。

【药用部位】 全草入药。

【采集加工】 夏、秋季采集，鲜用或阴干。

【性味】 味苦、微辛，性凉。

【功能主治】 清热利湿、解毒；用于感冒、支气管炎、扁桃体炎、咽喉炎、牙痛、肠炎、痢疾、黄疸型肝炎、急性肾炎、膀胱炎；外用治蛇咬伤。

【用法用量】 内服，0.5～1 两；外用适量，鲜品捣烂敷患处。

99. 茄科 Solanaceae

辣椒属 *Capsicum* L.

辣椒 甜辣椒 彩椒 灯笼椒 长辣椒 牛角椒 小米椒 甜椒 辣茄 （图 319）

Capsicum annuum L.

【形态特征】 一年生或有限多年生草本，高 40～80 厘米。单叶互生，枝顶端节不伸长而呈双生或簇生状；叶片长圆状卵形、卵形或卵状披针形，长 4～13 厘米，宽 1.5～4 厘米，全缘，先端尖，基部渐狭。花单生、俯垂；花萼杯状，不显著 5 齿；花冠白色，裂片卵形；雄蕊 5；雌蕊 1，子房上位，2 室，少数 3 室，花柱线状。浆果长指状，先端渐尖且常弯曲，未成熟时绿色，成熟后呈红色、橙色或紫红色，味辣。种子多数，扁肾形，淡黄色。花果期 5—11 月。

图 319　辣椒 *Capsicum annuum*

【产地、生长环境与分布】 仙桃市各地均有产。多为田间栽培。我国大部分地区均有栽培。

【药用部位】 果实。

【采集加工】 青椒一般于果实充分肥大，皮色转浓，果皮坚实而有光泽时采收；干椒可待果实成熟一次性采收。青椒可加工成腌辣椒、清酱辣椒、虾油辣椒。干椒可加工成干制品。

【性味、归经】 味辛，性热。归脾、胃经。

【功能主治】 温中散寒、下气消食；用于胃寒气滞、脘腹胀痛、呕吐、泄泻、风湿痛、冻疮。

【用法用量】 内服：入丸、散，1～3 克。外用：适量，煎水熏洗或捣敷。

【验方参考】①治痢疾水泻：辣茄1个，为丸，清晨热豆腐皮裹，吞下。（《本草纲目拾遗》）②治冻疮：剥辣茄皮，贴上即愈。（《本草纲目拾遗》）③治风湿性关节炎：辣椒20个，花椒30克。先将花椒煎水，数沸后放入辣椒煮软，取出撕开，贴患处，再用水热敷。（《全国中草药汇编》）

曼陀罗属 *Datura* L.

曼陀罗　洋金花　醉心花　（图320）
Datura stramonium L.

【形态特征】一年生粗壮草本，有时呈半灌木状，全株近无毛。茎基部木质，上部叉状分枝。叶互生，上部叶近对生；叶片卵形至广卵形，全缘或有波状齿。花单生；花萼筒状，稍有棱纹，先端5裂；花冠白色，漏斗状，在蕾中对折而旋转，冠筒中部以下较小，淡绿色，有5棱，先端5裂，各棱达裂片尖端，两侧各有一纵脉，平行直达裂片边缘；雄蕊5，花药线形；雌蕊1，子房球形，2室，胚珠多数，花柱丝状，柱头盾形。蒴果生于倾斜的果柄上，扁球形，表面疏生短刺，熟时瓣裂，宿存萼筒基部呈浅盘状。花期3—11月，果期4—11月。

图320　曼陀罗 *Datura stramonium*

【产地、生长环境与分布】仙桃市长埫口镇有少量栽培。生于住宅附近田间。主产于江苏、浙江、福建等省。

【药用部位】花。

【采集加工】4—11月花初开时采收，晒干或低温干燥。

【性味、归经】味辛，性温；有毒。归肺、肝经。

【功能主治】平喘止咳、镇痛、解痉。

【用法用量】0.3～0.6克；作卷烟吸，每日不超过1.5克。外用适量，煎汤洗或研末外敷。

【验方参考】①治风湿关节痛：a.曼陀罗花9克，水煎，烫洗患处。（《全国中草药汇编》）b.曼陀罗花30克，白酒50克，将花放酒内泡半个月，每次饮半小酒盅（约5毫升），每日2次。（《内蒙古中草药》）②治肌肉疼痛：洋金花60克，煎水外洗。（《广西本草选编》）③治小儿慢惊风：曼陀罗花7朵，天麻7.5克，全蝎（炒）10枚，天南星（炮）、丹砂、乳香各7.5克，为末，每服1.5克，薄荷汤调下。（《御药院方》）④治面上生疮：曼陀罗花，晒干研末，少许贴之。（《卫生易简方》）

番茄属 *Lycopersicon* Mill.

番茄　番柿　西红柿　蕃柿　小番茄　小西红柿　狼茄　（图321）
Lycopersicon esculentum Mill.

【形态特征】一年生草本，株高0.6～2米，全体生黏质腺毛，有强烈气味。茎易倒伏。叶羽状复叶或羽状深裂，长 10～40 厘米，小叶极不规则，大小不等，常 5～9 枚，卵形或矩圆形，长 5～7 厘米，边缘有不规则锯齿或裂片。花序总梗长 2～5 厘米，常具 3～7 朵花；花梗长 1～1.5 厘米；花萼辐状，裂片披针形，果时宿存；花冠辐状，直径约 2 厘米，黄色。浆果扁球状或近球状，肉质而多汁液，橘黄色或鲜红色，光滑；种子黄色。花果期夏、秋季。

图 321　番茄 *Lycopersicon esculentum*

【产地、生长环境与分布】仙桃市各地均有产。多为田间栽培。分布于我国南北各地。

【药用部位】新鲜果实。

【采集加工】全年可采，鲜用。

【性味】味酸、甘，性微寒。

【功能主治】生津止渴、健胃消食、清热消暑、补肾利尿；用于热病伤津口渴、食欲不振、暑热内盛等。

【用法用量】内服：煎汤；或适量生食。

枸杞属 *Lycium* L.

枸杞　狗奶子　狗牙根　狗牙子　牛右力　红珠仔刺　枸杞菜　（图 322）

Lycium chinense Mill.

【形态特征】多分枝灌木，高 0.5～1 米，栽培时可达 2 米；枝条细弱，弓状弯曲或俯垂，淡灰色，有纵条纹，棘刺长 0.5～2 厘米，生叶和花的棘刺较长，小枝顶端锐尖成棘刺状。叶纸质或栽培者质稍厚，单叶互生或 2～4 枚簇生，卵形、卵状菱形、长椭圆形、卵状披针形，顶端急尖，基部楔形，长 1.5～5 厘米，宽 0.5～2.5 厘米，栽培者较大，可长达 10 厘米，宽达 4 厘米；叶柄长 0.4～1 厘米。花在长枝上单生或双生于叶腋，在短枝上则同叶簇生；花梗长 1～2 厘米，向顶端渐增粗。花萼长 3～4 毫米，通常 3 中裂或 4～5 齿裂，裂片多少有缘毛；花冠漏斗状，长 9～12 毫米，淡紫色，筒部向上骤然扩大，稍短于或近等于檐部裂片，5 深裂，裂片卵形，顶端圆钝，平展或稍向外反曲，边缘有缘毛，基部耳显著；雄蕊较花冠稍短，或因花冠裂片外展而伸出花冠，花丝在近基部处密生一圈茸毛并

图 322-01　枸杞 *Lycium chinense*

交织成椭圆状的毛丛，与毛丛等高处的花冠筒内壁亦密生一环茸毛；花柱稍伸出雄蕊，上端弓弯，柱头绿色。浆果红色，卵状，栽培者可呈长矩圆状或长椭圆状，顶端尖或钝，长 7～15 毫米，栽培者长可达 2.2 厘米，直径 5～8 毫米。种子扁肾形，长 2.5～3 毫米，黄色。花果期 6—11 月。

图 322-02　地骨皮（药材）

【产地、生长环境与分布】仙桃市各地均有产。生于荒地、林地、灌丛、路旁及村边宅旁。分布于宁夏、新疆、青海、甘肃、内蒙古、黑龙江、吉林、辽宁、河北、山西、陕西、甘肃南部以及西南、华中、华南和华东各地区。

【药用部位】果实，根皮，叶。

【采集加工】枸杞子：6—11 月果实陆续红熟，要分批采收，迅速将鲜果摊在芦蓆上，放阴凉处晾至皮皱，然后暴晒至果皮起硬，果肉柔软时除去果柄，再晒干。枸杞叶：春季至初夏采摘，洗净，多鲜用。根皮（地骨皮）：春、秋季采挖，剥取根皮，晒干，切段。

【性味】枸杞子：味甘，性平。枸杞叶：味苦、甘，性凉。地骨皮：味甘、淡、性寒。

【功能主治】枸杞子：养肝、滋肾、润肺。枸杞叶：补虚益精、清热明目。地骨皮：清热、凉血；用于虚劳潮热盗汗、肺热咳喘、吐血、衄血、血淋、消渴、高血压、痈肿、恶疮。

【用法用量】枸杞子：煎服，5～15 克；或入丸、散、膏、酒剂。地骨皮：煎服，3～6 钱；或入丸、散；外用，煎水含漱、淋洗，研末撒或调敷。

假酸浆属 *Nicandra* Adans.

假酸浆　鞭打绣球　冰粉　大千生　（图 323）

Nicandra physalodes (L.) Gaertner

【形态特征】一年生草本，高 0.4～1.5 米。主根长锥形，有纤细的须状根。茎棱状圆柱形，有 4～5 条纵沟，绿色，有时带紫色，上部三叉状分枝。单叶互生，卵形或椭圆形，草质，长 4～12 厘米，宽 2～8 厘米，先端渐尖，基部阔楔形下延，边缘有具圆缺的粗齿或浅裂，两面有稀疏毛。花单生于叶腋，通常具较叶柄长的花梗，俯垂；花萼 5 深裂，裂片先端尖锐，基部心形，果时膀胱状膨大；花冠钟形，浅蓝色，直径达 4 厘米，花筒内面基部有 5 个紫斑；

图 323　假酸浆 *Nicandra physalodes*

雄蕊 5；子房 3 ～ 5 室。浆果球形，直径 1.5 ～ 2 厘米，黄色，被膨大的宿萼所包围。种子小，淡褐色。花果期夏、秋季。

【产地、生长环境与分布】 仙桃市各地均有产。生于田边、荒地或住宅区。我国南北地区均作药用或观赏栽培；分布于河北、甘肃、四川、贵州、云南、西藏等地，逸为野生。

【药用部位】 全草、果实或花。

【采集加工】 秋季采集全草，分出果实，分别洗净，鲜用或晒干备用。花于夏季或秋季采摘，阴干。

【性味】 味甘、微苦，性平。

【功能主治】 清热解毒、利尿、镇静；用于感冒发热、鼻渊、热淋、痈肿疮疖、癫痫、狂犬病。

【用法用量】 内服：煎汤，全草或花 3 ～ 9 克（鲜品 15 ～ 30 克），果实 1.5 ～ 3 克。

矮牵牛属 *Petunia* Juss.

碧冬茄　矮牵牛　毽子花　灵芝牡丹　撞羽牵牛　（图 324）
Petunia hybrida Vilm.

【形态特征】 一年生草本，高 30 ～ 60 厘米，全体生腺毛。叶有短柄或近无柄，卵形，顶端急尖，基部阔楔形或楔形，全缘，长 3 ～ 8 厘米，宽 1.5 ～ 4.5 厘米，侧脉不显著，每边 5 ～ 7 条。花单生于叶腋，花梗长 3 ～ 5 厘米。花萼 5 深裂，裂片条形，长 1 ～ 1.5 厘米，宽约 3.5 毫米，顶端钝，果时宿存；花冠白色或紫堇色，有各式条纹，漏斗状，长 5 ～ 7 厘米，筒部向上渐扩大，檐部开展，有折襞，5 浅裂；雄蕊 4 长 1 短；花柱稍超过雄蕊。蒴果圆锥状，长约 1 厘米，2 瓣裂，各裂瓣顶端又 2 浅裂。种子极小，近球形，直径约 0.5 毫米，褐色。

图 324　碧冬茄 *Petunia hybrida*

【产地、生长环境与分布】 仙桃市沔阳公园有产。我国南北地区城市公园中普遍栽培。

【药用部位】 种子。

【采集加工】 秋末果实成熟，果壳未开裂时采割植株，晒干，打下种子，除去杂质。

【性味】 味微苦，性平。

【功能主治】 泻下、利尿、消肿、驱虫；用于腹胀便秘、水肿、蛔虫病等。

茄属 *Solanum* L.

1. 植物体无刺；花药较短而厚；顶孔向内或向上，大多数与药室直径相等，常初时顶生，而后裂成侧缝。

　　2. 地下茎块状；叶为奇数羽状复叶，小叶片具柄，大小相等，常初时顶生，而后侧生 …………… 马铃薯 *S. tuberosum*

2. 无地下块茎；叶不分裂或羽状深裂，裂片近于相等；花序顶生、假腋生、腋外生或对生。

　　3. 草本至亚灌木或小灌木，直立或攀援；浆果小，直径最大不超过 1 厘米。

　　　4. 一年生直立草本；花序短蝎尾状，腋外生，通常有 4 ～ 10 朵花 ······················· 龙葵 S. nigrum

　　　4. 多年生草质藤本；聚伞花序腋外生或顶生，多花或疏花。

　　　　5. 茎叶均被多节的长柔毛，叶全缘至基部 3 ～ 5 裂 ······················· 白英 S. lyratum

　　3. 直立灌木或小乔木，果较大，直径 1 ～ 1.5 厘米 ······················· 珊瑚樱 S. pseudocapsicum

1. 植物体有刺；花药长并在顶端延长；顶孔细小，向外或向上 ······················· 茄 S. melongena

马铃薯　土豆　洋芋　阳芋　（图 325）

Solanum tuberosum L.

【形态特征】草本，高 15 ～ 80 厘米，无毛或被疏柔毛。茎分地上茎和地下茎两部分，地下茎块状，扁圆形或长圆形，直径 3 ～ 10 厘米，外皮白色、淡红色或紫色。薯皮的颜色为白色、黄色、粉红色、红色、紫色和黑色，薯肉为白色、淡黄色、黄色、黑色、青色、紫色及黑紫色。由种子长成的植株形成细长的主根和侧根；而由块茎繁殖的植株则无主根，只形成须根系。地上茎有毛。初生叶为单叶，全缘。随植株的生长，逐渐形成奇数不相等的羽状复叶。小叶常大小相间，长 10 ～ 20 厘米；叶柄

图 325　马铃薯 *Solanum tuberosum*

长 2.5 ～ 5 厘米；小叶 6 ～ 8 对，卵形至长圆形，最大者长可达 6 厘米，宽达 3.2 厘米，最小者长、宽均不及 1 厘米，先端尖，基部稍不相等，全缘，两面均被白色疏柔毛，侧脉每边 6 ～ 7 条，先端略弯，小叶柄长 1 ～ 8 毫米。伞房花序顶生，后侧生，花白色或蓝紫色；萼钟形，直径约 1 厘米，外面被疏柔毛，5 裂，裂片披针形，先端长渐尖；花冠辐状，直径 2.5 ～ 3 厘米，花冠筒隐于萼内，长约 2 毫米，冠檐长约 1.5 厘米，裂片 5，三角形，长约 5 毫米；雄蕊长约 6 毫米，花药长为花丝长度的 5 倍；子房卵圆形，无毛，花柱长约 8 毫米，柱头头状。浆果圆球状，光滑，直径约 1.5 厘米。种子肾形，黄色。花期夏季。

【产地、生长环境与分布】仙桃市各地均有产。多为田间栽培。分布于我国西南、西北、东北地区。

【药用部位】果实。

【采集加工】夏、秋季采收，洗净鲜用，或于干燥处储存备用。

【性味】味甘，性平。

【功能主治】和胃健脾、补中益气、止痛、通便等；用于胃痛、痈肿、湿疹、烫伤。

【用法用量】内服：适量，煮食或煎汤。外用：适量，磨汁涂。

龙葵　野茄子　野海椒　天茄菜　（图 326 ）
Solanum nigrum L.

【形态特征】一年生直立草本，高 0.25 ～ 1 米，茎无棱或棱不明显，绿色或紫色，近无毛或被微柔毛。叶卵形，长 2.5 ～ 10 厘米，宽 1.5 ～ 5.5 厘米，先端短尖，基部楔形至阔楔形而下延至叶柄，全缘或每边具不规则的波状粗齿，光滑或两面均被稀疏短柔毛，叶脉每边 5 ～ 6 条，叶柄长 1 ～ 2 厘米。蝎尾状花序腋外生，由 3 ～ 6（10）朵花组成，总花梗长 1 ～ 2.5 厘米，花梗长 5 毫米，近无毛或具短柔毛；萼小，浅杯状，直径 1.5 ～ 2 毫米，齿卵圆形，先端圆，基部两齿间连接处成角度；

图 326　龙葵 *Solanum nigrum*

花冠白色，筒部隐于萼内，长不及 1 毫米，冠檐长约 2.5 毫米，5 深裂，裂片卵圆形，长约 2 毫米；花丝短，花药黄色，长约 1.2 毫米，约为花丝长度的 4 倍，顶孔向内；子房卵形，直径约 0.5 毫米，花柱长约 1.5 毫米，中部以下被白色茸毛，柱头小，头状。浆果球形，直径约 8 毫米，熟时黑色。种子多数，近卵形，直径 1.5 ～ 2 毫米，两侧压扁。

【产地、生长环境与分布】仙桃市各地均有产。生于田边、荒地及村庄附近。全国各地均有分布。

【药用部位】全草，根。

【采集加工】夏季采收，鲜用或晒干。

【性味】全草：味苦，性寒；有小毒。根：味苦、微甘，性寒。

【功能主治】清热解毒、活血消肿。全草：用于疔疮、痈肿、丹毒、跌打扭伤、慢性咳嗽痰喘、水肿、癌肿。根：用于痢疾、淋浊、带下、跌打损伤。

【验方参考】①治跌打扭筋肿痛：鲜龙葵叶一握，连须葱白七个，切碎，加酒酿糟适量，捣烂敷患处，一日换两次。（《江西民间草药》）②治吐血不止：鲜龙葵叶一握，连须葱白七个，人参一份，天茄子苗半两，捣罗为散。每服二钱匕，新水调下，不拘时。（《圣济总录》人参散）③治痢疾：龙葵叶八钱至一两（鲜品用量加倍），白糖八钱，水煎服。（《江西民间草药》）④治急性肾炎、浮肿、小便少：鲜龙葵、鲜芫花各五钱，木通二钱，水煎服。（《河北中药手册》）⑤治火焰丹毒：龙葵叶加醋研为细末敷涂，能消红肿。（《本草纲目》）

白英　山甜菜　北风藤　蔓茄　白毛藤　排风藤　（图 327 ）
Solanum lyratum Thunb.

【形态特征】草质藤本，长 0.5 ～ 1 米，茎及小枝均密被具节长柔毛。叶互生，多数为琴形，长 3.5 ～ 5.5 厘米，宽 2.5 ～ 4.8 厘米，基部常 3 ～ 5 深裂，裂片全缘，侧裂片愈近基部的愈小，先端钝，中裂片较大，通常卵形，先端渐尖，两面均被白色发亮的长柔毛，中脉明显，侧脉在下面较清晰，通常每边 5 ～ 7 条；

少数在小枝上部的为心形，小，长 1～2 厘米；叶柄长 1～3 厘米，被有与茎枝相同的毛被。聚伞花序顶生或腋外生，疏花，总花梗长 2～2.5 厘米，被具节的长柔毛，花梗长 0.8～1.5 厘米，无毛，顶端稍膨大，基部具关节；萼环状，直径约 3 毫米，无毛，萼齿 5 枚，圆形，顶端具短尖头；花冠蓝紫色或白色，直径约 1.1 厘米，花冠筒隐于萼内，长约 1 毫米，冠檐长约 6.5 毫米，5 深裂，裂片椭圆状披针形，长约 4.5 毫米，先端被微柔毛；花丝长约 1 毫米，花药长圆形，长约 3 毫米，顶孔略向上；子房卵

图 327　白英 *Solanum lyratum*

形，直径不及 1 毫米，花柱丝状，长约 6 毫米，柱头小，头状。浆果球状，成熟时红黑色，直径约 8 毫米；种子近盘状，扁平，直径约 1.5 毫米。花期夏、秋季，果期秋末。

【产地、生长环境与分布】仙桃市各地均有产。生于草地或路旁、田边。分布于山西、山东、河南、陕西、甘肃、安徽、江苏、浙江、江西、湖南、湖北、四川、贵州、云南、西藏、福建、台湾、广东、广西等地。

【药用部位】全草。

【采集加工】夏、秋季茎叶生长旺盛时收割全草，每年可以收割 2 次，收取后直接晒干，或洗净鲜用。

【性味】味苦，性平；有小毒。

【功能主治】清热利湿、解毒消肿、抗癌等；用于感冒发热、黄疸型肝炎、胆囊炎、胆石症、子宫糜烂、肾炎水肿等，临床上用于各种癌症，尤其对子宫颈癌、肺癌、声带癌等有一定疗效。

【用法用量】内服，0.5～1 两。外用适量，鲜全草捣烂敷患处。

珊瑚樱　冬珊瑚　红珊瑚　四季果　吉庆果　珊瑚子　（图 328）

Solanum pseudocapsicum L.

【形态特征】直立分枝小灌木，高达 2 米，全株光滑无毛。叶互生，狭长圆形至披针形，长 1～6 厘米，宽 0.5～1.5 厘米，先端尖或钝，基部狭楔形下延成叶柄，边全缘或波状，两面均光滑无毛，中脉在下面凸出，侧脉 6～7 对，在下面更明显；叶柄长 2～5 毫米，与叶片不能截然分开。花多单生，很少成蝎尾状花序，无总花梗或近于无总花梗，腋外生或近对叶生，花梗长 3～4 毫米；花小，白色，直径 0.8～1

图 328　珊瑚樱 *Solanum pseudocapsicum*

厘米；萼绿色，直径约4毫米，5裂，裂片长约1.5毫米；花冠筒隐于萼内，长不及1毫米，冠檐长约5毫米，裂片5，卵形，长约3.5毫米，宽约2毫米；花丝长不及1毫米，花药黄色，矩圆形，长约2毫米；子房近圆形，直径约1毫米，花柱短，长约2毫米，柱头截形。浆果橙红色，直径1～1.5厘米，萼宿存，果柄长约1厘米，顶端膨大。种子盘状，扁平，直径2～3毫米。花期初夏，果期秋末。

【产地、生长环境与分布】 仙桃市各地均有产。生于路边、林地和旷地。分布于安徽、江西、广东、广西等地。

【药用部位】 根。

【采集加工】 秋季采收，晒干备用。

【性味】 味咸、微苦，性温；有毒。

【功能主治】 止痛；用于腰肌劳损。

【用法用量】 0.5～1钱，浸酒服。

【验方参考】 治疮疖溃烂：珊瑚樱根15克，田边菊叶30克，研细末撒疮口。（《湖南药物志》）

茄 茄子 矮瓜 白茄 吊菜子 落苏 紫茄 （图329）
Solanum melongena L.

【形态特征】 一年生草本至亚灌木，高60～100厘米。茎直立、粗壮，上部分枝，绿色或紫色，无刺或有疏刺，全体被星状柔毛。单叶互生；叶柄长2～4.5厘米；叶片卵状椭圆形，长8～18厘米，宽5～11厘米，先端钝尖，基部不相等，叶缘常波状浅裂，表面暗绿色，两面具星状柔毛。能孕花单生，不孕花蝎尾状与能孕花并出；花萼钟形，顶端5裂，裂片披针形，具星状柔毛；花冠紫蓝色，直径约3厘米，裂片三角形，长约1厘米；雄蕊5，花丝短，着生于花冠喉部，花药黄色，分离，先端孔裂；雌蕊1，子房2室，花柱圆球形，柱头小。浆果长椭圆形、球形或长柱形，深紫色、淡绿色或黄白色，光滑，基部有宿存萼。花期6—8月，花后结果。

图329 茄 *Solanum melongena*

【产地、生长环境与分布】 仙桃市各地均有栽培。多为田间栽培。我国各地均有栽培。

【药用部位】 果实。

【采集加工】 夏、秋季果熟时采收。

【性味、归经】 味甘，性凉。归胃、脾、大肠经。

【功能主治】 清热、活血、消肿；用于肠风下血、热毒疮痈、皮肤溃疡。

【用法用量】 内服：煎汤，15～30克。外用：适量，捣敷。

【验方参考】 ①治大风热痰：大黄老茄子不计多少，以新瓶盛贮，埋土中，经一年尽化为水，取出，入苦参末为丸，如梧子大。食已及欲卧时，酒下三十粒。(《本草图经》)②治久患肠风泻血：茄子大者三枚。上一味，先将一枚湿纸裹，于糖火内煨熟，取出入磁罐子，趁热以无灰酒一升半沃之，便以蜡纸封闭，经三宿，去茄子，暖酒空心分服。如是更作，不过三度。(《圣济总录》)③治妇人乳裂：秋月冷茄子裂开者，阴干，烧存性，研末，水调涂。(《妇人良方》)④治蜈蚣咬伤、蜂蜇：生茄子切开，擦搽患处。或加白糖适量，一并捣烂涂敷。(《食物中药与便方》)

酸浆属 *Physalis* L.

苦蘵　灯笼泡　灯笼草　（图330）
Physalis angulata L.

【形态特征】 一年生草本，被疏短柔毛或近无毛，高30～50厘米；茎多分枝，分枝纤细。叶柄长1～5厘米，叶片卵形至卵状椭圆形，顶端渐尖或急尖，基部阔楔形或楔形，全缘或有不等大的齿，两面近无毛，长3～6厘米，宽2～4厘米。花梗长5～12毫米，纤细和花萼一样生短柔毛，长4～5毫米，5中裂，裂片披针形，生缘毛；花冠淡黄色，喉部常有紫色斑纹，长4～6毫米，直径6～8毫米；花药蓝紫色或有时黄色，长约1.5毫米。果萼卵球状，直径1.5～2.5厘米，薄纸质，浆果

图330　苦蘵 *Physalis angulata*

直径约1.2厘米。种子圆盘状，长约2毫米。花果期5—12月。

【产地、生长环境与分布】 仙桃市各地均有产。常生于林下及村边路旁、草丛中。分布于我国华东、华中、华南及西南地区。

【药用部位】 全草入药。

【采集加工】 夏、秋季采收，洗净晒干，或鲜用。

【性味】 味苦、酸，性寒。

【功能主治】 清热、利尿、解毒；常用于感冒、肺热咳嗽、咽喉肿痛、湿热黄疸、痢疾、水肿、热淋、天疱疮、疔疮等。

【用法用量】 内服：煎汤，15～30克；或捣汁。外用：适量，捣敷；煎水含漱或熏洗。

【验方参考】 ①治百日咳：苦蘵15克，水煎，加适量白糖调服。(《江西民间草药验方》)②治水肿(阳水实证)：苦蘵一至一两五钱，水煎，分二次，饭前口服。(《江西民间草药验方》)③治小儿细菌性痢疾：鲜苦蘵15克，车前草6克，狗肝菜、马齿苋、海金沙各9克，水煎服。(《福建药物志》)④治牙龈红肿、咽喉肿痛、肺热咳嗽：苦蘵八钱，煎水含漱。(《江西民间草药》)⑤治指疔：苦蘵鲜叶捣烂敷患处，一日换二至三次。(《江西民间草药》)

100. 玄参科 Scrophulariaceae

通泉草属 *Mazus* Lour.

通泉草 脓泡药 汤湿草 猪胡椒 野田菜 鹅肠草 绿蓝花 五瓣梅 （图331）

Mazus pumilus (N. L. Burman) Steenis

【形态特征】一年生草本，高3～30厘米，无毛或疏生短柔毛。主根伸长，垂直向下或短缩，须根纤细，多数，散生或簇生。本种在体态上变化幅度很大，茎1～5支或有时更多，直立，上升或倾卧状上升，着地部分节上常能长出不定根，分枝多而披散，少不分枝。基生叶少到多数，有时成莲座状或早落，倒卵状匙形至卵状倒披针形，膜质至薄纸质，长2～6厘米，顶端全缘或有不明显的疏齿，基部楔形，下延成带翅的叶柄，边缘具不规则的粗齿或基部有1～2片浅羽裂；茎生叶对生或互生，少数，与基生叶相似或几乎等大。总状花序生于茎、枝顶端，常在近基部即生花，伸长或上部成束状，通常3～20朵，花稀疏；花梗在果期长达10毫米，上部的较短；花萼钟状，花期长约6毫米，果期多少增大，萼片与萼筒近等长，卵形，先端急尖，脉不明显；花冠白色、紫色或蓝色，长约10毫米，上唇裂片卵状三角形，下唇中裂片较小，稍突出，倒卵圆形；子房无毛。蒴果球形；种子小而多数，黄色，种皮上有不规则的网纹。花果期4—10月。

图 331-01　通泉草 *Mazus pumilus*（1）

图 331-02　通泉草 *Mazus pumilus*（2）

【产地、生长环境与分布】仙桃市各地均有产。生于湿润的草坡、沟边、路旁及林缘。分布于我国各地，仅内蒙古、宁夏、青海及新疆未见标本。

【药用部位】全草。

【采集加工】春、夏、秋季均可采收，洗净，鲜用或晒干。

【性味】味苦，性平。

【功能主治】止痛、健胃、解毒；用于偏头痛、消化不良；外用治疗疮、脓疱疮、烫伤。

【用法用量】内服：9～15克。外用：捣烂敷患处。

【验方参考】①治痈疽疮肿：干通泉草全草研细末，冷水调敷患处，每日一换。（《泉州本草》）②治脓疱疮：脓泡药适量，研末，调菜油涂患处。（《贵州草药》）③治乳痈：通泉草 30 克、蒲公英 30 克、橘叶 12 克、生甘草 6 克，水煎服。（《四川中药志》）

婆婆纳属 *Veronica* L.

1. 总状花序顶生，有时苞片叶状，好像花单朵生于每一个叶腋，花梗上无小苞片。
  2. 种子两面稍膨，平滑；花梗短，比苞片短 ·· 蚊母草 *V. peregrina*
  2. 种子舟状，一面膨胀，一面具深沟，平滑或多皱；花梗长，与苞片（或苞叶）近等长或过之，果期常下垂
  ·· 阿拉伯婆婆纳 *V. persica*
1. 总状花序侧生于叶腋，往往成对，有时因侧生于茎顶端叶腋而茎顶端停止发育，故花序呈假顶生
··· 水苦荬 *V. undulata*

蚊母草　水蓑衣　仙桃草　（图 332）
Veronica peregrina L.

【形态特征】株高 10 ～ 25 厘米，通常自基部多分枝，主茎直立，侧枝披散，全体无毛或疏生柔毛。叶无柄，下部的倒披针形，上部的长矩圆形，长 1 ～ 2 厘米，宽 2 ～ 6 毫米，全缘或中上端有三角状锯齿。总状花序长，果期达 20 厘米；苞片与叶同型而略小；花梗极短；花萼裂片长矩圆形至宽条形，长 3 ～ 4 毫米；花冠白色或浅蓝色，长 2 毫米，裂片长矩圆形至卵形；雄蕊短于花冠。蒴果倒心形，明显侧扁，长 3 ～ 4 毫米，宽略过之，边缘生短腺毛，宿存的花柱不超出凹口。种子矩圆形。花期 5—6 月。

图 332　蚊母草　*Veronica peregrina*

【产地、生长环境与分布】仙桃市各地均有产。生于潮湿的荒地、路边。分布于我国东北、华东、华中、西南地区。

【药用部位】全草。

【采集加工】小满及芒种前后，果内小虫未出时采全草，烘干。

【性味】味甘、苦，性温。

【功能主治】活血止血、消肿止痛；用于吐血、咯血、便血、跌打损伤、瘀血肿痛。

阿拉伯婆婆纳　波斯婆婆纳　（图 333）
Veronica persica Poir.

【形态特征】铺散多分枝草本，高 10 ～ 50 厘米。茎密生两列多细胞柔毛。叶 2 ～ 4 对（腋内生花

的称苞片），具短柄，卵形或圆形，长6～20
毫米，宽5～18毫米，基部浅心形，平截
或浑圆，边缘具钝齿，两面疏生柔毛。总
状花序很长；苞片互生，与叶同型且几乎
等大；花梗比苞片长，有的超过1倍；花
萼花期长仅3～5毫米，果期增大达8毫
米，裂片卵状披针形，有睫毛状毛，三出脉；
花冠蓝色、紫色或蓝紫色，长4～6毫米，
裂片卵形至圆形，喉部疏被毛；雄蕊短于
花冠。蒴果肾形，长约5毫米，宽约7毫
米，被腺毛，成熟后几乎无毛，网脉明显，
凹口角度超过90°，裂片钝，宿存的花柱

图 333 阿拉伯婆婆纳 *Veronica persica*

长约2.5毫米，超出凹口。种子背面具深的横纹，长约1.6毫米。花期3—5月。

　　【产地、生长环境与分布】仙桃市各地均有产。多生于田间、路旁及荒野杂草丛中。分布于华东、华中地区及贵州、云南、西藏东部及新疆（伊宁）。

　　【药用部位】全草。

　　【采集加工】夏季采收，鲜用或晒干。

　　【性味】味辛、苦、咸，性平。

　　【功能主治】祛风除湿；用于壮腰、截疟。

水苦荬　水莴苣　水菠菜 （图334）

Veronica undulata Wall.

　　【形态特征】多年生（稀为一年生）
草本，茎、花序轴、花萼和蒴果上多少有
大头针状腺毛。根茎斜走。茎直立或基部
倾斜，不分枝或分枝，高30～60厘米。
叶无柄，上部的半抱茎，多为椭圆形或长
卵形，有时为条状披针形，通常叶缘有尖
锯齿。花序比叶长，多花；花梗在果期挺直，
横叉开，与花序轴几乎成直角，因而花序
宽超过1厘米，可达1.5厘米；花萼裂片
卵状披针形，急尖，长约3毫米，果期直
立或叉开，不紧贴蒴果；花冠浅蓝色、浅
紫色或白色，直径4～5毫米，裂片宽卵形；

图 334 水苦荬 *Veronica undulata*

雄蕊短于花冠。蒴果近圆形，长、宽近相等，几乎与萼等长，顶端圆钝而微凹，花柱较短，长1～1.5毫米。花期4—9月。

【产地、生长环境与分布】仙桃市各地均有产。多生于水边和沼地。分布于全国各地，仅西藏、青海、宁夏、内蒙古未见标本。

【药用部位】以带虫瘿果的全草入药。

【采集加工】夏季采集有虫瘿果的全草，洗净，切碎，晒干或鲜用。

【性味】味苦，性凉。

【功能主治】清热解毒、活血止血；用于感冒、咽痛、劳伤咯血、痢疾、血淋、月经不调、疮肿、跌打损伤。

【用法用量】内服：煎汤，10～30克；或研末。外用：适量，鲜品捣敷。

【验方参考】①治妇女产后感冒：水苦荬水煎加红糖服。（《南京民间药草》）②治闭经：水苦荬一两，血巴木根一两，泡酒温服。（《贵州草药》）③治小儿疝气：水苦荬五钱，双肾草、八月瓜根、小茴香根各一钱，水煎，煮醪糟服。（《重庆草药》）④治喉蛾：水苦荬阴干，研成细末，吹入喉内。（《贵州民间方药集》）⑤治跌打损伤、劳伤咳嗽、腰痛、下部出汗：水苦荬磨粉，兑酒，每次一至二钱。（《四川中药志》）⑥治痈肿、无名肿毒：水苦荬、蒲公英各适量，共捣烂外敷；或本品配独角莲、生地加鸡蛋清捣如泥状，外敷患处。（《山西中草药》）

蝴蝶草属　*Torenia* L.

蓝猪耳　兰猪耳　蝴蝶草　散胆草　老蛇药　倒胆草　（图335）

Torenia fournieri Linden. ex Fourn.

【形态特征】一年生直立草本。茎具四棱，节上生根，分枝上升或直立。叶具短柄，柄长2～10毫米；叶片三角状卵形或长卵形，稀卵圆形，长1～4厘米，宽0.8～2.5厘米，先端钝或急尖，基部宽楔形，边缘具锯齿，或带短尖的齿，无毛或疏被柔毛。花单朵或顶生，稀排成伞形花序；花梗长2～3.5厘米，果期延长可达5厘米；萼长1.2～1.7厘米，果期延长达2.3厘米，具5枚宽略超过1毫米的翅，基部下延，萼齿2，长三角形，果实成熟时裂成5枚小齿；花冠蓝色或蓝紫色，长2.5～4厘米，

图335　蓝猪耳 *Torenia fournieri*

其超出萼齿部分长1.1～2.1厘米，花冠筒状，5裂，二唇形，上唇直立，先端微2裂，下唇3裂；雄蕊4，均发育，后方2枚内藏，前方2枚着生于喉部，花丝长而弓曲，基部各具1枚长2～4毫米的线状附属物，花药成对；子房被短粗毛。蒴果长圆形，包于宿萼内；种子多数，具蜂窝状皱纹。花果期5—11月。

【产地、生长环境与分布】仙桃市长埫口镇有产。我国南方地区常见栽培，有时在路旁、墙边或旷野草地也偶有逸生的。

【药用部位】全草。

【采集加工】 夏、秋季采收，晒干。

【性味】 味甘，性凉。

【功能主治】清热解毒、利湿、止咳、和胃止呕、化瘀；用于发痧呕吐、黄疸、血淋、风热咳嗽、腹泻、跌打损伤、蛇咬伤、疔毒。

【用法用量】 内服：煎汤，6～9克。外用：鲜品适量，捣敷。

101. 紫葳科 Bignoniaceae

凌霄属 *Campsis* Lour.

凌霄　紫葳　苕华　堕胎花　接骨丹　（图 336）
Campsis grandiflora (Thunb.) Schum.

【形态特征】 攀援藤本；茎木质，表皮脱落，枯褐色，以气生根攀附于他物之上。叶对生，为奇数羽状复叶；小叶 7～9枚，卵形至卵状披针形，顶端尾状渐尖，基部阔楔形，两侧不等大，长 3～6（9）厘米，宽 1.5～3（5）厘米，侧脉 6～7 对，两面无毛，边缘有粗锯齿；叶轴长 4～13厘米；小叶柄长 5（10）毫米。顶生疏散的短圆锥花序，花序轴长 15～20 厘米。花萼钟状，长 3 厘米，分裂至中部，裂片披针形，长约 1.5 厘米。花冠内面鲜红色，外面橙黄色，长约 5 厘米，裂片半圆形。

图 336　凌霄 *Campsis grandiflora*

雄蕊着生于花冠筒近基部，花丝线形，细长，长 2～2.5 厘米，花药黄色，"个"字形着生。花柱线形，长约 3 厘米，柱头扁平，2 裂。蒴果顶端钝。花期 5—8 月。

【产地、生长环境与分布】仙桃市各城区、乡镇均有产。多为栽培观赏植株。分布于河北、山东、河南、福建、广东、广西、陕西，台湾也有栽培。

【药用部位】 花，根，茎叶。

【采集加工】 夏、秋季采收，晒干备用。

【性味】 花（凌霄花）：味甘、酸，性寒。根（紫葳根）：味苦，性凉。茎叶：味苦，性平。

【功能主治】花（凌霄花）：行血祛瘀、凉血祛风；用于闭经癥瘕、产后乳肿、风疹发红、皮肤瘙痒、痤疮。根（紫葳根）：用于风湿痹痛、跌打损伤、骨折、脱臼、吐泻。茎叶：凉血、散瘀；用于血热生风、皮肤瘙痒、瘾疹、手脚麻木、咽喉肿痛。

【用法用量】 内服：煎汤，3～6克；或入散剂。外用：适量，研末调涂；或煎汤熏洗。

【验方参考】①治妇人、室女月水不通，一切血疾：紫葳二两，当归、茂（蓬莪术）各一两。上为细末。空心冷酒调下二钱，如行十里许，更用热酒调一服。（《鸡峰普济方》紫葳散）②治女经不行：凌霄花为末，每服二钱，食前温酒下。（《徐氏胎产方》）③治崩中漏下：凌霄花为末，温酒服方寸匕，日三。（《广利方》）④治通身痒：凌霄花为末，酒调，卜钱。（《医学正传》）⑤治皮肤湿癣：凌霄花、羊蹄根各等量，酌加枯矾，研末搽患处。（《上海常用中草药》）⑥治肺有风热、鼻生瘟疱：凌霄花半两（取末），硫黄一两（别研），腻粉一钱，胡桃四枚（去壳）。先将前三味和匀，后入胡桃肉，同研如膏子，用生绢蘸药频频揩之。（《杨氏家藏方》紫葳散）⑦治酒渣鼻：a.凌霄花、山栀子，上等份，为细末。每服二钱，食后茶调下，日进二服。（《是斋百一选方》）b.以凌霄花研末，和密陀僧末，调涂。（《岭南采药录》）⑧治癫痫：凌霄花，为细末。每服三钱，温酒调下，空心服。（《传信适用方》）⑨治大便后下血：凌霄花，浸酒饮。（《浙江民间草药》）⑩治误食草药毒者：每用凌霄花同黑豆一处蒸热，拣去花，只服豆三五粒。（《履巉岩本草》）

102. 爵床科 Acanthaceae

爵床属 *Rostellularia* Reichenb.

爵床　白花爵床　孩儿草　密毛爵床　小青草　（图337）

Rostellularia procumbens (L.) Nees

【形态特征】草本，茎基部匍匐，通常有短硬毛，高20～50厘米。叶椭圆形至椭圆状长圆形，长1.5～3.5厘米，宽1.3～2厘米，先端锐尖或钝，基部宽楔形或近圆形，两面常被短硬毛；叶柄短，长3～5毫米，被短硬毛。穗状花序顶生或生于上部叶腋，长1～3厘米，宽6～12毫米；苞片1，小苞片2，均披针形，长4～5毫米，有缘毛；花萼裂片4，线形，约与苞片等长，有膜质边缘和缘毛；花冠粉红色，长7毫米，二唇形，下唇3浅裂；雄蕊2，药室不等高，下方1室有距，蒴果长约5毫米，上部具4粒种子，下部实心似柄状。种子表面有瘤状皱纹。

图337　爵床 *Rostellularia procumbens*

【产地、生长环境与分布】仙桃市各地均有产。生于路边草丛、灌丛、屋旁等处。分布于山东、浙江、江西、湖北、四川、福建及台湾等地。

【药用部位】全草。

【采集加工】8—9月盛花期采收，割取地上部分，晒干备用。

【性味、归经】味微苦，性寒。归肺、肝、膀胱经。

【功能主治】清热解毒、利尿消肿、截疟；用于感冒发热、疟疾、咽喉肿痛、小儿疳积、痢疾、肠炎、肾炎水肿、尿路感染、乳糜尿；外用治痈疮疖肿、跌打损伤。

【验方参考】①治感冒发热、咳嗽、喉痛：爵床五钱至一两，煎服。（《上海常用中草药》）②治跌打损伤：爵床鲜草适量，洗净，捣敷患处。（《上海常用中草药》）③治疟疾：爵床一两，煎汁，于疟疾发作前三至四小时服下。（《上海常用中草药》）④治瘰疬：爵床三钱，夏枯草五钱，水煎服，每日一剂。（《江西民间草药》）⑤治钩端螺旋体病：爵床（鲜）八两，捣烂，敷腓肠肌。（《云南中草药》）⑥治痈疽疮疖：小青草捣烂敷。（《本草汇言》）⑦治酒毒血痢、肠红：小青草、秦艽各三钱，陈皮、甘草各一钱，水煎服。（《本草汇言》）⑧治口舌生疮：爵床一两，水煎服。（《湖南药物志》）⑨治黄疸、劳疟发热、翳障初起：小青草五钱，煮豆腐食。（《百草镜》）⑩治雀目：鸡肝或羊肝一具（不落水），小青草五钱。安碗内，加酒浆蒸熟，去草吃肝。加明雄黄五分尤妙。（《百草镜》）⑪治肾盂肾炎：爵床三钱，地苓、凤尾草、海金沙各五钱，艾棉桃（寄生艾叶上的虫蛀球）十个。水煎服，每日一剂。（《江西草药》）⑫治疳积：小青草煮牛肉、田鸡、鸡肝食之。（《本草纲目拾遗》）⑬治乳糜尿：爵床二至三两，地锦草、龙泉草各二两，车前草一两半，小号野花生、狗肝菜各一两（后二味可任选一味，如龙泉草缺，狗肝菜必用）。上药加水 1500 ～ 2000 毫升，文火煎成 400 ～ 600 毫升，其渣再加水 1000 毫升，文火煎取 300 ～ 400 毫升，供患者多次分服，每日一剂，至少以连续三个月为一个疗程，或于尿转正常后改隔日一剂，维持三个月，以巩固疗效。（《全展选编·传染病》）⑭治筋骨疼痛：爵床一两，水煎服。（《湖南药物志》）⑮治肝硬化腹水：小青草五钱，加猪肝或羊肝同煎服。（《浙江民间草药》）

103. 车前科 Plantaginaceae

车前属 *Plantago* L.

车前　车前草　平车前　蛤蟆草　车轱辘菜　蛤蟆叶　猪耳朵　（图 338）

Plantago asiatica L.

【形态特征】二年生或多年生草本。须根多数。根茎短，稍粗。叶基生呈莲座状，平卧、斜展或直立；叶片薄纸质或纸质，宽卵形至宽椭圆形，长 4 ～ 12 厘米，宽 2.5 ～ 6.5 厘米，先端钝圆至急尖，边缘波状、全缘或中部以下有锯齿、牙齿状齿或裂齿，基部宽楔形或近圆形，多少下延，两面疏生短柔毛；脉 5 ～ 7 条；叶柄长 2 ～ 15（27）厘米，基部扩大成鞘，疏生短柔毛。花序 3 ～ 10 个，直立或弓曲上升；花序梗长 5 ～ 30 厘米，有纵条纹，疏生白色短柔毛；穗状花序细圆柱状，长 3 ～ 40 厘米，紧密或稀疏，下部常间断；苞片狭卵状三角形或三角状披针形，长 2 ～ 3 毫米，长过于宽，龙骨突宽厚，无毛或先端疏生短毛。花具短梗；花萼长 2 ～ 3 毫米，萼片先端钝圆或钝尖，龙骨突不延至顶端，前对萼片椭圆形，龙骨突较宽，两侧片稍不对称，后对萼片宽倒卵状椭圆形或宽倒卵形。花冠白色，无毛，冠筒与萼片约等长，裂片狭三角形，长约 1.5 毫米，先端渐尖或急尖，具明显的中脉，于花后反折。雄蕊着生于冠筒内面近

图 338-01　车前 *Plantago asiatica*

基部，与花柱明显外伸，花药卵状椭圆形，长 1 ～ 1.2 毫米，顶端具宽三角形突起，白色，干后变淡褐色。胚珠 7 ～ 15（18）。蒴果纺锤状卵形、卵球形或圆锥状卵形，长 3 ～ 4.5 毫米，于基部上方周裂。种子 5 ～ 6（12），卵状椭圆形或椭圆形，长（1.2）1.5 ～ 2 毫米，具角，黑褐色至黑色，背腹面微隆起；子叶背腹向排列。花期 4—8 月，果期 6—9 月。

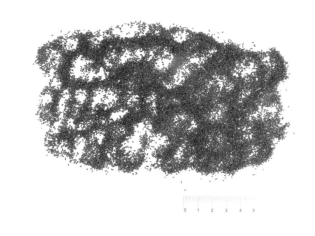

图 338-02　车前子（药材）

【产地、生长环境与分布】 仙桃市各地均有产。生于草地、沟边、河岸湿地、田边、路旁或村边空旷处。分布于黑龙江、吉林、辽宁、内蒙古、河北、山西、陕西、甘肃、新疆、山东、江苏、安徽、浙江、江西、福建、台湾、河南、湖北、湖南、广东、广西、海南、四川、贵州、云南、西藏。

【药用部位】 全草，种子。

【采集加工】 夏、秋季采收，晒干备用。

【性味、归经】 味甘，性寒。归肝、肾、膀胱经。

【功能主治】 清热、利尿、祛痰、凉血、解毒；用于水肿尿少、热淋涩痛、暑湿泄泻、痰热咳嗽、吐血衄血、痈肿疮毒。

【用法用量】 9 ～ 30 克；鲜品 30 ～ 60 克，煎服或捣汁服。外用鲜品适量，捣敷患处。

【验方参考】 ①治小便不利：车前子草一斤，水三升，煎取一升半，分三服。（《肘后备急方》）②治尿血：a. 车前草捣绞，取汁五合，空腹服之。（《外台秘要》）b. 车前草、地骨皮、旱莲草各三钱，汤炖服。（《闽东本草》）③治带下：车前草根三钱捣烂，用糯米淘米水兑服。（《湖南药物志》）④治泄泻：车前草四钱，铁马鞭二钱，共捣烂，冲凉水服。（《湖南药物志》）⑤治百日咳：车前草三钱，水煎服。（《湖南药物志》）⑥治痄腮：车前草一两三钱，水煎服，温覆取汗。（《湖南药物志》）⑦治惊风：鲜车前根、野菊花根各二钱五分，水煎服。（《湖南药物志》）⑧治火眼：车前草根三钱，青鱼草、生石膏各二钱，水煎服。（《湖南药物志》）⑨治热痢：车前草叶捣绞取汁一盏，入蜜一合，同煎一二沸，分温二服。（《太平圣惠方》）⑩治黄疸：白车前草五钱，观音螺一两，加酒一杯炖服。（《湖南药物志》）⑪治痰嗽喘促、咯血：鲜车前草二两（炖），加冬蜜五钱或冰糖一两服。（《湖南药物志》）⑫治小儿癫痫：鲜车前草五两绞汁，加冬蜜五钱，开水冲服。（《湖南药物志》）⑬治感冒：车前草、陈皮各适量，水煎服。（《中草药新医疗法资料选编》）⑭治衄血：车前叶生研，水解饮之。（《本草图经》）⑮治高血压：车前草、鱼腥草各一两，水煎服。（《浙江民间常用草药》）⑯治目赤肿痛：车前草自然汁，调朴硝末，卧时涂眼胞上，次早洗去。（《圣济总录》）⑰治金疮血出不止：捣车前汁敷之。（《千金方》）⑱治疮疡溃烂：鲜车前叶，以银针密刺细孔，以米汤或开水泡软，整叶敷贴疮上，日换二至三次。有排脓生肌作用。（《福建民间草药》）

104. 忍冬科 Caprifoliaceae

忍冬属 *Lonicera* L.

忍冬　金银藤　金银花　双花　（图 339）

Lonicera japonica Thunb.

【形态特征】半常绿藤本；幼枝暗红褐色，密被黄褐色、开展的硬直糙毛、腺毛和短柔毛，下部常无毛。叶纸质，卵形至矩圆状卵形，有时卵状披针形，稀圆卵形或倒卵形，极少有 1 至数个钝缺刻，长 3～5（9.5）厘米，顶端尖或渐尖，少有钝、圆或微凹缺，基部圆形或近心形，有糙缘毛，上面深绿色，下面淡绿色，小枝上部叶通常两面均密被短糙毛，下部叶常平滑无毛而下面多少带青灰色；叶柄长 4～8 毫米，密被短柔毛。总花梗通常单生于小枝上部叶腋，与叶柄等长或稍较短，下方者则长

图 339-01　忍冬 *Lonicera japonica*

达 4 厘米，密被短柔毛，并夹杂腺毛；苞片大，叶状，卵形至椭圆形，长达 3 厘米，两面均有短柔毛或有时近无毛；小苞片顶端圆形或截形，长约 1 毫米，为萼筒的 1/2～4/5，有短糙毛和腺毛；萼筒长约 2 毫米，无毛，萼齿卵状三角形或长三角形，顶端尖而有长毛，外面和边缘都有密毛；花冠白色，有时基部向阳面呈微红色，后变黄色，长（2）3～4.5（6）厘米，唇形，筒稍长于唇瓣，很少近等长，外被多少倒生的开展或半开展糙毛和长腺毛，上唇裂片顶端钝形，下唇带状而反曲；雄蕊和花柱均高出花冠。果实圆形，直径 6～7 毫米，熟时蓝黑色，有光泽；种子卵圆形或椭圆形，褐色，长约 3 毫米，中部有 1 凸起的脊，两侧有浅的横沟纹。花期 4—6 月（秋季亦常开花），果熟期 10—11 月。

【产地、生长环境与分布】仙桃市各地均有产。生于灌丛或疏林中、路旁及村庄篱笆边，也常栽培。除黑龙江、内蒙古、宁夏、青海、新疆、海南和西藏无自然生长外，全国各地均有分布。

【药用部位】花蕾，茎藤。

【采集加工】夏、秋季采收，晒干备用。

【性味】味甘，性寒。

【功能主治】金银花：清热解毒、消炎退肿；用于外感风热或温病发热、中暑、热毒血痢、痈肿疔疮、喉痹、多种感染性疾病。忍冬藤：清热解毒；用于温病发热、热毒血痢、痈肿疔疮、喉痹及多种感染性疾病。

【用法用量】内服：煎汤，10～20 克；或入丸、散。外用：适量，捣敷。

【验方参考】①预防乙脑、流脑：金银花、连翘、大青根、芦根、甘草各三钱，水煎代茶饮，每日一剂，连服三至五天。（《江西草药》）②治太阴风温、温热，冬温初起，但热不恶寒而渴者：连翘一两，金银花一两，苦桔梗六钱，薄荷六钱，竹叶四钱，生甘草五钱，荆芥穗四钱，淡豆豉五钱，牛蒡子六钱。上杵为散，每服六钱，鲜苇根汤煎服。（《温病条辨》银翘散）③治痢疾：金银花（入铜锅内，焙枯存

性）五钱，红痢以白蜜水调服，白痢以砂糖水调服。（《惠直堂经验方》忍冬散）④治热淋：金银花、海金沙藤、天胡荽、金樱子根、白茅根各一两。水煎服，每日一剂，五至七天为一个疗程。（《江西草药》）⑤治胆道感染、创口感染：金银花一两，连翘、大青根、黄芩、野菊花各五钱。水煎服，每日一剂。（《江西草药》）⑥治疮疡痛甚、色变紫黑者：金银花连枝叶（锉）二两，黄芪四两，甘草一两。上细切，用酒一升，同入壶瓶内，闭口，重汤内煮二三时辰，取出，去滓，顿服之。（《活法机要》回疮金银花散）⑦治一切肿毒、不问已溃未溃，或初起发热并疔疮便毒、喉痹乳蛾：金银花（连茎叶）自然汁半碗，煎八分服之，以滓敷上，败毒托里，散气和血，其功独胜。（《积善堂经验方》）⑧治痈疽发背初起：金银花半斤，水十碗煎至二碗，入当归二两，同煎至一碗，一气服之。（《洞天奥旨》归花汤）⑨治一切内外痈肿：金银花四两，甘草三两。水煎顿服，能饮者用酒煎服。（《医学心悟》忍冬汤）⑩治大肠生痈、手不可按、右足屈而不伸：金银花三两，当归二两，

图 339-02　金银花（药材）

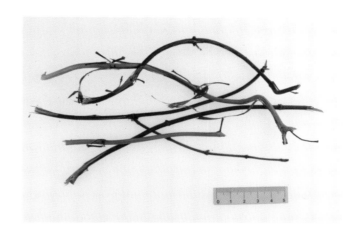

图 339-03　忍冬藤（药材）

地榆一两，麦冬一两，玄参一两，生甘草三钱，薏仁五钱，黄芩二钱，水煎服。（《洞天奥旨》清肠饮）⑪治深部脓肿：金银花、野菊花、海金沙、马兰、甘草各三钱，大青叶一两，水煎服。亦可治疗痈肿疔疮。（《江西草药》）⑫治气性坏疽、骨髓炎：金银花一两，积雪草二两，一点红一两，野菊花一两，白茅根一两，白花蛇舌草二两，地胆草一两，水煎服。另用女贞子、佛甲草（均鲜者）各适量，捣烂外敷。（《江西草药》）⑬治乳岩积久渐大、色赤出水、内溃深洞：金银花、黄芪（生）各五钱，当归八钱，甘草一钱八分，枸橘叶（臭橘叶）五十片，水酒各半煎服。（《竹林女科》银花汤）⑭治杨梅结毒：金银花一两，甘草二钱，黑料豆二两，土茯苓四两，水煎，每日一剂，须尽饮。（《外科十法》忍冬汤）⑮解农药（1059、1605、4049 等有机磷制剂）中毒：金银花二至三两，明矾二钱，大黄五钱，甘草二至三两，水煎冷服，每剂作一次服，一日二剂。（《单方验方新医疗法选编》）

荚蒾属 *Viburnum* L.

1. 冬芽裸露；植物体被簇状毛而无鳞片；果实成熟时由红色转为黑色 ························· 琼花 *V. macrocephalum* f. *keteleeri*

1. 冬芽有 1～2 对（很少 3 对或多对），鳞片 1；如为裸露，则芽、幼枝、叶下面、花序、萼、花冠及果实均被鳞片状毛。

2. 花序复伞形或伞形式，有大型的不孕花；果核腹面有 1 上宽下窄的沟，沟上端及背面下半部中央各有 1 明显隆起的脊 ··· 粉团 *V. plicatum*

2. 花序种种，不具大型不孕花；果核通常不如上述 ··· 珊瑚树 *V. odoratissimum*

琼花　扬州琼花　蝴蝶木　八仙花　聚八仙　蝴蝶戏珠花　毛琼花　（图 340）
Viburnum macrocephalum f. *keteleeri* (Carr.) Rehd.

【形态特征】聚伞花序仅周围具大型的不孕花，花冠直径 3 ～ 4.2 厘米，裂片倒卵形或近圆形，顶端常凹缺；可孕花的萼齿卵形，长约 1 毫米，花冠白色，辐状，直径 7 ～ 10 毫米，裂片宽卵形，长约 2.5 毫米，筒部长约 1.5 毫米，雄蕊稍高出花冠，花药近圆形，长约 1 毫米。果实红色而后变黑色，椭圆形，长约 12 毫米；核扁，矩圆形至宽椭圆形，长 10 ～ 12 毫米，直径 6 ～ 8 毫米，有 2 条浅背沟和 3 条浅腹沟。花期 4 月，果期 9—10 月。

图 340　琼花 *Viburnum macrocephalum* f. *keteleeri*

【产地、生长环境与分布】仙桃市沔州森林公园有栽培。生于荒坡、林下或灌丛中。庭园亦常有栽培。分布于江苏南部、安徽西部、浙江、江西西北部、湖北西部及湖南南部。

【药用部位】枝叶、果实。

【采集加工】夏、秋季采收，鲜用。

【性味】味苦，性凉。

【功能主治】叶：用于疟疾。根：用于咽喉溃疡，外用治皮肤瘙痒。

【用法用量】外用：鲜品适量，煎水洗患处。

粉团　雪球荚迷　绣球　（图 341）
Viburnum plicatum Thunb.

【形态特征】落叶灌木，高达 3 米；当年生小枝浅黄褐色，四角状，被由黄褐色簇状毛组成的茸毛，二年生小枝灰褐色或灰黑色，稍具棱角或否，散生圆形皮孔，老枝圆筒形，近水平状开展。冬芽有 1 对披针状三角形鳞片。叶纸质，宽卵形、圆状倒卵形或倒卵形，稀近圆形，长 4 ～ 10 厘米，顶端圆或急狭而微突尖，基部圆形或宽楔形，很少微心形，边缘有不整齐三角状锯齿，上面疏被短伏毛，中脉毛较密，下面密被茸毛，或有时仅侧脉有毛，侧脉 10 ～ 12（13）对，笔直伸至齿端，上面常深凹陷，下面显著凸起，小脉横列，并行，紧密，成明显的长方形格纹；叶柄长 1 ～ 2 厘米，被薄茸毛；无托叶。聚伞花序伞形式，球形，直径 4 ～ 8 厘米，常生于具 1 对叶的短侧枝上，全部由大型的不孕花组成，总花梗长 1.5 ～ 4 厘米，稍有棱角，被黄褐色簇状毛，第一级辐射枝 6 ～ 8 条，花生于第四级辐射枝上；萼筒倒圆锥形，无毛或有时被簇状毛，萼齿卵形，顶钝圆；花冠白色，辐状，直径 1.5～3 厘米，裂片有时仅 4 枚，倒卵形或近圆形，顶圆形，大小常不相等；雌、雄蕊均不发育。花期 4—5 月。

【产地、生长环境与分布】仙桃市各地均有产。分布于湖北西部和贵州中部（清镇）。

【性味】味苦，性温；无毒。

【功能主治】祛湿、破血。

【验方参考】治肾囊风：a. 粉团花七朵，煎水洗。(《本草纲目拾遗》)b. 蛇床子、墙上野苋、绣球花，煎汤洗。(《良方集要》)

图 341　粉团 *Viburnum plicatum*

珊瑚树　早禾树　极香荚迷　法国冬青　日本珊瑚树　（图 342）

Viburnum odoratissimum Ker. -Gawl.

【形态特征】常绿灌木或小乔木，高达 10（15）米；枝灰色或灰褐色，有凸起的小瘤状皮孔，无毛或有时稍被褐色簇状毛。冬芽有 1～2 对卵状披针形的鳞片。叶革质，椭圆形至矩圆形或矩圆状倒卵形至倒卵形，有时近圆形，长 7～20 厘米，顶端短尖至渐尖而钝头，有时钝形至近圆形，基部宽楔形，稀圆形，边缘上部有不规则浅波状锯齿或近全缘，上面深绿色有光泽，两面无毛或脉上散生簇状微毛，下面有时散生暗红色微腺点，脉腋常有集聚簇状毛和趾蹼状小孔，侧脉 5～6 对，弧形，

图 342　珊瑚树 *Viburnum odoratissimum*

近缘前互相网结，连同中脉下面凸起而显著；叶柄长 1～2（3）厘米，无毛或被簇状微毛。圆锥花序顶生或生于侧生短枝上，宽尖塔形，长（3.5）6～13.5 厘米，宽（3）4.5～6 厘米，无毛或散生簇状毛，总花梗长可达 10 厘米，扁，有淡黄色小瘤状突起；苞片长不足 1 厘米，宽不及 2 毫米；花芳香，通常生于序轴的第二至第三级分枝上，无梗或有短梗；萼筒筒状钟形，长 2～2.5 毫米，无毛，萼檐碟状，齿宽三角形；花冠白色，后变黄白色，有时微红，辐状，直径约 7 毫米，筒长约 2 毫米，裂片反折，圆卵形，顶端圆，长 2～3 毫米；雄蕊略超出花冠裂片，花药黄色，矩圆形，长近 2 毫米；柱头头状，不高出萼齿。果实先红色后变黑色，卵圆形或卵状椭圆形，长约 8 毫米，直径 5～6 毫米；核卵状椭圆形，浑圆，长约 7 毫米，直径约 4 毫米，有 1 条深腹沟。花期 4—5 月（有时不定期开花），果期 7—9 月。

【产地、生长环境与分布】仙桃市流潭公园有栽培。为栽培品种。分布于福建东南部、湖南南部、广东、海南和广西地区。

【药用部位】根，树皮，叶。

【采集加工】夏、秋季采收，晒干备用。

【性味】味辛，性凉。

【功能主治】清热祛湿、通经活络、拔毒生肌；用于感冒、跌打损伤、骨折。

接骨木属 *Sambucus* L.

接骨草　臭草　八棱麻　陆英　蒴藋　青稞草　走马箭　七叶星　蒴藋　（图343）
Sambucus javanica Blume

【形态特征】高大草本或半灌木，高1～2米；茎有棱条，髓部白色。羽状复叶的托叶叶状或有时退化成蓝色的腺体；小叶2～3对，互生或对生，狭卵形，长6～13厘米，宽2～3厘米，嫩时上面被疏长柔毛，先端长渐尖，基部钝圆，两侧不等，边缘具细锯齿，近基部或中部以下边缘常有1或数枚腺齿；顶生小叶卵形或倒卵形，基部楔形，有时与第一对小叶相连，小叶无托叶，基部一对小叶有时有短柄。复伞形花序顶生，大而疏散，总花梗基部托以叶状总苞片，分枝三至五出，纤细，被黄色疏柔毛；杯形不孕性花不脱落，可孕性花小；萼筒杯状，萼齿三角形；花冠白色，仅基部连合，花药黄色或紫色；子房3室，花柱极短或几无，柱头3裂。果实红色，近圆形，直径3～4毫米；核2～3粒，卵形，长2.5毫米，表面有小疣状突起。花期4—5月，果期8—9月。

图343-01　接骨草 *Sambucus javanica*（1）

【产地、生长环境与分布】仙桃市各地均有产。多生于林下、灌丛、沟边和草丛中。分布于陕西、甘肃、江苏、安徽、浙江、江西、福建、台湾、河南、湖北、湖南、广东、广西、四川、贵州、云南、西藏等地。

【药用部位】全草。

【采集加工】果实：9—10月采收，鲜用。茎叶：夏、秋季采收，切段，鲜用或晒干。根或根皮：秋季采挖，洗净，切片，

图343-02　接骨草 *Sambucus javanica*（2）

晒干；或剥取根皮，切段，晒干。

【性味、归经】味甘、苦，性平。归肝经。

【功能主治】祛瘀生新、舒筋活络；浸酒服，强壮筋骨；用于风湿骨痛。叶，用于跌打损伤、接骨。

【用法用量】内服：煎汤，15～30克；或入丸、散。外用：适量，捣敷或煎汤熏洗；或研末撒。

六道木属 *Zabelia*（**Rehder**）**Makino**

六道木　六条木　鸡骨头　（图344）

Zabelia biflora (Turcz.) Makino

【形态特征】落叶灌木，高1～3米；幼枝被倒生硬毛，老枝无毛；叶矩圆形至矩圆状披针形，长2～6厘米，宽0.5～2厘米，顶端尖至渐尖，基部钝至渐狭成楔形，全缘或中部以上羽状浅裂而具1～4对粗齿，上面深绿色，下面绿白色，两面疏被柔毛，脉上密被长柔毛，边缘有睫毛状毛；叶柄长2～4毫米，基部膨大且成对相连，被硬毛。花单生于小枝叶腋，无总花梗；花梗长5～10毫米，被硬毛；小苞片三齿状，齿1长2短，花后不落；萼筒圆柱形，疏生短硬毛，萼齿4枚，狭椭圆形或倒卵状矩圆形，长约1厘米；花冠白色、淡黄色或带浅红色，狭漏斗形或高脚碟形，外面被短柔毛，杂有倒向硬毛，4裂，裂片圆形，筒为裂片长的3倍，内密生硬毛；雄蕊4枚，二强，着生于花冠筒中部，内藏，花药长卵圆形；子房3室，仅1室发育，花柱长约1厘米，柱头头状。果实具硬毛，冠以4枚宿存而略增大的萼裂片；种子圆柱形，长4～6毫米，具肉质胚乳。早春开花，8—9月结果。

【产地、生长环境与分布】仙桃市沔阳公园有栽培。生于灌丛、林下及沟边。

图344-01　六道木 *Zabelia biflora*（1）

图344-02　六道木 *Zabelia biflora*（2）

分布于河北、山西、陕西、宁夏、甘肃、安徽、浙江、江西、福建、河南、湖北、四川、贵州、云南及西藏等地。

【药用部位】果实。

【采集加工】秋季采收，晒干。

【性味】味微苦，性平。

【功能主治】祛风除湿、解毒消肿；用于风湿痹痛、热毒痈疮。

【用法用量】内服：煎汤，15～24克。外用：适量，捣敷。

105. 桔梗科 Campanulaceae

半边莲属 *Lobelia* L.

半边莲　瓜仁草　细米草　急解索　（图345）
Lobelia chinensis Lour.

【形态特征】多年生草本。茎细弱，匍匐，节上生根，分枝直立，高6～15厘米，无毛。叶互生，无柄或近无柄，椭圆状披针形至条形，长8～25厘米，宽2～6厘米，先端急尖，基部圆形至阔楔形，全缘或顶部有明显的锯齿，无毛。花通常1朵，生于分枝的上部叶腋；花梗细，长1.2～2.5（3.5）厘米，基部有长约1毫米的小苞片2枚、1枚或者没有，小苞片无毛；花萼筒倒长锥状，基部渐细而与花梗无明显区分，长3～5毫米，无毛，裂片披针形，约与萼筒等长，全缘或下部有1对小齿；花冠

图345-01　半边莲 *Lobelia chinensis*

粉红色或白色，长10～15毫米，背面裂至基部，喉部以下生白色柔毛，裂片全部平展于下方，呈一个平面，2侧裂片披针形，较长，中间3枚裂片椭圆状披针形，较短；雄蕊长约8毫米，花丝中部以上连合，花丝筒无毛，未连合部分的花丝侧面生柔毛，花药管长约2毫米，背部无毛或疏生柔毛。蒴果倒锥状，长约6毫米。种子椭圆状，稍扁压，近肉色。花果期5—10月。

【产地、生长环境与分布】仙桃市各地均有产。生于水田边、沟边及潮湿草地上。分布于长江中、下游及以南各地。

【药用部位】全草。

【采集加工】夏、秋季采收，晒干备用。

【性味】味辛，性平；无毒。

【功能主治】清热解毒、利尿消肿；用于毒蛇咬伤、肝硬化腹水、晚期血吸虫病腹水、阑尾炎等。

【用法用量】内服：煎汤，15～30克，或捣汁。外用：适量，捣敷，或捣汁调涂。

【验方参考】①治寒齁气喘及疟疾寒热：半边莲、雄黄各二钱，捣泥，碗内覆之，待青色，以饭丸如梧子大。每服九丸，空心盐汤下。（《寿域神方》）②治由血防846或链霉素引起的眩晕等：半边莲一两，配墨旱莲、白芷、车前草、女贞子、紫花地丁煎服。（《上海常用中草药》）③治毒蛇咬伤：a. 鲜半边莲一二两，捣烂绞汁，加甜酒一两调服，服后盖被入睡，以便出微汗。毒重的一天服两次。并用捣

烂的鲜半边莲敷于伤口周围。（《江西民间草药验方》）b.半边莲浸烧酒搽之。（《岭南草药志》）④治晚期血吸虫病腹水、肾炎水肿：半边莲一至二两，煎服。（《上海常用中草药》）⑤治疗疮，一切阳性肿毒：鲜半边莲适量，加食盐数粒同捣烂，敷患处，有黄水渗出，渐愈。（《江西民间草药验方》）⑥治急性中耳炎：半边莲擂烂绞汁，和酒少许滴耳。（《岭南草药志》）⑦治乳腺炎：鲜半边莲适量，捣烂敷患处。（《福建中草药》）⑧治盲肠炎：半边莲八两，

图 345-02　半边莲（药材）

加双料酒适量，捣烂水煎，一日五次分服，渣再和入米酒少许，外敷患处。（《岭南草药志》）⑨治无名肿毒：半边莲叶捣烂加酒敷患处。（《岭南草药志》）⑩治痢疾：生半边莲二两，水煎和黄糖服。（《岭南草药志》）⑪治喉蛾：鲜半边莲如鸡蛋大一团，放在瓷碗内，加好烧酒三两，同擂极烂，绞取药汁，分三次口含，每次含一二十分钟吐出。（《江西民间草药验方》）⑫治湿热泄泻：半边莲一两，水煎服。（《草药手册》）⑬治天行赤眼或起星翳：a.鲜半边莲适量，捣烂，敷眼皮上，用纱布盖护，一日换药两次。b.鲜半边莲，洗净，揉碎作一小丸，塞入鼻腔，患左眼塞右鼻，患右眼塞左鼻。三四小时换一次。（《江西民间草药验方》）⑭治单腹鼓胀：半边莲、金钱草各三钱，大黄四钱，枳实六钱。水煎，连服五天，每天一剂；以后加重半边莲、金钱草二味，将原方去大黄，加神曲、麦芽、砂仁，连服十天；最后将此方做成小丸，每服五钱，连服半个月。在治疗中少食盐。（《岭南草药志》）⑮治黄疸、水肿、小便不利：半边莲一两，白茅根一两。水煎，分二次用白糖调服。（《江西民间草药验方》）⑯治跌打扭伤肿痛：半边莲一斤，清水三斤，煎剩一斤半过滤，将渣加水三斤再煎成一半，然后将两次滤液混合在一起，用慢火浓缩成一斤，装瓶备用。用时以药棉放在药液中浸透，取出贴于患处。（《江西民间草药验方》）

桔梗属 *Platycodon* A. DC.

桔梗　铃铛花　（图346）

Platycodon grandiflorus (Jacq.) A. DC.

【形态特征】多年生草本，高30～120厘米。全株有白色乳汁。主根长纺锤形，少分枝。茎无毛，通常不分枝或上部稍分枝。叶3～4片轮生、对生或互生；无柄或有极短的柄；叶片卵形至披针形，长2～7厘米，宽0.5～3厘米，先端尖，基部楔形，边缘有尖锯齿，下面被白粉。花1朵至数朵单生于茎顶或集成疏总状花序；花萼钟状，裂片5；花冠阔钟状，直径4～6厘米，蓝色或蓝紫色，裂片5，三角形；雄蕊5，花丝基部变宽，密被细毛；子房半下位，花柱5裂。蒴果倒卵圆形，熟时顶部5瓣裂。种子多数，褐色。花期7—9月，果期8—10月。

【产地、生长环境与分布】仙桃市长埫口镇有栽培。田间栽培。分布于全国各地。

【药用部位】植物的干燥根。

【采集加工】 春、秋季采挖，洗净，除去须根，趁鲜剥去外皮或不去外皮，干燥。

【性味、归经】 味苦、辛，性平；归肺经。

【功能主治】 宣肺、利咽、祛痰、排脓；用于咳嗽痰多、胸闷不畅、咽痛音哑、肺痈吐脓。

【用法用量】 3～10克。

【验方参考】 ①治妊娠中恶，心腹疼痛：桔梗一两，水一盏，生姜三片，煎六分，温服。（《太平圣惠方》）②治肺痈咳而胸满，振寒脉数，咽干不渴，时出浊唾腥臭，

图 346　桔梗 *Platycodon grandiflorus*

久久吐脓如米粥者：桔梗一两，甘草二两。上二味，以水三升，煮取一升，分温再服。（《金匮要略》）③治痰嗽喘急不定：桔梗一两半，捣罗为散，用童子小便半升，煎取四合，去滓温服。（《简要济众方》）

【使用注意】 本品性升散，凡气机上逆、呕吐、呛咳、眩晕、阴虚火旺咯血等不宜用。用量过大易致恶心呕吐。

106. 菊科 Asteraceae

藿香蓟属 *Ageratum* L.

藿香蓟　胜红蓟　一枝香　白花草　（图347）
Ageratum conyzoides L.

【形态特征】 一年生草本，高50～100厘米，有时又不足10厘米。无明显主根。茎粗壮，基部直径4毫米，或少有纤细的，而基部直径不足1毫米，不分枝或自基部或自中部以上分枝，或下基部平卧而节常生不定根。全部茎枝淡红色，或上部绿色，被白色尘状短柔毛或上部被稠密开展的长茸毛。叶对生，有时上部互生，常有腋生的不发育的叶芽。中部茎叶卵形或椭圆形或长圆形，长3～8厘米，宽2～5厘米；自中部叶向上向下及腋生小枝上的叶渐小或小，卵形或长圆形，有时植株全部叶小型，长仅1厘米，宽仅达0.6毫米。全部叶基部钝或宽楔形，基出3脉或不明显五出脉，顶端急尖，边缘具圆锯齿，有长1～3厘米的叶柄，两面被白色稀疏的短柔毛且有黄色腺点，上面沿脉处及叶下

图 347-01　藿香蓟 *Ageratum conyzoides*（1）

面的毛稍多，有时下面近无毛，上部叶的叶柄或腋生幼枝及腋生枝上的小叶的叶柄通常被白色稠密开展的长柔毛。头状花序4～18个，在茎顶排成通常紧密的伞房状花序；花序直径1.5～3厘米，少有排成松散伞房花序式的。花梗长0.5～1.5厘米，被尘状短柔毛。总苞钟状或半球形，宽5毫米。总苞片2层，长圆形或披针状长圆形，长3～4毫米，外面无毛，边缘撕裂。花冠长1.5～2.5毫米，外面无毛或顶端有尘状微柔毛，檐部5裂，淡紫色。瘦果黑褐色，5棱，长1.2～1.7毫米，有白色稀疏

图 347-02　藿香蓟　*Ageratum conyzoides*（2）

细柔毛。冠毛膜片5或6个，长圆形，顶端急狭或渐狭成长或短芒状，或部分膜片顶端截形而无芒状渐尖；全部冠毛膜片长1.5～3毫米。花果期全年。

【产地、生长环境与分布】仙桃市各地均有产。生于旱田边、沟边及草地上。分布于广东、广西、云南、贵州、四川、江西、福建等地。

【药用部位】全草。

【采集加工】夏、秋季采收，除去根部，鲜用或切段晒干。

【性味】味辛、微苦，性凉。

【功能主治】祛风清热、止痛、止血、排石；用于乳蛾、咽喉痛、泄泻、胃痛、崩漏、肾结石、湿疹、鹅口疮、痈疮肿毒、下肢溃疡、中耳炎、外伤出血。

【用法用量】内服：煎汤，15～30克（鲜品加倍）；或研末，或鲜品捣汁。外用：适量，捣敷；研末吹喉或调敷。

【验方参考】①治感冒发热：白花草60克，水煎服。（《广西民间常用中草药手册》）②治喉证（包括白喉）：胜红蓟鲜叶30～60克，洗净，绞汁。调冰糖服，日服3次。或取鲜叶晒干，研为末，作吹喉散。（《泉州本草》）③治肺结核、咳嗽痰中带血：胜红蓟、矮茶风、麦冬、叶上珠（青荚叶）各15克，水煎服。（《四川中药志》）④治鼻衄：白花草鲜叶搓烂塞鼻。（《广西本草选编》）⑤治崩漏、鹅口疮、疔疮红肿：胜红蓟10～15克，水煎服。（《云南中草药》）

木茼蒿属 *Argyranthemum* Webb ex Sch. –Bip.

木茼蒿　玛格丽特　木春菊　蓬蒿菊　法兰西菊　（图348）

Argyranthemum frutescens (L.) Sch. -Bip

【形态特征】灌木，高达1米。枝条大部木质化。叶宽卵形、椭圆形或长椭圆形，长3～6厘米，宽2～4厘米，二回羽状分裂。一回为深裂或几全裂，二回为浅裂或半裂。一回侧裂片2～5对；二回侧裂片线形或披针形，两面无毛。叶柄长1.5～4厘米，有狭翼。头状花序多数，在枝端排成不规则的伞房花序，有长花梗。总苞宽10～15毫米。全部苞片边缘白色宽膜质，内层总苞片顶端膜质扩大几成附片状。舌

状花舌片长 8 ～ 15 毫米。舌状花瘦果有 3
条具白色膜质宽翅形的肋。两性花瘦果有
1～2 条具狭翅的肋，并有 4～6 条细间肋。
冠状冠毛长 0.4 毫米。花果期 2—10 月。

【产地、生长环境与分布】 仙桃市沔
阳公园有栽培。多为公园栽培观赏品种。
我国各地均有栽培。

【药用部位】 头状花序。

【采集加工】夏、秋季采收,晒干备用。

【性味】 味辛，性平。

【功能主治】安心气、养脾胃、消痰欲。

图 348　木茼蒿 *Argyranthemum frutescens*

蒿属 *Artemisia* L.

1. 头状花序通常球形，稀少半球形或卵球形；叶的小裂片狭线形、狭线状棒形或狭线状披针形，通常宽不及 1 毫米，
稀达 1.5 毫米，或叶的小裂片为栉齿状，长、宽均在 5 毫米以下 ·· 青蒿 *A. caruifolia*
1. 头状花序椭圆形、长圆球形或长卵球形，稀半球形、近球形或卵钟形；叶的小裂片为宽线形、卵状披针形、椭圆形
或为缺裂，宽 (1.5) 2 毫米以上，或叶不分裂，边全缘或具小锯齿或浅裂齿 ······································ 艾 *A. argyi*

青蒿　苦蒿　臭青蒿　香青蒿　细叶蒿　（图 349）

Artemisia caruifolia Buch. -Ham. ex Roxb.

【形态特征】 一年生草本；植株有香
气。主根单一，垂直，侧根少。茎单生，
高 30～150 厘米，上部多分枝，幼时绿色，
有纵纹，下部稍木质化，纤细，无毛。叶
两面青绿色或淡绿色，无毛；基生叶与茎
下部叶三回栉齿状羽状分裂，有长叶柄，
花期叶凋谢；中部叶长圆形、长圆状卵形
或椭圆形，长 5～15 厘米，宽 2～5.5 厘米，
二回栉齿状羽状分裂，第一回全裂，每侧
有裂片 4～6 枚，裂片长圆形，基部楔形，
每裂片具多枚长三角形的栉齿或为细小、
略呈线状披针形的小裂片，先端锐尖，两

图 349　青蒿 *Artemisia caruifolia*

侧常有 1～3 枚小裂齿或无裂齿，中轴与裂片羽轴常有小锯齿，叶柄长 0.5～1 厘米，基部有小型半抱茎
的假托叶；上部叶与苞片叶一（至二）回栉齿状羽状分裂，无柄。头状花序半球形或近半球形，直径 3.5～4
毫米，具短梗，下垂，基部有线形的小苞叶，在分枝上排成穗状花序式的总状花序，并在茎上组成中等
开展的圆锥花序；总苞片 3～4 层，外层总苞片狭小，长卵形或卵状披针形，背面绿色，无毛，有细小
白点，边缘宽膜质，中层总苞片稍大，宽卵形或长卵形，边宽膜质，内层总苞片半膜质或膜质，顶端圆；

花序托球形；花淡黄色；雌花 10 ～ 20 朵，花冠狭管状，檐部具 2 裂齿，花柱伸出花冠管外，先端 2 叉，叉端尖；两性花 30 ～ 40 朵，孕育或中间若干朵不孕育，花冠管状，花药线形，上端附属物尖，长三角形，基部圆钝，花柱与花冠等长或略长于花冠，顶端 2 叉，叉端截形，有毛。瘦果长圆形至椭圆形。花果期 6—9 月。

【产地、生长环境与分布】仙桃市各地均有产。多生于林缘、路旁、房前屋后等。分布于吉林、辽宁、河北（南部）、陕西（南部）、山东、江苏、安徽、浙江、江西、福建、河南、湖北、湖南、广东、广西、四川（东部）、贵州、云南等地。

【药用部位】全草。

【采集加工】秋季花盛开时采割，除去老茎，阴干。

【性味、归经】味苦、微辛，性寒。归肝、胆经。

【功能主治】清虚热、除骨蒸、解暑热、截疟、退黄；用于温邪伤阴、夜热早凉、阴虚发热、骨蒸劳热、暑邪发热、疟疾寒热、湿热黄疸等。

【用法用量】煎服，6 ～ 12 克，后下。

【验方参考】①治暑毒热痢：青蒿叶一两，甘草一钱，水煎服。（《圣济总录》）②治虚劳、盗汗、烦热、口干：青蒿一斤。取汁熬膏，入人参末、麦冬末各一两，熬至可丸，丸如梧桐子大。每食后米饮下二十丸。（《圣济总录》青蒿丸）③治温病夜热早凉，热退无汗，热自阴来者：青蒿二钱，鳖甲五钱，细生地四钱，知母二钱，丹皮三钱。水五杯，煮取二杯，日再服。（《温病条辨》青蒿鳖甲汤）④治劳瘦：青蒿嫩者（细锉）一升，以水三升，童子小便五升。同煎成膏，丸如梧桐子大。每服十丸，温酒下，不以时。（《鸡峰普济方》青蒿煎）

艾　艾蒿　白蒿　医草　灸草　白艾　蕲艾　（图 350）

Artemisia argyi Levl. et Van.

【形态特征】多年生草本或略成半灌木状，植株有浓烈香气。主根明显，略粗长，直径达 1.5 厘米，侧根多；常有横卧地下根状茎及营养枝。茎单生或少数，高 80 ～ 150（250）厘米，有明显纵棱，褐色或灰黄褐色，基部稍木质化，上部草质，并有少数短的分枝，枝长 3 ～ 5 厘米；茎、枝均被灰色蛛丝状柔毛。叶厚纸质，上面被灰白色短柔毛，并有白色腺点与小凹点，背面密被灰白色蛛丝状密茸毛；基生叶具长柄，花期萎谢；茎下部叶近圆形或宽卵形，羽状深裂，每侧具裂片 2 ～ 3 枚，裂片椭圆形或倒卵状长椭圆形，每裂片有 2 ～ 3 枚小裂齿，干后背面主、侧脉多为深褐色或锈色，叶柄长 0.5 ～ 0.8 厘米；中部叶卵形、三角状卵形或近菱形，长 5 ～ 8 厘米，宽 4 ～ 7 厘米，一（至二）回羽状深裂至

图 350-01　艾 *Artemisia argyi*（1）

半裂，每侧裂片 2～3 枚，裂片卵形、卵状披针形或披针形，长 2.5～5 厘米，宽 1.5～2 厘米，不再分裂或每侧有 1～2 枚缺齿，叶基部宽楔形渐狭成短柄，叶脉明显，在背面凸起，干时锈色，叶柄长 0.2～0.5 厘米，基部通常无假托叶或极小的假托叶；上部叶与苞片叶羽状半裂、浅裂或 3 深裂或 3 浅裂，或不分裂，而为椭圆形、长椭圆状披针形、披针形或线状披针形。头状花序椭圆形，直径 2.5～3（3.5）毫米，无梗或近无梗，每数枚至 10 余枚在分枝上排成小型的穗状花序或复穗状花序，并在茎上通常再组成狭窄、尖塔形的圆锥花序，花后头状花序下倾；总苞片 3～4 层，覆瓦状排列，外层总苞片小，草质，卵形或狭卵形，背面密被灰白色蛛丝状绵毛，边缘膜质，中层总苞片较外层长，长卵形，背面被蛛丝状绵毛，内层总苞片质薄，背面近无毛；花序托小；雌花 6～10 朵，花冠狭管状，檐部具 2 裂齿，紫色，花柱细长，伸出花冠外甚长，先端 2 叉；两性花 8～12 朵，花冠管状或高脚杯状，外面有腺点，檐部紫色，花药狭线形，先端附属物尖，长三角形，基部有不明显的小尖头，

图 350-02 艾 *Artemisia argyi*（2）

图 350-03 艾叶（药材）

花柱与花冠近等长或略长于花冠，先端 2 叉，花后向外弯曲，叉端截形，并有毛。瘦果长卵形或长圆形。花果期 7—10 月。

【产地、生长环境与分布】 仙桃市各地均有产。生于荒坡、林地、路旁河边及草地上。分布广，除极干旱与高寒地区外，几遍及全国。

【药用部位】 地上部分，叶，果实。

【采集加工】 夏、秋季采收，晒干备用。

【性味、归经】 味苦、辛，性温。归脾、肝、肾经。

【功能主治】 叶：温经止血、散寒止痛；用于吐血、衄血、崩漏、月经过多、胎漏下血、少腹冷痛、月经不调、宫冷不孕；外用治皮肤瘙痒。醋艾炭：温经止血；用于虚寒性出血。果实：用于明目。

【用法用量】 内服：煎汤，3～9 克，或入丸、散；或捣汁。外用：适量，供灸治或熏洗用。

【验方参考】 ①治冷劳久病：茅香花、艾叶各四两，烧存性，研末，粟米饭丸梧子大。初以蛇床子汤下二十丸至三十丸，微吐不妨，后用枣汤下，立效。（《圣济总录》）②治伤寒时气、温病头痛、壮热脉盛：以干艾叶三升，水一斗，煮一升，顿服取汗。（《肘后备急方》）③治妊娠风寒卒中、不省人事、

状如中风：用熟艾三两，米醋炒极热，以绢包熨脐下，良久即苏。（《妇人良方》）

紫菀属 *Aster* L.

1. 总苞片 3 至多层，稀 2 层，覆瓦状排列，外层渐短，极少与内层等长，冠毛 1 层，稀 2 层而外层短毛状稀膜片状；头状花序多数或少数，伞房状排列，极少单生于茎端 ·· 紫菀 *A. tataricus*

1. 总苞片 2 ～ 3 层，等长，或有时外层稍短，非覆瓦状排列，冠毛 1 或 2 层，外层短毛状或短膜片状；头状花序单生于茎端或单生于伞房状分枝的顶端；总苞片全部或上部草质，基部革质，边缘有时宽或狭膜质·· 钻叶紫菀 *A. subulatus*

紫菀　还魂草　青菀　驴耳朵菜　驴夹板菜　山白菜　（图351）

Aster tataricus L. f.

【形态特征】 多年生草本，根状茎斜升。茎直立，高 40 ～ 50 厘米，粗壮，基部有纤维状枯叶残片且常有不定根，有棱及沟，被疏粗毛，有疏生的叶。基部叶在花期枯落，长圆状或椭圆状匙形，下半部渐狭成长柄，连柄长 20 ～ 50 厘米，宽 3 ～ 13 厘米，顶端尖或渐尖，边缘有具小尖头的圆齿或浅齿。下部叶匙状长圆形，常较小，下部渐狭或急狭成具宽翅的柄，渐尖，边缘除顶部外有密锯齿；中部叶长圆形或长圆状披针形，无柄，全缘或有浅齿，上部叶狭小；全部叶厚纸质，上面被短糙毛，

图 351　紫菀 *Aster tataricus*

下面被稀疏的短粗毛，但沿脉被较密的短粗毛；中脉粗壮，与 5 ～ 10 对侧脉在下面突起，网脉明显。头状花序多数，直径 2.5 ～ 4.5 厘米，在茎和枝端排列成复伞房状；花序梗长，有线形苞叶。总苞半球形，长 7 ～ 9 毫米，直径 10 ～ 25 毫米；总苞片 3 层，线形或线状披针形，顶端尖或圆形，外层长 3 ～ 4 毫米，宽 1 毫米，全部或上部草质，被密短毛，内层长达 8 毫米，宽达 1.5 毫米，边缘宽膜质且带紫红色，有草质中脉。舌状花约 20 个；管部长 3 毫米，舌片蓝紫色，长 15 ～ 17 毫米，宽 2.5 ～ 3.5 毫米，有 4 至多脉；管状花长 6 ～ 7 毫米且稍有毛，裂片长 1.5 毫米；花柱附片披针形，长 0.5 毫米。瘦果倒卵状长圆形，紫褐色，长 2.5 ～ 3 毫米，两面各有 1 脉或少有 3 脉，上部被疏粗毛。冠毛污白色或带红色，长 6 毫米，有多数不等长的糙毛。花期 7—9 月，果期 8—10 月。

【产地、生长环境与分布】 仙桃市各地均有产。生于山坡阴湿地、山顶和低山草地及沼泽地。分布于黑龙江、吉林、辽宁、内蒙古东部及南部、山西、河北、河南西部（卢氏）、陕西及甘肃南部。

【药用部位】 根。

【采集加工】 春、秋季均可采挖，除去茎叶及泥土，晒干。

【性味】 味苦，性温。

【功能主治】 温肺、下气、消痰、止咳；用于风寒咳嗽气喘、虚劳咳吐脓血、喉痹、小便不利。

【用法用量】 内服：煎汤，0.5 ～ 3 钱；或入丸、散。

【验方参考】①治伤寒后肺痿劳嗽，唾脓血腥臭，连连不止，渐将羸瘦：紫菀一两、桔梗一两半（去芦头）、天门冬一两（去心）、贝母一两（煨令微黄）、百合三分、知母三分、生干地黄一两半。上药捣筛为散，每服四钱，以水一中盏煎至六分，去渣温服。（《太平圣惠方》）②治妊娠咳嗽不止胎不安：紫菀一两，桔梗半两，甘草、杏仁、桑白皮各二钱半，天门冬一两。上细切，每服三钱，竹茹一块，水煎去渣，入蜜半匙再煎二沸，温服。（《保命集》）③治久咳不瘥：紫菀（去芦头）、款冬花各一两，百部半两。三物捣罗为散，每服三钱匕，生姜三片，乌梅一个，同煎汤调下，食后、欲卧各一服。（《本草图经》）

钻叶紫菀　钻形紫菀　瑞连草　（图 352）

Aster subulatus Michx.

【形态特征】一年生草本，高（8）20 ～ 100（150）厘米。主根圆柱状，向下渐狭，长 5 ～ 17 厘米，粗 2 ～ 5 毫米，具多数侧根和纤维状细根。茎单一，直立，基部粗 1 ～ 6 毫米，自基部或中部或上部具多分枝，茎和分枝具粗棱，光滑无毛，基部或下部或有时整个带紫红色。基生叶在花期凋落；茎生叶多数，叶片披针状线形，极稀狭披针形，长 2 ～ 10（15）厘米，宽 0.2 ～ 1.2（2.3）厘米，先端锐尖或急尖，基部渐狭，边缘通常全缘，稀有疏离的小尖头状齿，两面绿色，光滑无毛，中脉在

图 352　钻叶紫菀 *Aster subulatus*

背面凸起，侧脉数对，不明显或有时明显，上部叶渐小，近线形，全部叶无柄。头状花序极多数，直径 7 ～ 10 毫米，于茎和枝先端排列成疏圆锥状花序；花序梗纤细、光滑，具 4 ～ 8 枚钻形、长 2 ～ 3 毫米的苞叶；总苞钟形，直径 7 ～ 10 毫米；总苞片 3 ～ 4 层，外层披针状线形，长 2 ～ 2.5 毫米，内层线形，长 5 ～ 6 毫米，全部总苞片绿色或先端带紫色，先端尖，边缘膜质，光滑无毛。雌花花冠舌状，舌片淡红色、红色、紫红色或紫色，线形，长 1.5 ～ 2 毫米，先端 2 浅齿，常卷曲，管部极细，长 1.5 ～ 2 毫米；两性花花冠管状，长 3 ～ 4 毫米，冠檐狭钟状筒形，先端 5 齿裂，冠管细，长 1.5 ～ 2 毫米。瘦果线状长圆形，长 1.5 ～ 2 毫米，稍扁，具边肋，两面各具 1 肋，疏被白色微毛；冠毛 1 层，细而软，长 3 ～ 4 毫米。花果期 6—10 月。

【产地、生长环境与分布】仙桃市各地均有产。生于灌丛、草坡、沟边、路旁或荒地。分布于我国西南地区及江苏、浙江、江西、湖南等地。

【药用部位】全草。

【采集加工】秋季采收，切段，鲜用或晒干。

【性味】味苦、酸，性凉。

【功能主治】清热解毒；用于痈肿、湿疹。

【用法用量】内服：煎汤，10 ～ 30 克。外用：适量，捣敷。

【验方参考】 ①治肿毒：全草（钻形紫菀）捣烂，敷患处。（《湖南药物志》）②治湿疹：全草（钻形紫菀）30克，水煎服。（《湖南药物志》）

雏菊属 *Bellis* L.

雏菊 马兰头花 延命菊 （图353）
Bellis perennis L.

图353 雏菊 *Bellis perennis*

【形态特征】 多年生或一年生葶状草本，高10厘米左右。叶基生，匙形，顶端圆钝，基部渐狭成柄，上半部边缘有疏钝齿或波状齿。头状花序单生，直径2.5～3.5厘米，花葶被毛；总苞半球形或宽钟形；总苞片近2层，稍不等长，长椭圆形，顶端钝，外面被柔毛。舌状花一层，雌性，舌片白色带粉红色，开展，全缘或有2～3齿，管状花多数，两性，均能结果。瘦果倒卵形，扁平，有边脉，被细毛，无冠毛。

【产地、生长环境与分布】 仙桃市各地均有产。多为庭园栽培品种。全国各地均有栽培。

【药用部位】 全草。

【采集加工】 夏、秋季采收，晒干备用。

【性味】 味甘，性微寒。

【功能主治】 清热解毒、消炎止痛、清肝明目。

鬼针草属 *Bidens* L.

鬼针草 盲肠草 对叉草 粘人草 粘连子 豆渣草 （图354）
Bidens pilosa L.

【形态特征】 一年生草本，茎直立，高30～100厘米，钝四棱形，无毛或上部被极稀疏的柔毛，基部直径可达6毫米。茎下部叶较小，3裂或不分裂，通常在开花前枯萎，中部叶具长1.5～5厘米无翅的柄，三出，小叶3枚，很少为具5（7）小叶的羽状复叶，两侧小叶椭圆形或卵状椭圆形，长2～4.5厘米，宽1.5～2.5厘米，先端锐尖，基部近圆形或阔楔形，有时偏斜，不对称，具短柄，边缘有锯齿，顶生小叶较大，长椭圆形或卵状长圆形，长3.5～7厘米，先端渐尖，基部渐狭或近圆形，具长1～2厘米的柄，边缘有锯齿，无毛或被极稀疏的短柔毛，上部叶小，3裂或不分裂，条状披针形。头状花序直径8～9毫米，有长1～6厘米（果时长3～10厘米）的花序梗。总苞基部被短柔毛，苞片7～8枚，条状匙形，上部稍宽，开花时长3～4毫米，果时长至5毫米，草质，边缘疏被短柔毛或几无毛，外层托片披针形，果时长5～6毫米，干膜质，背面褐色，具黄色边缘，内层较狭，条状披针形。无舌状花，盘花筒状，长约 4.5 毫米，冠檐 5 齿裂。瘦果黑色，条形，略扁，具棱，长 7 ～ 13 毫米，宽约 1 毫米，上部具稀疏瘤状突起及刚毛，顶端芒刺 3 ～ 4 枚，长 1.5 ～ 2.5 毫米，具倒刺毛。

【产地、生长环境与分布】 仙桃市各地均有产。多生于村旁、路边草丛、荒地。分布于我国华东、华中、华南、西南地区。

【药用部位】 全草。

【采集加工】 夏、秋季采收，切段，晒干备用。

图 354 鬼针草 *Bidens pilosa*

【性味】 味甘、微苦，性凉。

【功能主治】 清热、解毒、利湿、健脾；用于时行感冒、咽喉肿痛、黄疸型肝炎、暑湿吐泻、肠炎、痢疾、肠痈、小儿疳积、血虚黄肿、痔疮、蛇虫咬伤。

【用法用量】 内服：煎汤，10 ～ 30 克（鲜品加倍）；或熬膏，或捣汁。外用：适量，捣敷；或煎水洗。

金盏花属 *Calendula* L.

金盏花 金盏菊 盏盏菊 黄金盏 长生菊 醒酒花 常春花 金盏 （图 355）
Calendula officinalis L.

【形态特征】 一年生草本，高 20 ～ 75 厘米，通常自茎基部分枝，绿色或多少被腺状柔毛。基生叶长圆状倒卵形或匙形，长 15 ～ 20 厘米，全缘或具疏细齿，具柄，茎生叶长圆状披针形或长圆状倒卵形，无柄，长 5 ～ 15 厘米，宽 1 ～ 3 厘米，顶端钝，稀急尖，边缘波状具不明显的细齿，基部多少抱茎。头状花序单生于茎枝端，直径 4 ～ 5 厘米，总苞片 1 ～ 2 层，披针形或长圆状披针形，外层稍长于内层，顶端渐尖，小花黄色或橙黄色，长于总苞的 2 倍，舌片宽达 5 毫米；管状花檐部具三角状披针形裂片，瘦果全部弯曲，淡黄色或淡褐色，外层的瘦果大半内弯，外面常具小针刺，顶端具喙，两侧具翅，脊部具规则的横褶皱。花期 4—9 月，果期 6—10 月。

【产地、生长环境与分布】 仙桃市沔阳公园有栽培。多为公园花圃栽培。我国各地广泛栽培，供观赏。

【药用部位】 全草。

【采集加工】 春、夏季采收，鲜用或切段晒干。

【性味、归经】 味苦，性寒。归肝、大肠经。

图 355 金盏花 *Calendula officinalis*

【功能主治】　清热解毒、活血调经；用于中耳炎、月经不调。

【用法用量】　内服：煎汤，5～15克。外用：适量，鲜品取汁滴耳。

【验方参考】　①治中耳炎：鲜（金盏菊）叶取汁滴入耳内。（《云南中草药》）②治月经不调：金盏菊全草9克，煎服。（《云南中草药》）

飞廉属 *Carduus* L.

飞廉　紫云英　紫蒲公英　（图356）
Carduus nutans L.

【形态特征】　二年生或多年生草本，高30～100厘米。茎单生或少数茎成簇生，通常多分枝，分枝细长，极少不分枝，全部茎枝有条棱，被稀疏的蛛丝状毛和多细胞长节毛，上部或接头状花序下部常呈灰白色，被密厚的蛛丝状绵毛。中下部茎叶长卵圆形或披针形，长（5）10～40厘米，宽（1.5）3～10厘米，羽状半裂或深裂，侧裂片5～7对，斜三角形或三角状卵形，顶端有淡黄白色或褐色的针刺，针刺长4～6毫米，边缘针刺较短；向上茎叶渐小，羽状浅裂或不裂，顶端及边缘具等样针刺，

图356　飞廉 *Carduus nutans*

但通常比中下部茎叶裂片边缘及顶端的针刺为短。全部茎叶两面同色，两面沿脉被多细胞长节毛，但上面的毛稀疏，或两面兼被稀疏蛛丝状毛，基部无柄，两侧沿茎下延成茎翼，但基部茎叶基部渐狭成短柄。茎翼连续，边缘有大小不等的三角形刺齿裂，齿顶和齿缘有黄白色或褐色的针刺，接头状花序下部的茎翼常呈针刺状。头状花序通常下垂或下倾，单生于茎顶或长分枝的顶端，但不形成明显的伞房花序排列，植株通常生4～6个头状花序，极少多于6个头状花序，更少植株含1个头状花序的。总苞钟状或宽钟状；总苞直径4～7厘米。总苞片多层，不等长，覆瓦状排列，向内层渐长；最外层长三角形，长1.4～1.5厘米，宽4～4.5毫米；中层及内层三角状披针形、长椭圆形或椭圆状披针形，长1.5～2厘米，宽约5毫米；最内层苞片宽线形或线状披针形，长2～2.2厘米，宽2～3毫米。全部苞片无毛或被稀疏蛛丝状毛，除最内层苞片以外，其余各层苞片中部或上部曲膝状弯曲，中脉高起，在顶端成长或短针刺状伸出。小花紫色，长2.5厘米，檐部长1.2厘米，5深裂，裂片狭线形，长达6.5毫米，细管部长1.3厘米。瘦果灰黄色，楔形，稍压扁，长3.5毫米，有多数浅褐色的细纵线纹及细横皱纹，下部收窄，基底着生面稍偏斜，顶端斜截形，有果缘，果缘全缘，无锯齿。冠毛白色，多层，不等长，向内层渐长，长达2厘米；冠毛刚毛锯齿状，向顶端渐细，基部连合成环，整体脱落。花果期6—10月。

【产地、生长环境与分布】　仙桃市各地均有产。生于河边、田边或草地。分布于我国天山、准噶尔阿拉套、准噶尔盆地等。

【药用部位】　全草或根。

【采集加工】 夏、秋季花盛开时采割全草；春、秋季挖根，除去杂质，鲜用或晒干用。

【性味、归经】 味微苦，性平。归肺、膀胱、肝经。

【功能主治】 散瘀止血、清热利尿；用于吐血、鼻衄、尿血、功能性子宫出血、带下、乳糜尿、尿路感染等；外用治痈疖、疔疮。

【用法用量】 内服：10～30克，煎汤。外用：适量，鲜品捣烂敷患处。

天名精属 *Carpesium* L.

天名精　天门精　玉门精　（图357）

Carpesium abrotanoides L.

【形态特征】 多年生粗壮草本。茎高60～100厘米，圆柱状，下部木质，近于无毛，上部密被短柔毛，有明显的纵条纹，多分枝。基生叶于开花前凋萎，茎下部叶广椭圆形或长椭圆形，长8～16厘米，宽4～7厘米，先端钝或锐尖，基部楔形，三面深绿色，被短柔毛，老时脱落，几无毛，叶面粗糙，下面淡绿色，密被短柔毛，有细小腺点，边缘具不规则的钝齿，齿端有腺体状胼胝体；叶柄长5～15毫米，密被短柔毛；茎上部节间长1～2.5厘米，叶较密，长椭圆形或椭圆状披针形，先端渐

图357　天名精 *Carpesium abrotanoides*

尖或锐尖，基部阔楔形，无柄或具短柄。头状花序多数，生于茎端及沿茎、枝生于叶腋，近无梗，成穗状花序式排列，着生于茎端及枝端者具椭圆形或披针形、长6～15毫米的苞叶2～4枚，腋生头状花序无苞叶或有时具1～2枚甚小的苞叶。总苞钟球形，基部宽，上端稍收缩，成熟时开展成扁球形，直径6～8毫米；苞片3层，外层较短，卵圆形，先端钝或短渐尖，膜质或先端草质，具缘毛，背面被短柔毛，内层长圆形，先端圆钝或具不明显的啮蚀状小齿。雌花狭筒状，长1.5毫米，两性花筒状，长2～2.5毫米，向上渐宽，冠檐5齿裂。瘦果长约3.5毫米。

【产地、生长环境与分布】 仙桃市各地均有产。生于村旁、路边荒地、溪边及林缘。分布于我国华东、华南、华中、西南地区。

【药用部位】 全草。

【采集加工】 7—8月采收，洗净，鲜用或晒干。

【性味、归经】 味苦、辛，性寒。归肝、肺经。

【功能主治】 清热、化痰、解毒、杀虫、破瘀、止血；用于乳蛾、喉痹、急慢惊风、牙痛、疔疮肿毒、痔瘘、皮肤痒疹、毒蛇咬伤、虫积、血瘕、吐血、衄血、血淋、创伤出血。

【用法用量】 内服：煎汤，9～15克；或研末，3～6克；或捣汁，或入丸、散。外用：适量，捣敷；或煎水熏洗及含漱。

茼蒿属 *Glebionis* Cass.

茼蒿　同蒿　蒿菜　菊花菜　蒿子杆　蒿子　蓬花菜　（图358）

Glebionis coronaria (L.) Cassini ex Spach

【形态特征】 茎叶光滑无毛或几光滑无毛。茎高达70厘米，不分枝或自中上部分枝。基生叶花期枯萎。中下部茎叶长椭圆形或长椭圆状倒卵形，长8～10厘米，无柄，二回羽状分裂。一回为深裂或几全裂，侧裂片4～10对。二回为浅裂、半裂或深裂，裂片卵形或线形。上部叶小。头状花序单生于茎顶或少数生于茎枝顶端，但并不形成明显的伞房花序，花梗长15～20厘米。总苞直径1.5～3厘米。总苞片4层，内层长1厘米，顶端膜质扩大成附片状。舌片长1.5～2.5厘米。舌状花瘦果有3条突起的狭翅肋，肋间有1～2条明显的间肋。管状花瘦果有1～2条椭圆形突起的肋，及不明显的间肋。花果期6—8月。

【产地、生长环境与分布】 仙桃市各地均有产。生于村旁、路边荒地及田间，多为栽培。分布于安徽、福建、广东、广西、广州、海南、河北（石家庄）、湖北、湖南、吉林、山东、江苏等地。

【药用部位】 茎叶。

【采集加工】 春、夏季采收，鲜用。

【性味、归经】 味辛、甘，性凉。归心、脾、胃经。

【功能主治】 和脾胃、消痰饮、安心神；用于脾胃不和、二便不通、咳嗽痰多、烦热不安。

【用法用量】 内服：煎汤，鲜品60～90克。

【验方参考】 ①治热咳痰浓：鲜茼蒿90克，水煎去渣，加冰糖适量，分2次饮服。（《食物中药与便方》）②治高血压性头

图358-01　茼蒿 *Glebionis coronaria*（1）

图358-02　茼蒿 *Glebionis coronaria*（2）

昏脑胀：鲜茼蒿 1 握，洗，切，捣烂取汁。每服 1 酒杯，温开水和服，每日 2 次。（《食物中药与便方》）③治烦热头昏，睡眠不安：鲜茼蒿、菊花脑（嫩苗）各 60 ～ 90 克。煮汤，每日 2 次饮服。（《食物中药与便方》）

菊属 *Chrysanthemum* L.

1. 野生植物。叶裂片顶端尖 ··野菊 *C. indicum*

1. 著名观赏或药用栽培植物。叶裂片顶端圆或钝 ·······································菊花 *C. morifolium*

野菊　野菊花　油菊　路边黄　山菊花　野黄菊　（图 359）
Chrysanthemum indicum L.

【形态特征】多年生草本，高 0.25 ～ 1 米，有地下长或短匍匐茎。茎直立或铺散，分枝或仅在茎顶有伞房状花序分枝。茎枝被稀疏的毛，上部及花序枝上的毛稍多或较多。基生叶和下部叶花期脱落。中部茎叶卵形、长卵形或椭圆状卵形，长 3 ～ 7（10）厘米，宽 2 ～ 4（7）厘米，羽状半裂、浅裂或分裂不明显而边缘有浅锯齿。基部截形或稍心形或宽楔形，叶柄长 1 ～ 2 厘米，柄基无耳或有分裂的叶耳。两面同色或几同色，淡绿色，或干后两面呈橄榄绿，有稀疏的短柔毛，或下面的毛稍多。头状花

图 359　野菊 *Chrysanthemum indicum*

序直径 1.5 ～ 2.5 厘米，多数在茎枝顶端排成疏松的伞房圆锥花序或少数在茎顶排成伞房花序。总苞片约 5 层，外层卵形或卵状三角形，长 2.5 ～ 3 毫米，中层卵形，内层长椭圆形，长 11 毫米。全部苞片边缘白色或褐色宽膜质，顶端钝或圆。舌状花黄色，舌片长 10 ～ 13 毫米，顶端全缘或具 2 ～ 3 齿。瘦果长 1.5 ～ 1.8 毫米。花期 6—11 月。

【产地、生长环境与分布】仙桃市各地均有产。生于草丛、荒地、灌丛、林缘。分布于我国东北、华北、华中、华南及西南各地。

【药用部位】叶，花，全草。

【采集加工】夏、秋季采收，鲜用或晒干。

【性味、归经】味苦、辛，性寒。归肺、肝经。

【功能主治】清热解毒；用于感冒、气管炎、肝炎、高血压、痢疾、痈肿、疔疮、目赤肿痛、瘰疬、湿疹。

【用法用量】内服：煎汤，6 ～ 12 克（鲜品 30 ～ 60 克）；或捣汁。外用：适量，捣敷；或煎水洗，或熬膏涂。

【验方参考】①治风热感冒：野菊花、积雪草各 15 克，地胆草 9 克，水煎服。（《福建药物志》）②治肝风头眩：（野菊）全草 15 克，水煎服。（《湖南药物志》）

菊花　秋菊　（图360）

Chrysanthemum morifolium (Ramat.) Hemsl.

【形态特征】 多年生草本，高60～150厘米。茎直立，分枝或不分枝，被柔毛。叶互生，有短柄，叶片卵形至披针形，长5～15厘米，羽状浅裂或半裂，基部楔形，下面被白色短柔毛，边缘有粗大锯齿或深裂，基部楔形，有柄。头状花序单生或数个集生于茎枝顶端，直径2.5～20厘米，大小不一，单个或数个集生于茎枝顶端；因品种不同，差别很大。总苞片多层，外层绿色，条形，边缘膜质，外面被柔毛；舌状花白色、红色、紫色或黄色。花色则有红、黄、白、橙、紫、粉红、暗红等各色，培育的品种极多，头状花序多变化，形色各异，形状因品种而有单瓣、平瓣、匙瓣等多种类型，当中为管状花，常全部特化成各式舌状花；花期9—11月。雄蕊、雌蕊和果实多不发育。

图360-01　菊花 *Chrysanthemum morifolium*

图360-02　菊花（药材）

【产地、生长环境与分布】 仙桃市各地均有产。多为栽培。遍布于我国城镇与农村，尤以北京、南京、上海、杭州、青岛、天津、开封、武汉、成都、长沙、湘潭、西安、沈阳、广州、中山市小榄镇等为盛。

【药用部位】 头状花序。

【采集加工】 秋季采收，拣去杂草，阴干、生晒。

【性味、归经】 味苦、甘，性微寒。归肺、肝经。

【功能主治】 散风清热、平肝明目、清热解毒；用于风热感冒、头痛眩晕、目赤肿痛、眼目昏花、疮痈肿毒。

【用法用量】 5～10克，水煎服。

【验方参考】 ①治咳嗽、身热不甚、口微渴：桑叶二钱五分，菊花一钱，杏仁二钱，连翘一钱五分，薄荷一钱八分，桔梗二钱，甘草八分，苇根二钱。水二杯，煮取一杯，日二服。（《温病条辨》桑菊饮）②治肿毒疔疮：白菊花四两，甘草四钱，水三碗煎至一碗，冲热黄酒服。（《仙拈集》二妙汤）

蓟属 *Cirsium* Mill.

1. 雌雄同株，全部小花两性，有发育的雌蕊和雄蕊；果期冠毛与小花花冠等长或短于小花花冠 ⋯⋯⋯ 大蓟 *C. japonicum*

1. 雌雄异株，雌株全部小花雌性，雌蕊发育，雄蕊发育不完全或退化，两性植株全部小花为两性，有发育的雌蕊和雄蕊，但自花不育；果期冠毛通常长于小花花冠 ⋯⋯⋯⋯⋯⋯⋯⋯⋯⋯⋯⋯⋯⋯⋯⋯⋯⋯⋯ 刺儿菜 *C. setosum*

大蓟 大刺儿菜 大刺盖 刺萝卜 刺蓟 （图361）

Cirsium japonicum Fisch. ex DC.

【形态特征】多年生草本，高 0.5 ～ 1 米。根簇生，圆锥形，肉质，表面棕褐色。茎直立，有细纵纹，基部有白色丝状毛。基生叶丛生，有柄，倒披针形或倒卵状披针形，长 15 ～ 30 厘米，羽状深裂，边缘齿状，齿端具针刺，上面疏生白色丝状毛，下面脉上有长毛；茎生叶互生，基部心形抱茎。头状花序顶生；总苞钟状，外被蛛丝状毛；总苞片 4 ～ 6 层，披针形，外层较短；花两性，管状，紫色；花药顶端有附片，基部有尾。瘦果长椭圆形，冠毛多层，羽状，暗灰色。花期 5—8 月，果期 6—8 月。

图 361 大蓟 *Cirsium japonicum*

【产地、生长环境与分布】仙桃市各地均有产。生于荒坡、路边、田间等处。我国南北各地都有分布。

【药用部位】全草或根。

【采集加工】夏、秋季割取地上部分，晒干或鲜用。

【性味】味甘、苦，性凉。

【功能主治】凉血止血、祛瘀消肿；用于衄血、吐血、尿血、便血、崩漏下血、外伤出血、痈肿疮毒。

【用法用量】煎服，9 ～ 15 克，鲜品可用 30 ～ 60 克。

【验方参考】①治心热吐血口干：用刺蓟叶及根，捣绞取汁，每顿服二小盏。（《太平圣惠方》）②治舌硬出血不止：刺蓟捣汁，和酒服。干者为末，冷水服。（《普济方》）③治崩中下血：大、小蓟根一升，酒一斗，渍五宿，任饮。亦可酒煎服，或生捣汁，温服。（《千金方》）④治小便热淋：马蓟根，捣汁服。（《太平圣惠方》）⑤治小儿浸淫疮痛不可忍，发寒热者：刺蓟叶新水调敷疮上，干即易之。（《简要济众方》）⑥治癣疮作痒：刺蓟叶，捣汁服之。（《千金方》）

刺儿菜 小蓟 小刺盖 蓟蓟芽 刺刺菜 （图362）

Cirsium setosum (Willd.) MB.

【形态特征】多年生草本。茎直立，高 30 ～ 80（100 ～ 120）厘米，基部直径 3 ～ 5 毫米，有时可达 1 厘米，上部有分枝，花序分枝无毛或有薄茸毛。基生叶和中部茎叶椭圆形、长椭圆形或椭圆状倒披针形，顶端钝或圆形，基部楔形，有时有极短的叶柄，通常无叶柄，长 7 ～ 15 厘米，宽 1.5 ～ 10 厘米，上部茎叶渐小，椭圆形或披针形或线状披针形，或全部茎叶不分裂，叶缘有细密的针刺，针刺紧贴叶缘。或叶缘有刺齿，齿顶针刺大小不等，针刺长达 3.5 毫米，或大部茎叶羽状浅裂或半裂或边缘具粗大圆锯齿，裂片或锯齿斜三角形，顶端钝，齿顶及裂片顶端有较长的针刺，齿缘及裂片边缘的针刺较短且贴伏。全部茎叶两面同色，绿色或下面色淡，两面无毛，极少两面异色，上面绿色，无毛，下面被稀疏或稠密的茸毛而呈现灰色，亦极少两面同色，灰绿色，两面被薄茸毛。头状花序单生于茎端，或植株含少数或多数头状花序在茎枝顶端排成伞房花序。总苞卵形、长卵形或卵圆形，直径 1.5 ～ 2 厘米。总苞片约 6 层，覆瓦状排列，向内层渐长，外层与中层宽 1.5 ～ 2 毫米，包括顶端针刺长 5 ～ 8 毫米；内层及最内层长椭圆形至线形，长 1.1 ～ 2 厘米，宽 1 ～ 1.8 毫米；中外层苞片顶端有长不足 0.5 毫米的短针刺，内层及最内层渐尖，膜质，有短针刺。小花紫红色或白色，雌花花冠长 2.4 厘米，檐部长 6 毫米，细管部细丝状，长 18 毫米，两性花花冠长 1.8 厘米，檐部长 6 毫米，细管部细丝状，长 1.2 毫米。瘦果淡黄色，椭圆形或偏斜椭圆形，压扁，长 3 毫米，宽 1.5 毫米，顶端斜截形。冠毛污白色，多层，整体脱落；冠毛刚毛长羽毛状，长 3.5 厘米，顶端渐细。花果期 5—9 月。

图 362-01　刺儿菜 *Cirsium setosum*（1）　　　　图 362-02　刺儿菜 *Cirsium setosum*（2）

【产地、生长环境与分布】仙桃市各地均有产。生于荒地、河旁或田间。除西藏、云南、广东、广西外，遍及全国各地。

【药用部位】地上部分。

【采集加工】夏、秋季采收，晒干备用。

【性味、归经】味甘、苦，性凉。归心、肝经。

【功能主治】凉血止血、散瘀、解毒消痈；用于衄血、吐血、尿血、血淋、便血、崩漏、外伤出血、痈肿疮毒。

【用法用量】5～12克，水煎服。

【验方参考】①治妇人阴痒：小蓟煮汤，日洗三次。(《普济方》)②治鼻塞不通：小蓟一把，水二升，煮取一升，分服。(《外台秘要》)③治金疮出血不止：小蓟苗捣烂涂之。(《食疗本草》)④治堕胎下血：小蓟根叶、益母草各五两。水二大碗，煮汁一碗，再煎至一盏，分二服，一日服尽。(《圣济总录》)⑤治崩中下血：小蓟茎叶洗切，研汁一盏，入生地黄汁一盏，白术半两，煎减半，温服。(《千金方》)

白酒草属 *Conyza* Less.

小蓬草　小飞蓬　飞蓬　加拿大蓬　小白酒草　蒿子草　鱼胆草　（图363）
Conyza canadensis (L.) Cronq.

【形态特征】一年生草本，根纺锤状，具纤维状根。茎直立，高50～100厘米或更高，圆柱状，多少具棱，有条纹，被疏长硬毛，上部多分枝。叶密集，基部叶花期常枯萎，下部叶倒披针形，长6～10厘米，宽1～1.5厘米，顶端尖或渐尖，基部渐狭成柄，边缘具疏锯齿或全缘，中部和上部叶较小，线状披针形或线形，近无柄或无柄，全缘或少有1～2齿，两面或仅上面被疏短毛，边缘常被上弯的硬缘毛。头状花序多数，小，直径3～4毫米，排列成顶生多分枝的大圆锥花序；花序梗

图363　小蓬草　*Conyza canadensis*

细，长5～10毫米，总苞近圆柱状，长2.5～4毫米；总苞片2～3层，淡绿色，线状披针形或线形，顶端渐尖，外层约短于内层，背面被疏毛，内层长3～3.5毫米，宽约0.3毫米，边缘干膜质，无毛；花托平，直径2～2.5毫米，具不明显的突起；雌花多数，舌状，白色，长2.5～3.5毫米，舌片小，稍超出花盘，线形，顶端具2个钝小齿；两性花淡黄色，花冠管状，长2.5～3毫米，上端具4或5个齿裂，管部上部被疏微毛；瘦果线状披针形，长1.2～1.5毫米，稍扁压，被贴微毛；冠毛污白色，1层，糙毛状，长2.5～3毫米。花期5—9月。

【产地、生长环境与分布】仙桃市各地均有产。生于旷野、荒地、田边和路旁。我国南北各地均有分布。

【药用部位】全草。

【采集加工】春、夏季采收，鲜用或切段晒干。

【性味、归经】味微苦、辛，性凉。归肝、胆、胃、大肠经。

【功能主治】清热利湿、散瘀消肿；用于痢疾、肠炎、肝炎、胆囊炎、跌打损伤、风湿骨痛、疮疖肿痛、

外伤出血、牛皮癣。

【用法用量】内服：煎汤，15～30克。外用：适量，鲜品捣敷。

【验方参考】①治细菌性痢疾、肠炎：小飞蓬全草30克，水煎服。（《广西本草选编》）②治慢性胆囊炎：小白酒草18克，鬼针草15克，南五味子根、两面针各6克，水煎服。（《福建药物志》）③治结膜炎：鱼胆草鲜叶，捣汁滴眼。（《云南中草药》）④治热性牙痛：鱼胆草鲜全草，捣烂含于牙痛处。（《云南中草药》）

金鸡菊属　*Coreopsis* L.

剑叶金鸡菊　线叶金鸡菊　大金鸡菊　（图364）
Coreopsis lanceolata L.

【形态特征】一年生或二年生草本，高30～60厘米，疏生柔毛，多分枝。叶具柄，叶片羽状分裂，裂片圆卵形至长圆形，或在上部有时线形。头状花序单生于枝端，或少数成伞房状，直径2.5～5厘米，具长梗；外层总苞片与内层近等长，舌状花8，黄色，基部紫褐色，先端具齿或裂片；管状黑紫色。瘦果倒卵形，内弯，具1条骨质边缘。

图364　剑叶金鸡菊 *Coreopsis lanceolata*

【产地、生长环境与分布】仙桃市沔东湿地公园有产。在地势向阳、排水良好的沙壤土中生长较好。我国各地公园、庭园常见栽培。

【药用部位】全草。

【采集加工】夏、秋季采收，鲜用或切段晒干。

【性味、归经】味辛，性平。归肝、肾经。

【功能主治】解热毒、消痈肿；用于疮疡肿毒。

【用法用量】外用：适量，捣敷。

秋英属　*Cosmos* Cav.

秋英　格桑花　扫地梅　波斯菊　（图365）
Cosmos bipinnatus Cavanilles

【形态特征】一年生或多年生草本，高1～2米。根纺锤状，多须根，或近茎基部有不定根。茎无毛或稍被柔毛。叶二次羽状深裂，裂片线形或丝状线形。头状花序单生，直径3～6厘米；花序梗长6～18厘米。总苞片外层披针形或线状披针形，近革质，淡绿色，具深紫色条纹，上端长狭尖，较内层与内层等长，长10～15毫米，内层椭圆状卵形，膜质。托片平展，上端成丝状，与瘦果近等长。舌状花紫红色、粉

红色或白色；舌片椭圆状倒卵形，长 2～3
厘米，宽 1.2～1.8 厘米，有 3～5 钝齿；
管状花黄色，长 6～8 毫米，管部短，上
部圆柱形，有披针状裂片；花柱具短突尖
的附器。瘦果黑紫色，长 8～12 毫米，无
毛，上端具长喙，有 2～3 尖刺。花期6—
8 月，果期9—10 月。

【产地、生长环境与分布】仙桃市各
地均有产。生于路旁、田埂、溪岸等地。
在我国栽培甚广，云南、四川西部有大面
积栽培。

图 365　秋英 *Cosmos bipinnatus*

【药用部位】全草。

【采集加工】夏、秋季采收，鲜用或晒干备用。

【功能主治】清热解毒、明目化湿；对急慢性细菌性痢疾和目赤肿痛等有辅助治疗的作用。

【用法用量】20～30 克，水煎服。

野茼蒿属 *Crassocephalum* Moench

野茼蒿　野塘蒿　假茼蒿　革命菜　（图366）

Crassocephalum crepidioides (Benth.) S. Moore

【形态特征】直立草本，高 20～120
厘米，茎有纵条棱，无毛叶膜质，椭圆形
或长圆状椭圆形，长 7～12 厘米，宽 4～5
厘米，顶端渐尖，基部楔形，边缘有不规
则锯齿或重锯齿，或有时基部羽状裂，两
面无毛或近无毛；叶柄长 2～2.5 厘米。
头状花序数个在茎端排成伞房状，直径约
3 厘米，总苞钟状，长 1～1.2 厘米，基部
截形，有数枚不等长的线形小苞片；总苞
片1层，线状披针形，等长，宽约1.5 毫米，
具狭膜质边缘，顶端有簇状毛，小花全部
管状，两性，花冠红褐色或橙红色，檐部

图 366　野茼蒿 *Crassocephalum crepidioides*

5 齿裂，花柱基部呈小球状，分枝，顶端尖，被乳头状毛。瘦果狭圆柱形，赤红色，有肋，被毛；冠毛极
多数，白色，绢毛状，易脱落。花期7—12 月。

【产地、生长环境与分布】仙桃市袁市社区有产。生于路旁、水边、灌丛中。分布于云南、四川、重庆、
湖北、贵州、广东、广西、海南、江西、浙江、福建、台湾、香港、澳门、西藏、甘肃。

【药用部位】全草。

【采集加工】 夏、秋季采收，鲜用或切段晒干。

【性味】 味辛，性平。

【功能主治】 健脾消肿、清热解毒、行气利尿；用于感冒发热、痢疾、肠炎、尿路感染、乳腺炎、支气管炎、营养不良性水肿等。

【用法用量】 内服：煎汤，0.5～1两。外用：捣敷。

矢车菊属 *Cyanus* Mill.

蓝花矢车菊　矢车菊　蓝芙蓉　翠兰　荔枝菊　（图367）
Cyanus segetum Hill

【形态特征】 一年生或二年生草本，高30～70厘米或更高，直立，自中部分枝，极少不分枝。全部茎枝灰白色，被薄蛛丝状卷毛。基生叶及下部茎叶长椭圆状倒披针形或披针形，不分裂，边缘全缘无锯齿或边缘具疏锯齿至大头羽状分裂，侧裂片1～3对，长椭圆状披针形、线状披针形或线形，边缘全缘无锯齿，顶裂片较大，长椭圆状倒披针形或披针形，边缘有小锯齿。中部茎叶线形、宽线形或线状披针形，长4～9厘米，宽4～8毫米，顶端渐尖，基部楔状，无叶柄，边缘全缘无

图367　蓝花矢车菊 *Cyanus segetum*

锯齿，上部茎叶与中部茎叶同型，但渐小。全部茎叶两面异色或近异色，上面绿色或灰绿色，被稀疏蛛丝状毛或脱毛，下面灰白色，被薄茸毛。头状花序多数或少数在茎枝顶端排成伞房花序或圆锥花序。总苞椭圆状，直径1～1.5厘米，有稀疏蛛丝状毛。总苞片约7层，全部总苞片由外向内为椭圆形、长椭圆形，外层与中层包括顶端附属物长3～6毫米，宽2～4毫米，内层包括顶端附属物长1～11厘米，宽3～4毫米。全部苞片顶端有浅褐色或白色的附属物，中外层的附属物较大，内层的附属物较大，全部附属物沿苞片短下延，边缘具流苏状锯齿。边花增大，超长于中央盘花，蓝色、白色、红色或紫色，檐部5～8裂，盘花浅蓝色或红色。瘦果椭圆形，长3毫米，宽1.5毫米，有细条纹，被稀疏的白色柔毛。冠毛白色或浅土红色，2列，外列多层，向内层渐长，长达3毫米，内列1层，极短；全部冠毛刚毛毛状。花果期2—8月。

【产地、生长环境与分布】 仙桃市各地均有产。生于土坡、田野、水畔、路边、房前屋后。主要分布于新疆、青海、甘肃、陕西、河北、山东、江苏、湖北、广东及西藏等各地公园、花园及校园，供观赏。

【药用部位】 全草，花序。

【采集加工】 夏季采收，洗净，晒干备用。

【性味】 味苦，性凉。

【功能主治】 全草：清热解毒、消肿活血。花序：解热利尿；用于水肿、腮腺炎、小便涩痛等。

大丽花属 *Dahlia* Cav.

大丽花 大理花 大丽菊 地瓜花 洋芍药 （图 368 ）
Dahlia pinnata Cav.

图 368 大丽花 *Dahlia pinnata*

【形态特征】 一年生至多年生草本，高可达 1.5 米。地下具块状根。茎直立，光滑，多分枝。叶对生；叶柄基部扩展几近相连，小叶柄稍有窄翼；叶片二回羽状分裂，或上部叶作一回羽状分裂，裂片卵圆形，边缘具圆钝锯齿，上面绿色，下面灰绿色。头状花序水平开展或稍稍下垂，直径 6～12 厘米，有长梗；总苞片 2 层，外层较短小，绿色，内层质薄，鳞片状，基部连合；舌状花 8 枚，红色、紫红色或粉红色，中性或雌性；管状花黄色，两性。瘦果长椭圆形或倒卵形，先端圆；冠毛缺乏或具不明显的齿 2 枚。花期 7—8 月。

【产地、生长环境与分布】 仙桃市长埫口镇有栽培。适宜生于土壤疏松、排水良好的肥沃沙壤土中。全国各地庭园中普遍栽培。

【药用部位】 块根。

【采集加工】 秋季挖根，洗净，晒干或鲜用。

【性味、归经】 味辛、甘，性平。归肝经。

【功能主治】 清热解毒、散瘀止痛；用于腮腺炎、龋齿疼痛、无名肿毒、跌打损伤。

【用法用量】 内服：煎汤，6～12 克。外用：适量，捣敷。

【验方参考】 彝药：根治风疹湿疹、皮肤瘙痒。（《哀牢本草》）

飞蓬属 *Erigeron* L.

一年蓬 治疟草 千层塔 （图 369 ）
Erigeron annuus (L.) Pers.

【形态特征】一年生或二年生草本，茎粗壮，高 30～100 厘米，基部直径 6 毫米，直立，上部有分枝，绿色，下部被开展的长硬毛，上部被较密的上弯的短硬毛。基部叶花期枯萎，长圆形或宽卵形，少有近圆形，长 4～17 厘米，宽 1.5～4 厘米，或更宽，顶端尖或钝，基部狭成具翅的长柄，边缘具粗齿，下部叶与基部叶同型，但叶柄较短，中部和上部叶较小，长圆状披针形或披针形，长 1～9 厘米，宽 0.5～2 厘米，顶端尖，具短柄或无柄，边缘有不规则的齿或近全缘，最上部叶线形，全部叶边缘被短硬毛，两面被疏短硬毛，或有时近无毛。头状花序数个或多数，排列成疏圆锥花序，长 6～8 毫米，宽 10～15 毫米，总苞半球形，总苞片 3 层，草质，披针形，长 3～5 毫米，宽 0.5～1 毫米，近等长或外层稍短，淡绿色或多少褐色，背面密被腺毛和疏长节毛；外围的雌花舌状，2 层，长 6 ～ 8 毫米，管部长 1 ～ 1.5 毫米，上部被疏微毛，舌片平展，白色，或有时淡天蓝色，线形，宽 0.6 毫米，顶端具 2 小齿，花柱分枝线形；中央的两性花管状，黄色，管部长约 0.5 毫米，檐部近倒锥形，裂片无毛；瘦果披针形，长约 1.2 毫米，扁压，被疏贴柔毛；冠毛异型，雌花的冠毛极短，膜片状连成小冠，两性花的冠毛 2 层，外层鳞片状，内层为 10 ～ 15 条长约 2 毫米的刚毛。花期 6—9 月。

图 369　一年蓬 *Erigeron annuus*

【产地、生长环境与分布】仙桃市各地均有产。生于路边旷野或荒地。分布于吉林、河北、河南、山东、江苏、安徽、江西、福建、湖南、湖北、四川和西藏等地。

【药用部位】全草。

【采集加工】夏、秋季采收，鲜用或切段晒干。

【性味、归经】味甘、苦，性凉。归胃、大肠经。

【功能主治】消食止泻、清热解毒、截疟；用于消化不良、胃肠炎、牙龈炎、疟疾、毒蛇咬伤。

【用法用量】内服：煎汤，30 ～ 60 克。外用：适量，捣敷。

【验方参考】①治消化不良：一年蓬全草 15 ～ 18 克，水煎服。（《浙江民间常用草药》）②治胃肠炎：一年蓬 60 克，黄连、木香各 6 克，煎服。（《安徽中草药》）③治牙龈炎：鲜一年蓬捣烂绞汁涂患处，每日 2 ～ 3 次。（《安徽中草药》）④治淋巴结炎：一年蓬基生叶 90 ～ 120 克，加黄酒 30 ～ 60 克，水煎服。（《浙江民间常用草药》）⑤治尿血：鲜一年蓬、旱莲草各 30 克，水煎服。（《安徽中草药》）

鳢肠属 *Eclipta* L.

鳢肠　墨旱莲　旱莲草　墨菜　金陵草　墨斗草　（图 370）

Eclipta prostrata (L.) L.

【形态特征】一年生草本。茎直立，斜升或平卧，高达 60 厘米，通常自基部分枝，被贴生糙毛。叶长圆状披针形或披针形，无柄或有极短的柄，长 3 ～ 10 厘米，宽 0.5 ～ 2.5 厘米，顶端尖或渐尖，边缘有细锯齿或有时仅波状，两面被密硬糙毛。头状花序直径 6 ～ 8 毫米，有长 2 ～ 4 厘米的细花序梗；总苞球状钟形，总苞片绿色，草质，5 ～ 6 个排成 2 层，长圆形或长圆状披针形，外层较内层稍短，背面及边缘被白色短伏毛；外围的雌花 2 层，舌状，长 2 ～ 3 毫米，舌片短，顶端 2 浅裂或全缘，中央的两性花多数，花冠管状，白色，长约 1.5 毫米，顶端 4 齿裂；花柱分枝钝，有乳头状突起；花托凸，有披针形或线形的托片。托片中部以上有微毛；瘦果暗褐色，长 2.8 毫米，雌花的瘦果三棱形，两性花的瘦果扁四棱形，顶端截形，具 1 ～ 3 个细齿，基部稍缩小，边缘具白色的肋，表面有小瘤状突起，无毛。花期 6—

9 月。

【产地、生长环境与分布】 仙桃市各地均有产。生于河边、田边或路旁。分布于全国各地。

【药用部位】 全草。

【采集加工】 夏、秋季割取全草，除净泥沙，晒干或阴干。

【性味、归经】 味甘、酸，性凉。归肝、肾经。

【功能主治】 滋补肝肾、凉血止血；用于各种吐血、鼻衄、咯血、肠出血、尿血、痔疮出血、血崩等。捣汁涂眉发，能促进毛发生长，内服有乌发功效。

图 370　鳢肠 *Eclipta prostrata*

【用法用量】 内服：煎汤，0.3～1 两；熬膏、捣汁或入丸、散。外用：捣敷、研末撒或捣绒塞鼻。

【验方参考】 ①治吐血成盆：旱莲草和童便、徽墨舂汁，藕节汤开服。（《生草药性备要》）②治吐血：鲜旱莲草四两，捣烂冲童便服；或加生柏叶共同用尤效。（《岭南采药录》）③治咳嗽咯血：鲜旱莲草二两，捣绞汁，开水冲服。（《江西民间草药验方》）④治鼻衄：鲜旱莲草一握，洗净后捣烂绞汁，每次取五酒杯炖热，饭后温服，日服两次。（《福建民间草药》）⑤治尿血：车前草叶、金陵草叶。上二味，捣取自然汁一盏，空腹饮之。（《医学正传》）⑥治肠风脏毒，下血不止：旱莲草子，瓦上焙，研末。每服二钱，米饮下。（《家藏经验方》）⑦治热痢：旱莲草一两，水煎服。（《湖南药物志》）⑧治刀伤出血：鲜旱莲草捣烂，敷伤处；干者研末，撒伤处。（《湖南药物志》）⑨补腰膝、壮筋骨、强肾阴、乌髭发：冬青子（女贞实，冬至日采）不拘多少，阴干，蜜、酒拌蒸，过一夜，粗袋擦去皮，晒干为末，瓦瓶收贮，旱莲草（夏至日采）不拘多少，捣汁熬膏，和前药为丸。临卧酒服。（《医方集解》二至丸）⑩治偏头痛：鳢肠汁滴鼻中。（《圣济总录》）⑪治赤白带下：旱莲草一两，同鸡汤或肉汤煎服。（《江西民间草药验方》）⑫治白浊：旱莲草五钱，车前子三钱，银花五钱，土茯苓五钱，水煎服。（《陆川本草》）⑬治妇女阴道痒：墨斗草四两，水煎服；或另加钩藤根少许，并煎汁，加白矾少许外洗。（《重庆草药》）⑭治肾虚齿疼：旱莲草，焙，为末，搽齿龈上。（《滇南本草》）⑮治血淋：旱莲草、芭蕉根（细锉）各二两。上二味，粗捣筛。每服五钱匕。水一盏半，煎至八分，去滓，温服，日二服。（《圣济总录》旱莲子汤）⑯治白喉：旱莲草二至三两，捣烂，加盐少许，冲开水去渣服。服后吐出涎沫。（《岭南草药志》）

黄蓉菊属 *Euryops* (Cass.) Cass.

黄金菊　罗马春黄菊 （图 371）
Euryops pectinatus (L.) Cass.

【形态特征】 一年生或多年生草本，全株具香气，叶略带草香及苹果的香气。高 30～65 厘米。茎直立，不分枝，上部生稍密的硬刺毛，稀无毛。基生叶簇生，长椭圆形或长匙形，基部渐狭，先端有短尖，边缘有不规则的锯齿，上面生粗毛；茎生叶长椭圆形，无柄，抱茎，长 7～20 厘米，中上部叶基部耳状抱茎，上部叶渐小，卵形或长卵形，全部叶缘有尖齿，两面生刺毛，下面脉上密生毛。头状花序单生于茎顶，大型，金黄色；总苞半球形，直径约 3 厘米；总苞片 3～4 层，长圆状披针形，外层边缘有毛；花序托有膜质托片；全部为舌状花，黄色，舌状线形，先端 5 齿裂，花筒细长；花药黄色；花柱丝状，柱头 2 裂。瘦果圆柱状线形，先端有长喙；冠毛 1 层，灰白色。夏季开花。

图 371　黄金菊 *Euryops pectinatus*

【产地、生长环境与分布】 仙桃市各地均有产。生于湿润土地上。我国各地均有栽培。

【药用部位】 花，根。

【采集加工】 夏、秋季采收，晒干备用。

【性味、归经】 味苦、甘，性微寒。归肝、肺经。

【功能主治】花序：疏风清热、平肝明目、避暑消烦、清心解毒；可消除头痛、止吐、促进结疤、利消化、柔软皮肤且能缓解因感冒引起的肌肉痛和生理痛。根：利水消肿；用于鼓胀。

【用法用量】 根：煎服，3～5 钱。

大吴风草属 *Farfugium* Lindl.

大吴风草　八角乌　活血莲　金钵盂　独角莲　一叶莲　大马蹄香　大马蹄　（图 372）
Farfugium japonicum (L. f.) Kitam.

【形态特征】 多年生葶状草本。根茎粗壮，直径达 1.2 厘米。花葶高达 70 厘米，幼时被密的淡黄色柔毛，后多少脱毛，基部直径 5～6 毫米，被极密的柔毛。叶全部基生，莲座状，有长柄，柄长 15～25 厘米，幼时被与花葶上一样的毛，后多脱毛，基部扩大，呈短鞘，抱茎，鞘内被密毛，叶片肾形，长 9～13 厘米，宽 11～22 厘米，先端圆形，全缘或有小齿至掌状浅裂，基部弯缺宽，长为叶片的 1/3，叶质厚，近革质，两面幼时被灰色柔毛，后脱毛，上面绿色，下面淡绿色；茎生叶 1～3，苞叶状，长圆形或线状披针形，长 1～2 厘米。头状花序辐射状，2～7，排列成伞房状花序；花序梗

图 372-01　大吴风草 *Farfugium japonicum*（1）

长 2 ～ 13 厘米，被毛；总苞钟形或宽陀螺形，长 12 ～ 15 毫米，口部宽达 15 毫米，总苞片 12 ～ 14，2 层，长圆形，先端渐尖，背部被毛，内层边缘褐色宽膜质。舌状花 8 ～ 12，黄色，舌片长圆形或匙状长圆形，长 15 ～ 22 毫米，宽 3 ～ 4 毫米，先端圆形或急尖，管部长 6 ～ 9 毫米；管状花多数，长 10 ～ 12 毫米，管部长约 6 毫米，花药基部有尾，冠毛白色，与花冠等长。瘦果圆柱形，长达 7 毫米，有纵肋，被成行的短毛。花果期 8 月至翌年 3 月。

图 372-02   大吴风草 *Farfugium japonicum*（2）

【产地、生长环境与分布】 仙桃市沔城镇莲花池有产。生于林下及草丛。分布于湖北、湖南、广西、广东、福建和台湾等地。

【药用部位】 全草。

【采集加工】 夏、秋季采收，鲜用或晒干。

【性味】 味辛、甘、微苦，性凉。

【功能主治】 清热解毒、凉血止血、消肿散结；用于感冒、咽喉肿痛、咳嗽咯血、便血、尿血、月经不调、乳腺炎、瘰疬、痈疖肿毒、痈疮湿疹、跌打损伤、蛇咬伤。

【用法用量】 内服：煎汤，3 ～ 5 钱（鲜品 1 ～ 2 两）。外用：捣敷。

【验方参考】 ①治感冒、流感：大吴风草五钱，水煎服。（《浙江民间常用草药》）②治咽喉炎、扁桃体炎：大吴风草根二至三钱，水煎服。（《浙江民间常用草药》）③治妇人乳痈初起：独角莲鲜草洗净，加红糖，共捣烂，加热敷贴。（《福建民间草药》）④治疔疮溃疡：独角莲鲜全叶，用银针密密刺孔，以米汤或开水泡软，敷贴疮口，日换二至三次。（《福建民间草药》）⑤治瘰疬：独角莲鲜根二至三两，或加夏枯草一两，酌加黄酒和水各半，煎取半碗。饭后服，日两次。或取叶炒鸡蛋服。（《福建民间草药》）⑥治跌打损伤：鲜大吴风草根捣烂敷伤处；或根二至三钱切片嚼碎，黄酒冲服，一日二次，重创者连服八九天。（《浙江民间常用草药》）

莴苣属 *Lactuca* L.

莴苣　莴笋　（图 373）
Lactuca sativa L.

【形态特征】 一年生或二年生草本，高 25 ～ 100 厘米。根垂直直伸。茎直立，单生，上部圆锥状花序分枝，全部茎枝白色。基生叶及下部茎叶大，不分裂，倒披针形、椭圆形或椭圆状倒披针形，长 6 ～ 15 厘米，宽 1.5 ～ 6.5 厘米，顶端急尖、短渐尖或圆形，无柄，基部心形或箭头状半抱茎，边缘波状或有细锯齿，向上的渐小，与基生叶及下部茎叶同型或披针形，圆锥花序分枝下部的叶及圆锥花序分枝上部的叶极小，卵状心形，无柄，基部心形或箭头状抱茎，边缘全缘，全部叶两面无毛。头状花序多数或极多数，在茎枝顶端排成圆锥花序。总苞果期卵球形，长 1.1 厘米，宽 6 毫米；总苞片 5 层，最外层宽三角形，长约 1 毫米，宽约 2 毫米，外层三角形或披针形，长 5～7 毫米，宽约 2 毫米，中层披针形至卵状披针形，长约 9 毫米，宽 2～3 毫米，内层线状长椭圆形，长 1 厘米，宽约 2 毫米，全部总苞片顶端急尖，外面无毛。舌状小花约 15 枚。瘦果倒披针形，长 4 毫米，宽 1.3 毫米，压扁，浅褐色，每面有 6～7 条细脉纹，顶端急尖成细喙，喙细丝状，长约 4 毫米，与瘦果几等长。冠毛 2 层，纤细，微糙毛状。花果期 2—9 月。

【产地、生长环境与分布】仙桃市各地均有产。多为田间栽培。遍布于我国城镇与农村。

【药用部位】茎和叶。

【采集加工】春季嫩茎肥大时采收，多为鲜用。

【性味】味苦、甘，性凉。

【功能主治】利尿、通乳、清热解毒；用于小便不利、尿血、乳汁不通、虫蛇咬伤、肿毒。

【用法用量】内服：煎汤，3～5 钱（鲜品 1～2 两）。外用：捣敷。

天人菊属 *Gaillardia* Foug.

图 373　莴苣 *Lactuca sativa*

天人菊　老虎皮菊　虎皮菊　（图 374）

Gaillardia pulchella Foug.

【形态特征】一年生草本，高 20～60 厘米。茎中部以上多分枝，分枝斜升，被短柔毛或锈色毛。下部叶匙形或倒披针形，长 5～10 厘米，宽 1～2 厘米，边缘具波状钝齿、浅裂至琴状分裂，先端急尖，近无柄，上部叶长椭圆形，倒披针形或匙形，长 3～9 厘米，全缘或上部有疏锯齿或中部以上 3 浅裂，基部无柄或心形半抱茎，叶两面被伏毛。头状花序直径 5 厘米。总苞片披针形，长 1.5 厘米，边缘有长缘毛，背面有腺点，基部密被长柔毛。舌状花黄色，基部带紫色，舌片宽楔形，长 1 厘米，顶端 2～3 裂；管状花裂片三角形，顶端渐尖成芒状，被节毛。瘦果长 2 毫米，基部被长柔毛。冠

图 374　天人菊 *Gaillardia pulchella*

毛长 5 毫米。花果期 6—8 月。

【产地、生长环境与分布】 仙桃市各地均有栽培。多为公园及庭园栽培。全国各地有栽培。

【药用部位】 全草。

【采集加工】 夏、秋季采收，晒干备用。

【性味】 味微苦，性凉。

【功能主治】 疏散风热、平肝明目、清热解毒；具有降血压、扩张冠状动脉和抑菌的作用，还具有松弛神经、舒缓头痛的功效。

牛膝菊属 *Galinsoga* **Ruiz & Pav.**

牛膝菊 辣子草 向阳花 珍珠草 铜锤草 （图 375）

Galinsoga parviflora Cav.

【形态特征】 一年生草本，高 10 ～ 80 厘米。茎纤细，基部直径不足 1 毫米，或粗壮，基部直径约 4 毫米，不分枝或自基部分枝，分枝斜升，全部茎枝被疏散或上部稠密的贴伏短柔毛和少量腺毛，茎基部和中部花期脱毛或稀毛。叶对生，卵形或长椭圆状卵形，长（1.5）2.5 ～ 5.5 厘米，宽（0.6）1.2 ～ 3.5 厘米，基部圆形或狭楔形，顶端渐尖或钝，基出 3 脉或不明显五出脉，在叶下面稍突起，在上面平，有叶柄，柄长 1 ～ 2 厘米；向上及花序下部的叶渐小，通常披针形；全部茎叶两面粗涩，被

图 375 牛膝菊 *Galinsoga parviflora*

白色稀疏贴伏的短柔毛，沿脉和叶柄上的毛较密，边缘具浅或钝锯齿或波状浅锯齿，在花序下部的叶有时全缘或近全缘。头状花序半球形，有长花梗，多数在茎枝顶端排成疏松的伞房花序，花序直径约 3 厘米。总苞半球形或宽钟状，宽 3 ～ 6 毫米；总苞片 1 ～ 2 层，约 5 个，外层短，内层卵形或卵圆形，长 3 毫米，顶端圆钝，白色，膜质。舌状花 4 ～ 5 个，舌片白色，顶端 3 齿裂，筒部细管状，外面被稠密白色短柔毛；管状花花冠长约 1 毫米，黄色，下部被稠密的白色短柔毛。托片倒披针形或长倒披针形，纸质，顶端 3 裂或不裂或侧裂。瘦果长 1 ～ 1.5 毫米，具 3 棱或中央的瘦果具 4 ～ 5 棱，黑色或黑褐色，常压扁，被白色微毛。舌状花冠毛毛状，脱落；管状花冠毛膜片状，白色，披针形，边缘流苏状，固结于冠毛环上，正体脱落。花果期 7—10 月。

【产地、生长环境与分布】仙桃市各地均有产。生于林下、河谷地、荒野、河边、田间、溪边或市郊路旁。分布于四川、云南、贵州、西藏等地。

【药用部位】 全草（辣子草）。

【采集加工】 夏、秋季采收，洗净，鲜用或晒干。

【性味、归经】 味淡，性平。归肝、胃经。

【功能主治】清热解毒、止咳平喘、止血；用于扁桃体炎、咽喉炎、黄疸型肝炎、咳喘、肺结核、疔疮、外伤出血。

【用法用量】内服：煎汤，30～60克。外用：适量，研末敷。

鼠麴草属　*Gnaphalium* L.

鼠麴草　鼠曲草　近缘鼠曲草　拟鼠麴草　田艾　（图376）

Gnaphalium affine D. Don

【形态特征】一年生草本。茎直立或基部发出的枝下部斜升，高10～40厘米或更高，基部直径约3毫米，上部不分枝，有沟纹，被白色厚绵毛，节间长8～20毫米，上部节间罕有达5厘米。叶无柄，匙状倒披针形或倒卵状匙形，长5～7厘米，宽11～14毫米，上部叶长15～20毫米，宽2～5毫米，基部渐狭，稍下延，顶端圆，具刺尖头，两面被白色绵毛，上面常较薄，叶脉1条，在下面不明显。头状花序较多或较少数，直径2～3毫米，近无柄，在枝顶密集成伞房花序，花黄色至淡黄色；

图376　鼠麴草　*Gnaphalium affine*

总苞钟形，直径2～3毫米；总苞片2～3层，金黄色或柠檬黄色，膜质，有光泽，外层倒卵形或匙状倒卵形，背面基部被绵毛，顶端圆，基部渐狭，长约2毫米，内层长匙形，背面通常无毛，顶端钝，长2.5～3毫米；花托中央稍凹入，无毛。雌花多数，花冠细管状，长约2毫米，花冠顶端扩大，3齿裂，裂片无毛。两性花较少，管状，长约3毫米，向上渐扩大，檐部5浅裂，裂片三角状渐尖，无毛。瘦果倒卵形或倒卵状圆柱形，长约0.5毫米，有乳头状突起。冠毛粗糙，污白色，易脱落，长约1.5毫米，基部连合成2束。花期1—4月，8—11月。

【产地、生长环境与分布】仙桃市各地均有产。生于低海拔干地或湿润草地上，尤以稻田最常见。分布于华东、华南、华中、华北、西北及西南地区。

【药用部位】全草。

【采集加工】春、夏季采收，晒干备用。

【性味】味甘，性平。

【功能主治】化痰止咳、祛风除湿、解毒；用于咳喘痰多、风湿痹痛、泄泻、水肿、蚕豆病、赤白带下、痈肿疔疮、阴囊湿痒、荨麻疹、高血压。

【用法用量】内服：煎汤，6～15克；或研末，或浸酒。外用：适量，煎水洗；或捣敷。

【验方参考】①治支气管炎、哮喘：鼠曲草、款冬花各60克，胡桃肉、松子仁各120克。水煎混合浓缩，用白蜂蜜50克作膏。每次服1个月。（《浙江民间常用草药》）②治筋骨痛、脚膝肿痛、跌打损伤：鼠曲草30～60克，水煎服。（《湖南药物志》）③治脾虚浮肿：鲜鼠曲草60克，水煎服。（《福建中草药》）④治蚕豆病：田艾 60 克，车前草、凤尾草各 30 克，茵陈 15 克。加水 1200 毫升，煎成 800 毫升，加白糖，当茶饮。（《广东省医药卫生科技资料选编》）

菊三七属 *Gynura* Cass.

菊三七 三七草 土三七 散血草 菊叶三七 （图 377）

Gynura japonica (Thunb.) Juel.

【形态特征】高大多年生草本，高 60～150 厘米，或更高。根粗大成块状，直径 3～4 厘米，有多数纤维状根茎直立，中空，基部木质，直径达 15 毫米，有明显的沟棱，幼时被卷柔毛，后变无毛，多分枝，小枝斜升。基部叶在花期常枯萎。基部和下部叶较小，椭圆形，不分裂至大头羽状，顶裂片大，中部叶大，具长或短柄，叶柄基部有圆形、具齿或羽状裂的叶耳，多少抱茎；叶片椭圆形或长圆状椭圆形，长 10～30 厘米，宽 8～15 厘米，羽状深裂，顶裂片大，倒卵形、长圆形至长圆状披针形，

图 377 菊三七 *Gynura japonica*

侧生裂片（2）3～6 对，椭圆形、长圆形至长圆状线形，长 1.5～5 厘米，宽 0.5～2（2.5）厘米，顶端尖或渐尖，边缘有大小不等的粗齿或锐锯齿、缺刻，稀全缘。上面绿色，下面绿色或变紫色，两面被贴生短毛或近无毛。上部叶较小，羽状分裂，渐变成苞叶。头状花序多数，直径 1.5～1.8 厘米，花茎于枝端排成伞房状圆锥花序；每一花序枝有 3～8 个头状花序；花序梗细，长 1～3（6）厘米，被短柔毛，有 1～3 个线形的苞片；总苞狭钟状或钟状，长 10～15 毫米，宽 8～15 毫米，基部有 9～11 个线形小苞片；总苞片 1 层，13 个，线状披针形，长 10～15 毫米，宽 1～1.5 毫米，顶端渐尖，边缘干膜质，背面无毛或被疏毛。小花 50～100 个，花冠黄色或橙黄色，长 13～15 毫米，管部细，长 10～12 毫米，上部扩大，裂片卵形，顶端尖；花药基部钝；花柱分枝有钻形附器，被乳头状毛。瘦果圆柱形，棕褐色，长 4～5 毫米，具 10 肋，肋间被微毛。冠毛丰富，白色，绢毛状，易脱落。花果期 8—10 月。

【产地、生长环境与分布】仙桃市各地均有产。常生于草地、林下或林缘。分布于四川、云南、贵州、湖北、湖南、陕西、安徽、浙江、江西、福建、台湾、广西等地。

【药用部位】块根，全草。

【采集加工】秋、冬季挖根，除去残茎、须根及泥土，晒干。夏、秋季采全草，洗净，鲜用或晒干。

【性味】味甘、苦，性温。

【功能主治】止血、散瘀、消肿止痛、清热解毒；用于吐血、衄血、咯血、便血、崩漏、外伤出血、痛经、产后瘀滞腹痛、跌打损伤、风湿痛、疮痈疔疖、虫蛇咬伤。

【用法用量】内服：根，3～9 克；或研末，1.5～3 克；全草或叶，10～30 克。外用：适量，鲜品捣敷；或研末敷患处。

【验方参考】①治产后血气痛：土三七捣细，泡开水加酒兑服。（《四川中药志》）②治跌打损伤、风痛：土三七鲜根二至三钱，黄酒煎服。（《岭南采药录》）③治蛇咬伤：三七草根捣烂敷患处。（《湖南药物志》）

泥胡菜属 *Hemisteptia* Bunge

泥胡菜　糯米菜　（图378）
Hemisteptia lyrata (Bunge) Fischer & C. A. Meyer

【形态特征】一年生草本，高30～100厘米。茎单生，很少簇生，通常纤细，被稀疏蛛丝状毛，上部分枝，少有不分枝的。基生叶长椭圆形或倒披针形，花期通常枯萎；中下部茎叶与基生叶同型，长4～15厘米或更长，宽1.5～5厘米或更宽，全部叶大头羽状深裂或几全裂，侧裂片2～6对，通常4～6对，极少为1对，倒卵形、长椭圆形、匙形、倒披针形或披针形，向基部的侧裂片渐小，顶裂片大，长菱形、三角形或卵形，全部裂片边缘具三角形锯齿或重锯齿，侧裂片边缘通常具稀锯齿，最下部侧裂片通常无锯齿；有时全部茎叶不裂或下部茎叶不裂，边缘有锯齿或无锯齿。全部茎叶质地薄，两面异色，上面绿色，无毛，下面灰白色，被厚或薄茸毛，基生叶及下部茎叶有长叶柄，叶柄长达8厘米，柄基扩大抱茎，上部茎叶的叶柄渐短，最上部茎叶无柄。头状花序在茎枝顶端排成疏松伞房花序，少有植株仅含一个头状花序而单生于茎顶的。总苞宽钟状或半球形，直径1.5～3厘米。总苞片多层，覆瓦状排列，最外层长三角形，长2毫米，宽1.3毫米；外层及中层椭圆形或卵状椭圆形，长2～4毫米，宽1.4～1.5毫米；最内层

图378-01　泥胡菜 *Hemisteptia lyrata*（1）

图378-02　泥胡菜 *Hemisteptia lyrata*（2）

线状长椭圆形或长椭圆形，长7～10毫米，宽1.8毫米。全部苞片质地薄，草质，中外层苞片外面上方近顶端有直立的鸡冠状突起的附片，附片紫红色，内层苞片顶端长渐尖，上方染红色，但无鸡冠状突起的附片。小花紫色或红色，花冠长1.4厘米，檐部长3毫米，深5裂，花冠裂片线形，长2.5毫米，细管部为细丝状，长1.1厘米。瘦果小，楔形或偏斜楔形，长2.2毫米，深褐色，压扁，有13～16条粗细不

等的突起的尖细肋，顶端斜截形，有膜质果缘，基底着生面平或稍见偏斜。冠毛异型，白色，两层，外层冠毛刚毛羽毛状，长 1.3 厘米，基部连合成环，整体脱落；内层冠毛刚毛极短，鳞片状，3～9 个，着生一侧，宿存。花果期 3—8 月。

【产地、生长环境与分布】 仙桃市沔城镇有产。生于平原、林缘、林下、草地、荒地、田间、河边、路旁等处。我国除新疆、西藏外各地均有分布。

【药用部位】 全草或根。

【采集加工】 夏、秋季采集，洗净，鲜用或晒干。

【性味】 味苦、辛，性凉。

【功能主治】 清热解毒、散结消肿；用于痔漏、痈肿疔疮、乳痈、淋巴结炎、风疹瘙痒、外伤出血、骨折。

【用法用量】 内服：煎汤，9～15 克。外用：适量，捣敷；或煎水洗。

【验方参考】 ①治各种疮疡：泥胡菜、蒲公英各 30 克，水煎服。（《河北中草药》）②治疔疮：糯米菜根、苎麻根、折耳根各适量，捣绒敷患处。（《贵州草药》）③治乳痈：糯米菜叶、蒲公英各适量，捣绒外敷。（《贵州草药》）④治颈淋巴结炎：鲜（泥胡菜）全草或鲜叶适量，或加食盐少许，捣烂敷患处。（《浙江药用植物志》）⑤治刀伤出血：糯米菜叶适量，捣绒敷伤处。（《贵州草药》）⑥治骨折：糯米菜叶适量，捣绒包骨折处。（《贵州草药》）⑦治牙痛、牙龈炎：泥胡菜 9 克，水煎漱口，每日数次。（《青岛中草药手册》）

向日葵属 *Helianthus* L.

1. 一年生草本；叶有长柄；头状花序极大，直径 10～30 厘米；管状花棕色或紫色⋯⋯⋯⋯⋯⋯向日葵 *H. annuus*

1. 多年生草本，有块状地下茎；叶柄具翅；头状花序较小；管状花花冠黄色⋯⋯⋯⋯⋯⋯菊芋 *H. tuberosus*

向日葵　葵花　向阳花　望日葵　朝阳花　转日莲　（图 379）

Helianthus annuus L.

【形态特征】 一年生草本，高 1～3.5 米，最高可达 9 米。茎直立，圆形多棱角，质硬被白色粗硬毛。广卵形的叶片通常互生，先端锐尖或渐尖，有基出三脉，边缘具粗锯齿，两面粗糙，被毛，有长柄。头状花序，直径 10～30 厘米，单生于茎顶或枝端。总苞片多层，叶质，覆瓦状排列，被长硬毛，夏季开花，花序边缘生中性的黄色舌状花，不结果。花序中部为两性管状花，棕色或紫色，能结果。瘦果矩卵形，果皮木质化，灰色或黑色，称葵花籽或向日葵子。

【产地、生长环境与分布】 仙桃市各地均有产，多为栽培。我国各地均有栽培。

【药用部位】 果实。

图 379　向日葵 *Helianthus annuus*

【采集加工】 秋季果实成熟后，割取花盘，晒干，打下果实，再晒干。

【性味、归经】 味甘，性平。归肺、大肠经。

【功能主治】 透疹、止痢、透痈脓；用于疹发不透、血痢、慢性骨髓炎。

【用法用量】 内服：15 ～ 30 克，捣碎或开水炖。外用：适量，捣敷或榨油涂。

【验方参考】 ①治虚弱头风：黑色葵花籽（去壳）30 克，蒸猪脑髓吃。（《贵州草药》）②治小儿麻疹不透：向日葵种子 1 小酒杯，捣碎，开水冲服。（《浙江药用植物志》）③治血痢：向日葵子 30 克，冲开水炖 1 小时，加冰糖服。（《福建民间草药》）④治慢性骨髓炎：向日葵子生熟各半，研粉调蜂蜜外敷。（《浙江药用植物志》）

菊芋　菊诸　五星草　洋羌　番羌　（图 380）
Helianthus tuberosus L.

【形态特征】 多年生草本，高 1 ～ 3 米。具块状地下茎。茎直立，上部分枝，被短糙毛或刚毛。基部叶对生，上部叶互生；有叶柄，叶柄上部有狭翅；叶片卵形至卵状椭圆形，长 10 ～ 15 厘米，宽 3 ～ 9 厘米，先端急尖或渐尖，基部宽楔形，边缘有锯齿，上面粗糙，下面被柔毛，具 3 脉。头状花序数个，生于枝端，直径 5 ～ 9 厘米，有 1 ～ 2 个线状披针形的苞叶；总苞片披针形或线状披针形，开展；舌状花中性，淡黄色，显著；管状花两性，花冠黄色、棕色或紫色，裂片 5。瘦果楔形；冠毛上端常有 2 ～ 4 个具毛的扁芒。花期 8—10 月。

图 380　菊芋 *Helianthus tuberosus*

【产地、生长环境与分布】 在废墟、宅边、路旁都可生长。现我国大多数地区有栽培。原产于北美。

【药用部位】 块根，茎，叶。

【采集加工】 秋季采挖块茎，夏、秋季采收茎叶，鲜用或晒干。

【性味】 味甘、微苦，性凉。

【功能主治】 清热凉血、接骨；用于热病、肠热泻血、跌打骨伤。

【用法用量】 块根 1 只，生嚼服下。外用：鲜茎、叶捣烂敷患处。

旋覆花属 *Inula* L.

旋覆花　旋复花　金钱花　六月菊　（图 381）
Inula japonica Thunb.

【形态特征】 多年生草本，高 30 ～ 80 厘米。根茎短，横走或斜升，具须根。茎单生或簇生，绿色或紫色，有细纵沟，被长伏毛。基部叶花期枯萎，中部叶长圆形或长圆状披针形，长 4 ～ 13 厘米，宽 1.5 ～ 4.5 厘米，先端尖，基部渐狭。常有圆形半抱茎的小耳，无柄，全缘或有疏齿，上面具疏毛或近无毛，下面具疏伏毛和腺点，中脉和侧脉有较密的长毛；上部叶渐小，线状披针形。头状花序，直径 3 ～ 4 厘米，多数或少数排列成疏散的伞房花序；花序梗细长；总苞半球形，直径 1.3 ～ 1.7 厘米，总苞片约 5 层，线状披针形。最外层常叶质而较长；外层基部革质，上部叶质；内层干膜质；舌状花黄色，较总苞长 2 ～ 2.5 倍；舌片线形，长 10 ～ 13 毫米；管状花花冠长约 5 毫米，有三角状披针形裂片；冠毛白色，1 轮，有 20 余个粗糙毛。瘦果圆柱形，长 1 ～ 1.2 毫米，有 10 条纵沟，被疏短毛。花期 6—10 月，果期 9—11 月。

图 381-01　旋覆花 *Inula japonica*（1）

【产地、生长环境与分布】仙桃市各地均有产。生于山坡、沟边、路旁湿地。分布于我国北部、东北部、中部、东部各地。

【药用部位】植物的干燥头状花序。

【采集加工】夏、秋季花开放时采收，除去杂质，阴干或晒干。

【性味】味苦、辛、咸，性微温。

【功能主治】降气、消痰、行水、止呕；用于风寒咳嗽、痰饮蓄结、胸膈痞闷、喘咳痰多、呕吐噫气、心下痞硬。

【用法用量】3 ～ 9 克，包煎。

【验方参考】①治外感风寒，内蕴痰

图 381-02　旋覆花 *Inula japonica*（2）

湿，咳嗽痰多，常与半夏、麻黄等同用，如金沸草散。（《太平惠民和剂局方》）②治痰饮内停，浊服上犯而致咳嗽气促，胸膈痞闷者，可与泻肺化痰、利水行气之桑白皮、槟榔等同用，如旋覆花汤。（《圣济总录》）③治痰浊中阻，胃气上逆而噫气呕吐，胃脘痞硬者，常与赭石、半夏、生姜等同用，如旋覆代赭汤。（《伤寒论》）

马兰属 *Kalimeris* Cass.

马兰　紫菊　阶前菊　马兰头　马兰菊　（图 382）

Kalimeris indica (L.) Sch. -Bip.

【形态特征】多年生草本，高 30 ～ 80 厘米。地下有细长根状茎，匍匐平卧，白色有节。初春仅有基生叶，茎不明显，初夏地上茎增高，基部绿带紫红色，光滑无毛。单叶互生近无柄，叶片倒卵形、椭圆形至披针形，长 7 ～ 10 厘米，宽 15 ～ 25 毫米，先端尖、渐尖或钝，基部渐窄下延，边缘羽状浅裂或有极疏粗齿，近顶端叶渐小且全缘。秋末开花，头状花序，着生于上部分枝顶端，直径约 2.5 厘米；总苞半球形，长 4 ～ 5 毫米，宽约 1 厘米，苞片 2 ～ 3 列，近等大，略带紫色；边花舌状，一层，舌片长 8 ～ 10 毫米，宽 1.5 ～ 2 毫米，淡蓝紫色，中部花管状，长约 3.5 毫米，黄色，被密毛。瘦果扁平倒卵状，冠毛较少，长 0.1 ～ 0.3 毫米，弱而易脱落。

图 382　马兰 *Kalimeris indica*

【产地、生长环境与分布】 仙桃市各地均有产。生于林缘、草丛、溪岸、路旁。主要分布于四川、云南、贵州、陕西、河南、湖北、湖南、江西、广东、广西、福建、台湾、浙江、安徽、江苏、山东及辽宁南部。

【药用部位】 全草或根。

【采集加工】 夏、秋采收，洗净，鲜用或晒干。

【性味】 味辛，性凉。

【功能主治】凉血止血、清热利湿、解毒消肿；用于吐血、衄血、血痢、崩漏、创伤出血、黄疸、水肿、淋浊、感冒、咳嗽、咽痛喉痹、痔疮、痈肿、丹毒、小儿疳积。

【用法用量】 0.5 ～ 1 两；外用适量，鲜品捣烂敷患处。

【验方参考】 ①治大便下血：马兰、荔枝草各 30 克，煎服。（《安徽中草药》）②治紫癜：马兰、地锦草各 15 克，煎服。（《安徽中草药》）③治咽喉肿痛：马兰根、水芹菜根各 30 克，加白糖少许，捣烂取汁服，连服 3 ～ 4 次。（《浙江药用植物志》）④治口腔炎：海金沙全草、马兰各 30 克，水煎服。（《福建中草药处方》）⑤治急性结膜炎：马兰鲜嫩叶 60 克，捣烂，拌茶油少许同服。（《常用青草药选编》）

稻槎菜属 *Lapsana* L.

稻槎菜　鹅里腌　回荠　（图 383）

Lapsana apogonoides Maxim.

【形态特征】 一年生矮小草本，高 7 ～ 20 厘米。茎细，自基部发出多数或少数的簇生分枝及莲座状叶丛；全部茎枝柔软，被细柔毛或无毛。基生叶全形椭圆形、长椭圆状匙形或长匙形，长 3 ～ 7 厘米，宽 1 ～ 2.5 厘米，大头羽状全裂或几全裂，有长 1 ～ 4 厘米的叶柄，顶裂片卵形、菱形或椭圆形，边缘有极稀疏的小尖头，或长椭圆形而边缘有大锯齿，齿顶有小尖头，侧裂片 2 ～ 3 对，椭圆形，边缘全缘或有极稀疏针刺状小尖头；茎生叶少数，与基生叶同型并等样分裂，向上茎叶渐小，不裂。全部叶质地柔软，两面同色，绿色，或下面色淡，淡绿色，几无毛。头状花序小，果期下垂或歪斜，少数（6 ～ 8 枚）在茎枝顶端排列成疏松的伞房状圆锥花序，花序梗纤细，总苞椭圆形或长圆形，长约 5 毫米；总苞片 2 层，外层卵状披针形，长达 1 毫米，宽 0.5 毫米，内层椭圆状披针形，长 5 毫米，宽 1 ～ 1.2 毫米，先端喙状；全部总苞片草质，外面无毛。舌状小花黄色，两性。

【产地、生长环境与分布】仙桃市各地均有产。生于田野、荒地、溪边、路旁等处。分布于东部沿海及中南地区。

【药用部位】全草。

【采集加工】春、夏季采收，洗净，鲜用或晒干。

【性味】味苦，性平。

【功能主治】清热解毒、透疹；用于咽喉肿痛、痢疾、疮疡肿毒、蛇咬伤、麻疹透发不畅。

图 383 稻槎菜 *Lapsana apogonoides*

【用法用量】内服：煎汤，15 ～ 30 克；或捣汁。外用：适量，鲜品捣敷。

【验方参考】①治喉炎：全草（稻槎菜）60 克，捣烂绞汁冲蜂蜜服，每日 3 ～ 4 次。（《浙江药用植物志》）②治痢疾：鲜全草（稻槎菜）捣烂，酌加米泔水，布包绞汁 1 杯，煮沸，冲蜂蜜服。（《浙江药用植物志》）③治乳痈初起：全草（稻槎菜）30 克，鸭蛋 1 只。加水煮熟，食蛋服汁；另取鲜全草适量，加米饭捣烂外敷。（《浙江药用植物志》）④治小儿麻疹：全草（稻槎菜）6 ～ 9 克，水煎代茶饮。（《食物中药与便方》）

翅果菊属 *Pterocypsela* Shih

翅果菊 苦莴苣 山马草 野莴苣 蚕桑草 （图 384）
Pterocypsela indica (L.) Shih

【形态特征】一年生或二年生草本，根垂直直伸，生多数须根。茎直立，单生，高 0.4 ～ 2 米，基部直径 3 ～ 10 毫米，上部圆锥状或总状圆锥状分枝，全部茎枝无毛。全部茎叶线形，中部茎叶长达 21 厘米或过之，宽 0.5 ～ 1 厘米，边缘大部分全缘或仅基部或中部以下两侧边缘有小尖头或稀疏细锯齿或尖齿，或全部茎叶线状长椭圆形、长椭圆形或倒披针状长椭圆形，中下部茎叶长 13 ～ 22 厘米，宽 1.5 ～ 3 厘米，边缘有稀疏的尖齿或几全缘或全部茎叶椭圆形。全部茎叶顶端长渐急尖或渐

图 384 翅果菊 *Pterocypsela indica*

尖，基部楔形渐狭，无柄，两面无毛。头状花序果期卵球形，多数沿茎枝顶端排成圆锥花序或总状圆锥花序。总苞长 1.5 厘米，宽 9 毫米，总苞片 4 层，外层卵形或长卵形，长 3 ～ 3.5 毫米，宽 1.5 ～ 2 毫米，顶端急尖或钝，中内层长披针状或线状披针形，长 1 厘米或过之，宽 1 ～ 2 毫米，顶端钝或圆形，全部苞片边缘染紫红色。舌状小花 25 枚，黄色。瘦果椭圆形，长 3 ～ 5 毫米，宽 1.5 ～ 2 毫米，黑色，压扁，边缘有宽翅，顶端急尖或渐尖成长 0.5 ～ 1.5 毫米细或稍粗的喙，每面有 1 条细纵脉纹。冠毛 2 层，白色，几单毛状，长 8 毫米。花果期 4—11 月。

【产地、生长环境与分布】仙桃市各地均有产。生于林缘及林下、灌丛中或水沟边、山坡草地或田间。分布于北京、黑龙江、吉林、河北、山东、江苏、安徽、浙江、江西、福建、河南、湖南、广东、四川、云南等地。

【药用部位】全草或根。

【采集加工】春、夏季采收，鲜用或切段晒干。

【性味】味苦，性寒。

【功能主治】清热解毒、活血、止血；用于咽喉肿痛、肠痛、疮疖肿毒、宫颈炎、产后瘀血腹痛、崩漏、痔疮出血。

金光菊属 *Rudbeckia* L.

金光菊　黑眼菊　黄菊　黄菊花　假向日葵　肿柄菊　（图 385）
Rudbeckia laciniata L.

【形态特征】多年生草本，高 1 ～ 2 米。茎上部分枝。叶互生，无毛或被疏短毛；下部叶具柄，不裂或 5 ～ 7 深裂，裂片长圆状披针形，先端尖，基部楔形，边缘浅裂或有不等的疏锯齿；中部叶 3 ～ 5 深裂；上部叶不裂，卵形，先端尖，全缘或有少数粗齿，背面边缘被短糙毛。头状花序，直径 7 ～ 12 厘米，单生于枝顶；总苞半球形；总苞片 2 层，被短毛；花托球形；托片先端截形，被毛，与瘦果等长；舌状花金黄色；舌片倒披针形，先端具 2 短齿；管状花黄色或黄绿色。瘦果，压扁，稍有 4 棱，先端有 4 齿的小冠。花果期 7—9 月。

图 385　金光菊 *Rudbeckia laciniata*

【产地、生长环境与分布】仙桃市沔东湿地公园有栽培。我国南北常见栽培。原产于北美。

【药用部位】叶或全草。

【采集加工】夏、秋季采集，洗净，鲜用或晒干。

【性味】味苦，性凉。

【功能主治】 清热解毒；用于急性胃肠炎；外用治痈疮。

【用法用量】 叶 5 ～ 6 片，水煎服。全草，9 ～ 12 克，水煎服。外用：鲜叶捣烂外敷。

【验方参考】 治胃肠炎：金光菊叶 9 ～ 12 克，煎汤。（《新华本草纲要》）

千里光属 *Senecio* L.

千里光　千里及　九里明　千里急　蔓黄菀　眼明草　九里光　（图 386）

Senecio scandens Buch. -Ham. ex D. Don

【形态特征】 多年生攀援草本，根状茎木质，粗，直径达 1.5 厘米，高 1 ～ 5 米。茎伸长，弯曲，长 2 ～ 5 米，多分枝，被柔毛或无毛，老时变木质，皮淡色。叶具柄，叶片卵状披针形至长三角形，长 2.5 ～ 12 厘米，宽 2 ～ 4.5 厘米，顶端渐尖，基部宽楔形、截形、戟形或稀心形，通常具浅或深齿，稀全缘，有时具细裂或羽状浅裂，至少向基部具 1 ～ 3 对较小的侧裂片，两面被短柔毛至无毛；羽状脉，侧脉 7 ～ 9 对，弧状，叶脉明显；叶柄长 0.5 ～ 1（2）厘米，具柔毛或近无毛，无耳或基部有小耳；上部叶变小，披针形或线状披针形，长渐尖。头状花序，多数，在茎及枝端排列成复总状伞房花序，总花梗常反折或开展，被密微毛，有细条形苞叶；总苞筒状，长 5 ～ 7 毫米，宽 3 ～ 6 毫米，基部有数个条形小苞片；总苞片 1 层，12 ～ 13 个，条状披针形，先端渐尖；舌状花黄色，8 ～ 9 个，长约 10 毫米；筒状花多数。瘦果圆柱形，有纵沟，长 3 毫米，被柔毛；冠毛白色，长 7.5 毫米，约与筒状花等长。花期 10 月到翌年 3 月，果期 2—5 月。

图 386-01　千里光 *Senecio scandens*

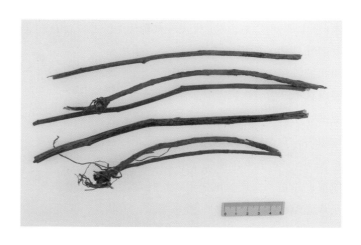

图 386-02　千里光（药材）

【产地、生长环境与分布】 仙桃市各地均有产。生于疏林下、林边、路旁、沟边草丛中。分布于西藏、陕西、湖北、四川、贵州、云南、安徽、浙江、江西、福建、湖南、广东、广西、台湾等地。

【药用部位】 全草。

【采集加工】 9—10 月采收，割取地上部分，洗净，鲜用或晒干。

【性味】 味苦，性寒。

【功能主治】 清热解毒、明目、利湿；用于痈肿疮毒、感冒发热、目赤肿痛、泄泻痢疾、皮肤湿疹。

【用法用量】 内服：煎汤，15～30克。外用：适量，煎水熏洗。

【验方参考】 ①治烂睑风眼：笋箬包九里光草煨熟，捻入眼中。（《经验良方》）②治风火眼痛：千里光二两，煎水熏洗。（《江西民间草药》）③治鸡盲：千里光一两，鸡肝一个。同炖服。（《江西民间草药》）④治痈疽疮毒：千里光（鲜）一两，水煎服；另用千里光（鲜）适量，煎水外洗；再用千里光（鲜）适量，捣烂外敷。（《江西草药》）⑤治干湿癣疮，湿疹日久不愈者：千里光，水煎二次，过滤，再将两次煎成之汁混合，文火浓缩成膏，用时稍加开水或麻油，稀释如稀糊状，搽擦患处，一日二次；婴儿胎癣勿用。（《江西民间草药》）⑥治脚趾间湿痒、肛门痒、阴道痒：千里光适量，煎水洗患处。（《江西民间草药》）⑦治鹅掌风、头癣、干湿癣疮：千里光、苍耳草全草各等份。煎汁浓缩成膏，搽或擦患处。（《江西民间草药》）⑧治阴囊皮肤流水奇痒：千里光捣烂，水煎去渣，再用文火煎成稠膏状，调乌桕油，涂患处。（《浙江民间常用草药》）⑨治疥疮、肿毒：千里光水煎浓外敷，另取千里光一两，水煎服。（《浙江民间常用草药》）⑩治流感：千里光鲜全草一至二两，水煎服。（《草药手册》）⑪治烫火伤：千里光八份，白及二份，水煎浓汁外搽。（《江西草药》）⑫预防中暑：千里光五至八钱，泡开水代水饮。（《福建中草药》）⑬治疟疾：千里光、红糖、甜酒糟，共煎服。（《草药手册》）⑭治各种急性炎症、细菌性痢疾、毒血症、败血症、轻度肠伤寒、绿脓杆菌感染：千里光、蒲公英、二叶葎、积雪草、白茅根、叶下珠、金银花藤叶各五钱。水煎服，每六小时一次。（《草药手册》）

豨莶属 *Sigesbeckia* L.

豨莶　豨莶草　粘糊菜　（图387）

Sigesbeckia orientalis L.

【形态特征】 一年生草本。茎直立，高30～100厘米，分枝斜升，上部的分枝常呈复二歧状；全部分枝被灰白色短柔毛。基部叶花期枯萎；中部叶三角状卵圆形或卵状披针形，长4～10厘米，宽1.8～6.5厘米，基部阔楔形，下延成具翼的柄，顶端渐尖，边缘有规则的浅裂或粗齿，纸质，上面绿色，下面淡绿色，具腺点，两面被毛，三出基脉，侧脉及网脉明显；上部叶渐小，卵状长圆形，边缘浅波状或全缘，近无柄。头状花序直径15～20毫米，多数聚生于枝端，排列成具叶的圆锥花序；花梗长1.5～4厘米，密生短柔毛；总苞阔钟状；总苞片2层，叶质，背面被紫褐色头状具柄的腺毛；外层苞片5～6枚，线状匙形或匙形，开展，长8～11毫米，宽约1.2毫米；内层苞片卵状长圆形或卵圆形，长约5毫米，宽1.5～2.2毫米。外层托片长圆形，内弯，内层托片倒卵状长圆形。花黄色；雌花花

图387-01　豨莶 *Sigesbeckia orientalis*（1）

冠的管部长 0.7 毫米；两性管状花上部钟状，上端有 4～5 卵圆形裂片。瘦果倒卵圆形，有 4 棱，顶端有灰褐色环状突起，长 3～3.5 毫米，宽 1～1.5 毫米。花期 4—9 月，果期 6—11 月。

图 387-02 豨莶 *Sigesbeckia orientalis*（2）

【产地、生长环境与分布】 仙桃市各地均有产。生于荒坡、林缘及路旁，主要分布于长江以南及西南等地。

【药用部位】 全草。

【采集加工】 夏季开花前或花期均可采收。割取地上部分，晒至半干时，放置干燥通风处，晾干。

【性味】 味苦、辛，性寒。

【功能主治】 祛风湿、通经络、清热解毒；用于风湿痹痛、筋骨不利、腰膝无力、半身不遂、高血压、疟疾、黄疸、痈肿、疮毒、风疹湿疮、虫兽咬伤。

【用法用量】 内服：煎汤，9～12 克，大剂量 30～60 克；捣汁或入丸、散。外用：适量，捣敷；或研末撒；或煎水熏洗。

【验方参考】①治高血压：豨莶草、臭梧桐、夏枯草各 9 克，水煎服，每日 1 次。（《青岛中草药手册》）②治慢性肾炎：豨莶草 30 克，地耳草 15 克，水煎冲红糖服。（《浙江药用植物志》）③治神经衰弱：豨莶草、丹参各 15 克，煎服。（《安徽中草药》）

一枝黄花属 *Solidago* L.

加拿大一枝黄花 金棒草 （图 388）

Solidago canadensis L.

【形态特征】 多年生草本，有长根状茎。茎直立，高达 2.5 米。叶披针形或线状披针形，长 5～12 厘米。头状花序很小，长 4～6 毫米，在花序分枝上单面着生，多数弯曲的花序分枝与单面着生的头状花序形成开展的圆锥状花序。总苞片线状披针形，长 3～4 毫米。边缘舌状花很短。

【产地、生长环境与分布】 仙桃市沔阳公园有产。生于城乡荒地、住宅旁、废弃地、厂区、河坡、农田边。广布全国各地。

【药用部位】 全草。

【采集加工】 9—10 月开花盛期采收，割取地上部分，或挖取根部，洗净，鲜用或晒干。

图 388 加拿大一枝黄花 *Solidago canadensis*

【性味】 味微苦、辛，性平。

【功能主治】 散热祛湿、消积解毒；用于肾炎、膀胱炎。

苦苣菜属 *Sonchus* L.

花叶滇苦菜　断续菊　续断菊　（图 389）
Sonchus asper (L.) Hill.

【形态特征】 一年生草本。根倒圆锥状，褐色，垂直直伸。茎单生或少数茎成簇生。茎直立，高 20～50 厘米，有纵纹或纵棱，上部长或短总状或伞房状花序分枝，或花序分枝极短缩，全部茎枝光滑无毛或上部及花梗被头状具柄的腺毛。基生叶与茎生叶同型，但较小；中下部茎叶长椭圆形、倒卵形、匙状或匙状椭圆形，包括渐狭的翼柄长 7～13 厘米，宽 2～5 厘米，顶端渐尖、急尖或钝，基部渐狭成短或较长的翼柄，柄基耳状抱茎或基部无柄，耳状抱茎；上部茎叶披针形，不裂，基部

图 389　花叶滇苦菜 *Sonchus asper*

扩大，圆耳状抱茎。或下部叶或全部茎叶羽状浅裂、半裂或深裂，侧裂片 4～5 对，椭圆形、三角形、宽镰刀形或半圆形。全部叶及裂片与抱茎的圆耳边缘有尖齿刺，两面光滑无毛，质地薄。头状花序少数（5 个）或较多（10 个），在茎枝顶端排成稠密的伞房花序。总苞宽钟状，长约 1.5 厘米，宽 1 厘米；总苞片 3～4 层，向内层渐长，覆瓦状排列，绿色，草质，外层长披针形或长三角形，长 3 毫米，宽不足 1 毫米，中内层长椭圆状披针形至宽线形，长达 1.5 厘米，宽 1.5～2 毫米；全部苞片顶端急尖，外面光滑无毛。舌状小花黄色。瘦果倒披针状，褐色，长 3 毫米，宽 1.1 毫米，压扁，两面各有 3 条细纵肋，肋间无横皱纹。冠毛白色，长达 7 毫米，柔软，彼此纠缠，基部连合成环。花果期 5—10 月。

【产地、生长环境与分布】 仙桃市各地均有产。生于荒坡、林缘及水边。广布全国各地。

【药用部位】 全草。

【采集加工】 夏、秋季采收，鲜用或晒干用。

【性味】 味苦，性寒。

【功能主治】 清热解毒、止血；用于疮疡肿毒、小儿咳喘、肺痨咯血等。

万寿菊属 *Tagetes* L.

万寿菊　臭芙蓉　臭菊花　（图 390）
Tagetes erecta L.

【形态特征】 一年生草本，高 50～150 厘米。茎直立，粗壮，具纵细条棱，分枝向上平展。叶羽

状分裂，长 5 ～ 10 厘米，宽 4 ～ 8 厘米，裂片长椭圆形或披针形，边缘具锐锯齿，上部叶裂片的齿端有长细芒；沿叶缘有少数腺体。头状花序单生，直径 5 ～ 8 厘米，花序梗顶端棍棒状膨大；总苞长 1.8 ～ 2 厘米，宽 1 ～ 1.5 厘米，杯状，顶端具齿尖；舌状花黄色或暗橙色；长 2.9 厘米，舌片倒卵形，长 1.4 厘米，宽 1.2 厘米，基部收缩成长爪，顶端微弯缺；管状花花冠黄色，长约 9 毫米，顶端具 5 齿裂。瘦果线形，基部缩小，黑色或褐色，长 8 ～ 11 毫米，被短微毛；冠毛有 1 ～ 2 个长芒和 2 ～ 3 个短而钝的鳞片。花期 7—9 月。

图 390　万寿菊 *Tagetes erecta*

【产地、生长环境与分布】 仙桃市各地均有产。多为公园栽种。我国各地均有栽培；在广东和云南南部、东南部已归化。

【药用部位】 花，根。

【采集加工】 秋、冬季采花，鲜用或晒干。

【性味】 味苦，性凉。

【功能主治】 花：清热解毒、化痰止咳。用于上呼吸道感染、百日咳、支气管炎、角膜炎、咽炎、口腔炎、牙痛；外用治腮腺炎、乳腺炎、痈疮肿毒。根：解毒消肿。鲜全草：外用治乳腺炎、无名肿毒、疔疮。

【用法用量】 内服：9 ～ 15 克。外用：适量花研粉，醋调匀搽患处；鲜根或鲜全草捣烂敷患处。

【验方参考】 ①治高血压：万寿菊花 15 克，鬼针草 37.5 克，青木香（现用土木香）7.5 克，野菊花 15 克，水煎，分 2 次服。（《汉方青草药养生圣经》）②治百日咳：万寿菊 15 朵，煎水加红糖服。③治支气管炎：鲜万寿菊 30 克，水朝阳 9 克，紫菀 6 克，水煎服。④治腮腺炎、乳腺炎：万寿菊、重楼、银花共研末，酸醋调匀外敷患处。⑤治牙痛、目痛：万寿菊 15 克，水煎服。（②～⑤出自《青草药速认图集》）

蒲公英属 *Taraxacum* F. H. Wigg.

蒲公英　黄花地丁　婆婆丁　地丁　（图 391）

Taraxacum mongolicum Hand. -Mazz.

【形态特征】 多年生草本，含白色乳汁，高 10 ～ 25 厘米。根深长，单一或分枝。叶根生，排成莲座状；叶片矩圆状披针形、倒披针形或倒卵形，长 6 ～ 15 厘米，宽 2 ～ 3.5 厘米，先端尖或钝，基部狭窄，下延成叶柄状，边缘浅裂或作不规则羽状分裂，裂片齿状或三角状，全缘或具疏齿，绿色，或在边缘带淡紫色斑，被白色丝状毛。花茎上部密被白色丝状毛；头状花序单一，顶生，直径 2.5 ～ 3.5 厘米，全部为舌状花，两性；总苞钟状，总苞片多层，外层较短，卵状披针形，先端尖，有角状突起，内层线状披针形，先端呈爪状；花冠黄色，长 1.5 ～ 1.8 厘米，宽 2 ～ 2.5 毫米，先端平截，5 齿裂；雄蕊 5，着生于花冠管上，花药合生成筒状，包于花柱外，花丝分离，白色，短而稍扁；雌蕊1，子房下位，长椭圆形，花柱细长，柱头2裂，有短毛。瘦果倒披针形，长4～5毫米，宽约1.5毫米，外具纵棱，有多数刺状突起，顶端具喙，着生白色冠毛。花期4—5月，果期6—7月。

【产地、生长环境与分布】仙桃市各地均有产。生于荒坡草地、路边、田野、河边。分布于我国东北、华北、华东、华中、西北、西南各地。

图391　蒲公英 *Taraxacum mongolicum*

【药用部位】全草。

【采集加工】春至秋季花初开时采挖，除去杂质，洗净，晒干。

【性味】味苦、甘，性寒。

【功能主治】清热解毒、消肿散结、利尿通淋；用于疗疮肿毒、乳痈、瘰疬、目赤、咽痛、肺痈、肠痈、湿热黄疸、热淋涩痛。

【用法用量】内服：煎汤，0.3～1两（大剂量2两）；捣汁或入散剂。外用：捣敷。

【验方参考】①治乳痈：蒲公英（洗净、细锉），忍冬藤同煎浓汤，入少酒佐之，服罢，随手欲睡，是其功也。（《本草衍义补遗》）②治急性乳腺炎：蒲公英二两，香附一两。每日一剂，煎服二次。（《中草药新医疗法资料选编》）③治产后不自乳儿，蓄积乳汁，结作痈：蒲公英捣敷肿上，日三四度易之。（《梅师集验方》）④治瘰疬结核，痰核绕项而生：蒲公英三钱，香附一钱，羊蹄根一钱五分，山茨菇一钱，大蓟独根二钱，虎掌草二钱，小一枝箭二钱，小九牯牛一钱。水煎，点水酒服。（《滇南本草》）⑤治疳疮疔毒：蒲公英捣烂覆之，别更捣汁，和酒煎服，取汗。（《本草纲目》）⑥治急性结膜炎：蒲公英、金银花分别水煎，制成两种滴眼水。每日滴眼三至四次，每次二至三滴。（《全展选编·五官》）⑦治急性化脓性感染：蒲公英、乳香、汉药、甘草，煎服。（《中医杂志》）⑧治多年恶疮及蛇伤肿毒：蒲公英捣烂，贴。（《救急方》）⑨治肝炎：蒲公英干根六钱，茵陈蒿四钱，柴胡、生山栀、郁金、茯苓各三钱，煎服。或用干根、天名精各一两，煎服。（《南京地区常用中草药》）⑩治胆囊炎：蒲公英一两，煎服。（《南京地区常用中草药》）⑪治慢性胃炎、胃溃疡：蒲公英干根、地榆根各等份，研末，每服二钱，一日三次，生姜汤送服。（《南京地区常用中草药》）⑫治胃弱、消化不良、慢性胃炎、胃胀痛：蒲公英一两（研细粉），橘皮六钱（研细粉），砂仁三钱（研细粉）。混合共研，每服二至三分，一日数回，食后开水送服。（《现代实用中药》）

苍耳属 *Xanthium* L.

苍耳　苍子　苍耳子　卷耳　苓耳　菜耳　爵耳　（图392）

Xanthium sibiricum Patrin ex Widder

【形态特征】一年生草本，高30～60厘米，粗糙或被毛。叶互生，有长柄，叶片宽三角形，长4～10

厘米，宽 3～10 厘米，先端锐尖，基部心形，边缘有缺刻及不规则粗锯齿，上面深绿色，下面苍绿色，粗糙或被短白毛，基部有显著的脉 3 条。头状花序近于无柄，聚生，单性同株；雄花序球形，总苞片小，1 列；花托圆柱形，有鳞片；小花管状，顶端 5 齿裂，雄蕊 5 枚，花药近于分离，有内折的附片；雌花序卵形，总苞片 2～3 列，外列苞片小，内列苞片大，结成一个卵形、2 室的硬体，外面有倒刺毛，顶有 2 圆锥状的尖端，小花 2 朵，无花冠，子房在总苞内，每室有一个，花柱线形，突出在总苞外。瘦果倒卵形，包藏在有刺的总苞内，无冠毛。花期 5—6 月，果期 6—8 月。

【产地、生长环境与分布】仙桃市各地均有产。生于平原、丘陵、荒野、路边、沟旁、田边、草地、村旁等处。全国各地广布。

【药用部位】全草，根，花，果实。

【采集加工】夏季割取全草，去泥，切段晒干或鲜用。秋季采收果实。

【性味】味苦、辛，性微寒；有小毒。

【功能主治】祛风、散热、除湿、解毒；用于感冒、头风、头晕、目赤、目翳、风湿痹痛、拘挛麻木、风癞、疔疮、疥癣、皮肤瘙痒、痔疮、痢疾。

【用法用量】内服：煎汤，2～4 钱；捣汁、熬膏或入丸、散。外用：捣敷、烧存性研末调敷或煎水洗。

【验方参考】①治妇人血风攻脑、头旋闷绝、忽死倒地、不知人事：喝起草（苍耳）嫩心，阴干为末，如常酒服一大钱。（《斗门方》）②治中风伤寒头痛，又疗疔肿困重：生捣苍耳根叶，和小儿尿绞取汁，冷撮一升，日三度。（《食疗本草》）③治中风、头痛、湿痹、四肢拘挛痛：苍耳嫩苗叶一斤，酥一两。先煮苍耳三五沸，漉出，用豉一合，水二大盏半，煎豉取汁一盏半，

图 392-01　苍耳 *Xanthium sibiricum*（1）

图 392-02　苍耳 *Xanthium sibiricum*（2）

图 392-03　苍耳子（药材）

入苍耳及五味，调和作羹，入酥食之。（《太平圣惠方》苍耳叶羹）④治赤白下痢：苍耳草不拘多少，洗净，以水煮烂，去滓，入蜜，用武火熬成膏。每服一二匙，白汤下。（《医方摘元》）⑤治目上星翳：鲜苍耳草，捣烂涂膏药上贴太阳穴。（《浙江民间草药》）

黄鹌菜属　*Youngia* Cass.

黄鹌菜　苦菜药　黄花菜　山芥菜　土芥菜　野芥菜　野芥兰　野青菜　（图 393）

Youngia japonica (L.) DC.

【形态特征】一年生草本，高 10 ～ 100 厘米。根垂直直伸，生多数须根。茎直立，单生或少数茎成簇生，粗壮或细，顶端伞房花序状分枝或下部有长分枝，下部被稀疏的皱波状长或短毛。基生叶全形倒披针形、椭圆形、长椭圆形或宽线形，长 2.5 ～ 13 厘米，宽 1 ～ 4.5 厘米，大头羽状深裂或全裂，极少有不裂的，叶柄长 1 ～ 7 厘米，有狭或宽翼或无翼，顶裂片卵形、倒卵形或卵状披针形，顶端圆形或急尖，边缘有锯齿或几全缘，侧裂片 3 ～ 7 对，椭圆形，向下渐小，最下方的侧裂片

图 393　黄鹌菜 *Youngia japonica*

耳状，全部侧裂片边缘有锯齿或细锯齿或边缘有小尖头，极少边缘全缘；无茎叶或极少有 1（2）枚茎生叶，且与基生叶同型并等样分裂；全部叶及叶柄被皱波状长或短柔毛。头状花序含 10 ～ 20 枚舌状小花，少数或多数在茎枝顶端排成伞房花序，花序梗细。总苞圆柱状，长 4 ～ 5 毫米，极少长 3.5 ～ 4 毫米；总苞片 4 层，外层及最外层极短，宽卵形或宽形，长、宽不足 0.6 毫米，顶端急尖，内层及最内层长 4 ～ 5 毫米，极少长 3.5 ～ 4 毫米，宽 1 ～ 1.3 毫米，披针形，顶端急尖，边缘白色宽膜质，内面有贴伏的短糙毛；全部总苞片外面无毛。舌状小花黄色，花冠管外面有短柔毛。瘦果纺锤形，压扁，褐色或红褐色，长 1.5 ～ 2 毫米，向顶端有收缢，顶端无喙，有 11 ～ 13 条粗细不等的纵肋，肋上有小刺毛。冠毛长 2.5 ～ 3.5 毫米，糙毛状。花果期 4—10 月。

【产地、生长环境与分布】仙桃市各地均有产。生于路旁荒野处。分布于我国华东、中南、西南地区。

【药用部位】全草或根。

【采集加工】春、秋季可采，洗净，鲜用或晒干。

【性味】味甘、微苦，性凉；无毒。

【功能主治】清热、解毒、消肿、止痛；用于感冒、咽痛、乳腺炎、结膜炎、疮疖、尿路感染、带下、风湿性关节炎。

【用法用量】内服：煎汤，3 ～ 5 钱（鲜品 1 ～ 2 两）。外用：捣敷或捣汁含漱。

【验方参考】①治咽喉炎症：鲜黄鹌菜，洗净，捣汁，加醋适量含漱（治疗期间忌吃油腻食物）。（《中草药手册》）②治乳腺炎：鲜黄鹌菜一至二两，水煎酌加酒服，渣捣烂加热外敷患处。（《中草药手册》）

③治肝硬化腹水：鲜黄鹌菜根四至六钱，水煎服。（《中草药手册》）④治肺胀：鲜黄鹌菜一至二两，水酒各半煎服，渣外敷。（《中草药手册》）⑤治狂犬咬伤：鲜黄鹌菜一至二两，绞汁泡开水服，渣外敷。（《中草药手册》）

百日菊属 *Zinnia* L.

百日菊　步步登高　节节高　百日草　（图 394）
Zinnia elegans Jacq.

【形态特征】一年生草本。茎直立，高 30 ～ 100 厘米，被糙毛或长硬毛。叶宽卵圆形或长圆状椭圆形，长 5 ～ 10 厘米，宽 2.5 ～ 5 厘米，基部稍心形抱茎，两面粗糙，下面被密的短糙毛，基出 3 脉。头状花序直径 5 ～ 6.5 厘米，单生于枝端，无中空肥厚的花序梗。总苞宽钟状；总苞片多层，宽卵形或卵状椭圆形，外层长约 5 毫米，内层长约 10 毫米，边缘黑色。托片上端有延伸的附片；附片紫红色，流苏状三角形。舌状花深红色、玫瑰色、紫堇色或白色，舌片倒卵圆形，先端 2 ～ 3 齿裂或全缘，上面被短毛，下面被长柔毛。管状花黄色或橙色，长 7 ～ 8 毫米，先端裂片卵状披针形，上面被黄褐色密茸毛。雌花瘦果倒卵圆形，长 6 ～ 7 毫米，宽 4 ～ 5 毫米，扁平，腹面正中和两侧边缘各有 1 棱，顶端截形，基部狭窄，被密毛；管状花瘦果倒卵状楔形，长 7 ～ 8 毫米，宽 3.5 ～ 4 毫米，极扁，被疏毛，顶端有短齿。花期 6—9 月，果期 7—10 月。

图 394　百日菊 *Zinnia elegans*

【产地、生长环境与分布】仙桃市各地均有产。生于路边、屋旁等处。我国各地栽培很广。

【药用部位】全草。

【采集加工】夏、秋季采收，切段，晒干备用。

【性味】味苦、辛，性凉。

【功能主治】清热利湿、解毒消肿；用于温热痢疾、淋证、乳痈、疮疡疖肿。

【用法用量】内服：0.5 ～ 1 两。外用：鲜品适量，捣敷患处。

107. 泽泻科 Alismataceae

慈姑属 *Sagittaria* L.

华夏慈姑　慈姑　茨菰　白地栗　（图 395）
Sagittaria trifolia subsp. *leucopetala* (Miquel) Q. F. Wang

【形态特征】有刺草本。根茎圆柱形，直径约 2.5 厘米，有结节及硬刺，旁生侧根。叶革质，长

15～45厘米，幼时戟形或箭形，而有阔或狭的基生裂片，老时常宽甚于长，羽状深裂，基部心形，裂片披针形，长渐尖，有主脉1条，沿背脉有刺；叶柄圆柱形，长60～120厘米，有刺，基部有鞘。佛焰苞长20～35厘米，血红色，旋钮状，仅基部张开；肉穗花序长约2.5厘米，结果时长5～10厘米，宽约2.5厘米，密花；花两性，由上及下开放。浆果倒圆锥形，有棱5～6，如葡萄状。花期夏季。

【产地、生长环境与分布】仙桃市各地均有产，西流河镇分布较多。生于阴湿山谷、池塘。分布于广东、广西等地。

【药用部位】根茎。

【采集加工】夏、秋季采收，洗净，晒干或切片晒干。

【性味】味淡，性凉。

【功能主治】清热、利尿、解毒；用于热病口渴、肺热咳嗽、小便黄赤、皮肤热毒。

【用法用量】内服：煎汤，3～5钱。外用：煎水洗或研末调敷。

【验方参考】治小儿胎毒、烂肉，煎水洗。（《岭南采药录》）

图395-01　华夏慈姑 *Sagittaria trifolia* subsp. *leucopetala*（1）

图395-02　华夏慈姑 *Sagittaria trifolia* subsp. *leucopetala*（2）

泽泻属 *Alisma* L.

泽泻　水泽　如意花　（图396）

Alisma plantago-aquatica L.

【形态特征】多年生沼泽植物。地下有块茎，球形，外皮褐色，密生多数须根。叶基生，叶片椭圆形至卵形，先端急尖或短尖，基部广楔形，圆形或稍心形，全缘，两面均光滑无毛。花茎由叶丛中生出，总花梗轮生，集成大型的轮生状圆锥花序；小花梗长短不等，伞状急尖或短尖，基部广楔形，尖锐；萼片3，绿色，广卵形；花瓣3，白色，倒卵形，较萼短；雄蕊6；雌蕊多数，离生，子房倒卵形，侧扁，花柱侧生。瘦果多数，扁平，倒卵形，褐色。花期6—8月，果期7—9月。

【产地、生长环境与分布】仙桃市杨林尾镇有产。生于浅沼泽地或水稻田中，喜温暖气候，多栽培于潮湿而富含腐殖质的黏质壤土中。分布于黑龙江、吉林、辽宁、内蒙古、河北、山西、陕西、新疆、云南等地，主产于福建、四川。

【药用部位】 干燥块茎。

【采集加工】 冬季茎叶开始枯萎时采挖，洗净，干燥，除去须根和粗皮。

【性味、归经】 味甘、淡，性寒。归肾、膀胱经。

【功能主治】 利水渗湿、泄热、化浊降脂；用于小便不利、水肿胀满、泄泻尿少、痰饮眩晕、热淋涩痛、高脂血症。

【用法用量】 6～10克，水煎服。

【验方参考】 ①治鼓胀水肿：白术、泽泻各15克。上为细末，煎服9克，茯苓汤调下。或丸亦可，服三十丸。（《保命集》）②治水肿、小便不利：泽泻、白术各12克，车前子9克，茯苓皮15克，西瓜皮24克。水煎服。（《全国中草药汇编》）③治急性肠炎：泽泻15克，猪苓9克，白头翁15克，车前子6克。水煎服。（《青岛中草药手册》）④治痰饮内停、头目眩晕、呕吐痰涎：泽泻、白术各9克，荷叶蒂5枚，菊花6克，佩兰3克。泡煎代茶饮。（《浙江中医药》）

【使用注意】 肾虚滑精、无湿热者禁服。

图 396　泽泻 *Alisma plantago-aquatica*

108. 百合科 Liliaceae

葱属 *Allium* L.

1.鳞茎圆柱状、圆锥状或卵状圆柱形，稀卵状，常数枚聚生，根状茎明显。

  2.叶条形，扁平，实心；花白色，常具绿色中脉 ···韭 *A. tuberosum*

  2.叶三棱状条形，背面具纵棱，中空；花白色，稀淡红色，常具红色中脉··············野韭 *A. ramosum*

1.鳞茎球状、卵球状、卵状，若圆柱状至卵状圆柱形，则叶粗壮为中空的圆柱状，常单生；根状茎不明显。

  3.叶为中空、平滑的圆筒状，通常粗壮···葱 *A. fistulosum*

  3.叶条形、三棱状条形、棱柱状或半圆柱状，稀为中空的圆柱状，但不粗壮。

    4.内轮花丝全缘或基部每侧各具1齿或齿片，齿或齿片比中间的着药花丝短·················薤头 *A. chinense*

    4.内轮花丝基部扩大，每侧各具1齿，齿端长丝状，超过中间的着药花丝·················蒜 *A. sativum*

韭　韭菜　久菜　（图 397）

Allium tuberosum Rottl. ex Spreng.

【形态特征】 具倾斜的横生根状茎。鳞茎簇生，近圆柱状；鳞茎外皮暗黄色至黄褐色，破裂成纤维状，呈网状或近网状。叶条形，扁平，实心，比花葶短，宽1.5～8毫米，边缘平滑。花葶圆柱状，常具2纵棱，高25～60厘米，下部被叶鞘；总苞单侧开裂，或2～3裂，宿存；伞形花序半球状或近球状，具多但较稀疏的花；小花梗近等长，比花被片长2～4倍，基部具小苞片，且数枚小花梗的基部又为1枚共同的苞片所包围；花白色；花被片常具绿色或黄绿色的中脉，内轮的矩圆状倒卵形，稀为矩圆状卵形，先端具短尖头或钝圆，长 4～7（8）毫米，宽 2.1～3.5 毫米，外轮的常较窄，矩圆状卵形至矩圆状披针形，先端具短尖头，长 4～7（8）毫米，宽 1.8～3 毫米；花丝等长，为花被片长度的 2/3～4/5，基部合生并与花被片贴生，合生部分高 0.5～1 毫米，分离部分狭三角形，内轮的稍宽；子房倒圆锥状球形，具 3 圆棱，外壁具细的疣状突起。花果期 7—9 月。

图 397-01　韭 *Allium tuberosum*（1）

【产地、生长环境与分布】 仙桃市各地均有产。适宜在地势平坦，排灌方便，土壤肥沃、理化性状良好的土壤中生长，以沙壤土为宜。全国各地广泛栽培，亦有野生植株。

【药用部位】 种子，根及鳞茎，叶。

【采集加工】 韭叶、韭根：鲜用。韭菜子：秋季果实成熟时采收果序，晒干，搓出种子，除去杂质。

【成分】 含硫化物、苷类、苦味物质、维生素 C 等。

【性味】 味辛、甘，性温。

【功能主治】 韭菜子：补肝肾、暖腰膝、助阳、固精；用于阳痿、遗精、遗尿小便频数、腰膝酸软、冷痛、白带过多。

图 397-02　韭 *Allium tuberosum*（2）

韭叶：温中、行气、散血、解毒；用于胸痹、噎膈、反胃、吐血、衄血、尿血、痢疾、消渴、痔漏、脱肛、跌扑损伤、虫蝎蜇伤。韭根：温中、行气、散瘀；用于胸痹、食积腹胀、赤白带下、吐血、衄血、癣疮、跌打损伤。

【验方参考】 韭叶：①治胸痹，心中急痛如锥刺，不得俯仰，自汗出或痛彻背上，不治或至死：生韭或根五斤，捣汁。灌少许，即吐胸中恶血。（《必效方》）②治阳虚肾冷，阳痿不振，或腰膝冷疼，遗精梦泄：韭菜白八两，胡桃肉二两。同芝麻油炒熟，日食之，服一月。（《方氏脉症正宗》）③治翻胃：韭菜汁二两，牛乳一盏。上用生姜汁半两，和匀。温服。（《丹溪心法》）④治喉卒肿不下食：韭一把，捣熬敷之，冷则易。（《千金方》）⑤治吐血、唾血、呕血、衄血、血淋、尿血及一切血证：韭菜十斤，捣汁，生地黄五斤（切碎）浸韭菜汁内，烈日下晒干，以生地黄黑烂、韭菜汁干为度；入石臼内，捣数千下，如烂膏无渣者，为丸，弹子大。每早晚各服二丸，白萝卜煎汤化下。（《方氏脉症正宗》）⑥治过敏性紫癜：鲜韭菜一斤，洗净，捣烂绞汁，加健康儿童尿 50 毫升。日一剂，分二次服。（《福建省中草药、新医疗法资料选编》）⑦止水谷痢：韭作羹粥，炸炒。任食之。（《食医心鉴》）⑧治消渴引饮无度：韭苗日吃三五两。或炒或作羹，无入盐，但吃得十斤即佳。过清明勿吃。（《政和本草》）⑨治痔疮：

韭菜不以多少，先烧热汤，以盆盛汤在内，盆上用器具盖之，留一窍，却以韭菜于汤内泡之，以谷道坐窍上，令气蒸熏；候温，用韭菜轻轻洗疮数次。（《袖珍方》）⑩治产后血晕：韭菜入瓶内，注热醋，以瓶口对鼻。（《妇人良方》）⑪治脱肛不缩：生韭一斤。细切，以酥拌炒令熟，分为两处，以软帛裹，更互熨之，冷即再易，以入为度。（《太平圣惠方》）⑫治金疮出血：韭汁和风化石灰，日干，每用为末，敷之。（《濒湖集简方》）⑬治百虫入耳不出：捣韭汁，灌耳中。（《千金方》）⑭治跌打损伤：鲜韭菜三份，面粉一份。共捣成糊状。敷于患处，每日二次。（《中草药手册》）⑮治荨麻疹：韭菜、甘草各五钱，煎服；或用韭菜炒食。（《中草药手册》）⑯治子宫脱垂：韭菜半斤，煎汤熏洗外阴部。（《中草药手册》）⑰治中暑昏迷：韭菜捣汁，滴鼻。（《中草药手册》）⑱治漆疮作痒：韭叶杵敷。（《斗门方》）

　　韭根：①治小腹胀满：韭根汁和猪脂煎，细细服之。（《千金方》）②治赤白带下：韭根捣汁，和童尿露一夜，空心温服。（《海上仙方》）③治鼻衄：韭根、葱根同捣，枣大，内鼻中，少时更著。（《千金方》）④治五般癣疮：韭根炒存性，捣末，以猪脂油调，敷之，三度瘥。（《经验方》）

　　韭菜子：①治玉茎强硬不痿、精流不住：韭菜子、破故纸各 30 克，为末。每服 9 克，水一盏，煎服，日三次。（《经验方》）②治妇人带下及男子肾虚冷、梦遗：韭菜子七升。醋煮千沸，焙、研末，炼蜜丸，梧桐子大，每服三十丸，空腹温酒下。（《千金方》）

野韭　山韭　起阳草　宽叶韭　岩葱　（图 398）

Allium ramosum L.

【形态特征】 具横生的粗壮根状茎，略倾斜。鳞茎近圆柱状；鳞茎外皮暗黄色至黄褐色，破裂成纤维状、网状或近网状。叶三棱状条形，背面具呈龙骨状隆起的纵棱，中空，比花序短，宽 1.5 ～ 8 毫米，沿叶缘和纵棱具细糙齿或光滑。花葶圆柱状，具纵棱，有时棱不明显，高 25 ～ 60 厘米，下部被叶鞘；总苞单侧开裂至 2 裂，宿存；伞形花序半球状或近球状，多花；小花梗近等长，比花被片长 2 ～ 4 倍，基部除具小苞片外常在数枚小花梗的基部又为 1 枚共同的苞片所包围；花白色，稀淡红色；花被片具红色中脉，内轮的矩圆状倒卵形，先端具短尖头或钝圆，长（4.5）5.5 ～ 9（11）毫米，宽 1.8 ～ 3.1 毫米，外轮的常与内轮的等长但较窄，矩圆状卵形至矩圆状披针形，先端具短尖头；花丝等长，为花被片长度的 1/2 ～ 3/4，基部合生并与花被片贴生，合生部分高 0.5 ～ 1 毫米，分离部分狭三角形，内轮的稍宽；子房倒圆锥状球形，具 3 圆棱，外壁具细的疣状突起。花果期 6 月底至 9 月。

图 398　野韭 *Allium ramosum*

【产地、生长环境与分布】仙桃市各地均有产。生于向阳草坡或草地上。分布于黑龙江、吉林、辽宁、河北、山东、山西、内蒙古、陕西、宁夏、甘肃、青海和新疆。

【药用部位】全草。

【采集加工】夏、秋季采收，晒干或鲜用。

【成分】含多种营养元素，嫩叶中除含有蛋白质、脂肪、糖类外，还含有钙、铁、胡萝卜素、维生素等。

【性味】味辛，性温。

【功能主治】温中下气、补肾益阳、健胃提神、调整脏腑、理气降逆、暖胃除湿和解毒等；用于腰膝酸软、阳痿遗精、便秘、尿频、痛经、痢疾、脱肛、毛发脱落、胃虚寒、心烦、噎嗝反胃、痔漏等。

【验方参考】①治阳痿遗精、月经不调：野韭菜炒羊肝食用。②治腰膝冷痛、遗精梦泄：野韭菜 500 克，胡桃肉 150 克，用芝麻油炒熟，每日食用，服 1 个月。③治小便频数、脱发：野韭菜晒干为末，每日 2 次，每次 6 克，服用半年见效。④治老人脾胃虚弱：野韭菜 50 克，鲫鱼 100 克，分次煮服，早晚各 1 次。⑤治刀伤：野韭菜根适量，同赤石脂捣烂，晒干为末，撒于刀伤处除疤。⑥治跌打损伤：野韭菜连根捣汁，敷患处。⑦治体虚乏力：鲜野韭菜苗叶适量，水煎常服。（①～⑦为民间验方）

葱　（图 399）

Allium fistulosum L.

【形态特征】鳞茎单生，圆柱状，稀为基部膨大的卵状圆柱形，粗 1～2 厘米，有时可达 4.5 厘米；鳞茎外皮白色，稀淡红褐色，膜质至薄革质，不破裂。叶圆筒状，中空，向顶端渐狭，约与花葶等长，粗在 0.5 厘米以上。花葶圆柱状，中空，高 30～50（100）厘米，中部以下膨大，向顶端渐狭，在 1/3 以下被叶鞘；总苞膜质，2 裂；伞形花序球状，多花，较疏散；小花梗纤细，与花被片等长，或为其 2～3 倍长，基部无小苞片；花白色；花被片长 6～8.5 毫米，近卵形，先端渐尖，具反折

图 399　葱 *Allium fistulosum*

的尖头，外轮的稍短；花丝为花被片长度的 1.5～2 倍，锥形，在基部合生并与花被片贴生；子房倒卵状，腹缝线基部具不明显的蜜穴；花柱细长，伸出花被外。花果期 4—7 月。

【产地、生长环境与分布】仙桃市各地均有产。多为田间栽培，也有草丛野生。分布于全国各地。

【药用部位】全草，须根。

【采集加工】四季可采，鲜用或晒干备用。

【成分】鳞茎含挥发油，油中主要成分为蒜素，含有二烯丙基硫醚。叶鞘和鳞片细胞中有草酸钙结晶体，含维生素 C、维生素 B_1、维生素 B_2、烟酸、痕量的维生素 A、脂肪油和黏液汁。脂肪油中含棕榈酸、

硬脂酸、花生酸、油酸和亚油酸。黏液汁的主要成分为多糖类，其中有 20% 纤维素、3% 半纤维素、41% 原果胶及 24% 水溶性果胶。

【性味】味辛、性温。

【功能主治】葱白：发汗解表、通阳、利尿；用于感冒头痛、鼻塞；外用治小便不利、痈疖肿毒。葱实：温肾、明目；用于阳痿、目眩。葱叶：祛风散寒、解毒、散瘀；用于风寒头痛、喉疮、痔疮、冻伤。葱汁：散瘀、解毒、驱虫；用于头痛、衄血、尿血、虫积、痈肿、跌打损伤。

【验方参考】①治伤寒初觉头痛，肉热，脉洪起一二日：葱白一虎口，豉一升。以水三升，煮取一升，顿服取汗。（《补辑肘后方》葱豉汤）②治时疾头痛发热者：连根葱白二十根，和米煮粥，入醋少许，热食取汗即解。（《济生秘览》）③治妊娠七月，伤寒壮热，赤斑变为黑斑，溺血：葱一把，水三升，煮令热服之，取汗，食葱令尽。（《伤寒类要》）④治脱阳，或因大吐大泻之后，四肢逆冷，元气不接，不省人事，或伤寒新瘥，误与妇人交，小腹紧痛，外肾搐缩，面黑气喘，冷汗自出，须臾不救：葱白数茎炒令热，熨脐下，后以葱白连须三七根，细锉，砂盆内研细，用酒五升，煮至二升。分作三服，灌之。（《华佗危病方》）⑤治胃痛，胃酸过多，消化不良：大葱头四个，赤糖四两。将葱头捣烂，混入赤糖，放在盘里用锅蒸熟。每日三次，每次三钱。（《中草药新医疗法资料选编》）⑥治虫积卒心急痛，牙关紧闭欲绝：老葱白五茎，去皮须捣膏，以匙送入喉中，灌以麻油四两，虫积皆化为黄水而下。（《瑞竹堂经验方》）⑦治霍乱烦躁，卧不安稳：葱白二十茎，大枣二十枚。水三升，煮取二升顿服之。（《补辑肘后方》）⑧治小儿初生不小便：人乳四合，葱白一寸。上二味相和煎，分为四服。（《外台秘要》）⑨治小便难，小肠胀：葱白三斤，细锉，炒令热，以帕子裹，分作二处，更以熨脐下。（《普济本事方》）⑩治小儿虚闭：葱白三根，煎汤，调生蜜、阿胶末服。仍以葱头染蜜，插入肛门。（《全幼心鉴》）⑪治少阴病下利：葱白四茎，干姜一两，附子一枚（生，去皮，破八片）。上三味，以水三升，煮取一升，去滓，分温再服。（《伤寒论》白通汤）⑫治赤白痢：葱一握，细切，和米煮粥，空心食之。（《食医心鉴》）⑬治腹皮麻痹不仁者：多煮葱白食之。（《世医得效方》）⑭治痈疖肿硬、无头、不变色者：米粉四两，葱白一两。上同炒黑色，杵为细末。每用，看多少，醋调摊纸上，贴病处，一伏时换一次，以消为度。（《外科精义》乌金散）⑮治痈疮肿痛：葱全株适量，捣烂，醋调炒热，敷患处。（《草药手册》）⑯治疔疮恶肿：刺破，（以）老葱、生蜜杵贴二时，疔出以醋汤洗之。（《圣济总录》）⑰治阴囊肿痛：a. 葱白、乳香捣涂。b. 煨葱入盐，杵如泥，涂之。（《本草纲目》）⑱治小儿秃疮：冷泔洗净，以羊角葱捣泥，入蜜和涂之。（《本草纲目》）⑲治痔正发疼痛：葱和须，浓煎汤，置盆中坐浸之。（《必效方》）⑳治磕打损伤，头脑破骨及手足骨折或指头破裂，血流不止：葱白捣烂，焙热封裹损处。（《日用本草》）

薤头　薤　荞头　薤白头　（图 400）

Allium chinense G. Don

【形态特征】多年生草本，鳞茎数枚聚生，狭卵状，粗（0.5）1～1.5（2）厘米；鳞茎外皮白色或带红色，膜质，不破裂。叶 2～5 枚，具 3～5 棱的圆柱状，中空，近与花葶等长，粗 1～3 毫米。花葶侧生，圆柱状，高 20～40 厘米，下部被叶鞘；总苞 2 裂，比伞形花序短；伞形花序近半球状，较松散；小花梗近等长，比花被片长 1～4 倍，基部具小苞片；花淡紫色至暗紫色；花被片宽椭圆形至近圆形，顶端钝圆，长 4～6 毫米，宽 3～4 毫米，内轮的稍长；花丝等长，约为花被片长的 1.5 倍，仅基部合生并与花被片贴生，内轮的基部扩大，扩大部分每侧各具 1 齿，外轮的无齿，锥形；子房倒卵球状，腹缝线基部具有帘的凹陷蜜穴；花柱伸出花被外。花果期 10—11 月。

【产地、生长环境与分布】 仙桃市各地均有产。生于草坡或草地上。我国长江流域及其以南地区广泛栽培，也有野生。

【药用部位】 鳞茎，叶。

【采集加工】 鳞茎：夏、秋季采挖，洗净，除去须根，蒸透或置沸水中烫透，晒干。叶：5—9 月采收，鲜用。

【性味】 味辛，性温。

【功能主治】 鳞茎：通阳散结、行气导滞；用于胸痹心痛、脘腹痞满胀痛、泻痢后重。叶：杀虫止痒、温肺定喘；用于燥湿、疥疮、脚气。

【用法用量】 薤白：5 ～ 10 克，煎服。薤叶：煎服，3 ～ 6 克；外用，捣如泥敷即可。

图 400-01　薤头 *Allium chinense*（1）

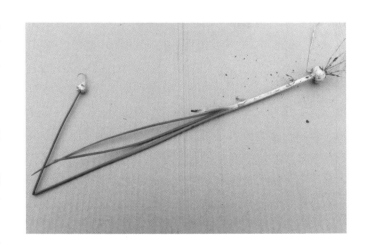

图 400-02　薤头 *Allium chinense*（2）

【验方参考】 薤白：治疗胸痹常以薤白配栝楼、半夏为基本药，再随证加减。a. 栝楼薤白半夏汤：栝楼 30 克，薤白 12 克，制半夏 6 克，丹参 18 克，郁金 9 克，红花 6 克，水煎服。b. 枳实栝楼薤白散：枳实 6 克，栝楼 15 克，薤白 15 克，制半夏 6 克，川连 3 克，陈皮 3 克，水煎服。（《金匮要略心典》）

薤叶：治烫伤，赤石脂 30 克，薤叶 30 克，上药捣泥，外敷于患处。（《圣济总录》薤叶膏）

蒜　胡蒜　大蒜　头蒜　独蒜　（图 401）

Allium sativum L.

【形态特征】 多年生草本，浅根性作物，无主根。发根部位为短缩茎周围，外侧最多，内侧较少。根最长可达 50 厘米，但主要根群分布在 5 ～ 25 厘米深的土层，横展范围 30 厘米。成株发根数 70 ～ 110 条。鳞茎大型，具 6 ～ 10 瓣，外包灰白色，大蒜生长时，淡紫色，被膜质鳞被。叶基生，实心，扁平，线状披针形，宽约 2.5 厘米，基部呈鞘状。花茎直立，高约 60 厘米，包括叶身和叶鞘。叶鞘管状，叶未展出前呈折叠状，展出后扁平而狭长，为平行叶脉。叶互生，为 1/2 叶序，排列对称。叶鞘相互套合形成假茎，具有支撑和营养运输的功能。佛焰苞有长喙，长 7 ～ 10 厘米；伞形花序，小而稠密，具苞片 1 ～ 3 枚，长 8 ～ 10 厘米，膜质，浅绿色，花小型，花间多杂以淡红色珠芽，长 4 毫米，或完全多年无珠芽；花柄细，长于花；花被 6，粉红色，椭圆状披针形；雄蕊 6，白色，花药突出；雌蕊 1，花柱突出，白色，子房上位，长椭圆状卵形，先端凹入，3 室。蒴果，1室开裂。种子黑色。花期夏季。

【产地、生长环境与分布】 仙桃市各地均有产。多为田间种植。分布于全国各地。

【药用部位】 鳞茎。

【采集加工】 夏季叶枯时采收，除去须根和泥沙，通风晾晒至外皮干燥。

【性味】 味辛，性温。

图 401　蒜 *Allium sativum*

【功能主治】 健胃、止痢、止咳、杀菌、驱虫；预防流行性感冒、流行性脑脊髓膜炎。用于肺结核、百日咳、食欲不振、消化不良、细菌性痢疾、阿米巴痢疾、肠炎、蛲虫病、钩虫病；外用治滴虫性阴道炎、急性阑尾炎。

【验方参考】 ①治鼻渊：大蒜切片，贴足心，取效止。（《摘元方》）②治寒疟、手足鼓颤、心寒面青：独蒜一枚，黄丹半两。上药相和，同捣一千杵，丸如黑豆大。未发时以茶下二丸。（《昔济方》蒜丸）③治暑风卒倒：用大蒜三两瓣细嚼，温汤送下，禁冷水。（《直指方》）④治耳聋：用大蒜一瓣，一头剜一坑子，以好巴豆一粒，去皮，慢火炮令其熟，入在蒜内，以新棉裹定塞耳中。（《景岳全书》）

天门冬属 *Asparagus* L.

天门冬　野鸡食　（图 402）
Asparagus cochinchinensis (Lour.) Merr.

【形态特征】 多年生攀援草本，全株无毛。块根肉质，簇生，长椭圆形或纺锤形，长 4 ～ 10 厘米，灰黄色。茎细，长可达 2 米，分枝具棱或狭翅；叶状枝通常每 3 枚成簇，扁平，长 1 ～ 3 厘米，宽 1 ～ 2 毫米，先端锐尖。叶退化成鳞片，先端长尖，基部有木质倒生刺，刺在茎上长 2.5 ～ 3 毫米，在分枝上较短或不明显。花 1 ～ 3 朵簇生于叶腋，单性，雌雄异株，淡绿色；花梗长 2 ～ 6毫米；雄花花被片 6，雄蕊稍短于花被，花丝不贴生于花被片上，花药卵形，长约 0.7 毫米；雌花与雄花大小相似，具 6 个退化雄蕊。浆果球形，直径 6 ～ 7 毫米，成

图 402　天门冬 *Asparagus cochinchinensis*

熟时红色；具种子1颗。花期5—7月，果期8月。

【产地、生长环境与分布】 仙桃市袁市社区有产。生于阴湿的林边、草丛或灌丛中，也有栽培。分布于河北、山西、陕西、甘肃、台湾等地。

【药用部位】 块根。

【采集加工】 定植后2～3年即可采收，割去蔓茎，挖出块根，去掉泥土，用水煮或蒸至皮裂，捞出入清水中，趁热剥去外皮，烘干或用硫黄熏蒸。

【性味、归经】 味甘、苦，性寒。归肺、肾经。

【功能主治】 滋阴润燥、清肺降火；用于燥热咳嗽、阴虚劳嗽、热病伤阴、内热消渴、肠燥便秘、咽喉肿痛。

【用法用量】 内服：煎汤，6～15克；或熬膏，或入丸、散。外用：适量，鲜品捣敷或捣烂绞汁涂。

【验方参考】 ①治肺胃燥热，痰涩咳嗽：天门冬（去心）、麦门冬（去心）各等份。上两味熬膏，炼白蜜收，不时含热咽之。（《张氏医通》）②治肺痿咳嗽，吐涎沫，心中温温，咽燥而不渴者：生天门冬捣汁一升，酒一斗，饴一升，紫菀四合，入铜器于汤上煎至可丸。服如杏子大一丸，日可三服。（《肘后备急方》）③治血虚肺燥，皮肤开裂及肺痿咳脓血：天门冬新掘者不拘多少，洗净，去心、皮，细捣，绞取汁用砂锅慢火熬成膏。每用一二匙，空心温酒调服。（《医学正传》）④治肺痨：多儿母（天门冬）、百部、地骨皮各15克，麦冬9克，折耳根30克，煨水或炖肉吃。（《贵州草药》）

百合属 *Lilium* L.

1. 花喇叭形或钟形，前者花被片先端外弯，雄蕊上部向上弯；后者花被片先端稍弯或不弯，雄蕊向中心靠拢 ·· 百合 *L. brownii* var. *viridulum*

1. 花不为喇叭形或钟形；花被片反卷或不反卷；雄蕊上端常向外张开 ································· 卷丹 *L. tigrinum*

百合 强瞿 番韭 山丹 倒仙 （图403）

Lilium brownii var. *viridulum* Baker

【形态特征】 多年生草本，鳞茎球形，直径2～4.5厘米；鳞片披针形，长1.8～4厘米，宽0.8～1.4厘米，无节，白色。茎高0.7～2米，有的有紫色条纹，有的下部有小乳头状突起。叶散生，通常自下向上渐小，披针形、窄披针形至条形，长7～15厘米，宽（0.6）1～2厘米，先端渐尖，基部渐狭，具5～7脉，全缘，两面无毛。花单生或几朵排成近伞形；花梗长3～10厘米，稍弯；苞片披针形，长3～9厘米，宽0.6～1.8厘米；花喇叭形，有香气，乳白色，外面

图403-01 百合 *Lilium brownii* var. *viridulum*

稍带紫色，无斑点，向外张开或先端外弯而不卷，长 13 ～ 18 厘米；外轮花被片宽 2 ～ 4.3 厘米，先端尖；内轮花被片宽 3.4 ～ 5 厘米，蜜腺两边具小乳头状突起；雄蕊向上弯，花丝长 10 ～ 13 厘米，中部以下密被柔毛，少有稀疏的毛或无毛；花药长椭圆形，长 1.1 ～ 1.6 厘米；子房圆柱形，长 3.2 ～ 3.6 厘米，宽 4 毫米，花柱长 8.5 ～ 11 厘米，柱头 3 裂。蒴果矩圆形，长 4.5 ～ 6 厘米，宽约 3.5 厘米，有棱，具多数种子。花期 5—6 月，果期 9—10 月。

图 403-02　百合（药材）

【产地、生长环境与分布】仙桃市各地均有产，多为栽培。生于灌木林下、路边、溪旁或石缝中。分布于广东、广西、湖南、湖北、江西、安徽、福建、浙江、四川、云南、贵州、陕西、甘肃和河南等地。

【药用部位】干燥肉质鳞叶。

【采集加工】秋季采挖，洗净，剥取鳞叶，置沸水中略烫，干燥。

【成分】含酚酸甘油酯、丙酸酯衍生物、甾体糖苷、甾体生物碱、微量元素、淀粉、蛋白质、脂肪等。

【性味、归经】味甘，性微寒。归心、肺经。

【功能主治】养阴润肺、清心安神；用于阴虚燥咳、劳嗽咯血、虚烦惊悸、失眠多梦、精神恍惚。

【验方参考】①治耳聋、耳痛：干百合为末，温水服二钱，日二服。（《千金方》）②治咳嗽不已或痰中有血：款冬花、百合（焙、蒸）各等份。上为细末，炼蜜为丸，如龙眼大。每服一丸，食后临卧细嚼，姜汤咽下，噙化尤佳。（《济生方》百花膏）③治百合病发汗后者：百合七枚（擘），知母三两（切）。上先以水洗百合，渍一宿，当白沫出，去其水，更以泉水二升，煎取一升，去渣；别以泉水二升煎知母，取一升，去渣后，合和煎取一升五合，分温再服。（《金匮要略》百合知母汤）④治百合病不经吐下发汗，病形如初者：百合七枚（擘），生地黄汁一升。上以水洗百合，渍一宿，当白沫出，去其水，更以泉水二升煎取一升，去渣，内地黄汁煎取一升五合，分温再服，中病勿更服，大便当如漆。（《金匮要略》百合地黄汤）⑤治百合病变发热者：百合一两（炙），滑石三两。上为散，饮服方寸匕，日三服，当微利者止服，热则除。（《金匮要略》百合滑石散）

卷丹　卷丹百合　河花　（图 404）

Lilium tigrinum Ker Gawler

【形态特征】多年生草本，高 1 ～ 1.5 厘米。茎带紫色，有疏或密的白色绵毛。叶互生，披针形或线状披针形，长 5 ～ 20 厘米，宽 0.5 ～ 2.2 厘米，向上渐小成苞片状；叶腋内常有珠芽。花序总状；

花橘红色，内面密生紫黑色斑点；花被片长7～10厘米，开放后向外反卷；花药紫色。蒴果长圆形至倒卵形，长3～4厘米。花期6—7月，果期8—10月。

【产地、生长环境与分布】 仙桃市沔阳公园有栽培。生于林缘路旁及山坡草地。主产于江苏、浙江、湖南、安徽。全国各地有栽培。

【药用部位】 鳞茎。

【采集加工】 至少有2个花蕾透色以后再采收。

【成分】 鳞茎含蛋白质等；花药含蛋白质、脂肪、多种维生素、有机酸和 β－胡萝卜素等。

【性味】 味甘，性寒。

【功能主治】 养阴润肺、清心安神；用于阴虚久咳、痰中带血、虚烦惊悸、失眠多梦、精神恍惚。

【验方参考】 同百合。

图 404　卷丹 *Lilium tigrinum*

沿阶草属 *Ophiopogon* Ker Gawl.

1. 根较粗，花葶较叶短得多；花开时花被片不向外张开或稍张开；花柱粗而短，基部宽阔，向上渐狭，近圆锥形等
··· 麦冬 *O. japonicus*

1. 根纤细，花葶较叶稍短或几等长；花被片卵状披针形、披针形或近矩圆形，长4～6毫米；花柱细，长4～5毫米
··· 沿阶草 *O. bodinieri*

麦冬　麦门冬　沿阶草　（图405）

Ophiopogon japonicus (L. f.) Ker-Gawl.

【形态特征】 多年生常绿草本，根较粗，中间或近末端常膨大成椭圆形或纺锤形的小块根；小块根长1～1.5厘米，或更长些，宽5～10毫米，淡褐黄色；地下走茎细长，直径1～2毫米，节上具膜质的鞘。茎很短，叶基生成丛，禾叶状，长10～50厘米，少数更长些，宽1.5～3.5毫米，具3～7条脉，边缘具细锯齿。花葶长6～15（27）厘米，通常比叶短得多，总状花序长2～5厘米，或有时更长些，具几朵至十几朵花；花单生或成对着生于苞片腋内；苞片披针形，先端渐尖，最下面的长可达8毫米；花梗长3～4毫米，关节位于中部以上或近中部；花被片常稍下垂而不展开，披针形，长约5毫米，白色或淡紫色；花药三角状披针形，长2.5～3毫米；花柱长约4毫米，较粗，宽约1毫米，基部宽阔，向上渐狭。种子球形，直径7～8毫米。花期5—8月，果期8—9月。

【产地、生长环境与分布】 仙桃市各地均有产。生于灌丛、林下或溪旁。分布于广东、广西、福建、台湾、浙江、江苏、江西、湖南、湖北、四川、云南、贵州、安徽、河南、陕西和河北等地。

【药用部位】 块根。

【采集加工】 夏季采挖，洗净，反复暴晒、堆置，至七八成干，除去须根，干燥。

【成分】 含多种甾体皂苷，麦冬皂苷A、B、C、D，苷元均为假叶树皂苷元。另含多种高黄酮类化合物，如甲基麦冬黄烷酮A、B，麦冬黄烷酮A，麦冬黄酮A、B，甲基麦冬黄酮A、B，二氢麦冬黄酮A、B，甲基二氢麦冬黄酮，6-醛基异麦冬黄烷酮及6-醛基异麦冬黄酮A、B。尚含有腺苷、焦谷氨酸、植物甾醇及多糖、维生素等。

【性味、归经】 味甘、微苦，性寒。归心、肺、胃经。

【功能主治】 养阴润肺、益胃生津、清心除烦；用于肺燥干咳、阴虚劳嗽、喉痹咽痛、津伤口渴、内热消渴、心烦失眠、肠燥便秘等。

【验方参考】 ①治肺燥咳嗽：麦冬15克，桑白皮15克，水煎服。（《新编常用中草药手册》）②治肺热咳嗽：麦冬12克，北沙参12克，黄芩9克，桔梗9克，杏仁9克，甘草6克，水煎服。（《山东中草药手册》）③治胃酸缺少：麦冬、石斛、牡荆各6克，糯稻根9克，水煎服。（《福建药物志》）④治中耳炎：鲜麦冬块根捣烂取汁，滴耳。（《广西本草选编》）⑤治小便闭淋：鲜麦冬90克（干品30克），水煎成半杯，饮前服，2～3次。（《福建民间草药》）

图 405-01　麦冬 *Ophiopogon japonicus*

图 405-02　麦冬（药材）

沿阶草　绣墩草 　（图 406）

Ophiopogon bodinieri Levl.

【形态特征】多年生草本，根纤细，近末端处有时具膨大成纺锤形的小块根；地下走茎长，直径1～2毫米，节上具膜质的鞘。茎很短。叶基生成丛，禾叶状，长20～40厘米，宽2～4毫米，先端渐尖，具3～5条脉，边缘具细锯齿。花葶较叶稍短或几等长，总状花序长1～7厘米，具几朵至十几朵花；花常单生或2朵簇生于苞片腋内；苞片条形或披针形，少数呈针形，稍带黄色，半透明，最下面的长约7毫米，少数更长些；花梗长5～8毫米，关节位于中部；花被片卵状披针形、披针形或近矩圆形，长4～6毫米，内轮三片宽于外轮三片，白色或稍带紫色；花丝很短，长不及1毫米；花药狭披针形，长约2.5毫米，常呈绿黄色；花柱细，长4～5毫米。种子近球形或椭圆形，直径5～6毫米。花期6—8月，果期8—

10 月。

【产地、生长环境与分布】 仙桃市各地均有产。生于沟边、灌丛下或林下。主要分布于我国华东地区。

【药用部位】 块根，全草。

【采集加工】 夏季采挖，洗净，反复暴晒、堆置，至七八成干，除去须根，干燥。

【成分】 含沿阶草苷、氨基酸、葡萄糖和维生素 A 等。

【性味】 味甘、微苦，性寒。

【功能主治】 块根：养阴、生津、润肺、止咳。全株入药，用于肺燥干咳、肺痈、

图 406　沿阶草 *Ophiopogon bodinieri*

阴虚劳嗽、津伤口渴、消渴、心烦失眠、咽喉疼痛、肠燥便秘、血热吐衄、滋阴润肺、益胃生津、清心除烦。

玉簪属 *Hosta* Tratt.

紫萼　紫玉簪　（图 407）

Hosta ventricosa (Salisb.) Stearn

【形态特征】 多年生草本，根状茎粗 0.3 ～ 1 厘米。叶卵状心形、卵形至卵圆形，长 8 ～ 19 厘米，宽 4 ～ 17 厘米，先端通常近短尾状或骤尖，基部心形或近截形，极少叶片基部下延而略呈楔形，具 7 ～ 11 对侧脉；叶柄长 6 ～ 30 厘米。花葶高 60 ～ 100 厘米，具 10 ～ 30 朵花；苞片矩圆状披针形，长 1 ～ 2 厘米，白色，膜质；花单生，长 4 ～ 5.8 厘米，盛开时从花被管向上骤然作近漏斗状扩大，紫红色；花梗长 7 ～ 10 毫米；雄蕊伸出花被之外，完全离生。蒴果圆柱状，有 3 棱，

图 407　紫萼 *Hosta ventricosa*

长 2.5 ～ 4.5 厘米，直径 6 ～ 7 毫米。花期 6—7 月，果期 7—9 月。

【产地、生长环境与分布】仙桃市流潭公园有栽培。生于林下、草坡或路旁。分布于江苏、安徽、浙江、福建、江西、广东、广西、贵州、云南、四川、湖北、湖南、陕西等地。

【药用部位】 全草，根。

【采集加工】 夏、秋季采收，鲜用或晒干。根全年可采，多鲜用。

【成分】 根含皂苷。花含挥发油，亦供药用。

【性味】 味甘，性平；有毒。

【功能主治】 散瘀止痛、解毒；用于胃痛、跌打损伤、鱼骨鲠喉；外用治虫蛇咬伤、痈肿疔疮。

【用法用量】 内服：煎汤，9～15克。

【验方参考】 ①治崩漏：紫玉簪、朱砂莲各15克，水煎服。（《中国天然药物彩色图集》）②治湿热带下：紫玉簪10克，土茯苓、金樱根各15克，水煎服。（《中国天然药物彩色图集》）

萱草属 *Hemerocallis* L.

萱草 金针菜 鹿葱 川草花 忘郁 丹棘 （图408）

Hemerocallis fulva (L.) L.

【形态特征】 多年生草本，根状茎粗短，具肉质纤维根，多数膨大成窄长纺锤形。叶基生成丛，条状披针形，长30～60厘米，宽约2.5厘米，背面被白粉。夏季开橘黄色大花，花葶长于叶，高1米以上；圆锥花序顶生，有花6～12朵，花梗长约1厘米，有小的披针形苞片；花长7～12厘米，花被基部粗短漏斗状，长达2.5厘米，花被6片，开展，向外反卷，外轮3片，宽1～2厘米，内轮3片宽达2.5厘米，边缘稍作波状；雄蕊6，花丝长，着生于花被喉部；子房上位，花柱细长。根近肉质，中下部

图408 萱草 *Hemerocallis fulva*

呈纺锤状膨大；叶一般较宽；花早上开晚上凋谢，无香味，橘红色至橘黄色，内花被裂片下部一般有"∧"形彩斑。花果期5—7月。

【产地、生长环境与分布】 仙桃市各地均有产，长埫口镇河坝村分布较多。生于林缘路边。分布于全国各地。

【药用部位】 根。

【采集加工】 夏、秋季采挖，除去残茎、须根，洗净泥土，晒干。

【成分】 含大黄酚、决明素、芦荟大黄素、大黄酸、小萱草根素、萱草酮、β-谷固醇、γ-谷固醇、甾类、酚类、氨基酸、糖类等成分。

【性味】 味甘，性凉；有毒。

【功能主治】 清热利湿、凉血止血、解毒消肿；用于黄疸、水肿、淋浊、带下、衄血、便血、崩漏、瘰疬、乳痈、乳汁不通。

【用法用量】 2～4钱，外用适量，捣烂敷患处。

【验方参考】 ①治大便后血：萱草根和生姜，油炒，酒冲服。（《圣济总录》）②治男、妇腰痛：萱草根十五个，猪腰子一个，水煎服三次。（《滇南本草》）③治心痛诸药不效：萱草根一寸，磨醋一杯，温服止。（《医统大全》）④治通身水肿：鹿葱根叶，晒干为末，每服二钱，食前米饮服。（《太平圣惠方》）⑤治大肠下血，诸药不效者：漏芦果（萱草）十个，茶花五分，赤地榆三钱，象牙末一钱，

以上四味，水煎服三次。(《滇南本草》)⑥治黄疸：鲜萱草根二两(洗净)，母鸡一只(去头脚与内脏)，水炖三小时服，一至二日服一次。(《闽东本草》)⑦治乳痈肿痛：萱草根(鲜者)捣烂，外用作罨包剂。(《现代实用中药》)

菝葜属 *Smilax* L.

菝葜　金刚兜　大菝葜　金刚刺　金刚藤　（图409）
Smilax china L.

【形态特征】攀援灌木；根状茎粗厚，坚硬，为不规则的块状，粗2～3厘米。茎长1～3米，少数可达5米，疏生刺。叶薄革质或坚纸质，干后通常红褐色或近古铜色，圆形、卵形或其他形状，长3～10厘米，宽1.5～6(10)厘米，下面通常淡绿色，较少苍白色；叶柄长5～15毫米，占全长的1/2～2/3，具宽0.5～1毫米(一侧)的鞘，几乎都有卷须，少有例外，脱落点位于靠近卷须处。伞形花序生于叶尚幼嫩的小枝上，具十几朵或更多的花，常呈球形；总花梗长1～2厘米；花序托稍

图409　菝葜 *Smilax china*

膨大，近球形，较少稍延长，具小苞片；花绿黄色，外花被片长3.5～4.5毫米，宽1.5～2毫米，内花被片稍狭；雄花中花药比花丝稍宽，常弯曲；雌花与雄花大小相似，有6枚退化雄蕊。浆果直径6～15毫米，熟时红色，有粉霜。该种果实有两种类型，一种直径12～15毫米，干后果皮较易破裂，一种直径7～8毫米，干后果皮不易破裂。花期2—5月，果期9—11月。

【产地、生长环境与分布】仙桃市各地散见，袁市社区分布较多。多生于林下、灌丛中、路旁、河边上。分布于华东、中南、西南地区等。

【药用部位】植物的干燥根茎。

【采集加工】秋末至翌年春采挖，除去杂质，洗净，润透，切片，干燥。

【性味、归经】味甘、微苦、涩，性平。归肝、肾经。

【功能主治】利湿去浊、祛风除痹、解毒散瘀；用于小便淋浊、带下、风湿痹痛、疔疮痈肿。

【用法用量】10～15克，水煎服。

【验方参考】①治筋骨麻木：菝葜浸酒服。(《南京民间药草》)②治消渴、饮水无休：菝葜(锉，炒)，汤瓶内碱各一两，乌梅二个(并核捶碎，焙干)。上粗捣筛。每服二钱，水一盏，瓦器煎七分，去滓，稍热细呷。(《普济方》)③治小便多，滑数不禁：金刚骨为末，以好酒调三钱，服之。(《儒门事亲》)④治石淋：菝葜二两，捣罗为细散。每服一钱匕，米饮调下。服毕用地椒煎汤浴，连腰浸。(《圣济总录》)

丝兰属 *Yucca* L.

凤尾丝兰　菠萝花　厚叶丝兰　凤尾兰　（图410）
Yucca gloriosa L.

【形态特征】常绿木本植物。具短茎或高达5米的茎，常分枝。叶坚硬，挺直，条状披针形，长40～80厘米或更长，宽4～6厘米，长渐尖，先端坚硬成刺状，边缘幼时具少数疏离的齿，老时全缘，稀具分离的细纤维。圆锥花序长1～1.5米，通常无毛；花下垂，白色至淡黄白色，先端常带紫红色；花被片6，卵状菱形，长4～5.5厘米，宽1.5～2厘米；柱头3裂。果实倒卵状长圆形。花期10—11月。

图410　凤尾丝兰 *Yucca gloriosa*

【产地、生长环境与分布】仙桃市沔阳公园有栽培。多为公园栽培。我国有引种栽培。

【药用部位】花。

【采集加工】花开时采摘，鲜用或晒干。

【性味】味辛、微苦，性平。

【功能主治】止咳平喘；用于支气管哮喘、咳嗽。

【用法用量】内服：煎汤，3～9克。

【验方参考】治支气管哮喘：凤尾兰花、紫苏叶各3～9克。水煎，加冰糖适量调服。（《浙江药用植物志》）

109. 石蒜科 Amaryllidaceae

葱莲属 *Zephyranthes* Herb.

1. 花玫瑰红色或粉红色，花被管长1～2.5厘米；叶线形，宽6～8毫米 ·· 韭莲 *Z. carinata*

1. 花白色，几无花被管；叶狭线形，宽2～4毫米 ·· 葱莲 *Z. candida*

韭莲　红玉帘　菖蒲莲　风雨花　风雨兰　韭兰　旱水仙　（图411）
Zephyranthes carinata Herbert

【形态特征】多年生草本。鳞茎卵球形，直径2～3厘米。基生叶常数枚簇生，线形，扁平，长15～30厘米，宽6～8毫米。花单生于花茎顶端，下有佛焰苞状总苞，总苞片常带淡紫红色，长4～5厘米，下部合生成管；花梗长2～3厘米；花玫瑰红色或粉红色；花被管长1～2.5厘米，花被裂片6，裂片倒卵形，顶端略尖，长3～6厘米；雄蕊6，长为花被的2/3～4/5，花药"丁"字形着生；子房下位，3室，胚珠多数，花柱细长，柱头深3裂。蒴果近球形；种子黑色。花期夏、秋季。

【产地、生长环境与分布】仙桃市各地均有栽培，彭场镇栽培较多。我国各地庭园有栽培。

【药用部位】全草。

【采集加工】夏、秋季可采收全草，晒干。

【性味】味苦，性寒。

【功能主治】凉血止血、解毒消肿；用于吐血、便血、崩漏、跌伤红肿、疮痈红肿、毒蛇咬伤。

【用法用量】内服：煎汤，15～30克。外用：适量，捣敷。

【验方参考】①治疮痈红肿：旱水仙根适量，捣绒包裹患处。（《贵州草药》）②治吐血，血崩：旱水仙30～60克，煨水服。（《贵州草药》）③治跌伤红肿：旱水仙适量，捣绒包裹患处。（《贵州草药》）④治毒蛇咬伤：旱水仙适量，捣绒包患处。（《贵州草药》）

图411-01　韭莲 *Zephyranthes carinata*（1）

图411-02　韭莲 *Zephyranthes carinata*（2）

葱莲　玉帘　白花菖蒲莲　韭菜莲　肝风草　（图412）

Zephyranthes candida (Lindl.) Herb.

【形态特征】多年生草本。鳞茎卵形，直径约2.5厘米，具有明显的颈部，颈长2.5～5厘米。叶狭线形，肥厚，亮绿色，长20～30厘米，宽2～4毫米。花茎中空；花单生于花茎顶端，下有带褐红色的佛焰苞状总苞，总苞片顶端2裂；花梗长约1厘米；花白色，外面常带淡红色；几无花被管，花被片6，长3～5厘米，顶端钝或具短尖头，宽约1厘米，近喉部常有很小的鳞片；雄蕊6，长约为花被的1/2；花柱细长，柱头不明显3裂。蒴果近

图412　葱莲 *Zephyranthes candida*

球形，直径约 1.2 厘米，3 瓣开裂；种子黑色，扁平。

【产地、生长环境与分布】仙桃市各地均有产。生于道路两旁。我国华中、华东、华南、西南等地均有引种栽培。

【药用部位】全草。

【采集加工】夏、秋季可采收全草，晒干备用。

【功能主治】平肝、宁心、息风镇静；用于小儿惊风、癫痫。

紫娇花属 *Tulbaghia* L.

紫娇花 洋韭 洋韭菜 （图 413）
Tulbaghia violacea Harv.

【形态特征】鳞茎肥厚，呈球形，直径达 2 厘米，具白色膜质叶鞘。叶多为半圆柱形，中央稍空，长约 30 厘米，宽约 5 毫米，叶鞘长 5～20 厘米。花茎直立，高 30～60 厘米，伞形花序球形，具多数花，直径 2～5 厘米，花被粉红色，花被片卵状长圆形，长 4～5 毫米，基部稍结合，先端钝或锐尖，背脊紫红色；雄蕊较花被长，着生于花被基部，花丝下部扁而阔，基部略连合；花柱外露；柱头小，不分裂。花期 5—7 月。球根花卉，株高 30～50 厘米，具圆柱形小鳞茎，成株丛生状。茎叶均含有韭味。顶生聚伞花序开紫粉色小花。果实为三角形蒴果，内含扁平硬实的黑色种子。

【产地、生长环境与分布】仙桃市沔阳公园有产。多为公园栽培，对土壤要求不严，耐贫瘠。我国江苏地区有大面积引种。

【药用部位】根。

【性味】味辛、苦，性温。

【功能主治】用于胸痹心痛、赤白痢疾。

图 413-01 紫娇花 *Tulbaghia violacea*（1）

图 413-02 紫娇花 *Tulbaghia violacea*（2）

朱顶红属 *Hippeastrum* Herb.

朱顶红　朱顶兰　百枝莲　绕带蒜　（图414）
Hippeastrum rutilum (Ker-Gawl.) Herb.

【形态特征】多年生草本。鳞茎大，球形，直径5～7.5厘米。叶6～8枚，常花后抽出，鲜绿色，带形，长30～40厘米，宽2～6厘米；花茎高50～70厘米；伞形花序，常有花3～6朵；佛焰苞状总苞片披针形，长5～7.5厘米；花梗与总苞片近等长；花被漏斗状，红色，中心及边缘有白色条纹；花被管长约3厘米，花被裂片倒卵形至长圆形，长9～15厘米，宽2.5～4厘米，顶端急尖；喉部有小型不显著的鳞片；雄蕊6，着生于花被管喉部，短于花被裂片；子房下位，胚珠多数；花

图414　朱顶红 *Hippeastrum rutilum*

柱与花被近等长或稍长，柱头深3裂。蒴果球形，3瓣开裂；种子扁平。花期春、夏季。

【产地、生长环境与分布】仙桃市各地均有栽培。多生于屋旁田间。我国引种栽培，南北各地庭园常见。

【药用部位】鳞茎。

【采集加工】秋季采挖鳞茎，洗去泥沙，鲜用或切片晒干。

【性味、归经】味辛，性温；有小毒。归肝、脾、肺经。

【功能主治】解毒消肿、散瘀；用于痈疮肿毒。

【用法用量】外用：适量，捣敷。

石蒜属 *Lycoris* Herb.

石蒜　灶鸡花　老死不相往来　平地一声雷　曼珠沙华　（图415）
Lycoris radiata (L'Her.) Herb.

【形态特征】鳞茎近球形，直径1～3厘米。秋季出叶，叶狭带状，长约1.5厘米，宽约0.5厘米，顶端钝，深绿色，中间有粉绿色带。花茎高约30厘米；总苞片2枚，披针形，长约3.5厘米，宽约0.5厘米；伞形花序有花4～7朵，花鲜红色；花被裂片狭倒披针形，长约3厘米，宽约0.5厘米，强度皱缩和反卷，花被筒绿色，长约0.5厘米；雄蕊显著伸出于花被外，比花被长1倍左右。花期8—9月，果期10月。

【产地、生长环境与分布】仙桃市各地均有少量栽培。生于山地阴湿处或林缘、溪边、路旁，庭园亦有栽培。分布于华东、中南、西南地区。

【药用部位】鳞茎。

【采集加工】秋季将鳞茎挖出，选大者洗净，晒干入药，小者作种。野生者四季均可采挖，鲜用或洗净晒干。

【性味、归经】味辛、甘，性温。归肺、胃、肝经。

【功能主治】祛痰催吐、解毒散结；用于喉风、单双乳蛾、痰涎壅塞、食物中毒、胸腹积水、恶疮肿毒、痰核瘰疬、痔漏、跌打损伤、风湿关节痛、顽癣、烫火伤、蛇咬伤。

【用法用量】内服：煎汤，1.5～3克；或捣汁。外用：适量，捣敷；或绞汁涂；或煎水熏洗。

图 415 石蒜 Lycoris radiata

【验方参考】①治食物中毒，痰涎壅塞：鲜石蒜1.5～3克，煎服催吐。（《上海常用中草药》）②治水肿：鲜石蒜8个，蓖麻子（去皮）80粒，共捣烂罨涌泉穴1昼夜，如未愈再罨1次。（《浙江民间常用草药》）③治黄疸：鲜石蒜鳞茎1个，蓖麻子7个（去皮），捣烂敷足心，每日1次。（《南京地区常用中草药》）④治癫痫：石蒜3～9克，煎服。（《红安中草药》）⑤治风湿关节痛：石蒜、生姜、葱各适量，共捣烂敷患处。（《全国中草药汇编》）

110. 雨久花科 Pontederiaceae

凤眼蓝属 *Eichhornia* Kunth

凤眼蓝　水葫芦　水浮莲　凤眼莲　水葫芦苗　布袋莲　浮水莲花　（图 416）

Eichhornia crassipes (Mart.) Solme

【形态特征】浮水植物或生于泥沼中。叶直立，卵形或圆形，大小不等，宽2.5～12厘米；叶柄长或短，中部以下肿胀，基部有鞘状苞片。花茎单生，长13～30厘米，中部有鞘状苞片；穗状花序有花6～12朵；花被长约5厘米，青紫色，管弯曲，外面近基部有腺毛，裂片6，上面1枚较大，蓝色而有黄色斑点；雄蕊3长2短；子房无柄，花柱线形。蒴果包藏于凋萎的花被管内。种子多数，卵形，有棱。花期夏、秋季。

【产地、生长环境与分布】仙桃市沔

图 416 凤眼蓝 *Eichhornia crassipes*

阳公园有栽培。生于水塘、沟渠及稻田中；广布于我国长江、黄河流域及华南地区。

　　【药用部位】　全草或根。

　　【采集加工】　夏、秋季采收，晒干或鲜用。

　　【功能主治】　清热解毒、除湿、祛风热。外敷治热疮。

　　【用法用量】　内服：煎汤，0.5～1两。外用：捣敷。

　　【验方参考】　治热疮：凤眼莲外敷。（《广西药用植物名录》）

111. 鸢尾科 Iridaceae

射干属 *Belamcanda* Adans.

射干　乌扇　乌蒲　黄远　夜干　草姜　鬼扇　凤翼　（图417）

Belamcanda chinensis (L.) Redouté

　　【形态特征】　多年生草本，高50～120厘米。根状茎横走，略呈结节状，外皮鲜黄色，生多数须根。茎直立，下部生叶。叶2列，嵌叠状排列，宽剑形，扁平，长25～60厘米，宽2～4厘米，绿色，常带白粉，基部抱茎，叶脉平行。聚伞花序伞房状顶生；总花梗和小花梗基部具膜质的苞片；花橘黄色，直径3～5厘米，花被片6，椭圆形，长2～2.5厘米，宽约1厘米，散生暗红色斑点，内轮3片较外轮3片略小，基部合生成短筒；雄蕊3枚，着生在花被片基部；子房下位，3室，花

图417　射干 *Belamcanda chinensis*

柱棒状，顶端3浅裂，被短柔毛。蒴果倒卵圆球形，长2.5～3.5厘米，有3纵棱，成熟时沿缝线3瓣裂。种子黑色，近球形，有光泽。花期7—9月，果期8—9月。

　　【产地、生长环境与分布】　仙桃市各地均有栽培。生于疏林下、沟谷及滩地，亦有栽培供观赏用的。广布于全国各地。

　　【药用部位】　干燥根茎。

　　【采集加工】　初春刚发芽或秋末茎叶枯萎时采挖，除去须根及泥沙，干燥。

　　【性味、归经】　味苦，性寒。归肺经。

　　【功能主治】　清热解毒、消痰、利咽；用于热毒痰火郁结、咽喉肿痛、痰涎壅盛、咳嗽气喘。

　　【用法用量】　3～10克，水煎服。

　　【验方参考】　①治喉痹：射干，锉细，每服15克，水一盏半，煎至八分，去滓。入蜜少许，旋旋服。（《圣济总录》）②治白喉：射干3克，山豆根3克，金银花15克，甘草6克，水煎服。（《青岛中草药手册》）③治关节炎、跌打损伤：射干90克，入白酒500克，浸泡一星期，每次饮15克，每日2次。

（《安徽中草药》）④治二便不通，诸药不效：射干捣汁，服一盏立通。（《普济方》）⑤治腮腺炎：射干鲜根 10 ～ 15 克，水煎，饭后服，日服 2 次。（《福建民间草药》）

唐菖蒲属 *Gladiolus* L.

唐菖蒲 菖兰 剑兰 扁竹莲 十样锦 标杆花 搜山黄 （图 418）
Gladiolus gandavensis Van Houtte

【形态特征】多年生草本。根须状；球茎扁圆球形，被薄膜。茎直立，多单生，高 60 ～ 90 厘米。叶 2 列，剑形，长达 60 厘米，渐上则渐短，宽 2 ～ 4 厘米，平行脉。花序长穗状，具草质的佛焰苞。每苞内有花 1 朵；花大型，红色或黄色、白色、橙黄色、粉红色等；花筒宽漏斗状，裂片 6，长圆形，上面 3 枚较大，先端钝而短尖，有条纹；雄蕊 3，着生于花筒喉部；花柱细长，柱头 3 裂。蒴果长圆形，胞背开裂。种子扁平。花期 7—10 月。

【产地、生长环境与分布】仙桃市沔阳公园有栽培。我国各地广为栽培。贵州及云南一些地方常逸为半野生。

【药用部位】球茎。

【采集加工】秋季采挖，洗净，晒干备用或鲜用。

【性味】味苦、辛，性凉；有毒。

【功能主治】解毒散瘀、消肿止痛；用于跌打损伤、咽喉肿痛；外用治腮腺炎、疮毒、淋巴结炎。

【用法用量】内服：煎汤，3 ～ 9 克。外用：适量，酒磨或水磨汁涂，或捣敷。

【验方参考】①治痧证：搜山黄二钱，切碎，开水吞服。②治疮毒：搜山黄捣烂，拌蜂蜜等份，敷患处。③治咽喉红痛：搜山黄研末，加冰片少许，取一分吹喉中。④治弱症虚热：搜山黄五钱，水煎服。（①～④出自《贵州民间草药》）⑤治腮腺炎：标杆花球茎在酒或水中磨成浓汁，外搽患处，每日二次。（《云南中草药》）

【使用注意】孕妇禁服。

图 418-01 唐菖蒲 *Gladiolus gandavensis*（1）

图 418-02 唐菖蒲 *Gladiolus gandavensis*（2）

鸢尾属 *Iris* L.

1. 外花被裂片的中脉上无任何附属物，少数种只生有单细胞的纤毛⋯⋯⋯⋯⋯⋯⋯黄菖蒲 *I. pseudacorus*

1. 外花被裂片的中脉上有附属物。

黄菖蒲　黄鸢尾　水生鸢尾　（图 419）

Iris pseudacorus L.

【形态特征】多年生草本，植株基部围有少量老叶残留的纤维。根状茎粗壮，直径可达 2.5 厘米，斜伸，节明显，黄褐色；须根黄白色，有皱缩的横纹。基生叶灰绿色，宽剑形，长 40 ～ 60 厘米，宽 1.5 ～ 3 厘米，顶端渐尖，基部鞘状，色淡，中脉较明显。花茎粗壮，高 60 ～ 70 厘米，直径 4 ～ 6 毫米，有明显的纵棱，上部分枝，茎生叶比基生叶短而窄；苞片 3 ～ 4 枚，膜质，绿色，披针形，长 6.5 ～ 8.5 厘米，宽 1.5 ～ 2 厘米，顶端渐尖；花黄色，直径 10 ～ 11 厘米；花梗长 5 ～ 5.5 厘米；花被管长 1.5 厘米，外花被裂片卵圆形或倒卵形，长约 7 厘米，宽 4.5 ～ 5 厘米，爪部狭楔形，中央下陷呈沟状，有黑褐色的条纹，内花被裂片较小，倒披针形，直立，长 2.7 厘米，宽约 5 毫米；雄蕊长约 3 厘米，花丝黄白色，花药黑紫色；花柱分枝淡黄色，长约 4.5 厘米，宽约 1.2 厘米，顶端裂片半圆形，边缘有疏齿，子房绿色，三棱状柱形，长约 2.5 厘米，直径约 5 毫米。花期 5 月，果期 6—8 月。

图 419　黄菖蒲 *Iris pseudacorus*

【产地、生长环境与分布】仙桃市各地散见，徐鸳渡口分布较多。喜水湿，常在水畔或浅水中生长，耐寒，也耐干燥。我国各地常见栽培。

【药用部位】根茎。

【采集加工】夏、秋季采收，除去茎叶及须根，洗净，切段晒干。

【性味】味苦，性凉。

【功能主治】用于咳嗽、消化不良、腹泻、水肿、头痛、牙痛感染、痛经、赤白带下等，对跌打损伤、毒蛇咬伤等都有一定的效果。

鸢尾　乌鸢　扁竹花　屋顶鸢尾　蓝蝴蝶　土知母　（图 420）

Iris tectorum Maxim.

【形态特征】多年生草本，植株基部围有老叶残留的膜质叶鞘及纤维。根状茎粗壮，二歧分枝，直径约 1 厘米，斜伸；须根较细而短。叶基生，黄绿色，稍弯曲，中部略宽，宽剑形，长 15 ～ 50 厘米，宽 1.5 ～ 3.5 厘米，顶端渐尖或短渐尖，基部鞘状，有数条不明显的纵脉。花茎光滑，高 20 ～ 40 厘米，顶部常有 1 ～ 2 个短侧枝，中、下部有 1 ～ 2 枚茎生叶；苞片 2 ～ 3 枚，绿色，草质，边缘膜质，色淡，披针形或长卵圆形，长 5 ～ 7.5 厘米，宽 2 ～ 2.5 厘米，顶端渐尖或长渐尖，内包含有 1 ～ 2 朵花；花蓝紫色，直径约 10 厘米；花梗甚短；花被管细长，长约 3 厘米，上端膨大成喇叭形，外花被

图 420　鸢尾 *Iris tectorum*

裂片圆形或宽卵形，长 5 ～ 6 厘米，宽约 4 厘米，顶端微凹，爪部狭楔形，中脉上有不规则的鸡冠状附属物，成不整齐的繸状裂，内花被裂片椭圆形，长 4.5 ～ 5 厘米，宽约 3 厘米，花盛开时向外平展，爪部突然变细；雄蕊长约 2.5 厘米，花药鲜黄色，花丝细长，白色；花柱分枝扁平，淡蓝色，长约 3.5 厘米，顶端裂片近四方形，有疏齿，子房纺锤状圆柱形，长 1.8 ～ 2 厘米。蒴果长椭圆形或倒卵形，长 4.5 ～ 6 厘米，直径 2 ～ 2.5 厘米，有 6 条明显的肋，成熟时自上而下 3 瓣裂；种子黑褐色，梨形，无附属物。花期 4—5 月，果期 6—8 月。

【产地、环境与分布】 仙桃市各地均有栽培。生于林缘、向阳坡地及水边湿地。主要分布在我国西南和华东一带。

【药用部位】 根茎。

【采集加工】 全年均可采挖，除去茎叶及须根，洗净，鲜用或切片晒干。

【成分】 根茎含异黄酮糖苷，盾叶夹竹桃苷，鸢尾黄酮新苷 A、B，鸢尾黄酮新苷元 A、B，去甲基鸢尾黄酮新苷元 A 或 B，鸢尾酮苷，鸢尾苷，鸢尾苷元，野鸢尾苷元。

【性味】 味辛，性寒；有毒。

【功能主治】 活血化瘀、祛风利湿、解毒、消积；用于跌打损伤、风湿疼痛、咽喉肿痛、食积腹胀、疟疾；外用治痈疖肿毒、外伤出血。

【验方参考】①治食积饱胀：土知母一钱，研细，用白开水或兑酒吞服。(《贵阳民间药草》)②治喉证、食积、血积：鸢尾根一至三钱，煎服。(《中草药学》)③治水道不通：扁竹根（水边生，紫花者为佳）研自然汁一盏服，通即止药。不可便服补药。(《普济方》)④治跌打损伤：鸢尾根一至三钱，研末或磨汁，冷水送服，故又名"冷水丹"。(《中草药学》)

蝴蝶花　铁扁担　燕子花　扁竹　扁竹叶　（图 421）

Iris japonica Thunb.

【形态特征】 多年生草本。根状茎可分为较粗的直立根状茎和纤细的横走根状茎，直立的根状茎扁圆形，具多数较短的节间，棕褐色，横走的根状茎节间长，黄白色；须根生于根状茎的节上，分枝

多。叶基生，暗绿色，有光泽，近地面处带红紫色，剑形，长25～60厘米，宽1.5～3厘米，顶端渐尖，无明显的中脉。花茎直立，高于叶片，顶生稀疏总状聚伞花序，分枝5～12个，与苞片等长或略超出；苞片叶状，3～5枚，宽披针形或卵圆形，长0.8～1.5厘米，顶端钝，其中包含2～4朵花，花淡蓝色或蓝紫色，直径4.5～5厘米；花梗伸出苞片之外，长1.5～2.5厘米；花被管明显，长1.1～1.5厘米，外花被裂片倒卵形或椭圆形，长2.5～3厘米，宽1.4～2厘米，

图421　蝴蝶花 *Iris japonica*

顶端微凹，基部楔形，边缘波状，有细齿裂，中脉上有隆起的黄色鸡冠状附属物，内花被裂片椭圆形或狭倒卵形，长2.8～3厘米，宽1.5～2.1厘米，爪部楔形，顶端微凹，边缘有细齿裂，花盛开时向外展开；雄蕊长0.8～1.2厘米，花药长椭圆形，白色；花柱分枝较内花被裂片略短，中肋处淡蓝色，顶端裂片繸状丝裂，子房纺锤形，长0.7～1厘米。蒴果椭圆状柱形，长2.5～3厘米，直径1.2～1.5厘米，顶端微尖，基部钝，无喙，6条纵肋明显，成熟时自顶端开裂至中部；种子黑褐色，为不规则的多面体，无附属物。花期3—4月，果期5—6月。

【产地、生长环境与分布】仙桃市沔阳公园有栽培。生于较荫蔽而湿润的草地、疏林下或林缘草地。分布于江苏、安徽、浙江、福建、湖北、湖南、广东、广西、陕西、甘肃、四川、贵州、云南等地。

【药用部位】全草，根茎。

【采集加工】四季均可采挖，洗净，晒干。

【性味】味苦，性寒；有小毒。

【功能主治】全草：消肿止痛、清热解毒；用于肝炎、肝肿大、肝区痛、胃痛、咽喉肿痛、便血。根茎：消食、杀虫、通便、利水、活血、止痛、解毒；用于食积腹胀、虫积腹痛、热结腹痛、热结便秘、水肿、癥瘕、久虐、牙痛、咽喉肿痛、疮肿、瘰疬、跌打损伤、子宫脱垂、犬咬伤。

【验方参考】①治小儿食积饱胀：扁竹根、鱼鳅串根、五谷根、隔山撬、卷子根、石气柑、鸡屎藤、绛耳木根、车前草，煎服。（《四川中药志》）②治食积、气积及血积：扁竹根、臭草根、打碗子根、绛耳木子、刘寄奴，研粉和酒服。（《四川中药志》）③治蛔虫积痛：扁竹根、川谷根各五钱，水案板（全草）、苦楝皮各三钱，煨水服。（《贵州草药》）④治鼓胀：扁竹根一两，煨水服；或用鲜根一钱，切细，米汤吞服。（《贵州草药》）⑤治牙痛（火痛）：扁竹根五钱，煮绿壳鸭蛋吃。（《贵州草药》）⑥治便秘：铁扁担鲜根三至四钱，洗净，打碎或切碎，吞服。一般一小时左右即泻，或略有腹痛。不可多服。（《上海常用中草药》）⑦治年久疟疾：扁竹根三至五钱，煨水冲少量酒服。（《贵州草药》）⑧治子宫脱垂：扁竹根二两，捣绒炒热，包患处。（《贵州草药》）

112. 灯心草科 Juncaceae

灯心草属 *Juncus* L.

灯心草　灯心　虎须草　灯芯草　秧草　铁灯心　（图 422）

Juncus effusus L.

【形态特征】多年生草本。根茎横走，具多数须根。茎圆筒状，外具明显条纹，淡绿色。无茎生叶，基部具鞘状叶。复聚伞花序，假侧生，由多数小花密聚成簇；花淡绿色，花被 6，2 轮，裂片针形，背面被柔毛，边缘膜质；雄蕊 3，较花被短；花柱不明显，柱头 3 枚。蒴果卵状三棱形或椭圆形，先端钝，淡黄褐色。花期 5—6 月，果期 7—8 月。

【产地、生长环境与分布】仙桃市各地均有产。生于水旁或沼泽边缘潮湿地带。我国各地均有分布。主产于江苏。

【药用部位】茎髓。

【采集加工】秋季采收，割取茎部晒干，或将茎皮纵向剖开，去皮取髓，晒干。

【成分】含灯心草二酚、6-甲基灯心草二酚、灯心草酚、丁香油酚、灯心草酮等成分。

【性味】味甘、淡，性微寒。

【功能主治】清心火、利小便；用于

图 422　灯心草 *Juncus effusus*

热淋、石淋、血淋、水湿内停之水肿、小便不利、肾炎水肿、心烦不眠、小儿夜啼等。

【验方参考】①治热淋：灯心草、凤尾草、牛膝根、淡竹叶各 15 克。用米泔水煎服。（《江西草药》）②治失眠、心烦：灯心草 18 克，煎汤代茶常服。（《现代实用中药》）③治小儿夜啼：灯心草烧灰涂乳上吃。（《宝庆本草折衷》）④治小孩热病抽搐：灯心草 120 克，鲜苦桃树二重皮 120 克，同杵烂敷头额部、手足心。（《闽东本草》）⑤治乳腺炎：灯心草 30 克，肉汤煎服，暖睡取汗。（《江西草药》）⑥治膀胱炎、尿道炎、肾炎水肿：鲜灯心草 30～60 克，鲜车前草 60 克，薏苡仁 30 克，鲜海金沙 30 克，水煎服。（《河南中草药手册》）⑦治黄疸：鲜灯心草 15 克，枸杞根 30 克，刘寄奴 15 克，水煎，酌加糖服。（《河南中草药手册》）⑧治糖尿病：灯心草 60 克，豆腐 1 块，水炖服。（《福建药物志》）

113. 鸭跖草科 Commelinaceae

鸭跖草属 *Commelina* L.

鸭跖草　竹鸡草　鸭趾草　鸭脚草　鹅儿菜　（图 423）

Commelina communis L.

【形态特征】一年生披散草本。茎匍匐生根，多分枝，长可达 1 米，下部无毛，上部被短毛。叶披针形至卵状披针形，长3～9厘米，宽1.5～2厘米。总苞片佛焰苞状，有长1.5～4厘米的柄，与叶对生，折叠状，展开后为心形，顶端短急尖，基部心形，长1.2～2.5厘米，边缘常有硬毛；聚伞花序，下面一枝仅有花1朵，具长8毫米的梗，不孕；上面一枝具花3～4朵，具短梗，几乎不伸出佛焰苞。花梗花期长仅3毫米，果期弯曲，长不过6毫米；萼片膜质，长约5毫米，内面2枚常靠近或合生；花瓣深蓝色；内面2枚具爪，长近1厘米。

图 423　鸭跖草 *Commelina communis*

蒴果椭圆形，长5～7毫米，2室，2片裂，有种子4颗。种子长2～3毫米，棕黄色，一端平截、腹面平，有不规则窝孔。

【产地、生长环境与分布】仙桃市各地均有产。生于田野间。分布于全国大部分地区。

【药用部位】地上部分。

【采集加工】春、秋季采收，晒干，除去杂质，洗净，切段，晒干。

【成分】花瓣含鸭跖草黄酮苷（一种黄色的色素）、黑麦草内酯、无羁萜、β-谷固醇、鸭跖兰素、鸭跖黄酮苷、哈尔满等。

【性味】味甘、淡，性寒。

【功能主治】清热解毒、利水消肿；用于感冒、高热不退、咽喉肿痛、水肿尿少、热淋涩痛、痈肿疔毒；外用治麦粒肿。

【验方参考】①治流行性感冒：鸭跖草30克，紫苏、马兰根、竹叶、麦冬各9克，豆豉15克，水煎服。(《全国中草药汇编》)②治外感发热，咽喉肿痛：鸭跖草30克，柴胡、黄芩各12克，银花藤、千里光各25克，甘草6克，水煎服。(《四川中药志》)③治高热惊厥：鸭跖草15克，钩藤6克，水煎服。(《福建药物志》)④治喉痹肿痛：鸭跖草60克，洗净捣汁，频频含服。(《江西草药》)⑤治赤白痢疾：鸭跖草15克，竹叶9克，水煎服。(《吉林中草药》)⑥治小便不利：鸭跖草30克，车前草30克，捣汁入蜜少许，空心服之。(《濒湖集简方》)⑦治高血压：鸭跖草30克，蚕豆花9克，水煎当茶饮。(《江西草药》)

紫露草属 *Tradescantia* L.

1. 花有长柄，萼片3，绿色，外露；叶片窄长披针形，上下面皆绿色；花蓝紫色 ·······························紫露草 *T. ohiensis*
1. 花无柄或有短柄，萼片有或无，花柄、萼片均不外露；叶片椭圆状卵形至矩圆形或披针形，全部紫色或下面紫色 ··紫竹梅 *T. pallida*

紫露草　紫鸭跖草　血见愁　鸭舌草　本山金线连　鸭舌黄　（图424）

Tradescantia ohiensis Raf.

【形态特征】多年生草本，茎直立分节、壮硕、簇生；株丛高大，高可达50厘米；叶互生，每株有 5 ～ 7 片线形或披针形茎叶。花序顶生、伞形，花紫色，花瓣、萼片均 3 片，卵圆形萼片为绿色，广卵形花瓣为蓝紫色；雄蕊 6 枚，3 枚退化，2 枚可育，1 枚短而纤细，无花药；雌蕊 1 枚，子房卵圆形，具 3 室，花柱细长，柱头锤状。蒴果近圆形，长 5 ～ 7 毫米，无毛；种子橄榄形，长 3 毫米。花期为 6 月至 10 月下旬。

图 424　紫露草 *Tradescantia ohiensis*

【产地、生长环境与分布】 仙桃市沔阳公园有产。生于温湿半阴处。分布于我国华北地区。

【药用部位】 全草。

【采集加工】 夏、秋季采收，晒干或鲜用。

【性味】 味淡、甘，性凉；有毒。

【功能主治】 解毒、散结、利尿、活血；用于痈疮肿毒、瘰疬结核、毒蛇咬伤、淋证、跌打损伤。

【验方参考】 ①治痈疽肿毒：鲜紫鸭跖草、仙巴掌捣敷。（《泉州本草》）②治腹股沟或腋窝结核：鲜紫鸭跖草二两，清水煎服。或加仙巴掌合煎。（《泉州本草》）③治蛇疱疮：紫鸭跖草叶，煎水洗。（《广西中药志》）④治诸淋：鲜紫鸭跖草一至二两，合冰糖煎服。（《泉州本草》）

紫竹梅　紫鸭跖草　紫竹兰　紫锦草 （图 425）

Tradescantia pallida (Rose) D. R. Hunt

【形态特征】 多年生草本。成株植株紫色，高 20 ～ 50 厘米；茎多分枝，带肉质，紫红色，下部匍匐状，节上常生须根，节和节间明显，斜升。叶无柄，单叶互生，披针形或长圆形，长 6 ～ 13 厘米，宽 6 ～ 10 毫米，先端渐尖，全缘，基部抱茎而成鞘，鞘口有白色长睫毛状毛，边缘被长纤毛，花粉红色或玫瑰紫色，近无柄，数朵密生在二叉状之短缩花序柄上，呈簇生状于总苞片内；总苞片叶状，长约 7 厘米，顶端具白色长柔毛；萼片 3，离生，长圆形，光滑，宿存；花瓣 3，广卵形，基部微结合；雄蕊 6，

图 425　紫竹梅 *Tradescantia pallida*

全部能育，花丝被念珠状毛；子房上位，卵形，3 室，花柱丝状而长，柱头状。蒴果椭圆形，有 3 条隆起棱线。种子呈棱状半圆形，淡棕色。花期 7—9 月，果期 9—10 月。

【产地、生长环境与分布】 仙桃市各地均有栽培。多为公园栽培。我国各地都有栽培。

【药用部位】 全草。

【采集加工】 夏、秋季采收，洗净，鲜用或晒干。

【性味、归经】 味淡、甘，性凉；有毒。归心、肝、膀胱经。

【功能主治】 解毒、散结、利尿、活血；用于痈疽肿毒、瘰疬结核、毒蛇咬伤、淋证、跌打损伤。

【用法用量】 内服：煎汤，9 ～ 15 克（鲜品 30 ～ 60 克）。外用：适量，捣敷；或煎水洗。

【验方参考】 ①治痈疽肿毒：鲜紫鸭跖草、仙巴掌捣敷。（《泉州本草》）②治腹股沟或腋窝结核：鲜紫鸭跖草二两，清水煎服。或加仙巴掌合煎。（《泉州本草》）③治诸淋：鲜紫鸭跖草一至二两，合冰糖煎服。（《泉州本草》）

【使用注意】 孕妇忌服。

114. 禾本科 Gramineae

看麦娘属 *Alopecurus* L.

看麦娘　棒棒草　（图 426）
Alopecurus aequalis Sobol.

【形态特征】 一年生。秆少数丛生，细瘦，光滑，节处常膝曲，高 15 ～ 40 厘米。叶鞘光滑，短于节间；叶舌膜质，长 2 ～ 5 毫米；叶片扁平，长 3 ～ 10 厘米，宽 2 ～ 6 毫米。圆锥花序圆柱状，灰绿色，长 2 ～ 7 厘米，宽 3 ～ 6 毫米；小穗椭圆形或卵状长圆形，长 2 ～ 3 毫米；颖膜质，基部互相连合，具 3 脉，脊上有细纤毛，侧脉下部有短毛；外稃膜质，先端钝，等大或稍长于颖，下部边缘互相连合，芒长 1.5 ～ 3.5 毫米，约于稃体下部 1/4 处伸出，隐藏或稍外露；花药橙黄色，长 0.5 ～ 0.8 毫米。颖果长约 1 毫米。花果期 4—8 月。

图 426　看麦娘 *Alopecurus aequalis*

【产地、生长环境与分布】 仙桃市各地均有产。生于田边及潮湿之地。分布于我国大部分地区。

【药用部位】 全草。

【采集加工】 春、夏季采收，晒干或鲜用。

【性味】 味淡，性凉。

【功能主治】 利湿消肿、解毒；用于水肿、水痘；外用治小儿腹泻、消化不良。

【用法用量】 内服：煎汤，15 ～ 25 克。外用：适量，煎水洗。

荩草属 *Arthraxon* P. Beauv.

荩草 绿竹 光亮荩草 匿芒荩草 马耳草 （图427）
Arthraxon hispidus (Trin.) Makino

图427 荩草 *Arthraxon hispidus*

【形态特征】一年生草本。秆细弱，无毛，基部倾斜，高30～45厘米，分枝多节。叶鞘短于节间，有短硬疣毛；叶舌膜质，边缘具纤毛；叶片卵状披针形，长2～4厘米，宽8～15毫米，除下部边缘生纤毛外，余均无毛。总状花序细弱，长1.5～3厘米，2～10个成指状排列或簇生于秆顶，穗轴节间无毛，长为小穗的2/3～3/4，小穗孪生，有柄小穗退化成长0.2～1毫米的柄；无柄小穗长4～4.5毫米，卵状披针形，灰绿色或带紫色；第一颖边缘带膜质，有7～9脉，脉上粗糙，先端钝；第二颖近膜质，与第一颖等长，舟形，具3脉，侧脉不明显，先端尖；第一外稃，长圆形，先端尖，长约为第一颖的2/3，第二外稃与第一外稃等长，近基部伸出1膝曲的芒，芒长6～9毫米，下部扭转；雄蕊2；花黄色或紫色，长0.7～1毫米。颖果长圆形，与稃体几等长。花果期8—11月。

【产地、生长环境与分布】仙桃市各地均有产。生于荒坡、草地和阴湿处。全国各地均有分布。

【药用部位】全草。

【采集加工】7—9月割取全草，晒干备用。

【性味、归经】味苦，性平。归肺经。

【功能主治】止咳定喘、解毒杀虫；用于久咳气喘、肝炎、咽喉炎、口腔炎、鼻炎、淋巴结炎、乳腺炎、疮疡疥癣。

【用法用量】内服：煎汤，6～15克。外用：适量，煎水洗或捣敷。

【验方参考】①治气喘：马耳草12克，水煎，日服2次。（《吉林中草药》）②治疗癣、皮肤瘙痒、痈疖：荩草60克，煎水外洗。（《全国中草药汇编》）

芦竹属 *Arundo* L.

芦竹 芦荻竹 芦竹笋 芦竹根 楼梯杆 （图428）
Arundo donax L.

【形态特征】多年生，具发达根状茎。秆粗大直立，高3～6米，直径（1）1.5～2.5（3.5）厘米，坚韧，具多数节，常生分枝。叶鞘长于节间，无毛或颈部具长柔毛；叶舌截平，长约1.5毫米，先端具短纤毛；叶片扁平，长30～50厘米，宽3～5厘米，上面与边缘微粗糙，基部白色，抱茎。圆锥花序极大型，长30～60（90）厘米，宽3～6厘米，分枝稠密，斜升；小穗长10～12毫米；含2～4小花，小穗轴节长约1毫米；外稃中脉延伸成长1～2毫米之短芒，背面中部以下密生长柔毛，毛长5～7毫米，基盘长约0.5毫米，两侧上部具短柔毛，第一外稃长约1厘米；内稃长约为外稃之半；雄蕊3，颖果细小黑色。花果期9—12月。

【产地、生长环境与分布】 仙桃市各地均有产。生于河岸道旁、砂质壤土上。分布于广东、海南、广西、贵州、云南、四川、湖南、江西、福建、台湾、浙江、江苏等地。南方各地庭园引种栽培。

图428　芦竹 *Arundo donax*

【药用部位】 根状茎及嫩笋芽。

【采集加工】 四季可采，将根头砍下，洗净，除去须根，切片晒干。

【性味】 味苦、甘，性寒。

【功能主治】 清热泻火；用于热病烦渴、风火牙痛、小便不利。

【用法用量】 1～2两，水煎服。

【验方参考】 清肺热，解食瘟马肉中毒，取根捣自然汁煎服。（《岭南采药录》）

燕麦属 *Avena* L.

野燕麦　乌麦　铃铛麦　燕麦草　（图429）

Avena fatua L.

【形态特征】 一年生。须根较坚韧。秆直立，光滑，高60～120厘米，具2～4节。叶鞘松弛；叶舌透明膜质，长1～5毫米；叶片扁平，宽4～12毫米。圆锥花序开展，金字塔状，分枝具棱角，粗糙。小穗长18～25毫米，含2～3个小花，其柄弯曲下垂，顶端膨胀；小穗轴节间，密生淡棕色或白色硬毛；颖卵状或长圆状披针形，草质，常具9脉，边缘白色膜质，先端长渐尖；外稃质地坚硬，具5脉，内稃与外稃近等长；芒从稃体中部稍下处伸出，长2～4厘米，膝曲并扭转。颖果被

图429　野燕麦 *Avena fatua*

淡棕色柔毛，腹面具纵沟，不易与稃片分离，长6～8毫米。花果期4—9月。

【产地、生长环境与分布】仙桃市各地均有产。生于荒芜田野或为田间杂草。广布于我国南北各地。

【药用部位】全草。

【采集加工】在未结果前采割全草，晒干备用。

【性味、归经】味甘，性平。归肝、肺经。

【功能主治】收敛止血、固表止汗；用于吐血、便血、血崩、自汗、盗汗、带下。

【用法用量】内服：煎汤，15～30克。

【验方参考】治妇女红崩：野燕麦全草配鸡鲜血和酒炖服。（《四川中药志》）

茵草属 *Beckmannia* Host

茵草　茵米　水稗子　（图 430）
Beckmannia syzigachne (Steud.) Fern.

【形态特征】一年生。秆直立，高15～90厘米，具2～4节。叶鞘无毛，多长于节间；叶舌透明膜质，长3～8毫米；叶片扁平，长5～20厘米，宽3～10毫米，粗糙或下面平滑。圆锥花序长10～30厘米，分枝稀疏，直立或斜升；小穗扁平，圆形，灰绿色，常含1小花，长约3毫米；颖草质；边缘质薄，白色，背部灰绿色，具淡色的横纹；外稃披针形，具5脉，常具伸出颖外之短尖头；花药黄色，长约1毫米。颖果黄褐色，长圆形，长约1.5毫米，先端具丛生短毛。花果期4—10月。

图 430　茵草 *Beckmannia syzigachne*

【产地、生长环境与分布】仙桃市各地均有产。生于湿地、水沟边。全国各地均有分布。

【药用部位】种子。

【采集加工】秋季采收，晒干备用。

【性味】味甘，性寒；无毒。

【功能主治】清热、利肠胃、益气；用于感冒发热、食滞胃肠、身体乏力。

【用法用量】6～9克，水煎服。

薏苡属 *Coix* L.

薏苡　菩提子　五谷子　草珠子　大薏苡　念珠薏苡　晚念珠　（图 431）
Coix lacryma-jobi L.

【形态特征】一年生粗壮草本，须根黄白色，海绵质，直径约3毫米。秆直立丛生，高1～2米，具 10 多节，节多分枝。叶鞘短于其节间，无毛；叶舌干膜质，长约 1 毫米；叶片扁平宽大，开展，长 10～40 厘米，宽 1.5～3 厘米，基部圆形或近心形，中脉粗厚，在下面隆起，边缘粗糙，通常无毛。总状花序腋生成束，长 4～10 厘米，直立或下垂，具长梗。雌小穗位于花序之下部，外面包以骨质念珠状总苞，总苞卵圆形，长 7～10 毫米，直径 6～8 毫米，珐琅质，坚硬，有光泽；第一颖卵圆形，顶端渐尖成喙状，具 10 余脉，包围着第二颖及第一外稃；第二外稃短于颖，具 3 脉，第二内稃较小；雄蕊常退化；雌蕊具细长之柱头，从总苞之顶端伸出。颖果小，含淀粉少，常不饱满。雄小穗 2～3 对，着生于总状花序上部，长 1～2 厘米；无柄雄小穗长 6～7 毫米，第一颖草质，边缘内折成脊，具有不等宽之翼，顶端钝，具多数脉，第二颖舟形；外稃与内稃膜质；第一及第二小花常具雄蕊 3 枚，花药橘黄色，长 4～5 毫米；有柄雄小穗与无柄者相似，或较小而呈不同程度退化。花果期 6—12 月。

图 431-01 薏苡 *Coix lacryma-jobi*

图 431-02 薏苡仁（药材）

【产地、生长环境与分布】仙桃市各地散见，沙湖镇余场村分布较多。多生于湿润的屋旁、池塘、河沟、山谷、溪涧或易受涝的农田等地，野生或栽培。分布于辽宁、河北、山西、山东、河南、陕西、江苏、安徽、浙江、江西、湖北、湖南、福建、台湾、广东、广西、海南、四川、贵州、云南等地。

【药用部位】种仁，根。

【采集加工】秋季果实成熟后割全株，晒干，打下果实，除去外壳及黄褐色外皮，去净杂质，收集种仁，晒干。

【性味、归经】味甘、淡，性微寒。归脾、肺、肾经。

【功能主治】薏苡仁：利湿健脾、舒筋除痹、清热排脓；用于水肿、脚气、小便淋沥、湿温病、泄泻带下、风湿痹痛、筋脉拘挛、肺痈、肠痈、扁平疣。薏苡根：清热、利湿、健脾、杀虫；用于黄疸、水肿、疝气、闭经、带下、虫积腹痛。

【用法用量】内服：煎汤，10～30 克；或入丸、散，浸酒，煮粥，作羹。

【验方参考】①治冷气：用薏苡仁春熟，炊为饭食。气味欲如麦饭乃佳。或煮粥亦好。（《广济方》薏苡仁饭）②治久风湿痹，补正气、利肠胃、消水肿、除胸中邪气，治筋脉拘挛：薏苡仁为末，同粳米煮粥，日日食之，良。（《食医心鉴》薏苡仁粥）③治风湿身疼，日晡所剧者：张仲景麻黄杏仁薏苡甘草汤主之。（《金匮要略》）④治水肿喘急：郁李仁三两（研），以水滤汁，煮薏苡仁饭，日二食之。（《独行方》）⑤治石热淋、痛不可忍：用玉秫，即薏苡仁也，子、叶、根皆可用，水煎热饮，夏月冷饮。（《独行方》）⑥治肺痿，咳唾脓血：薏苡仁十两（杵破），水三升，煎一升，酒少许，服之。（《梅师集验方》）⑦治肺痈咳唾，心胸甲错者：以淳苦酒煮薏苡仁令浓，微温顿服。肺有血，当吐出愈。（《范汪方》）⑧治肺痈咯血：薏苡仁三合（捣烂），水二大盏，煎一盏，入酒少许，分二服。（《济生方》）⑨治经水不通：薏苡根一两，水煎服之。不过数服，效。（《海上方》）⑩治牙齿风痛：薏苡根四两，水煮含漱，冷即易之。（《延年秘录》）

蒲苇属 *Cortaderia* Stapf

蒲苇 （图 432）

Cortaderia selloana (Schult.) Aschers. et Graebn.

【形态特征】多年生，雌雄异株。秆高大粗壮，丛生，高 2～3 米。茎极狭，长约 1 米，宽约 2 厘米，下垂，边缘具细齿，呈灰绿色，被短毛。叶舌为一圈密生柔毛，毛长 2～4 毫米；叶片质硬，狭窄，簇生于秆基，长达 1～3 米，边缘具锯齿状粗糙。圆锥花序大型稠密，长 50～100 厘米，银白色至粉红色；雌花序较宽大，雄花序较狭窄；小穗含 2～3 小花，雌小穗具丝状柔毛，雄小穗无毛；颖质薄，细长，白色，外稃顶端延伸成长而细弱之芒。花期 9—10 月。

图 432 蒲苇 *Cortaderia selloana*

【产地、生长环境与分布】仙桃市各地均有产。生于荒野荷塘边。分布于我国华北、华中、华南、华东及东北地区。

【药用部位】根，茎。

【采集加工】夏、秋季采收，晒干备用。

【性味】味甘，性寒。

【功能主治】泻火解毒、养阴活血、清肺止咳；用于急性扁桃体炎。

【验方参考】蒲苇茎叶烧灰，可治小儿秃疮。（《本草纲目》）

狗牙根属 *Cynodon* Rich.

狗牙根　铁线草　绊根草　堑头草　马挽手　行仪芝　牛马根　马根子草　（图433）
Cynodon dactylon (L.) Pers.

图433　狗牙根　*Cynodon dactylon*

【形态特征】多年生草本。须根细韧，具横走根茎和匍匐茎，有节，随地生根。秆直立，高10～30厘米。叶鞘有脊，鞘口通常具柔毛；叶片线形，互生，在下部者因节间短缩似对生，长1～6厘米，宽1～3厘米。穗状花序3～6枚指状排列于茎顶，长1.5～5厘米，小穗灰绿色或带紫色，小穗两侧压扁，通常为1小花，无柄，双行覆瓦状排列于穗轴的一侧，长2～2.5毫米；颖近等长，长1.5～2毫米，1脉成脊，短于外稃；外稃具3脉；花药黄色或紫色，长1～1.5毫米。花果期5—10月。

【产地、生长环境与分布】仙桃市各地均有产。生于旷野、路边及草地。分布几遍全国。

【药用部位】全草。

【采集加工】夏、秋季采割全草，洗净、晒干或鲜用。

【性味、归经】味苦、微甘，性凉。归肝经。

【功能主治】祛风活络、凉血止血、解毒；用于风湿痹痛、半身不遂、劳伤吐血、鼻衄、便血、跌打损伤、疮疡肿毒。

【用法用量】内服：煎汤，30～60克；或浸酒。外用：适量，捣敷。

马唐属 *Digitaria* Haller

马唐　蹲倒驴　（图434）
Digitaria sanguinalis (L.) Scop.

图434　马唐　*Digitaria sanguinalis*

【形态特征】一年生草本，高40～100厘米。秆广展、分枝，下部节上生根。叶片线状披针形，长3～17厘米，宽3～10毫米，先端渐尖或短尖；基部近浑圆，两面疏生软毛或秃净；叶鞘疏松裹茎，疏生有疣基的软毛或无毛。总状花序3～10枚，长5～18厘米，上部者互生或呈指状排列于茎顶，基部者近于轮生，穗轴宽约 1 毫米，中肋白色，约占其宽的 1/3；小穗披针形，长 3～3.5 毫米，通常孪生，第一颖微小，钝三角形，长约 0.2 毫米；第二颖长为小穗的 1/2 或 3/4，边缘具纤毛；第一外稃与小穗等长，具明显的 5～7 脉，中部 3 脉明显，谷粒儿等长于小穗，色淡。花果期 6—10 月。

　　【产地、生长环境与分布】 仙桃市各地均有产。生于草地和荒野路旁。广布于我国南北各地。

　　【药用部位】 全草。

　　【采集加工】 8—9 月采挖，洗净，鲜用或晒干。

　　【性味】 味甘，性寒。

　　【功能主治】 ①主调中、明耳目。（《名医别录》）②煎取汁，明目润肺。（《本草纲目拾遗》）

稗属 _Echinochloa_ Beauv.

稗　旱稗 （图 435）

Echinochloa crusgalli (L.) Beauv.

　　【形态特征】 一年生。秆高 50～150 厘米，光滑无毛，基部倾斜或膝曲。叶鞘疏松裹秆，平滑无毛，下部者长于节间而上部者短于节间；叶舌缺；叶片扁平，线形，长 10～40 厘米，宽 5～20 毫米，无毛，边缘粗糙。圆锥花序直立，近尖塔形，长 6～20 厘米；主轴具棱，粗糙或具疣基长刺毛；分枝斜上举或贴向主轴，有时再分小枝；穗轴粗糙或生疣基长刺毛；小穗卵形，长 3～4 毫米，脉上密被疣基刺毛，具短柄或近无柄，密集在穗轴的一侧；第一颖三角形，长为小穗的 1/3～1/2，具 3～5

图 435　稗 _Echinochloa crusgalli_

脉，脉上具疣基毛，基部包卷小穗，先端尖；第二颖与小穗等长，先端渐尖或具小尖头，具 5 脉，脉上具疣基毛；第一小花通常中性，其外稃草质，上部具 7 脉，脉上具疣基刺毛，顶端延伸成一粗壮的芒，芒长 0.5～1.5（3）厘米，内稃薄膜质，狭窄，具 2 脊；第二外稃椭圆形，平滑，光亮，成熟后变硬，顶端具小尖头，尖头上有一圈细毛，边缘内卷，包着同质的内稃，但内稃顶端露出。花果期夏、秋季。

　　【产地、生长环境与分布】 仙桃市各地均有产。多生于沼泽地、沟边及水稻田中。分布儿遍全国。

　　【药用部位】 根及幼苗。

　　【采集加工】 春、夏季采收，晒干备用或鲜用。

　　【性味】 味微苦，性微寒。

　　【功能主治】 止血；用于创伤出血不止。

　　【用法用量】 外用适量，捣敷或碾末敷。

种子植物 405

穆属 *Eleusine* Gaertn.

牛筋草　千金草　千千踏　忝仔草　千人拔　牛顿草　（图 436）

Eleusine indica (L.) Gaertn.

【形态特征】一年生草本。根系极发达。秆丛生，基部倾斜，高 15 ～ 90 厘米。叶鞘压扁，有脊，无毛或疏生疣毛，鞘口具柔毛；叶舌长约 1 毫米；叶片平展，线形，长 10 ～ 15 厘米，宽 3 ～ 5 毫米，无毛或上面常具有疣基的柔毛。穗状花序 2 ～ 7 个，指状着生于秆顶，长 3 ～ 10 厘米，宽 3 ～ 5 毫米；小穗有 3 ～ 6 小花，长 4 ～ 7 毫米，宽 2 ～ 3 毫米；颖披针形，具脊，脊上粗糙；第一颖长 1.5 ～ 2 毫米，第二颖长 2 ～ 3 毫米；第一外稃长 3 ～ 4 毫米，卵形，膜质具脊，脊上有狭翼，内稃短于外稃，具

图 436　牛筋草 *Eleusine indica*

2 脊。囊果卵形，长约 1.5 毫米，基部下凹，具明显的波状皱纹，鳞皮 2，折叠，具 5 脉。花果期 6—10 月。

【产地、生长环境与分布】仙桃市各地均有产。生于荒芜之地及道路旁。分布几遍全国。

【药用部位】根或全草。

【采集加工】8—9 月采挖，去或不去茎叶，洗净，鲜用或晒干。

【性味、归经】味甘、淡，性凉。归肝经。

【功能主治】清热利湿、凉血解毒；用于伤暑发热、小儿惊风、流行性乙型脑炎、流脑、黄疸、淋证、小便不利、痢疾、便血、疮疡肿痛、跌打损伤。

【用法用量】内服：煎汤，9 ～ 15 克（鲜品 30 ～ 90 克）。

【验方参考】①治高热，抽筋神昏：鲜牛筋草 120 克，水 3 碗，炖 1 碗，食盐少许，12 小时内服尽。（《闽东本草》）②治流行性乙型脑炎：牛筋草 30 克，大青叶 9 克，鲜芦根 15 克，水煎取汁，日服 1 次，连服 3 ～ 5 日为 1 疗程。（《湖北中草药志》）③治湿热黄疸：鲜（牛筋）草 60 克，山芝麻 30 克，水煎服。（《草药手册》）④治淋浊：牛筋草、金丝草、狗尾草各 15 克，水煎服。（《福建药物志》）⑤治风湿性关节炎：牛筋草 30 克，当归 9 克，威灵仙 9 克，水煎服。（《青岛中草药手册》）

画眉草属 *Eragrostis* Wolf

知风草　（图 437）

Eragrostis ferruginea (Thunb.) Beauv.

【形态特征】多年生。秆丛生或单生，直立或基部膝曲，高 30 ～ 110 厘米，粗壮，直径约 4 毫米。叶鞘两侧极压扁，基部相互跨覆，均较节间为长，光滑无毛，鞘口与两侧密生柔毛，通常在叶鞘的主脉

上生有腺点；叶舌退化为一圈短毛，长约0.3毫米；叶片平展或折叠，长20～40毫米，宽3～6毫米，上部叶超出花序之上，常光滑无毛或上面近基部偶疏生毛。圆锥花序大而开展，分枝节密，每节生枝1～3个，向上，枝腋间无毛；小穗柄长5～15毫米，在其中部或中部偏上有一腺体，在小枝中部也常存在，腺体多为长圆形，稍凸起；小穗长圆形，长5～10毫米，宽2～2.5毫米，有7～12小花，多带黑紫色，有时也出现黄绿色；颖开展，具1脉，第一颖披针形，长1.4～2毫米，先端渐尖；第二颖长2～3毫米，长披针形，先端渐尖；外稃卵状披针形，先端稍钝，第一外稃长约3毫米；内稃短于外稃，脊上具有小纤毛，宿存；花药长约1毫米。颖果棕红色，长约1.5毫米。花果期8—12月。

【产地、生长环境与分布】仙桃市各地均有产。生于路边、山坡草地。分布于我国南北各地。

【药用部位】根。

【采集加工】8月采挖，除去地上部分，洗净，晒干或鲜用。

【性味、归经】味苦，性凉。归肝经。

【功能主治】舒筋化瘀；用于跌打损伤、筋骨疼痛。

【用法用量】内服：煎汤，6～9克。外用：研末敷患处。

【验方参考】治跌打损伤：知风草6克，大血藤15克，骚羊古9克，水煎兑酒服。(《贵州民间药物》)

图 437-01　知风草 *Eragrostis ferruginea*（1）

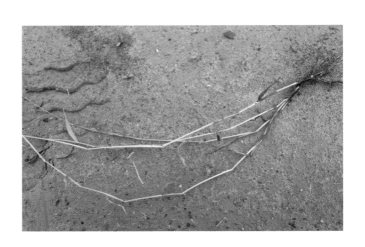

图 437-02　知风草 *Eragrostis ferruginea*（2）

白茅属 *Imperata* Cyrillo

白茅　茅根　茹根　地节根　甜草根　（图438）

Imperata cylindrica (L.) Beauv.

【形态特征】多年生，具粗壮的长根状茎。秆直立，高30～80厘米，具1～3节，节无毛。叶鞘聚集于秆基，甚长于其间，质地较厚，老后破碎呈纤维状；叶舌膜质，长约2毫米，紧贴其背部或鞘口具柔毛，分蘖叶片长约20厘米，宽约8毫米，扁平，质地较薄；秆生叶片长1～3厘米，窄线形，通常内卷，顶端渐尖呈刺状，下部渐窄，或具柄，质硬，被白粉，基部上面具柔毛。圆锥花序稠密，长20厘米，宽达3厘米，小穗长4.5～5（6）毫米，基盘具长12～16毫米的丝状柔毛；两颖草质及边缘膜质，近相等，具 5～9 脉，顶端渐尖或稍钝，常具纤毛，脉间疏生长丝状毛，第一外稃卵状披针形，长为颖片的 2/3，透明膜质，无脉，顶端尖或齿裂，第二外稃与其内稃近相等，长约为颖片之半，卵圆形，顶端具齿裂及纤毛；雄蕊 2 枚，花药长 3～4 毫米；花柱细长，基部多少连合，柱头 2，紫黑色，羽状，长约 4 毫米，自小穗顶端伸出。颖果椭圆形，长约 1 毫米，胚长为颖果之半。花果期 4—6 月。

【产地、生长环境与分布】 仙桃市各地均有产。生于河岸草地、沙质草甸、荒坡。分布于辽宁、河北、山西、山东、陕西、新疆等北方地区。

【药用部位】 根茎。

【采集加工】 春、秋季采挖，除去地上部分及泥土，洗净，晒干，揉去须根及膜质叶鞘，捆成小把。

【性味、归经】 味甘，性寒。归肺、胃、膀胱经。

【功能主治】 凉血止血、清热利尿；用于血热吐血、衄血、尿血、热病烦渴、黄疸、水肿、热淋涩痛、急性肾炎水肿。鲜用，凉血益阳。

图 438-01　白茅 *Imperata cylindrica*（1）

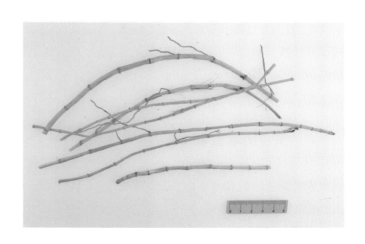

图 438-02　白茅根（药材）

【用法用量】 9～30 克，煎服；或鲜品 30～60 克，捣汁外用。

【验方参考】 ①治吐血不止：白茅根一握，水煎服之。（《千金翼方》）②治伤肺唾血：白茅根一味，捣筛为散，服方寸匕，日三。（《外台秘要》引《深师方》）③治血热鼻衄：白茅根汁一合，饮之。（《妇人良方》）④治胃火上冲，牙龈出血：鲜白茅根 60 克，生石膏 60 克，白糖 30 克，水煎，冲白糖服。（《河南中草药手册》）⑤治胃出血：白茅根、生荷叶各 30 克，侧柏叶、藕节各 9 克，黑豆少许，水煎服。（《全国中草药汇编》）

千金子属 *Leptochloa* Beauv.

千金子　油草　油麻　（图 439）

Leptochloa chinensis (L.) Nees

【形态特征】 一年生。秆直立，基部膝曲或倾斜，高 30～90 厘米，平滑无毛。叶鞘无毛，大多短于节间；叶舌膜质，长 1～2 毫米，常撕裂具小纤毛；叶片扁平或多少卷折，先端渐尖，两面微粗糙或下面平滑，长 5 ～ 25 厘米，宽 2 ～ 6 毫米。圆锥花序长 10 ～ 30 厘米，分枝及主轴均微粗糙；小穗多带紫色，长 2 ～ 4 毫米，含 3 ～ 7 小花；颖具 1 脉，脊上粗糙，第一颖较短而狭窄，长 1 ～ 1.5 毫米，第二颖长 1.2 ～ 1.8 毫米；外稃顶端钝，无毛或下部被微毛，第一外稃长约 1.5 毫米；花药长约 0.5 毫米。颖果长圆球形，长约 1 毫米。花果期 8—11 月。

【产地、生长环境与分布】仙桃市各地均有产，郑场镇徐鸳泵站分布较多。多生于路边、沟边、田埂等潮湿之地。分布于陕西、山东、江苏、安徽、浙江、台湾、福建、江西、湖北、湖南、四川、云南、广西、广东等地。

【药用部位】全草。

【采集加工】夏、秋季采收，晒干备用。

【性味、归经】味辛、淡，性平。归肝经。

【功能主治】行水破血、化痰散结；用于癥瘕积聚、久热不退。

【用法用量】9 ～ 15 克，水煎服。

【验方参考】①治癥瘕积聚：油草 25 克，水煎服。（《湖南药物志》）②治久热不退：油草、路边荆各 3 钱（15 克），水煎服。（《湖南药物志》）

图 439-01　千金子 *Leptochloa chinensis*（1）

图 439-02　千金子 *Leptochloa chinensis*（2）

芒属 *Miscanthus* Anderss.

芒　小芭茅　杜荣　白尖草　（图 440）

Miscanthus sinensis Anderss.

【形态特征】多年生苇状草本。秆高 1 ～ 2 米，无毛或在花序以下疏生柔毛。叶鞘无毛，长于其节间；叶舌膜质，长 1 ～ 3 毫米，顶端及其后面具纤毛；叶片线形，长 20 ～ 50 厘米，宽 6 ～ 10 毫米，下面疏生柔毛及被白粉，边缘粗糙。圆锥花序直立，长 15 ～ 40 厘米，主轴无毛，延伸至花序的中部以下，节与分枝腋间具柔毛；分枝较粗硬，直立，不再分枝或基部分枝具第二次分枝，长 10 ～ 30 厘米；小枝节间三棱形，边缘微粗糙，短柄长 2 毫米，长柄长 4 ～ 6 毫米；小穗披针形，长 4.5 ～ 5 毫米，黄色有光泽，基盘具等长于小穗的白色或淡黄色的丝状毛；第一颖顶具 3 ～ 4 脉，边脉上部粗糙，顶端渐尖，背部无毛；第二颖常具 1 脉，粗糙，上部内折之边缘具纤毛；第一外稃长圆形，膜质，长约 4 毫米，边缘具纤毛；

第二外稃明显短于第一外稃，先端2裂，裂片间具1芒，芒长9～10毫米，棕色，膝曲，芒柱稍扭曲，长约2毫米，第二内稃长约为其外稃的1/2；雄蕊3枚，花药长2.2～2.5毫米，紫褐色，先雌蕊而成熟；柱头羽状，长约2毫米，紫褐色，从小穗中部之两侧伸出。颖果长圆形，暗紫色。花果期7—12月。

【产地、生长环境与分布】仙桃市各地均有产。生于土坡、丘陵和荒坡原野，常组成优势群落。分布于江苏、浙江、江西、湖南、福建、台湾、广东、海南、广西、四川、贵州、云南等地。

【药用部位】根状茎。

【采集加工】夏、秋季采收，洗净，切段，鲜用或晒干。

【性味、归经】味甘，性平；无毒。归膀胱经。

【功能主治】清热利尿、解毒散血；用于小便不利、虫兽咬伤。

【用法用量】内服：煎汤，30～60克。

【验方参考】①主治人、畜为虎、狼等伤，恐毒入肉者，取茎杂葛根浓煮服之，亦取汁。（《本草纲目拾遗》）②煮汁服，散血。（《本草纲目》）

图440 芒 *Miscanthus sinensis*

狼尾草属 *Pennisetum* Rich.

狼尾草 谷莠子 大狗尾草 （图441）

Pennisetum alopecuroides (L.) Spreng.

【形态特征】一年生草本。通常具支柱根。秆粗壮而高大，直立或基部膝曲，高50～120厘米，直径达6毫米，光滑无毛。叶鞘松弛，边缘具细纤毛，部分基部叶鞘边缘膜质无毛；叶舌具密集的长1～2毫米的纤毛；叶片线状披针形，长10～40厘米，宽5～20毫米，边缘为细锯齿。圆锥花序紧缩成圆柱状，长5～24厘米，宽6～13毫米（芒除外），下垂；小穗椭圆形，长约3毫米，下有1～3枚较粗而直的刚毛，刚毛通常绿色，粗糙，长5～15毫米；第一颖长为小穗的1/3～1/2，宽卵形，先端尖，

图441 狼尾草 *Pennisetum alopecuroides*

具 3 脉，第二颖长为小穗的 3/4 或稍短，少数长为小穗的 1/2，具 5 ～ 7 脉；第一外稃与小穗等长，具 5 脉，其内稃膜质，长为其 1/3 ～ 1/2，第二外稃与第一外稃等长，具细横皱纹，成熟后背部隆起；鳞被楔形；花柱基部分离。颖果椭圆形。花果期 7—10 月。

【产地、生长环境与分布】仙桃市各地均有产。生于荒坡、路旁、田野和荒野。分布于黑龙江、江苏、安徽、浙江、江西、台湾、湖北、湖南、广西、四川、贵州等地。

【药用部位】全草或根。

【采集加工】春、夏、秋季均可采收，晒干或鲜用。

【性味、归经】味甘，性平。归脾经。

【功能主治】清热消疳、祛风止痛；用于小儿疳积、风疹、牙痛。

【用法用量】内服：煎汤，10 ～ 30 克。

【验方参考】①治小儿疳积：大狗尾草 9 ～ 21 克，猪肝 60 克，水炖，服汤食肝。②治风疹：大狗尾草穗 21 克，水煎，甜酒少许兑服。③治牙痛：大狗尾草根 30 克，水煎去渣，加入鸡蛋 2 个煮熟，服汤食蛋。（①～③出自《江西草药》）

刚竹属 *Phyllostachys* Sieb. et Zucc.

刚竹　（图 442）

Phyllostachys sulphurea var. *viridis* R. A. Young

【形态特征】竿高 6 ～ 15 米，直径 4 ～ 10 厘米，幼时无毛，微被白粉，绿色，成长的竿呈绿色或黄绿色，在 10 倍放大镜下可见猪皮状小凹穴或白色晶体状小点；中部节间长 20 ～ 45 厘米，壁厚约 5 毫米；竿环在较粗大的竿中于不分枝的各节上不明显；箨环微隆起。箨鞘背面呈乳黄色或绿黄褐色又多少带灰色，有绿色脉纹，无毛，微被白粉，有淡褐色或褐色略呈圆形的斑点及斑块；箨耳及鞘口繸毛俱缺；箨舌绿黄色，拱形或截形，边缘生淡绿色或白色纤毛；箨片狭三角形至带状，外翻，微皱曲，

图 442　刚竹 *Phyllostachys sulphurea* var. *viridis*

绿色，但具橘黄色边缘。末级小枝有 2 ～ 5 叶；叶鞘几无毛或仅上部有细柔毛；叶耳及鞘口繸毛均发达；叶片长圆状披针形或披针形，长 5.6 ～ 13 厘米，宽 1.1 ～ 2.2 厘米。花枝未见。笋期 5 月中旬。

【产地、生长环境与分布】仙桃市各地均有产。多生于河边或房屋前后。原产于我国，主要分布在黄河至长江流域地区及福建。

【药用部位】叶，根状茎（竹鞭），笋。

【采集加工】竹叶：夏、秋季采摘嫩叶，晒干。

【性味】味淡、微苦，性寒。

【功能主治】 祛风热、通经络、止血；用于风热咳嗽、气喘、四肢顽痹、筋骨疼痛、妇女血崩。叶：用于烦热口渴、小儿发热、高热不退、疳积。根状茎：用于关节风痛。鲜笋配方，外用治火器伤。

【用法用量】 叶，0.5～1两；根状茎，2～5两；鲜笋外用适量，捣烂敷患处。

狗尾草属 *Setaria* Beauv.

狗尾草 莠 莠草子 毛毛草 （图443）
Setaria viridis (L.) Beauv.

【形态特征】 一年生。根为须状，高大植株具支持根。秆直立或基部膝曲，高10～100厘米，基部直径3～7毫米。叶鞘松弛，无毛或疏具柔毛或疣毛，边缘具较长的密绵毛状纤毛；叶舌极短，缘有长1～2毫米的纤毛；叶片扁平，长三角状狭披针形或线状披针形，先端长渐尖或渐尖，基部钝圆形，几呈截状或渐窄，长4～30厘米，宽2～18毫米，通常无毛或疏被疣毛，边缘粗糙。圆锥花序紧密呈圆柱状或基部稍疏离，直立或稍弯垂，主轴被较长柔毛，长2～15厘米，宽4～13毫米（除

图443 狗尾草 *Setaria viridis*

刚毛外），刚毛长4～12毫米，粗糙或微粗糙，直或稍扭曲，通常绿色或褐黄色到紫红色或紫色；小穗2～5个簇生于主轴上或更多的小穗着生在短小枝上，椭圆形，先端钝，长2～2.5毫米，铅绿色；第一颖卵形、宽卵形，长约为小穗的1/3，先端钝或稍尖，具3脉；第二颖几与小穗等长，椭圆形，具5～7脉；第一外稃与小穗第长，具5～7脉，先端钝，其内稃短小狭窄；第二外稃椭圆形，顶端钝，具细点状皱纹，边缘内卷，狭窄；鳞被楔形，顶端微凹；花柱基分离；叶上下表皮脉间均为微波纹或无波纹的、壁较薄的长细胞。颖果灰白色。花果期5—10月。

【产地、生长环境与分布】 仙桃市各地均有产。生于荒野、道旁，为旱地作物常见的一种杂草。分布于我国各地。

【药用部位】 全草。

【采集加工】 6—9月采收，晒干或鲜用。

【性味】 味甘、淡，性凉。

【功能主治】 清热利湿、祛风明目、解毒、杀虫；用于风热感冒、黄疸、小儿疳积、痢疾、小便涩痛、目赤肿痛、痈肿、寻常疣、疮癣。

【用法用量】 内服：煎汤，6～12克，鲜品可用至30～60克。外用：煎水洗或捣敷。

【验方参考】①治小儿肝热：鲜狗尾草15～30克，绿萼梅6克，冰糖15克，水煎服。（《福建药物志》）②治小儿疳积：狗尾草全草9～21克，猪肝100克，水炖，服汤食肝。（《中草药学》）③治百日咳：狗尾草30克，黄独9克，连钱草15克，水煎服。（《福建药物志》）④治热淋：（狗尾草）全草30克，

米泔水煎服。（《浙江药用植物志》）⑤治目赤肿痛，畏光：狗尾草31克，天胡荽31克，水煎服。（《中草药学》）⑥治牙痛：（狗尾草）根30克，水煎去渣，加入鸡蛋2个煮熟，食蛋服汤。（《浙江药用植物志》）⑦治疣：取狗尾草花序轴，先端剪成斜尖，酒精消毒后，以"十"字形刺透疣基底，剪去暴露疣外面的花序轴，以胶布固定，7天后即可脱落。（《福建药物志》）

小麦属 *Triticum* L.

小麦　麸麦　浮麦　浮水麦　空空麦　麦子软粒　（图444）
Triticum aestivum L.

【形态特征】秆直立，丛生，具6～7节，高60～100厘米，直径5～7毫米。叶鞘松弛抱茎，下部者长于上部者短于节间；叶舌膜质，长约1毫米；叶片长披针形。穗状花序直立，长5～10厘米，宽1～1.5厘米；小穗含3～9小花，上部者不发育；颖卵圆形，长6～8毫米，主脉于背面上部具脊，于顶端延伸为长约1毫米的齿，侧脉的背脊及顶齿均不明显；外稃长圆状披针形，长8～10毫米，顶端具芒或无芒；内稃与外稃几等长。

图444　小麦 *Triticum aestivum*

【产地、生长环境与分布】仙桃市各地均有产。多为田间栽培。全国各地广为种植，以北方为主。

【药用部位】干燥颖果。

【采集加工】夏至前后，成熟果实采收后，取瘪瘦轻浮与未脱净皮的麦粒，筛去灰屑，用水漂洗，晒干。

【性味、归经】味甘，性微寒；无毒。归少阴、太阳之经。

【功能主治】益气除热；用于自汗盗汗、骨蒸虚热、妇人劳热。

【用法用量】内服：煎汤，3～5钱；或炒焦研末。

【验方参考】①治虚汗盗汗：用浮麦（文武火炒），为末。每服二钱半，米饮下，日三服。或煎汤代茶饮。（《卫生宝鉴》）②治消渴心烦：用小麦作饭及粥食。（《食医心鉴》）③治老人五淋，身热腹满：小麦一升，通草二两，水三升，煮一升，饮之即愈。（《养老奉亲书》）④治白癜风：小麦摊石上，烧铁物压出油，搽之甚效。（《医学正传》）

玉蜀黍属 *Zea* L.

玉蜀黍　玉米　包谷　（图445）
Zea mays L.

【形态特征】一年生高大草本。秆直立，通常不分枝，高1～4米，基部各节具气生支柱根。叶鞘

具横脉；叶舌膜质，长约 2 毫米；叶片扁
平宽大，线状披针形，基部圆形呈耳状，
无毛或具疣柔毛，中脉粗壮，边缘微粗糙。
顶生雄性圆锥花序大型，主轴与总状花序
轴及其腋间均被细柔毛；雄性小穗孪生，
长达 1 厘米，小穗柄一长一短，分别长 1～2
毫米及 2～4 毫米，被细柔毛；两颖近等
长，膜质，约具 10 脉，被纤毛；外稃及
内稃透明膜质，稍短于颖；花药橙黄色；
长约 5 毫米。雌花序被多数宽大的鞘状苞
片所包藏；雌小穗孪生，成 16～30 纵行

图 445　玉蜀黍 Zea mays

排列于粗壮之序轴上，两颖等长，宽大，
无脉，具纤毛；外稃及内稃透明膜质，雌蕊具极长而细弱的线形花柱。颖果球形或扁球形，成熟后露出
颖片和稃片之外，其大小随生长条件不同产生差异，一般长 5～10 毫米，宽略过于其长，胚长为颖果的
1/2～2/3。花果期秋季。

【产地、生长环境与分布】 仙桃市各地均有栽培。我国各地均有栽培。全世界热带和温带地区广泛
种植，为一重要谷物。

【药用部位】 花柱。

【采集加工】 于成熟时采收玉米棒，脱下花柱，晒干或烘干。

【性味、归经】 味甘，性平；无毒。归膀胱、肝、胆经。

【功能主治】 利尿、泄热、平肝、利胆；用于肾炎水肿、脚气、黄疸型肝炎、高血压、胆囊炎、胆石症、
糖尿病、吐血衄血、鼻窦炎、乳痈。

【用法用量】 内服：煎汤，15～60 克。外用：烧烟吸入，吸烟用适量。

【验方参考】 ①治急性肾炎：玉米须 60 克，西瓜皮 30 克，蝼蛄 7 个，生地黄 15 克，肉桂 1.5 克。
水煎服，隔日 1 剂，连服 4～5 剂，症状消退后，服济生肾气丸，每日 2 次，每日 6～9 克。（《全国
中草药汇编》）②预防习惯性流产：在怀孕以后，每日取 1 个玉米的玉米须煎汤代饮，至上次流产的怀
孕月份，加倍用量，服至足月时为止。（《全国中草药汇编》）③治血吸虫病肝硬化，腹水：玉米须
30～60 克，冬瓜子 15 克，赤豆 30 克。水煎服，每日 1 剂，15 剂为 1 疗程。（《食物中药与便方》）
④治慢性副鼻窦炎：玉米须晒干、切丝，与当归尾干粉混合，入烟斗燃点吸烟，每日 5～7 次，每次 1～2
烟斗。（《全国中草药汇编》）⑤治尿路感染：玉米须 15 克，金钱草 45 克，萆薢 30 克。水煎服。（《湖
北中草药志》）⑥治糖尿病：a. 玉米须 30 克，黄芪 30 克，山药 30 克，木根皮 12 克，天花粉 15 克，麦
冬 15 克。水煎服。（《四川中药志》）b. 玉米须 60 克，薏苡、绿豆各 30 克。水煎服。（《福建药物志》）
⑦治肾炎、初期肾结石：玉蜀黍须，分量不拘，煎浓汤，频服。（《贵阳市中医、草药医、民族医秘方验方》）
⑧治胆石症（肝胆管及总胆管泥沙状结石，或胆道较小的结石在静止期者）：玉米须、芦根各 30 克，茵
陈 15 克。水煎服，每日 1 剂。（《全国中草药汇编》）⑨治尿血：玉米须 30 克，荠菜花 15 克，白茅根
18 克。水煎去渣，1 日 2 次分服。（《食物中药与便方》）⑩治急慢性肝炎：玉米须、太子参各 30 克。
水煎服，每日 1 剂，早晚分服。有黄疸者加茵陈同煮服；慢性者加锦鸡儿根（或虎杖根）30 克同煎服。（《全

国中草药汇编》)⑪治高血压，伴鼻衄、吐血：玉米须、香蕉皮各30克，黄栀子9克。水煎冷却后服。(《食物中药与便方》)

菰属 *Zizania* L.

菰　菰笋　菰米　茭白　茭儿菜　茭笋　菰首　菰菜　（图446）
Zizania latifolia (Griseb.) Stapf

【形态特征】多年生，具匍匐根状茎。须根粗壮。秆高大直立，高1～2米，直径约1厘米，具多数节，基部节上生不定根。叶鞘长于其节间，肥厚、有小横脉；叶舌膜质，长约1.4厘米，顶端尖；叶片扁平宽大，长50～90厘米，宽15～30毫米。圆锥花序，长30～50厘米，分枝多数簇生，上升，果期开展；雄小穗长10～15毫米，两侧压扁，着生于花序下部或分枝上部，带紫色，外稃具5脉，顶端渐尖具小尖头，内稃具3脉，中脉成脊，具毛，雄蕊6枚，花药长5～10毫米；雌小穗圆筒形，长18～25毫米，宽1.5～2毫米，着生于花序上部和分枝下方与主轴贴生处，外稃5脉粗糙，芒长20～30毫米，内稃具3脉。颖果圆柱形，长约12毫米，胚小型，为果体1/8。

【产地、生长环境与分布】仙桃市各地均有产。多生于水源充足、灌水方便、土层深厚松软、土壤肥沃、富含有机质、保水保肥能力强的黏壤土或壤土。分布于黑龙江、吉林、辽宁、内蒙古、河北、甘肃、陕西、四川、湖北、湖南、江西、福建、广东、台湾等地。

【药用部位】茭白、根及果实（菰实、菰米）。

图446　菰 *Zizania latifolia*

【采集加工】夏、秋季采收，晒干备用。

【性味】茭白：味甘，性凉。菰根、菰实：味甘，性寒。

【功能主治】茭白：清热除烦、止渴、通乳、利大小便；用于热病烦渴、酒精中毒、二便不通、乳汁不通。菰根：清热解毒；用于消渴、烫伤。菰实：清热除烦、生津止渴；用于心烦、口渴、大便不通、小便不利。

【用法用量】茭白：0.5～1两。菰根：2～3两。菰实：3～5钱。

115. 棕榈科　Palmae

棕榈属 *Trachycarpus* H. Wendl.

棕榈　棕树　陈棕　（图447）
Trachycarpus fortunei (Hook.) H. Wendl.

【形态特征】乔木状，高3～10米或更高，树干圆柱形，被不易脱落的老叶柄基部和密集的网状纤维，除非人工剥除，否则不能自行脱落，裸露树干直径 10～15 厘米甚至更粗。叶片呈 3/4 圆形或者近圆形，深裂成 30～50 片具皱褶的线状剑形，宽 2.5～4 厘米，长 60～70 厘米的裂片，裂片先端具短 2 裂或 2 齿，硬挺甚至顶端下垂；叶柄长 75～80 厘米或甚至更长，两侧具细圆齿，顶端有明显的戟突。花序粗壮，多次分枝，从叶腋抽出，通常是雌雄异株。雄花序长约 40 厘米，具有 2～3 个分枝花序，下部的分枝花序长 15～17 厘米，一般只二回分枝；雄花无梗，每 2～3 朵密集着生于

图 447　棕榈 *Trachycarpus fortunei*

小穗轴上，也有单生的；黄绿色，卵球形，钝 3 棱；花萼 3 片，卵状急尖，几分离，花冠约 2 倍长于花萼，花瓣阔卵形，雄蕊 6 枚，花药卵状箭头形；雌花序长 80～90 厘米，花序梗长约 40 厘米，其上有 3 个佛焰苞包着，具 4～5 个圆锥状的分枝花序，下部的分枝花序长约 35 厘米，二至三回分枝；雌花淡绿色，通常 2～3 朵聚生；花无梗，球形，着生于短瘤突上，萼片阔卵形，3 裂，基部合生，花瓣卵状近圆形，长于萼片 1/3，退化雄蕊 6 枚，心皮被银色毛。果实阔肾形，有脐，宽 11～12 毫米，高 7～9 毫米，成熟时由黄色变为淡蓝色，有白粉，柱头残留在侧面附近。种子胚乳均匀，角质，胚侧生。花期 4 月，果期 12 月。

【产地、生长环境与分布】 仙桃市各地均有栽培。通常仅见栽培于屋旁，罕见野生于疏林中。分布于我国长江以南各地。

【药用部位】 叶柄及鞘片的纤维。

【采集加工】 采棕时割取旧叶柄下延部分及鞘片，除去纤维状的棕毛，晒干。棕榈：除去杂质，洗净，干燥。棕榈炭：取净棕榈，照煅炭法制炭。

【性味、归经】 味苦、涩，性平。归肺、肝、大肠经。

【功能主治】 收敛止血；用于吐血、衄血、尿血、便血、崩漏。

【用法用量】 3～9 克，一般炮制后用。

【验方参考】 ①治月水不止：梅叶（焙）、棕榈皮灰各等份为末。每服二钱，酒调下。（《圣济总录》）②治血淋不止：棕榈皮（半烧半炒）为末，每服二钱，甚效。（《卫生家宝方》）

116. 天南星科 Araceae

海芋属 *Alocasia* (Schott) G. Don

海芋　天荷　羞天草　隔河仙　滴水芋　野芋头　狼毒头　野芋　（图 448）

Alocasia odora (Roxburgh) K. Koch

【形态特征】 多年生草本，高可达 5 米。茎粗壮，粗达 30 厘米。叶互生；叶柄粗壮，长 60～90

厘米，下部粗大，抱茎；叶片阔卵形，长
30～90厘米，宽20～60厘米，先端短尖，
基部广心状箭头形，侧脉9～12对，粗而
明显，绿色。花雌雄同株；花序柄粗壮，
长15～20厘米；佛焰苞的管长3～4厘米，
粉绿色，苞片舟状，长10～14厘米，宽4～5
厘米，绿黄色，先端锐尖；肉穗花序短于
佛焰苞；雌花序长2～2.5厘米，位于下部；
中性花序长2.5～3.5厘米，位于雌花序之
上；雄花序长3厘米，位于中性花序之上；
附属器长约3厘米，有网状槽纹；子房3～4
室。浆果红色。种子1～2颗。花期春季
至秋季。

图448　海芋 *Alocasia odora*

【产地、生长环境与分布】仙桃市下查村有栽培。生于屋旁。分布于我国华南、西南地区及福建、台湾、湖南等地。

【药用部位】 根茎或茎。

【采集加工】全年均可采收，用刀削去外皮，切片，清水浸泡5～7天，并多次换水，取出鲜用或晒干。加工时以布或纸垫手，以免中毒。

【性味、归经】味辛，性寒。归心、肝、胆、大肠经。

【功能主治】清热解毒、行气止痛、散结消肿；用于流行性感冒、感冒、腹痛、肺结核、风湿骨痛、疔疮、痈疽肿毒、瘰疬、附骨疽、斑秃、疥癣、虫蛇咬伤。

【用法用量】内服：煎汤，3～9克，鲜品15～30克（需切片，大米同炒至米焦后加水煮至米烂，去渣用，或久煎2小时后用）。外用：适量，捣敷（不可敷健康皮肤）；或焙贴；或煨热擦。

【验方参考】①防治流行性感冒：鲜海芋根状茎5千克，去皮洗净，切成薄片，大米120克，食盐15克，混合入锅，急火炒至大米成棕黑色，加水10000毫升，煮沸2小时，过滤。预防：每日1次，每次服150毫升，连服3日。治疗：每日2次，每次150毫升。（《全国中草药汇编》）②治感冒头痛身倦：野芋根用湿纸封好，煨热之，以擦头额及腰脊、前后心、手弯脚弯，可令人遍身顺适。（《岭南采药录》）③治绞肠痧腹痛：野芋头120克（炒黄），扫管叶（岗松）60克（炒黄）。先将野芋头煎好，再将扫管叶趁沸放下煎片刻，去渣温服。忌饮米汤。（《岭南草药志》）④治肠伤寒：野芋头（切片）120克，加米30克及生锈铁钉2枚炒黄，加水适量煎服。（《广西中草药》）⑤治脑后疽：野芋根1只，用醋磨如糊状，涂抹患部。（《上海中医药杂志》）⑥治附骨疽：海芋、芭蕉树根（各适量），捣烂敷患处。（《湖南药物志》）⑦治对口疮：鲜海芋茎适量，明矾少许。同捣烂敷患处。（《福建药物志》）

芋属 *Colocasia* Schott

1. 植物具块茎 ·· 芋 *C. esculenta*

1. 植物具根茎或直立的茎 ·· 大野芋 *C. gigantea*

芋 莒 土芝 毛芋 芋荄 水芋 芋头 台芋 红芋 （图 449）

Colocasia esculenta (L.) Schott

【形态特征】块茎通常卵形，常生多数小球茎，均富含淀粉。叶 2～3 枚或更多。叶柄长于叶片，长 20～90 厘米，绿色，叶片卵状，长 20～50 厘米，先端短尖或短渐尖，侧脉 4 对，斜伸达叶缘，后裂片浑圆，1/3～1/2 合生，弯缺较钝，深 3～5 厘米，基脉相交成 30° 角，外侧脉 2～3，内侧 1～2 条，不显。花序柄常单生，短于叶柄。佛焰苞长短不一，一般为 20 厘米左右：管部绿色，长约 4 厘米，粗 2.2 厘米，长卵形；檐部披针形或椭圆形，长 17 厘米，展开成舟状，边缘内卷，淡黄色至绿白色。

图 449 芋 *Colocasia esculenta*

肉穗花序长约 10 厘米，短于佛焰苞；雌花序长圆锥状，长 3～3.5 厘米，下部粗 1.2 厘米；中性花序长 3～3.3 厘米，细圆柱状；雄花序圆柱形，长 4～4.5 厘米，粗 7 毫米，顶端骤狭；附属器钻形，长约 1 厘米，粗不及 1 毫米。

【产地、生长环境与分布】仙桃市各地均有产。多为栽培。原产于我国和印度、马来半岛等地，我国南北地区长期以来进行栽培。

【药用部位】块茎。

【采集加工】秋季采挖，去净须根及地上部分，洗净，鲜用或晒干。

【性味】味辛，性平。

【功能主治】块茎：宽胃肠、破宿血、去死肌、调中补虚、行气消胀、壮筋骨、益气力，并能祛暑热、止痛消炎；用于血热烦渴、头上软疖。茎、叶：除烦止泻；用于胎动不安、蛇虫咬伤、痈肿毒痛、蜂蜇伤、黄水疮等。花：用于子宫脱垂、小儿脱肛、痔核脱出及吐血等。

【用法用量】内服：煎汤，60～120 克；或入丸、散。外用：适量，捣敷或醋磨涂。

【验方参考】①治瘰疬不论已溃未溃：香梗芋艿（拣大者）不拘多少。切片，晒干，研细末，用陈海蜇漂洗，大荸荠煎汤泛丸，如梧桐子大。每服 9 克，陈海蜇皮、荸荠煎汤送下。（《中国医学大辞典》芋艿丸）②治一切无名肿毒及诸毒：生芋头一个，独核肥皂一个，葱白七个。同捣烂敷之，如干即换，过一周时，未成者即散，已成者略出脓血即愈。（《同寿录》）

大野芋 山野芋 水芋 象耳芋 抬板七 抬板蕉 滴水芋 （图 450）

Colocasia gigantea (Blume) Hook. f.

【形态特征】多年生草本。根茎直立，倒圆锥形，粗 3～9 厘米，长 5～10 厘米。叶丛生；叶柄淡绿色，具白粉，长可达 1.5 米，下部 1/2 鞘状，闭合；叶片盾状着生，长圆状心形、卵状心形，长可达 1.3 米，宽可达 1 米，边缘波状，基部裂片圆形。花序柄近圆柱形，常 5～8 枚并列于同一叶柄鞘内，先

后抽出，长 30～80 厘米，粗 1～2 厘米，
每一花序柄围以 1 枚鳞叶；鳞叶膜质，披
针形，渐尖，长与花序柄近相等，背部有
2 条棱突。佛焰苞长 12～24 厘米；管部
绿色，椭圆状，长 3～6 厘米，粗 1.5～2
厘米，席卷；檐部长 8～19 厘米，粉白色，
长圆形或椭圆状长圆形，基部兜状，舟形
展开，直立；肉穗花序长 9～20 厘米，
雌花序圆锥形，奶黄色，基部斜截形；不
育雄花序长圆锥形，下部粗 1～2 厘米；
能育雄花序长 5～14 厘米，雄花棱柱状，
雄蕊 4，药室长圆柱形；附属器极短小，

图 450　大野芋 *Colocasia gigantea*

锥形。浆果圆柱形，长 5 毫米；种子多数，纺锤形，有多条明显的纵棱。花期 4—6 月，果期 9 月。

【产地、生长环境与分布】仙桃市各地散见，下查村栽培较多。多于庭园和寺庙内栽培。分布于江西、
福建、广东、广西、贵州、云南、浙江、安徽、上海等地。

【药用部位】根茎。

【采集加工】秋季采挖，除去茎叶及须根，洗净，鲜用。

【性味、归经】味苦，性凉。归心、肝经。

【功能主治】解毒、消肿止痛；用于疮疡肿毒、跌打损伤、蛇虫咬伤。

【用法用量】外用：适量，鲜品捣敷。

半夏属 *Pinellia* Ten.

半夏　守田　和姑　地文　（图 451）

Pinellia ternata (Thunb.) Breit.

【形态特征】块茎圆球形，直径 1～2
厘米，具须根。叶 2～5 枚，有时 1 枚。
叶柄长 15～20 厘米，基部具鞘，鞘内、
鞘部以上或叶片基部（叶柄顶头）有直径
3～5 毫米的珠芽，珠芽在母株上萌发或
落地后萌发；幼苗叶片卵状心形至戟形，
为全缘单叶，长 2～3 厘米，宽 2～2.5
厘米；老株叶片 3 全裂，裂片绿色，背淡，
长圆状椭圆形或披针形，两头锐尖，中裂
片长 3～10 厘米，宽 1～3 厘米；侧裂片
稍短；全缘或具不明显的浅波状圆齿，侧
脉 8～10 对，细弱，细脉网状，密集，集

图 451-01　半夏 *Pinellia ternata*（1）

合脉 2 圈。花序柄长 25 ～ 30（35）厘米，长于叶柄。佛焰苞绿色或绿白色，管部狭圆柱形，长 1.5 ～ 2 厘米；檐部长圆形，绿色，有时边缘青紫色，长 4 ～ 5 厘米，宽 1.5 厘米，钝或锐尖。肉穗花序：雌花序长 2 厘米，雄花序长 5 ～ 7 毫米，其中间隔 3 毫米；附属器绿色变青紫色，长 6 ～ 10 厘米，直立，有时"S"形弯曲。浆果卵圆形，黄绿色，先端渐狭为明显的花柱。

【产地、生长环境与分布】 仙桃市何湾村有产。生于潮湿的草坡、荒地、玉米地、田边等。除内蒙古、新疆、青海、西藏尚未发现野生的外，全国各地广布。

【药用部位】 块茎。

【采集加工】 夏、秋季采挖，洗净，除去外皮和须根。

【性味】 味辛，性温。

【功能主治】 燥湿化痰、降逆止呕、消痞散结；用于湿痰寒痰、咳喘痰多、痰饮眩悸、风痰眩晕、痰厥头痛、呕吐反胃、胸脘痞闷、梅核气；外用治痈肿痰核。

【用法用量】 内服：一般炮制后使用，3 ～ 9 克。外用：适量，磨汁涂或研末以酒调敷患处。

图 451-02　半夏 *Pinellia ternata*（2）

图 451-03　半夏（药材）

【验方参考】 ①治湿痰喘急、止心痛：半夏不拘多少，香油炒，为末，粥丸梧子大。每服三五十丸，姜汤下。（《丹溪心法》）②治诸呕吐、谷不得下者：半夏一升，生姜半斤。上二味，以水七升，煮取一升半，分温再服。（《金匮要略》小半夏汤）③治卒呕吐、心下痞、膈间有水、眩悸者：半夏一升，生姜半斤，茯苓三两。上三味，以水七升，煮取一升五合，分温再服。（《金匮要略》小半夏加茯苓汤）④治少阴病、咽中痛：半夏（洗）、桂枝（去皮）、甘草（炙）。上三味各等份，各别捣筛已，合治之，白饮和，服方寸匕，日三服。若不能服散者，以水一升，煎七沸，纳散两方寸匕，更煮三沸，下火令小冷，少少咽之。（《伤寒论》半夏散及汤）

菖蒲属 *Acorus* L.

菖蒲　臭草　大菖蒲　剑菖蒲　家菖蒲　土菖蒲　水菖蒲　白菖蒲　（图 452）
Acorus calamus L.

【形态特征】 多年生草本。根茎横走，稍扁，分枝，直径 5 ～ 10 毫米，外皮黄褐色，芳香，肉质根多数，长 5～6 厘米，具毛发状须根。叶基生，基部两侧膜质叶鞘宽 4～5 毫米，向上渐狭，至叶长 1/3 处渐行消失、脱落。叶片剑状线形，长 90～100（150）厘米，中部宽 1～2（3）厘米，基部宽、对折，中部以上渐狭，草质，绿色，光亮；中肋在两面均明显隆起，侧脉 3～5 对，平行，纤弱，大都伸延至叶尖。花序柄三棱形，长（15）40～50 厘米；叶状佛焰苞剑状线形，长 30～40 厘米；肉穗花序斜向上或近直立，狭锥状圆柱形，长 4.5～6.5（8）厘米，直径 6～12 毫米。花黄绿色，花被片长约 2.5 毫米，宽约 1 毫米；花丝长 2.5 毫米，宽约 1 毫米；子房长圆柱形，长 3 毫米，粗 1.25 毫米。浆果长圆形，红色。

图 452-01　菖蒲 *Acorus calamus*（1）

【产地、生长环境与分布】　仙桃市郑场镇徐鸳村有产。生于水边、沼泽湿地或湖泊浮岛上。全国各地均有分布。

【药用部位】　茎，叶。

【采集加工】　早春或冬末挖出根茎，剪去叶片和须根，洗净晒干，撞去毛须即成。

【性味】　味辛、苦，性温。

【功能主治】　开窍化痰、辟秽杀虫；用于痰涎壅闭、慢性支气管炎、痢疾、肠炎、腹胀腹痛、食欲不振、风寒湿痹；外用治疥疮。

图 452-02　菖蒲 *Acorus calamus*（2）

【验方参考】①治癫痫：九节菖蒲（去毛焙干），以木臼杵为细末，不可犯铁器，黑猳猪心以竹刀劈开，砂罐煮汤送下，每日空心服二三钱。（《医学正传》）②治少小热风痫、兼失心者：菖蒲、宣连、车前子、生地黄、苦参、地骨皮各一两。上为末，蜜和丸，如黍米大，每食后服十五丸，不拘早晚，以饭下。忌羊肉、血、饴糖、桃、梅果物。（《普济方》菖蒲丸）③治痰迷心窍：石菖蒲、生姜共捣汁灌下。（《梅氏验方新编》）④治耳聋：菖蒲根一寸，巴豆一粒（去皮、心）。二物合捣，筛，分作七丸，绵裹，卧即塞，夜易之。（《补辑肘后方》菖蒲根丸）⑤治健忘：远志、人参各四分，茯苓二两，菖蒲一两。上四味治下筛，饮服方寸匕，日三。（《千金方》开心散）⑥治心气不定，五脏不足，甚者忧愁悲伤不乐，忽忽喜忘，朝瘥暮剧，暮瘥朝发，狂眩：菖蒲、远志各二两，茯苓、人参各三两。上四味末之，蜜丸，饮服如梧子大七丸，日三。（《千金方》定志小丸）⑦治霍乱吐泻不止：菖蒲（切焙）、高良姜、青橘皮（去白，焙）各一两，白术、甘草（炙）各半两。上五味捣为粗末，每服三钱匕，以水一盏，煎十数沸，倾出，放温顿服。（《圣济总录》菖蒲饮）⑧治小便一日一夜数十行：菖蒲、黄连，二物等份。治下筛，酒服方寸匕。（《范汪方》）⑨治喉痹肿痛：菖蒲根捣汁，烧铁秤锤淬酒一杯饮之。（《圣济总录》）

117. 香蒲科 Typhaceae

香蒲属 *Typha* L.

长苞香蒲 蒱蕫 水蜡烛 毛蜡烛 蒲草 水烛香蒲 狭叶香蒲 （图 453）
Typha domingensis Pers.

【形态特征】多年生水生或沼生草本。根状茎粗壮，乳黄色，先端白色。地上茎直立，高 0.7～2.5 米，粗壮。叶片长 40～150 厘米，宽 0.3～0.8 厘米，上部扁平，中部以下背面逐渐隆起，下部横切面呈半圆形，细胞间隙大，海绵状；叶鞘很长，抱茎。雌雄花序远离；雄花序长 7～30 厘米，花序轴具弯曲柔毛，先端齿裂或否，叶状苞片 1～2 枚，长约 32 厘米，宽约 8 毫米，与雄花先后脱落；雌花序位于下部，长 4.7～23 厘米，叶状苞片比叶宽，花后脱落；雄花通常由 3 枚雄蕊组成，稀 2 枚，

图 453 长苞香蒲 *Typha domingensis*

花药长 1.2～1.5 毫米，矩圆形，花粉粒单体，球形、卵形或钝三角形，花丝细弱，下部合生成短柄；雌花具小苞片；孕性雌花柱头长 0.8～1.5 毫米，宽条形至披针形，比花柱宽，花柱长 0.5～1.5 毫米，子房披针形，长约 1 毫米，子房柄细弱，长 3～6 毫米；不孕雌花子房长 1～1.5 毫米，近于倒圆锥形，具褐色斑点，先端呈凹形，不发育柱头陷于凹处；白色丝状毛极多数，生于子房柄基部，或向上延伸，短于柱头。小坚果纺锤形，长约 1.2 毫米，纵裂，果皮具褐色斑点。种子黄褐色，长约 1 毫米。

【产地、生长环境与分布】仙桃市各地均有产。生于湖泊、河流、池塘浅水处，沼泽、沟渠亦常见。分布于黑龙江、吉林、辽宁、内蒙古、河北、河南、山东、山西、陕西、甘肃、新疆（轮台县、墨玉县等）、江苏、江西、贵州、云南等地。

【药用部位】全草，花粉，果穗。

【采集加工】秋、冬季叶片枯黄时进行收割。

【性味】味甘、微辛，性平。

【功能主治】花粉：用于凉血、止血、活血消瘀。全草：用于小便不利、乳痈。果穗：用于外伤出血。

【验方参考】①治产后血瘀：蒲黄三两，水三升，煎一升，顿服。（《梅师集验方》）②治儿枕血瘕：蒲黄三钱，米饮服。（《产宝》）③治产后烦闷：蒲黄方寸匕，东流水服，极良。（《产宝》）④治坠伤扑损，瘀血在内，烦闷者：蒲黄末，空心温酒服三钱。（《塞上方》）⑤治关节疼痛：蒲黄八两，熟附子一两，为末，每服一钱，凉水下，日一。（《肘后备急方》）⑥治阴下湿痒：蒲黄末，敷三四度瘥。（《千金方》）⑦治耳中出血：蒲黄炒黑研末，掺入。（《简便方》）⑧治创伤止血：水蜡烛整枝未飞散的花，投入小便缸内浸一星期，取出晒干候用。用时取花一撮，罨包伤口，过四五天即自行结痂。（《福建民间草药》）

118. 莎草科 Cyperaceae

水葱属 Schoenoplectus (Rchb.) Palla

水葱 葱蒲 莞草 蒲苹 水丈葱 （图454）
Schoenoplectus tabernaemontani (C. C. Gmelin) Palla

【形态特征】匍匐根状茎粗壮，具许多须根。秆高大，圆柱状，高1～2米，平滑，基部具3～4个叶鞘，鞘长可达38厘米，管状，膜质，最上面一个叶鞘具叶片。叶片线形，长1.5～11厘米。苞片1枚，为秆的延长，直立，钻状，常短于花序，极少数稍长于花序；长侧枝聚伞花序简单或复出，假侧生，具4～13个或更多个辐射枝；辐射枝长可达5厘米，一面凸，一面凹，边缘有锯齿；小穗单生或2～3个簇生于辐射枝顶端，卵形或长圆形，顶端急尖或钝圆，长5～10毫米，宽2～3.5毫米，具多数花；鳞片椭圆形或宽卵形，顶端稍凹，具短尖，膜质，长约3毫米，棕色或紫褐色，有时基部色淡，背面有铁锈色突起小点，脉1条，边缘具缘毛；下位刚毛6条，等长于小坚果，红棕色，有倒刺；雄蕊3，花药线形，药隔凸出；花柱中等长，柱头2，罕3，长于花柱。小坚果倒卵形或椭圆形，双凸状，少有三棱形，长约2毫米。花果期6—9月。

图 454-01　水葱 *Schoenoplectus tabernaemontani*（1）

图 454-02　水葱 *Schoenoplectus tabernaemontani*（2）

【产地、生长环境与分布】仙桃市各地均有产。生于水边、浅水塘、沼泽地或湿地草丛中。分布几遍全国。

【药用部位】地上部分。

【采集加工】夏、秋季采集，洗净，切段，晒干。

【性味】味甘、淡，性平。

【功能主治】利水消肿；用于水肿胀满、小便不利。

【用法用量】内服：煎汤，5～10克。

【验方参考】治小便不利：水葱12克，蟋蟀2个（焙干研末），煎汤服。（《宁夏中草药手册》）

水蜈蚣属 *Kyllinga* Rottb.

短叶水蜈蚣 （图 455）

Kyllinga brevifolia Rottb.

【形态特征】 根状茎长而匍匐，外被膜质、褐色的鳞片，具多数节间，节间长约 1.5 厘米，每一节上长一秆。秆成列地散生，细弱，高 7～20 厘米，扁三棱形，平滑，基部不膨大，具 4～5 个圆筒状叶鞘，最下面 2 个叶鞘常为干膜质，棕色，鞘口斜截形，顶端渐尖，上面 2～3 个叶鞘顶端具叶片。叶柔弱，短于或稍长于秆，宽 2～4 毫米，平张，上部边缘和背面中肋上具细刺。叶状苞片 3 枚，极展开，后期常向下反折；穗状花序单个，极少 2 或 3 个，球形或卵球形，长 5～11 毫米，宽 4.5～10 毫米，具极多数密生的小穗。小穗长圆状披针形或披针形，压扁，长约 3 毫米，宽 0.8～1 毫米，具 1 朵花；鳞片膜质，长 2.8～3 毫米，下面鳞片短于上面的鳞片，白色，具锈斑，少为麦秆黄色，背面的龙骨状突起绿色，具刺，顶端延伸成外弯的短尖，脉 5～7 条；雄蕊 1～3 个，花药线形；花柱细长，柱头 2，长不及花柱的 1/2。小坚果倒卵状长圆形，扁双凸状，长约为鳞片的 1/2，表面具密的细点。

图 455-01　短叶水蜈蚣 *Kyllinga brevifolia*（1）

图 455-02　短叶水蜈蚣 *Kyllinga brevifolia*（2）

【产地、生长环境与分布】 仙桃市郑场镇徐鸳村有产。生于路旁草丛中、田边草地、溪边。分布于湖北、湖南、贵州、四川、云南、安徽、浙江、江西、福建、广东、海南、广西等地。

【药用部位】 干燥全草入药。

【采集加工】 夏、秋季采集，洗净，鲜用或晒干。

【性味】 味辛，性温、平。

【功能主治】 疏风解表、清热利湿、止咳化痰、祛瘀消肿；用于感冒风寒、寒热头痛、筋骨疼痛、咳嗽、疟疾、黄疸、痢疾、疮疡肿毒、跌打刀伤。

【用法用量】 内服：煎汤，15～30 克（鲜品 30～60 克）；或捣汁；或浸酒。外用：适量，捣敷。

【验方参考】 ①治时疫发热：短叶水蜈蚣、威灵仙，水煎服。（《岭南采药录》）②治赤白痢疾：鲜短叶水蜈蚣全草一至一两五钱，酌加开水和冰糖五钱，炖一小时服。（《福建民间草药》）③治疮疡肿毒：短叶水蜈蚣全草、芭蕉根，捣烂，敷患处。（《湖南药物志》）④治跌打伤痛：短叶水蜈蚣一斤，捣烂，酒四两冲。滤取酒二两内服，渣炒热外敷痛处。（《广西药用植物图志》）⑤治一般蛇伤：短叶水蜈蚣二两，捣烂，酒二两冲，内服一两，一两搽抹伤口四周。（《广西药用植物图志》）

莎草属 *Cyperus* L.

1. 小穗排列在辐射枝所延长的花序轴上，呈穗状花序。

　　2. 小穗轴有翅；花柱长 ·· 香附子 *C. rotundus*

　　2. 小穗轴上无翅，或有狭翅；花柱短 ··· 碎米莎草 *C. iria*

1. 小穗在辐射枝顶端呈指状排列或聚成头状花序 ··· 风车草 *C. involucratus*

香附子　香附　香头草　棱棱草　金门莎草　莎草　（图456）

Cyperus rotundus L.

【形态特征】 匍匐根状茎长，具椭圆形块茎。秆稍细弱，高15～95厘米，锐三棱形，平滑，基部呈块茎状。叶较多，短于秆，宽2～5毫米，平张；鞘棕色，常裂成纤维状。叶状苞片2～3（5）枚，常长于花序，或有时短于花序；长侧枝聚伞花序简单或复出，具（2）3～10个辐射枝；辐射枝最长达12厘米；穗状花序轮廓为陀螺形，稍疏松，具3～10个小穗；小穗斜展开，线形，长1～3厘米，宽约1.5毫米，具8～28朵花；小穗轴具较宽的、白色透明的翅；鳞片稍密覆瓦状排列，膜质，卵形或长圆状卵形，长约3毫米，顶端急尖或钝，无短尖，中间绿色，两侧紫红色或红棕色，具5～7条脉；雄蕊3，花药长，线形，暗血红色，药隔突出于花药顶端；花柱长，柱头3，细长，伸出鳞片外。小坚果长圆状倒卵形，三棱形，长为鳞片的1/3～2/5，具细点。花果期5—11月。

【产地、生长环境与分布】 仙桃市各地均有产。生于荒坡草地、耕地、路旁潮湿处。分布于全国大部分地区。

【药用部位】 茎叶，根茎。

图456-01　香附子 *Cyperus rotundus*

图456-02　香附（药材）

【采集加工】春、夏季采收，洗净，鲜用或晒干。

【性味】茎叶：味苦、辛，性凉。根茎：味辛、微苦、甘，性平。

【功能主治】茎叶：行气开郁、祛风止痒、宽胸利痰；用于胸闷不舒、风疹瘙痒、痈疮肿毒。根茎：疏肝解郁、理气宽中、调经止痛；用于肝郁气滞、胸胁胀痛、疝气疼痛、乳房胀痛、脾胃气滞、脘腹痞闷、胀满疼痛、月经不调。

【用法用量】茎叶：煎服，10～30克；外用适量，鲜品捣敷，或煎汤洗浴。根茎：煎服，6～10克；或入丸，散。

【验方参考】①治痈疽肿毒：鲜莎草洗净，捣烂敷患处。（《泉州本草》）②治水肿、小便短少：鲜莎草捣烂，贴涌泉、关元穴。（《泉州本草》）③治皮肤瘙痒，遍体生风：取（莎草）苗一握，煎汤浴之，立效。（《履巉岩本草》）④解诸郁：苍术、香附、抚芎、神曲、栀子各等份。为末，水丸如绿豆大。每服一百丸。（《丹溪心法》越鞠丸）⑤治停痰宿饮，风气上攻，胸膈不利：香附（皂荚水漫）、半夏各一两，白矾末半两。姜汁面糊丸，梧子大。每服三四十丸，姜汤随时下。（《仁存堂经验方》）⑥治偏正头痛：川芎二两，香附子（炒）四两。上为末，以茶调服，得腊茶清尤好。（《澹寮方》）⑦治吐血：童便调香附末或白及末服之。（《丹溪治法心要》）⑧治尿血：香附子、新地榆各等份各煎汤。先服香附汤三五呷，后服地榆汤至尽，未效再服。（《全生指迷方》）⑨治下血不止或成五色崩漏：香附子（去皮、毛，略炒）为末。每服二钱，清米饮调下。（《普济本事方》）⑩治肛门脱出：香附子、荆芥穗各等份为末。每用三匙，水一大碗，煎十数沸，淋。（《三因方》香荆散）

碎米莎草　三方草　（图457）
Cyperus iria L.

【形态特征】一年生草本，无根状茎，具须根。秆丛生，细弱或稍粗壮，高8～85厘米，扁三棱形，基部具少数叶，叶短于秆，宽2～5毫米，平张或折合，叶鞘红棕色或棕紫色。叶状苞片3～5枚，下面的2～3枚常较花序长；长侧枝聚伞花序复出，很少为简单的，具4～9个辐射枝，辐射枝最长达12厘米，每个辐射枝具5～10个穗状花序，或有时更多些；穗状花序卵形或长圆状卵形，长1～4厘米，具5～22个小穗；小穗排列松散，斜展开，长圆形、披针形或线状披针形，压扁，长4～10

图457　碎米莎草 *Cyperus iria*

毫米，宽约2毫米，具6～22花；小穗轴上近于无翅；鳞片排列疏松，膜质，宽倒卵形，顶端微缺，具极短的短尖，不突出于鳞片的顶端，背面具龙骨状突起，绿色，有3～5条脉，两侧呈黄色或麦秆黄色，上端具白色透明的边；雄蕊3，花丝着生在环形的胼胝体上，花药短，椭圆形，药隔不突出于花药顶端；花柱短，柱头3。小坚果倒卵形或椭圆形，与鳞片等长，褐色，具密的微突起细点。花果期6—10月。

【产地、生长环境与分布】仙桃市各地均有产。生于田间、土坡、路旁阴湿处。分布于我国东北各省、河北、河南、山东、陕西、甘肃、新疆、江苏、浙江、安徽、江西、湖南、湖北、云南、四川、贵州、福建、广东、广西、台湾等地。

【药用部位】茎叶。

【采集加工】春、夏季采收，洗净，鲜用或晒干。

【性味、归经】味苦、辛，性凉。归肝、肺经。

【功能主治】行气开郁、祛风止痒；治胸闷不舒、风疹瘙痒、痛伴随肿毒。

【用法用量】内服：煎汤，10～30克。外用：适量，鲜品捣敷；或煎汤洗浴。

【验方参考】煎饮散气郁，利胸膈，降痰热。（《本草纲目》）

风车草　伞草　旱伞草　（图458）
Cyperus involucratus Rottboll

【形态特征】多年生草本，根状茎短，粗大，须根坚硬。秆稍粗壮，高30～150厘米，近圆柱状，上部稍粗糙，基部包裹无叶的鞘，鞘棕色。叶顶生为伞状。苞片20枚，长几相等，较花序长约2倍，宽2～11毫米，向四周展开，平展；多次复出长侧枝聚伞花序具多数第一次辐射枝，辐射枝最长达7厘米，每个第一次辐射枝具4～10个第二次辐射枝，最长达15厘米；小穗密集于第二次辐射枝上端，椭圆形或长圆状披针形，长3～8毫米，宽1.5～3毫米，压扁，具6～26朵花；小穗轴不具翅；鳞

图458　风车草 *Cyperus involucratus*

片紧密覆瓦状排列，膜质，卵形，顶端渐尖，长约2毫米，苍白色，具锈色斑点，或为黄褐色，具3～5条脉；雄蕊3，花药线形，顶端具刚毛状附属物；花柱短，柱头3。小坚果椭圆形，近于三棱形，长为鳞片的1/3，褐色。花果期8—11月。

【产地、生长环境与分布】仙桃市长埫口镇有产。生于湿地、河流边缘的沼泽中。我国南北各地均见栽培。

【药用部位】茎叶。

【采集加工】夏、秋季采收，晒干备用。

【性味、归经】味微苦，性凉。归肝经。

【功能主治】凉血、止血、祛瘀；用于吐血、衄血、崩漏、外伤出血、闭经瘀阻、关节痹痛、跌扑肿痛。

【用法用量】内服：煎汤，10～15克；或入丸、散；或浸酒。

【验方参考】①治尿路感染、赤白带下、痢疾，近用于脑脊髓膜炎，脓毒性败血症，癌症。煎服，15～30克。（《中草药手册》）②治咯血：捣烂取汁，冷开水和服。（《江西草药》）③治痈疽、蛇头

疗：风车草捣敷。（《江西草药》）

薹草属 *Carex* L.

翼果薹草　薹草　苔草 （图 459）

Carex neurocarpa Maxim.

【形态特征】多年生草本，根状茎短，
木质。秆丛生，全株密生锈色点线，高
15～100厘米，宽约2毫米，粗壮，扁钝
三棱形，平滑，基部叶鞘无叶片，淡黄锈
色。叶短于或长于秆，宽2～3毫米，平张，
边缘粗糙，先端渐尖，基部具鞘，鞘腹面
膜质，锈色。苞片下部的叶状，显著长于
花序，无鞘，上部的刚毛状。小穗多数，
雄雌顺序，卵形，长5～8毫米；穗状花
序紧密，呈尖塔状圆柱形，长2.5～8厘米，
宽1～1.8厘米。雄花鳞片长圆形，长2.8～3
毫米，锈黄色，密生锈色点线；雌花鳞片
卵形至长圆状椭圆形，顶端急尖，具芒尖，
基部近圆形，长2～4毫米，宽约1.5毫米，
锈黄色，密生锈色点线。果囊长于鳞片，
卵形或宽卵形，长2.5～4毫米，稍扁，膜质，
密生锈色点线，两面具多条细脉，无毛，
中部以上边缘具宽而微波状不整齐的翅，
锈黄色，上部通常具锈色点线，基部近圆形，
里面具海绵状组织，有短柄，顶端急缩成
喙，喙口2齿裂。小坚果疏松地包于果囊
中，卵形或椭圆形，平凸状，长约1毫米，
淡棕色，平滑，有光泽，具短柄，顶端具
小尖头；花柱基部不膨大，柱头2个。花
果期6—8月。

图 459-01　翼果薹草 *Carex neurocarpa*（1）

图 459-02　翼果薹草 *Carex neurocarpa*（2）

【产地、生长环境与分布】仙桃市百万花海有产。多生于草坡、沼泽、林下湿地或湖边。分布于黑龙江、
吉林、辽宁、内蒙古、河北、山西、陕西、甘肃、山东、江苏、安徽、河南等地。

【药用部位】全草。

【采集加工】夏、秋季采收，晒干备用。

【性味】味微苦，性凉。

【功能主治】清热利湿、解表、消食；用于痢疾、麻疹不出、消化不良。

扁莎属 *Pycreus* P. Beauv.

球穗扁莎　球穗扁莎草　扁莎　黄毛扁莎　球穗莎草　（图 460）
Pycreus flavidus (Retzius) T. Koyama

图 460　球穗扁莎 *Pycreus flavidus*

【形态特征】根状茎短，具须根。秆丛生，细弱，高 7 ～ 50 厘米，钝三棱形，一面具沟，平滑。叶少，短于秆，宽 1 ～ 2 毫米，折合或平张；叶鞘长，下部红棕色。苞片 2 ～ 4 枚，细长，较长于花序；简单长侧枝聚伞花序具 1 ～ 6 个辐射枝，辐射枝长短不等，最长达 6 厘米，有时极短缩成头状；每一辐射枝具 2 ～ 20 个小穗；小穗密聚于辐射枝上端呈球形，辐射展开，线状长圆形或线形，极压扁，长 6 ～ 18 毫米，宽 1.5 ～ 3 毫米，具 12 ～ 34（66）朵花；小穗轴近四棱形，两侧有具横隔的槽。鳞片稍疏松排列，膜质，长圆状卵形，顶端钝，长 1.5 ～ 2 毫米，背面龙骨状突起绿色；具 3 条脉，两侧黄褐色、红褐色或为暗紫红色，具白色透明的狭边；雄蕊 2，花药短，长圆形；花柱中等长，柱头 2，细长。小坚果倒卵形，顶端有短尖，双凸状，稍扁，长约为鳞片的 1/3，褐色或暗褐色，具白色透明有光泽的细胞层和微突起的细点。花果期 6—11 月。

【产地、生长环境与分布】仙桃市各地均有产。常生于水边湿地、田边、沟边。分布于安徽、福建、广东、贵州、海南、河北、黑龙江、吉林、江苏、辽宁、山东、山西、陕西、四川、云南、浙江等地。

【药用部位】全草。

【采集加工】夏、秋季采收，晒干备用。

【性味】味微苦，性微寒。

【功能主治】止咳、破血行气、止痛；用于小便不利、跌打损伤、吐血、风寒感冒、咳嗽、百日咳。

藨草属 *Scirpus* L.

扁秆荆三棱　荆三棱　（图 461）
Bolboschoenus planiculmis (F. Schmidt) T. V. Egorova

【形态特征】多年生草本，具匍匐根状茎和块茎。秆高 60 ～ 100 厘米，一般较细，三棱形，平滑，靠近花序部分粗糙，基部膨大，具秆生叶。叶平张，宽 2 ～ 5 毫米，向先端渐狭，具长鞘。苞片 1 ～ 3 枚，叶状，通常长于花序，边缘粗糙。长侧枝聚伞花序短缩成头状，或有时具少数辐射枝，通常具 1 ～ 6 个小穗；小穗卵形或长圆状卵形，锈褐色，外面被稀少的柔毛，背面具 1 条稍宽的中肋，先端或多或少缺刻状撕裂，具芒；下位刚毛 4 ～ 6 条，上生小刺，长为小坚果的 1/2 ～ 2/3；雄蕊 3，花药线形，长约 3 毫米，药隔稍突出；花柱长，柱头 2。小坚果倒卵形，扁，两面稍凹或稍凸，长 3 ～ 3.5 毫米。花果期 5—9 月。

【产地、生长环境与分布】 仙桃市各地均有产，郑场镇徐鸢村分布较多。常生于水边湿地、沟边。分布于我国东北、华北山区、陕西、甘肃、青海、山东、江苏、湖南、云南等地。

【药用部位】 块茎。

【采集加工】 秋季采挖，除去根茎及须根，洗净，或削去外皮晒干。

【性味】 味苦，性平。

【功能主治】 止咳化痰、活血化瘀；用于慢性支气管炎、消化不良、闭经以及一切气血瘀滞证。

【用法用量】 内服：9 ～ 15 克，煎汤。

图 461　扁秆荆三棱 *Bolboschoenus planiculmis*

119. 芭蕉科 Musaceae

芭蕉属 *Musa* L.

芭蕉　芭蕉树　（图 462）

Musa basjoo Sieb. et Zucc.

【形态特征】 多年生丛生草本，具根茎，多次结果。植株高 2.5 ～ 4 米。叶片长圆形，长 2 ～ 3 米，宽 25 ～ 30 厘米，先端钝，基部圆形或不对称，叶面鲜绿色，有光泽；叶柄粗壮，长达 30 厘米。花序顶生，下垂；苞片红褐色或紫色；雄花生于花序上部，雌花生于花序下部；雌花在每一苞片内 10 ～ 16 朵，排成 2 列；合生花被片长 4 ～ 4.5 厘米，具 5 齿裂，离生花被片几与合生花被片等长，顶端具小尖头。浆果三棱状，长圆形，长 5 ～ 7 厘米，具 3 ～ 5 棱，近无柄，肉质，内具多数种子。种子黑色，具疣突及不规则棱角，宽 6 ～ 8 毫米。

图 462　芭蕉 *Musa basjoo*

【产地、生长环境与分布】 仙桃市各地均有栽培。常生于土层深厚、疏松肥沃、排水良好的壤土中。

我国南方大部分地区以及陕西、甘肃、河南部分地区都有栽培。

【药用部位】 茎，叶，花，根。

【采集加工】 四季可采，洗净，鲜用或晒干。

【性味】 味淡，性凉。

【功能主治】茎：解热。假茎、叶：利尿；用于水肿、肛胀。花：用于脑出血。根：用于淋证及消渴、感冒、胃痛及腹痛。

【验方参考】①治消渴、口舌干燥、骨节烦热：生芭蕉根，捣绞取汁，时饮一二合。（《太平圣惠方》）②治黄疸病：芭蕉根三钱，山慈姑二钱，胆草三钱，捣烂，冲水服。（《湖南药物志》）③治血淋心烦、水道涩痛：旱莲子一两，芭蕉根一两，上细锉，以水二大盏，煎取一盏三分，去滓，食前分为三服。（《太平圣惠方》）

120. 姜科 Zingiberaceae

姜属 *Zingiber* Boehm.

姜 生姜 姜皮 姜根 百辣云 （图 463）
Zingiber officinale Roscoe

【形态特征】 多年生草本，高 50～100 厘米。根茎肉质，扁圆横走，分枝，具芳香和辛辣气味。叶互生，2 列，无柄，有长鞘，抱茎叶片线状披针形，先端渐尖，基部狭，光滑无毛，膜质花茎自根茎抽出，穗状花序椭圆形，稠密，苞片卵圆形，先端具硬尖，绿白色，背面边缘黄色，花萼管状，长约 1 厘米，具 3 短齿；花冠绿黄色；管长约 2 厘米，裂片 3，披针形，略等长，唇瓣长圆状倒卵形，较花冠裂片短，稍为紫色，有黄白色斑点；雄蕊微紫色，与唇瓣等长；子房无毛，3 室，花柱单生，

图 463 姜 *Zingiber officinale*

为花药所抱持。蒴果 3 瓣裂。种子黑色。花期 7—8 月（栽培种很少开花），果期 12 月至翌年 1 月。

【产地、生长环境与分布】 仙桃市各地均有产。多为田间栽培。我国中部、东南部至西南部地区广为栽培。湖北来凤、通山、阳新、鄂城、咸宁、大冶有栽培。山东莱芜、安丘亦有出产。

【药用部位】 干燥根茎。

【采集加工】 夏季采挖，除去茎叶及须根，洗净泥土。

【性味、归经】 味辛，性微温。归肺、脾、胃经。

【功能主治】解表散寒、温中止呕、温肺止咳、解毒；用于风寒感冒、脾胃虚寒、胃寒呕吐、肺寒咳嗽、

解鱼蟹毒。

【用法用量】 煎服，3～10克，或捣汁服。

【验方参考】 半夏、生姜汁均善止呕，合用佳；并有开胃和中之功。用于胃气不和，呕哕不安。（《金匮要略》）

【使用注意】 生姜助火伤阴，故热盛及阴虚内热者忌服。

121. 美人蕉科 Cannaceae

美人蕉属 *Canna* L.

美人蕉　凤尾花　小芭蕉　五筋草　破血红　（图464）
Canna indica L.

【形态特征】 植株全部绿色，高可达1.5米。叶片卵状长圆形，长10～30厘米，宽达10厘米。总状花序疏花；略超出于叶片之上；花红色，单生；苞片卵形，绿色，长约1.2厘米；萼片3，披针形，长约1厘米，绿色而有时染红；花冠管长不及1厘米，花冠裂片披针形，长3～3.5厘米，绿色或红色；外轮退化雄蕊2～3枚，鲜红色，其中2枚倒披针形，长3.5～4厘米，宽5～7毫米，另一枚如存在则特别小，长1.5厘米，宽仅1毫米；唇瓣披针形，长3厘米，弯曲；发育雄蕊长2.5厘米，花药室长6毫米；花柱扁平，长3厘米，一半和发育雄蕊的花丝连合。蒴果绿色，长卵形，有软刺，长1.2～1.8厘米。花果期3—12月。

图464-01　美人蕉 *Canna indica*（1）

【产地、生长环境与分布】 仙桃市李小双运动城有产。多为栽培。我国南北各地常有栽培。

【药用部位】 根状茎，花。

【采集加工】 四季可采，鲜用或晒干。

【性味】 味甘、淡，性凉。

【功能主治】 清热利湿、舒筋活络；用于黄疸型肝炎、风湿麻木、外伤出血、跌打损伤、子宫脱垂、心气痛等。

【用法用量】内服：煎汤，根1～2两，

图464-02　美人蕉 *Canna indica*（2）

鲜根 2～4 两。外用：鲜根适量，捣烂敷患处。

【验方参考】治小儿肚胀发热：小芭蕉头花叶、过路黄各等份，生捣绒，炒热，包肚子。（《重庆草药》）

122. 兰科 Orchidaceae

绶草属 *Spiranthes* Rich.

绶草　盘龙参　红龙盘柱　一线香　（图 465）
Spiranthes sinensis (Pers.) Ames

【形态特征】植株高 13～30 厘米。
根数条，指状，肉质，簇生于茎基部。茎较短，
近基部生 2～5 枚叶。叶片宽线形或宽线
状披针形，极罕为狭长圆形，直立伸展，
长 3～10 厘米，常宽 5～10 毫米，先端
急尖或渐尖，基部收狭具柄状抱茎的鞘。
花茎直立，长 10～25 厘米，上部被腺状
柔毛至无毛；总状花序具多数密生的花，
长 4～10 厘米，呈螺旋状扭转；花苞片卵
状披针形，先端长渐尖，下部的长于子房；
子房纺锤形，扭转，被腺状柔毛，连花梗
长 4～5 毫米；花小，紫红色、粉红色或
白色，在花序轴上呈螺旋状排列；萼片的
下部靠合，中萼片狭长圆形，舟状，长 4
毫米，宽 1.5 毫米，先端稍尖，与花瓣靠
合成兜状；侧萼片偏斜，披针形，长 5 毫米，
宽约 2 毫米，先端稍尖。花瓣斜菱状长圆
形，先端钝，与中萼片等长但较薄；唇瓣
宽长圆形，凹陷，长 4 毫米，宽 2.5 毫米，
先端极钝，前半部上面具长硬毛且边缘具
强烈皱波状啮齿，唇瓣基部凹陷呈浅囊状，
囊内具 2 枚胼胝体。

图 465-01　绶草 *Spiranthes sinensis*（1）

图 465-02　绶草 *Spiranthes sinensis*（2）

【产地、生长环境与分布】仙桃市郑
场镇徐鸳村有产。生于海拔 10～3400 米
的山坡林下、灌丛、草地或河滩沼泽化草甸、时令性湿地中。分布于我国各地。

【药用部位】根，全草。

【采集加工】夏、秋季采收，鲜用或晒干。

【性味】味甘、淡，性平。

【功能主治】 滋阴益气、凉血解毒、涩精；用于病后气血两虚、少气无力、气虚带下、遗精、失眠、燥咳、咽喉肿痛、缠腰火丹、肾虚、肺痨咯血、消渴、小儿暑热；外用于毒蛇咬伤、疮肿。

【用法用量】 内服：煎汤，9～15克（鲜全草15～30克）。外用：适量，鲜品捣敷。

【验方参考】 ①治虚热咳嗽：绶草三至五钱，水煎服。（《湖南药物志》）②病后虚弱滋补：盘龙参一两，豇豆根五钱，蒸猪肉半斤或子鸡一只内服，每三日一剂，连用三剂。（《贵阳民间药草》）

中文名索引

拉丁名索引

参 考 文 献

[1] 国家药典委员会 . 中华人民共和国药典 [M]. 北京 : 中国医药科技出版社 , 2020.

[2] 中国科学院中国植物志编辑委员会 . 中国植物志 [M]. 北京 : 科学出版社 , 1978.

[3] 傅书遐 . 湖北植物志 [M]. 武汉 : 湖北科学技术出版社 , 2002.

[4]《全国中草药汇编》编写组 . 全国中草药汇编 [M]. 北京 : 人民卫生出版社 , 1976.

[5] 湖北省中药资源普查办公室 , 湖北省中药材公司 . 湖北中药资源名录 [M]. 北京 : 科学出版社 , 1990.

[6] 南京中医药大学 . 中药大辞典 [M]. 上海 : 上海科学技术出版社 , 2006.

[7] 国家中医药管理局《中华本草》编委会 . 中华本草 [M]. 上海 : 上海科学技术出版社 , 1999.

[8] 中国科学院植物研究所 . 中国高等植物图鉴 [M]. 北京 : 科学出版社 , 1972.

[9] 甘啟良 . 湖北竹溪中药资源志 [M]. 武汉 : 湖北科学技术出版社，2016.

仙桃市中药资源普查队工作照集锦

仙桃市中药资源普查队于2018年4月6日前往郑场镇永新村考查半夏种植基地

2018 年 6 月 1 日刘志杰副院长带队前往三伏潭镇湖北仙康生物科技有限公司考查

2018 年 9 月 13 日李正宇副院长带队前往沙湖镇五湖渔场考查

2019 年 7 月 10 日张雄鹰副院长带队前往沙湖泵站考查

2019年3月1日前往湖北远康药业有限公司考查中药材市场

2019年5月10日前往长埫口镇河坝村制作杠板归标本

2019年5月30日前往郑场镇徐鸳村考查野生半边莲

2019年9月3日普查队员在
陈场镇拉样方调查

2019年5月30日前往郑场镇
徐鹭村考查发现绶草

医院党委书记、院长魏华代表普查队
接受已故名老中医肖立渭验方捐赠

仙桃市中药资源普查队队员
在普查室进行腊叶标本制作

收集20余本传统知识，民间验方

仙桃市中药资源普查队已完成的腊叶标本